Los innovadores

Los innovadores

Los genios que inventaron el futuro

WALTER ISAACSON

Traducción de
Inga Pellisa Díaz, Marcos Pérez Sánchez
y Francisco J. Ramos Mena

Vintage Español
Una división de Random House LLC
Nueva York

PRIMERA EDICIÓN VINTAGE ESPAÑOL, DICIEMBRE 2014

Copyright de la traducción © *2014 Inga Pellisa Díaz,*
Marcos Pérez Sánchez y Francisco J. Ramos Mena

Vintage Español ISBN en tapa blanda: 978-1-101-87328-1
Vintage Español eBook ISBN: 978-1-101-87329-8

Para venta exclusiva en EE.UU., Canadá, Puerto Rico y Filipinas.

www.vintageespanol.com

Impreso en los Estados Unidos de América
10 9 8 7 6 5 4 3 2 1

Índice

Los innovadores

Los inadaptados

Cronología

1843 Ada, condesa de Lovelace, publica sus «Notas» sobre la máquina analítica de Babbage.
1847 George Boole crea un sistema que utiliza el álgebra para el razonamiento lógico.
1890 Se tabula el censo estadounidense empleando las máquinas de tarjetas perforadas de Herman Hollerith.
1931 Vannevar Bush diseña el analizador diferencial, un computador analógico electromecánico.
1935 Tommy Flowers utiliza por primera vez tubos de vacío como interruptores de encendido y apagado en circuitos.
1937 Alan Turing publica «Sobre los números computables», en el que describe un computador universal.
1937 Claude Shannon describe cómo los circuitos dotados de interruptores pueden realizar tareas de álgebra booleana.
1937 George Stibitz, de los Laboratorios Bell, propone crear una calculadora que emplee un circuito eléctrico.
1937 Howard Aiken propone la construcción de un gran computador digital y descubre partes de la máquina diferencial de Babbage en Harvard.
1937 John Vincent Atanasoff elabora diversos conceptos relativos al computador electrónico una noche de diciembre, durante un largo trayecto en automóvil.
1938 William Hewlett y David Packard crean su empresa en un garaje de Palo Alto.
1939 Atanasoff completa un modelo de computador electrónico con tambores de almacenamiento mecánicos.

1939   Turing llega a Bletchley Park para trabajar en el descifre de los códigos alemanes.

1941   Konrad Zuse completa el Z3, un computador digital electromecánico programable plenamente funcional.

1941   John Mauchly visita a Atanasoff en Iowa y presencia una demostración de su computador.

1942   Atanasoff completa un computador que funciona parcialmente con trescientos tubos de vacío y se incorpora a la marina.

1943   Finaliza en Bletchley Park la construcción del Colossus, un computador de tubos de vacío destinado a descifrar los códigos alemanes.

1944   Entra en funcionamiento el Harvard Mark I.

1944   John von Neumann va a la Universidad de Pennsylvania para trabajar en el ENIAC.

1945   Von Neumann redacta el «Primer borrador de un informe sobre el EDVAC», en el que describe un computador de programa almacenado.

1945   Se envía a Aberdeen a seis programadoras del ENIAC para recibir formación.

1945   Vannevar Bush publica «Como podríamos pensar», en el que describe el ordenador personal.

1945   Bush publica «Ciencia, la frontera sin fin», en el que propone financiar públicamente la investigación académica e industrial.

1945   El ENIAC funciona a pleno rendimiento.

1947   Se inventa el transistor en los Laboratorios Bell.

1950   Turing publica un artículo en el que describe una prueba para la inteligencia artificial.

1952   Grace Hopper desarrolla el primer compilador informático.

1952   Von Neumann completa un computador moderno en el Instituto de Estudios Avanzados de Princeton.

1952   El UNIVAC predice la victoria electoral de Eisenhower.

1954   Turing se suicida.

1954   Texas Instruments introduce el transistor de silicio y contribuye al lanzamiento del radiorreceptor modelo Regency.

1956   Se funda Shockley Semiconductor.

1956   Primera conferencia sobre inteligencia artificial.

1957   Robert Noyce, Gordon Moore y otros crean Fairchild Semi-conductor.

1957   La Unión Soviética lanza el *Sputnik*.

1958   Se anuncia la creación de la Agencia de Proyectos de Investigación Avanzada (ARPA).

1958   Jack Kilby hace una demostración del circuito integrado, o microchip.

1959   Noyce y sus colegas de Fairchild inventan también el microchip de manera independiente.

1960   J. C. R. Licklider publica «La simbiosis hombre-computador».

1960   Paul Baran, de RAND, inventa la conmutación de paquetes.

1961   El presidente Kennedy propone enviar el hombre a la Luna.

1962   Expertos en informática del MIT crean el juego *Spacewar*.

1962   Licklider se convierte en el primer director de la Oficina de Técnicas de Procesamiento de Información de la ARPA.

1962   Doug Engelbart publica «Aumentar el intelecto humano».

1963   J. C. R. Licklider propone una «Red Intergaláctica de Computadores».

1963   Engelbart y Bill English inventan el ratón.

1964   Ken Kesey y los Merry Pranksters recorren Estados Unidos en autobús.

1965   Ted Nelson publica el primer artículo sobre el «hipertexto».

1965   La ley de Moore predice que la potencia de los microchips se duplicará aproximadamente cada año.

1966   Stewart Brand organiza el Trip Festival junto con Ken Kesey.

1966   Bob Taylor convence al jefe de la ARPA, Charles Herzfeld, de financiar ARPANET.

1966   Donald Davies acuña la expresión «conmutación de paquetes».

1967   Se discute el diseño de ARPANET en Ann Arbor y Gatlinburg.

1968   Larry Roberts hace públicos los requisitos del concurso para la construcción de los IMP de ARPANET.

1968   Noyce y Moore crean Intel y contratan a Andy Grove.

1968   Brand publica el primer *Whole Earth Catalog*.

1968   Engelbart organiza la Madre de Todas las Demostraciones con la ayuda de Brand.

1969 Se instalan los primeros nodos de ARPANET.

1971 Don Hoefler inicia su columna en *Electronic News* titulada «Silicon Valley USA».

1971 Fiesta de despedida del *Whole Earth Catalog*.

1971 Se presenta el microprocesador Intel 4004.

1971 Ray Tomlinson inventa el correo electrónico.

1972 Nolan Bushnell crea *Pong* en Atari junto con Al Alcorn.

1973 Alan Kay, junto con Chuck Thacker y Butler Lampson, crean el Xerox Alto en el Xerox PARC.

1973 Bob Metcalfe desarrolla Ethernet en el Xerox PARC.

1973 Se pone en marcha el terminal compartido Community Memory en Leopold's Records, Berkeley.

1973 Vint Cerf y Bob Kahn completan los protocolos TCP/IP para internet.

1974 Aparece el Intel 8080.

1975 Aparece el ordenador personal Altair, de MITS.

1975 Bill Gates y Paul Allen desarrollan programación en BASIC para el Altair y crean Microsoft.

1975 Primera reunión del Homebrew Computer Club.

1975 Steve Jobs y Steve Wozniak lanzan el Apple I.

1977 Se presenta el Apple II.

1978 Primer software BBS en internet.

1979 Se inventan los grupos de noticias de Usenet.

1979 Jobs visita el Xerox PARC.

1980 IBM encarga a Microsoft el desarrollo de un sistema operativo para PC.

1981 Se pone a la venta el módem Hayes para usuarios domésticos.

1983 Microsoft anuncia Windows.

1983 Richard Stallman empieza a desarrollar GNU, un sistema operativo libre.

1984 Apple presenta el Macintosh.

1985 Stewart Brand y Larry Brilliant lanzan The WELL.

1985 CVC lanza Q-Link, que luego se convierte en AOL.

1991 Linus Torvalds lanza la primera versión del kernel Linux.

1991 Tim Berners-Lee anuncia la World Wide Web.

1993 Marc Andreessen anuncia el navegador Mosaic.

1993   Bajo la dirección de Steve Case, AOL ofrece acceso directo a internet.

1994   Justin Hall lanza el blog y el directorio web.

1994   HotWired y Pathfinder, de Time Inc., se convierten en los primeros grandes editores de revistas online.

1995   Aparece en la Red el WikiWikiWeb de Ward Cunningham.

1997   Deep Blue, de IBM, derrota al ajedrez a Gari Kaspárov.

1998   Larry Page y Serguéi Brin lanzan Google.

1999   Ev Williams crea Blogger.

2001   Jimmy Wales, junto con Larry Sanger, lanzan la Wikipedia.

2011   El ordenador Watson de IBM gana el concurso televisivo estadounidense *Jeopardy!*

Introducción

Cómo surgió este libro

El ordenador e internet se cuentan entre los inventos más importantes de nuestra era, pero pocas personas saben quiénes fueron sus creadores. No surgieron de la nada en una buhardilla o un garaje por obra del tipo de inventores solitarios que suelen aparecer destacados en las portadas de las revistas o pasar a formar parte de un panteón junto con Edison, Bell y Morse. Lejos de ello, la mayoría de las innovaciones de la era digital fueron fruto de la colaboración. Hubo muchas personas fascinantes involucradas, algunas de ellas ingeniosas y unas cuantas incluso geniales. Esta es la historia de aquellos pioneros, hackers,* inventores y emprendedores: quiénes fueron, cómo funcionaban sus mentes y qué les hizo ser tan creativos. Y es también una narración de cómo colaboraron y por qué su capacidad para trabajar en equipo les hizo aún más creativos.

El relato de su trabajo en equipo es importante porque a menudo no nos fijamos en lo crucial que resulta esa capacidad para la innovación. Existen abundantes libros en los que se homenajea a personas que los biógrafos retratamos, o mitificamos, como inventores solitarios. Yo mismo he escrito unos cuantos. Haga el lector la prueba de buscar en la sección de libros de Amazon.com la frase «the man who invented» («el hombre que inventó») y obtendrá más de dos mil resultados. En

---

* En el sentido original del término, que hace referencia a la comunidad de entusiastas programadores y diseñadores de sistemas originada en la década de 1960 en torno a diversas instituciones académicas estadounidenses como el MIT, y, por extensión, a los forofos de la informática doméstica en general. Esta acepción no debe confundirse con la habitual del término en español como sinónimo de «pirata informático». *(N. del T.)*

cambio, tenemos muchos menos relatos de la creatividad colaborativa, la cual resulta de hecho más importante para entender cómo se configuró la actual revolución tecnológica. Y puede que también más interesante.

Hoy en día hablamos tanto de innovación que esta se ha convertido en un cliché de moda, vacío de un significado claro. Así pues, en este libro me propongo informar acerca de cómo se produce verdaderamente la innovación en el mundo real. ¿Cómo los innovadores más imaginativos de nuestra época convirtieron una serie de ideas innovadoras en realidades? Me centro en aproximadamente una docena de los avances más significativos de la era digital y en las personas que fueron sus artífices. ¿Qué ingredientes dieron lugar a sus saltos creativos? ¿Qué habilidades y rasgos se revelaron más útiles? ¿Cómo pensaron, lideraron y colaboraron? ¿Por qué unos triunfaron y otros fracasaron?

También exploro las fuerzas sociales y culturales que proporcionan la atmósfera propicia para la innovación. En el caso del nacimiento de la era digital, estas incluyeron un ecosistema de investigación nutrido por el gasto público y gestionado por la colaboración académico-militar-industrial. A ello vino a unirse una difusa alianza de líderes comunitarios, hippies de mentalidad colectivista, aficionados al bricolaje y hackers domésticos, la mayoría de los cuales recelaban de la autoridad centralizada.

Se pueden escribir historias haciendo hincapié en alguno de estos factores. Un ejemplo de ello es la invención del computador Harvard/IBM Mark I, el primer gran ordenador electromecánico. Una de sus programadoras, Grace Hopper, escribió un relato que se centraba en su principal creador, Howard Aiken. IBM contraatacó con una historia en la que se destacaba a sus equipos de ingenieros anónimos, que aportaron las innovaciones graduales, desde los contadores a los alimentadores de fichas, que formaban parte de la máquina. Del mismo modo, la cuestión de si habría que hacer hincapié en los grandes personajes o en las corrientes culturales ha sido objeto de debate desde hace mucho tiempo; a mediados del siglo XIX, Thomas Carlyle afirmaba que «la historia del mundo no es sino la biografía de grandes hombres», mientras que Herbert Spencer proponía una teoría que acentuaba el papel de las fuerzas sociales. Los académicos y las personas involucradas suelen ver este equilibrio de manera distinta. «Como profesor, yo tendía a pensar que la historia está regida por fuerzas impersonales —declaró Henry Kissinger a la prensa durante una de sus misiones de mediación en Oriente Próximo, en la década de 1970—. Pero cuando lo observas en la práctica, ves la diferencia que marcan las personalidades.»[1] En lo relativo a la innovación en la era digital, al igual que ocurre con la pacificación de Oriente Próximo, entran en juego toda una serie de fuerzas personales, culturales e históricas, y en este libro trato de entrelazarlas unas con otras.

Internet se creó originalmente para facilitar la colaboración. En cambio, los ordenadores personales, en especial los destinados al uso doméstico, fueron inventados como herramientas de creatividad individual. Durante más de una década, desde comienzos de la de 1970, el desarrollo de las redes y el de los ordenadores personales tuvieron lugar de manera independiente, hasta que empezaron a aproximarse a finales de la de 1980 con el advenimiento de los módems, los servicios online y la Red. Al igual que la combinación de la máquina de vapor y los procesos mecánicos ayudó a fomentar la revolución industrial, la combinación del ordenador y las redes distribuidas condujo a una revolución digital que permitió a cualquiera crear, difundir y acceder a cualquier información en cualquier lugar.

Los historiadores de la ciencia se muestran a veces cautelosos al calificar de «revoluciones» los períodos de grandes cambios. «No hubo nada parecido a una revolución científica, y este es un libro sobre ella» es la irónica frase introductoria de la obra que escribió acerca de dicho período el profesor de Harvard Steven Shapin.[2] El método que empleó Shapin para eludir su medio jocosa contradicción fue señalar que los actores clave del período «expresaron enérgicamente la visión» de que formaban parte de una revolución. «Nuestra percepción de que se estaba produciendo un cambio radical proviene sustancialmente de ellos.»

Del mismo modo, hoy la mayoría de nosotros compartimos la sensación de que los avances digitales del último medio siglo están transformando, quizá incluso revolucionando, el modo en que vivimos. Recuerdo el entusiasmo que generaba cada nuevo gran avance. Mi padre y mis tíos eran ingenieros electrotécnicos, y, como muchos de los personajes de este libro, crecí con un taller en el sótano donde había circuitos impresos que soldar, radios que abrir, tubos que probar, y cajas de transistores y resistencias que ordenar y utilizar. Como forofo de la electrónica, amante de los kits de montaje y radioaficionado, recuerdo el momento en que los tubos de vacío dieron paso a los transistores. En la universidad aprendí a programar utilizando tarjetas perforadas, y recuerdo el momento en que la agonía del procesamiento por lotes dio paso al éxtasis de la interacción directa. En la década de 1980 me emocioné con la estática y el chirrido que emitían los módems cuando te abrían el reino extrañamente mágico de los servicios online y los tablones de anuncios BBS, y a comienzos de la de 1990 ayudé a poner en marcha una división digital de *Time* y Time Warner que lanzó nuevos servicios web e internet de banda ancha. Como dijo Wordsworth de los entusiastas que presenciaron el comienzo de la Revolución francesa: «Vivir aquel amanecer era un gozo».

Empecé a trabajar en este libro hace más de una década. Surgió de mi fascinación por los avances de la era digital que había presenciado, así como de mi biografía sobre Benjamin Franklin, que fue un innovador, inventor, editor y pionero del servicio postal, además de un auténtico creador de redes de información y un emprendedor. Deseaba apartarme de la labor biográfica, que tiende a acentuar el papel de individuos concretos, y volver a hacer un libro como *The Wise Men*, una obra escrita en colaboración con un colega sobre el trabajo creativo en equipo de seis amigos que configuraron las políticas estadounidenses durante la guerra fría. Mi plan inicial era centrarme en los equipos que inventaron internet, pero cuando entrevisté a Bill Gates me convenció de que la aparición simultánea de internet y el ordenador personal daba pie a un relato más rico. Interrumpí el libro a comienzos de 2009, año en que empecé a trabajar en la biografía de Steve Jobs. Sin embargo, la historia de este último vino a reforzar mi interés en el modo en que se entrelazaban el desarrollo de internet y el de los ordenadores, de manera que en cuanto terminé ese libro me puse a trabajar de nuevo en esta historia de innovadores de la era digital.

Debido en parte al hecho de que los protocolos de internet fueron diseñados en un marco de colaboración paritaria, el sistema llevaba incardinada en su código genético la tendencia a facilitar dicha colaboración. El poder de crear y transmitir información se distribuía plenamente a todos y cada uno de los nodos, y cualquier intento de imponer controles o una jerarquía podía ser derrotado por completo. Sin caer en la falacia teleológica de atribuir intenciones o una personalidad a la tecnología, es justo decir que un sistema de redes abiertas conectadas a ordenadores controlados individualmente tendía, como en su día ocurrió con la imprenta, a arrebatar el control de la distribución de información de manos de los guardianes, autoridades centrales e instituciones que empleaban a escribanos y amanuenses. Se volvió más fácil para la gente corriente crear y compartir contenidos.

La colaboración que engendró la era digital no se produjo únicamente entre colegas, sino también entre generaciones; así, se transmitieron ideas de una cohorte de innovadores a la siguiente. Otro tema que reveló mi investigación fue que los usuarios se apropiaban repetidamente de las innovaciones digitales para crear herramientas de comunicación e interacción social. También me interesó la cuestión de cómo la búsqueda de la inteligencia artificial —máquinas que piensen por sí solas— ha demostrado ser constantemente menos fructífera que la creación de modos de forjar una asociación o simbiosis entre personas y máquinas. En otras palabras, la creatividad colaborativa que marcó la era digital incluyó también la colaboración entre humanos y máquinas.

Por último, me llamó la atención el hecho de que la creatividad más auténtica de toda la era digital proviniera de aquellos que fueron capaces de conectar arte y ciencia. Ellos creían que la belleza importaba. «De niño siempre me veía como una persona de letras, pero me gustaba la electrónica —me explicó Jobs cuando emprendí su biografía—. Entonces leí algo que dijo uno de mis héroes, Edwin Land de Polaroid, sobre la importancia de la gente capaz de situarse en la intersección entre las letras y las ciencias, y decidí que eso era lo que yo quería hacer.» Las personas que se sintieron cómodas en esa intersección entre la tecnología y las humanidades contribuyeron a crear la simbiosis humano-máquina que constituye el corazón de esta historia.

Como muchos otros aspectos de la era digital, esta idea de que la innovación reside allí donde se unen arte y ciencia no es nueva. Leonardo da Vinci fue el perfecto ejemplo —y su dibujo del Hombre de Vitruvio se convirtió en el símbolo— de la creatividad que florece cuando interactúan ciencias y letras. Cuando Einstein se sentía bloqueado mientras trabajaba en la relatividad general, cogía su violín y tocaba música de Mozart hasta que volvía a conectar con lo que él denominaba la «armonía de las esferas».

En lo que a ordenadores se refiere hay otra figura histórica, no tan conocida, que encarnó la combinación de arte y ciencia. Como su famoso padre, entendió el encanto de la poesía; pero, a diferencia de él, también supo ver el encanto de las matemáticas y de las máquinas. Y es ahí donde empieza nuestra historia.

1

Ada, condesa de Lovelace

CIENCIA POÉTICA

En mayo de 1833, a los diecisiete años de edad, Ada Byron se contó entre las jóvenes presentadas ante la corte real británica. A los miembros de su familia les había preocupado cómo se desenvolvería dado su temperamento nervioso e independiente, pero terminó comportándose, en palabras de su madre, «razonablemente bien». Entre las personas a las que conoció Ada aquella velada se encontraban el duque de Wellington, cuyas maneras sencillas admiraba, y el embajador francés Talleyrand, que a la sazón tenía setenta y nueve años, y que le dio la impresión de ser «un viejo mono».[1]

Ada, la única hija legítima del poeta lord Byron, había heredado el espíritu romántico de su padre, un rasgo que su madre trató de atemperar haciendo que recibiera clases particulares de matemáticas. Esta combinación generó en Ada un amor por lo que ella solía llamar «ciencia poética», que unía su imaginación rebelde y su fascinación por los números. Para muchos, incluido su propio padre, las sofisticadas sensibilidades de la era romántica chocaban con el «tecnoentusiasmo» de la revolución industrial. Pero Ada se sentía cómoda en la intersección entre ambas épocas.

Así, no resulta sorprendente que su debut en la corte, pese al glamour de la ocasión, le causara menos impresión que su asistencia, unas semanas más tarde, a otro majestuoso acontecimiento de la temporada londinense: una de las tertulias vespertinas auspiciadas por Charles Babbage, un viudo de cuarenta y un años que era una eminencia en ciencia y matemáticas, y que se había consolidado como una referencia en el circuito social de Londres. «Ada se sintió más contenta con una fiesta a la que asistió el miércoles que con ninguna de las reuniones del gran mundo —le explicó su madre a una amiga—. Allí conoció a unos cuantos científicos, entre ellos Babbage, que le encantó.»

Las tertulias de Babbage, a las que llegaron a asistir hasta trescientos invitados, reunían a lores vestidos de frac y damas con vestidos de brocado con escritores, industriales, poetas, actores, estadistas, exploradores, botánicos y otros «científicos», un término que los amigos de Babbage habían acuñado recientemente.[2] Al llevar a los eruditos de la ciencia a aquel elevado reino, comentó un conocido geólogo, Babbage «reafirmó satisfactoriamente el rango que la sociedad le debía a la ciencia».[3]

Aquellas veladas incluían bailes, lecturas, juegos y conferencias, acompañados por un surtido de mariscos, carne, aves, bebidas exóticas y postres helados. Las señoras representaban *tableaux vivants*, disfrazándose para recrear cuadros famosos. Los astrónomos montaban sus telescopios, los investigadores enseñaban sus invenciones eléctricas y magnéticas, y Babbage permitía a los invitados jugar con sus muñecos mecánicos. La principal atracción de las veladas —y uno de los numerosos motivos de Babbage para auspiciarlas— era su demostración de un modelo parcial de su máquina diferencial, un enorme artilugio mecánico para calcular que estaba fabricando en una construcción a prueba de incendios adyacente a su casa. Babbage exhibía el modelo con gran teatralidad, haciendo girar su manivela mientras calculaba una secuencia de números, y, justo cuando la audiencia empezaba a aburrirse, mostraba cómo se podía cambiar de repente la pauta gracias a unas instrucciones codificadas previamente en la máquina.[4] Los que se sentían especialmente intrigados eran invitados a cruzar el jardín hasta los antiguos establos, donde se construía la máquina completa.

La máquina diferencial de Babbage, que era capaz de resolver ecuaciones polinómicas, impresionaba a la gente de distintas formas. El duque de Wellington comentaba que podría resultar útil para analizar las variables que podía afrontar un general antes de entrar en batalla.[5] La madre de Ada, lady Byron, se maravillaba de que fuera una «máquina pensante». En cuanto a la propia Ada, que más tarde señalaría, en célebre frase, que las máquinas nunca podrían pensar de verdad, un amigo que asistió con ellas a la demostración explicó: «La señorita Byron, joven como era, comprendió su funcionamiento, y supo ver la gran belleza de la invención».[6]

El amor de Ada tanto a la poesía como a las matemáticas la predispuso a ver belleza en una máquina calculadora. Era un ejemplo perfecto de la era de la ciencia romántica, que se caracterizó por cierto entusiasmo lírico por la invención y el descubrimiento. Fue un período que aportó «intensidad imaginativa y emoción al trabajo científico —escribió Richard Holmes en *La edad de los prodigios*—. Este se vio impulsado por un ideal común de intenso, y aun temerario, compromiso personal con el descubrimiento».[7]

En suma, fue una época no muy distinta de la nuestra. Los avances de la revolución industrial, entre ellos la máquina de vapor, el telar mecánico y el telégrafo, transformaron el siglo XIX del mismo modo que los avances de la revolución digital —el ordenador, el microchip e internet— han transformado el nuestro. En el corazón de ambas revoluciones hubo innovadores que combinaron la imaginación y la pasión con una tecnología maravillosa, una mezcla que dio lugar a la ciencia poética de Ada y lo que el poeta del siglo XX Richard Brautigan denominaría «máquinas de amorosa gracia».

LORD BYRON

Ada heredó su temperamento poético e insubordinado de su padre, pero este no fue la fuente de su amor por las máquinas. De hecho, era un ludita. En su primer discurso como parlamentario en la Cámara de los Lores, pronunciado en febrero de 1812 cuando tenía veinticuatro años, Byron defendió a los seguidores de Ned Ludd, que se dedicaban a destruir las máquinas de tejer. Con sarcástico desprecio, Byron se burló de los dueños de las fábricas de Nottingham, que estaban presionando para que se aprobara una ley que declarara la destrucción de telares automáticos un delito castigado con la muerte. «Esas máquinas constituían para ellos una ventaja, por cuanto eliminaban la necesidad de emplear a una serie de trabajadores a los que en consecuencia se dejaba morir de hambre —afirmó Byron—. Los trabajadores rechazados, en la ceguera de su ignorancia, lejos de alegrarse de esas mejoras en artes tan beneficiosas para la humanidad, se consideraban sacrificados en aras de las mejoras en el mecanismo.»

Dos semanas después, Byron publicó los dos primeros cantos de su poema épico *Las peregrinaciones de Childe Harold*, un relato idealizado de sus andanzas por Portugal, Malta y Grecia; y, como él mismo señalaría más tarde, «una mañana me desperté y me encontré con que era famoso». Apuesto, seductor, inquieto, introspectivo y sexualmente aventurero, vivía la vida de uno de sus propios héroes byronianos al tiempo que creaba el arquetipo en su poesía. Se convirtió en el rey del Londres literario y era agasajado en tres fiestas diarias, la más memorable de ellas una suntuosa sesión de baile matutina auspiciada por lady Caroline Lamb.

Aunque estaba casada con un aristócrata políticamente poderoso que tiempo después se convertiría en primer ministro, lady Caroline se enamoró locamente de Byron. Él la consideraba «demasiado flaca», por más que ella exhibiera una ambigüedad sexual poco convencional (le gustaba vestirse de paje) que a él le resultaba atractiva. Tuvieron una turbulenta aventura y, cuando se terminó, ella empezó a acecharle obsesivamente, tildándole, en célebre frase, de «loco, malvado y peligroso de conocer», algo que sin duda era. Como también ella.

En la fiesta de lady Caroline, lord Byron se había fijado también en una joven reservada que, según recordaría luego, iba «vestida con más sencillez». Annabella Milbanke, de diecinueve años, pertenecía a una familia adinerada y con varios títulos. La noche anterior a la fiesta había leído *Childe Harold*, que le había despertado sentimientos contradictorios. «Es en exceso manierista —escribió—. Sobresale más en la descripción de los sentimientos profundos.» Al verle en el otro extremo de la sala en la fiesta, sus sentimientos entraron en conflicto, aun peligrosamente. «Yo no buscaba que me lo presentaran, ya que todas las mujeres se dedicaban a cortejarle de manera absurda y trataban de hacerse merecedoras del látigo de su sátira —le escribiría a su madre—. No deseo ocupar un lugar en sus trovas. No hice ofrenda alguna en el altar de Childe Harold, aunque no me negaré a relacionarme con él si se da la ocasión.»[8]

Resultó que la ocasión se dio. Cuando fueron formalmente presentados, Byron decidió que podría ser una esposa adecuada. Aquella era en él una rara manifestación de prioridad de la razón sobre el romanticismo. Antes que despertar sus pasiones, ella parecía ser la clase de mujer que podría domesticar dichas pasiones y protegerlo de sus propios excesos, amén de ayudarle a pagar sus cuantiosas deudas. Él se lo propuso por carta sin demasiado entusiasmo. Ella lo rechazó con sensatez. Él se entregó a relaciones mucho menos apropiadas, incluida una con su hermanastra, Augusta Leigh. Pero después de un año Annabella reanudó el cortejo. Byron, cada vez más endeudado al tiempo que trataba de aferrarse a algún medio para refrenar su entusiasmo, supo ver la lógica, ya que no el romanticismo, de aquella posible relación. «Solo el matrimonio, y uno rápido, puede salvarme —le confesó a la tía de Annabella—. Si su sobrina es accesible, la preferiría a ella; si no, será la primera mujer que no me mire como si me escupiera en la cara.»[9] Había veces en que lord Byron no era un romántico. Él y Annabella se casaron en enero de 1815.

Byron inició el matrimonio a su byroniana manera: «Poseí a lady Byron en el sofá antes de la cena», escribió acerca del día de su boda.[10] Su relación seguía siendo activa cuando visitaron a su hermanastra Augusta dos meses más tarde, porque más o menos por entonces Annabella se quedó embarazada. Sin embargo, durante la visita ella empezó a sospechar que la amistad de su marido con Augusta iba más allá de la relación fraternal, especialmente cuando él se tendió en un sofá y les pidió a ambas que le besaran por turnos.[11] El matrimonio empezó a desmoronarse.

Annabella había recibido clases de matemáticas, lo que a lord Byron le resultaba divertido, y durante el cortejo él había bromeado acerca de su propio desdén por la exactitud de los números. «Sé que dos y dos son cuatro, y también estaría encantado de demostrarlo si pudiera —escribió—, aunque debo decir que, si por alguna especie de proceso pudiera convertir dos y dos en cinco, ello me daría un placer mucho mayor.» Al principio él la llamaba cariñosamente la Princesa de los Paralelogramos. Pero cuando el matrimonio empezó a agriarse refinó esa imagen matemática: «Somos dos líneas paralelas que se prolongan hacia el infinito una junto a otra, pero sin encontrarse nunca». Más tarde, en el primer canto de su poema épico *Don Juan*, se mofaría así de ella: «Su ciencia favorita era la matemática. [...] Era un cálculo andante».

El matrimonio no se salvó con el nacimiento de su hija el 10 de diciembre de 1815. La llamaron Augusta Ada Byron, poniéndole así como primer nombre el de la excesivamente amada hermanastra de Byron. Cuando lady Byron se convenció por fin de la perfidia de su marido, pasó a llamar a su hija solo por su segundo nombre. Cinco semanas después, cargó sus pertenencias en un carruaje y escapó a la casa solariega de sus padres junto con la pequeña Ada.

Ada jamás volvería a ver a su padre. Lord Byron dejó el país en abril de aquel año, después de que lady Byron, en una serie de cartas tan calculadoras que le valdrían el sobrenombre de Medea Matemática, amenazara con revelar sus presuntas aventuras incestuosas y homosexuales como forma de obtener un acuerdo de separación que le diera la custodia de su hija.[12]

El inicio del canto 3 de *Childe Harold*, escrito unas semanas después por Byron, invoca a Ada como su musa:

> *¡Tu rostro es como el de tu madre, mi hermosa niña!*
> *¡Ada! ¿La única hija de mi casa y de mi corazón?*
> *La última vez que los vi, tus jóvenes ojos azules sonreían,*
> *y luego nos separamos.*

Byron escribió estas líneas en una casa de campo a orillas del lago Lemán, donde se alojaba con el poeta Percy Bysshe Shelley y la futura esposa de este, Mary. Llovía sin cesar. Atrapados allí dentro durante días enteros, Byron sugirió que podían pasar el rato escribiendo historias de terror. Él redactó un fragmento de relato sobre un vampiro, una de las primeras tentativas literarias sobre el tema, pero sería la historia de Mary la que llegaría a convertirse en un clásico: *Frankenstein o el moderno Prometeo*. Jugando con el antiguo mito griego del héroe que creó un hombre vivo de arcilla y arrebató el fuego a los dioses para que lo utilizaran los humanos, *Frankenstein* narraba la historia de un científico que galvanizaba un conjunto de partes unidas de manera artificial convirtiéndolas en un ser humano pensante. Era un relato aleccionador sobre la ciencia y la tecnología. Asimismo planteaba la pregunta que llegaría a estar íntimamente relacionada con Ada: ¿pueden las máquinas artificiales llegar a pensar realmente?

El tercer canto de *Childe Harold* termina con la predicción de Byron de que Annabella trataría de impedir que Ada supiera nada de su padre, y eso fue lo que ocurrió. En su casa había un retrato de lord Byron, pero lady Byron lo mantenía convenientemente tapado, y Ada no lo vio hasta cumplidos los veinte años.[13]

Lord Byron, en cambio, tenía siempre un dibujo de Ada en su escritorio allí a donde iba, y en sus cartas solía pedir noticias o retratos de ella. Cuando la niña cumplió siete años, él escribió a Augusta diciéndole: «Desearía que obtuvieras de lady B algunos informes sobre la disposición de Ada. [...] ¿La niña es imaginativa? [...] ¿Es apasionada? Espero que los dioses la hayan hecho cualquier cosa menos poética; ya es suficiente con tener a un necio así en la familia». Lady Byron informó de que Ada tenía una imaginación que «se ejercitaba principalmente en relación con su ingenio mecánico».[14]

Más o menos por aquella época, Byron, que había estado recorriendo Italia, escribiendo y viviendo numerosas aventuras, acabó aburriéndose y decidió participar en la lucha de Grecia por independizarse del Imperio otomano. Así pues, zarpó hacia Misolongi, donde tomó el mando de una parte del ejército rebelde y se dispuso a atacar una fortaleza turca. No obstante, antes de que pudiera entablar combate contrajo un virulento resfriado, que no hizo sino empeorar por la decisión de su médico de tratarlo practicándole una sangría. Falleció el 19 de abril de 1824. Según su ayuda de cámara, entre sus últimas palabras dijo: «¡Ay, mi pobre y querida niña! ¡Mi querida Ada! ¡Dios mío, ojalá la hubiera visto! ¡Dale mi bendición!».[15]

ADA

Lady Byron quiso asegurarse de que Ada no saliera como su padre, y parte de su estrategia consistió en hacer que la muchacha practicara un riguroso estudio de las matemáticas, como si eso fuera un antídoto contra la imaginación poética. Cuando a la edad de cinco años Ada mostró cierta preferencia por la geografía, lady Byron ordenó que dicha materia fuera reemplazada por lecciones adicionales de aritmética, y su institutriz no tardó en informar con orgullo: «Hace con exactitud sumas de cinco o seis filas de cifras». Pese a tales esfuerzos, Ada desarrolló algunas de las tendencias de su padre. De adolescente tuvo una aventura con uno de sus tutores, y cuando fueron descubiertos y el tutor fue apartado de ella, intentó escapar de casa para unirse a él. Asimismo, tenía cambios de humor que la llevaban de los más grandiosos sentimientos a la desesperación, y sufrió varias enfermedades tanto físicas como psicológicas.

Ada aceptó la convicción de su madre de que la inmersión en las matemáticas podría ayudar a controlar sus tendencias byronianas. Tras la peligrosa relación con su tutor, e inspirada por la máquina diferencial de Babbage, a los dieciocho años decidió por sí misma iniciar una nueva serie de lecciones. «Tengo que dejar de pensar en vivir para el placer o la autosatisfacción —le escribió a su nuevo tutor—. Pienso que en este momento nada, salvo una dedicación muy profunda e intensa a los temas de naturaleza científica, parece impedir que mi imaginación se desboque. [...] Me parece que lo primero de todo es hacer un curso de matemáticas.» Él se mostró de acuerdo con la receta: «Está usted en lo cierto al suponer que su principal recurso y salvaguardia en el momento presente se halla en una etapa de tenaz estudio intelectual. Y para tal propósito no hay ninguna materia que pueda compararse con las matemáticas». Él le prescribió geometría euclidiana, seguida de una dosis de trigonometría y álgebra. Eso debería curar a cualquiera que tuviera excesivas pasiones artísticas o románticas, pensaban ambos.

Su interés en la tecnología se vio espoleado cuando su madre se la llevó de viaje por la región industrial del interior de Inglaterra para ver las nuevas fábricas y máquinas. Ada se sintió particularmente impresionada por un telar automático que utilizaba tarjetas perforadas para guiar la creación de los patrones de tejido deseados, y dibujó un bosquejo de su funcionamiento. El famoso discurso de su padre en la Cámara de los Lores había defendido a los luditas que destrozaban tales telares debido a su temor ante lo que la tecnología podía infligir a la humanidad. Pero Ada adoptó una actitud poética al respecto y supo ver su conexión con lo que un día se llamarían «ordenadores». «Esta maquinaria me recuerda a Babbage y su joya del mecanicismo», escribió.

El interés de Ada por la ciencia aplicada se vio aún más estimulado cuando conoció a una de las pocas mujeres matemáticas y científicas británicas de prestigio, Mary Somerville. Esta acababa de escribir uno de sus grandes trabajos, *On the Connexion of the Physical Sciencies*, en el que vinculaba acontecimientos de astronomía, óptica, electricidad, química, física, botánica y geología.* La obra, emblemática de la época, proporcionaba una visión unificada de los extraordinarios esfuerzos de descubrimiento que se estaban realizando. En la primera frase del libro, la autora proclamaba: «El progreso de la ciencia moderna, especialmente en los últimos cinco años, ha sido notable por la tendencia a simplificar las leyes de la naturaleza y a unir ramas separadas por medio de principios generales».

Somerville se convirtió en amiga, profesora, fuente de inspiración y mentora de Ada. Se reunía regularmente con ella, le enviaba libros de matemáticas, ideaba problemas para que los resolviera y le explicaba con paciencia las respuestas correctas. Era también una buena amiga de Babbage, y en el otoño de 1834 ella y Ada solían asistir a sus tertulias de los sábados por la tarde. Asimismo, el hijo de Somerville, Woronzow Greig, contribuyó a los esfuerzos de Ada por sentar la cabeza sugiriéndole a uno de sus antiguos compañeros de clase en Cambridge que la muchacha sería una esposa adecuada, o, cuando menos, interesante.

William King era un joven con un elevado estatus social y económico, inteligente pero discreto, y tan taciturno como excitable era Ada. Como ella, era un estudiante de ciencias, pero su enfoque era más práctico y menos poético; su principal interés residía en los aspectos teóricos de la rotación de cultivos y los avances en las técnicas de cría de ganado. Le propuso matrimonio a las pocas semanas de conocerla, y ella aceptó. Su madre, por motivos que solo un psiquiatra podría comprender, decidió que era imperativo hablarle a William del intento de huida de Ada con su tutor. Pese a tales noticias, William se mostró dispuesto a seguir adelante con la boda, que se celebró en julio de 1835. «Dios misericordioso, que con tanta compasión te ha dado la oportunidad de apartarte de las sendas peligrosas, te ha proporcionado un amigo y guardián», le escribió lady Byron a su hija, añadiendo que debería aprovechar aquella oportunidad para «decir adiós» a todas sus «peculiaridades, caprichos y egoísmos».

---

* Fue en una reseña de este libro donde uno de los amigos de Babbage, William Whewell, acuñó el término «científico» para sugerir la conexión entre dichas disciplinas.

El matrimonio formaba una pareja perfecta basada en el cálculo racional. A Ada le ofrecía la posibilidad de adoptar una vida más estable y asentada. Y, lo que era más importante, le permitía independizarse de su dominante madre. Para William, significaba tener una esposa fascinante y excéntrica de una familia rica y famosa.

El primo hermano de lady Byron, el vizconde de Melbourne (que había tenido la mala fortuna de casarse con lady Caroline Lamb, por entonces fallecida), era ahora primer ministro, y se las arregló para que en la lista de honores de la coronación de la reina Victoria se incluyera el nombramiento de William como conde de Lovelace. De ese modo su esposa se convirtió en Ada, condesa de Lovelace, y por tanto lo correcto es referirse a ella como Ada o lady Lovelace, aunque en la actualidad se la conoce normalmente como Ada Lovelace.

Aquellas Navidades de 1835, Ada recibió de su madre el retrato familiar a tamaño natural de su padre. Pintado por Thomas Phillips, este mostraba a lord Byron en actitud romántica, con la mirada perdida en el horizonte y vestido con el traje tradicional albanés, que incluía una chaqueta de terciopelo rojo, espada ceremonial y tocado. Durante años había estado colgado sobre la repisa de la chimenea de los abuelos de Ada, pero había permanecido cubierto por un paño verde desde el día en que sus padres se habían separado. Ahora se le otorgaba no solo su visión, sino también su posesión, junto con la escribanía y la pluma de su padre.

Su madre hizo algo aún más sorprendente cuando nació el primer hijo de los Lovelace, un niño, unos meses después. Pese a su desprecio por la memoria de su difunto esposo, aceptó que Ada llamara Byron al muchacho, algo que ella hizo. Al año siguiente Ada tuvo una niña, a la que llamó diligentemente Annabella en atención a su madre. Luego Ada contrajo otra misteriosa enfermedad, que la mantuvo postrada en cama durante meses. Se recuperó lo suficiente para tener un tercer hijo, un niño llamado Ralph, pero su salud siguió siendo frágil. Tenía problemas digestivos y respiratorios que se vieron agravados por el hecho de tratarla con láudano, morfina y otras formas de opio, que le produjeron cambios de humor y delirios ocasionales.

Ada se desestabilizó aún más por el estallido de un drama personal que resultaba estrafalario hasta para lo que era habitual en la familia

Byron. Este tuvo que ver con Medora Leigh, hija de la hermanastra de Byron y amante ocasional de este. Según rumores ampliamente aceptados, Medora era hija del propio Byron, y parecía decidida a mostrar que en aquella familia reinaba la maldad. Tuvo una aventura con el marido de una hermana, luego se escapó con él a Francia y tuvo dos hijos ilegítimos. En un arrebato de fariseísmo, lady Byron se fue a Francia a rescatar a Medora, y luego le reveló a Ada la historia del incesto de su padre.

Aquella «historia tan extraña y terrible» no pareció sorprender a Ada. «No me asombra en absoluto —le escribió a su madre—. Simplemente, me confirmas algo sobre lo que durante años y años apenas he albergado dudas.»[16] Lejos de sentirse ultrajada, pareció verse extrañamente estimulada por la noticia. Afirmó que se identificaba con el desafío a la autoridad de su padre, y refiriéndose al «genio mal empleado» de este, le escribió a su madre: «De haberme transmitido algo de ese genio, yo lo usaría para sacar a la luz grandes verdades y principios. Creo que él me ha legado esa tarea. Tengo esta fuerte sensación, y es un placer hacerle caso».[17]

Una vez más, Ada retomó el estudio de las matemáticas para sosegarse, e intentó convencer a Babbage de que fuera su profesor. «Tengo una forma peculiar de aprender, y pienso que tiene que ser un hombre peculiar quien me enseñe de manera satisfactoria», le escribió. Ya fuera debido a los opiáceos, a su educación o a ambas cosas, el caso es que desarrolló una opinión algo exagerada de su propio talento y comenzó a describirse a sí misma como un genio. En su carta a Babbage escribió: «No me considere una engreída, pero creo que tengo la facultad de ir tan lejos como quiera en tales propósitos, y allí donde existe una afición tan decidida, casi debería decir una pasión, como tengo por ellos, me pregunto incluso si no hay siempre una parte de genio natural».

Babbage rechazó la petición de Ada, lo cual es probable que fuera lo más prudente. Con ello conservó su amistad para la que sería una colaboración aún más importante, y ella pudo conseguir en cambio a un profesor de matemáticas de primer orden, Augustus De Morgan, un paciente caballero que era pionero en el campo de la lógica simbólica. De Morgan había propugnado un concepto que Ada emplearía un día con gran trascendencia; a saber, el de que una ecuación algebraica podía aplicarse a otras cosas además de los números. Las relaciones entre símbolos (por ejemplo, que $a + b = b + a$) podrían formar parte de una lógica que se aplicara a cosas que no fueran numéricas.

Ada nunca fue la gran matemática que afirman sus hagiógrafos, pero sí una alumna entusiasta, capaz de comprender la mayoría de los conceptos básicos del cálculo; y, con su sensibilidad artística, le gustaba visualizar las cambiantes curvas y trayectorias que describían las ecuaciones. De Morgan la animaba a centrarse en las reglas para resolver ecuaciones, pero ella se mostraba más inclinada a discutir los conceptos subyacentes. Al igual que con la geometría, a menudo buscaba formas visuales de imaginar los problemas, como cuando las intersecciones de círculos en una esfera la dividen en varias formas.

La capacidad de Ada para apreciar la belleza de las matemáticas es un don que escapa a muchas personas, incluidas algunas que se conciben a sí mismas como intelectuales. Ada comprendía que las matemáticas constituían un hermoso lenguaje, que describe la armonía del universo y que a veces puede ser poético. Pese a los esfuerzos de su madre, seguía siendo digna hija de su padre, con una sensibilidad poética que le permitía ver una ecuación como una pincelada que reflejaba un aspecto del esplendor físico de la naturaleza, al igual que era capaz de visualizar el «mar de vino negro» o una mujer que «camina en la belleza, como la noche». Pero el atractivo de las matemáticas era aún más profundo; era de índole espiritual. Las matemáticas, decía, «constituyen el único lenguaje a través del cual podemos expresar adecuadamente los grandes hechos del mundo natural», y ello nos permite retratar «los cambios de relación mutua» que se desarrollan en la creación. Constituyen «el instrumento mediante el que la débil mente del hombre puede leer con más eficacia las obras de su Creador».

Esta capacidad de aplicar la imaginación a la ciencia caracterizó a la revolución industrial como lo haría con la revolución informática, de la que Ada se convertiría en una figura de referencia. Como le dijo a Babbage, fue capaz de comprender la conexión entre la poesía y el análisis de formas que superaron el talento de su padre. «No creo que mi padre fuera (o siquiera pudiera haber sido) poeta del mismo modo que yo seré analista, puesto que en mí ambas cosas van indisolublemente unidas», escribió.[18]

Su reencuentro con las matemáticas, le explicó a su madre, estimulaba su creatividad y conducía «a un inmenso desarrollo de la imaginación, hasta el punto de que no tengo ninguna duda de que si continúo mis estudios seré a su debido tiempo poeta».[19] El propio concepto de «imaginación», especialmente si se aplicaba a la tecnología, la cautivaba. «¿Qué es la imaginación? —se preguntaba en un ensayo escrito en 1841—. Es la facultad de combinación. Aúna cosas, hechos, ideas y concepciones en combinaciones nuevas, originales, infinitas, en constante variación. [...] Es eso que penetra en los mundos invisibles que nos rodean, los mundos de la ciencia.»[20]

Por entonces Ada se creía poseedora de facultades especiales, incluso sobrenaturales, que ella calificaba como «una percepción intuitiva de cosas ocultas». La exaltada visión de su propio talento la llevó a perseguir aspiraciones que resultaban insólitas en una mujer y madre aristocrática de comienzos de la era victoriana. «Me considero poseedora de la más singular combinación de las cualidades más apropiadas para hacer de mí sobre todo una descubridora de las realidades ocultas de la naturaleza —explicaba en 1841 en una carta a su madre—. Puedo lanzar rayos desde cada rincón del universo con un inmenso alcance.»[21]

Fue con esa mentalidad con la que decidió reanudar su relación con Charles Babbage, a cuyas tertulias había asistido por primera vez hacía ya ocho años.

CHARLES BABBAGE Y SUS MÁQUINAS

Desde una edad temprana, Charles Babbage se mostró interesado en las máquinas capaces de realizar tareas humanas. De niño, su madre le llevaba a muchas de las salas de exposiciones y «museos de maravillas» que florecieron en Londres a comienzos de la década de 1800. En uno de ellos, situado en Hanover Square, el propietario —llamado apropiadamente Merlin— le invitó a subir al taller del desván, donde había un amplio surtido de muñecos mecánicos, conocidos como «autómatas». Uno de ellos era una bailarina de plata, de unos treinta centímetros de altura, cuyos brazos se movían con gracia, y que sostenía en la mano un pájaro que meneaba la cola, batía las alas y abría el pico. La capacidad de aquella dama de plata para mostrar sentimientos y una personalidad cautivó la imaginación del muchacho. «Sus ojos estaban llenos de imaginación», recordaría más tarde. Años después descubrió a la dama de plata en una subasta por quiebra, y la compró. Luego sirvió como entretenimiento en sus tertulias vespertinas, en las que celebraba las maravillas de la tecnología.

Nacido en 1791, Babbage era el único hijo de un próspero banquero y orfebre londinense. En Cambridge hizo amistad con un grupo de estudiantes, al que pertenecían John Herschel y George Peacock, que se sentían decepcionados por la forma en que se enseñaban allí las matemáticas. Estos formaron un club, al que llamaron Sociedad Analítica, que hizo campaña para conseguir que la universidad abandonara la notación de cálculo diferencial ideada por su antiguo alumno Newton, que se basaba en el uso de puntos, y la reemplazara por la inventada por Leibniz, que utilizaba las expresiones *dx* y *dy* para representar incrementos infinitesimales y que, por ello, era conocida como «notación *d*». Babbage tituló su manifiesto «Los principios del *d*-ismo puro en oposición a la era del punto de la universidad».[22] Era una persona difícil, pero no cabe duda de que tenía sentido del humor.*

Un día Babbage estaba en la sede de la Sociedad Analítica trabajando en una tabla de logaritmos que estaba plagada de discrepancias. Herschel le preguntó en qué pensaba. «¡Ojalá estos cálculos se hubieran ejecutado por medio del vapor!», le respondió Babbage. Ante aquella idea de emplear un método mecánico para tabular logaritmos, Herschel replicó: «Es posible hacerlo».[23] En 1821, Babbage centró su atención en la construcción de una máquina así.

Durante años, muchos habían sopesado la idea de fabricar artilugios capaces de calcular. En la década de 1640, el matemático y filósofo francés Blaise Pascal creó una calculadora mecánica para aliviar la pesada rutina del trabajo de su padre como supervisor fiscal. Estaba dotada de unas ruedas metálicas con radios, con los dígitos 0 a 9 en su circun-

---

* El título del manifiesto en inglés contiene un juego de palabras intraducible en el uso del término *Dot-age*, que se puede traducir por «era del punto», como se ha hecho aquí. Sin embargo, al mismo tiempo *dotage* significa «chochez», de modo que la «era del punto de la universidad» puede interpretarse también como la «chochez de la universidad». *(N. del T.)*

ferencia. Para sumar o restar números, el operador utilizaba una aguja para marcar un número (como si se tratara del dial de un teléfono) y luego marcaba el siguiente número; un dispositivo se llevaba o añadía 1 cuando era necesario. Esta se convirtió en la primera calculadora patentada y comercializada.

Treinta años después, el matemático y filósofo alemán Gottfried Leibniz trató de mejorar el artilugio de Pascal con un «calculador escalonado» que tenía la capacidad de multiplicar y dividir. Este contaba con un cilindro accionado manualmente con un conjunto de dientes que engranaban con las ruedas de cálculo. Pero Leibniz se topó con un problema que se convertiría en un tema recurrente de la era digital. A diferencia de Pascal, un hábil ingeniero capaz de combinar las teorías científicas con el genio mecánico, Leibniz tenía pocas dotes para la ingeniería, y tampoco se rodeó de personas que sí las tuvieran. Así pues, como muchos grandes teóricos que carecieron de colaboradores prácticos, fue incapaz de crear versiones de su dispositivo que funcionaran de manera fiable. Sin embargo, su concepto central, conocido como «rueda de Leibniz», influiría en el diseño de las calculadoras de la época de Babbage.

Babbage conocía los dispositivos de Pascal y Leibniz, pero intentaba hacer algo más complejo. Quería construir un método mecánico para tabular logaritmos, senos, cosenos y tangentes.* A tal efecto, adaptó una idea que se le había ocurrido al matemático francés Gaspard de Prony en la década de 1790. A fin de crear tablas logarítmicas y trigonométricas, De Prony descomponía todas las operaciones en pasos muy simples que implicaban solo sumas y restas. Luego proporcionaba instrucciones fáciles de modo que un conjunto de trabajadores humanos, con pocos conocimientos de matemáticas, pudiera realizar esas sencillas tareas y a continuación trasladar sus respuestas al siguiente conjunto de trabajadores. En otras palabras, creó una cadena de montaje, la gran innovación

---

* Concretamente, quería utilizar el método de las diferencias divididas para tabular funciones polinómicas, y así lograr aproximaciones más estrechas a funciones logarítmicas y trigonométricas.

de la era industrial que sería analizada por Adam Smith en su memorable descripción de la división del trabajo en una fábrica de alfileres. Después de un viaje a París en el que tuvo conocimiento del método de De Prony, Babbage escribió: «De repente concebí la idea de aplicar el mismo método al fatigoso trabajo con el que me veía obligado a lidiar y fabricar logaritmos como quien fabrica alfileres».[24]

Babbage comprendió que hasta las tareas matemáticas complejas podían descomponerse en pasos que se redujeran al cálculo de «diferencias finitas» mediante simples sumas y restas. Por ejemplo, para elaborar una tabla de cuadrados —1^2, 2^2, 3^2, 4^2, etc.— se podían enumerar los números iniciales en la secuencia: 1, 4, 9, 16… Esta sería la columna A. Junto a ella, en la columna B, se podían calcular las diferencias entre cada uno de esos números, en este caso 3, 5, 7, 9… La columna C enumeraría la diferencia entre cada uno de los números de la columna B, que es 2, 2, 2, 2… Una vez simplificado así el proceso, este podía invertirse y distribuir las tareas entre varios trabajadores sin instrucción. Uno sería el responsable de sumar 2 al último número de la columna B (en nuestro ejemplo, 7), y luego transmitiría el resultado (9) a otra persona, que a su vez sumaría ese resultado al último número de la columna A (16), generando así el siguiente número en la secuencia de cuadrados (25).

Babbage inventó un modo de mecanizar este proceso, y lo llamó «máquina diferencial». Esta podía tabular cualquier función polinómica y proporcionaba un método digital para aproximar la solución a ecuaciones diferenciales.

¿Cómo funcionaba? La máquina diferencial utilizaba unos ejes verticales con discos que podían girarse hasta cualquier posición numérica. Estos iban unidos a unas ruedas dentadas que se podían hacer girar para sumar (o restar) ese número a un disco de un eje adyacente. El artilugio incluso podía «almacenar» los resultados intermedios en otro eje. La principal complejidad residía en cómo «llevarse» o «recuperar» cifras en caso necesario, tal como hacemos con el lápiz cuando contamos, por ejemplo, 36 + 19 o 42 − 17. Basándose en los dispositivos de Pascal, Babbage dio con algunas ingeniosas artimañas que permitieron que los ejes y ruedas dentadas hicieran los cálculos.

La máquina era, conceptualmente, una auténtica maravilla. Babbage incluso encontró un modo de hacer que creara una tabla de números primos que llegaba hasta 10 millones. El gobierno británico se quedó impresionado, al menos al principio. En 1823 le concedió una financiación inicial de 1.700 libras, y a la larga acabaría invirtiendo en el dispositivo más de 17.000, el doble de lo que costaba un buque de guerra, durante los diez años que Babbage pasó tratando de construirlo. Pero el proyecto tropezó con dos problemas. En primer lugar, ni Babbage ni el ingeniero al que contrató tenían las destrezas necesarias para conseguir que el aparato funcionara. Y, en segundo lugar, Babbage empezó a pensar en algo mejor.

La nueva idea de Babbage, que concibió en 1834, era crear un computador universal capaz de realizar toda una serie de operaciones distintas basadas en un programa de instrucciones dadas. Así, podría hacerse que realizara una tarea y luego alterarlo para que pasara a realizar otra. Incluso podría hacerse que cambiara de tarea —o modificara su «pauta de acción», como explicaba Babbage— por sí solo basándose en sus propios cálculos intermedios. Babbage denominó a su propuesta «máquina analítica». Se había adelantado cien años a su tiempo.

La máquina analítica era el producto de lo que Ada Lovelace había llamado «la facultad combinatoria» en su ensayo sobre la imaginación; Babbage había combinado innovaciones surgidas en otros campos, una artimaña empleada por muchos grandes inventores. Originalmente había utilizado un tambor metálico tachonado de puntas para controlar cómo giraban los ejes, pero luego se dedicó a estudiar —como también hizo Ada— el telar automático inventado en 1801 por el francés Joseph-Marie Jacquard, que había transformado la industria del tejido de la seda. Los telares crean un patrón utilizando ganchos para levantar determinados hilos de la urdimbre, de modo que a continuación una varilla haga pasar por debajo un hilo de la trama. Jacquard inventó un método que utilizaba tarjetas con agujeros perforados para controlar este proceso. Los agujeros determinaban qué ganchos y varillas se activaban en cada pasada del tejido, automatizando así la creación de patrones intrincados. Cada vez que se activaba la lanzadera para crear una nueva pasada de hilo, entraba en juego una nueva tarjeta perforada.

El 30 de junio de 1836, Babbage añadió una entrada en lo que él llamaba sus «Libros de garabatos» que representaría un hito en la prehistoria de los ordenadores: «Sugerido el telar Jacquard como sustituto de los tambores».[25] Utilizar tarjetas perforadas en lugar de tambores de acero implicaba que se podrían introducir un número ilimitado de instrucciones. Asimismo, se podría modificar la secuencia de tareas, haciendo más fácil diseñar una máquina universal que fuera versátil y reprogramable.

Babbage compró un retrato de Jacquard y empezó a exhibirlo en sus tertulias de los sábados por la tarde. El lienzo representaba al inventor sentado en un sillón, con un telar al fondo, y sosteniendo un par de calibradores sobre unas tarjetas perforadas rectangulares. Babbage divertía a sus invitados pidiéndoles que adivinaran qué era el retrato. La mayoría de ellos pensaban en un magnífico grabado. Él les revelaba entonces que en realidad se trataba de un tapiz de seda finamente tejido, con veinticuatro mil filas de hilo, cada una de ellas controlada por una tarjeta perforada distinta. Cuando el príncipe Alberto, el esposo de la reina Victoria, asistió a una de las tertulias de Babbage, le preguntó por qué el tapiz le resultaba tan interesante. Babbage le respondió: «Ayudará sobremanera a explicar la naturaleza de mi calculadora, la máquina analítica».[26]

Pocas personas, sin embargo, supieron ver la belleza de la nueva máquina propuesta por Babbage, y el gobierno británico no sintió inclinación alguna a financiarla. Por más que lo intentó, Babbage apenas logró ser noticia en la prensa popular o las revistas científicas.

No obstante, encontró a una fiel creyente. Ada Lovelace supo apreciar plenamente el concepto de una máquina universal. Y, lo que es más importante, previó un atributo que podría hacer que fuera realmente asombrosa: potencialmente podía procesar no solo números, sino también cualesquiera notaciones simbólicas, incluidas las musicales y artísticas. Supo ver la poesía en aquella idea, y se propuso alentar también a otros a verla.

Empezó a bombardear a Babbage con cartas, algunas de las cuales rayaban en el descaro, a pesar de ser veinticuatro años menor que él. En una de ellas, Ada describía un juego del solitario utilizando 26 canicas, cuyo objetivo era comerse a las demás saltando por encima hasta que solo quedara una de ellas. Ada ya dominaba el juego, pero intentaba extraer de él «una fórmula matemática [...] de la que dependa la solución, y que pueda expresarse en lenguaje simbólico». A continuación se preguntaba: «¿Soy demasiado imaginativa para usted? Creo que no».[27]

Su objetivo era trabajar con Babbage como socia y relaciones públicas a fin de tratar de conseguir apoyo para construir la máquina analítica. «Estoy muy impaciente por hablar con usted —escribió a comienzos de 1841—. Le daré una pista acerca de la temática. Me da la impresión de que en algún momento futuro [...] usted puede hacer que mi mente se subordine a algunos de sus planes y objetivos. Si así fuera, si alguna vez pudiera ser digna o capaz de ser utilizada por usted, mi mente será suya.»[28]

Al cabo de un año se presentó una oportunidad pintiparada.

Las «Notas» de lady Lovelace

En su búsqueda apoyos para la máquina analítica, Babbage había aceptado una invitación para hablar ante el Congreso de Científicos Italianos, celebrado en Turín. Allí, tomando notas, estaba un joven ingeniero militar, el capitán Luigi Menabrea, que más tarde sería primer ministro de Italia. En octubre de 1842, y con la ayuda de Babbage, Menabrea publicó una descripción detallada de la máquina en francés.

Uno de los amigos de Ada le sugirió que tradujera el artículo de Menabrea para *Scientific Memoirs*, una revista que publicaba trabajos científicos. Aquella era su oportunidad para servir a Babbage y demostrar su talento. Cuando terminó, informó de ello a Babbage, que se mostró encantado, pero también algo sorprendido. «Le pregunté por qué no había escrito ella misma un trabajo original sobre un tema que conocía tan íntimamente», explicaría Babbage,[29] a lo que ella replicó que no se le había pasado por la cabeza; por entonces las mujeres normalmente no publicaban trabajos científicos.

Babbage le sugirió que agregara algunas notas a la memoria de Menabrea, un proyecto que ella aceptó con entusiasmo. Empezó a trabajar en un apartado que tituló «Notas de la traductora», y que acabó teniendo una extensión de 19.136 palabras, más del doble que la del artículo original de Menabrea. Sus «Notas», firmadas con las iniciales «A.A.L.», por Augusta Ada Lovelace, se hicieron más famosas que el propio artículo, y estaban destinadas a convertirse en un icono en la historia de la informática.[30]

Mientras trabajaba en las notas en su finca campestre de Surrey, en el verano de 1843, Ada y Babbage intercambiaron numerosas cartas, y en otoño mantuvieron muchas reuniones después de que ella se trasladara de nuevo a su casa de Londres, ubicada en St. James Square. Actualmente ha surgido un pequeño debate en el ámbito académico especializado, no exento de cierto sesgo de género, en torno a la cuestión de qué parte del pensamiento plasmado en las notas era original de Ada y no de Babbage. En sus memorias, este último le atribuye una gran parte del mérito: «Discutimos juntos las diversas ilustraciones que podrían introducirse; yo le sugerí varias, pero la selección fue completamente suya. También lo fue el trabajo algebraico de resolución de los diferentes problemas, excepto, de hecho, el relacionado con los números de Bernoulli, que yo me había ofrecido a efectuar para ahorrarle la dificultad a lady Lovelace. Pero me lo me devolvió para que lo corrigiera, tras haber detectado un grave error que yo había cometido en el proceso».[31]

En sus «Notas», Ada analizaba cuatro conceptos que tendrían resonancia histórica un siglo después, cuando finalmente naciera el computador. El primero era el de una máquina universal, una que no solo fuera capaz de realizar una tarea predeterminada, sino que pudiera programarse y reprogramarse para hacer una serie de tareas ilimitada y variable. En otras palabras, imaginó el computador moderno. Este concepto era el núcleo de su «Nota A», que subrayaba la distinción entre la máquina diferencial original de Babbage y su nueva propuesta de máquina analítica. «La máquina diferencial se construyó para tabular la integral de una función concreta, que es $\Delta^7 u_x = 0$ —comenzaba, explicando que su objetivo era el cómputo de tablas náuticas—. La máquina analítica, por el contrario, no está meramente adaptada para tabular los resultados de una función particular y solo una, sino para desarrollar y tabular cualquier función posible.»

Ello se lograba, añadía, mediante «la introducción en ella del principio que ideó Jacquard para regular, mediante tarjetas perforadas, los patrones más complejos en la fabricación de brocados». Ada era aún más consciente que Babbage de la importancia de aquello. Implicaba que aquella máquina podía ser como el tipo de ordenador que hoy damos por sentado, un aparato que no se limita a realizar una tarea concreta, sino que puede ser una máquina universal. Explicaba Ada:

> Los límites de la aritmética se vieron superados en el momento en que surgió la idea de aplicar tarjetas. La máquina analítica no tiene nada en común con las meras «máquinas de calcular». Ocupa plenamente un lugar propio. Al permitir a un mecanismo combinar símbolos generales, en sucesiones de variedad y alcance ilimitados, se establece un vínculo de unión entre las operaciones de la materia y los procesos mentales abstractos.[32]

Son frases algo densas, pero merece la pena leerlas con atención, puesto que describen la esencia de los ordenadores modernos. Además, Ada daba vida al concepto con florituras poéticas. «La máquina analítica teje patrones algebraicos igual que el telar Jacquard teje flores y hojas», escribió. Cuando Babbage leyó la «Nota A», se mostró encantado y no hizo cambio alguno. «Por favor, no lo altere», le dijo a Ada.[33]

El segundo concepto significativo de Ada se derivaba de esa descripción de una máquina universal. Supo ver que sus operaciones no tenían por qué limitarse a las matemáticas y los números. Basándose en la extensión de De Morgan del álgebra en una lógica formal, Ada señalaba que una máquina como la analítica podía almacenar, manipular, procesar y ejecutar cualquier cosa que pudiera expresarse con símbolos: palabras, lógica, música y cualquier otra cosa para cuya transmisión pudiéramos usar símbolos.

Para explicar esa idea, definía minuciosamente qué era una operación computacional: «Puede que resulte conveniente explicar que por "operación" entendemos cualquier proceso que altere la relación entre dos o más cosas, sea dicha relación de la clase que sea». Una operación computacional, señalaba, podía alterar la relación no solo entre números, sino también entre cualesquiera símbolos que se hallaran lógicamente relacionados. «Podría actuar sobre otras cosas aparte del número, ya fueran objetos de los que resultara que sus relaciones mutuas fundamentales pudieran expresarse mediante las de la ciencia abstracta de las operaciones.» La máquina analítica podía, en teoría, incluso realizar operaciones con notaciones musicales. «Suponiendo, por ejemplo, que las relaciones fundamentales de los sonidos tonales en la ciencia de la armonía y de la composición musical fueran susceptibles de tal expresión y tales adaptaciones, la máquina podría componer elaboradas y científicas obras musicales de cualquier grado de complejidad.» Era el concepto supremo de la «ciencia poética» de Ada: ¡una obra musical elaborada y científica compuesta por una máquina! Su padre se habría estremecido.

Esta idea se convertiría en el concepto esencial de la era digital: cualquier clase de contenido, datos o información —música, texto, imágenes, números, símbolos, sonidos, vídeo— podía expresarse en forma digital y ser manipulada por máquinas. Ni siquiera el propio Babbage supo verlo plenamente, ya que se centró en los números. Pero Ada comprendió que los dígitos de las ruedas dentadas podían representar otras cosas además de cantidades matemáticas, y en consecuencia, dio el salto conceptual de unas máquinas que eran meras calculadoras a lo que hoy denominamos «ordenadores». Doron Swade, un historiador de la informática que se ha especializado en el estudio de las máquinas de Babbage, ha afirmado que este fue uno de los legados históricos de Ada. «Si observamos y examinamos a fondo la historia de aquella transición, veremos que esta fue explícitamente realizada por Ada en aquel artículo de 1843», señaló.[34]

La tercera aportación de Ada, en su «Nota G» final, fue la de determinar con gran detalle el funcionamiento de lo que hoy llamamos un «programa» o «algoritmo informático». El ejemplo que utilizó para ello fue un programa para calcular números de Bernoulli,* una serie infinita extremadamente compleja que desempeña un papel destacado en varios aspectos de la teoría de los números.

Para mostrar cómo la máquina analítica podía generar números de Bernoulli, Ada describió una secuencia de operaciones y luego elaboró un gráfico mostrando cómo se codificaría cada una de ellas en la má-

---

* Estos, que deben su nombre al matemático suizo del siglo XVII Jacob Bernoulli, que estudió las sumas de potencias de números enteros consecutivos, juegan un intrigante papel en la teoría de los números, el análisis matemático y la topología diferencial.

quina. Al hacerlo, contribuyó de paso a idear los conceptos de «subrutina» (una secuencia de instrucciones que realiza una tarea específica, como computar un coseno o calcular un interés compuesto, y que se puede introducir en programas más amplios en caso necesario) y de «bucle recursivo» (una secuencia de instrucciones que se repite).* Esto era posible gracias al mecanismo de la tarjeta perforada. Se necesitaban 75 tarjetas para generar cada número, explicaba, y luego el proceso se volvía iterativo dado que dicho número era retroalimentado en el proceso para generar el siguiente. «Resultará evidente que las mismas setenta y cinco tarjetas variables pueden repetirse para el cómputo de cada número sucesivo», escribió. Ada imaginó una biblioteca de subrutinas comúnmente utilizadas, algo que crearían sus herederos intelectuales, entre ellos mujeres como Grace Hopper en Harvard y Kay McNulty y Jean Jennings en la Universidad de Pennsylvania, en la década de 1950. Asimismo, dado que la máquina de Babbage posibilitaba saltar hacia delante y hacia atrás en la secuencia de tarjetas de instrucciones basándose en los resultados intermedios que había calculado, ello sentó las bases de lo que hoy denominamos «bifurcación» o «salto condicional», el paso a una secuencia de instrucciones distinta si se cumplen ciertas condiciones.

Babbage ayudó a Ada con los cálculos de Bernoulli, pero las cartas la muestran muy concentrada en los detalles. «Estoy abordando y examinando tenazmente, hasta el fondo, todas las formas de deducir los números de Bernoulli —escribía en julio, solo unas semanas antes de que su traducción y sus notas fueran a la imprenta—. Me consterna hallarme con esos números en un atolladero y una dificultad tan asombrosos que hoy no consigo hacer nada. […] Estoy como hechizada en un estado de confusión.»[35]

Cuando finalmente logró resolverlo, añadió una aportación que era básicamente propia: una tabla y un diagrama que mostraban exactamente cómo se introduciría el algoritmo en el computador, paso a paso, incluyendo dos bucles recursivos. Era una lista numerada de instrucciones

---

* El ejemplo de Ada implicaba tabular polinomios utilizando técnicas diferenciales como una subfunción, que requería una estructura de bucle anidada con un rango variable para el bucle interno.

de código que incluía registros de destino, operaciones y comentarios, algo que hoy le resultaría familiar a cualquier programador de C++. «He trabajado sin cesar y con más éxito durante todo el día —le escribió a Babbage—. Admirará usted en extremo la tabla y el diagrama. Los he elaborado con sumo cuidado.» A partir del contenido de todas las cartas, resulta evidente que confeccionó la tabla por sí sola; la única ayuda provino de su marido, que no entendía de matemáticas pero estaba dispuesto a pasar metódicamente a tinta lo que ella había hecho a lápiz. «En este momento lord L está pasándolo amablemente todo a tinta por mí —le escribió Ada a Babbage—. Yo tuve que hacerlo a lápiz.»[36]

Fue principalmente este diagrama, que acompañó los complejos procesos necesarios para generar números de Bernoulli, lo que le valdría a Ada el elogio, por parte de sus posteriores admiradores, de haber sido «la primera programadora informática del mundo». Ello resulta algo difícil de defender. Babbage ya había formulado, al menos en teoría, más de veinte explicaciones de procesos que la máquina podría finalmente realizar. Pero ninguna de ellas fue publicada, y tampoco había ninguna descripción clara del modo de secuenciar las operaciones. Por lo tanto, es justo decir que el algoritmo y la descripción detallada del programa para generar números de Bernoulli fueron el primer programa informático publicado en la historia. Y las iniciales que figuraban al final eran las de Ada Lovelace.

Había otro concepto significativo que introdujo en sus «Notas», y que evoca el relato de Frankenstein escrito por Mary Shelley tras aquel fin de semana con lord Byron. Dicho concepto planteaba el que todavía hoy constituye el tema metafísico más fascinante en relación con los ordenadores, el de la inteligencia artificial: ¿pueden pensar las máquinas?

Ada creía que no. Una máquina como la de Babbage podía realizar operaciones según ciertas instrucciones, afirmaba, pero no podía albergar ideas o intenciones por sí misma. «La máquina analítica no tiene en absoluto pretensión alguna de originar nada —escribió en sus "Notas"—. Puede hacer cualquier cosa que sepamos cómo ordenarle que realice. Puede desarrollar análisis, pero no tiene capacidad alguna de anticipar cualesquiera relaciones o verdades analíticas.» Un siglo más tarde, esta aserción sería calificada como la «objeción de lady Lovelace» por parte del pionero de la informática Alan Turing (véase el capítulo 3).

Ada quería que su trabajo fuera considerado un artículo científico serio y no una mera apología pública, de modo que al comienzo de sus «Notas» señaló que no iba a «ofrecer opinión alguna» sobre la renuencia del gobierno a seguir financiando los esfuerzos de Babbage. Ello no le gustó a este último, que procedió a escribir un largo panfleto atacando al gobierno. Quería que Ada lo incluyera en sus «Notas» sin que apareciera su nombre, como si fuera la opinión de ella. Pero Ada se negó; no quería ver comprometido su trabajo.

Sin informarla de ello, Babbage envió directamente su propuesta de apéndice a *Scientific Memoirs*. Los redactores de la revista decidieron que debía aparecer por separado y le sugirieron que tuviera la «hombría» de firmar con su nombre. Babbage era encantador cuando se lo proponía, pero también podía ser irascible, obstinado y desafiante, como la mayoría de los innovadores. La solución propuesta le enfureció, y entonces escribió a Ada pidiéndole que retirara su artículo. Esta vez fue ella la que montó en cólera. Utilizando una forma de encabezado habitualmente empleada por las amistades masculinas, «Mi querido Babbage», le escribió diciéndole que «retirar la traducción y las "Notas"» sería «deshonroso e injustificable». Y concluía la carta con estas palabras: «Tenga por seguro que soy su mejor amiga, pero no puedo apoyarle ni le apoyaré para actuar según principios que juzgo no solo erróneos en sí mismos, sino también suicidas».[37]

Babbage se echó atrás y aceptó que su escrito fuera publicado por separado en otra revista. Aquel día Ada se quejó así a su madre:

> Me he sentido acosada y presionada de la manera más desconcertante por la conducta del señor Babbage. [...] Lamento tener que llegar a la conclusión de que es una de las personas más difíciles, egoístas e intemperantes con las que uno se puede relacionar. [...] Le he dicho de inmediato a Babbage que ningún poder me induciría a prestarme a ninguna de sus disputas o a convertirme de ningún modo en su portavoz. [...] Él estaba furioso; yo, firme e imperturbable.[38]

La respuesta de Ada a aquella disputa fue una extraña carta a Babbage de dieciséis páginas de extensión, escrita en un tono arrebatado, y que mostraba vívidamente sus malhumores, euforias, ilusiones y pasiones. Le adulaba y le reprendía, le elogiaba y le denigraba. En un momento dado comparaba los motivos de ambos. «Mi principio inquebrantable es esforzarme en amar la verdad y a Dios por encima de la fama y la gloria —afirmaba—. El suyo es amar la verdad y a Dios, pero amar aún más la fama, la gloria y los honores.» Ada señalaba que, a su juicio, su inevitable fama poseía una naturaleza elevada: «Quisiera extender mi poder a explicar e interpretar al Todopoderoso y sus leyes. [...] No me parecería poca gloria que fuera capaz de ser uno de sus profetas más notables».[39]

Tras sentar aquellas bases, le ofrecía un acuerdo: debían forjar una alianza empresarial y política. Ella aplicaría sus contactos y su persuasiva pluma al esfuerzo de Babbage por construir su máquina analítica si —y solo si— él le dejaba tener el control de sus decisiones empresariales. «Le doy la opción de elegir y le ofrezco mis servicios y mi intelecto —le escribió—. No los rechace a la ligera.» En algunos pasajes la carta parecía un pliego de condiciones para fundar una empresa conjunta o un acuerdo prenupcial, incluyendo hasta la posibilidad de un arbitraje. «Se comprometerá usted a aceptar plenamente mi propio juicio (o el de cualesquiera personas a las que pluguiere designar como árbitros, siempre que podamos diferir) en todos los asuntos prácticos», afirmaba. A cambio, le prometía, ella le presentaría «en el transcurso de un año o dos propuestas explícitas y honorables para ejecutar su máquina».[40]

La carta parecería sorprendente de no ser como muchas otras que escribió. Era un ejemplo de cómo sus grandiosas ambiciones sacaban a veces lo mejor de ella. En cualquier caso, Ada merece respeto como alguien que, elevándose por encima de las expectativas de su origen y su género, y desafiando el acoso de los demonios familiares, se entregó con diligencia a complejas hazañas matemáticas que la mayoría de nosotros ni siquiera querríamos o podríamos intentar (solo los números de Bernoulli ya derrotarían a muchos). Sus impresionantes trabajos matemáticos y sus imaginativas ideas surgieron en pleno drama de Medora Leigh y entre brotes de una enfermedad que la volvieron dependiente de unos opiáceos que acentuaron sus cambios de humor. Al final de la carta le escribía a Babbage: «Mi querido amigo, si supiera qué tristes y horribles experiencias he vivido, de formas que no puede usted imaginar, sentiría que hay que darles algún peso a mis sentimientos». Luego, tras un rápido inciso para plantear una pequeña cuestión sobre el uso del cálculo de diferencias finitas para computar números de Bernoulli, le pedía excusas porque «esta carta está emborronada de tristeza» y le preguntaba en tono lastimero: «Me pregunto si decidirá usted mantener o no a su servicio al hada-dama».[41]

Ada estaba convencida de que Babbage aceptaría su oferta de convertirse en socios empresariales. «Posee una idea tan firme de las ventajas de tener mi pluma a su servicio que probablemente cederá, aunque yo exija grandes concesiones —le escribió a su madre—. Si acepta lo que le propongo, probablemente se me permitirá evitar que se meta en demasiados problemas y llevar su máquina a buen puerto.»[42] Pero Babbage juzgó más prudente declinar la oferta. Fue a ver a Ada y «rechazó todas las condiciones».[43] Aunque nunca volverían a colaborar en temas científicos, su relación sobrevivió. «Creo que ahora Babbage y yo somos más amigos que nunca», le escribía Ada a su madre una semana después.[44] Y Babbage aceptó ir a visitarla el mes siguiente a su casa solariega, enviándole una afectuosa carta en la que la llamaba «la Hechicera de los Números» y «mi querida y muy admirada intérprete».

Aquel mismo mes, septiembre de 1843, su traducción y sus «Notas» aparecieron finalmente en *Scientific Memoirs*. Durante un tiempo Ada pudo disfrutar de los elogios de sus amigos y esperar que, como a su mentora Mary Somerville, la tomaran en serio en los círculos científicos y literarios. La publicación hizo que por fin se sintiera como «una persona completamente profesional —según le escribió a un abogado—. Sin duda, he llegado a estar tan ligada a una profesión como usted».[45]

No iba a ser así. Babbage no consiguió más financiación para sus máquinas; estas jamás llegaron a construirse, y él murió en la pobreza. En cuanto a lady Lovelace, nunca volvió a publicar ningún otro artículo científico. Lejos de ello, su vida emprendió una espiral descendente, y se volvió adicta al juego y a los opiáceos. Tuvo una aventura con un compañero de juego que luego le hizo chantaje, obligándola a empeñar las joyas de la familia. Durante su último año de vida, libró una batalla extremadamente dolorosa contra un cáncer de útero acompañado de constantes hemorragias. Cuando murió, en 1852, a los treinta y seis años de edad, fue enterrada, cumpliendo una de sus últimas voluntades, en una tumba campestre junto a la del padre poeta al que nunca llegó a conocer, y que había muerto a la misma edad que ella.

La revolución industrial se basó en dos grandes conceptos que resultaron trascendentales por su simplicidad. Hubo innovadores a los que se les ocurrieron formas de simplificar esfuerzos dividiendo las grandes tareas en otras, más pequeñas y más fáciles, que pudieran realizarse en cadenas de montaje. Luego, comenzando en la industria textil, hubo inventores que encontraron formas de mecanizar los distintos pasos de modo que estos pudieran ser ejecutados por máquinas, muchas de ellas impulsadas por vapor. Basándose en ideas de Pascal y Leibniz, Babbage trató de aplicar estos dos procesos a la producción de cómputos, creando un precursor mecánico del ordenador moderno. Su salto conceptual más significativo fue la idea de que tales máquinas no habían de destinarse a realizar un único proceso, sino que, lejos de ello, podrían programarse y reprogramarse mediante el uso de tarjetas perforadas. Ada supo ver la belleza y la trascendencia de aquella cautivadora noción, y formuló asimismo una idea aún más apasionante que se derivaba de ella: que tales máquinas podrían procesar no solo números, sino cualquier cosa que pudiera expresarse por medio de símbolos.

Durante años, a Ada Lovelace se la ha considerado un icono feminista y una pionera de la informática. Así, por ejemplo, el Departamento de Defensa estadounidense le puso su nombre, Ada, a su lenguaje de programación orientado a objetos de alto nivel. Sin embargo, también se la ha ridiculizado como una persona ilusa, frívola y responsable de solo una pequeña aportación a las «Notas» que llevaban sus iniciales. No obstante, como ella misma escribía en dichas «Notas» refiriéndose a la máquina analítica, pero en palabras que también describen su fluctuante reputación, «a la hora de considerar cualquier tema nuevo, existe con frecuencia la tendencia, en primer lugar, a sobreestimar lo que consideramos que ya resulta interesante o notable, y en segundo lugar, por una especie de reacción natural, a infravalorar el verdadero estado del caso».

La realidad es que la contribución de Ada fue tan profunda como inspiradora. Más que Babbage o ninguna otra persona de su época, ella fue capaz de vislumbrar un futuro en el que las máquinas se convertirían en compañeras de la imaginación humana, tejiendo conjuntamente tapices tan hermosos como los del telar de Jacquard. Su aprecio por la ciencia poética la llevó a valorar una propuesta de máquina calculadora que fue desechada por el estamento científico de su tiempo, y asimismo supo percibir cómo la capacidad de procesamiento de semejante dispositivo podría utilizarse con cualquier forma de información. Así, Ada, condesa de Lovelace, contribuyó a plantar la semilla de una era digital que florecería cien años después.

2

El computador

A veces la innovación es una cuestión de sincronía. Surge una gran idea en el momento justo en que existe la tecnología necesaria para ponerla en práctica. Así, por ejemplo, la idea de enviar un hombre a la Luna se propuso justo cuando el progreso de los microchips hizo posible instalar sistemas de navegación computarizada en la ojiva de un cohete. Hay, sin embargo, otros casos en que no se da tal sincronía. Charles Babbage publicó su artículo sobre un sofisticado computador en 1837, pero hicieron falta cien años para alcanzar la infinidad de avances tecnológicos necesarios para construirlo.

Algunos de dichos avances parecen casi triviales, pero el progreso no avanza solo a grandes saltos, sino también gracias a cientos de modestos pasos. Tomemos, por ejemplo, las tarjetas perforadas, como las que Babbage vio en los telares de Jacquard y se propuso incorporar a su máquina analítica. El hecho de que se perfeccionara el uso de tarjetas perforadas para los computadores se produjo porque Herman Hollerith, un empleado de la Oficina del Censo estadounidense, se horrorizó al ver que se habían necesitado cerca de ocho años para tabular a mano el censo de 1880, de modo que decidió automatizar el recuento de 1890.

Inspirándose en el modo en que los revisores de tren estadounidenses perforaban agujeros en varias partes de un billete para indicar los rasgos de cada pasajero (género, altura aproximada, edad, color de pelo…), Hollerith diseñó tarjetas perforadas con doce filas y veinticuatro columnas que registraban los rasgos relevantes de cada persona en el censo. Luego se hacían deslizar las tarjetas entre una retícula de vasos de mercurio y un conjunto de agujas impulsadas por un resorte, de modo que se creara un circuito eléctrico allí donde hubiera un agujero. La máquina podía tabular no solo los totales brutos, sino también combinaciones de diversos rasgos, como el número de varones casados o de mujeres de origen extranjero. Utilizando los tabuladores de Hollerith, el censo de 1890 fue completado en un año en lugar de en ocho. Aquel fue el primer gran ejemplo de uso de circuitos eléctricos para procesar información, y en 1924, tras una serie de fusiones y adquisiciones, la empresa que fundó Hollerith se convertiría en la International Business Machines, o IBM.

Una forma de ver la innovación es considerar que esta es la acumulación de cientos de pequeños avances, como los contadores y los lectores de tarjetas perforadas. En lugares como IBM, que se especializa en mejoras cotidianas realizadas por equipos de ingenieros, esta es la forma preferida de entender cómo se produce realmente la innovación. Algunas de las tecnologías más importantes de nuestra era, como las técnicas de fractura hidráulica o *fracking*, desarrolladas durante las seis últimas décadas para extraer gas natural, vieron la luz gracias a innumerables pequeñas innovaciones además de algunos grandes avances.

En el caso de los ordenadores hubo muchos de semejantes avances graduales realizados por ingenieros anónimos en lugares como IBM. Pero eso solo no bastó. Aunque las máquinas que producía IBM a comienzos del siglo XX eran capaces de compilar datos, no eran propiamente lo que nosotros llamaríamos hoy ordenadores. Ni siquiera eran calculadoras especialmente hábiles, sino más bien renqueantes. Aparte de aquellos centenares de avances menores, el nacimiento de la era informática requirió algunos saltos imaginativos de mayor trascendencia por parte de visionarios creativos.

Lo digital vence a lo analógico

Las máquinas inventadas por Hollerith y Babbage eran digitales, en el sentido de que calculaban utilizando dígitos: números enteros discretos y definidos como 0, 1, 2, 3... En sus máquinas, los enteros se sumaban y restaban por medio de engranajes y ruedas dentadas que movían un dígito a la vez, como los contadores. Otro enfoque distinto de la computación fue construir dispositivos capaces de imitar o simular un fenómeno físico y luego hacer mediciones de dicho modelo analógico para calcular los resultados relevantes. Se conocía a estos como «computadores analógicos» porque funcionaban por analogía. Los computadores analógicos no se basan en enteros discretos para realizar sus cálculos; en lugar de ello, utilizan funciones continuas. En los computadores analógicos se emplea una cantidad variable, como un voltaje eléctrico, la posición de una cuerda en una polea, la presión hidráulica o una medida de distancia, como una analogía de las correspondientes cantidades del problema que hay que resolver. A modo de ejemplo para ver la diferencia, digamos que una regla de cálculo es un dispositivo analógico, mientras que un ábaco es digital; los relojes de manecillas son analógicos, mientras que los que llevan pantallas en las que se muestran cifras son digitales.

Más o menos en la época en que Hollerith construía su tabulador digital, lord Kelvin y su hermano James Thomson, dos de los científicos más distinguidos de Inglaterra, creaban una máquina analógica. Fue diseñada para gestionar la tediosa tarea de resolver ecuaciones diferenciales, lo que ayudaría a la elaboración de gráficas de mareas y de tablas de ángulos de tiro que mostraran las diferentes trayectorias de los proyectiles de artillería. A partir de la década de 1870, los dos hermanos diseñaron un sistema basado en un planímetro, un instrumento para medir el área de una forma bidimensional, como el espacio bajo una línea curva en una hoja de papel. El usuario trazaba el contorno de la curva con el dispositivo, que calculaba el área utilizando una pequeña esfera que era empujada lentamente a través de la superficie de un gran disco rotatorio. Calculando el área bajo la curva podía resolver ecuaciones por integración; en otras palabras, podía realizar una tarea de cálculo básica. Kelvin y su hermano consiguieron emplear este método para crear un «sintetizador armónico» capaz de elaborar una gráfica de mareas anuales en cuatro horas. Pero nunca lograron vencer las dificultades mecánicas que planteaba unir muchos de aquellos dispositivos para resolver ecuaciones con numerosas variables.

El reto de unir múltiples integradores no sería superado hasta 1931, cuando un profesor de ingeniería del MIT, Vannevar Bush (conviene que el lector recuerde su nombre, puesto que se trata de uno de los personajes clave de este libro), logró construir el que sería el primer computador electromecánico analógico del mundo. Denominó a su máquina «analizador diferencial». Estaba compuesta por seis integradores de rueda y disco, no muy distintos del de lord Kelvin, que se hallaban conectados entre sí por una serie de engranajes, poleas y ejes que giraban mediante motores eléctricos. También ayudó el hecho de que Bush estuviera en el MIT; había mucha gente allí capaz de montar y calibrar artilugios complejos. La máquina final, que tenía el tamaño de un dormitorio pequeño, podía resolver ecuaciones con hasta dieciocho variables independientes. Durante la década siguiente se construyeron distintas réplicas del analizador diferencial de Bush en el campo de pruebas de Aberdeen del ejército estadounidense, en Maryland, en la Escuela Moore de Ingeniería Eléctrica, de la Universidad de Pennsylvania, y en las universidades de Manchester y Cambridge, en Inglaterra. Estas se revelaron particularmente útiles en la creación en serie de tablas de fuego de artillería, y también a la hora de formar e inspirar a la siguiente generación de pioneros informáticos.

Sin embargo, la máquina de Bush no estaba destinada a ser un gran avance en la historia de la computación debido a que se trataba de un dispositivo analógico. De hecho, resultó ser el último aliento de la computación analógica, al menos durante muchas décadas.

En 1937, exactamente cien años después de que Babbage publicara por primera vez su artículo sobre la máquina analítica, empezaron a surgir nuevos enfoques, tecnologías y teorías. Este se convertiría en un *annus mirabilis* de la era informática, y el resultado sería el triunfo de las cuatro propiedades, en cierto modo interrelacionadas, que vendrían a definir la informática moderna:

• *Digital.* Un rasgo fundamental de la revolución informática es que esta se basó en computadores digitales, no analógicos. Esto fue así por muchas razones —como pronto veremos—, entre ellas los avances simultáneos en la lógica teórica, los circuitos y los interruptores electrónicos, que hicieron que el enfoque digital resultara más fructífero que el analógico. No sería hasta la década de 2010 cuando los informáticos, al tratar de imitar el comportamiento del cerebro humano, empezarían a trabajar en serio en formas de reavivar la computación analógica.

• *Binaria*. Los ordenadores modernos no solo serían digitales, sino que, además, el sistema digital que adoptarían sería el sistema binario, o de base 2, lo que significa que emplea solo dos dígitos, 0 y 1, en lugar de los diez de nuestro sistema decimal cotidiano. Como en muchos otros conceptos matemáticos, a finales del siglo XVII, Leibniz ya fue un pionero de la teoría binaria. En la década de 1940 resultó cada vez más evidente que el sistema binario funcionaba mejor que otras formas digitales, incluido el sistema decimal, a la hora de realizar operaciones lógicas empleando circuitos integrados por interruptores de encendido y apagado.

• *Electrónica*. A mediados de la década de 1930, el ingeniero británico Tommy Flowers promovió el uso de tubos de vacío como interruptores de encendido y apagado en circuitos electrónicos. Hasta entonces, los circuitos se basaban en interruptores mecánicos y electromecánicos, como los chasqueantes relés electromagnéticos que utilizaban las compañías telefónicas. Los tubos de vacío se habían empleado principalmente para amplificar señales, más que como interruptores. Al utilizar componentes electrónicos como los tubos de vacío, y más tarde los transistores y microchips, los computadores pudieron operar miles de veces más deprisa que las máquinas basadas en interruptores electromecánicos móviles.

• *Universal*. Por último, a la larga las máquinas tendrían la capacidad de ser programadas y reprogramadas —y hasta de reprogramarse a sí mismas— para toda una serie de objetivos diversos. No solo serían capaces de resolver una forma de cálculo matemático, como las ecuaciones diferenciales, sino que podrían ejecutar múltiples tareas y realizar numerosas manipulaciones de símbolos, utilizando para ello palabras, música e imágenes además de números; desarrollarían así el potencial que lady Lovelace auguró al describir la máquina analítica de Babbage.

La innovación se produce cuando caen semillas maduras en tierra fértil. Lejos de tener una única causa, los grandes avances de 1937 fueron fruto de una combinación de capacidades, ideas y necesidades que coincidieron en múltiples lugares. Como sucede a menudo en los anales de la invención, especialmente en la de tecnología de la información, se dio el momento adecuado y la atmósfera propicia. El desarrollo de los tubos de vacío para la industria de la radio preparó el terreno para la creación de los circuitos electrónicos digitales. A ello le acompañaron los avances teóricos en lógica, que hicieron más útiles los circuitos. Y la marcha se vio acelerada asimismo por los tambores de guerra. Cuando las naciones empezaban a armarse para el inminente conflicto, resultó evidente que la potencia computacional era tan importante como la potencia de fuego. Los distintos avances se nutrieron unos a otros, y se produjeron casi simultánea y espontáneamente, en Harvard, en el MIT, en Princeton, en los Laboratorios Bell, en un piso de Berlín e incluso —no por increíble menos interesante— en un sótano de Ames, Iowa.

Subyacentes a todos estos avances hubo algunos hermosos —Ada los llamaría «poéticos»— saltos matemáticos. Uno de dichos saltos llevó al concepto formal de «computador universal», una máquina de uso universal que pudiera ser programada para realizar cualquier tarea lógica y simular el comportamiento de cualquier otra máquina lógica. Este concepto fue planteado como un experimento mental por un brillante matemático inglés con una trayectoria vital que resultaría a la vez inspiradora y trágica.

ALAN TURING

Alan Turing recibió la fría educación propia de un niño nacido en los deshilachados márgenes de la pequeña nobleza británica.[1] Su familia había sido agraciada desde 1638 con el título de baronet, que había ido serpenteando a través de su linaje hasta llegar a uno de sus sobrinos. Pero para los hijos menores del árbol familiar, como lo fueron Turing, su padre y su abuelo, no había tierras y apenas riquezas. La mayoría de ellos eligieron opciones como el sacerdocio, como el abuelo de Alan, o la administración colonial, como su padre, que ejerció como administrador de bajo rango en las regiones remotas de la India. Así, Alan fue concebido en Chatrapur, India, y nació el 23 de junio de 1912 en Londres, mientras sus padres pasaban una temporada de descanso en su tierra natal. Cuando tenía solo un año de edad, sus padres regresaron a la India por unos años más, y a él y a su hermano mayor los dejaron al cuidado de un coronel del ejército retirado y su esposa para que los criaran en una ciudad costera del sur de Inglaterra. «No soy psicólogo infantil —señalaría más tarde su hermano, John—, pero estoy seguro de que es malo para un bebé verse desarraigado y trasladado a un ambiente extraño.»[2]

Cuando regresó su madre, Alan vivió con ella durante unos años, y luego, a los trece, lo mandaron a un internado. Fue hasta allí en su bicicleta; tardó dos días en cubrir casi cien kilómetros, completamente solo. Había en él cierta intensa soledad, reflejada en su afición a correr y montar en bicicleta largas distancias. También poseía otro rasgo, muy común entre los innovadores, que sería descrito de manera encantadora por su biógrafo Andrew Hodges: «Alan tardó en aprender aquella línea imprecisa que separaba la iniciativa de la desobediencia».[3]

En unas conmovedoras memorias, su madre describía así al hijo al que tanto adoraba:

> Alan era robusto, de complexión fuerte y elevada estatura, con una mandíbula cuadrada y decidida, y un rebelde cabello castaño. Sus ojos hundidos, de color azul claro, eran su rasgo más notable. La nariz corta y algo respingona y las graciosas líneas de la boca le daban un aspecto juvenil, a veces incluso infantil, hasta tal punto que cuando ya se acercaba a los cuarenta todavía le confundían de vez en cuando con un universitario. En sus hábitos y su vestimenta tendía a ser desaliñado. Normalmente llevaba el cabello demasiado largo, con un mechón que le sobresalía y que él sacudía hacia atrás con un movimiento de cabeza. [...] Podía mostrarse abstraído y soñador, absorto en sus pensamientos, lo que en ocasiones le hacía parecer insociable. [...] Había veces en que su timidez le llevaba a actuar de manera extremadamente inapropiada. [...] De hecho, creía que la reclusión en un monasterio medieval le habría sentado muy bien.[4]

En el internado, llamado Sherborne School y situado en el condado de Dorset, Turing descubrió que era homosexual. Se encaprichó de un compañero de clase rubio y esbelto, Christopher Morcom, con el que estudiaba matemáticas y hablaba de filosofía. Pero un invierno, antes de graduarse, Morcom murió repentinamente de tuberculosis. Turing escribiría más tarde a la madre de Morcom, diciéndole: «Yo simplemente adoraba el suelo que él pisaba, algo que lamento decir que no me esforcé mucho en ocultar».[5] En una carta a su propia madre, Turing parecía haber buscado refugio en su fe. «Siento que algún día volveré a encontrarme con Morcom en otra parte, y que allí tendremos trabajo que hacer juntos, como yo creía que lo tendríamos aquí. Ahora que tengo que hacerlo yo solo, no debo defraudarle. Si lo logro seré más digno de estar en su compañía que ahora.» Pero la tragedia terminó por erosionar la fe religiosa de Turing. También le hizo aún más introvertido, y nunca volvería a resultarle fácil forjar relaciones íntimas. Su tutor en el internado informaba a sus padres en la Pascua de 1927: «Sin duda no es un muchacho "normal"; no es que eso le haga peor, pero probablemente sí más infeliz».[6]

En su último año en Sherborne, Turing obtuvo una beca para asistir al King's College de Cambridge, en el que ingresó en 1931 para cursar estudios de matemáticas. Uno de los tres libros que compró con parte del dinero de la beca fue *Fundamentos matemáticos de la mecánica cuántica*, de John von Neumann, un fascinante matemático húngaro que, como pionero del diseño de computadores, ejercería una constante influencia en su vida. Turing se interesaba especialmente en las matemáticas que constituían el núcleo de la física cuántica, que describe cómo los sucesos a escala subatómica están gobernados por probabilidades estadísticas y no por leyes que determinan cosas con certeza. Él creía (al menos de joven) que aquella incertidumbre e indeterminación del nivel subatómico era lo que permitía a los seres humanos ejercer el libre albedrío; un rasgo que, de ser cierto, parecería distinguirlos de las máquinas. En otras palabras, dado que los sucesos del nivel subatómico no están predeterminados, ello abre la puerta a que tampoco nuestros pensamientos y acciones lo estén. Como le explicaba en una carta a la madre de Morcom:

> En ciencia solía darse por supuesto que, si se sabía todo sobre el universo en cualquier momento concreto, entonces podíamos predecir cómo sería en cualquier tiempo futuro. Esta idea se debía en realidad al gran éxito de la predicción astronómica. Pero la ciencia más moderna ha llegado a la conclusión de que, cuando tratamos con átomos y electrones, somos absolutamente incapaces de conocer su estado exacto, ya que nues-

tros propios instrumentos están hechos también de átomos y electrones. Así pues, en realidad el concepto de que somos capaces de conocer el estado exacto del universo debe desecharse a pequeña escala, lo que significa que hay que desechar también la teoría que sostenía que, puesto que los eclipses, etc. están predestinados, también lo están todos nuestros actos. Tenemos una voluntad que es capaz de determinar la acción de los átomos probablemente en una pequeña parte del cerebro, o es posible incluso que en todo el conjunto de este.[7]

Durante el resto de su vida, Turing se debatiría con la cuestión de si la mente humana es fundamentalmente distinta de una máquina determinista, y poco a poco llegaría a la conclusión de que la distinción resultaba menos evidente de lo que él había creído.

También pensaba instintivamente que, del mismo modo que la incertidumbre impregnaba todo el reino subatómico, había problemas matemáticos que no podían resolverse mecánicamente y que estaban destinados a permanecer ocultos en la indeterminación. Por entonces los matemáticos centraban sus esfuerzos en las cuestiones relacionadas con la completud y coherencia de los sistemas lógicos, debido en parte a la influencia de David Hilbert, el genio de Gotinga que, entre muchos otros logros, había dado con la formulación matemática de la teoría de la relatividad general a la vez que Einstein.

En un congreso celebrado en 1928, Hilbert planteó tres preguntas fundamentales válidas para cualquier sistema formal de matemáticas: 1) ¿era su conjunto de reglas completo, de modo que cualquier enunciado pudiera demostrarse (o refutarse) utilizando solo las reglas del propio sistema?; 2) ¿era coherente, de modo que ningún enunciado pudiera demostrarse verdadero y a la vez falso?, y 3) ¿existía algún procedimiento que pudiera determinar si un enunciado concreto era demostrable, en lugar de permitir la posibilidad de que algunos enunciados (como les ocurría a algunos enigmas matemáticos permanentes, como el teorema de Fermat,* la conjetura de Goldbach** o la conjetura

---

* Para la ecuación $a^n + b^n = c^n$, en la que a, b y c son números enteros positivos, no hay solución alguna cuando n es mayor que 2.

** Cada número entero par mayor que 2 puede expresarse como la suma de dos números primos.

de Collatz*) estuvieran condenados a permanecer en el limbo de la indecisión? Hilbert pensaba que la respuesta a las dos primeras preguntas era que sí, privando de sentido a la tercera. Dicho con sencillez: «No hay nada parecido a un problema insoluble».

En el plazo de tres años, el lógico austríaco Kurt Gödel, que por entonces tenía veinticinco años de edad y vivía con su madre en Viena, liquidó las dos primeras de aquellas preguntas con dos respuestas inesperadas: no y no. En su «teorema de incompletud» mostró que había enunciados que no podían demostrarse ni refutarse. Entre ellos, y simplificando un poco, se encontraban los similares a los enunciados autorreferentes como «Este enunciado es indemostrable». Si el enunciado es verdadero, entonces decreta que no podemos demostrar que lo es; si es falso, conduce asimismo a una contradicción lógica. Es algo parecido a la «paradoja del mentiroso» de los antiguos griegos, donde no puede determinarse la verdad del enunciado «Este enunciado es falso» (si el enunciado es verdadero, entonces también es falso, y viceversa).

Al proponer enunciados que no podían demostrarse ni refutarse, Gödel mostró que cualquier sistema formal lo bastante potente como para expresar las matemáticas habituales es incompleto. Y asimismo fue capaz de elaborar un teorema anexo que en la práctica respondía «no» a la segunda pregunta de Hilbert.

Esto dejaba únicamente la tercera de las preguntas de Hilbert, la de la decidibilidad, o, como el propio Hilbert lo llamaba, el *Entscheidungsproblem* o «problema de decisión». Aunque Gödel hubiera propuesto enunciados que no podían demostrarse ni refutarse, quizá aquella extraña clase de enunciados pudiera ser de algún modo identificada y aislada, dejando el resto del sistema completo y coherente. Ello requeriría que encontráramos algún método para decidir si un enunciado es demostrable. Cuando el gran profesor de matemáticas de Cambridge Max Newman le enseñó a Turing las preguntas de Hilbert, expresó el *Entscheidungsproblem* del siguiente modo: ¿existe algún «proceso mecánico» que

---

* Un proceso en el que un número se divide por 2 si es par, y se triplica y al resultado se le suma 1 si es impar, cuando se repite indefinidamente, a la larga siempre dará por resultado 1.

se pueda utilizar para determinar si un enunciado lógico concreto es demostrable?

A Turing le gustó el concepto de «proceso mecánico». Un día del verano de 1935 se hallaba entregado a su habitual carrera en solitario a lo largo del río Ely, y tras recorrer unos tres kilómetros se detuvo para tenderse entre los manzanos de Grantchester Meadows y meditar sobre una idea. Iba a tomar literalmente la noción de «proceso mecánico», ideando un proceso mecánico —una máquina imaginaria— y aplicándola al problema.[8]

La «máquina de computación lógica» que concibió (como experimento mental, no como una verdadera máquina que hubiera que construir) era bastante sencilla a primera vista, pero en teoría podía manejar cualquier cómputo matemático. Consistía en una extensión ilimitada de banda perforada que contenía símbolos dentro de cuadrados; en el ejemplo binario más sencillo, estos símbolos podían ser simplemente un 1 y un espacio en blanco. La máquina podía leer los símbolos de la cinta y realizar ciertas acciones basándose en una «tabla de instrucciones» que se le había dado previamente.[9]

La tabla de instrucciones le diría a la máquina qué hacer basándose en qué configuración tuviera y en qué símbolo encontrara en el cuadrado, en el caso de hallar alguno. Así, por ejemplo, la tabla de instrucciones de una tarea concreta podía decretar que, si la máquina se hallaba en la configuración 1 y veía un 1 en el cuadrado, debía avanzar un cuadrado hacia la derecha y pasar a la configuración 2. De manera ciertamente sorprendente —para nosotros, ya que no para Turing—, si se le daba la tabla de instrucciones adecuada, semejante máquina podía completar cualquier tarea matemática, por compleja que fuera.

¿Cómo podía responder aquella máquina imaginaria a la tercera pregunta de Hilbert, el problema de decisión? Turing abordó el problema refinando el concepto de «números computables». La máquina de computación lógica podía calcular cualquier número real que fuera definido mediante una regla matemática. Incluso un número irracional como π podía calcularse indefinidamente utilizando una tabla de instrucciones finita. Y lo mismo con el logaritmo de 7, o la raíz cuadrada de 2, o la secuencia de números de Bernoulli para la que Ada Lovelace había contribuido a crear un algoritmo, o cualquier otro número o serie, por muy difícil que resultara de computar, con tal de que su cálculo fuera definido mediante un conjunto de reglas finito. Todos ellos eran, en el lenguaje de Turing, «números computables».

Luego Turing pasó a mostrar que también había números no computables. Ello se relacionaba con lo que él denominaba «el problema de la parada». No puede haber ningún método, indicó, que determine por adelantado si cualquier tabla de instrucciones dada, combinada con cualquier conjunto de entradas dado, hará que la máquina llegue a una respuesta, o bien entre en un bucle y siga trabajando indefinidamente sin llegar a ninguna parte. La insolubilidad del problema de la parada, mostró, implicaba que el problema de decisión de Hilbert, el *Entscheidungsproblem*, era insoluble. Pese a lo que Hilbert parecía esperar, ningún procedimiento mecánico puede determinar el carácter demostrable de todo enunciado matemático. La teoría de incompletud de Gödel, la indeterminación de la mecánica cuántica y la respuesta de Turing al tercer desafío de Hilbert vinieron a asestar sendos golpes a un universo mecánico, determinista y predecible.

El trabajo de Turing fue publicado en 1937 con el título, no demasiado ingenioso, de «Sobre números computables, con una aplicación al *Entscheidungsproblem*». Su respuesta a la tercera pregunta de Hilbert resultaría útil para el desarrollo de la teoría matemática. Pero aún sería mucho más importante el producto derivado de la prueba de Turing: su concepción de una máquina de computación lógica, que pronto pasaría a conocerse como «máquina de Turing». «Es posible inventar una sola máquina que pueda utilizarse para calcular cualquier secuencia computable», afirmaba.[10] Una máquina así sería capaz de leer las instrucciones de cualquier otra máquina y de realizar cualquier tarea que dicha máquina pudiera hacer. En esencia, encarnaba el sueño de Charles Babbage y Ada Lovelace de una máquina de uso general absolutamente universal.

Alonzo Church, un matemático de Princeton, había publicado previamente, aquel mismo año, una solución distinta y menos elegante al *Entscheidungsproblem*, con el nombre, más duro, de «cálculo lambda no escrito». El profesor de Turing, Max Newman, decidió que sería útil para él trasladarse a estudiar bajo la dirección de Church. En su carta de recomendación, Newman describía el enorme potencial de

Turing, y añadía asimismo una petición más personal basada en el carácter de Turing: «Ha estado trabajando sin ninguna supervisión o crítica de nadie —escribió—. Eso hace que sea aún más importante que entre en contacto lo antes posible con las principales personas que trabajan en esta línea, de modo que no termine siendo un solitario empedernido».[11]

Turing ciertamente tenía tendencia a ser un solitario. A veces su homosexualidad hacía que se sintiera como un extraño; vivía solo y evitaba los compromisos personales demasiado profundos. En un momento dado le propuso matrimonio a una colega, pero luego se sintió obligado a decirle que era gay; ella ni se inmutó y continuó dispuesta a casarse, pero él creyó que aquello sería una farsa y decidió no seguir adelante. Pese a ello, no se convirtió en «un solitario empedernido». Aprendió a trabajar formando parte de un equipo junto con otros colaboradores, lo que sería crucial para permitir que sus teorías abstractas se reflejaran en inventos reales y tangibles.

En septiembre de 1936, mientras aguardaba a que se publicara su trabajo, aquel candidato a doctor de veinticuatro años de edad zarpó rumbo a Estados Unidos en tercera clase a bordo del viejo transatlántico *Berengaria*, arrastrando consigo su apreciado sextante de latón. Su despacho en Princeton estaba en el edificio del Departamento de Matemáticas, que por entonces también albergaba el Instituto de Estudios Avanzados, donde recibían Einstein, Gödel y Von Neumann. El culto y muy sociable Von Neumann se interesó especialmente por el trabajo de Turing, a pesar de que sus personalidades eran muy distintas.

Los enormes cambios y avances simultáneos de 1937 no fueron directamente causados por la publicación del artículo de Turing. De hecho, al principio este pasó prácticamente desapercibido. Turing le pidió a su madre que enviara copias de él al filósofo matemático Bertrand Russell y a otra media docena de eruditos famosos, pero la única reseña importante fue la de Alonzo Church, que podía permitirse el lujo de halagarle porque se había adelantado a Turing en la solución del problema de decisión de Hilbert. Church no solo se mostró generoso, sino que además fue él quien introdujo el término «máquina de Turing» para referirse a lo que este había denominado «máquina de computación lógica». Así, a los veinticuatro años, el nombre de Turing quedó indeleblemente asociado a uno de los conceptos más importantes de la era digital.[12]

CLAUDE SHANNON Y GEORGE STIBITZ EN LOS LABORATORIOS BELL

En 1937 se produjo otro avance teórico trascendental, similar al de Turing en cuanto que se trataba puramente de un experimento mental. Era el trabajo de un estudiante de posgrado del MIT llamado Claude Shannon, que aquel año se convirtió en la tesis de máster más influyente de todos los tiempos, un artículo que *Scientific American* calificaría más tarde como «la Carta Magna de la era de la información».[13]

Shannon creció en una pequeña población de Michigan, donde construyó maquetas de aviones y aparatos de radioaficionado; luego cursó estudios especializados de ingeniería eléctrica y matemáticas en la Universidad de Michigan. En su último año de universidad contestó a una oferta de trabajo colgada en un tablón de anuncios, donde se ofrecía un empleo en el MIT a las órdenes de Vannevar Bush, ayudando a manejar el analizador diferencial. Shannon consiguió el puesto y quedó cautivado por la máquina; no tanto por las varillas, poleas y ruedas que constituían sus componentes analógicos como por los relés electromagnéticos que formaban parte de su circuito de control. En la medida en que diversas señales eléctricas hacían que los relés se abrieran y se cerraran, estos creaban diferentes patrones de circuitos.

En el verano de 1937, Shannon se tomó un descanso del MIT y fue a trabajar a los Laboratorios Bell, unas instalaciones de investigación gestionadas por AT&T. Situados por entonces en Manhattan, en el lado de Greenwich Village que daba al río Hudson, los laboratorios constituían un refugio para convertir las ideas en inventos. Allí las teorías abstractas interactuaban con los problemas prácticos, y en los pasillos y las cafeterías los teóricos excéntricos se mezclaban con ingenieros prácticos, ásperos mecánicos y especialistas en resolver problemas de tipo formal, lo que alentaba el mutuo enriquecimiento de la teoría y la ingeniería. Ello hacía de los Laboratorios Bell un arquetipo de uno de los pilares más importantes de la innovación de la era digital, lo que

Peter Galison, historiador de la ciencia de Harvard, ha denominado una «zona de intercambio». Cuando aquellos hombres teóricos y prácticos tan dispares se juntaron, aprendieron a encontrar un lenguaje común para intercambiar ideas e información.[14]

En los Laboratorios Bell, Shannon pudo ver de cerca la complejidad de los circuitos del sistema telefónico, que utilizaban interruptores eléctricos para redirigir llamadas y equilibrar cargas. En su mente, empezó a vincular el funcionamiento de aquellos circuitos a otro tema que le resultaba fascinante, el álgebra formulada noventa años antes por el matemático británico George Boole. Este último había revolucionado la lógica al encontrar formas de expresar enunciados lógicos empleando símbolos y ecuaciones algebraicos. Utilizando un sistema binario, dio a las proposiciones verdaderas el valor de 1 y a las falsas el de 0. A partir de ahí podían realizarse una serie de operaciones lógicas básicas —como «y», «o», «no», «o/o» y «si/entonces»— con tales proposiciones, exactamente igual que si fueran ecuaciones matemáticas. Shannon comprendió que los circuitos eléctricos podían realizar esas operaciones lógicas de álgebra booleana utilizando una estructura de interruptores de encendido y apagado. Para realizar una función «y», por ejemplo, se podían colocar dos interruptores en serie, de manera que ambos tuvieran que estar encendidos para que fluyera la electricidad. Para realizar una función «o», los interruptores podían conectarse en paralelo, de modo que la electricidad fluyera si uno de ellos estaba encendido. Un tipo de interruptores algo más versátiles llamados «puertas lógicas» podían hacer aún más eficiente el proceso. En otras palabras, se podía diseñar un circuito que contuviera muchos relés y puertas lógicas capaz de realizar, paso a paso, toda una secuencia de tareas lógicas.

(Un relé es simplemente un interruptor que puede abrirse y cerrarse eléctricamente, por ejemplo, utilizando un electroimán. Los que se abren y se cierran físicamente se denominan a veces «electromecánicos», porque tienen partes móviles. También pueden utilizarse tubos de vacío y transistores como interruptores en un circuito eléctrico; a estos se los denomina «electrónicos» porque manipulan el flujo de electrones pero no requieren el movimiento de partes físicas. Una puerta lógica es un interruptor que puede manejar una o más entradas. Por ejemplo, en el caso de dos entradas, una puerta lógica «y» se enciende si ambas entradas están encendidas, mientras que una puerta lógica «o» se enciende si cualquiera de las entradas lo está. La idea de Shannon fue que estas últimas podían montarse juntas en circuitos capaces de ejecutar las tareas del álgebra lógica de Boole.)

Cuando Shannon volvió al MIT, en otoño, Bush se sintió fascinado por sus ideas y le instó a incluirlas en su tesis de máster. Bajo el título «Análisis simbólico de circuitos de relés y de conmutación», esta mostraba cómo podía ejecutarse cada una de las numerosas funciones del álgebra booleana. «Es posible realizar operaciones matemáticas complejas mediante circuitos de relés», resumía al final.[15] Este se convertiría en el concepto básico subyacente a todos los computadores digitales.

Las ideas de Shannon intrigaron a Turing porque se relacionaban claramente con su propia concepción recién publicada de una máquina universal capaz de utilizar instrucciones sencillas, expresadas en código binario, para abordar problemas no solo de matemáticas, sino también de lógica. Asimismo, dado que la lógica se relacionaba con el modo de razonar de la mente humana, una máquina que realizara tareas lógicas podía, en teoría, imitar el modo de pensar de los seres humanos.

Por aquel entonces trabajaba también en los Laboratorios Bell un matemático llamado George Stibitz, cuyo trabajo consistía en encontrar formas de manejar los cálculos cada vez más complejos que necesitaban los ingenieros telefónicos. Los únicos instrumentos con los que contaba eran máquinas sumadoras mecánicas de escritorio, de modo que se propuso inventar algo mejor basándose en la idea de Shannon de que los circuitos electrónicos podían realizar tareas matemáticas y lógicas. Una tarde de noviembre, a última hora, fue al almacén y se llevó a casa unos viejos relés electromagnéticos y bombillas. En la mesa de su cocina, juntó las partes empleando una lata de picadura de tabaco y unos cuantos interruptores para formar un sencillo circuito lógico capaz de sumar números binarios. Una bombilla encendida representaba un 1, y una apagada representaba un 0. Su esposa bautizó el dispositivo como «Modelo K», por haber sido montado en la cocina (*kitchen* en inglés). Al día siguiente, se lo llevó al trabajo e intentó convencer a sus colegas de que, con el suficiente número de relés, podría construir una calculadora.

Una importante misión de los Laboratorios Bell era encontrar formas de amplificar una señal telefónica a largas distancias al tiempo que se eliminaba la estática. Los ingenieros tenían fórmulas que manejaban la amplitud y la fase de la señal, y a veces las soluciones a sus ecuaciones implicaban números complejos (esto es, números que incluyen una unidad imaginaria que representa la raíz cuadrada de un número negativo). Su supervisor le preguntó a Stibitz si la máquina que proponía podía manejar números complejos. Cuando este le dijo que sí, se le asignó un equipo para que le ayudara a construirla. La «calculadora de números complejos», como se la llamó, fue completada en 1939. Tenía más de cuatrocientos relés, cada uno de los cuales podía abrirse y cerrarse veinte veces por segundo. Eso la hacía no solo claramente rápida en comparación con las calculadoras mecánicas, sino también tremendamente tosca y pesada en comparación con los circuitos de tubos de vacío totalmente electrónicos que acababan de ser inventados. El computador de Stibitz no era programable, pero sí mostraba el potencial de un circuito de relés para hacer matemáticas binarias, procesar información y manejar procedimientos lógicos.[16]

HOWARD AIKEN

También en 1937, un estudiante de doctorado de Harvard llamado Howard Aiken se esforzaba en realizar tediosos cálculos para su tesis de física utilizando una máquina sumadora. Cuando presionó a la universidad para construir un computador más sofisticado que hiciera el trabajo, su jefe de departamento le mencionó que en el desván del centro de ciencia de Harvard había unas ruedas de latón de un viejo dispositivo centenario que parecía asemejarse a lo que él quería. Al explorar el desván, Aiken encontró uno de los seis modelos de demostración de la máquina diferencial de Charles Babbage, que el hijo de este, Henry, había fabricado y distribuido. Aiken se sintió fascinado por Babbage, y trasladó el conjunto de ruedas de latón a su despacho. «En efecto, teníamos dos de las ruedas de Babbage —recordaría posteriormente—. Esas fueron las ruedas que yo más tarde haría montar y poner en el cuerpo del computador.»[17]

Aquel otoño, justo cuando Stibitz preparaba su demostración en la mesa de su cocina, Aiken escribió un memorando de veintidós páginas a sus superiores de Harvard y a los ejecutivos de IBM argumentando en favor de que financiaran una versión moderna de la máquina digital de Babbage. «El deseo de economizar tiempo y esfuerzo mental en cómputos aritméticos, y de eliminar la propensión humana al error, es probablemente tan viejo como la propia ciencia de la aritmética», empezaba el memorando.[18]

Aiken había crecido en Indiana, en circunstancias difíciles. Cuando tenía doce años, tuvo que utilizar un atizador de chimenea para defender a su madre frente a su padre, borracho y maltratador, que entonces abandonó a la familia dejándola sin dinero. Así pues, el joven Howard dejó la escuela en el noveno curso para ayudar a la familia trabajando como instalador telefónico, y más tarde encontró un trabajo nocturno en la compañía eléctrica local para poder asistir a una escuela de tecnología durante el día. Él solo fue el artífice de su propio éxito, pero en el proceso se convirtió en una persona extremadamente exigente con un temperamento explosivo, alguien a quien se le describiría como algo parecido a una tormenta inminente.[19]

Harvard tenía sentimientos encontrados acerca de si construir la calculadora propuesta por Aiken o resistirse a la posibilidad de darle un puesto de profesor para dirigir un proyecto que parecía ser más práctico que académico. (En algunos sectores del club del cuerpo docente de Harvard, calificar a alguien de práctico antes que de académico se consideraba un insulto.) Respaldaba a Aiken el rector de la institución, James Bryant Conant, quien, como presidente del Comité de Investigación de Defensa Nacional estadounidense, se sentía cómodo posicionando a Harvard como parte de un triángulo que abarcaba los ámbitos académico, industrial y militar. Su Departamento de Física, sin embargo, era más purista. Su presidente escribió a Conant, en diciembre de 1939, para decirle que la máquina era «deseable si se puede encontrar dinero, pero no necesariamente más deseable que cualquier otra cosa», mientras que un comité del cuerpo docente afirmó de Aiken: «Se le debería dejar bastante claro que tal actividad no incrementará sus posibilidades de promoción a una cátedra». Finalmente prevaleció la opinión de Conant, y este autorizó a Aiken a construir su máquina.[20]

En abril de 1941, mientras IBM construía el Mark I siguiendo las especificaciones de Aiken en su laboratorio de Endicott, Nueva York, él dejó Harvard para servir en la marina estadounidense. Durante dos años fue profesor, con el rango de capitán de corbeta, en la Escuela de Guerra de Minas Navales de Virginia. Un colega le describió como alguien «armado hasta los dientes con fórmulas que llenaban toda la sala y revestido de teorías de Harvard», y que tuvo que vérselas «con una colección de paletos del Sur [ninguno de los cuales] había aprendido cálculo en su pueblo».[21] Pasaba gran parte del tiempo pensando en el Mark I, y hacía visitas ocasionales a Endicott vestido con su uniforme de gala.[22]

Su servicio naval tuvo una importante recompensa: a comienzos de 1944, cuando IBM se preparaba para transportar el Mark I, ya completado, a Harvard, Aiken logró convencer a la marina de que asumiera la autoridad sobre la máquina y le asignara a él el puesto de oficial al mando. Eso le ayudó a sortear la burocracia académica de Harvard, que todavía se mostraba renuente a darle un puesto de profesor. Así, el Laboratorio de Computación de Harvard se convirtió por un tiempo en una instalación naval, y todos los empleados de Aiken eran efectivos de la marina y trabajaban vestidos de uniforme. Él los denominaba su «tripulación», mientras que ellos le llamaban a él «capitán», y todos se referían al Mark I en femenino, como se hace tradicionalmente con los barcos.[23]

El Harvard Mark I tomaba prestadas muchas de las ideas de Babbage. Era digital, aunque no binario, ya que sus ruedas tenían 10 posiciones. A lo largo de su eje de 15 metros había 72 contadores que podían almacenar números de hasta 23 dígitos, y, una vez terminado, el aparato pesaba cinco toneladas y media unos 24 metros de largo por 15 de ancho. El eje y otras partes móviles se accionaban eléctricamente. Aun así, era una máquina lenta. En lugar de relés electromagnéticos, empleaba relés mecánicos que se abrían y se cerraban por medio de motores eléctricos. Eso significaba que hacían falta unos seis segundos para resolver un problema de multiplicación, frente al segundo que tardaba la máquina de Stibitz. Sin embargo, tenía una característica impresionante que se convertiría en un elemento básico de los computadores modernos: era totalmente automática. Los programas y los datos se introducían por medio de una banda perforada, y podía funcionar durante días sin intervención humana. Eso le permitió a Aiken referirse a ella como «el sueño de Babbage hecho realidad».[24]

Konrad Zuse

Aunque ellos no lo sabían, en 1937 todos aquellos pioneros se estaban viendo superados por un ingeniero alemán que trabajaba en el piso de sus padres. Konrad Zuse estaba terminando el prototipo de una calculadora que era binaria y que podía leer instrucciones de una banda perforada. Sin embargo, al menos en su primera versión, denominada Z1, era un artilugio mecánico, no eléctrico ni electrónico.

Como muchos otros pioneros de la era digital, Zuse creció fascinado tanto por el arte como por la ingeniería. Tras graduarse en una escuela técnica, encontró trabajo como técnico analista de tensión en una compañía aeronáutica de Berlín, resolviendo ecuaciones lineales que incorporaban toda clase de cargas y factores de fuerza y elasticidad. Aun utilizando calculadoras mecánicas, resultaba casi imposible para una persona resolver en menos de un día más de seis ecuaciones lineales simultáneas con seis incógnitas. Si había veinticinco variables, se podía tardar un año. De modo que Zuse, como tantos otros, se vio motivado por el deseo de mecanizar el tedioso proceso de resolver ecuaciones matemáticas, y para ello convirtió en un taller la sala de estar de sus padres, que vivían en un piso cerca del aeropuerto berlinés de Tempelhof.[25]

En la primera versión de Zuse, los dígitos binarios se almacenaban por medio de unas delgadas placas metálicas con ranuras y agujas que fabricaron él y sus amigos usando una sierra de vaivén. Al principio utilizó cinta de papel perforada para introducir los datos y programas, pero pronto pasó a emplear película desechada de 35 mm, que no solo era más robusta, sino que asimismo resultaba más barata. Su Z1, completado en 1938, logró resolver traqueteando unos cuantos problemas, aunque no de manera muy fiable. Todos los componentes habían sido hechos a mano y tendían a atascarse. Zuse tenía la desventaja de no estar en un centro como los Laboratorios Bell o poder sacar provecho de la colaboración existente entre Harvard e IBM, lo que le habría permitido formar un equipo con ingenieros que podrían haber complementado su talento.

Sin embargo, el Z1 mostró que, en teoría, la concepción lógica que había diseñado Zuse funcionaba. Un amigo de la universidad que le ayudaba, Helmut Schreyer, le instó a construir juntos una nueva versión utilizando tubos de vacío electrónicos en lugar de interruptores mecánicos. Si en aquel momento lo hubieran hecho así, habrían pasado a la historia como los primeros inventores de un computador moderno operativo: binario, electrónico y programable. Pero Zuse, al igual que los expertos a los que consultó en la escuela técnica, vaciló ante el desembolso que representaba construir un dispositivo con cerca de dos mil tubos de vacío.[26]

Así pues, para el Z2 decidieron utilizar como interruptores, en cambio, relés electromecánicos, comprados de segunda mano a la compañía telefónica, que eran más resistentes y baratos, aunque mucho más lentos. El resultado fue un computador que empleaba relés en la unidad aritmética, mientras que la unidad de memoria era mecánica y utilizaba agujas móviles en una plancha metálica.

En 1939, Zuse empezó a trabajar en un tercer modelo, el Z3, que utilizaba relés electromecánicos tanto para la unidad aritmética como para las de control y memoria. Cuando fue completado, en 1941, se convirtió en el primer computador digital programable universal plenamente operativo. Aunque era incapaz de manejar directamente saltos condicionales y bifurcaciones en los programas, en teoría podía actuar como una máquina universal de Turing. Su principal diferencia con los computadores posteriores era el hecho de utilizar toscos relés electromagnéticos en lugar de componentes electrónicos, como tubos de vacío o transistores.

El amigo de Zuse, Schreyer, empezó a redactar una tesis doctoral, titulada «El relé de tubo y sus técnicas de conmutación», que defendía el uso de tubos de vacío para construir un computador a la vez rápido y potente. No obstante, cuando él y Zuse se lo propusieron al ejército alemán, en 1942, los mandos dijeron que confiaban en ganar la guerra antes de los dos años que harían falta para construir una máquina así.[27] Estaban más interesados en fabricar armas que ordenadores. En consecuencia, Zuse se vio apartado de su tarea y destinado de nuevo a la ingeniería aeronáutica. En 1943, sus computadores y diseños quedaron destruidos en el bombardeo aliado de Berlín.

Trabajando cada uno por su cuenta, Zuse y Stibitz habían acabado empleando relés para crear circuitos capaces de manejar cómputos binarios. ¿Cómo desarrollaron esa idea al mismo tiempo que la guerra mantenía aislados a sus dos equipos? La respuesta es, en parte, que los avances teóricos y tecnológicos hicieron que aquel fuera el momento adecuado. Como muchos otros innovadores, Zuse y Stibitz estaban familiarizados con el uso de relés en circuitos telefónicos, y tenía sentido vincular ese uso a las operaciones binarias en el campo de las matemáticas y de la lógica. Asimismo, Shannon, que también estaba muy familiarizado con los circuitos telefónicos, dio el salto teórico —relacionado con lo anterior— de imaginar que unos circuitos electrónicos dotados de interruptores binarios podrían realizar las tareas lógicas del álgebra booleana. La idea de que los circuitos digitales serían la clave de la computación se estaba extendiendo rápidamente entre los investigadores de casi todas partes, incluso en lugares aislados como la zona central de Iowa.

John Vincent Atanasoff

Lejos tanto de Zuse como de Stibitz, en 1937 había también otro inventor que experimentaba con circuitos digitales. Trabajando en un sótano en Iowa, sería el artífice de la siguiente innovación histórica: la construcción de un dispositivo de cálculo que, al menos en parte, utilizara tubos de vacío. En algunos aspectos, su máquina era menos avanzada que las demás. No era programable ni universal; en lugar de ser completamente electrónica, incluía algunos elementos mecánicos de movimiento lento, y aunque su inventor construyó un modelo que en teoría era capaz de funcionar, en la práctica no pudo conseguir que operara de manera fiable. Pese a ello, John Vincent Atanasoff, conocido por su esposa y sus amigos como Vincent, merece la distinción de ser el pionero que concibió el primer computador digital parcialmente electrónico, y lo hizo después de haberse sentido inspirado durante un largo e impetuoso trayecto en automóvil realizado una noche de diciembre de 1937.[28]

Atanasoff, que nació en 1903, era el mayor de los siete hijos de un inmigrante búlgaro y una descendiente de una de las familias más antiguas de Nueva Inglaterra. Su padre trabajaba como ingeniero en una planta eléctrica de New Jersey dirigida por Thomas Edison, pero luego trasladó la familia a una población de la Florida rural, al sur de Tampa. A los nueve años, Vincent ayudó a su padre a montar la instalación eléctrica de su casa de Florida, y este le regaló una regla de cálculo de la marca Dietzgen. «Aquella regla de cálculo me fascinaba», recordaría más tarde.[29] A una temprana edad se lanzó al estudio de los logaritmos con un entusiasmo que parece algo extravagante por más que él lo explique en tono serio: «¿Cabe imaginar que un niño de nueve años, con el béisbol en la cabeza, pueda verse transformado por ese conocimiento? El béisbol pasó a un segundo plano ante el duro estudio de los logaritmos». Durante el verano calculó el logaritmo de 5 en base e, y luego, con la ayuda de su madre (que había sido profesora de matemáticas), estudió cálculo mientras estaba todavía en la escuela de presecundaria. Su padre se lo llevó a la planta de fosfato en la que trabajaba como ingeniero electrotécnico para mostrarle cómo funcionaban los generadores. El joven Vincent, retraído, creativo y brillante, terminó la enseñanza secundaria en dos años en lugar de los tres habituales, y obtuvo sobresalientes en todas las asignaturas.

Estudió ingeniería eléctrica en la Universidad de Florida, aunque mostraba asimismo cierta inclinación práctica y pasaba mucho tiempo en el taller de maquinaria y la fundición de la universidad. También seguía fascinado por las matemáticas, y en su primer año estudió una prueba que implicaba el uso de aritmética binaria. Creativo y confiado, se graduó con la nota media más alta de su época. Aceptó una beca para realizar un trabajo de máster en matemáticas y física en la Universidad Estatal de Iowa, y aunque más tarde sería admitido en Harvard, se mantuvo firme en su decisión de estudiar en la Estatal, que tenía su sede en la ciudad de Ames, en el cinturón cerealícola estadounidense.

Luego Atanasoff cursó un doctorado en física en la Universidad de Wisconsin, donde pasó por la misma experiencia que otros pioneros de la informática, empezando por Babbage. Su trabajo, que versó acerca de cómo puede polarizarse el helio mediante un campo eléctrico, implicaba tediosos cálculos. Mientras se esforzaba en resolver las fórmulas matemáticas utilizando una máquina sumadora de escritorio, soñaba con inventar una calculadora que pudiera hacer la mayor parte del trabajo. Tras regresar a la Universidad Estatal de Iowa en 1930 como profesor adjunto, decidió que sus títulos en ingeniería eléctrica, matemáticas y física le habían preparado suficientemente para la tarea.

Su decisión de no quedarse en Wisconsin o ir a Harvard o a otra universidad importante en el ámbito de la investigación tuvo sus consecuencias. En la Estatal de Iowa, donde no había nadie más trabajando en la forma de construir nuevas calculadoras, Atanasoff estaba solo. Podían ocurrírsele ideas nuevas, pero no tenía a su alrededor a nadie que le sirviera de caja de resonancia o que le ayudara a superar desafíos teóricos o de ingeniería. A diferencia de la mayoría de los innovadores de la era digital, fue un inventor solitario, a quien la inspiración le llegaba en largos trayectos en automóvil o en sus conversaciones con un alumno universitario que le hacía de ayudante. Al final, eso resultaría ser una desventaja.

Inicialmente Atanasoff consideró la posibilidad de construir un dispositivo analógico; su afición a las reglas de cálculo le llevó a tratar de diseñar una versión gigante utilizando largas tiras de película. Sin embargo, se dio cuenta de que la película tendría que medir varios cientos de metros para poder resolver ecuaciones algebraicas lineales con la suficiente precisión para ajustarse a sus necesidades. También construyó un artilugio capaz de dar forma a un montón de parafina para poder calcular una ecuación diferencial parcial. Fueron las limitaciones de estos dispositivos analógicos las que le hicieron centrarse, en cambio, en la creación de una versión digital.

El primer problema que abordó fue el de cómo almacenar números en una máquina. Para describir esa característica utilizó el término «memoria». «Por entonces yo tenía solo un conocimiento superficial del trabajo de Babbage, y, por lo tanto, no sabía que él denominaba al mismo concepto "almacén". […] Me gusta su término, y quizá, de haberlo conocido, lo habría adoptado; también me gusta "memoria", con su analogía con el cerebro.»[30]

Atanasoff examinó una lista de posibles dispositivos de memoria: agujas mecánicas, relés electromagnéticos, una pequeña pieza de material magnético que pudiera polarizarse mediante una carga eléctrica, tubos de vacío y un pequeño condensador eléctrico. Los más rápidos serían los tubos de vacío, pero también eran caros. Así pues, en lugar de ello optó por utilizar lo que él denominó «condensadores» —hoy los llamamos indistintamente «condensadores» o «capacitores»—, que son unos componentes pequeños y baratos capaces de almacenar, al menos brevemente, una carga eléctrica. Fue una decisión comprensible, pero implicó que la máquina fuera lenta y pesada. Por más que las operaciones de suma y resta pudieran realizarse a velocidades electrónicas, el proceso de introducir y extraer números de la unidad de memoria ralentizaba toda la máquina a la velocidad del tambor rotatorio.

Una vez elegida la unidad de memoria, Atanasoff centró su atención en cómo construir la unidad aritmética y lógica, que él denominó «el mecanismo de computación». Decidió que este debía ser totalmente electrónico, lo que significaba utilizar tubos de vacío, aunque fueran caros. Los tubos actuarían como interruptores de encendido y apagado para realizar la función de puertas lógicas en un circuito capaz de sumar, restar y realizar cualquier función booleana.

Esto planteaba una cuestión de matemática teórica como las que tanto le gustaban desde que era un niño: su sistema digital, ¿debía ser decimal o binario, o bien utilizar alguna otra base numérica? Atanasoff, que era un auténtico entusiasta de los sistemas numéricos, evaluó numerosas opciones. «Durante un tiempo se creyó que la base cien parecía relativamente prometedora —escribió en un artículo que no llegó a publicarse—. Ese mismo cálculo mostró que la base que teóricamente da la velocidad de cálculo más alta es e, la base natural.»[31] Sin embargo, equilibrando la teoría con el espíritu práctico, finalmente se decidió por la base 2, el sistema binario. A finales de 1937 les daba vueltas en la cabeza a estas y otras ideas, formando un «revoltijo» de conceptos que no «cuajaban».

A Atanasoff le encantaban los coches; si podía, le gustaba comprarse uno nuevo todos los años, y en diciembre de 1937 adquirió un flamante Ford con un potente motor V8. Para relajar la mente, una noche lo cogió para dar una vuelta, dando lugar a lo que se convertiría en un importante momento en la historia de la informática.

Una noche de invierno de 1937, mi cuerpo entero se hallaba atormentado de tanto intentar solucionar los problemas de la máquina. Me subí en el coche y conduje a gran velocidad durante largo rato para poder controlar mis emociones. Tenía la costumbre de hacerlo durante varios kilómetros; concentrándome en la conducción, podía recuperar el control de mí mismo. Pero aquella noche me encontraba excesivamente atormentado, y continué hasta que hube cruzado el Mississippi y entrado en Illinois, y me hallé a unos 300 kilómetros del punto de partida.[32]

Salió de la autopista y entró en un bar de carretera. Al menos en Illinois, al contrario que en Iowa, podía tomar alcohol, de modo que pidió un bourbon con soda, y luego otro. «Me di cuenta de que ya no estaba tan nervioso, y mis pensamientos volvieron de nuevo a las máquinas computadoras —recordaría más tarde—. No sé por qué, en ese momento mi mente funcionaba como no lo había hecho antes, pero todo parecía estar bien, sereno y tranquilo.» La camarera no le prestaba atención, de modo que Atanasoff pudo procesar su problema sin que nadie le molestara.[33]

Bosquejó sus ideas en una servilleta de papel, y luego comenzó a revisar algunas cuestiones prácticas. La más importante de ellas era cómo renovar la carga en los condensadores, ya que, de no hacerlo, esta se agotaría al cabo de un minuto o dos. Se le ocurrió la idea de montarlos en tambores cilíndricos rotatorios, más o menos del tamaño de las latas de zumo de la marca V8 (de unos 130 centilitros de capacidad), de modo que entraran en contacto una vez por segundo con unos cables tipo escobilla que renovaban la carga. «Aquella noche en el bar generé en mi mente la posibilidad de la memoria regenerativa —afirmaría—. En aquel momento la llamé "estimulador".» Con cada vuelta del cilindro rotatorio, los cables estimulaban la memoria de los condensadores y, cuando era necesario, recuperaban datos de los condensadores y almacenaban otros nuevos. También se le ocurrió una arquitectura que tomaba números de dos cilindros de condensadores distintos, y luego usaba el circuito de tubos de vacío para sumarlos o restarlos y poner el resultado en la memoria. Tras unas horas resolviéndolo todo, recordaría, «me subí al coche y conduje de vuelta a casa a un ritmo más lento».[34]

En mayo de 1939, Atanasoff estaba listo para iniciar la construcción de un prototipo. Necesitaba un ayudante, preferiblemente un estudiante universitario con experiencia en ingeniería. «Tengo a tu hombre», le dijo un día un amigo de la facultad. Fue así como forjó una sociedad con otro hijo de un ingeniero electrotécnico autodidacta, Clifford Berry.[35]

La máquina fue diseñada y cableada con un único objetivo: resolver ecuaciones lineales simultáneas. Podía manejar hasta 29 variables. En cada paso, la máquina de Atanasoff procesaba dos ecuaciones lineales a la vez y eliminaba una de las variables, y a continuación imprimía las ecuaciones resultantes en tarjetas perforadas binarias de 20 × 28 centímetros. Luego el conjunto de tarjetas con la ecuación más sencilla volvía a introducirse en la máquina para iniciar de nuevo el proceso, eliminando otra variable más. El proceso requería algo de tiempo. Si podían hacerla funcionar adecuadamente, la máquina tardaría casi una semana en completar un conjunto de 29 ecuaciones. Aun así, un ser humano que realizara el mismo proceso utilizando calculadoras de escritorio necesitaría al menos diez semanas.

Atanasoff hizo una demostración de un prototipo a finales de 1939, y, con la esperanza de conseguir financiación para construir la máquina real, mecanografió una propuesta de 35 páginas, utilizando papel carbón para hacer unas cuantas copias. «El principal propósito de este escrito es presentar una descripción y exposición de una máquina computadora diseñada principalmente para solucionar grandes sistemas de ecuaciones algebraicas lineales», comenzaba el texto. Como si pretendiera eludir la crítica de que ese era un objetivo limitado para una máquina tan grande, Atanasoff especificaba una larga lista de problemas que requerían la resolución de tales ecuaciones: «Ajuste de curvas [...] problemas vibratorios [...] análisis de circuitos eléctricos [...] estructuras elásticas...». Y concluía con una detallada lista de los gastos previstos, los cuales ascendían a un total de 5.330 dólares, que acabaría consiguiendo de una fundación privada.[36] Luego envió una de las copias de su propuesta al abogado de patentes de Chicago contratado por la Estatal de Iowa, quien, en un incumplimiento de su deber que generaría décadas de controversia histórica y jurídica, nunca llegaría a presentar solicitud de patente alguna.

En septiembre de 1942, la máquina real de Atanasoff casi estaba terminada. Tenía el tamaño de un escritorio y contenía cerca de trescientos tubos de vacío. Sin embargo, había un problema: el mecanismo que utilizaba chispas para abrir los agujeros en las tarjetas perforadas nunca funcionaba correctamente, y en la Estatal de Iowa no había equipos de mecánicos e ingenieros a los que pudiera recurrir en busca de ayuda.

En aquel punto el trabajo quedó interrumpido. Atanasoff fue reclutado por la marina y enviado al laboratorio de armamento que esta tenía en Washington, donde trabajó en minas acústicas y más tarde asistió a las pruebas de la bomba atómica en el atolón Bikini. Aunque trasladó su foco de atención de los computadores a la ingeniería de armamento, no por ello dejó de ser un inventor, y obtuvo treinta patentes, incluido un dispositivo dragaminas. Aun así, su abogado de Chicago nunca solicitó las patentes de su ordenador, y a la larga Atanasoff se olvidó del asunto.

El computador de Atanasoff podría haber marcado un hito importante, pero el hecho es que, en sentido tanto literal como figurado, se vio relegado al trastero de la historia. Aquella máquina, que casi funcionaba, se guardó en el sótano del edificio de física de la Estatal de Iowa, y unos años después ya nadie parecía recordar para qué servía. Cuando en 1948 se necesitó el espacio para otros usos, un estudiante de la universidad la desmontó, sin comprender lo que era, y desechó la mayoría de las piezas.[37] Muchas de las primeras historias de la era informática ni siquiera mencionan a Atanasoff.

No obstante, aunque hubiera funcionado correctamente, la máquina tenía limitaciones. El circuito de tubos de vacío hacía cálculos ultrarrápidos, pero las unidades de memoria, que giraban mecánicamente, reducían sobremanera la velocidad de todo el proceso. Y lo mismo hacía el sistema de chispas para abrir agujeros en las tarjetas perforadas, incluso cuando funcionaba. Para resultar verdaderamente rápidos, los ordenadores modernos tuvieron que ser totalmente electrónicos, y no solo en parte. Asimismo, el modelo de Atanasoff tampoco era programable. Estaba montado para hacer una única cosa, resolver ecuaciones lineales.

El perdurable atractivo romántico de Atanasoff se debe a que era un innovador solitario que trabajaba en un sótano, con solo su joven adlátere Clifford Berry como compañero. No obstante, su historia demuestra que en realidad no deberíamos idealizar a estos personajes solitarios. Como Babbage, que también trabajó en un pequeño taller con solo un ayudante, Atanasoff nunca consiguió que su máquina funcionara plenamente. De haber estado en los Laboratorios Bell, entre enjambres de técnicos, ingenieros y mecánicos, o en una universidad donde se realizaran importantes investigaciones, probablemente se habría encontrado una solución para arreglar el lector de tarjetas, así como las otras partes fallidas de su artilugio. Es más, cuando a Atanasoff lo licenciaron de la marina en 1942, habría dejado tras de sí a otros miembros de su equipo para que dieran los últimos toques o, cuando menos, recordaran lo que se estaba construyendo.

Lo que salvó a Atanasoff de ser una olvidada nota a pie de página en la historia es un hecho que resulta algo irónico, dado el resentimiento que él albergaría más tarde con respecto al suceso. Fue la visita que recibió, en junio de 1941, de una de aquellas personas a las que, en lugar de trabajar aisladas, les gustaba visitar sitios, captar ideas y trabajar en equipo. Posteriormente el viaje de John Mauchly a Iowa sería objeto de costosos pleitos, amargas acusaciones y versiones históricas enfrentadas. Pero fue lo que salvó a Atanasoff de la oscuridad e hizo avanzar el curso de la historia del computador.

JOHN MAUCHLY

A comienzos del siglo XX surgió en Estados Unidos, como había sucedido antes en Gran Bretaña, una clase de científicos aristocráticos que se reunían en clubes de exploradores con paredes revestidas de madera y otras instituciones exclusivistas, donde disfrutaban compartiendo ideas, asistiendo a conferencias y colaborando en proyectos. John Mauchly se crió en ese reino. Su padre, un físico, era jefe de investigación en el Departamento de Magnetismo Terrestre de la Institución Carnegie de Washington, la principal fundación de la nación a la hora de promover el avance y la difusión de la investigación. Su especialidad era registrar las condiciones eléctricas de la atmósfera y relacionarlas con el tiempo, un esfuerzo colegiado que implicaba coordinar a investigadores desde Groenlandia hasta Perú.[38]

John, que creció en el barrio washingtoniano de Chevy Chase, estuvo en contacto permanente con la creciente comunidad científica de la zona. «Parecía que en Chevy Chase estaban prácticamente todos los científicos de Washington —se jactó—. El director de la División de Pesos y Medidas de la Oficina de Normas vivía cerca de nosotros, al igual que el director de la División de Radio.» También el jefe del Smithsonian era uno de los vecinos. John pasaba muchos fines de semana haciendo cálculos con una máquina sumadora de escritorio para su padre, y a raíz de ello desarrolló cierta pasión por la meteorología basada en datos. También le gustaban los circuitos eléctricos. Junto con los jóvenes amigos de su barrio, instaló cables de intercomunicación que unían sus casas y construyó dispositivos de control remoto para activar fuegos artificiales en las fiestas. «Cuando yo presionaba un botón, se iniciaban los fuegos artificiales a unos quince metros de distancia.» A los catorce años ya ganaba dinero ayudando a la gente del vecindario a arreglar las averías en la instalación eléctrica de sus casas.[39]

Mientras estudiaba en la Universidad Johns Hopkins, Mauchly se matriculó en un programa para alumnos excepcionales que permitía saltar directamente a un programa de doctorado en física. Hizo su tesis sobre la espectroscopia de bandas luminosas porque esta combinaba belleza, experimentos y teoría. «Tenías que saber algo de teoría para determinar qué salía en los espectros de bandas, pero no podías hacerlo a menos que tuvieras las fotografías experimentales de ese espectro, y ¿quién iba a hacértelas? —explicó—. Nadie sino tú mismo. De modo que hice un montón de tareas prácticas, como soplar vidrio y hacer vacíos, encontrar las filtraciones, etc.»[40]

Mauchly tenía una personalidad encantadora y una gran capacidad (y el deseo) para explicar las cosas, de modo que era lógico que se convirtiera en profesor. Tales puestos resultaban difíciles de obtener durante la Depresión, pero él logró hacerse con uno en el Ursinus College, una institución privada situada a una hora de coche al noroeste de Filadelfia. «Yo era el único que enseñaba física allí», señaló.[41]

Un componente esencial de la personalidad de Mauchly era el hecho de que le gustaba compartir ideas —normalmente con una amplia sonrisa y no sin cierta elegancia—, lo que hacía de él un profesor muy popular. «Le gustaba hablar y pareció desarrollar muchas de sus ideas en el toma y daca de la conversación —recordaba un colega—. A John le encantaban los actos sociales, le gustaba comer buena comida y beber buen licor. Le gustaban las mujeres, las jóvenes atractivas, lo inteligente y lo inusual.»[42] Era peligroso hacerle una pregunta, porque podía conversar seria y apasionadamente sobre casi todo, desde el teatro hasta la literatura pasando por la física.

Sus clases eran todo un espectáculo. Para explicar el momento lineal giraba sobre sí mismo, primero con los brazos extendidos y luego recogidos, y para describir el concepto de acción y reacción se subía a un monopatín casero y daba bandazos hacia delante y hacia atrás, un truco que un año le valió una caída y una fractura de brazo. La gente solía conducir varios kilómetros para asistir a su clase de final del trimestre antes de Navidades, que la institución trasladó a su auditorio más grande para dar cabida a todos los visitantes. En ella explicaba cómo podían utilizarse la espectrografía y otros instrumentos de la física para determinar qué había dentro de un paquete sin abrirlo. Según su esposa, «lo medía, lo pesaba, lo sumergía en agua y lo pinchaba con una larga aguja».[43]

En lo que constituía un reflejo de su fascinación por la meteorología cuando era un niño, a comienzos de la década de 1930 la investigación de Mauchly se centraba en averiguar si las pautas meteorológicas a largo plazo se relacionaban con las erupciones solares, las manchas solares y la rotación del Sol. Los científicos de la Institución Carnegie y del Servicio Meteorológico estadounidense le proporcionaron veinte años de datos diarios procedentes de doscientas estaciones, y él se puso a calcular correlaciones utilizando ecuaciones multivariables. Se las ingenió (no olvidemos que era la época de la Depresión) para comprar a bajo precio calculadoras de escritorio procedentes de bancos con problemas y para contratar a un grupo de jóvenes —a través de la Agencia Nacional de Juventud, fruto del New Deal— para que hicieran cómputos a cincuenta centavos la hora.[44]

Como otros cuyo trabajo requería cálculos tediosos, Mauchly anhelaba inventar una máquina capaz de hacerlos. Con su habitual carácter sociable, se propuso averiguar lo que otros estaban haciendo en ese sentido y, siguiendo la tradición de los grandes innovadores, reunir una amplia variedad de ideas. En el pabellón de IBM de la Exposición Universal de Nueva York de 1939 vio una calculadora eléctrica que utilizaba tarjetas perforadas, pero comprendió que depender de tarjetas sería demasiado lento dada la cantidad de datos que se veía obligado a procesar. También vio una máquina de encriptado que usaba tubos de vacío para cifrar mensajes. ¿Podrían usarse los tubos para otros circuitos lógicos? Otro día llevó a sus alumnos de visita al Swarthmore College —una institución privada, situada cerca de Filadelfia— para observar unos dispositivos contadores que usaban circuitos hechos con tubos de vacío a fin de medir las ráfagas de ionización de rayos cósmicos.[45] Asimismo hizo un curso nocturno de electrónica y empezó a experimentar con sus propios circuitos de tubos de vacío cableados a mano para ver que más podrían hacer.

En una conferencia celebrada en el Dartmouth College —otra universidad privada— en septiembre de 1940, Mauchly vio una demostración realizada por George Stibitz de la calculadora de números complejos que este había construido en los Laboratorios Bell. Lo que volvía apasionante aquella demostración era que el computador de Stibitz se encontraba en el edificio de Bell en el Bajo Manhattan, transmitiendo datos desde allí a través de un teletipo. Era el primer computador manejado a distancia. Durante tres horas estuvo resolviendo problemas planteados por el público; tardaba alrededor de un minuto para cada uno de ellos. Entre los asistentes a la demostración se contaba Norbert Wiener, un pionero de los sistemas de información, que trató de engañar a la máquina de Stibitz pidiéndole que dividiera un número por 0. Pero la máquina no cayó en la trampa. También estaba presente John von Neumann, el erudito húngaro que pronto habría de desempeñar un importante papel junto con Mauchly en el desarrollo de los computadores.[46]

Cuando decidió construir su propio computador de tubos de vacío, Mauchly hizo lo que suelen hacer los buenos innovadores: se basó en toda la información que había recopilado en sus viajes. Dado que el Ursinus no tenía presupuesto para investigación, Mauchly pagó los tubos de su propio bolsillo o trató de conseguirlos gratis de los fabricantes. Así, escribió a Supreme Instruments Corporation para pedirles componentes, y en la carta afirmaba: «Tengo la intención de construir una máquina calculadora eléctrica».[47] Durante una visita a RCA descubrió que también los tubos de neón podían utilizarse como interruptores; eran lentos, pero más baratos que los tubos de vacío, y compró un lote a ocho centavos la unidad. «Antes de noviembre de 1940 —explicaría más tarde su esposa—, Mauchly había probado con éxito ciertos componentes de su proyecto de computador y se había convencido de que era posible construir un dispositivo digital barato y fiable utilizando solo elementos electrónicos.» Eso ocurrió, insistió ella, antes de que hubiera oído hablar siquiera de Atanasoff.[48]

A finales de 1940 les confesó a algunos amigos que esperaba reunir toda aquella información para crear un computador electrónico digital. «Ahora estamos considerando la construcción de una máquina computadora eléctrica —le escribió aquel noviembre a un meteorólogo con el que había trabajado—. La máquina realizaría sus operaciones aproximadamente en 1/200 de segundo, empleando relés de tubos de vacío.»[49] Aunque tenía un talante colaborador y recogía información de muchas personas, comenzó a exhibir cierto deseo competitivo de ser el primero en construir un nuevo tipo de computador. Así, en diciembre le escribió a un antiguo alumno: «Para tu información privada, dentro de un año o así, cuando pueda conseguir el material y montarlo, espero tener una máquina computadora electrónica. [...] Mantenlo en secreto, ya que este año no dispongo del equipamiento para realizarlo y me gustaría "ser el primero"».[50]

Aquel mismo mes —diciembre de 1940—, Mauchly conoció casualmente a Atanasoff, lo que desencadenaría una serie de acontecimientos seguidos de años de disputas en torno a la propensión de Mauchly a recabar información de distintas fuentes y su deseo de «ser el primero». Atanasoff, que asistía a una reunión en la Universidad de Pennsylvania, se dejó caer por una sesión en la que Mauchly anunció su esperanza de construir una máquina para analizar datos meteorológicos. Al terminar, Atanasoff se le acercó para decirle que él había estado construyendo una calculadora electrónica en la Universidad Estatal de Iowa. Mauchly anotó en su programa de la conferencia que Atanasoff afirmaba haber inventado una máquina capaz de procesar y almacenar datos con un coste de solo 2 dólares por dígito. (La máquina de Atanasoff podía manejar 3.000 dígitos, y había costado alrededor de 6.000 dólares.) Mauchly estaba asombrado. Él calculaba que el coste de un computador de tubos de vacío sería de casi 13 dólares por dígito. Así que le dijo que le gustaría ver cómo lo había hecho, y Atanasoff le invitó a ir a Iowa.

Durante todo el primer semestre de 1941, Mauchly mantuvo correspondencia con Atanasoff y siguió maravillado ante el bajo coste que este afirmaba que tenía su máquina. «Menos de 2 dólares por dígito parece casi imposible, y, sin embargo, eso es lo que entendí que me dijo —le escribió—. Su sugerencia de visitar Iowa me pareció bastante absurda cuando me la propuso, pero cada vez me gusta más la idea.» Atanasoff le instó a aceptar. «Como estímulo adicional, le explicaré el asunto de los 2 dólares por dígito», le prometió.[51]

La visita de Mauchly a Atanasoff

La fatídica visita, en junio de 1941, duró cuatro días.[52] Mauchly fue en coche desde Washington y se llevó consigo a su hijo de seis años, Jimmy; llegó a última hora del viernes 13 de junio, para sorpresa de la esposa de Atanasoff, Lura, que aún no había preparado el cuarto de huéspedes. «Tuve que apresurarme, subir al desván y coger más almohadas extra y todo lo demás», recordaría más tarde.[53] También les dio de cenar, ya que los Mauchly habían llegado hambrientos. Los Atanasoff tenían ya tres hijos, pero Mauchly pareció dar por sentado que Lura se ocuparía también de Jimmy durante la visita, algo que ella hizo a regañadientes. De modo que le cogió antipatía a Mauchly. «Creo que no es trigo limpio», le dijo a su marido en un momento dado.[54]

Atanasoff estaba impaciente por alardear de su máquina, ya construida en parte, a pesar de que a su esposa le preocupaba que estuviera siendo demasiado confiado. «Tienes que ir con cuidado hasta que esté patentada», le advirtió. Pero a la mañana siguiente Atanasoff llevó a Mauchly, junto con Lura y los cuatro niños, al sótano del edificio de física, donde alzó con orgullo una sábana para revelar lo que él y Berry estaban montando juntos.

Mauchly se quedó impresionado por varios detalles. El uso de condensadores en la unidad de memoria era ingenioso y rentable, como lo era también el método de Atanasoff para recargarlos aproximadamente cada segundo montándolos sobre cilindros rotatorios. Mauchly había pensado en usar condensadores en lugar de tubos de vacío, que eran más caros, y supo apreciar que el método de Atanasoff de «estimular su memoria» los hacía viables. Ese era el secreto que permitía construir la máquina a 2 dólares por dígito. Tras leer el memorando de 35 páginas de Atanasoff donde se especificaban los detalles de la máquina y tomar una serie de notas, le preguntó si podía llevarse una de las copias a casa. Atanasoff se negó a ello, no solo porque ya no le quedaban copias para dar (aún no se había inventado la fotocopiadora), sino también porque empezaba a preocuparle la posibilidad de que Mauchly estuviera asimilando demasiada información.[55]

Pese a ello, en general Mauchly apenas se sintió inspirado por lo que vio en Ames, o al menos eso es lo que insistiría en afirmar retrospectivamente. La principal desventaja era que la máquina de Atanasoff no era plenamente electrónica, sino que, en cambio, tenía una memoria que dependía de los tambores mecánicos que montaban los condensadores. Esto hacía que fuera barata, aunque también muy lenta. «Pensé que su máquina era muy ingeniosa, pero dado que era en parte mecánica, implicaba el uso de conmutadores rotatorios para la función de conmutación, lo que no era en absoluto lo que yo tenía en mente —recordaría posteriormente Mauchly—. Dejé de interesarme en los detalles.» Más tarde, en su declaración en el juicio en torno a la validez de sus patentes, Mauchly calificaría la naturaleza semimecánica de la máquina de Atanasoff como «una decepción bastante radical», y tildaría el aparato de «un artilugio mecánico que usa unos cuantos tubos electrónicos para funcionar».[56]

La segunda decepción, afirmaría Mauchly, fue el hecho de que la máquina de Atanasoff estuviera diseñada para un solo propósito y no pudiera programarse o modificarse para realizar otras tareas. «Atanasoff no había hecho nada por que aquella no fuera sino una máquina para un solo fin y no hiciera nada más que resolver conjuntos de ecuaciones lineales.»[57]

De modo que Mauchly se fue de Iowa no con una concepción realmente innovadora de cómo construir un computador, sino más bien con unas cuantas intuiciones menores que añadir a la cesta de ideas que había estado reuniendo, consciente e inconscientemente, en sus visitas a conferencias, universidades y exposiciones. «Fui a Iowa prácticamente con la misma actitud con la que había ido a la Exposición Universal y a otros lugares —declararía en el juicio—; a saber: ¿hay algo aquí que podría ser útil para facilitar mis cómputos o los de otros?»[58]

Como la mayoría de la gente, Mauchly sacó ideas de toda una serie de experiencias, conversaciones y observaciones —en su caso, en Swarthmore, Dartmouth, los Laboratorios Bell, RCA, la Exposición Universal, la Estatal de Iowa y otros lugares—, y luego las combinó para formar otras ideas que consideró propias. «Una idea nueva surge de repente y de un modo bastante intuitivo —dijo una vez Einstein—, pero la intuición no es más que el resultado de una experiencia intelectual anterior.» Cuando la gente saca ideas de múltiples fuentes y luego las reúne, le resulta lógico pensar que las nuevas ideas resultantes son suyas, como lo son de hecho. Todas las ideas nacen así. Por consiguiente, Mauchly consideró que sus intuiciones y pensamientos acerca de cómo construir un computador eran suyos, y no un saco de ideas que había robado a otras personas. Y, pese a las posteriores conclusiones judiciales, básicamente tenía razón, en la medida en que alguien puede tenerla al pensar que sus ideas son suyas. Así es como funciona el proceso creativo, ya que no el sistema de patentes.

A diferencia de Atanasoff, Mauchly tenía la oportunidad, y la inclinación, de colaborar con un equipo pleno de variados talentos. Como resultado, lejos de crear una máquina que no funcionara en absoluto y terminara abandonada en un sótano, él y su equipo pasarían a la historia como los inventores del primer computador electrónico universal.

Cuando se disponía a dejar Iowa, Mauchly recibió una buena noticia. Había sido aceptado en un curso de electrónica en la Universidad de Pennsylvania, uno de los muchos que se impartían en todo el país financiados con fondos de emergencia por el Departamento de Guerra. Aquello representaba una oportunidad para aprender más sobre el uso de tubos de vacío en circuitos electrónicos, que ahora Mauchly estaba convencido de que era el mejor modo de construir computadores. Y también revela la importancia del ejército para impulsar la innovación en la era digital.

Durante ese curso de diez semanas, realizado en el verano de 1941, Mauchly tuvo la ocasión de trabajar con una versión del analizador diferencial del MIT, el computador analógico diseñado por Vannevar Bush. La experiencia aumentó su interés en construir su propio computador, y también le hizo comprender que en un lugar como la Universidad de Pennsylvania los recursos para hacerlo eran mucho mayores que en Ursinus, de modo que aceptó encantado un puesto de profesor en dicha universidad cuando se lo ofrecieron a finales del verano.

Mauchly le comunicó la buena noticia a Atanasoff en una carta, que también contenía indicios de un plan que desconcertó al profesor de Iowa. «Recientemente se me han ocurrido varias ideas distintas con respecto a los circuitos de computación, algunas de las cuales son más o menos híbridos, combinando sus métodos con otras cosas, mientras que algunas otras no se parecen en nada a su máquina —le escribió Mauchly con sinceridad—. La pregunta que tengo en mente es esta: ¿hay alguna objeción, desde su punto de vista, a que yo construya un tipo de computador que incorpore algunas características de su máquina?»[59] Es difícil saber por la carta, o por las posteriores explicaciones, declaraciones y testimonios de los años siguientes, si el tono inocente de Mauchly era sincero o fingido.

Fuera como fuese, el caso es que la carta contrarió a Atanasoff, que todavía no había logrado que su abogado presentara ninguna solicitud de patente. Al cabo de unos días respondió a Mauchly en un tono más bien brusco: «Nuestro abogado ha subrayado la necesidad de ser cuidadosos respecto a la difusión de información sobre nuestro dispositivo hasta que se presente una solicitud de patente. Ello no debería requerir demasiado tiempo, y, por supuesto, no tengo reparo alguno en haberle informado a usted sobre nuestro dispositivo; pero ello requiere que por el momento nos abstengamos de hacer públicos cualesquiera detalles».[60] Increíblemente, este intercambio de correspondencia no espoleó a Atanasoff ni a su abogado para que se presentara la solicitud de patente cuanto antes.

Durante aquel otoño de 1941, Mauchly siguió adelante con su diseño de computador, que él juzgaba, acertadamente, que reunía ideas procedentes de una amplia variedad de fuentes y que era muy distinto de lo que había construido Atanasoff. En el curso de verano encontró al compañero adecuado para unirse a él en la empresa: un estudiante universitario con una pasión propia de un perfeccionista por la ingeniería de precisión, y que sabía tanto de electrónica que había sido el profesor de prácticas de Mauchly pese a ser, con sus veintidós años, doce más joven que él y no tener aún el doctorado.

J. Presper Eckert

John Adam Presper Eckert Jr., conocido formalmente como J. Presper Eckert y de manera informal como Pres, era el único hijo de un promotor inmobiliario millonario de Filadelfia.[61] Uno de sus bisabuelos, Thomas Mills, fue el inventor de las máquinas que fabricaban los caramelos masticables típicos de Atlantic City, y asimismo —y no menos importante— creó una empresa para su fabricación y comercialización. Cuando Eckert era un niño, el chófer de la familia le llevaba a la escuela privada William Penn, fundada en 1689. Sin embargo, el éxito no le vendría de sus privilegios de cuna, sino de su propio talento. A los doce años ganó un concurso de ciencia celebrado en toda la ciudad construyendo un sistema de navegación para maquetas de barcos que empleaba imanes y reóstatos, y a los catorce ideó una innovadora manera de utilizar la corriente doméstica para eliminar las molestas pilas del sistema de interfono en uno de los edificios de su padre.[62]

En el instituto, Eckert deslumbró a sus compañeros de clase con sus inventos, y ganó dinero construyendo radios, amplificadores y sistemas de sonido. Filadelfia, la ciudad de Benjamin Franklin, era entonces un gran centro de la electrónica, y Eckert pasaba parte de su tiempo en el laboratorio de investigación de Philo T. Farnsworth, uno de los inventores de la televisión. Aunque fue aceptado en el MIT y él deseaba ir allí, sus padres no querían que se marchara. Fingiendo haber sufrido reveses financieros a causa de la Depresión, le presionaron para que fuera a la Universidad de Pennsylvania y siguiera viviendo en casa. Sin embargo, se rebeló contra su deseo de que estudiara administración de empresas; en lugar de ello, se matriculó en la Escuela Moore de Ingeniería Eléctrica, puesto que encontraba más interesante aquella materia.

El mayor éxito social de Eckert en la Universidad de Pennsylvania fue la creación de lo que él denominaba el «osculómetro» (del latín *osculum*, «boquita», la misma raíz de «ósculo»), que supuestamente medía la pasión y la electricidad romántica de un beso. La pareja sujetaba las manijas del dispositivo y luego se besaba, de modo que el contacto de los labios completaba un circuito eléctrico. Ello encendía una hilera de bombillas, y el objetivo era besarse lo bastante apasionadamente como para encender las diez y hacer sonar una sirena. Los concursantes más inteligentes sabían que los besos húmedos y las palmas de las manos sudorosas aumentaban la conductividad del circuito.[63] Eckert también inventó un dispositivo que utilizaba un método de modulación lumínica para grabar sonido sobre película, para el que solicitó y obtuvo una patente a los veintiún años de edad, cuando era todavía un estudiante.[64]

Pres Eckert tenía sus rarezas. Lleno de inquieta energía, solía andar nerviosamente de un lado a otro de la habitación, morderse las uñas y dar brincos, y de vez en cuando incluso se subía encima de un escritorio cuando estaba pensando. Llevaba una cadena de reloj que no estaba unida a reloj alguno, y la hacía girar entre las manos como si fuera un rosario. Tenía un genio vivo que estallaba y luego se disolvía transformándose en encanto. Su exigencia de perfección la había heredado de su padre, que solía recorrer los edificios en obras cargado con un gran paquete de lápices de colores con los que garabateaba instrucciones, utilizando colores distintos para indicar qué trabajador era el responsable. «Era así como muy perfeccionista, y se aseguraba de que lo hicieras bien —explicó su hijo—. Pero la verdad es que tenía un gran encanto. Casi siempre conseguía que hicieran las cosas personas deseosas de hacerlas.» Eckert, ingeniero hasta la médula, consideraba que las personas como él eran complementos necesarios de los físicos como Mauchly. «Un físico es alguien a quien le preocupa la verdad —diría más tarde—. Un ingeniero es alguien a quien le preocupa que se haga el trabajo.»[65]

El ENIAC

La guerra moviliza a la ciencia. A lo largo de los siglos, desde que los antiguos griegos construyeron una catapulta y Leonardo da Vinci trabajó como ingeniero militar a las órdenes de César Borgia, las necesidades marciales siempre han propiciado avances en tecnología, y ello resultó especialmente cierto a mediados del siglo XX. Muchos de los hitos tecnológicos capitales de esa época —como los computadores, la energía atómica, el radar e internet— se fraguaron en el ejército.

La entrada de Estados Unidos en la Segunda Guerra Mundial, en diciembre de 1941, proporcionó el ímpetu necesario para financiar la máquina que estaban diseñando Mauchly y Eckert. A la Universidad de Pennsylvania y el Departamento de Armamento del ejército, que tenía su sede en el campo de pruebas de Aberdeen, se les había encomendado la tarea de elaborar los folletos impresos con los ajustes del ángulo de tiro necesarios para la artillería que estaba siendo transportada a Europa. Para poder apuntar con precisión, los cañones requerían el uso de tablas que tuvieran en cuenta cientos de condiciones, como la temperatura, la humedad, la velocidad del viento, la altitud o las variedades de pólvora.

Crear una tabla para una sola categoría de proyectil disparado por un tipo concreto de cañón podía requerir el cálculo de unas tres mil trayectorias a partir de un conjunto de ecuaciones diferenciales. Ese trabajo solía hacerse empleando uno de los analizadores diferenciales inventados en el MIT por Vannevar Bush. Luego se combinaban los cálculos de la máquina con el trabajo de más de 170 personas, la mayoría de ellas mujeres, conocidas como «calculadoras humanas», que trabajaban las ecuaciones pulsando las teclas y girando las manivelas de una serie de máquinas sumadores de escritorio. Se reclutó a estudiantes universitarias especializadas en matemáticas de todo el país. Pero, a pesar de ese esfuerzo, se necesitaba más de un mes para completar una sola tabla de tiro. En el verano de 1942 empezó a resultar evidente que la producción se atrasaba más y más cada semana, lo que volvía ineficaz a parte de la artillería estadounidense.

Aquel agosto, Mauchly redactó un memorando en el que proponía un modo de ayudar al ejército a superar aquel desafío, y que estaba destinado a cambiar el curso de la informática. Titulado «El uso de dispositivos de tubos de vacío de alta velocidad para el cálculo», el memorando solicitaba financiación para la máquina que él y Eckert esperaban construir, un computador electrónico digital provisto de circuitos con tubos de vacío, y capaz tanto de resolver ecuaciones diferenciales como de realizar otras tareas matemáticas. «Se puede obtener una gran mejora en la velocidad de cálculo si los dispositivos utilizados emplean medios electrónicos», explicaba. Luego pasaba a estimar que podría calcularse una trayectoria de proyectil en «cien segundos».[66]

El memorando de Mauchly fue ignorado por los decanos de la Universidad de Pennsylvania, pero llegó a oídos del oficial del ejército agregado a la universidad, el teniente (que pronto se convertiría en capitán) Herman Goldstine, un joven de veintinueve años que había sido profesor de matemáticas en la Universidad de Michigan. Su misión era acelerar la producción de tablas de tiro, y había enviado a su esposa, Adele —también matemática—, a recorrer todo el país para reclutar a más mujeres que se unieran a los batallones de calculadoras humanas en la Universidad de Pennsylvania. El memorando de Mauchly le convenció de que había un camino mejor.

La decisión del Departamento de Guerra estadounidense de financiar el computador electrónico se produjo el 9 de abril de 1943. Mauchly y Eckert permanecieron en vela la noche anterior trabajando en su propuesta, pero aún no la habían completado cuando se subieron al coche con el que iban a realizar el trayecto de dos horas que separaba la Universidad de Pennsylvania del campo de pruebas de Aberdeen, en Maryland, donde estaban reunidos los oficiales del Departamento de Armamento. Mientras el teniente Goldstine conducía, ellos viajaban en el asiento trasero redactando los apartados que faltaban, y cuando llegaron a Aberdeen siguieron trabajando en un pequeño cuarto mientras Goldstine asistía a la reunión en la que había de examinarse el proyecto. La presidía Oswald Veblen, presidente del Instituto de Estudios Avanzados de Princeton, que asesoraba al ejército en los proyectos matemáticos. También estaba presente el coronel Leslie Simon, director del Laboratorio de Investigación Balística del ejército. Goldstine recordaría más tarde lo sucedido: «Veblen, tras escuchar durante un breve rato mi presentación y balancearse sobre las patas traseras de su silla, derribó la silla con estruendo, se levantó y dijo: "¡Simon, dale el dinero a Goldstine!". Luego abandonó la sala y la reunión terminó de esta feliz manera».[67]

Mauchly y Eckert incluyeron su memorando en un trabajo que titularon «Informe sobre un analizador dif. electrónico». El uso de la abreviatura «dif.» era una muestra de cautela, ya que podía significar tanto «de diferencias», que aludía a la naturaleza digital de la máquina propuesta, como «diferencial», que describía las ecuaciones que iba a abordar. Pronto se le dio un nombre más memorable, ENIAC, siglas en inglés de integrador y computador electrónico numérico. Aunque el ENIAC fuera diseñado principalmente para manejar ecuaciones diferenciales, que eran cruciales para calcular trayectorias de proyectiles, Mauchly escribió que podría disponer de un «dispositivo de programación» que le permitiera realizar otras tareas, convirtiéndolo así en un computador de uso más general.[68]

En junio de 1943 se inició la construcción del ENIAC. Mauchly, que seguía desempeñando sus tareas docentes, actuaba como consultor y visionario; Goldstine, como representante del ejército, supervisaba las operaciones y el presupuesto, y Eckert, con su pasión por el detalle y la perfección, era el ingeniero jefe. Este último llegó a estar tan entregado al proyecto que a veces dormía junto a la máquina. En cierta ocasión, para gastarle una broma, dos ingenieros levantaron su catre mientras dormía y lo trasladaron cuidadosamente a una sala idéntica situada un piso más arriba; cuando se despertó, temió por un momento que alguien hubiera robado la máquina.[69]

Sabedor de que las grandes ideas valen poco sin una ejecución precisa (una lección que había aprendido Atanasoff), Eckert no tuvo el menor reparo en controlar hasta los más mínimos detalles. Solía rondar a los otros ingenieros y decirles dónde tenían que soldar una junta o enrollar un cable. «Supervisaba el trabajo de cada ingeniero y comprobaba uno a uno los cálculos de cada resistencia de la máquina para asegurarme de que se hacía correctamente», afirmó. Eckert despreciaba a quienes desdeñaban un asunto tildándolo de trivial. «La vida está hecha de toda una concentración de cosas triviales —diría en cierta ocasión—. Sin duda un computador no es más que una enorme concentración de cosas triviales.»[70]

Eckert y Mauchly se complementaban a la perfección, lo que les convertía en uno de los numerosos dúos de pioneros que serían tan característicos de la era digital. Eckert espoleaba a la gente con su pasión por la precisión, mientras que Mauchly tendía a calmarla y a hacer que se sintiera querida. «Siempre estaba contando chistes y bromeando con la gente —recordaría Eckert—. Era muy agradable.» Eckert, cuyas habilidades técnicas iban acompañadas de una energía torrencial y una clara tendencia a la dispersión mental, necesitaba desesperadamente una caja de resonancia intelectual, y a Mauchly le gustaba serlo. Aunque no fuera ingeniero, Mauchly tenía la habilidad de saber unir la teoría científica con la práctica de la ingeniería de un modo que resultaba una fuente de inspiración. «Nos juntamos e hicimos aquello, y no sé si alguno de los dos lo habría hecho por sí solo», reconocería posteriormente Eckert.[71]

El ENIAC era digital, pero, en lugar de un sistema binario que utilizara solo unos y ceros, empleaba un sistema decimal, con contadores de diez dígitos. En ese sentido, no se parecía a un ordenador moderno. Aparte de eso, era más avanzado que las máquinas construidas por Atanasoff, Zuse, Aiken y Stibitz. Utilizando la denominada «bifurcación condicional» (una capacidad descrita por Ada Lovelace un siglo antes), podía saltar de un lado a otro dentro de un programa en función de sus resultados intermedios, y podía repetir bloques de código, conocidos como «subrutinas», que realizaban tareas comunes. «Podíamos tener subrutinas —explicó Eckert—, y subrutinas de subrutinas.» Cuando Mauchly propuso esta funcionalidad, recordaría Eckert, «fue una idea que identifiqué al instante como la clave de todo aquello».[72]

Después de un año de construcción, en junio de 1944 —en torno a las fechas del Día D—, Mauchly y Eckert pudieron probar los dos primeros componentes, que equivalían aproximadamente a una sexta parte del conjunto de la máquina proyectada. Comenzaron con un sencillo problema de multiplicación. Cuando obtuvieron la respuesta correcta, no pudieron reprimir un grito. Pero tendría que pasar otro año más, hasta noviembre de 1945, para que el ENIAC fuera plenamente operativo. Por entonces era capaz de realizar cinco mil sumas y restas en un segundo, lo que representaba una velocidad más de cien veces mayor que la de cualquier máquina anterior. Con sus 30 metros de largo y 2,5 de alto, un espacio similar al de un piso modesto de tres habitaciones, pesaba cerca de 30 toneladas y contaba con 17.468 tubos de vacío. En comparación con él, el computador de Atanasoff-Berry, que por entonces languidecía en un sótano en Iowa, tenía el tamaño de un escritorio, contaba con solo 300 tubos, y únicamente era capaz de hacer 30 sumas o restas por segundo.

BLETCHLEY PARK

Aunque pocos extraños lo supieran en aquella época —y seguirían sin saberlo durante más de tres décadas—, a finales de 1943 se había construido en secreto otro computador electrónico que empleaba tubos de vacío en los terrenos de una mansión victoriana de ladrillo rojo ubicada en la población de Bletchley, a unos 85 kilómetros al noroeste de Londres, donde los británicos mantenían aislado a un equipo de genios e ingenieros para descifrar los códigos de guerra alemanes. El computador, conocido como Colossus, sería el primer ordenador íntegramente electrónico y parcialmente programable. Dado que estaba concebido para realizar una tarea concreta, no era un computador universal o «completo» en el sentido de Turing, pero sí llevaba la impronta del propio Alan Turing.

Este último había empezado a centrarse en los códigos y la criptografía en el otoño de 1936, cuando llegó a Princeton justo después de escribir «Sobre los números computables». Explicaba así su interés en una carta enviada a su madre aquel octubre:

> Acabo de descubrir una posible aplicación del tipo de cosa en la que estoy trabajando actualmente. Esta responde a la pregunta «¿cuál es la clase de código o cifrado más universal posible?», y al mismo tiempo (algo bastante lógico) me permite formular numerosos códigos concretos e interesantes. Uno de ellos resulta bastante imposible de decodificar sin la clave, y muy rápido de codificar. Espero poder vendérselos al gobierno de Su Majestad por una suma bastante sustancial, pero tengo mis dudas sobre la moralidad de algo así. ¿Qué piensas tú?[73]

A lo largo del siguiente año, preocupado por la posibilidad de una guerra con Alemania, Turing se fue interesando cada vez más en la criptología y cada vez menos en la tentativa de ganar dinero con ella. Trabajando en el taller de maquinaria del edificio de física de Princeton, a finales de 1937 completó las primeras fases de una máquina codificadora que convertía letras en números binarios y, utilizando relés electromecánicos, multiplicaba el mensaje resultante, numéricamente codificado, por un enorme número secreto, haciendo que fuera casi imposible de descifrar.

Uno de los mentores de Turing en Princeton era el brillante físico y matemático John von Neumann, que había huido de su Hungría natal y a la sazón estaba en el Instituto de Estudios Avanzados, por entonces ubicado en el edificio que albergaba el Departamento de Matemáticas de la universidad. En la primavera de 1938, cuando Turing terminaba su tesis doctoral, Von Neumann le ofreció un puesto como ayudante suyo. Con las nubes de la guerra cerniéndose sobre Europa, la oferta resultaba tentadora, pero a la vez parecía en cierto modo poco patriótica. Turing decidió volver a su beca en Cambridge, y poco después se unió a la tentativa británica de descifrar los códigos militares alemanes.

En aquella época, la Escuela de Codificación y Cifrado del Gobierno de Su Majestad estaba situada en Londres e integrada principalmente por eruditos literarios, como Dillwyn «Dilly» Knox, un profesor de lenguas clásicas de Cambridge, y Oliver Strachey, un famosillo diletante que tocaba el piano y que de vez en cuando escribía sobre la India. No habría ningún matemático entre los ochenta integrantes de la plantilla hasta el otoño de 1938, cuando llegó Turing. Pero el verano siguiente, cuando Gran Bretaña se preparaba para la guerra, el departamento empezó a contratar activamente a matemáticos, llegando a organizar en un momento dado un concurso que incluía resolver los crucigramas del *Daily Telegraph* como método de reclutamiento, y asimismo se trasladó a la monótona ciudad de ladrillo rojo de Bletchley, cuyo principal elemento diferencial era el hecho de hallarse en el punto donde la vía férrea que unía Oxford y Cambridge se cruzaba con la que iba de Londres a Birmingham. Un equipo del servicio de inteligencia británico, identificándose como «la partida de caza del capitán Ridley», visitó la mansión de Bletchley Park, una monstruosidad del gótico victoriano que su dueño quería demoler, y la compró discretamente. Los descifradores de códigos se instalaron en las casitas anexas, en los establos y en unas cuantas cabañas prefabricadas que fueron erigidas en los terrenos de la mansión.[74]

Turing fue asignado a un equipo que trabajaba en la cabaña 8 y que trataba de descifrar el código alemán Enigma, el cual era generado por una máquina portátil con rotores mecánicos y circuitos eléctricos. Esta cifraba mensajes militares usando una clave que, después de cada pulsación, cambiaba la fórmula de sustitución de letras. Eso la hacía tan difícil de descifrar que los británicos estaban desesperados por llegar a hacerlo alguna vez. Parte del descifre fue posible cuando oficiales de la inteligencia polaca crearon una máquina basada en un codificador capturado a los alemanes que era capaz de descifrar algunos de los códigos Enigma. Sin embargo, cuando los polacos les mostraron su máquina a los británicos, esta era ya ineficaz porque los alemanes habían añadido otros dos rotores y otras dos conexiones al tablero de sus máquinas Enigma.

Turing y su equipo se pusieron a trabajar para crear una máquina más sofisticada, apodada «bombe», que fuera capaz de descifrar los nuevos mensajes Enigma mejorados, sobre todo las órdenes navales que revelarían el despliegue de los submarinos alemanes que estaban diezmando a los convoyes de suministros británicos. El *bombe* explotaba una serie de sutiles puntos débiles de la codificación, entre ellos el hecho de que ninguna letra podía cifrarse como sí misma y el de que había ciertas frases que los alemanes empleaban repetidamente. En agosto de 1940 el equipo de Turing contaba con dos *bombes* operativos, que lograron descifrar 178 mensajes cifrados; hacia el final de la guerra habían construido cerca de doscientos.

El *bombe* diseñado por Turing no representaba un avance notable en el campo de la tecnología informática. Era un dispositivo electromecánico con relés y rotores, en lugar de tubos de vacío y circuitos electrónicos. Pero otra máquina posterior creada en Bletchley Park, el Colossus, sí que marcaría un importante hito.

La necesidad del Colossus surgió cuando los alemanes empezaron a cifrar los mensajes importantes, como las órdenes de Hitler y su alto mando, con una máquina electrónica digital que usaba un sistema binario y doce ruedas de código de distinto tamaño. Los *bombes* electromecánicos diseñados por Turing eran incapaces de descifrarlos. Hacía falta un ataque utilizando circuitos electrónicos que fueran rápidos como el relámpago.

Al equipo encargado de ello, ubicado en la cabaña 11, se lo conocía como Newmanry por el nombre de su jefe, Max Newman, el profesor de matemáticas de Cambridge que le había explicado a Turing los problemas de Hilbert casi una década antes. El otro ingeniero compañero de Newman era el mago de la electrónica Tommy Flowers, pionero de los tubos de vacío, que trabajaba en la División de Investigación del Servicio Postal, situada en Dollis Hill, un barrio de la periferia de Londres.

Turing no formaba parte del equipo de Newman, pero se le ocurrió un enfoque estadístico, apodado «Turingery», que detectaba cualquier desviación de una distribución uniforme de caracteres en un flujo de texto cifrado. Así pues, se construyó una máquina capaz de analizar dos bucles de cintas de papel perforado, utilizando cabezas fotoeléctricas, a fin de comparar todas las permutaciones posibles de las dos secuencias. La máquina fue apodada «Heath Robinson» por el nombre de un humorista gráfico británico especializado en dibujar artilugios mecánicos absurdamente complicados.*

Durante casi una década Flowers se había sentido fascinado por los circuitos electrónicos realizados con tubos de vacío, conocidos también como «válvulas». En 1934, cuando trabajaba como ingeniero en la división telefónica del Servicio Postal, había creado un sistema experimental que empleaba más de tres mil tubos para controlar las conexiones entre un millar de líneas telefónicas. También fue pionero en el uso de tubos de vacío para el almacenamiento de datos. Turing reclutó a Flowers para que le ayudara en las máquinas *bombe*, y luego se lo presentó a Newman.

---

* William Heath Robinson, famoso, en efecto, por dibujar máquinas ficticias tremendamente complicadas para realizar tareas sencillas; algo similar al célebre «profesor Franz de Copenhague» del tebeo español, obra en este caso de varios dibujantes. *(N. del T.)*

Flowers comprendió que la única forma de analizar con la suficiente rapidez los flujos de mensajes cifrados alemanes era almacenar al menos uno de ellos en la memoria electrónica interna de una máquina en lugar de intentar comparar dos cintas de papel perforado. Ello requeriría 1.500 tubos de vacío. Al principio los gerentes de Bletchley Park se mostraron escépticos, pero Flowers siguió adelante, y en diciembre de 1943 —después de solo once meses— construyó la primera máquina Colossus. El 1 de junio de 1944 estaba lista una versión aún mayor, que empleaba 2.400 tubos de vacío. Sus primeras interceptaciones descifradas vinieron a confirmar la información de otras fuentes recibida por el general Dwight Eisenhower —que estaba a punto de lanzar la invasión del Día D— en el sentido de que Hitler no estaba ordenando el envío de tropas suplementarias a Normandía. En el plazo de un año se fabricaron ocho Colossus más.

Eso significaba que mucho antes del ENIAC, que no sería operativo hasta noviembre de 1945, los descifradores de códigos británicos habían construido ya un computador totalmente electrónico y digital (de hecho, binario). La segunda versión, finalizada en junio de 1944, tenía incluso cierta capacidad de bifurcación condicional. Pero a diferencia del ENIAC, que tenía diez veces más tubos de vacío, el Colossus era una máquina con un propósito especial concebida para el descifre de códigos, y no un ordenador universal. Dada su limitada capacidad de programación, no se le podían dar instrucciones para realizar todo tipo de tareas computacionales, tal como (en teoría) se podía hacer con el ENIAC.

ENTONCES, ¿QUIÉN INVENTÓ EL ORDENADOR?

A la hora de evaluar a quién atribuir el mérito de la creación del ordenador, puede ser útil empezar por especificar qué atributos definen la esencia de este. En el sentido más general, la definición de «ordenador», «computador» o «computadora» podría abarcar muchas cosas, desde un ábaco hasta un iPhone. Pero a la hora de hacer la crónica del nacimiento de la revolución digital, tiene sentido seguir las definiciones aceptadas de lo que, en el uso moderno, constituye un ordenador. He aquí algunas:

«Dispositivo programable, usualmente electrónico, capaz de almacenar, recuperar y procesar datos» (Diccionario Merriam-Webster).

«Dispositivo electrónico capaz de recibir información (datos) de una forma concreta y de realizar una secuencia de operaciones conforme a un conjunto predeterminado pero variable de instrucciones de procedimiento (programa) para producir un resultado» (Diccionario Inglés Oxford).

«Dispositivo universal que puede programarse para realizar automáticamente un conjunto de operaciones aritméticas o lógicas» (Wikipedia, 2014).*

De modo que el computador ideal es una máquina que ha de ser a la vez electrónica, universal y programable. Entonces, ¿cuál reúne los requisitos para considerarlo el primero?

El Modelo K de George Stibitz, iniciado en la mesa de su cocina en noviembre de 1937, condujo a un modelo plenamente desarrollado en los Laboratorios Bell, en enero de 1940. Este era un computador binario, y el primero de tales dispositivos que se podía manejar de manera remota. Pero utilizaba relés electromecánicos, y, por lo tanto, no era totalmente electrónico. Asimismo, era un computador con un uso específico y no programable.

El Z3 de Konrad Zuse, completado en mayo de 1941, fue la primera máquina controlada automáticamente, programable, eléctrica y binaria. Fue diseñado para resolver problemas de ingeniería antes que para ser una máquina universal. Sin embargo, más tarde se demostró que, al menos en teoría, podría haber sido utilizado como una máquina completa en el sentido de Turing. Su principal diferencia con los ordenadores modernos reside en que era un dispositivo electromecánico, dependiente de unos ruidosos y lentos relés, en lugar de electrónico. Otra de

---

* A estas definiciones cabría añadir: «Máquina electrónica dotada de una memoria de gran capacidad y de métodos de tratamiento de la información, capaz de resolver problemas aritméticos y lógicos gracias a la utilización automática de programas registrados en ella» (Diccionario de la Real Academia Española); «Máquina electrónica que permite almacenar información y procesarla automáticamente mediante determinados programas» (Diccionario de María Moliner), o «Máquina electrónica que recibe y procesa datos para convertirlos en información útil» (Wikipedia en español). *(N. del T.)*

sus desventajas es que en realidad nunca llegó a entrar plenamente en servicio. Fue destruida por el bombardeo aliado de Berlín en 1943.

El computador diseñado por John Vincent Atanasoff, que estaba terminado pero aún no era totalmente operativo cuando Atanasoff lo dejó para servir en la marina, en septiembre de 1942, fue el primer ordenador digital electrónico del mundo, pero solo era electrónico en parte. Su mecanismo de adición y sustracción empleaba tubos de vacío, pero la memoria y la recuperación de datos funcionaban a base de tambores rotatorios mecánicos. Su otra gran desventaja a la hora de considerarlo el primer ordenador moderno es que no era programable ni universal; lejos de ello, sus circuitos fueron diseñados para la tarea concreta de resolver ecuaciones lineales. Por otra parte, Atanasoff nunca logró que fuera plenamente operativo, y al final desapareció en un sótano de la Universidad Estatal de Iowa.

El Colossus I de Bletchley Park, completado en diciembre de 1943 por Max Newman y Tommy Flowers (con aportaciones de Alan Turing), fue el primer computador digital totalmente electrónico, programable y operativo. Sin embargo, no era una máquina universal o completa en el sentido de Turing, sino que fue diseñado para el propósito concreto de descifrar los códigos de guerra de Alemania.

El Harvard Mark I de Howard Aiken, construido en colaboración con IBM y puesto en marcha en mayo de 1944, era programable, como veremos en el capítulo siguiente, pero, en cambio, era también electromecánico en lugar de electrónico.

El ENIAC, completado por Presper Eckert y John Mauchly en noviembre de 1945, fue la primera máquina que incorporó todo el conjunto de características de un computador moderno. Era plenamente electrónico, rapidísimo, y podía programarse enchufando y desenchufando los cables que conectaban sus distintas unidades. Era capaz de cambiar de secuencia en función de resultados intermedios, y eso lo cualifica como una máquina universal y completa en el sentido de Turing, lo que significa que en teoría podía abordar cualquier tarea. Y lo más importante: funcionaba. «Como invento es cosa seria —diría más tarde Eckert, comparando su máquina con la de Atanasoff—. Hay que tener todo un sistema que funcione.»[75] Mauchly y Eckert consiguieron que su máquina hiciera algunos cálculos muy potentes, y esta se mantuvo en constante uso durante diez años. Sería la base de la mayoría de los ordenadores posteriores.

Esta última característica es importante. Cuando atribuimos el mérito de un invento, determinando quién debería ser más honrado por la historia, un criterio consiste en examinar cuáles fueron las personas cuyas contribuciones resultaron ejercer mayor influencia. Inventar implica aportar algo al flujo de la historia e influir en el desarrollo de la innovación. Utilizando el impacto histórico como patrón de medida, Eckert y Mauchly son los innovadores más significativos. Casi todos los computadores de la década de 1950 tienen sus raíces en el ENIAC. La influencia de Flowers, Newman y Turing resulta algo más difícil de evaluar. Su trabajo se mantuvo en estricto secreto, pero los tres hombres participaron en la creación de los computadores británicos construidos después de la guerra. Zuse, que estaba aislado y sometido a bombardeos en Berlín, ejerció aún menos influencia en el desarrollo del computador en otros lugares. En cuanto a Atanasoff, su principal influencia en este ámbito, y quizá la única, provino del hecho de proporcionar unas cuantas ideas que inspiraron a Mauchly cuando este fue a visitarle.

La cuestión de cuáles de esas ideas recogió Mauchly durante su visita de cuatro días a Atanasoff en Iowa, en junio de 1941, se convertiría en un prolongado litigio. Esto plantea otro criterio, más legalista que histórico, a la hora de evaluar el mérito del invento: ¿quién, si es que hubo alguien, acabó obteniendo las patentes? En el caso de los primeros computadores, la respuesta es que nadie. Pero ello es consecuencia de una controvertida batalla jurídica que hizo que las patentes de Eckert y Mauchly quedaran anuladas.[76]

La historia se inició en 1947, cuando Eckert y Mauchly, después de dejar la Universidad de Pennsylvania, solicitaron una patente por su trabajo en el ENIAC, que finalmente se les concedería (dada la enorme lentitud del sistema de patentes) en 1964. Para entonces la empresa Eckert-Mauchly y sus derechos de patente habían sido vendidos a Remington Rand, que luego se convirtió en Sperry Rand; entonces, esta última empezó a presionar a otras empresas para que le pagaran cánones de licencia. IBM y los Laboratorios Bell llegaron a un acuerdo, pero

Honeywell se mostró reticente y empezó a buscar una forma de invalidar las patentes. Para ello contrató a un joven abogado, Charles Call, que tenía una licenciatura en ingeniería y había trabajado en los Laboratorios Bell. Su misión era tumbar la patente de Eckert-Mauchly demostrando que sus ideas no eran originales.

Siguiendo el consejo de un abogado de Honeywell que había ido a la Universidad Estatal de Iowa y había leído sobre el computador que Atanasoff había construido allí, Call se fue a ver a Atanasoff a su casa de Maryland. Este se sintió encantado de que Call estuviera al tanto de la existencia de su ordenador, y a la vez estaba algo resentido por el hecho de no haber tenido demasiado reconocimiento por él, de modo que le entregó cientos de cartas y documentos que mostraban cómo Mauchly había sacado algunas ideas de su visita a Iowa. Aquella tarde Call condujo hasta Washington para sentarse al fondo de una sala donde Mauchly pronunciaba una conferencia. En respuesta a una pregunta sobre la máquina de Atanasoff, Mauchly afirmó que apenas la había examinado. Call comprendió que, si lograba que Mauchly dijera lo mismo en una declaración jurada, él podría desacreditarlo en un juicio presentando como prueba los documentos de Atanasoff.

Cuando Mauchly se enteró, unos meses después, de que Atanasoff podía estar ayudando a Honeywell a tratar de invalidar sus patentes, también se presentó en casa de Atanasoff en Maryland, llevándose consigo a un abogado de Sperry Rand. Fue una reunión incómoda. Mauchly afirmó que durante su visita a Iowa no había leído con atención el trabajo de Atanasoff ni examinado su computador, y Atanasoff señaló con frialdad que aquello no era verdad. Mauchly se quedó a cenar y trató de congraciarse con Atanasoff, pero fue en vano.

El asunto se llevó a juicio ante un juez federal, Earl Larson, en Mineápolis, en junio de 1971. Mauchly resultó ser un testigo problemático. Alegando mala memoria, al hablar de lo que había visto durante su visita a Iowa dio la impresión de estar mal de la cabeza; se retractó repetidamente de las afirmaciones que había hecho en su anterior declaración, incluida la de que solo había visto el computador de Atanasoff parcialmente cubierto y bajo una luz tenue. Atanasoff, en cambio, fue muy contundente. Describió la máquina que había construido, hizo una demostración con un modelo y señaló cuáles de sus ideas había tomado prestadas Mauchly. En total, se llamó a declarar a 77 testigos, otros 80 lo hicieron por escrito, y se incorporaron al sumario 32.600 pruebas materiales. El proceso se prolongó durante más de nueve meses, lo que lo convirtió en el juicio federal más largo de la historia estadounidense hasta entonces.

El juez Larson tardó otros diecinueve meses en redactar su veredicto final, que se hizo público en octubre de 1973. En él sentenciaba que la patente de Eckert-Mauchly sobre el ENIAC no era válida. «Eckert y Mauchly no fueron los primeros en inventar el computador digital electrónico automático, sino que, en cambio, se basaron en el trabajo realizado por un tal doctor John Vincent Atanasoff.»[77] En lugar de apelar, Sperry llegó a un acuerdo con Honeywell.*

La exposición del juez, de 248 páginas, era exhaustiva, pero pasaba por alto algunas diferencias significativas entre las máquinas. Mauchly no sacó tanto partido de lo llevado a cabo por Atanasoff como el juez parecía pensar. Así, por ejemplo, el circuito electrónico de Atanasoff empleaba lógica binaria, mientras que el de Mauchly era un contador decimal. Si las solicitudes de patente de Eckert-Mauchly hubieran sido más modestas, probablemente habrían sobrevivido.

El caso no determinó, ni siquiera en el plano jurídico, a quién habría que atribuir qué parte del mérito de la invención del computador moderno, pero sí tuvo dos consecuencias importantes: sacó a Atanasoff del sótano de la historia y mostró de manera muy clara —aunque no fuera esa la intención del juez ni de ninguna de las partes— que, por regla general, las grandes innovaciones son el resultado de ideas que fluyen de un gran número de fuentes. Un invento, especialmente uno tan complejo como el ordenador, suele ser fruto no de una idea genial individual, sino de un tapiz de creatividad tejido de forma colectiva. Mauchly había visitado y hablado con muchas personas. Quizá eso hi-

---

* Por entonces Atanasoff se había jubilado. Después de la Segunda Guerra Mundial había desarrollado su carrera en el campo del armamento y la artillería militar, no en el de los ordenadores; murió en 1995. John Mauchly siguió en el ámbito de la informática, en parte como consultor de Sperry y, en parte, como presidente y fundador de la Asociación de Maquinaria de Computación; murió en 1980. También Eckert permaneció en Sperry durante la mayor parte de su carrera; murió en 1995.

ciera que su invento fuera más difícil de patentar, pero no disminuía en absoluto su propia influencia.

Mauchly y Eckert deberían encabezar la lista de personas a quienes hay que atribuir el mérito de inventar el computador, no porque las ideas fueran del todo suyas, sino porque tuvieron la capacidad de sacar ideas de múltiples fuentes, añadir sus propias innovaciones, materializar su visión formando un equipo competente y ejercer la mayor influencia en el curso de los acontecimientos posteriores. La máquina que construyeron fue el primer computador electrónico universal. «Puede que Atanasoff ganara una batalla en los tribunales, pero él se quedó en la enseñanza y nosotros empezamos a construir los primeros auténticos ordenadores electrónicos programables», señalaría más tarde Eckert.[78]

También habría que atribuir una gran parte del mérito a Turing, por desarrollar el concepto de «ordenador universal» y luego formar parte del equipo que realizó el trabajo práctico de Bletchley Park. Cómo evaluar las históricas aportaciones de los demás es algo que depende en parte de los criterios que más se valoren. Si a uno le atrae el romanticismo de los inventores solitarios y le preocupa menos quién influyó más en el progreso de este campo, podría situar a Atanasoff y Zuse en puestos destacados. Sin embargo, la principal lección que se extrae del nacimiento de los ordenadores es que la innovación suele comportar un esfuerzo en grupo, que implica la colaboración entre visionarios e ingenieros, y que la creatividad proviene de inspirarse en muchas fuentes. Solo en los libros de cuentos los inventos sobrevienen como un rayo, o como una bombilla que se enciende sobre la cabeza de un individuo solitario en un sótano, una buhardilla o un garaje.

3

Programación

El desarrollo del computador moderno requería otro paso importante. Todas las máquinas construidas durante la guerra fueron diseñadas, al menos inicialmente, para llevar a cabo una tarea específica, como resolver ecuaciones o descifrar códigos. Un computador «de verdad», como el que imaginaron Ada Lovelace primero y Alan Turing después, debería ser capaz de realizar, de forma rápida y fluida, cualquier operación lógica en la que interviniesen datos y símbolos, para lo cual se necesitaban máquinas cuyo funcionamiento estuviese determinado no solo por su hardware, sino también por el software, los programas que podían ejecutar. De nuevo, fue Turing quien, en un texto de 1948, expuso la idea con nitidez: «No necesitamos una infinita variedad de máquinas distintas que realicen tareas diferentes. Bastará con una sola. Del problema técnico de crear máquinas distintas para diversas tareas se pasa a la labor administrativa de "programar" la máquina universal para llevar a cabo esas tareas».[1]

En teoría, máquinas como el ENIAC se podían programar, incluso hasta el punto de hacerlas pasar por máquinas de propósito general. Pero, en la práctica, cargar un nuevo programa era un proceso laborioso que a menudo requería recablear a mano las conexiones entre las distintas unidades del computador. Las máquinas existentes durante la guerra eran incapaces de pasar de un programa a otro a velocidades electrónicas. Para ello habría que esperar al siguiente paso significativo hacia la creación del computador moderno: encontrar la manera de almacenar los programas en la memoria electrónica de la máquina.

Grace Hopper

De Charles Babbage en adelante, los hombres que inventaron los computadores se centraron principalmente en el hardware, pero las mujeres que participaron en el proceso durante la Segunda Guerra Mundial, como ya sucedió con Ada Lovelace en su momento, pronto tomaron conciencia de la importancia de la programación y desarrollaron maneras de codificar las instrucciones que le dictaban al hardware las operaciones que debía realizar. En este software radicaban las fórmulas mágicas capaces de transformar profundamente las máquinas.

La más excéntrica de las pioneras de la programación fue una oficial de la marina osada y fogosa, pero también encantadora y cordial, llamada Grace Hopper, que acabó trabajando para Howard Aiken en Harvard y después para Presper Eckert y John Mauchly. Nació como Grace Brewster Murray en 1906, en el seno de una familia acomodada del Upper West Side de Manhattan. Su abuelo era un ingeniero civil que la llevaba por todo Nueva York en excursiones topográficas, su madre era matemática y su padre, ejecutivo en una aseguradora. Se licenció en matemáticas y física en Vassar y a continuación entró en Yale, donde en 1934 obtuvo su doctorado en matemáticas.[2]

Su educación no fue tan excepcional como cabría pensar, pues fue la undécima mujer en obtener un doctorado en matemáticas por la Universidad de Yale (la primera se había doctorado en 1895).[3] En la década de 1930, no era en absoluto tan extraño que una mujer obtuviese un doctorado en matemáticas, en particular si procedía de una familia pudiente. De hecho, era más habitual de lo que lo sería en la generación posterior. En Estados Unidos, durante los años treinta, 113 mujeres se doctoraron en matemáticas, lo que suponía el 15 por ciento del total de doctorados en dicha especialidad. Durante la década de 1950, esta cifra ascendió únicamente a 106 mujeres, apenas un 4 por ciento del total. (En la primera década del siglo xxi, la situación se había revertido con creces; se doctoraron en matemáticas más de 1.600 mujeres, el 30 por ciento del total.)

Tras contraer matrimonio con Vincent Hopper, profesor de literatura comparada, Grace se incorporó al profesorado de Vassar. A diferencia de la mayoría de los profesores de matemáticas, hacía hincapié en que los alumnos fuesen capaces de escribir bien. Abría su curso de probabilidad con una lección sobre una de sus fórmulas matemáticas favoritas* y les pedía a los alumnos que escribiesen un ensayo sobre ella, que puntuaba según la claridad de la escritura y el estilo. «Cada vez que llenaba [un ensayo] de correcciones, se me rebelaban diciendo que mi curso era de matemáticas, no de inglés —recordaba—. Entonces les explicaba que no tenía sentido aprender matemáticas a menos que pudiesen comunicárselas a otras personas.»[4] A lo largo de su vida, destacó por su capacidad para traducir problemas científicos —en los que aparecían trayectorias, flujos, explosiones y patrones meteorológicos— en ecuaciones matemáticas, y a continuación en un lenguaje que todo el mundo pudiese comprender. Este talento contribuyó a hacer de ella una buena programadora.

En 1940 Grace Hopper estaba aburrida. No tenía hijos, había perdido todo el interés en su matrimonio, e impartir clases de matemáticas no era tan satisfactorio como había imaginado. Solicitó una excedencia parcial de Vassar para estudiar con el reputado matemático Richard Courant en la Universidad de Nueva York y se concentró en la resolución de ecuaciones en derivadas parciales utilizando el método de las diferencias finitas. Aún seguía estudiando con Courant cuando los japoneses atacaron Pearl Harbor en diciembre de 1941. La entrada de Estados Unidos en la Segunda Guerra Mundial le abrió la posibilidad de dar un giro a su vida. A lo largo de los dieciocho meses siguientes dejó Vassar, se divorció de su marido y, a los treinta y seis años, se alistó en la marina estadounidense. La enviaron a la Escuela de Guardiamarinas de la Reserva Naval, ubicada en el Smith College de Massachusetts, y en junio de 1944 se licenció con la nota más alta de su clase y se convirtió en la teniente Grace Hopper.

Imaginaba que la asignarían a un grupo de criptografía y códigos, pero, para su sorpresa, recibió la orden de presentarse en la Universidad de Harvard para trabajar en el Mark I, el gigantesco computador digital con toscos relés electromecánicos y un eje giratorio motorizado que, como se ha descrito antes, había sido diseñado por Howard Aiken en 1937. Cuando Hopper fue destinada a la máquina, la marina ya la había

---

* La fórmula de Stirling, que permite calcular una aproximación al valor del factorial de un número.

requisado; Aiken seguía dirigiendo las operaciones, pero como capitán de fragata y no como profesor de Harvard.

Cuando Hopper se incorporó a su destino en julio de 1944, Aiken le entregó un ejemplar de las memorias de Charles Babbage y la llevó a ver el Mark I. «Eso es un computador», le dijo. Hopper se quedó mirándolo en silencio durante un momento. «Era un enorme amasijo de piezas mecánicas que armaba un gran estruendo —recordaba Hopper—. Todo al descubierto, todo abierto, y muy ruidoso.»[5] Tras darse cuenta de que necesitaría comprenderlo en profundidad para conseguir que funcionase debidamente, pasó noches enteras estudiando los planos del proyecto. Su fortaleza radicaba en su capacidad para saber cómo traducir (como había hecho en Vassar) problemas del mundo real en ecuaciones matemáticas, para después comunicarlas en forma de comandos que la máquina pudiese entender. «Aprendí la terminología de la oceanografía, todo eso del dragado de minas, los detonadores, las espoletas de proximidad, los aspectos biomédicos, etc. —explicó—. Tuvimos que aprender dicho vocabulario para poder automatizar sus problemas. Yo era capaz de utilizar una jerga muy técnica al hablar con los programadores y contarles lo mismo a los gestores unas pocas horas después empleando un vocabulario completamente diferente.» La innovación requiere una expresión correcta.

Su capacidad para comunicarse con precisión hizo que Aiken le encargase redactar lo que acabaría siendo el primer manual de programación de la historia. Un día se acercó a su mesa y le dijo:

—Vas a escribir un libro.

—No puedo escribir un libro —respondió Hopper—. Nunca lo he hecho.

—Bueno, ahora estás en la marina —contestó él—, y lo vas a escribir.[6]

El resultado fue un tomo de quinientas páginas que era tanto una historia del Mark I como una guía sobre cómo programarlo.[7] El capítulo 1 describía las primeras máquinas calculadoras, y hacía especial hincapié en las que construyeron Pascal, Leibniz y Babbage. Una imagen de parte de la máquina diferencial de Babbage que Aiken había montado en su despacho ocupaba el frontispicio del libro, que daba inicio con un epigrama del propio Babbage. Como Ada Lovelace, Hopper pensaba que la máquina analítica de Babbage poseía una característica especial que, como también creía Aiken, distinguiría al Mark I de Harvard de otros computadores de la época. Al igual que la máquina que Babbage nunca llegó a construir, el Mark I de Aiken, que recibía las órdenes mediante una cinta perforada, podría ser reprogramado con nuevas instrucciones.

Al final de cada jornada, Hopper le leía a Aiken las páginas que había escrito ese día, lo que le sirvió para aprender un sencillo truco de los buenos escritores. «Me hizo ver que, si me trababa al leerlo en voz alta, debía corregir la frase. Cada día tenía que leer cinco páginas de lo que había escrito.»[8] Sus frases se volvieron sencillas, concisas y claras. Con su intensa colaboración, Hopper y Aiken se convirtieron en los homólogos modernos, un siglo después, de Lovelace y Babbage. Cuanto más aprendía Hopper sobre Ada Lovelace, más se identificaba con ella. «Escribió el primer bucle —afirmó—. Nunca lo olvidaré. Nadie lo olvidará.»[9]

En los apartados históricos del libro, Hopper se centró en varios personajes, y al hacerlo destacó el papel que habían desempeñado las personas individuales. Por su parte, la dirección de IBM encargó una historia del Mark I que atribuyera el mérito sobre todo a los equipos de IBM de Endicott (Nueva York) que habían construido la máquina. «A IBM le interesaba sustituir una historia basada en los individuos por otra que pusiera el énfasis en las organizaciones —explicó el historiador Kurt Beyer en un estudio sobre Hopper—. Según IBM, la innovación tecnológica tenía lugar en el seno de la empresa. El mito del inventor radical y solitario que trabajaba en un laboratorio o en un sótano fue reemplazado por la realidad de los equipos de ingenieros anónimos al servicio de la organización que realizaban avances graduales.»[10] De acuerdo con la versión que defendía IBM, el Mark I incorporaba una larga lista de pequeñas innovaciones, como el contador de trinquete y la alimentación mediante dos mazos de tarjetas, que el libro de IBM atribuye a un grupo de ingenieros de poco renombre que trabajaron en equipo en Endicott.*

---

* La exposición sobre el Mark I en el centro de ciencias de Harvard, y la explicación que la acompañaba, no hacían referencia a Grace Hopper ni mostraban a ninguna mujer hasta 2014, cuando se revisó para destacar su papel y el de las programadoras.

La diferencia entre la versión de la historia que ofrecía Hopper y la de IBM tenía más calado que una mera disputa sobre a quién le correspondía el reconocimiento; reflejaba dos visiones fundamentalmente distintas de la historia de la innovación. Algunos estudios sobre la ciencia y la tecnología destacan, como hizo Hopper, el papel de los inventores creativos capaces de dar saltos innovadores. Otros, por su parte, ponen el énfasis en el papel de los equipos y las instituciones, como el trabajo en equipo llevado a cabo en los Laboratorios Bell o en las instalaciones de IBM en Endicott. Este segundo enfoque trata de demostrar que lo que podrían parecer saltos creativos —los «momentos eureka»— son en realidad resultado de un proceso evolutivo que acontece cuando las ideas, los conceptos, las tecnologías y los métodos de ingeniería maduran conjuntamente. Ninguna de las dos maneras de entender el progreso tecnológico es, por sí sola, completamente satisfactoria. La mayoría de las grandes innovaciones de la era digital surgieron a partir de la interacción de individuos creativos (Mauchly, Turing, Von Neumann, Aiken) con grupos que sabían cómo materializar sus ideas.

El compañero de Hopper en la tarea de controlar las operaciones del Mark I era Richard Bloch, un licenciado en matemáticas por Harvard que había tocado la flauta en la irreverente banda de la universidad y que había servido en la marina. El alférez Bloch empezó a trabajar para Aiken tres meses antes de que llegase Hopper y la acogió bajo su tutela. «Recuerdo cómo nos sentábamos, a altas horas de la noche, y repasábamos cómo funcionaba la máquina y cómo se programaba», rememoraba Bloch. Hopper y él se alternaban haciendo turnos de doce horas para atender las necesidades de la máquina y de su responsable, Aiken, tan temperamental como aquella. «A veces aparecía a las cuatro de la mañana —recordaba Bloch—, y lo que preguntaba era: "¿Estamos haciendo números?". Se ponía muy nervioso cuando la máquina se detenía.»[11]

Hopper entendía la programación de una manera muy sistemática. Descomponía cada problema de física o cada ecuación matemática en pequeños pasos aritméticos. «Simplemente, le ibas diciendo paso a paso al computador lo que tenía que hacer —explicó—. Toma este número, súmalo a ese otro y coloca el resultado aquí. Y ahora toma ese número y multiplícalo por este y ponlo ahí.»[12] Cuando el programa se pasaba a cinta perforada y llegaba el momento de ponerlo a prueba, el equipo del Mark I, como una broma que se convirtió en un ritual, sacaba una alfombra de oración, la orientaba hacia el este y rezaba para que el trabajo que habían hecho superase el test.

Algunas noches, a última hora, Bloch jugueteaba con los circuitos del Mark I, lo que en ocasiones generaba problemas para los programas que Hopper había escrito. Ella tenía un carácter irascible, sazonado con el lenguaje de un guardiamarina, y las invectivas que le dedicaba al desgarbado y socarrón Bloch fueron un precedente de la combinación de enfrentamiento y camaradería que acabaría por establecerse entre los ingenieros de hardware y los de software. «Cada vez que conseguía que un programa funcionase, llegaba él por la noche, modificaba los circuitos del computador y a la mañana siguiente el programa ya no se ejecutaba —se lamentaba Hopper—. Para colmo, cuando esto sucedía él estaba en casa durmiendo y no podía decirme qué era lo que había cambiado.» En palabras de Bloch, en esas ocasiones «se armaba una gorda». «A Aiken estas cosas no le hacían mucha gracia.»[13]

Estos episodios provocaron que Hopper se ganase fama de irreverente. Y lo era. Pero también tenía la capacidad de los hackers para combinar la irreverencia con un espíritu de equipo. En realidad, para ella esa camaradería propia de la tripulación de un barco pirata —algo que Hopper compartía con las siguientes generaciones de programadores— era más una liberación que otra cosa. Como escribió Beyer: «Más que su naturaleza rebelde, fue la capacidad de colaboración de Hopper lo que generó el espacio para su independencia de pensamiento y de acción».[14]

De hecho, era el reposado Bloch, y no la peleona Hopper, quien mantenía la relación más conflictiva con el capitán Aiken. Según Hopper: «Dick siempre andaba metiéndose en problemas. Yo intentaba explicarle que Aiken era como un computador, que estaba fabricado de una determinada manera, y para trabajar con él había que tenerlo en cuenta».[15] Aiken, que en un principio se mostró reticente a tener una mujer en su cuerpo de oficiales, pronto hizo de Hopper no solo su programadora principal sino también su mano derecha. Años más tarde, Aiken recordaría con aprecio las contribuciones de Hopper al nacimiento de la programación de los ordenadores: «Grace era un buen hombre».[16]

Entre las prácticas de programación que Hopper perfeccionó en Harvard estaba la subrutina, esos fragmentos de código para tareas específicas que se almacenan una sola vez pero a los que se puede recurrir cuando sea necesario en distintos puntos del programa principal. En palabras de Hopper: «Una subrutina es un programa claramente definido que se puede representar fácilmente y que se repite con frecuencia. El Mark I de Harvard contenía subrutinas para seno x, $\log_{10} x$ y 10^x, a cada una de las cuales se las podía llamar mediante un único código operacional».[17] Era un concepto que Ada Lovelace ya había descrito en sus «Notas» sobre la máquina analítica de Babbage. Hopper fue recopilando una biblioteca cada vez más nutrida de estas subrutinas. Mientras programaba el Mark I, también desarrolló el concepto de «compilador», que permitiría escribir el mismo programa para distintas máquinas al crear un proceso que traducía el código fuente al lenguaje máquina propio de los procesadores de los diferentes computadores.

Además, su equipo contribuyó a popularizar los términos *bug* y *debugging*. La versión Mark II del ordenador de Harvard estaba ubicada en un edificio sin ventanas. Una noche, la máquina se averió y los ingenieros intentaron localizar el problema. Encontraron una polilla de diez centímetros de envergadura aplastada en uno de los relés electromecánicos. La extrajeron y la incorporaron con cinta adhesiva al registro de operaciones. «Panel F (polilla) en relé —se podía leer en la entrada—. Es la primera vez que encontramos un bug ["insecto"].»[18] A partir de entonces, se refirieron al proceso de localizar los errores como «hacer debugging* de la máquina».

En 1945, gracias en gran medida a Hopper, el Mark I de Harvard era el más fácil de programar de entre todos los grandes computadores existentes. Para pasar de una tarea a otra bastaba con introducir nuevas instrucciones utilizando cinta perforada, en lugar de tener que reconfi-

---

* Literalmente, «desinsectación», aunque se suele traducir como «depuración». *(N. del T.)*

gurar el hardware o el cableado. Sin embargo, esta característica pasó bastante desapercibida, tanto entonces como posteriormente, porque el Mark I (e incluso su sucesor de 1947, el Mark II) utilizaba relés electromecánicos, lentos y ruidosos, en lugar de componentes electrónicos como los tubos de vacío. «Cuando la gente supo de su existencia —dijo Hopper en alusión al Mark II—, ya era una reliquia, porque todo el mundo se estaba pasando a la electrónica.»[19]

Los innovadores de los compudadores, como otros pioneros, pueden quedar desfasados si se aferran a sus ideas. Los mismos rasgos que los hacen ingeniosos, como la perseverancia y la determinación, pueden hacer que se vuelvan reacios al cambio cuando surgen nuevas ideas. Steve Jobs era famoso por su tozudez y determinación, pero deslumbraba y desconcertaba a sus colegas al cambiar súbitamente de opinión cuando se daba cuenta de que tenía que pensar de otra manera. Aiken carecía de dicha agilidad. No era lo suficientemente flexible como para hacer piruetas. Tenía la querencia de un capitán de navío por la autoridad centralizada, de manera que su equipo no era tan anárquico como el de Mauchly y Eckert en Penn. Además, para Aiken la fiabilidad primaba sobre la velocidad, con lo que se aferró a la utilización de los relés electromecánicos, contrastados y fiables, aun cuando la gente de Penn y Bletchley Park ya tenía muy claro que los tubos de vacío eran el futuro. Su Mark I solo era capaz de ejecutar unos tres comandos por segundo, mientras que el ENIAC construido en Penn podía ejecutar cinco mil en ese mismo tiempo.

Cuando viajó a Penn para ver el ENIAC y asistir a varias conferencias, «Aiken estaba absorto en su manera de hacer las cosas —como quedó reflejado en un informe sobre la reunión—, y no parecía consciente de la importancia de las nuevas máquinas electrónicas».[20] Lo mismo le sucedió a Hopper cuando visitó el ENIAC en 1945. En su opinión, el Mark I era superior por su facilidad de programación. Con el ENIAC, afirmó, «se conectaban las piezas y, básicamente, se construía un computador especial para cada tarea; nosotros estábamos acostumbrados a la idea de controlar el computador a través de nuestro programa».[21] El tiempo que se tardaba en reprogramar el ENIAC, que podía llegar a ser de un día entero, neutralizaba por completo su ventaja en cuanto a velocidad de procesamiento, a menos que se dedicase a repetir la misma tarea una y otra vez.

Con todo, a diferencia de Aiken, Hopper era lo suficientemente abierta de mente, y pronto cambió su manera de entender la situación. A lo largo de ese año, se introdujeron mejoras que permitían reprogramar el ENIAC más rápidamente. Y las personas que encabezaron esa revolución en la programación, para regocijo de Hopper, fueron mujeres.

LAS MUJERES DEL ENIAC

Aunque todos los ingenieros que construyeron el ENIAC eran hombres, la historia no ha destacado tanto el hecho de que un grupo de mujeres, seis en particular, resultaron casi tan importantes para el desarrollo de la computación moderna. Cuando se estaba construyendo el ENIAC en Penn, en 1945, se pensaba que ejecutaría una y otra vez un conjunto bien definido de cálculos, tales como la determinación de la trayectoria de un proyectil en función de distintas variables. Pero la finalización de la guerra hizo que fuese necesario utilizar la máquina para muchos otros tipos de cálculos (de ondas sonoras, patrones meteorológicos y la potencia explosiva de nuevos tipos de bombas atómicas) que requerirían reprogramarla con frecuencia.

Ello implicaba reconectar a mano el amasijo de cables del ENIAC y reconfigurar sus conmutadores. En un principio, parecía que el acto de programar sería algo rutinario, quizá incluso una tarea menor, lo que podría ser la razón de que se encomendara a mujeres, a las que, por aquel entonces, no se las animaba a estudiar ingeniería. No obstante, lo que las mujeres del ENIAC enseguida demostraron, y los hombres tardaron aún un tiempo en entender, fue que la programación de un ordenador podía ser tan importante como el diseño de su hardware.

La historia de Jean Jennings es ilustrativa de la de las primeras mujeres programadoras.[22] Nació en una granja a las afueras de Alanthus Grove, en Missouri (con una población de 104 personas), en el seno de una familia con muy pocos medios que daba mucha importancia a la educación. Su padre impartía clases en una escuela en la que alumnos de todas las edades compartían una misma aula, donde Jean se convirtió en la lanzadora estrella (y la única chica) del equipo de softball. Su madre, aunque había dejado los estudios tras la enseñanza primaria, ayudaba con clases de refuerzo de álgebra y geometría. Jean era la sexta de siete hermanos, todos los cuales fueron a la universidad. Era la época en que los gobiernos estatales daban importancia a la educación y eran conscientes del valor económico y social que tenía el hecho de garantizar que fuera asequible. Estudió en el Northwest Missouri State Teachers College, en Maryville, donde el coste de la matrícula ascendía a 76 dólares al año. (En 2013 era aproximadamente de 14.000 dólares al año para los residentes en Missouri; doce veces más cara, incluso tras descontar la inflación.) Empezó estudiando periodismo, pero no se llevaba nada bien con su tutor y acabó cursando matemáticas, que le encantaban.

Cuando terminó, en enero de 1945, su profesor de cálculo le mostró un folleto de la Universidad de Pennsylvania, que buscaba mujeres licenciadas en matemáticas para trabajar como «computadoras» —humanos que realizaban tareas matemáticas prescritas al detalle—, principalmente calculando tablas de trayectorias de proyectiles de artillería para el ejército. Uno de los anuncios rezaba así:

> Se necesitan mujeres licenciadas en matemáticas. […] Se ofrecen trabajos científicos y de ingeniería para mujeres, para los que anteriormente se prefería contratar a hombres. Este es el momento de plantearse trabajar en ciencia e ingeniería. […] Descubrirá que la consigna, aquí como en todas partes, es: «¡SE NECESITAN MUJERES!».[23]

Jennings, que nunca había salido de Missouri, presentó su candidatura. Cuando recibió el telegrama de admisión, a medianoche se subió al tren de la empresa Wabash en dirección al este y llegó a Penn cuarenta horas más tarde. «Ni que decir tiene que se quedaron asombrados de que hubiese llegado tan rápido», recordaba.[24]

Cuando Jennings se presentó en Penn en marzo de 1945, con veintidós años, había allí alrededor de setenta mujeres trabajando con máquinas sumadoras de sobremesa y garabateando números en enormes hojas de papel. Adele, la mujer del capitán Herman Goldstine, era la encargada de la contratación y la formación. «Nunca olvidaré la primera vez que vi a Adele —rememoraba Jennings—. Entró tranquilamente en el aula con un cigarrillo colgando de la comisura de los labios, llegó hasta una mesa, pasó una pierna por una de sus esquinas y comenzó a hablar con su acento de Brooklyn ligeramente suavizado.» Para Jennings, que había crecido como un fogoso marimacho exasperándose ante las incontables muestras de sexismo a las que debía hacer frente, aquella fue una experiencia transformadora. «Supe que estaba muy lejos de Maryville, donde las mujeres tenían que escabullirse al invernadero para poder fumarse un cigarrillo.»[25]

Pocos meses después de su llegada, se difundió entre las mujeres una circular sobre seis vacantes para trabajar en la misteriosa máquina situada tras puertas cerradas a cal y canto en el primer piso de la Escuela Moore de Ingeniería de Penn. «No tenía ni idea de en qué consistía el trabajo o de lo que era el ENIAC —recordaba Jennings—. Lo único que sabía era que podría participar en algo nuevo desde sus comienzos, y me veía capaz de aprender y hacer lo que fuera igual de bien que cualquier otra persona.» Además, Jennings deseaba hacer algo más emocionante que calcular trayectorias.

Cuando llegó a la reunión, Goldstine le preguntó qué sabía sobre la electricidad. «Le dije que había hecho un curso de física y que sabía que E es igual a IR», recordaba, en alusión a la ley de Ohm, que define la relación del flujo de corriente eléctrica con el voltaje y la resistencia. «No, no —dijo Goldstine—. No es eso lo que me interesa. Lo que quiero saber es si le tienes miedo.»[26] El trabajo implicaba conectar cables y toquetear muchos conmutadores, le explicó. Ella respondió que eso no le daba miedo. En mitad de la entrevista, Adele Goldstine entró, la miró y asintió. Jennings había sido seleccionada.

Además de Jean Jennings (de casada, Bartik), las otras mujeres eran Marlyn Wescoff (más tarde, Meltzer), Ruth Lichterman (de casada, Teitelbaum), Betty Snyder (posteriormente, Holberton), Frances Bilas (de casada, Spence) y Kay McNulty (que contraería matrimonio tiempo después con John Mauchly). Formaban la típica cuadrilla unida por la guerra: Wescoff y Lichterman eran judías; Snyder, cuáquera; McNulty, católica nacida en Irlanda, y Jennings, protestante de la Iglesia de Cristo, aunque no practicante. Según esta última: «Lo pasábamos estupendamente juntas, sobre todo porque ninguna de nosotras había mantenido contacto íntimo con nadie de ninguna de las otras religiones. Nos enzarzábamos en intensas discusiones sobre verdades y creencias religiosas. A pesar de nuestras diferencias, o quizá precisamente por ellas, nos llevábamos muy bien».[27]

En el verano de 1945, enviaron a las seis mujeres al campo de pruebas de Aberdeen para aprender a utilizar las tarjetas perforadas de IBM y a cablear paneles de conexiones. «Teníamos grandes discusiones sobre religión, nuestras familias, política y nuestro trabajo —recordaba McNulty—. Nunca nos cansábamos de contarnos cosas unas a otras.»[28] Jennings se erigió en la cabecilla. «Trabajábamos juntas, vivíamos juntas, comíamos juntas y nos quedábamos despiertas hasta altas horas discutiendo de cualquier cosa.»[29] Como estaban todas solteras y rodeadas de multitud de soldados solteros, hubo múltiples romances memorables, regados con cócteles Tom Collins en los reservados del club de oficiales. Wescoff conoció a un marine «alto y bastante guapo». Jennings se emparejó con un sargento del ejército llamado Pete, «atractivo pero no realmente guapo». Pete era de Mississippi, y Jennings solía ser muy clara en su oposición a la segregación racial. «Pete me dijo una vez que nunca me llevaría a Biloxi porque expresaba con tal franqueza mi opinión sobre la discriminación que acabarían por matarme.»[30]

Tras seis semanas de entrenamiento, las seis programadoras guardaron a sus novios en el baúl de los recuerdos y volvieron a Penn, donde les dieron diagramas y gráficos de gran tamaño con descripciones del ENIAC. Como explicó McNulty: «Alguien nos entregó un montón de planos con los diagramas de cableado de todos los paneles y nos dijo: "Hala, a ver si averiguáis cómo funciona la máquina y cómo se programa"».[31] Para ello tuvieron que analizar las ecuaciones diferenciales y determinar a continuación cómo empalmar los cables para conectar correctamente los circuitos electrónicos. «La ventaja más importante de aprender cómo funcionaba el ENIAC a partir de los diagramas fue que empezamos a entender lo que podía y lo que no podía hacer —dijo Jennings—. En consecuencia, a la hora de diagnosticar los problemas, éramos casi capaces de localizar el tubo de vacío concreto que los causaba.» Snyder y ella idearon un sistema para determinar cuál de los 18.000 tubos de vacío se había fundido. «Como conocíamos tanto la aplicación como la máquina, aprendimos a diagnosticar los problemas tan bien como los propios ingenieros, cuando no mejor. Y ellos estaban encantados, porque podían delegar la depuración en nosotras.»[32]

Snyder recordaba que elaboraban detallados diagramas y gráficos para cada nueva configuración de cables y conmutadores. «Lo que estábamos haciendo entonces era el principio de un programa», afirmó, aunque aún no se le llamaba así. Por si acaso, escribían cada nueva secuencia en papel. «Todas temíamos que nos arrancasen la cabellera si dañábamos el panel», explicó Jennings.[33]

Un día, Jennings y Snyder se encontraban en el aula del segundo piso que el ejército había requisado, revisando hojas desplegadas con los diagramas de las muchas unidades del ENIAC, cuando entró un hombre para inspeccionar las obras que se estaban efectuando en ella. «Hola, soy John Mauchly —dijo—. Solo quería ver si el techo se estaba desplomando.» Ninguna de las dos conocía al visionario del ENIAC, pero eso no las intimidó lo más mínimo. «¡Cuánto nos alegramos de verte! —respondió Jennings—. Dinos cómo funciona este condenado acumulador.» Mauchly respondió solícitamente a la pregunta, y a otras cuantas más. Cuando terminaron, les dijo: «Mi despacho está aquí al lado. Cuando esté por allí, podéis pasaros y preguntarme lo que queráis».

Y eso fue lo que hicieron casi todas las tardes. Según Jennings, «era un profesor maravilloso». Incitaba a las mujeres a imaginar todas las cosas que el ENIAC podría hacer algún día, además de calcular trayectorias de proyectiles. Sabía que, para que el ENIAC llegase a ser un verdadero computador de propósito general, la máquina necesitaba inspirar a los programadores capaces de hacer que el hardware realizase tareas diversas. «Siempre intentaba que pensásemos en otros problemas —señaló Jennings—, siempre quería que invirtiésemos una matriz o cosas así.»[34]

Aproximadamente en la misma época en que Hopper lo hacía en Harvard, las mujeres del ENIAC también estaban empezando a utilizar subrutinas. Les preocupaba que los circuitos lógicos no tuviesen capacidad suficiente para computar algunas trayectorias. Fue McNulty la que encontró una solución. «Ya sé lo que podemos hacer —dijo un día con entusiasmo—. Podemos utilizar un programa principal que repita partes del código.» Lo probaron y funcionó. «Empezamos a pensar en cómo podríamos disponer de subrutinas, subrutinas anidadas y todo eso —recordaba Jennings—. La idea de no tener que repetir un programa entero era muy útil para resolver este problema de las trayectorias, porque se organizaba el programa principal para hacer que reutilizase fragmentos de código. Una vez que aprendimos esto, entendimos cómo podíamos diseñar los programas en módulos. La modularización y el desarrollo de subrutinas fueron pasos cruciales para aprender a programar.»[35]

Poco antes de morir en 2011, Jean Jennings Bartik reflexionaba con orgullo sobre el hecho de que todas las programadoras que crearon el primer computador de propósito general fueron mujeres. «Aunque crecimos en una época en que las posibilidades de desarrollo profesional de las mujeres eran por lo general bastante limitadas, contribuimos al inicio de la era de los ordenadores.» Ello sucedió porque en aquella época muchas mujeres estudiaban matemáticas, y existía una gran demanda de sus conocimientos. Pero también se daba un hecho irónico: los chicos, con sus juguetitos, pensaban que la tarea más importante era el ensamblaje del hardware, y que ese era por tanto un trabajo de hombres. «Por aquel entonces, la ciencia y la ingeniería estadounidenses eran aún más sexistas que hoy en día —afirmó Jennings—. Si los encargados del ENIAC hubiesen sabido lo fundamental que sería la programación para el funcionamiento del computador electrónico y lo compleja que resultaría ser, quizá se lo habrían pensado dos veces antes de asignar tan importante tarea a mujeres.»[36]

PROGRAMAS ALMACENADOS

Desde el principio, Mauchly y Eckert sabían que era posible hacer que fuese más fácil programar el ENIAC, pero no trataron de hacerlo porque para incorporar esa capacidad habrían tenido que diseñar un hardware más complejo, lo cual no era necesario para las tareas que habían previsto en un principio. «No se ha hecho nada por considerar la posibilidad de configurar un problema automáticamente —escribieron en el informe sobre los avances del ENIAC durante el año 1943—. Los motivos: por simplicidad, y porque se prevé que el ENIAC se utilice principalmente para resolver problemas de un mismo tipo, para los cuales se podrá emplear repetidamente la misma configuración antes de que sea necesario modificarla para abordar un nuevo problema.»[37]

Aun así, más de un año antes de que se completase el ENIAC (de hecho, ya a principios de 1944), Mauchly y Eckert tomaron conciencia de que existía una manera práctica de hacer que los computadores se pudiesen reprogramar fácilmente: almacenar los programas en la memoria del ordenador en lugar de cargarlos cada vez. Este, pensaban, sería el siguiente gran avance en el desarrollo de los computadores. Esta arquitectura de «programa almacenado» implicaría que las tareas que un ordenador fuera capaz de realizar se podrían modificar de manera casi instantánea, sin tener que reconfigurar manualmente los cables y conmutadores.[38]

Para almacenar un programa dentro de la máquina, tendrían que disponer de una gran capacidad de memoria. Eckert barajó muchas maneras de hacerlo. En una circular de enero de 1944 escribió: «Esta programación podría ser de tipo temporal, sobre discos de aleación, o de tipo permanente, en discos grabados».[39] Como el coste de los discos aún no era asequible, en la siguiente versión del ENIAC propuso utilizar un método de almacenamiento más barato, la línea de retardo acústico. El primero en hacer uso de este mecanismo, que sería perfeccionado posteriormente en el MIT, había sido William Shockley (de quien hablaré mucho más en capítulos posteriores), en los Laboratorios Bell. La línea de retardo acústico almacenaba los datos en forma de pulsos en un tubo largo relleno de un líquido denso y viscoso, como el mercurio. En un extremo del tubo, una señal eléctrica que transportaba un flujo de datos se convertía, mediante un transductor de cuarzo, en pulsos que se propagaban repetidamente de un extremo al otro del tubo. Estas ondulaciones se podían refrescar eléctricamente durante el tiempo que fuera necesario. Cuando llegaba el momento de recuperar los datos, el transductor los convertía de vuelta en una señal eléctrica. Cada tubo podía manejar alrededor de mil bits de datos a un coste cien veces menor que si se empleara un circuito de tubos de vacío. En el verano de 1944, Eckert y Mauchly escribieron en un memorando que el sucesor del ENIAC debería tener bastidores con múltiples tubos de líneas de retardo de mercurio para almacenar tanto los datos como los elementos que constituyen los programas en forma digital.

John von Neumann

Llegados a este punto, se reincorpora a nuestra narración uno de los personajes más interesantes de la historia de la computación, John von Neumann, el matemático de origen húngaro que fue mentor de Turing en Princeton, a quien le ofreció un trabajo como ayudante. Erudito entusiasta y polifacético y un intelectual refinado, realizó importantes contribuciones a la estadística, la teoría de conjuntos, la geometría, la mecánica cuántica, el diseño de armas nucleares, la dinámica de fluidos, la teoría de juegos y la arquitectura de los computadores. Acabaría pasando a la historia por mejorar significativamente la arquitectura de programa almacenado que Eckert, Mauchly y sus colegas habían empezado a explorar.[40]

Von Neumann nació en Budapest en 1903, en el seno de una próspera familia judía, durante un período de esplendor tras la abolición en el Imperio austrohúngaro de las leyes restrictivas contra los judíos. El emperador Francisco José otorgó en 1913 un título hereditario al banquero Max Neumann por su «meritorio servicio en el campo de las finanzas», lo que implicaba que la familia recibiría el tratamiento de «margittai Neumann» o, en alemán, «Von Neumann». János (al que se conocía como Jancsi y más tarde, en Estados Unidos, como John o Johnny) era el mayor de tres hermanos, que se convirtieron al catolicismo («por conveniencia», como reconoció uno de ellos) tras la muerte de su padre.[41]

Von Neumann fue otro innovador en la intersección entre las ciencias y las humanidades. «Mi padre era un poeta aficionado y creía en la capacidad de la poesía para comunicar no solo emociones, sino también ideas filosóficas —rememoraba Nicholas, hermano de John—. Entendía la poesía como un lenguaje dentro del lenguaje, una idea que se podría relacionar con las futuras especulaciones de John sobre los lenguajes del computador y del cerebro.» Sobre su madre, escribió lo siguiente: «Creía que la música, el arte y otro placeres estéticos desempeñaban un papel importante en nuestras vidas, que la elegancia era una cualidad digna de admiración».[42]

Circulan multitud de historias sobre el pródigo genio del joven Von Neumann, algunas de las cuales probablemente sean ciertas. Se dice que a los seis años bromeaba con su padre en griego clásico, y que era capaz de dividir mentalmente dos números de ocho dígitos. Para impresionar a las visitas, memorizaba una página de la guía telefónica y recitaba los nombres y números, y también podía recordar palabra por palabra páginas de novelas o artículos que hubiese leído, en cinco idiomas distintos. «Si alguna vez surge una raza mentalmente sobrehumana —dijo en cierta ocasión Edward Teller, el creador de la bomba de hidrógeno—, sus miembros se parecerán a Johnny von Neumann.»[43]

Además de la escuela, tenía profesores particulares de matemáticas e idiomas, y a los quince años ya dominaba el cálculo avanzado. Cuando el comunista Béla Kun se hizo brevemente con el poder en 1919, la familia Von Neumann se trasladó a Viena y a un centro turístico del Adriático, y él desarrolló una aversión de por vida hacia el comunismo. Estudió química en el Instituto Federal de Tecnología Suizo en Zurich (al que había asistido Einstein) y matemáticas en Berlín y en Budapest, y obtuvo su doctorado en 1926. En 1930 se trasladó a la Universidad de Princeton para dar clases de física cuántica, y se quedó allí al incorporarse (junto con Einstein y Gödel) al profesorado fundador del Instituto de Estudios Avanzados.[44]

Von Neumann y Turing, que se conocieron en Princeton, han pasado a la historia como la pareja de grandes teóricos del computador de propósito general, pero eran polos opuestos en cuanto a personalidad y temperamento. Turing llevaba una existencia austera, vivía en pensiones y hostales y, en general, tenía un carácter reservado; Von Neumann era un elegante *bon vivant* que organizaba vibrantes fiestas con su mujer una o dos veces por semana en su enorme casa de Princeton. Turing era un corredor de distancias largas; pocas eran las ideas que nunca se le hubieran pasado por la cabeza a Von Neumann, pero la de correr largas distancias (e incluso distancias cortas) era una de ellas. «En lo tocante a atuendo y costumbres, era de natural desaliñado», dijo una vez la madre de Turing refiriéndose a su hijo. Von Neumann, en cambio, vestía trajes de tres piezas prácticamente en cualquier ocasión, incluida una excursión en burro por el Gran Cañón. Incluso en sus tiempos de estudiante vestía tan bien que, cuando lo conoció, al matemático David Hilbert solo se le ocurrió una pregunta: «¿Quién es su sastre?».[45]

En sus fiestas, a Von Neumann le encantaba contar chistes y recitar poemillas procaces en varios idiomas, y comía con tanta fruición que en una ocasión su mujer dijo de él que era capaz de contar cualquier cosa excepto calorías. Conducía con un abandono imprudente del que no siempre escapó indemne, y sentía debilidad por los Cadillac nuevos y relucientes. Como ha escrito el historiador de la ciencia George Dyson: «Se compraba uno nuevo al menos una vez al año, tanto si había destrozado el anterior como si no».[46]

Estando en el Instituto de Estudios Avanzados, a finales de la década de 1930 Von Neumann desarrolló un profundo interés por la elaboración de modelos matemáticos de las ondas de choque de las explosiones, lo que le llevó, en 1943, a incorporarse al Proyecto Manhattan y a desplazarse con frecuencia a las instalaciones secretas de Los Álamos, Nuevo México, donde se estaban desarrollando las armas atómicas. Como no había suficiente uranio 235 para fabricar más de una bomba, los científicos de Los Álamos estaban intentando también diseñar un dispositivo que utilizase plutonio 239. Von Neumann centró su atención en la manera de construir una lente explosiva que comprimiese el núcleo de plutonio de la bomba hasta alcanzar la masa crítica.*

Para evaluar ese concepto de la implosión era necesario resolver todo un conjunto de ecuaciones que permitirían calcular la variación en el flujo de compresión del aire o de otro material que se produciría tras una explosión. Esto fue lo que llevó a Von Neumann a embarcarse en una indagación sobre el potencial de los computadores de alta velocidad.

Durante el verano de 1944, su búsqueda le llevó a los Laboratorios Bell para estudiar las versiones mejoradas de la calculadora de números

---

* Von Neumann tuvo éxito en esta tarea. El diseño de la implosión del plutonio desembocaría en la primera detonación de un dispositivo atómico, la prueba Trinity, en julio de 1945, en las proximidades de Alamogordo, en Nuevo México, y se emplearía en la bomba lanzada sobre Nagasaki el 9 de agosto de 1945, tres días después de que la bomba de uranio fuera utilizada en Hiroshima. Von Neumann odiaba tanto a los nazis como a los comunistas, y se convirtió en un elocuente defensor de las armas atómicas. Asistió a la prueba Trinity, así como a otras posteriores en el atolón Bikini, en el Pacífico, y argumentó que mil muertes por radiación era un precio que Estados Unidos podía permitirse pagar para garantizar su superioridad nuclear. Murió doce años más tarde, a los cincuenta y tres, de cáncer óseo y de páncreas, que quizá tuvieran su origen en la radiación que recibió durante esas pruebas.

complejos de George Stibitz. La última incorporaba una innovación que le impresionó especialmente: la cinta perforada con la que se introducían las instrucciones para cada tarea también contenía los datos, todo entremezclado. Asimismo, pasó un tiempo en Harvard tratando de determinar si el Mark I de Howard Aiken podría ser útil para los cálculos relacionados con la bomba. A lo largo del verano y el otoño de ese año, se desplazó continuamente en tren entre Harvard, Princeton, los Laboratorios Bell y Aberdeen, actuando como una abeja intelectual, polinizando a los distintos grupos con las ideas que se habían ido adhiriendo a su mente mientras saltaba de un lugar a otro. Al igual que John Mauchly había viajado de un sitio a otro recopilando ideas que darían sus frutos en el primer computador electrónico operativo, Von Neumann vagaba entre los distintos centros de investigación recogiendo los elementos y conceptos que acabarían siendo incorporados a la arquitectura de programa almacenado.

En Harvard, Grace Hopper y su compañero programador, Richard Bloch, habilitaron un espacio en la sala de conferencias contigua al Mark I para que Von Neumann pudiera trabajar. Von Neumann y Bloch escribían ecuaciones en la pizarra y las introducían en la máquina, y Hopper iba leyendo los resultados intermedios a medida que la máquina los arrojaba. Hopper contaba que, cuando la máquina estaba «haciendo números», Von Neumann solía irrumpir desde la sala de conferencias y predecía cuáles serían los resultados. Hopper se entusiasmaba al recordarlo. «Nunca olvidaré cómo abandonaba de repente la habitación, de pronto, volvía a entrar y se ponía a escribir en la pizarra; Von Neumann predecía los resultados, en el 99 por ciento de los casos, con la mayor precisión. Era algo extraordinario. Parecía como si supiese —o sintiese— cómo progresaban los cálculos.»[47]

Von Neumann impresionó al grupo de Harvard por su espíritu colaborador. Absorbía sus ideas y se atribuía algunas de ellas, pero también dejaba claro que nadie debería reclamar la propiedad de ningún concepto. Cuando llegó el momento de redactar un informe sobre sus actividades, Von Neumann exigió que el primer nombre que apareciese fuese el de Bloch. «No creía que fuese algo merecido, pero así fue como salió, y lo agradezco», contó Bloch.[48] Aiken estaba igualmente dispuesto a compartir las ideas. «No te preocupes porque la gente pueda robarte una idea —le dijo en una ocasión a un alumno—. Si es original, tendrás que hacérsela tragar con un embudo.» Pero incluso a él le sorprendió, y le incomodó un poco, la dejadez de Von Neumann a la hora de determinar quién merecía el reconocimiento por las ideas. «Hablaba de los conceptos sin preocuparle de dónde procedían», afirmó Aiken.[49]

El problema que Von Neumann se encontró en Harvard era que el Mark I, con sus conmutadores electromecánicos, era insoportablemente lento. Tardaría meses en completar los cálculos para su bomba. Aunque la entrada mediante cinta de papel era útil para reprogramar el computador, había que cambiar manualmente la cinta cada vez que se llamaba a una subrutina. Von Neumann llegó al convencimiento de que la única solución era construir un computador que funcionase a velocidades electrónicas y que pudiera almacenar y modificar los programas en una memoria interna.

Esto le llevó a involucrarse en el siguiente gran avance: el desarrollo de un computador con arquitectura de programa almacenado. Y dio comienzo a finales de agosto de 1944 a raíz de un encuentro fortuito en el andén de la estación de Aberdeen Proving Ground.

Von Neumann en Penn

Se dio la casualidad de que el capitán Herman Goldstine, que trabajaba con Mauchly y Eckert en el ENIAC y ejercía de enlace con el ejército, estaba en el mismo andén en Aberdeen, esperando el tren hacia el norte. No conocía a Von Neumann, pero lo reconoció al instante. Goldstine admiraba a las mentes brillantes, y se emocionó al toparse con alguien a quien se podía considerar una estrella en el mundo de las matemáticas. «Conseguí superar la parálisis, me aproximé a esta figura de talla mundial, me presenté y empecé a hablar —recordaba—. Por suerte para mí, Von Neumann era una persona acogedora y amable, que se esforzaba por que la gente se sintiera cómoda.» La conversación adquirió una mayor intensidad cuando Von Neumann descubrió a qué se dedicaba Goldstine. «Cuando Von Neumann entendió que yo estaba participando en el desarrollo de un computador electrónico capaz de realizar 333 multiplicaciones por segundo, el tono de nuestra conversación pasó de un distendido buen humor a algo más parecido a la defensa de una tesis doctoral en matemáticas.»[50]

A instancias de Goldstine, Von Neumann visitó Penn unos cuantos días después para ver el ENIAC durante su construcción. Presper Eckert sentía curiosidad por conocer al famoso matemático y tenía la intención de comprobar si «era realmente un genio»; la prueba de fuego sería ver si su primera pregunta trataba sobre la estructura lógica de la máquina. Cuando esa fue precisamente la primera pregunta que planteó Von Neumann, se ganó el respeto de Eckert.[51]

A Von Neumann le impresionó saber que el ENIAC podía resolver en menos de una hora una ecuación en derivadas parciales que el Mark I de Harvard tardaría casi ochenta horas en solventar. Sin embargo, se podían tardar horas en reprogramarlo para que ejecutase distintas tareas, y Von Neumann se dio cuenta de hasta qué punto era importante este inconveniente cuando tuvo que tratar de solucionar todo un conjunto de problemas diferentes. Mauchly y Eckert habían pasado el año 1944 intentando encontrar la manera de almacenar los programas en la máquina. La llegada de Von Neumann, desbordante de ideas procedentes de Harvard, los Laboratorios Bell y otros lugares, supuso un importante acicate para los intentos de desarrollar computadores de programa almacenado.

Von Neumann, que asumió el papel de consultor del equipo del ENIAC, promovía la idea de que el programa debería almacenarse en la misma memoria que sus datos, para que pudiera ser modificado fácilmente en plena ejecución. Su trabajo comenzó la primera semana de septiembre de 1944, cuando Mauchly y Eckert le explicaron la máquina en detalle y compartieron con él sus ideas sobre el desarrollo de la nueva versión, «un dispositivo de almacenamiento con posiciones localizables» que serviría como memoria tanto para los datos como para las instrucciones del programa. En palabras de Goldstine, en una carta que envió esa semana a su superior en el ejército: «Proponemos un dispositivo de programación centralizado en el que la rutina del programa se almacene, codificada, en el mismo tipo de dispositivos de almacenamiento que se indica más arriba».[52]

La serie de reuniones entre Von Neumann y el equipo del ENIAC, y en particular las cuatro sesiones formales que celebraron en la primavera de 1945, adquirieron tal importancia que se publicaron sus notas bajo el título de «Encuentros con Von Neumann». Deambulando frente a una pizarra y encauzando la discusión con la pasión de un moderador socrático, absorbía ideas, las refinaba y las escribía. «Se erguía frente a la sala como un profesor, atendiendo nuestras preguntas —recordaba Jean Jennings—. Le planteábamos alguna dificultad, procurando siempre que se tratara de problemas fundamentales con los que nos estábamos topando, no solo de problemas mecánicos.»[53]

Von Neumann era accesible, pero su figura también resultaba intelectualmente imponente. Cuando se pronunciaba, no era habitual que nadie le replicara. Pero Jennings lo hacía en ocasiones. Una día discutió una de sus afirmaciones, y los hombres presentes en la sala la miraron con incredulidad. Sin embargo, Von Neumann se detuvo, inclinó la cabeza y aceptó su argumento. Sabía escuchar, y también había llegado a dominar el zalamero arte de fingir humildad.[54] Según Jennings: «Era una asombrosa combinación de un hombre extremadamente brillante, y consciente de que lo es, pero al mismo tiempo muy modesto y recatado a la hora de presentar sus ideas a los demás. Era muy inquieto y no paraba de pasearse de un lado a otro de la habitación, pero cuando exponía sus ideas era casi como si se estuviera disculpando por no estar de acuerdo contigo o porque se le hubiese ocurrido una idea mejor».

Von Neumann tenía un talento especial para imaginar los fundamentos de la programación, que seguía siendo una disciplina en ciernes que había progresado bien poco en el siglo transcurrido desde que Ada Lovelace dejase escritos los pasos necesarios para generar números de Bernoulli utilizando la máquina analítica de Babbage. Sabía que, para crear un elegante conjunto de instrucciones, era necesario aplicar la lógica con rigor y expresarse con precisión. «Era muy meticuloso a la hora de explicar por qué necesitamos tal expresión o por qué podíamos prescindir de tal otra —explicó Jennings—. Fue entonces cuando me di cuenta de la importancia de los códigos de las instrucciones, de la lógica en la que se basan y de los ingredientes imprescindibles de un conjunto de instrucciones.» Era la manifestación de un talento más amplio, que consistía en saber quedarse con lo esencial de cada nueva idea. «Lo que tenía Von Neumann, que he comprobado que otros genios también poseen, era una gran capacidad para extraer, de un determinado problema, el aspecto más fundamental.»[55]

Von Neumann era consciente de que lo que estaban haciendo era algo más importante que la mera introducción de mejoras en el ENIAC para que se pudiese reprogramar más rápido; estaban llevando a la práctica la visión de Ada al crear una máquina capaz de ejecutar cualquier tarea lógica a partir de cualquier conjunto de símbolos. En palabras de George Dyson: «El computador de programa almacenado, tal y como lo imaginó Alan Turing y lo plasmó John von Neumann, diluyó la distinción entre números que significan cosas y números que hacen cosas. Nuestro universo nunca volvería a ser el mismo».[56]

Además, Von Neumann comprendió, antes que sus colegas, la importancia de una de las características de la combinación de datos e instrucciones en la misma memoria. Dicha memoria podría ser borrada; sería lo que ahora llamamos una «memoria de lectura y escritura». Ello significaba que las instrucciones del programa almacenado se podrían modificar no solo después de cada ejecución, sino también en cualquier momento mientras el programa se ejecutase. El ordenador podría modificar su propio programa en función de los resultados que fuese obteniendo. Para potenciar esta propiedad, Von Neumann ideó un lenguaje de programación de localización variable que permitía sustituir con facilidad unas instrucciones por otras mientras el programa se ejecutaba.[57]

El equipo de Penn propuso al ejército que la nueva y mejorada versión del ENIAC fuera construida siguiendo estas directrices. Sería binario en lugar de decimal, utilizaría líneas de retardo de mercurio para su memoria, e incorporaría buena parte (aunque no todo) de lo que se acabaría conociendo como «arquitectura de Von Neumann». En la propuesta inicial al ejército, esta nueva máquina recibió el nombre de «calculadora electrónica automática de variable discreta». A pesar de ello, cada vez era más habitual que el grupo se refiriera a ella como un «computador», porque hacía muchas más cosas que calcular. Pero tampoco es que esto fuese muy importante, porque todo el mundo lo llamaba simplemente EDVAC.

A lo largo de los años siguientes, en juicios por patentes y en conferencias, en libros y en artículos históricos contradictorios, se prolongó el debate sobre a quién le correspondía recibir la mayor parte del reconocimiento por las ideas desarrolladas en 1944 y a principios de 1945, y que acabarían incorporándose al computador de programa almacenado. El relato que se ha ofrecido aquí, por ejemplo, atribuye principalmente a Eckert y Mauchly la concepción del computador de programa almacenado, y reconoce que fue Von Neumann quien se dio cuenta de lo importante que sería el hecho de que el ordenador pudiese modificar su propio programa almacenado mientras lo ejecutaba, y quien desarrolló la funcionalidad de la programación de localización variable que lo facilitaría. Sin embargo, más importante que identificar la procedencia de las ideas es apreciar cómo la innovación generada en Penn fue otro ejemplo de creatividad en equipo. Von Neumann, Eckert, Mauchly, Goldstine, Jennings y muchos otros discutían las ideas colectivamente y buscaban la opinión de ingenieros, expertos en electrónica, científicos de materiales y programadores.

Casi todos hemos participado alguna vez en sesiones de *brainstorming* en grupo que generaron ideas creativas. Incluso es posible que, a los pocos días, haya distintas versiones sobre quién fue el que propuso qué, lo cual es indicativo de que la formación de las ideas debe más a la interacción iterativa dentro del grupo que al hecho de que a un individuo se le ocurra un concepto completamente original. Las chispas no surgen de la nada, sino que saltan cuando las ideas se rozan entre sí. Esto fue así en los Laboratorios Bell, en Los Álamos, en Bletchley Park y en Penn. Una de las grandes virtudes de Von Neumann era su talento —que consistía en indagar, escuchar, lanzar sutiles globos sonda, articular y comparar las ideas— para promover este tipo de procesos creativos en equipo.

Su propensión a recopilar y comparar ideas, y su despreocupación a la hora de determinar con precisión su procedencia, fue útil para sentar las bases de los conceptos que se plasmaron en el EDVAC. Pero en ocasiones exasperaba a quienes estaban más preocupados por recibir el reconocimiento —e incluso los derechos de propiedad intelectual— cuando les correspondía. Una vez afirmó que no es posible atribuir individualmente el origen de ideas que se discuten en grupo. Se dice que la respuesta de Eckert al oírlo fue: «¿En serio?».[58]

Las ventajas e inconvenientes del enfoque de Von Neumann quedaron de manifiesto en junio de 1945. Tras diez meses revoloteando alrededor del trabajo que se estaba llevando a cabo en Penn, se ofreció para sintetizar sus discusiones en papel. Y se puso manos a la obra durante un largo viaje en tren a Los Álamos.

En su informe manuscrito, que remitió por correo a Goldstine en Penn, Von Neumann describía, prolijo en detalles matemáticos, la estructura y el control lógicos del futuro computador de programa almacenado y por qué era «tentador tratar toda la memoria como un solo órgano». Cuando Eckert preguntó por qué Von Neumann estaba preparando un artículo basado en las ideas que otros habían contribuido a desarrollar, Goldstine lo tranquilizó. «Solo está intentando formarse una idea clara de todas estas cosas y para ello me ha estado escribiendo cartas, para que yo pueda responderle si veo que hay algo que no ha entendido correctamente.»[59]

Von Neumann había dejado espacios en blanco para incluir referencias a los trabajos de otra gente, y en su texto nunca llegó a utilizar el acrónimo EDVAC. Pero cuando Goldstine mandó mecanografiar el artículo (que se extendió hasta las 101 páginas), atribuyó la autoría en exclusiva a su héroe. En la portada que confeccionó Goldstine, el título que aparecía era: «Primer borrador de un informe sobre el EDVAC, por John von Neumann». Goldstine utilizó un mimeógrafo para generar veinticuatro copias, que distribuyó a finales de junio de 1945.[60]

El «Borrador de informe» fue un documento extremadamente útil, y guió el desarrollo de las siguientes generaciones de computadores durante al menos una década. La decisión de Von Neumann de escribirlo y de permitir que Goldstine lo distribuyera reflejaba la transparencia de los científicos adscritos al mundo académico, en particular los matemáticos, que a menudo prefieren publicar y difundir sus ideas en lugar de tratar de asegurarse la propiedad intelectual. «Estoy completamente decidido a hacer lo que esté en mi mano para que este campo continúe siendo de dominio público (en lo que se refiere a las patentes) tanto como ello sea posible», le explicó Von Neumann a un colega. Como confesó posteriormente, al escribir el informe tenía dos objetivos, «contribuir a aclarar y a coordinar las reflexiones del grupo que estaba trabajando en el EDVAC» e «impulsar el desarrollo del arte de construir computadores de alta velocidad». Según afirmó, no estaba tratando de reclamar la autoría de los conceptos, y nunca solicitó ninguna patente relacionada con ellos.[61]

Pero Eckert y Mauchly no opinaban lo mismo. «Acabamos viendo a Von Neumann como un buhonero de las ideas de los demás, y a Goldstine como su principal representante comercial —afirmó Eckert tiempo después—. Von Neumann robaba ideas e intentaba hacer creer que el trabajo que se llevaba a cabo en la Escuela Moore [de Penn] lo había hecho él.»[62] Jean Jennings opinaba lo mismo, y más tarde lamentó que Goldstine «apoyase con entusiasmo las injustas pretensiones de Von Neumann y, en la práctica, le ayudase a apropiarse del trabajo de Eckert, Mauchly y los demás miembros del grupo de la Escuela Moore».[63]

Lo que les molestó especialmente a Eckert y Mauchly, que trataron de patentar muchos de los conceptos en los que se basaban el ENIAC y después el EDVAC, fue que la distribución del informe de Von Neumann situaba jurídicamente esos conceptos en la esfera del dominio público. Cuando intentaron patentar la arquitectura de un computador de programa almacenado, se toparon con el obstáculo insalvable de que (como dictaminaron tanto los abogados del ejército como, más tarde, los tribunales) el informe de Von Neumann fue considerado una «publicación previa» de dichas ideas.

Estas disputas sobre patentes fueron las precursoras de una cuestión clave en la era digital: ¿se debería compartir libremente la propiedad intelectual e incorporarla siempre que fuese posible al dominio público y al procomún del software de código abierto? Esa vía, que fue la que siguieron en gran medida quienes desarrollaron internet y la Red, puede espolear la innovación mediante una rápida diseminación y una mejora colectiva de las ideas. ¿O deberían protegerse los derechos de propiedad intelectual y permitirse que los inversores sacasen provecho económico de sus ideas e innovaciones privativas? Esta otra vía, que es la que adoptaron mayoritariamente los sectores del hardware para ordenadores, la electrónica y los semiconductores, puede proporcionar incentivos económicos e inversiones de capital que fomenten la innovación y recompensen la toma de riesgos. En los setenta años transcurridos desde que Von Neumann, con la publicación de su «Borrador de informe», hizo que el EDVAC fuera de dominio público, la tendencia ha sido, salvo en contadas aunque notables excepciones, hacia un enfoque más privativo. En 2011 se alcanzó un hito significativo: Apple y Google gastaron más dinero en pleitos y pagos relacionados con patentes que en la investigación y el desarrollo de nuevos productos.[64]

LA PRESENTACIÓN DEL ENIAC

Todavía en el otoño de 1945, mientras el equipo de Penn estaba diseñando el EDVAC, se las veía y se las deseaba para poner en marcha el ENIAC, su predecesor.

Para entonces la guerra había acabado. Ya no había necesidad de calcular trayectorias de proyectiles, a pesar de lo cual la primera tarea que se encomendó al ENIAC guardaba relación con el armamento. La misión secreta tenía su origen en Los Álamos, el laboratorio de armas atómicas situado en Nuevo México, donde Edward Teller, el físico teórico de origen húngaro, había elaborado una propuesta para crear una bomba de hidrógeno, apodada la Súper, en que se utilizaría un dispositivo de fisión atómica para desencadenar una reacción de fusión. Para determinar cómo se desarrollaría este proceso, los científicos necesitaban calcular cuál sería la intensidad de las reacciones a intervalos de una diezmillonésima de segundo.

La naturaleza del problema hacía que fuese de alto secreto, pero las monumentales ecuaciones llegaron a Penn en octubre para que el ENIAC las resolviese. Para introducir los datos se necesitaron casi un millón de tarjetas perforadas, y a Jennings se la convocó en la sala del ENIAC junto con varias de sus colegas para que Goldstine pudiese dirigir el proceso de configuración de la máquina. El ENIAC resolvió las ecuaciones, y al hacerlo puso de manifiesto que el diseño de Teller contenía errores. Stanislaw Ulam, un matemático y refugiado polaco, trabajó entonces con Teller (y con Klaus Fuchs, que resultó ser un espía ruso) en la modificación de la bomba de hidrógeno a partir de los resultados del ENIAC para que fuera capaz de generar una enorme reacción termonuclear.[65]

Hasta que se hubieron completado estas tareas secretas, el ENIAC se mantuvo en secreto. No se mostró en público hasta el 15 de febrero de 1946, cuando el ejército y Penn organizaron una presentación de gala, tras la aparición de varias informaciones previas en la prensa.[66] El capitán Goldstine decidió que el plato fuerte de la presentación sería una demostración del cálculo de la trayectoria de un misil. Así pues, dos semanas antes del acto, invitó a Jean Jennings y Betty Snyder a su apartamento y, mientras Adele les servía té, les preguntó si en ese plazo serían capaces de programar el ENIAC para que realizase dicha tarea. «Seguro que sí», prometió Jennings. Estaba entusiasmada. Esto les permitiría meterle mano directamente a la máquina, lo cual no era habitual.[67] Se pusieron manos a la obra; conectaron los buses de memoria en las unidades correspondientes y prepararon las bandejas de tarjetas perforadas con el programa.

Los hombres sabían que el éxito de la demostración estaba en manos de esas dos mujeres. Mauchly apareció un sábado por la tarde con una botella de licor de albaricoque para darles ánimos. «Era delicioso. A partir de ese día —recordaba Jennings—, siempre tuve una botella en mi armario.» A los pocos días, el decano de la escuela de ingeniería les llevó, en una bolsa de papel, una botella de whisky. «Seguid así», les dijo. Snyder y Jennings no eran grandes bebedoras, pero los obsequios surtieron efecto. Como reconoció Jennings: «Nos transmitieron lo importante que era la demostración».[68]

La víspera del acto era el día de San Valentín, pero, a pesar de lo ajetreada que solía ser su vida social, Snyder y Jennings no lo celebraron. «Estábamos encerradas con esa máquina maravillosa, el ENIAC —explicó Jennings—, realizando a toda prisa las últimas correcciones y comprobaciones en el programa.» Se encontraron con un problema persistente que no eran capaces de solucionar: el programa calculaba estupendamente los datos de la trayectoria de los proyectiles de artillería, pero no sabía cuándo detenerse. Incluso después de que el proyectil hubiese impactado contra el suelo, el programa seguía calculando su trayectoria, «como si el hipotético misil perforase el suelo —contó Jennings— a la misma velocidad a la que se había desplazado por el aire. Sabíamos que, si no resolvíamos este problema, la demostración sería un fracaso, y eso dejaría en evidencia a los inventores e ingenieros del ENIAC».[69]

Jennings y Snyder trabajaron hasta tarde la noche anterior a la rueda de prensa tratando de arreglarlo, pero no lo lograron. Finalmente, se dieron por vencidas a medianoche, porque Snyder tenía que tomar el último tren para llegar a su apartamento en los suburbios. Sin embargo, ya en la cama, a Snyder se le ocurrió una solución. «Me desperté en mitad de la noche pensando cuál era el error. [...] Fui a la ciudad en el primer tren de la mañana para revisar un cable en particular.» El problema era que al final de un «bucle do» había un error de una sola cifra en uno de los elementos de la configuración. Modificó el estado del conmutador en cuestión y el problema desapareció. Jennings recordaba el episodio con asombro: «La capacidad de razonamiento de Betty estando dormida era superior a la de mucha gente que está despierta. Mientras dormía, su subconsciente deshizo el nudo que su mente consciente no había logrado desatar».[70]

Durante la presentación, el ENIAC fue capaz de ofrecer en quince segundos los resultados de los cálculos de la trayectoria de un misil que las computadoras humanas, incluso utilizando un analizador diferencial, habrían tardado semanas en obtener. Todo fue muy espectacular. Mauchly y Eckert, como buenos innovadores, sabían cómo organizar un buen espectáculo. Los extremos de los tubos de vacío de los acumuladores del ENIAC, dispuestos en parrillas de diez por diez, sobresalían a través de agujeros realizados en el panel frontal de la máquina. Pero el débil resplandor de las bombillas de neón que hacían las veces de indicadores apenas era visible. A Eckert se le ocurrió la idea de cortar por la mitad varias pelotas de ping-pong, escribir números en ellas y colocarlas sobre las bombillas. Cuando el ordenador comenzó a procesar datos, se apagaron las luces de la sala para que las pelotas de ping-pong parpadeantes causasen una mayor impresión en el público (un espectáculo que se convirtió en un clásico de las películas y las series de televisión). «A medida que la máquina calculaba la trayectoria —dijo Jennings—, los números se apilaban en los acumuladores y eran transferidos de un lugar a otro, y las luces empezaron a brillar como las bombillas de las marquesinas en Las Vegas. Habíamos logrado nuestro objetivo. Habíamos programado el ENIAC.»[71] Merece la pena repetirlo: habían programado el ENIAC.

La presentación del ENIAC ocupó la primera plana del *New York Times*, con el titular: «Computador electrónico calcula a toda velocidad, podría acelerar la ingeniería». La noticia comenzaba así: «El Departamento de Guerra desveló anoche uno de los secretos bélicos mejor

guardados, una asombrosa máquina que por primera vez aplica velocidades electrónicas a la resolución de tareas matemáticas hasta ahora demasiado complejas y engorrosas como para ser resueltas».[72] El artículo
continuaba con una página entera en el interior del periódico, que incluía fotografías de Mauchly, Eckert y la sala que ocupaba el ENIAC.
Mauchly afirmó que la máquina permitiría mejorar las predicciones
meteorológicas (su pasión original), el diseño aeronáutico y los «proyectiles que operan a velocidades supersónicas». El reportaje de Associated Press daba cuenta de una visión aún más ambiciosa: «El robot
abre una vía matemática hacia una vida mejor para todos los seres humanos».[73] Como ejemplo de «mejora», Mauchly afirmó que los computadores harían que algún día bajase el precio de la barra de pan. No
explicaba cómo sucedería, pero lo cierto es que tanto esta como millones de consecuencias similares más acabarían materializándose.

Después, Jennings se quejó, en la tradición de Ada Lovelace, de que
muchas de las noticias de la prensa exageraban lo que ENIAC podía
hacer, puesto que se referían a él como un «cerebro gigante» y daban a
entender que era capaz de pensar. «El ENIAC —insistió— no era un
cerebro en ningún sentido de la palabra. No podía razonar, como tampoco pueden hacerlo los computadores actuales, pero sí que podía proporcionar más datos que las personas utilizarían para sus razonamientos.»

Jennings tenía otro motivo de queja más personal. «Tras la demostración, a Betty y a mí nos ignoraron, se olvidaron de nosotras. Nos
sentimos como si estuviésemos representando nuestros papeles en una
fascinante película que de pronto había dado un mal giro, y en la que,
después de trabajar a destajo durante dos semanas para producir algo
realmente espectacular, nos habían acabado eliminando del guión.» Esa
noche se celebró una cena a la luz de las velas en el imponente Hous-
ton Hall de Penn, a la que asistieron multitud de lumbreras científicas,
altos mandos militares y la mayoría de los hombres que habían trabajado en el ENIAC. Pero no Jean Jennings ni Betty Snyder, ni ninguna
otra de las programadoras.[74] «A Betty y a mí no nos invitaron —dijo
Jennings—, y eso fue una gran decepción.»[75] Mientras los hombres y
diversos dignatarios celebraban el éxito, Jennings y Snyder volvían a
casa solas en una gélida noche de febrero.

Los primeros computadores de programa almacenado

La intención de Mauchly y Eckert de patentar lo que habían contribuido a inventar —y de sacar partido económico de ello— causó problemas en Penn, que aún no había establecido una política clara en lo relativo al reparto de los derechos de propiedad intelectual. Se les permitió que presentasen solicitudes para patentes relacionadas con el ENIAC, pero después la universidad presionó para obtener licencias gratuitas, no sujetas a regalías así como el derecho a sublicenciar todos los aspectos del diseño. Además, las partes no llegaron a un acuerdo sobre quién sería el titular de los derechos sobre las innovaciones desarrolladas en el EDVAC. La disputa fue enrevesada, pero el resultado fue que Mauchly y Eckert abandonaron Penn a finales de marzo de 1946.[76]

Fundaron la que acabaría denominándose Eckert-Mauchly Computer Corporation, con sede en Filadelfia, y fueron los primeros en transformar la construcción de computadores en una actividad comercial, y no meramente académica. (En 1950 su compañía, junto con las patentes que habían obtenido, pasó a formar parte de Remington Rand, que más adelante se convertiría en Sperry Rand y después en Unisys.) Entre las máquinas que construyeron estaba el UNIVAC, que tuvo entre sus compradores a la Oficina del Censo y a General Electric, entre otros.

Con sus luces brillantes y su aura hollywoodiense, el UNIVAC se hizo famoso cuando la CBS lo incorporó a su cobertura de la noche electoral de 1952. Walter Cronkite, el joven presentador, dudaba de que la enorme máquina fuera de mucha utilidad frente a la experiencia de los corresponsales de la cadena, pero reconoció que el espectáculo podría ser entretenido para los televidentes. Mauchly y Eckert reclutaron a un estadístico de Penn y desarrollaron un programa que comparaba los primeros escrutinios de una muestra de mesas electorales con los resultados de elecciones anteriores. A las 20.30 en la Costa Este, mucho antes de que hubiesen cerrado los colegios electorales en la mayor parte del país, el UNIVAC predijo, con un margen de error del 1 por ciento, una victoria fácil para Dwight Eisenhower sobre Adlai Stevenson. En un principio, la CBS se resistió a hacer público el veredicto del UNIVAC; Cronkite le explicó al público que el ordenador aún no había llegado a ninguna conclusión. Esa misma noche, una vez que el recuento confirmó que Eisenhower había ganado cómodamente, Cronkite conectó en directo con el corresponsal Charles Collingwood para reconocer que eso mismo era lo que el UNIVAC había predicho a primera hora de la noche, pero que la CBS no lo había hecho público. El UNIVAC se hizo famoso y se convirtió en un elemento fijo en las noches electorales.[77]

Eckert y Mauchly no olvidaron lo importantes que habían sido las programadoras que habían trabajado con ellos en Penn, a pesar de que no se las invitó a la cena de celebración del ENIAC. Contrataron a Betty Snyder, quien ya con su nombre de casada, Betty Holberton, llegaría a ser una programadora pionera que contribuyó al desarrollo de los lenguajes COBOL y Fortran, y a Jean Jennings, que se casó con un ingeniero y cambió su nombre por el de Jean Jennings Bartik. Mauchly también quería reclutar a Kay McNulty, pero, después de que su mujer falleciera ahogada en un accidente, lo que hizo fue pedirle que se casase con él. Tuvieron cinco hijos, y ella continuó colaborando en el diseño del software para el UNIVAC.

Mauchly contrató asimismo a la decana de todas ellas, Grace Hopper. «Dejaba que la gente probase cosas —respondió esta cuando le preguntaron por qué se dejó convencer para unirse a la Eckert-Mauchly Computer Corporation—. Alentaba la innovación.»[78] Ya en 1952, había creado el primer compilador operativo, conocido como «sistema A-0», que, al traducir código matemático simbólico en lenguaje máquina, facilitaba que cualquiera pudiera escribir programas.

Como una tripulante de barco, Hopper agradecía un estilo de colaboración que involucrara a todos los participantes, y contribuyó a desarrollar el método de innovación basado en el software de código abierto al enviar sus primeras versiones del compilador a sus amigos y conocidos en el mundo de la programación, y pedirles que hiciesen mejoras en el software. Empleó el mismo proceso de desarrollo abierto cuando ocupó el puesto de directora técnica y coordinó la creación de COBOL, el primer lenguaje de programación empresarial, multiplataforma y estandarizado.[79] Su intuición de que la programación debería ser independiente de la máquina era un reflejo de su querencia por el compañerismo; creía que hasta las máquinas deberían trabajar bien juntas. También reflejaba que había comprendido enseguida uno de los hechos más característicos de la era de los ordenadores: que el hardware se convertiría en una mercancía más y que sería en la programación donde radicaría el verdadero valor. Hasta la irrupción de Bill Gates, esta idea se les escapaba a la mayoría de los hombres.*

Von Neumann desdeñaba el planteamiento mercenario de Eckert y Mauchly. «Eckert y Mauchly —se quejó ante un amigo— conforman un grupo comercial con una política de patentes comercial. No podemos trabajar con ellos, ni directa ni indirectamente, de la misma manera abierta en que podríamos hacerlo con un grupo académico.»[80] Pero, a pesar de esta actitud de superioridad moral, Von Neumann no era ajeno al hecho de ganar dinero gracias a sus ideas. En 1945 negoció un contrato personal de consultoría con IBM por el que le otorgaba a la compañía derechos sobre todas sus invenciones. Era un acuerdo perfectamente válido, pero Eckert y Mauchly se mostraron indignados. «Vendió todas nuestras ideas a IBM por la puerta de atrás —se quejó Eckert—. Era un hipócrita. Decía una cosa y hacía otra. No era de fiar.»[81]

Tras la marcha de Mauchly y Eckert, Penn enseguida perdió relevancia como centro de innovación. Von Neumann también se fue, de vuelta al Instituto de Estudios Avanzados de Princeton. Se llevó consigo a Herman y Adele Goldstine, junto con varios ingenieros clave, como Arthur Burks. «Puede que las instituciones, como las personas, se agoten», reflexionaba tiempo después Herman Goldstine, a propósito del declive de Penn como epicentro del desarrollo de los computadores.[82] A estos se los consideraba una herramienta, no un objeto digno de estudio académico. Pocos de los miembros del profesorado podían ima-

---

* La marina volvió a llamar a filas a Hopper en 1967, cuando contaba ya sesenta años, con la misión de estandarizar dentro del cuerpo el uso del lenguaje COBOL y los compiladores para validarlo. Tras una votación en el Congreso, se le permitió continuar en activo más allá de la edad de jubilación. Alcanzó el rango de contraalmirante, y se retiró finalmente en agosto de 1986, a la edad de setenta y nueve años, como la oficial de mayor edad de la marina.

ginar que la informática crecería hasta consolidarse como una disciplina académica incluso más importante que la ingeniería eléctrica.

A pesar del éxodo, hubo un último acontecimiento en el que Penn desempeñó un papel fundamental para el desarrollo de los computadores. En julio de 1946, la mayoría de los expertos —incluidos Von Neumann, Goldstine, Eckert, Mauchly y otros que participaban en sus disputas— volvieron para una serie de conferencias y seminarios, las «Moore School Lectures», que difundirían sus conocimientos sobre los computadores. El encuentro, que duró ocho semanas, contó con la presencia de Howard Aiken, George Stibitz, Douglas Hartree, de la Universidad de Manchester, y Maurice Wilkes, de Cambridge. Uno de los puntos que centró la atención de los asistentes fue la importancia de utilizar la arquitectura de programa almacenado si se quería que los computadores, como había imaginado Turing, llegasen a ser máquinas universales. Así pues, las ideas en materia de diseño que habían desarrollado en equipo Mauchly, Eckert, Von Neumann y otra gente en Penn se consolidaron como los cimientos de la mayoría de los ordenadores futuros.

La distinción de ser los primeros computadores de programa almacenado les correspondió a dos máquinas completadas, casi simultáneamente, en el verano de 1948. Una de ellas era una actualización del ENIAC original. Von Neumann y Goldstine, junto con los ingenieros Nick Metropolis y Richard Clippinger, idearon la manera de utilizar tres de las tablas de funciones del ENIAC para almacenar un conjunto básico de instrucciones.[83] Esas tablas de funciones habían servido previamente para almacenar datos sobre el rozamiento del aire en un proyectil, pero, puesto que la máquina ya no se utilizaría para calcular tablas de trayectorias, ahora se les podía dar un mejor uso. Una vez más, en la práctica el trabajo de programación lo llevaron a cabo principalmente mujeres: Adele Goldstine, Klára von Neumann y Jean Jennings Bartik. Esta última lo recordaba así: «Trabajé de nuevo con Adele cuando desarrollamos, junto con otras personas, la versión original del código necesario para convertir el ENIAC en un computador de programa almacenado que utilizaba las tablas de funciones para guardar las instrucciones codificadas».[84]

Este ENIAC reconfigurado, operativo desde abril de 1948, tenía una memoria solo de lectura, lo que significaba que era difícil modificar los programas mientras estaban en ejecución. Además, la memoria a base de líneas de retardo de mercurio era lenta y requería ingeniería de precisión. Ambos inconvenientes fueron solventados en la construcción de una pequeña máquina en la Universidad de Manchester, pensada desde el principio como un computador de programa almacenado. Apodada Baby, entró en funcionamiento en junio de 1948.

El laboratorio de computación de Manchester lo dirigía Max Newman, mentor de Turing, y el grueso del trabajo en el nuevo ordenador corrió a cargo de Frederic Calland Williams y Thomas Kilburn. Williams inventó un mecanismo de almacenamiento basado en tubos de rayos catódicos, que hacía que la máquina fuese más rápida y más sencilla que las que empleaban líneas de retardo de mercurio. Funcionaba tan bien que dio lugar al Mark I de Manchester, más potente, que entró en funcionamiento en abril de 1949, así como al EDSAC, que Maurice Wilkes y un equipo de Cambridge terminaron de construir en mayo de ese mismo año.[85]

Mientras se construían todas estas máquinas, Turing también estaba intentando desarrollar un computador de programa almacenado. Tras abandonar Bletchley Park, se incorporó al Laboratorio Nacional de Física, un prestigioso instituto de Londres donde diseñó un computador llamado «máquina automática de computación» (ACE por sus siglas en inglés) en honor a las dos máquinas de Babbage. Pero el avance del proyecto fue un tanto irregular. En 1948, Turing estaba harto de ese ritmo desigual y frustrado porque sus colegas no mostraban ningún interés en explorar los límites del aprendizaje automático y la inteligencia artificial, así que abandonó el proyecto para unirse a Max Newman en Manchester.[86]

De manera similar, en cuanto se instaló en el Instituto de Estudios Avanzados (IEA) en 1946, Von Neumann se embarcó en el desarrollo de un computador de programa almacenado, un proyecto del que da cuenta George Dyson en su libro *Turing's Cathedral*. El director del Instituto, Frank Aydelotte, y Oswald Veblen, el miembro más influyente del consejo de administración de la facultad, eran acérrimos valedores de la que se conocería como la «máquina del IEA», y defendieron el proyecto de las críticas de otros miembros del profesorado, que entendían que construir una máquina de computación pervertiría la misión de lo que se suponía que era un refugio para el pensamiento teórico. Como recordaba Klára, la mujer de Von Neumann: «No cabe duda de que dejó estupefactos, e incluso horrorizados, a algunos de sus colegas matemáticos más eruditos al manifestar abiertamente su gran interés por otras herramientas matemáticas más allá de la pizarra y la tiza, o el papel y el lápiz. Su propuesta para construir una máquina de computación electrónica bajo la cúpula sagrada del instituto no fue recibida con una gran ovación, por decirlo suavemente».[87]

Los miembros del equipo de Von Neumann se apiñaban en la zona destinada a la secretaria del lógico Kurt Gödel, que renunció a disponer de ella. A lo largo de 1946 publicaron varios artículos detallando el diseño, que remitieron a la Biblioteca del Congreso y a la Oficina de Patentes, pero no con la intención de solicitar ninguna patente, sino acompañados de declaraciones firmadas en las que indicaban que deseaban que su obra fuera de dominio público.

La máquina empezó a funcionar a pleno rendimiento en 1952, pero la fueron abandonando progresivamente una vez que Von Neumann se trasladó a Washington para incorporarse a la Comisión de la Energía Atómica. «La desaparición de nuestro grupo de computación —dijo al respecto Freeman Dyson, miembro del instituto (y padre de George Dyson)— constituyó un desastre no solo para Princeton sino para la ciencia en su conjunto. Significó que, durante ese período crítico de los años cincuenta, no existió un centro académico donde personas de todas las tendencias del mundo de la computación pudiesen reunirse al más alto nivel intelectual.»[88] En su lugar, a partir de la década de 1950, la innovación en computación se trasladó al mundo empresarial, impulsada por compañías como Ferranti, IBM, Remington Rand y Honeywell.

Dicho cambio nos lleva de nuevo al asunto de la protección mediante patentes. Si Von Neumann y su equipo hubieran seguido liderando las innovaciones y las hubiesen hecho de dominio público, ¿habría conducido ese modelo de desarrollo de código abierto a un progreso más rápido de los ordenadores? ¿O, por el contrario, la competencia de mercado y los incentivos económicos a la generación de propiedad intelectual son más eficaces a la hora de fomentar la innovación? En los casos de internet, la Red y algunas formas de software, el modelo abierto demostró ser más efectivo. Pero en lo referente al hardware, como el de los ordenadores y microchips, fue un sistema privativo el que proporcionó los incentivos para la oleada de innovación de los años cincuenta. El motivo por el que este segundo enfoque resultó tan eficaz, especialmente para los grandes computadores, fue que las grandes organizaciones industriales, que necesitaban reunir capital circulante, estaban mejor preparadas para la gestión de la investigación, el desarrollo, la fabricación y la promoción comercial de tales máquinas. Además, hasta mediados de la década de 1990, era más fácil obtener la protección que suponen las patentes para el hardware que para el software.* Sin embargo, la protección de la innovación en el hardware mediante patentes tuvo una pega: el modelo de propiedad dio lugar a compañías tan atrincheradas y a la defensiva que fueron incapaces de subirse a la ola de la revolución del ordenador personal a principios de la década de 1970.

¿PUEDEN PENSAR LAS MÁQUINAS?

Mientras reflexionaba sobre el desarrollo de los computadores de programa almacenado, Alan Turing se fijó en una frase que Ada Lovelace había incluido, un siglo antes, en su «Nota» final sobre la máquina ana-

---

* La Constitución estadounidense reconoce al Congreso la potestad de «fomentar el progreso de la ciencia y las artes útiles, garantizando a los autores e inventores, por tiempo limitado, el derecho exclusivo al usufructo de sus respectivos escritos y descubrimientos». Por lo general, en los años setenta la Oficina de Patentes y Marcas estadounidense no otorgó patentes sobre innovaciones cuya única diferencia sustancial respecto a tecnologías ya existentes fuera el uso de un nuevo algoritmo en forma de software. La situación fue más ambigua durante los años ochenta, cuando los tribunales de segunda instancia y el Tribunal Supremo emitieron fallos contradictorios. Las políticas cambiaron a mediados de la década de 1990, cuando el Tribunal de Apelaciones del Circuito del Distrito de Columbia dictó una serie de resoluciones que abrían las puertas a las patentes sobre software que produjese un «resultado útil, concreto y tangible», y el presidente Clinton nombró como director de la Oficina de Patentes a una persona que había encabezado el *lobby* de las empresas distribuidoras de software.

lítica de Babbage, en la que afirmaba que las máquinas no podían realmente pensar. Si una máquina pudiera modificar su propio programa en
función de la información que fuera procesando, se preguntó Turing,
¿no sería eso una manera de aprendizaje? ¿Podría ello conducir a la inteligencia artificial?

Los asuntos relacionados con la inteligencia artificial se remontan a
la Antigüedad. Lo mismo sucede con las cuestiones relacionadas con la
conciencia humana. Como ocurre con la mayoría de estos temas, Des-
cartes fue fundamental a la hora de expresarlos en términos modernos.
En su *Discurso del método*, de 1637, que contiene la famosa afirmación
«pienso, luego existo», el filósofo francés escribió:

> [Si hubiera máquinas] que semejasen a nuestros cuerpos e imitasen
> nuestras acciones, cuanto fuere moralmente posible, siempre tendríamos
> dos medios muy ciertos para reconocer que no por eso son hombres ver-
> daderos; y es el primero […] que no se concibe que ordene en varios
> modos las palabras para contestar al sentido de todo lo que en su presen-
> cia se diga, como pueden hacerlo aun los más estúpidos de entre los hom-
> bres; y es el segundo que, aun cuando hicieran varias cosas tan bien y
> acaso mejor que ninguno de nosotros, no dejarían de fallar en otras, por
> donde se descubriría que no obran por conocimiento.

El interés de Turing por la manera en que los computadores podrían replicar el funcionamiento de un cerebro humano venía de lejos,
y esta curiosidad se acentuó tras trabajar en las máquinas para descifrar
lenguaje codificado. A principios de 1943, mientras se diseñaba el Colossus en Bletchley Park, Turing cruzó en barco el Atlántico con la
misión de visitar los Laboratorios Bell, en Manhattan, donde se reunió
con el grupo que trabajaba en el cifrado electrónico de voz, la tecnología que permitiría codificar y descodificar conversaciones telefónicas.

Allí conoció al excéntrico genio Claude Shannon, el antiguo
alumno del MIT que en 1937 había escrito una tesis doctoral seminal
en la que demostraba cómo el álgebra booleana, que transformaba las
proposiciones lógicas en ecuaciones con variables binarias, se podía
plasmar en circuitos electrónicos. Shannon y Turing empezaron a quedar por las tardes para tomar el té y conversar durante horas. Ambos

estaban interesados en la ciencia del cerebro, y se dieron cuenta de que sus artículos de 1937 tenían en común algo fundamental; demostraban que una máquina, ejecutando sencillas instrucciones binarias, podía abordar no solo problemas matemáticos sino la lógica en su totalidad. Y puesto que la lógica era la base de la capacidad de razonamiento del cerebro humano, una máquina podría, en teoría, replicar la inteligencia humana.

«Shannon —les contó Turing a sus colegas de los Laboratorios Bell un día durante el almuerzo— quiere introducir [en la máquina] no solo datos, ¡sino objetos culturales! ¡Quiere tocarle música!» En otro almuerzo en el comedor de los laboratorios, Turing expuso con su voz aguda, que todos los ejecutivos en la sala pudieron oír: «No, no me interesa desarrollar un cerebro potente. Me basta con uno mediocre, como el del presidente de la American Telephone and Telegraph Company.»[89]

Cuando volvió a Bletchley Park en abril de 1943, trabó amistad con un colega llamado Donald Michie, y pasaron muchas noches jugando al ajedrez en un pub cercano. En sus discusiones sobre la posibilidad de crear un computador capaz de jugar al ajedrez, Turing abordó el problema pensando no tanto en maneras de utilizar la capacidad de procesamiento por fuerza bruta para calcular cualquier movimiento posible, sino centrándose en la posibilidad de que la máquina pudiese aprender a jugar a base de práctica. En otras palabras, podría ser capaz de probar nuevos gambitos y refinar su estrategia con cada nueva victoria o derrota. Este enfoque, en caso de tener éxito, representaría un salto cualitativo que sin duda deslumbraría a Ada Lovelace: las máquinas podrían hacer algo más que limitarse a seguir las instrucciones específicas que los humanos les diesen; podrían aprender de la experiencia y refinar sus propias instrucciones.

«Se dice —explicó en una conferencia en la Sociedad Matemática de Londres en febrero de 1947— que las máquinas computadoras solo pueden ejecutar las tareas que se les ordenan. Pero ¿es necesario utilizarlas siempre así?» A continuación, pasó a discutir las consecuencias de la arquitectura de los nuevos computadores de programa almacenado, capaces de modificar sus propias listas de instrucciones. «Sería como un pupilo que hubiera aprendido mucho de su maestro, a lo cual habría añadido mucho más gracias a su propio trabajo. Ante esta situación, creo que estaríamos obligados a reconocer que la máquina estaría dando muestras de inteligencia.»[90]

Cuando terminó su discurso, el público permaneció un momento en silencio, atónito ante las afirmaciones de Turing. Sus colegas del Laboratorio Nacional de Física estaban igualmente desconcertados con la obsesión de Turing por construir máquinas pensantes. El director del laboratorio, sir Charles Darwin (nieto del biólogo evolutivo), escribió a sus superiores en 1947 que Turing «quiere ampliar aún más su trabajo en la máquina, hacia la vertiente biológica», y abordar la siguiente pregunta: «¿Se puede fabricar una máquina que aprenda de la experiencia?».[91]

La inquietante idea de Turing, según la cual algún día las máquinas podrían ser capaces de pensar como los humanos, suscitó en aquel entonces airadas objeciones, que aún perduran a día de hoy. Estaban, como era de esperar, las de naturaleza religiosa, y también las emocionales, tanto en su contenido como en su tono. «Mientras una máquina no escriba un soneto o componga un *concerto* a raíz de los pensamientos y las emociones que haya sentido, y no por mero azar al emplazar los símbolos, no podremos establecer una equivalencia entre máquina y cerebro», afirmó un famoso neurocirujano, sir Geoffrey Jefferson, al recibir la prestigiosa medalla Lister en 1949.[92] La respuesta de Turing a un reportero del *Times* londinense fue en apariencia algo frívola, pero también sutil: «La comparación quizá sea algo injusta, porque quien mejor apreciaría un soneto escrito por una máquina sería otra máquina».[93]

El terreno estaba, pues, abonado para la segunda obra seminal de Turing, «¿Puede pensar una máquina?», publicada en la revista *Mind* en octubre de 1950.[94] En ella, ideó lo que se conocería como el «test de Turing». Empezaba con una afirmación sin ambages: «Propongo para su consideración la cuestión de si "¿Pueden pensar las máquinas?"». Divirtiéndose como un colegial, procedió a continuación a inventar un juego —al que aún se sigue jugando y sobre el que se sigue discutiendo— para darle un significado empírico a la pregunta. Propuso una definición puramente operativa de la inteligencia artificial: si la respuesta de una máquina es indistinguible de la de un cerebro humano, no hay ninguna razón de peso para afirmar que la máquina no está «pensando».

El test de Turing, que él llamaba «juego de imitación», es sencillo: un interrogador remite preguntas por escrito a un humano y a una máquina que se encuentran en otra habitación, y trata de determinar a partir de sus respuestas cuál de los dos es el humano. Un interrogatorio sencillo, escribió Turing, podría ser el siguiente:

Pregunta: Por favor, escriba un soneto que tenga por tema el puente de Forth.

Respuesta: No cuente conmigo para eso. Jamás podría escribir poesía.

P: Sume 34.957 y 70.764.

R: (Pausa de treinta segundos, a la que sigue como respuesta) 105.621.

P: ¿Juega usted al ajedrez?

R: Sí.

P: Tengo a R en mi R1, y no me quedan más piezas. Usted solo tiene a R en R6 y T en T1. Es su turno. ¿Cómo será su jugada?

R: (Tras una pausa de quince segundos) T-T8 mate.

En este sencillo diálogo, Turing hizo varias cosas. Un análisis minucioso revela que el interrogado, tras treinta segundos de pausa, cometió un pequeño error en la suma (la respuesta correcta es 105.721). ¿Es eso evidencia de que el interrogado es humano? Quizá, aunque también podría ser un astuto intento por parte de la máquina para parecer humana. Turing se libró de la objeción de Jefferson, según la cual una máquina no puede escribir un soneto: la respuesta a la primera pregunta podría ser la de un humano que reconoce su incapacidad. También en ese mismo artículo, Turing imaginó el siguiente interrogatorio para poner de manifiesto la dificultad de utilizar la capacidad de escribir un soneto como criterio para distinguir al humano de la máquina:

P: En el primer verso de su soneto que dice «Podría compararte con un día de verano», ¿no sería igual o mejor decir «un día de primavera»?

R: La métrica no cuadraría.

P: ¿Y «un día de invierno»? Eso sí que respetaría la métrica.

R: Sí, pero a nadie le gusta que lo comparen con un día de invierno.

P: ¿Diría usted que el señor Pickwick le recordó a la Navidad?

R: En cierto sentido.

P: Pues la Navidad es un día de invierno, y no creo que al señor Pickwick le molestase la comparación.

R: No creo que lo diga en serio. Cuando se habla de un día de invierno, se entiende un día típico de invierno, no uno especial como la Navidad.

Lo que Turing quería demostrar era que podría resultar imposible determinar si el interrogado es humano, o bien una máquina fingiendo ser humana.

Turing aventuró su propia predicción sobre si un ordenador sería capaz de ganar a este juego de la imitación: «Creo que en unos cincuenta años será posible programar ordenadores [...] para que jueguen tan bien al juego de la imitación que un interrogador habitual no tendrá más de un 70 por ciento de posibilidades de efectuar una identificación correcta tras cinco minutos de preguntas». Se equivocó. Aún no ha sucedido.

En su artículo, Turing trató de rebatir los muchos reparos posibles a su definición de «pensamiento». Se zafó de la objeción teológica según la cual Dios concedió un alma y la capacidad de pensar únicamente a los humanos argumentando que ello «implica una seria restricción a la omnipotencia del Todopoderoso». Preguntó si Dios «tiene la libertad de otorgar un alma a un elefante si así le parece conveniente». Presumiblemente, sí. Siguiendo un razonamiento similar (que viniendo de un ateo como Turing resultaba un poco sarcástico), sin duda Dios podría conferir alma a una máquina si así lo deseara.

La objeción más interesante, especialmente para nuestra historia, es la que Turing atribuyó a Ada Lovelace, que en 1843 escribió: «La máquina analítica no tiene ninguna pretensión de crear nada original. Puede hacer cualquier cosa que seamos capaces de ordenarle que haga. Puede seguir un razonamiento, pero no tiene capacidad para prever ninguna relación o verdad analítica». Es decir, que, a diferencia de la mente humana, un artilugio mecánico no dispone de libre albedrío ni puede concebir sus propias iniciativas. Solo es capaz de ejecutar aquello para lo que ha sido programado. En su artículo de 1950, Turing dedicó una sección a la que denominó «La objeción de lady Lovelace».

Su respuesta más ingeniosa a esta objeción fue el argumento según el cual una máquina podría de hecho ser capaz de aprender y convertirse así en su propio agente, capaz de generar nuevos pensamientos. «En lugar de tratar de crear un programa que simule una mente adulta —planteaba—, ¿por qué no desarrollar uno que simule la de un niño? Si a esta se la sometiese a una formación adecuada, se obtendría el cerebro adulto.» El proceso de aprendizaje de una máquina sería distinto del de un niño, reconocía Turing. «Por ejemplo, carecerá de piernas, por lo que no se le podrá pedir que salga a rellenar el cubo del carbón. Probablemente no tenga ojos. [...] No se podría enviar a la criatura al colegio sin que todos se riesen de ella.» La máquina bebé tendría, pues, que recibir su educación de alguna otra manera. Turing proponía un sistema de recompensas y castigos, que haría que la máquina repitiese ciertas actividades y evitase realizar otras. Con el paso del tiempo, la máquina desarrollaría sus propias ideas sobre cómo entender las cosas.

Aun así, incluso si una máquina pudiese imitar el pensamiento, objetaban sus críticos, no sería realmente consciente. Cuando el participante humano en el test de Turing utiliza palabras, las relaciona con significados, emociones, experiencias, sensaciones y percepciones en el mundo real. Las máquinas no lo hacen. Sin esas conexiones, el lenguaje no es más que un juego carente de significado.

Esta objeción llevó a la dificultad más persistente para el test de Turing, que apareció en un ensayo escrito por el filósofo John Searle en 1980. Searle proponía un experimento mental, conocido como «la habitación china», en el que a un anglohablante sin conocimientos de chino se le entrega un exhaustivo conjunto de reglas que le indican cómo responder a cualquier combinación de caracteres chinos mediante otro conjunto determinado de caracteres. Si el manual de instrucciones fuera lo suficientemente bueno, la persona podría convencer al interrogador de que realmente habla chino. Sin embargo, no habría entendido ni una sola de las respuestas que él mismo había proporcionado, ni habría dado muestras de intencionalidad alguna. En palabras de Ada Lovelace, no tendría la pretensión de crear nada original, sino que simplemente haría lo que se le ordenase. Análogamente, la máquina en el juego de imitación de Turing, por muy bien que pudiese imitar a un ser humano, no entendería ni sería consciente de lo que estaba diciendo. Tiene tan poco sentido decir que la máquina «piensa» como afirmar que el tipo que sigue el enorme manual de instrucciones habla chino.[95]

Una respuesta a la objeción de Searle pasa por argumentar que, incluso si el hombre realmente no entendiera el chino, el sistema presente en la habitación —formado por el hombre (la unidad de procesamiento), el manual de instrucciones (el programa) y ficheros llenos de caracteres chinos (los datos)— en su conjunto sí que podría entenderlo. No existe una respuesta concluyente. De hecho, el test de Turing y las objeciones que se le plantean siguen siendo a día de hoy el asunto que genera un mayor debate dentro de la ciencia cognitiva. Y, a pesar de todos los avances en capacidad de computación, nadie ha podido hasta ahora desarrollar una máquina con la suficiente capacidad de aprendizaje para superar el test de Turing.

Tras escribir «¿Puede pensar una máquina?», durante varios años dio la impresión de que Turing disfrutaba participando en la discusión que generó. Con su humor irónico, se mofaba de la pretenciosidad de quienes farfullaban sobre los sonetos y exaltaban la conciencia. «Algún día las damas sacarán a sus ordenadores de paseo al parque y se dirán cosas como "¡Mi ordenadorcito dijo una cosa tan graciosa esta mañana!"», se burlaba en 1951. Como señaló tiempo después su mentor, Max Newman: «Las analogías cómicas pero brillantemente precisas mediante las que explicaba sus ideas hacían de él un compañero encantador».[96]

Un asunto que salía a colación una y otra vez en las discusiones con Turing, y que pronto tomaría un sesgo triste, era el papel que el apetito sexual y los deseos emocionales desempeñaban en la capacidad humana de pensar, algo que no sucedía en las máquinas. Un ejemplo muy público tuvo lugar en un debate televisado por la BBC en enero de 1952 entre Turing y el neurocirujano sir Geoffrey Jefferson, moderado por Max Newman y el filósofo de la ciencia Richard Braithwaite. «Los intereses de un ser humano vienen determinados, en gran medida, por sus apetitos, deseos, impulsos e instintos», dijo Braithwaite, quien argumentó que, para crear una verdadera máquina pensante, «parece que sería necesario dotar a la máquina de algo equivalente a un conjunto de apetitos». Newman intervino para decir que las máquinas «poseen apetitos bastante limitados, y no pueden sonrojarse cuando se avergüenzan». Jefferson fue incluso más allá, empleando repetidamente la expresión «impulsos sexuales» y refiriéndose a las «emociones e instintos, como los relacionados con el sexo». El hombre está sujeto a «impulsos sexuales y podría ponerse en ridículo», dijo. Insistió tanto en cómo los apetitos sexuales afectan a la capacidad humana para pensar que los editores de la BBC eliminaron algunos de sus comentarios de la retransmisión, incluida su afirmación de que no se creería que una máquina puede pensar hasta que viese cómo toca la pierna de una máquina hembra.[97]

Turing, que aún era bastante discreto sobre su condición homosexual, permaneció callado durante esta parte de la discusión. En las semanas previas a la grabación del programa, el 10 de enero de 1952, se vio involucrado en una serie de acciones tan humanas que a una máquina le habrían resultado incomprensibles. Acababa de terminar un artículo científico, y a continuación escribió un cuento breve sobre cómo pensaba celebrarlo. «Había pasado ya mucho tiempo desde la última vez que "estuvo" con alguien. De hecho, desde que conoció a ese soldado en París el verano anterior. Ahora que había terminado de escribir el artículo, podía plantearse justificadamente que se merecía otro hombre gay, y sabía dónde encontrar alguno de su agrado.»[98]

En la calle Oxford de Manchester, eligió a un trotamundos de clase trabajadora de diecinueve años llamado Arnold Murray, y comenzó una relación. Cuando volvió de la grabación del programa de la BBC, invitó a Murray a que se mudase a su casa. Una noche, Turing le contó al joven Murray su fantasía de jugar al ajedrez contra un malvado computador al que lograba vencer al hacer que la máquina expresase ira, placer y suficiencia. Durante los días siguientes, la relación se fue complicando, hasta que Turing volvió a casa una noche y se encontró con que habían entrado a robar. El culpable era un amigo de Murray. Cuando Turing denunció el incidente ante la policía, acabó revelando su relación sexual con Murray, y lo detuvieron por «indecencia grave».[99]

En el juicio, celebrado en marzo de 1952, Turing se declaró culpable, aunque dejó claro que no se arrepentía. Max Newman testificó a favor de él. Una vez condenado, y revocada su acreditación de seguridad,* le ofrecieron dos opciones: ir a la cárcel o quedar en libertad bajo palabra con la condición de tener que someterse a un tratamiento hormonal con inyecciones de un estrógeno sintético diseñado para refrenar su deseo sexual, como si fuera una máquina controlada químicamente. Optó por la segunda alternativa, que soportó durante un año.

Al principio, parecía que Turing se lo había tomado todo muy bien, pero el 7 de junio de 1954 se suicidó mordiendo una manzana con cianuro. Sus amigos señalaron que siempre le había fascinado la escena de *Blancanieves* en la que la malvada reina empapa una manzana en un brebaje venenoso. Lo encontraron en su cama, con espuma en la boca, cianuro en el cuerpo y una manzana mordida a su lado.

¿Eso lo habría hecho una máquina?

* En las Navidades de 2013, Turing recibió con carácter póstumo el perdón formal de la reina Isabel II.

4

El transistor

La invención de los computadores no supuso una revolución de inmediato. Como estaban basados en los voluminosos, caros y frágiles tubos de vacío, que consumían muchísima energía, los primeros computadores eran costosos mastodontes que solo las grandes empresas, las universidades y el ejército se podían permitir. El verdadero nacimiento de la era digital, el inicio de la época en que los dispositivos electrónicos se introdujeron en todos los aspectos de nuestras vidas, tuvo lugar en Murray Hill (New Jersey), poco después de la hora de comer del martes 16 de diciembre de 1947. Ese día, dos científicos de los Laboratorios Bell lograron montar un diminuto artilugio que habían pergeñado a partir de varias tiras de pan de oro, un pedazo de material semiconductor y un clip de alambre doblado. Si se ajustaba debidamente, podía amplificar una corriente eléctrica y hacer que esta fluyese o se detuviese. El transistor, como enseguida se conoció al dispositivo, fue para la era digital lo que la máquina de vapor había sido durante la revolución industrial.

La irrupción de los transistores, y las posteriores innovaciones que permitieron embutir millones de ellos en microchips minúsculos, permitieron condensar la potencia de cálculo de muchos miles de ENIAC en el interior de las cabezas cónicas de los cohetes, en ordenadores que podemos apoyar en nuestro regazo, en calculadoras y reproductores de música que nos caben en el bolsillo, y en dispositivos portátiles que permiten intercambiar información o diversión con cualquier rincón o cualquier nodo de un planeta conectado en red.

Tres colegas apasionados y vehementes, cuyas personalidades se complementaban y chocaban entre sí, pasarían a la historia como los inventores del transistor: un hábil experimentador llamado Walter Brattain, un teórico cuántico que atendía al nombre de John Bardeen y el más apasionado y vehemente de los tres —hasta su trágico final—, un experto en física del estado sólido llamado William Shockley.

Pero en esta historia intervino, además, un actor tan importante como cualquiera de los individuos, los Laboratorios Bell, donde trabajaban. Lo que hizo posible el transistor no fueron tanto las ocurrencias de unos pocos genios como una combinación de distintos talentos. Por su propia naturaleza, el transistor requería un equipo que reuniese a teóricos con una comprensión intuitiva de los fenómenos cuánticos y científicos de materiales expertos en introducir impurezas en las obleas de silicio, junto con hábiles experimentadores, químicos industriales, especialistas en la fabricación de dispositivos e ingeniosos inventores.

LOS LABORATORIOS BELL

En 1907, la American Telephone and Telegraph Company (AT&T) se enfrentaba a una crisis. Las patentes obtenidas por su fundador, Alexander Graham Bell, habían expirado, y parecía que corría el riesgo de perder lo que constituía prácticamente un monopolio sobre los servicios telefónicos. La junta directiva rescató a un presidente ya jubilado, Theodore Vail, que decidió revitalizar la compañía proponiéndose un objetivo ambicioso: construir un sistema capaz de establecer una llamada entre Nueva York y San Francisco. El desafío exigía combinar logros de la ingeniería con avances del ámbito de la ciencia pura. Empleando tubos de vacío y otras tecnologías novedosas, AT&T construyó repetidores y dispositivos amplificadores que permitieron completar la tarea en enero de 1915. En la histórica primera llamada transcontinental, además de Vail y el presidente Woodrow Wilson, participó el propio Bell, que repitió las famosas palabras que había pronunciado treinta y nueve años antes: «Señor Watson, venga aquí. Quiero verlo». En esta ocasión su antiguo ayudante, Thomas Watson, que estaba en San Francisco, respondió: «Tardaría una semana».[1]

Ese fue el germen de una nueva organización industrial que se conocería como los Laboratorios Bell. Situados originalmente en el extremo oeste de Greenwich Village, en Manhattan, con vistas al río Hudson, reunieron a teóricos, científicos de materiales, metalúrgicos, ingenieros e incluso especialistas en trepar a los postes de AT&T. Fue allí donde George Stibitz desarrolló un computador utilizando relés electromagnéticos y donde Claude Shannon trabajó en su teoría de la información. Como el Xerox PARC y otras centros de investigación corporativos que aparecieron después, los Laboratorios Bell demostraron que puede generarse innovación de forma continuada cuando se junta a personas con talentos diversos, preferiblemente en espacios que propicien la proximidad física y permitan mantener reuniones frecuentes y encuentros casuales. Esta era la parte positiva. La negativa era que se trataba de grandes burocracias sometidas al control corporativo; los Laboratorios Bell, como el Xerox PARC, pusieron de manifiesto los límites de las organizaciones industriales cuando carecen de líderes apasionados y rebeldes capaces de transformar las innovaciones en productos excelentes.

El director del departamento de tubos de vacío de los Laboratorios Bell era Mervin Kelly, un personaje dinámico y eficiente que había estudiado metalurgia en la Escuela de Minas de Missouri, su estado natal, y que después había obtenido un doctorado en física bajo la dirección de Robert Millikan en la Universidad de Chicago. Ideó un sistema de refrigeración mediante agua que permitió fabricar tubos de vacío más fiables, pero se dio cuenta de que estos nunca serían eficaces como tecnología de amplificación o de conmutación. En 1936 ascendió al puesto de director de los Laboratorios, y su primera prioridad fue encontrar una alternativa.

La gran intuición de Kelly fue que los Laboratorios Bell, que habían sido un bastión de la ingeniería aplicada, deberían centrar también sus esfuerzos en la ciencia básica y en la investigación teórica, que hasta entonces habían sido dominio exclusivo de las universidades. Kelly inició una búsqueda de los jóvenes físicos más destacados del país. Su misión consistía en hacer de la innovación algo que una organización industrial pudiese generar de forma habitual, en lugar de ceder el terreno a los genios excéntricos escondidos en garajes y desvanes.

«Determinar si la clave de la innovación radicaba en el genio individual o en la colaboración se había convertido en una cuestión de cierta importancia en los Laboratorios», escribe Jon Gertner en *The Idea Factory*, un análisis de los Laboratorios Bell.[2] La respuesta era que «ambos». «Se precisa que muchos hombres, procedentes de diversos campos de la ciencia, pongan en común sus talentos para canalizar toda la investigación necesaria hacia el desarrollo de un nuevo dispositivo», explicaría Shockley tiempo después.[3] Y tenía razón. También estaba haciendo gala, sin embargo, de un punto de falsa modestia poco habitual en él. Más que ninguna otra persona, Shockley creía en la importancia del genio individual, como el suyo propio. Incluso Kelly, el apóstol de la colaboración, era consciente de que también era necesario fomentar el genio individual. En una ocasión afirmó lo siguiente: «Por mucho énfasis que debamos poner en el liderazgo, la organización y el trabajo en equipo, el individuo sigue siendo determinante, de una importancia suprema. Las ideas y los conceptos creativos nacen en la mente de una sola persona».[4]

La clave de la innovación —en los Laboratorios Bell y en la era digital en general— consistió en darse cuenta de que no existía conflicto alguno entre promover el genio individual y fomentar el trabajo en equipo. No era necesario optar entre uno u otro. De hecho, a lo largo de la era digital los dos enfoques han ido de la mano. Los genios creativos (John Mauchly, William Shockley, Steve Jobs) generaron ideas innovadoras; los ingenieros prácticos (Presper Eckert, Walter Brattain, Steve Wozniak) se compenetraron estrechamente con ellos para convertir los conceptos en artilugios, y la colaboración de los equipos formados por técnicos y emprendedores transformó el invento en un producto práctico. Cuando faltaba parte de este ecosistema (como en los casos de John Atanasoff en la Universidad Estatal de Iowa, o de Charles Babbage en el cobertizo de su casa en Londres), las grandes ideas acababan en el desván de la historia. Y cuando en los equipos faltaban grandes visionarios (como en Penn tras la marcha de Mauchly y Eckert, en Princeton tras la de Von Neumann, o en los Laboratorios Bell después de Shockley), la innovación se iba marchitando lentamente.

La necesidad de reunir a teóricos e ingenieros era particularmente acuciante en un campo cada vez más importante en los Laboratorios, la física del estado sólido, que estudiaba cómo fluyen los electrones a través de los materiales sólidos. En los años treinta, ingenieros de los Laboratorios Bell experimentaron con materiales como el silicio —que es, después del oxígeno, el elemento más común en la corteza terrestre y un componente fundamental de la arena— para conseguir realizar con ellos trucos electrónicos. Al mismo tiempo, en el mismo edificio, los teóricos de Bell lidiaban con los desconcertantes descubrimientos de la mecánica cuántica.

La mecánica cuántica se basa en las teorías desarrolladas, entre otros, por el físico danés Niels Bohr sobre lo que sucede en el interior de un átomo. En 1913, Bohr propuso un modelo de estructura atómica en la que los electrones orbitaban alrededor del núcleo a determinados niveles. Podían llevar a cabo un salto cuántico de un nivel al siguiente, pero nunca permanecer en algún estado intermedio. El número de electrones en el nivel orbital más externo contribuía a determinar las propiedades químicas y electrónicas del elemento, incluida su capacidad para conducir la electricidad.

Algunos elementos, como el cobre, son buenos conductores de la electricidad. Otros, como el azufre, son pésimos conductores, y por tanto buenos aislantes. Entre ambos extremos existen otros elementos, como el silicio y el germanio, a los que se conoce como «semiconductores». Lo que hace que estos últimos sean útiles es que resulta fácil manipularlos para que se vuelvan mejores conductores. Por ejemplo, si se contamina silicio con una minúscula cantidad de arsénico o de boro, sus electrones adquieren una mayor libertad de movimiento.

Los avances en la teoría cuántica se produjeron al mismo tiempo que los metalúrgicos de los Laboratorios Bell iban encontrando maneras de crear nuevos materiales utilizando novedosas técnicas de purificación, trucos de química y fórmulas para combinar minerales raros y comunes. Para tratar de resolver problemas prácticos, como el de los filamentos de los tubos de vacío que se fundían demasiado rápido, o el del sonido demasiado metálico que emitían los diafragmas de los auriculares de los teléfonos, estaban creando nuevas aleaciones y desarrollando métodos para calentar o enfriar sus mejunjes hasta que diesen mejores resultados. Mediante ensayo y error, como cocineros en una cocina, estaban iniciando una revolución en la ciencia de los materiales que iría de la mano con la revolución teórica que estaba teniendo lugar en la mecánica cuántica.

Mientras experimentaban con sus muestras de silicio y germanio, los ingenieros químicos de los Laboratorios Bell hallaron pruebas de muchas de las cosas que los teóricos del estado sólido estaban conjeturando.* Resultaba evidente que los teóricos, los ingenieros y los metalúrgicos podrían aprender mucho los unos de los otros. Así pues, en 1936 se formó en los Laboratorios un grupo de estudios del estado sólido, consistente en una potente combinación de estrellas teóricas y aplicadas. Se reunían una vez por semana a última hora de la tarde para compartir novedades y practicar el chismorreo académico, y tras levantar la sesión se enzarzaban en conversaciones informales hasta altas horas de la madrugada. El hecho de reunirse cara a cara, en lugar de limitarse a leer los artículos de los demás, aportaba un valor adicional; las intensas interacciones hacían que las ideas saltasen a órbitas más elevadas y, como los electrones, en ocasiones llegasen incluso a quedar libres y provocar reacciones en cadena.

De entre todas las personas del grupo, una destacaba por encima de las demás; William Shockley, un teórico que había llegado a los Laboratorios justo cuando se estaba formando el grupo de estudio, impresionó a todos (a veces incluso llegó a intimidarlos) tanto por su intelecto como por su vehemencia.

WILLIAM SHOCKLEY

Desde joven, William Shockley compaginó la pasión por el arte y por la ciencia. Su padre estudió ingeniería de minas en el MIT, asistió a clases de música en Nueva York y aprendió siete idiomas mientras deam-

---

* Por ejemplo, ingenieros y teóricos descubrieron que el silicio (que posee cuatro electrones en su órbita exterior) dopado con fósforo o arsénico (que tienen cinco electrones en sus respectivas capas exteriores) poseía un exceso de electrones y era por tanto un portador de carga negativa, lo que denominaron un «semiconductor de tipo n». El silicio dopado con boro (que posee tres electrones en su órbita más externa) tenía un déficit de electrones —había «huecos» donde normalmente habría electrones— y poseía por tanto carga positiva, lo que lo convertía en un «semiconductor de tipo p».

bulaba por Europa y Asia como aventurero y especulador minero. Su madre se graduó en matemáticas y en arte por la Universidad de Stanford, y fue, que se sepa, una de las primeras personas en lograr ascender en solitario al monte Whitney. Se conocieron en un pueblecito minero de Nevada, Tonopah, donde él gestionaba concesiones mineras y ella llevaba a cabo trabajos de agrimensura. Después de casarse, se trasladaron a Londres, donde en 1910 nació su hijo.

William sería hijo único, y dieron gracias por ello. Incluso de bebé, tenía un temperamento feroz, con ataques de ira tan escandalosos y prolongados que obligaban a sus padres a cambiar continuamente de niñera y de apartamento. En su diario, el padre describió al niño «gritando a pleno pulmón y agitándose sin parar», y dejó constancia de que «ha mordido con ganas a su madre muchas veces».[5] Su tenacidad era implacable. En cualquier situación, simplemente tenía que salirse con la suya. Sus padres acabaron optando por la rendición. Renunciaron a cualquier intento de hacerle entrar en vereda y, hasta los ocho años, lo educaron en casa. Para entonces se habían trasladado a Palo Alto, donde vivían los abuelos maternos.

Convencidos de que su hijo era un genio, los padres de William hicieron que lo evaluase Lewis Terman,* que había diseñado el test de inteligencia de Stanford-Binet y tenía planeado llevar a cabo un estudio sobre niños superdotados. El joven Shockley obtuvo una puntuación de casi 130, un valor respetable pero insuficiente para que Terman lo considerase un genio. Shockley acabó obsesionado con los tests de inteligencia; los utilizó para evaluar a sus futuros empleados e incluso a sus colegas, y elaboró teorías cada vez más nefastas sobre la raza y la inteligencia heredada que envenenarían los últimos años de su vida.[6] Quizá debería haber aprendido por experiencia propia las limitaciones de los tests de inteligencia. A pesar de no habérsele certificado que era un genio, sí que era lo suficientemente inteligente como para saltarse varios cursos en la escuela, graduarse en Caltech y obtener un doctorado en física del estado sólido por el MIT. Era incisivo, creativo y ambicioso. Aunque le encantaba hacer trucos de magia y gastar bromas, nunca

---

* Su hijo Fred Terman llegaría a ser años después un famoso decano y rector de Stanford.

aprendió a ser cordial y de trato fácil. Poseía una intensidad intelectual y personal, producto de su infancia, que hacía difícil relacionarse con él, y más aún cuando le llegó el éxito profesional.

Cuando Shockley se licenció en el MIT en 1936, Mervin Kelly llegó desde los Laboratorios Bell para entrevistarse con él y le ofreció un trabajo en el acto. También le encomendó a Shockley una misión: encontrar la manera de sustituir los tubos de vacío por un dispositivo más estable, sólido y barato. Después de tres años, Shockley llegó al convencimiento de que podría encontrar una solución utilizando un material sólido como el silicio en lugar de filamentos incandescentes en una bombilla. «Hoy se me ha ocurrido que en principio es posible construir un amplificador utilizando semiconductores en lugar del vacío», escribió en el cuaderno del laboratorio el 29 de diciembre de 1939.[7]

Shockley era capaz de visualizar la teoría cuántica y cómo esta explicaba el movimiento de los electrones, igual que un coreógrafo visualiza un baile. Sus colegas decían que, cuando miraba un material semiconductor, podía ver los electrones. Sin embargo, para convertir sus intuiciones de artista en inventos reales, Shockley necesitaba un socio que fuera un hábil experimentador, al igual que Mauchly necesitó a Eckert. Puesto que estaba en los Laboratorios Bell, había muchos en su mismo edificio, entre los que destacaba Walter Brattain, un jovial cascarrabias procedente del oeste del país al que le gustaba construir ingeniosos artefactos con compuestos semiconductores como el óxido de cobre. Por ejemplo, había construido rectificadores eléctricos, que convierten la corriente alterna en continua, basándose en el hecho de que la corriente fluye en una sola dirección a través de la interfaz entre una pieza de cobre y una capa de óxido de cobre.

Brattain creció en un remoto rancho en el este del estado de Washington, donde de niño pastoreó ganado. Con una voz ronca y una actitud campechana, se comportaba con la aparente humildad de un vaquero seguro de sí mismo. Era un inventor nato, de dedos hábiles, y le encantaba idear experimentos. «Era capaz de construir algo con un poco de lacre y unos clips para papel», recordaba un ingeniero que trabajó con él en los Laboratorios Bell.[8] Pero también estaba dotado de una apacible astucia que le llevaba a buscar atajos en lugar de entretenerse realizando pruebas repetitivas.

A Shockley se le ocurrió un posible sustituto de estado sólido para los tubos de vacío, consistente en colocar una rejilla en una capa de óxido de cobre. Brattain no estaba convencido. Se rió y le contó a Shockley que él ya había intentado algo similar con anterioridad, y nunca había conseguido crear un amplificador. Pero Shockley siguió insistiendo. «Es tan sumamente importante —acabó por decir Brattain— que, si me dices cómo quieres que lo hagamos, lo intentaremos.»[9] Pero, como había predicho Brattain, no funcionó.

Antes de que Shockley y Brattain pudiesen averiguar por qué había fallado, estalló la Segunda Guerra Mundial. Shockley dejó los Laboratorios para asumir el cargo de director de investigación en el grupo antisubmarino de la marina, donde se encargó de analizar la profundidad de detonación de las cargas de profundidad para mejorar la eficacia de los ataques contra los submarinos alemanes. Más adelante, viajó a Europa y Asia para incorporar el uso del radar en las flotas de bombarderos B-29. Brattain también se marchó de los Laboratorios; se trasladó a Washington para trabajar en tecnologías de detección de submarinos para la marina, particularmente en dispositivos magnéticos aerotransportados.

El grupo sobre estado sólido

Durante la ausencia de Shockley y Brattain, la guerra transformó los Laboratorios Bell, que entraron a formar parte del triángulo integrado por el gobierno, las universidades de investigación y el sector privado. Como señaló el historiador Jon Gertner: «Durante los primeros años después de Pearl Harbor, los Laboratorios Bell se hicieron cargo de casi mil proyectos distintos para el ejército, desde equipos de radio para tanques hasta sistemas de comunicaciones para pilotos que llevaban máscaras de oxígeno, pasando por máquinas de cifrado para codificar mensajes secretos».[10] El personal se multiplicó por dos, hasta alcanzar las nueve mil personas.

La sede de Manhattan se había quedado pequeña, y la mayor parte de los laboratorios se trasladaron a un espacio de ochenta hectáreas en las colinas de Murray Hill (New Jersey). Mervin Kelly y sus colegas querían que su nuevo hogar se pareciese a un campus académico, pero evitando la separación de las distintas disciplinas en diferentes edificios. Sabían que la creatividad surge de los encuentros casuales. «Todos los edificios han sido conectados de tal manera que se evite una delimitación geográfica fija entre departamentos y se propicien el intercambio y un estrecho contacto entre ellos», escribió un directivo.[11] Los pasillos eran extraordinariamente largos, de más de doscientos metros, y estaban pensados para fomentar los encuentros fortuitos entre personas con distintos talentos y especialidades, una estrategia que Steve Jobs replicó al diseñar la nueva sede central de Apple setenta años después. Cualquiera que pasease por los Laboratorios Bell se vería expuesto a una lluvia de ideas aleatorias, y las absorbería como una célula fotovoltaica. Claude Shannon, el excéntrico teórico de la información, de vez en cuando recorría los largos pasillos de terrazo rojo montado en un monociclo haciendo malabares con tres pelotas y saludando a los colegas.* Era una extravagante metáfora del caldo de cultivo en plena ebullición que se percibía en los pasillos.

En noviembre de 1941, Brattain escribió su última entrada en el diario, en su cuaderno número 18194, antes de abandonar los Laboratorios Bell de Manhattan e incorporarse a su destino. Casi cuatro años más tarde, retomó ese mismo cuaderno en su nuevo laboratorio de Murray Hill y comenzó con la siguiente entrada: «La guerra ha terminado». Kelly los asignó a Shockley y a él a un grupo de investigación diseñado «para obtener una visión unificada del trabajo teórico y experimental en el campo del estado sólido». Su misión era la misma que tenían antes de la guerra, crear un sustituto para el tubo de vacío empleando semiconductores.[12]

Cuando Kelly distribuyó la lista de las personas que formarían parte del grupo de investigación sobre estado sólido, Brattain se asombró de que no incluyese a ningún fracasado. «¡Caramba! No hay ningún h.d.p. en el grupo —recordaba haber dicho, antes de pensarlo un poco mejor y añadir—: Quizá el h.d.p del grupo era yo.» Como afirmó después: «Probablemente fuese uno de los mejores equipos de investigación que se habían reunido nunca».[13]

* Se puede ver un breve vídeo de Shannon y sus máquinas haciendo malabares en https://www2.bc.edu/~lewbel/shortsha.mov.

Shockley era el teórico principal, pero habida cuenta de sus responsabilidades como supervisor del grupo —estaba en otro piso—, decidieron incorporar a otro teórico. Eligieron a un afable experto en teoría cuántica, John Bardeen. Bardeen, un niño prodigio que se había saltado tres cursos en la escuela, había escrito su tesis doctoral bajo la dirección de Eugene Wigner en Princeton, y durante la guerra había servido en el Laboratorio Naval de Artillería, donde tuvo la ocasión de discutir con Einstein el diseño de los torpedos. Era uno de los mayores expertos mundiales en la aplicación de la teoría cuántica para comprender cómo conducen la electricidad los materiales, y, según varios colegas, poseía «una verdadera capacidad para colaborar sin problemas tanto con experimentadores como con teóricos».[14] En un principio, Bardeen no disponía de despacho propio, por lo que se instaló en el espacio del laboratorio que le correspondía a Brattain. Fue una decisión acertada que puso de manifiesto, una vez más, la energía creativa que generaba la proximidad física; al estar tan juntos, el teórico y el experimentador podían poner en común sus ideas cara a cara, hora tras hora.

A diferencia de Brattain, que era locuaz y dicharachero, Bardeen era tan callado que recibió el sobrenombre de John el Susurrante. Para entender sus murmullos, la gente tenía que acercar el oído, pero enseguida comprendían que merecía la pena hacerlo. También era reflexivo y prudente, a diferencia de Shockley, que era muy veloz e impulsivo a la hora de formular teorías y afirmaciones.

Sus hallazgos se debían a la interacción entre ambos. En palabras de Bardeen: «La estrecha colaboración entre experimentadores y teóricos se extendía a todas las fases de la investigación, desde la concepción del experimento hasta el análisis de los resultados».[15] Sus reuniones improvisadas, que tenían lugar casi a diario y normalmente eran dirigidas por Shockley, constituían la demostración por antonomasia de la compenetración creativa. «Nos reuníamos —recordaba Brattain— para discutir decisiones importantes casi sobre la marcha. A muchos se nos ocurrían ideas en los grupos de discusión, a partir de los comentarios de los demás.»[16]

A estas reuniones se las conocía como las «sesiones de pizarra» o «charlas con tiza», porque Shockley permanecía de pie, tiza en mano, garabateando las nuevas ideas. Brattain, siempre presuntuoso, se quedaba en el fondo de la sala, yendo de un lado a otro, y vociferaba sus objeciones a algunas de las propuestas de Shockley, llegando en ocasiones a apostar un dólar a que no funcionarían. A Shockley no le gustaba perder. «Por fin comprendí cuánto le molestaba el día que me pagó en monedas de diez centavos», recordaba Brattain.[17] La interacción se extendía también a sus actividades sociales; a menudo jugaban juntos al golf, quedaban para tomar unas cervezas en un restaurante llamado Snuffy's o se reunían para jugar al bridge con sus esposas.

El transistor

Con su nuevo equipo de los Laboratorios Bell, Shockley rescató una teoría para la sustitución de los tubos de vacío por un dispositivo de estado sólido a la que había estado dándole vueltas cinco años antes. Si se colocaba un campo eléctrico intenso muy cerca de un pedazo de material semiconductor, postulaba Shockley, el campo atraería algunos electrones a la superficie y provocaría la aparición de una corriente a través del semiconductor. Posiblemente, esto permitiría que el semiconductor utilizase una señal muy pequeña para controlar otra señal mucho mayor. Una corriente de muy baja intensidad podría actuar como señal de entrada y controlar (o activar y desactivar) una corriente de salida de una intensidad mucho mayor. De esta manera, el semiconductor se podría utilizar como un amplificador o un interruptor, igual que un tubo de vacío.

Había un pequeño problema con este «efecto de campo»; cuando Shockley puso a prueba la teoría —su equipo cargó una placa a mil voltios y la colocó a un milímetro de distancia de una superficie semiconductora—, no funcionó. «Ningún cambio observable en la corriente», escribió en el cuaderno del laboratorio. Lo cual, reconoció después, era «muy misterioso».

Entender por qué falla una teoría puede despejar el camino hacia otra mejor, por lo que Shockley le pidió a Bardeen que buscase una explicación a lo sucedido. Ambos pasaron horas discutiendo sobre los denominados «estados de superficie», las propiedades electrónicas y la descripción mecanocuántica de las capas de átomos más cercanas a la superficie de los materiales. Al cabo de cinco meses, Bardeen encontró lo que buscaba. Se acercó a la pizarra situada en el espacio que compartía con Brattain y empezó a escribir.

Bardeen se dio cuenta de que, cuando un semiconductor está cargado, los electrones quedan atrapados en su superficie. No pueden moverse libremente, sino que forman un escudo, y un campo eléctrico, aunque sea muy intenso y esté a solo un milímetro de distancia, no puede penetrar esta barrera. «Esos electrones adicionales estaban atrapados, inmóviles, en estados de superficie —señaló Shockley—. En efecto, los estados de superficie protegían el interior del semiconductor de la influencia de la carga positiva acumulada en la placa de control.»[18]

El grupo tenía, pues, una nueva misión: encontrar la manera de atravesar el escudo que se formaba en la superficie de los semiconductores. «Nos centramos en nuevos experimentos relacionados con los estados de superficie de Bardeen», explicó Shockley. Necesitaban superar esa barrera para conseguir que el semiconductor fuera capaz de regular, conmutar y amplificar corrientes.[19]

A lo largo del año siguiente los progresos fueron escasos, pero en noviembre de 1947 una serie de avances significativos dieron paso a lo que se dio en conocer como el «mes de los milagros». Bardeen se basó en la teoría del «efecto fotovoltaico», que afirma que si una luz incide sobre dos materiales distintos que están en contacto se generará un voltaje eléctrico. Dicho proceso, suponía Bardeen, podría desplazar algunos de los electrones que creaban el escudo. Brattain, trabajando mano a mano con Bardeen, ideó ingeniosos experimentos para probar distintas maneras de hacerlo.

Poco tiempo después, la fortuna le sonrió. Brattain llevó a cabo algunos de los experimentos en una cubeta térmica, para poder variar la temperatura. No obstante, la condensación que se producía sobre el silicio contaminaba las mediciones. La mejor forma de solucionarlo hubiera sido colocar todo el aparato experimental en un entorno de vacío, pero eso habría resultado muy trabajoso. «Básicamente, soy un físico vago — reconoció Brattain—. Así que se me ocurrió la idea de sumergir el sistema entero en un líquido dieléctrico.»[20] Llenó la cubeta de agua, lo que resultó ser una manera sencilla de evitar el problema de la condensación. Bardeen y él realizaron una prueba el 17 de noviembre y funcionó de maravilla.

Eso fue un lunes. A lo largo de esa semana, discutieron una serie de ideas teóricas y experimentales. Al llegar el viernes, Bardeen había encontrado la manera de evitar tener que sumergir el aparato en agua. En lugar de ello, propuso utilizar una sola gota de agua, o un poco de gel, justo donde una aguda punta de metal penetraba en la pieza de silicio. «Venga, John —respondió Brattain con entusiasmo—, fabriquémoslo.» Una de las dificultades de este enfoque consistía en que no se podía permitir que la punta de metal entrase en contacto con el agua, pero Brattain, un genio de la improvisación, la resolvió con un poco de lacre. Encontró un buen pedazo de silicio, sobre el que puso una gotita de agua, revistió un trozo de alambre con el lacre y lo introdujo en el silicio atravesando la gota de agua. Funcionó. Fue capaz de amplificar la corriente, al menos un poco. Fue a partir de este artilugio de «contacto puntual» como nació el transistor.

Bardeen llegó al trabajo a la mañana siguiente y dejó constancia de los resultados en su cuaderno de notas: «Estas pruebas demuestran sin lugar a dudas que es posible introducir un electrodo o una placa para controlar el flujo de corriente en un semiconductor».[21] Incluso fue a trabajar el domingo, el día que reservaba normalmente para jugar al golf. También decidió que había llegado el momento de llamar a Shockley, que durante varios meses se había dedicado a otros asuntos. Durante las dos semanas siguientes, Shockley se pasó por el laboratorio e hizo varias sugerencias, pero básicamente dejó que su dúo dinámico continuase a su aire.

Sentados uno junto al otro en la mesa de trabajo de Brattain, Bardeen proponía en voz baja ideas y Brattain las ponía a prueba con entusiasmo. A veces, Bardeen tomaba notas en el cuaderno de Brattain mientras se desarrollaban los experimentos. El día de Acción de Gracias transcurrió sin que apenas se diesen cuenta, mientras probaban diferentes diseños: germanio en lugar de silicio, laca en lugar de lacre, oro para los puntos de contacto, etc.

Normalmente, eran las teorías de Bardeen las que llevaban a los experimentos de Brattain, pero a veces el proceso se invertía: resultados inesperados daban pie a nuevas teorías. En uno de los experimentos con germanio, la corriente fluía aparentemente en dirección contraria a lo esperada, pero con un factor de amplificación superior a trescientos, mucho mayor que todo lo que habían logrado hasta entonces. De modo que acabaron actuando como en el viejo chiste de físicos: sabían que algo funcionaba en la práctica, pero ¿cómo podrían hacer que funcionase también en teoría? Bardeen enseguida encontró la manera de conseguirlo. Se dio cuenta de que el voltaje negativo estaba repeliendo los electrones, lo cual generaba un exceso de «huecos de electrones», que se producen cuando no hay ningún electrón en la posición donde podría haber alguno. La existencia de dichos huecos da lugar a un flujo entrante de electrones.

Había un problema: este nuevo método no amplificaba las frecuencias más altas, incluidas las correspondientes a los sonidos audibles, con lo que sería inservible para los teléfonos. Bardeen supuso que la gota de agua o de electrolito estaba ralentizando las cosas, así que improvisó otros diseños. En uno de ellos, se insertaba la punta del alambre en el germanio a muy poca distancia de la placa de oro que generaba el campo. Este diseño logró amplificar el voltaje, al menos ligeramente, y funcionaba a frecuencias más altas. Una vez más, Bardeen aportó la teoría para explicar los resultados inesperados: «El experimento indicaba que los huecos fluían hacia la superficie de germanio desde el punto de oro».[22]

Como si estuviesen tocando un dueto de llamada y respuesta sentados juntos al piano, Bardeen y Brattain prosiguieron con su creatividad iterativa. Se dieron cuenta de que la mejor manera de incrementar la amplificación sería tener dos puntos de contacto en el germanio situados muy cerca el uno del otro. Bardeen calculó que deberían distar menos de cinco milésimas de centímetro, lo cual suponía todo un reto incluso para Brattain. Aun así, encontró un método ingenioso para lograrlo: pegó una lámina de pan de oro a una pequeña cuña de plástico que tenía el aspecto de una punta de flecha y utilizó una cuchilla para practicar una fina hendidura en el oro del extremo de la cuña, creando así los dos puntos de contacto de oro muy próximos entre sí. «Eso fue todo lo que hice —explicó Brattain—, hacer cuidadosamente un corte con la cuchilla hasta que el circuito se abrió, colocarlo sobre un resorte y después sobre el mismo trozo de germanio.»[23]

Cuando Brattain y Bardeen hicieron la prueba, el martes 16 de diciembre de 1947 por la tarde, sucedió algo asombroso: el artilugio funcionó. «Comprobé que, si lo ajustaba correctamente —recordaba Brattain—, tenía un amplificador que multiplicaba por cien la potencia de la señal, incluso en el rango de las frecuencias de audio.»[24] Mientras volvía a casa esa noche, el locuaz y dicharachero Brattain les contó a quienes compartían trayecto con él en el coche que acababa de realizar «el experimento más importante que haré en mi vida» y les hizo prometer que no se lo contarían a nadie.[25] Bardeen, como de costumbre, estaba mucho menos hablador. Sin embargo, cuando llegó a casa hizo algo fuera de lo habitual: le habló a su mujer de algo que había sucedido en la oficina. Le bastó una sola frase; mientras ella pelaba zanahorias en el fregadero de la cocina, él murmuró: «Hoy hemos descubierto algo importante».[26]

De hecho, el transistor fue uno de los descubrimientos más importantes del siglo XX. Surgió de la colaboración entre un teórico y un experimentador, trabajando codo con codo, en una relación simbiótica, intercambiando teorías y resultados continuamente. Gracias también a que estaban inmersos en un entorno en el que, con tan solo recorrer un largo pasillo, podían encontrarse con expertos capaces de manipular las impurezas en el germanio, o participar en un grupo de estudio integrado por personas que comprendían las explicaciones mecanocuánticas de los estados de superficie, o tomarse un café con ingenieros que se sabían todos los trucos para transmitir señales telefónicas a larga distancia.

Shockley organizó para el martes siguiente, 23 de diciembre, una demostración para el resto de los miembros del grupo de semiconductores y algunos de los jefes de los Laboratorios Bell. Los directivos se pusieron auriculares y se fueron turnando al micrófono para poder oír por sí mismos la amplificación de una voz humana obtenida utilizando un sencillo dispositivo de estado sólido. El momento merecía haber tenido la misma resonancia que aquel otro en que Alexander Graham Bell vociferó las primeras palabras a través de un teléfono, pero nadie supo después recordar las palabras pronunciadas ante el dispositivo aquella tarde trascendental. El acontecimiento quedó inmortalizado para la historia en las comedidas entradas que dieron cuenta de él en los cuadernos de notas de los presentes. «Conectando y desconectando el dispositivo, se podía oír una ganancia clara en el nivel de la locución», escribió

Brattain.[27] La entrada de Bardeen era aún más prosaica: «Se obtuvo una amplificación del voltaje mediante la utilización de dos electrodos de oro sobre una superficie de germanio preparada expresamente».[28]

EL ESPÍRITU COMPETITIVO DE SHOCKLEY

Shockley firmó como testigo en la histórica entrada del cuaderno de Bardeen, pero no escribió nada más ese día. Estaba claramente desconcertado. Su intenso y oscuro impulso competitivo eclipsaba el orgullo que debería sentir por el éxito de su equipo. «Experimenté emociones encontradas —reconoció después—. La euforia por el éxito del grupo estaba empañada por no ser yo uno de los inventores. Me sentía algo frustrado por el hecho de que mis esfuerzos personales, que habían comenzado más de ocho años antes, no hubieran fructificado en ninguna contribución original significativa.»[29] Sus demonios estaban cada vez más inquietos en lo más profundo de su mente. Nunca retomaría la amistad con Bardeen y Brattain, y se puso a trabajar enfervorecidamente para poder reclamar una cuota similar de reconocimiento por el invento y para crear, por su cuenta, una versión aún mejor.

Poco después de las Navidades, Shockley tomó el tren en dirección a Chicago para asistir a dos conferencias, pero se pasó la mayor parte del tiempo en su habitación del hotel Bismarck ideando un método mejorado para fabricar el dispositivo. En Nochevieja, mientras abajo la gente bailaba para celebrar el nuevo año, llenó siete páginas de notas en papel milimetrado. Cuando se despertó el día de Año Nuevo de 1948, escribió otras trece. Las envió por correo a un colega de los Laboratorios Bell, que las pegó al cuaderno de laboratorio de Shockley y le pidió a Bardeen que firmara como testigo.

Para entonces, Mervin Kelly había encargado a uno de los abogados de los Laboratorios que redactase, a la mayor brevedad, una serie de solicitudes de patentes relacionadas con el nuevo dispositivo. Aquello no era el estado de Iowa, donde no había nadie que pudiese encargarse de esa tarea. Cuando Shockley volvió de Chicago, descubrió que ya habían hablado con Bardeen y Brattain, y se enfadó. Los convocó por separado en su despacho y les explicó por qué debería ser él quien recibiese la mayor parte —quizá incluso la totalidad— del reconocimiento. «Creía que podría obtener una patente, empezando por el efecto de campo, sobre todo el maldito cacharro», recordaba Brattain. Bardeen, como era típico en él, permaneció en silencio, aunque después sí que se le oyó refunfuñar amargamente. Brattain, por su parte, fue muy franco. «¡Por Dios, Shockley —gritó—, aquí hay gloria para todos!»[30]

Shockley presionó a los abogados de Bell para que solicitasen una patente muy amplia basada en su idea inicial de cómo el efecto de campo podía influir sobre la corriente en un semiconductor. Sin embargo, durante la fase de documentación los abogados descubrieron que en 1930 se había concedido una patente a un físico de escaso renombre llamado Julius Lilienfeld, que había propuesto un dispositivo que hiciera uso del efecto de campo (aunque nunca llegó a construirlo ni a comprenderlo), así que decidieron solicitar una patente por la invención, más limitada, de un método de punto de contacto para fabricar un dispositivo semiconductor, y los únicos nombres que figurarían en dicha solicitud serían los de Bardeen y Brattain. Los abogados los interrogaron por separado, y los dos dijeron que había sido un esfuerzo conjunto al que habían contribuido ambos por igual. Shockley estaba furioso por que lo hubiesen dejado fuera de la solicitud de patente más importante. Los ejecutivos de Bell trataron de ocultar la desavenencia al exigir que en todas las fotos publicitarias y los comunicados de prensa figurasen los tres.

Durante las siguientes semanas el disgusto de Shockley no dejó de aumentar, hasta el punto de que le costaba dormir.[31] Su «voluntad de pensar», como él lo llamaba, procedía de su «motivación para desempeñar un papel personal (no administrativo) más relevante en lo que era, sin duda, un avance de una trascendencia potencialmente enorme».[32] Despierto e inquieto a horas intempestivas, buscaba maneras mejores de fabricar el dispositivo. A primera hora del 23 de enero de 1948, un mes después de la demostración del invento de Bardeen y Brattain, Shockley se despertó con un planteamiento que fusionaba las ideas que había estado barajando durante su viaje a Chicago. Sentado a la mesa de su cocina, se puso a escribir con rabia.

El enfoque de Shockley constituía una manera de fabricar un amplificador de semiconductor menos inestable que el artilugio que Bardeen y Brattain habían improvisado. En lugar de embutir puntos de oro en un pedazo de germanio, Shockley ideó un método de «unión» más sencillo, que recordaba a un sándwich. Consistía en una capa superior y otra inferior de germanio, previamente dopadas con impurezas para que tuvieran un exceso de electrones, entre las que habría una fina lámina de germanio que contendría huecos (o, lo que es lo mismo, un déficit de electrones). Las capas con exceso de electrones estaban hechas de germanio de «tipo n» («negativo»), mientras que el de la lámina intermedia era de «tipo p» («positivo»). Cada una de las capas estaría conectada a un cable que permitiría modificar su voltaje. La lámina central constituiría una barrera ajustable que, en función del voltaje que se aplicase, regularía la corriente de electrones que fluía entre las dos capas externas. Al aplicar un pequeño voltaje positivo a esta barrera, «el flujo de electrones que saltarían la barrera aumentaría exponencialmente», escribió Shockley. Cuanto mayor fuera la carga en esta capa interna de tipo p, más electrones atraería de una de las capas externas de tipo n a la otra. Dicho de otra manera, podría amplificar o cortar la corriente que atravesaba el semiconductor, y lo haría en apenas unas pocas milmillonésimas de segundo.

Shockley añadió unas notas a su cuaderno de laboratorio, pero mantuvo la idea en secreto durante casi un mes. «Sentía el impulso competitivo de inventar por mi cuenta algo importante relacionado con el transistor», reconoció tiempo después.[33] No se lo contó a sus colegas hasta mediados de febrero, cuando asistían a la presentación de un trabajo relacionado con el tema, obra de uno de los científicos de los Laboratorios. Shockley recordaba haberse quedado «de piedra» cuando el científico presentó unos resultados que reforzaban la base teórica para un dispositivo de unión, y se dio cuenta de que alguno de los presentes, probablemente Bardeen, podría dar los siguientes pasos lógicos. «A partir de ahí —afirmó—, la idea de utilizar uniones p-n en lugar de contactos puntuales de metal no habría sido más que un pequeño paso, que conduciría a la invención del transistor de unión.» Así pues, antes de que Bardeen o cualquier otro pudiese proponer un dispositivo de ese tipo, Shockley dio un respingo y tomó la palabra para desvelar el diseño en el que había estado trabajando. «Esta vez no quería quedarme fuera», escribiría después.[34]

Bardeen y Brattain se quedaron estupefactos. El hecho de que Shockley hubiese mantenido en secreto su nueva idea —sin respetar la costumbre de compartir el conocimiento que formaba parte de la cultura de Bell— provocó su indignación. Pero no pudieron evitar quedar impresionados por la sencilla belleza de la idea de Shockley.

Una vez que se hubieron solicitado las respectivas patentes para ambos métodos, los altos mandos de los Laboratorios Bell decidieron que había llegado el momento de presentar en público el nuevo dispositivo. Pero antes tenían que ponerle nombre. Internamente, se referían a él como un «triodo de semiconductores» y un «amplificador de estados de superficie», pero no eran nombres lo bastante pegadizos para un invento que, como creían —y con razón—, revolucionaría el mundo. Un día, un colega llamado John Pierce entró en el despacho de Brattain. Además de ser un buen ingeniero, era un ingenioso autor de textos de ciencia ficción, bajo el seudónimo J. J. Coupling. Entre sus muchas ocurrencias estaban «La naturaleza aborrece el tubo de vacío» y «Tras años de un crecimiento descontrolado, parece que el campo de la computación está llegando a su niñez». Brattain le dijo: «Eres justo la persona a la que quería ver». Le planteó la cuestión del nombre, y a Pierce enseguida se le ocurrió una propuesta. Puesto que el dispositivo poseía la propiedad de la transresistencia y su nombre debería ser similar al de otros componentes como el termistor y el varistor, Pierce propuso «transistor». Brattain exclamó: «¡Eso es!». El proceso para aprobar el nombre aún tenía que pasar por una votación formal de todos los demás ingenieros, pero «transistor» superó con facilidad a las otras cinco opciones.[35]

El 30 de junio de 1948, la prensa se congregó en el auditorio del antiguo edificio de los Laboratorios Bell, en la calle West de Manhattan. En el evento se presentó a Shockley, Bardeen y Brattain como un grupo, y estuvo moderado por el director de investigación, Ralph Brown, que vestía un traje oscuro y una vistosa pajarita. Hizo hincapié en que el invento surgía de la combinación de trabajo en equipo y brillantez individual. «Cada vez es más patente que la investigación científica es un trabajo de grupo o en equipo. [...] Lo que hoy les presentamos aquí constituye un magnífico ejemplo de trabajo en equipo, de brillantes contribuciones individuales y del valor de la investigación de base en un contexto industrial.»[36] Estas frases describían con precisión la combinación que se había convertido en la fórmula de la innovación en la era digital.

El *New York Times* enterró la historia en la página 46, como último elemento de su columna de «Noticias de la radio», por detrás incluso de una nota sobre la retransmisión de un concierto de órgano. Pero *Time* abrió con ella su sección de ciencia, bajo el titular «Una pequeña neurona». Los Laboratorios Bell obligaron a que Shockley figurase en todas las fotos publicitarias junto con Bardeen y Brattain. La más famosa los muestra a los tres en el laboratorio de Brattain. Justo antes de que se tomase la instantánea, Shockley se sentó en la silla de Brattain, como si esos fuesen su mesa y su microscopio, y ocupó así el punto focal de la imagen. Años después Bardeen describiría la consternación que Brattain aún sentía al recordar el episodio, y el rencor que le guardaba a Shockley. «Walter odia esta imagen. […] Es su equipo y nuestro experimento; Bill no tenía nada que ver con ello.»[37]

RADIOS DE TRANSISTORES

Los Laboratorios Bell eran un crisol de innovación. Además del transistor, allí se fabricaron los primeros circuitos de ordenador y se lanzaron la tecnología láser y la telefonía celular. Sin embargo, lo que no se les daba tan bien era sacar partido de sus inventos. Como formaban parte de una compañía regulada, que ejercía un monopolio sobre la mayoría de los servicios telefónicos, no necesitaban crear nuevos productos, y tenían prohibido por ley aprovechar su posición privilegiada para entrar en otros mercados. Para evitar las críticas y las acciones jurídicas antimonopolio, optaron por aplicar una política generosa a la hora de ceder sus patentes a otras empresas. En el caso del transistor, fijaron un precio notablemente bajo, 25.000 dólares, para cualquier compañía que quisiese producirlos, e incluso ofrecieron seminarios en los que explicaban sus técnicas de fabricación.

A pesar de estas políticas de manga ancha, una joven empresa tuvo problemas para hacerse con una licencia; se trataba de una compañía antes dedicada a la prospección petrolífera que había reorientado su actividad y había cambiado su nombre por el de Texas Instruments. Su vicepresidente ejecutivo, Pat Haggerty, que más tarde se haría con el control de la empresa, había servido en la Oficina de Aeronáutica de la marina y estaba convencido de que la electrónica pronto alteraría todos los ámbitos de la vida. Cuando supo de la existencia de los transistores, decidió que Texas Instruments encontraría la manera de sacar provecho de ellos. A diferencia de muchas empresas consolidadas, tuvo la osadía de reinventarse. Pero a la gente de los Laboratorios Bell, como recordaba Haggerty, «era evidente que le hacía gracia nuestro descarado convencimiento de que podríamos desarrollar la capacidad de competir en el sector». Bell se resistió, al menos en un principio, a venderle una licencia a Texas Instruments. «Este negocio no es para vosotros —les dijeron—, no creemos que podáis hacerlo.»[38]

En la primavera de 1952, Haggerty logró por fin convencer a los Laboratorios Bell de que le permitiesen a Texas Instruments comprar una licencia para fabricar transistores. También contrató a Gordon Teal, un investigador químico que trabajaba en uno de los largos pasillos de los Laboratorios cercano al equipo de semiconductores. Teal era un experto en la manipulación del germanio, pero para cuando se incorporó a Texas Instruments estaba más interesado en el silicio, un elemento más abundante que podía ofrecer un mejor rendimiento a altas temperaturas. En mayo de 1954 logró fabricar un transistor de silicio que utilizaba la arquitectura de unión n-p-n desarrollada por Shockley.

Ese mismo mes participó en una conferencia, donde optó por leer un artículo de 31 páginas que estuvo a punto de dormir a todo el público. Cuando estaba llegando al final de su intervención, Teal sorprendió a todos al afirmar: «A pesar de lo que mis colegas les han contado sobre las perspectivas poco halagüeñas de los transistores de silicio, resulta que llevo unos cuantos en el bolsillo». A continuación procedió a sumergir un transistor de germanio conectado a un tocadiscos en un vaso de precipitados con aceite caliente, que lo inutilizaron, y después hizo lo mismo con uno de sus transistores de silicio, mientras «Summit Ridge Drive», de Artie Shaw, continuaba sonando a todo volumen. «Antes de que terminase la sesión —recordaría después Teal—, el asombrado público se afanaba por conseguir copias de la charla, que casualmente habíamos llevado con nosotros.»[39]

La innovación se produce por fases. En el caso del transistor, primero fue la invención, liderada por Shockley, Bardeen y Brattain; después la producción, encabezada por ingenieros como Teal, y por último, e igualmente importante, fueron los emprendedores quienes encontraron la forma de crear nuevos mercados. Pat Haggerty, el intrépido jefe de Teal, constituía un llamativo caso práctico de este tercer paso en el proceso de la innovación.

Como Steve Jobs, Haggerty era capaz de proyectar a su alrededor un campo de distorsión de la realidad que utilizaba para incitar a la gente a conseguir cosas que creía imposibles. En 1954, el ejército compraba cada transistor a unos 16 dólares, pero, para poder entrar en el mercado de consumo, Haggerty exigió a sus ingenieros que encontrasen la forma de fabricarlos de manera que se pudiesen vender por menos de 3 dólares. Lo lograron. También desarrolló una capacidad similar a la de Jobs, que le resultaría muy útil en el futuro, para imaginar dispositivos que los consumidores aún no sabían que necesitaban, pero que enseguida les resultarían indispensables. En el caso del transistor, a Haggerty se le ocurrió la idea de una pequeña radio de bolsillo. Cuando intentó persuadir a RCA y otras grandes compañías que fabricaban radios de sobremesa para que participasen en su proyecto, estas señalaron (con razón) que los consumidores no estaban pidiendo una radio de bolsillo. Pero Haggerty comprendía la importancia de abrir nuevos mercados en lugar de limitarse a establecerse en los ya existentes. Convenció a una pequeña empresa de Indianápolis, que fabricaba amplificadores de señal para antenas de televisión, para desarrollar en colaboración la radio que se conocería como Regency TR-1. Haggerty cerró el trato en junio de 1954 y, en su línea, exigió que el aparato estuviese en el mercado en noviembre. Así fue.

La radio Regency, del tamaño de un taco de fichas bibliográficas, empleaba cuatro transistores y se vendía por 49,95 dólares. En un principio, se ofertó en parte como un producto para la seguridad de su poseedor, en un contexto en que los rusos ya se habían hecho con la bomba atómica. Como explicaba el primer manual de usuario: «En caso de ataque enemigo, su Regency TR-1 será una de sus posesiones más preciadas». Pero pronto se convirtió en objeto de deseo de los consumidores y en una obsesión para los adolescentes. Su carcasa de plástico venía, como la del iPod, en cuatro colores: negro, marfil, rojo mandarina y gris nube. En un año se vendieron cien mil unidades, lo que lo convirtió en uno de los productos nuevos más populares de la historia.[40]

De pronto, en Estados Unidos todo el mundo sabía lo que era un transistor. Thomas Watson Jr., el jefe de IBM, compró cien radios Regency, las repartió entre sus directivos y les dijo que se pusiesen manos a la obra para utilizar transistores en los computadores.[41]

Y, lo que es más importante, la radio de transistores se convirtió en el primer ejemplo significativo de un tema característico de la era digital: cómo la tecnología convierte los aparatos en dispositivos personales. La radio ya no era un electrodoméstico que estaba en el salón y que había que compartir, sino un dispositivo personal que nos permitía escuchar nuestra propia música cuando y donde quisiésemos, incluso la música que nuestros padres preferirían que no oyéramos.

De hecho, se estableció una relación simbiótica entre la aparición de la radio de transistores y la irrupción del rock and roll. La primera grabación comercial de Elvis Presley, «That's All Right», salió a la venta al mismo tiempo que la radio Regency. La nueva música rebelde hizo que todos los chicos quisiesen tener una radio, y el hecho de que pudiesen llevarla a la playa o al sótano, lejos de los oídos moralistas y los dedos prestos a cambiar el dial de los padres, permitió que la música eclosionase. «Mi único remordimiento en relación con el transistor fue que se utilizase para el rock and roll», solía lamentarse Walter Brattain, su coinventor, presumiblemente medio en broma. Roger McGuinn, el que sería el vocalista de los Byrds, recibió una radio de transistores como regalo por su decimotercer cumpleaños, en 1955. «Escuché a Elvis —recordaba—, y eso lo cambió todo para mí.»[42]

Se habían plantado las semillas para un cambio en la percepción de la tecnología electrónica, especialmente entre los jóvenes. Había dejado de ser dominio exclusivo del ejército y las grandes empresas. También era capaz de potenciar la individualidad, la libertad personal e incluso, en cierto medida, el espíritu rebelde.

Tomar el mundo por asalto

Un problema de los equipos de éxito, en particular de los que se caracterizan por una cierta vehemencia, es que en ocasiones se descomponen. Para que se mantengan unidos los grupos de este tipo, se necesita un tipo especial de líder: inspirador pero también estimulante, competitivo al tiempo que colaborador. Shockley no lo era, más bien al contrario. Y, como demostró cuando ideó por su cuenta el transistor de unión, podía ser competitivo y hermético con sus propios colaboradores. Otra habilidad de los grandes líderes de equipos es la de inculcar una mentalidad no jerárquica, algo que Shockley también era incapaz de hacer. Él era autoritario, y a menudo sofocaba las energías del grupo al aplastar cualquier muestra de iniciativa propia. El gran logro de Brattain y Bardeen llegó cuando Shockley se limitaba a plantear sugerencias, sin dar órdenes o estar muy encima de ellos. Pero después se volvió más despótico.

Durante las partidas de golf de los fines de semana, Bardeen y Brattain compartían su desánimo respecto a Shockley. En un momento dado, Brattain decidió que debían comentar la situación con Mervin Kelly, el presidente de los Laboratorios Bell. «¿Quieres llamarle tú o prefieres que lo haga yo?», le preguntó a Bardeen. La tarea recayó, como era de esperar, en el más locuaz de los dos, Brattain.

Se reunió con Kelly una tarde en un estudio revestido de madera en la casa de este último, en Short Hills, en las afueras. Brattain le expuso sus quejas, y describió lo torpe que era Shockley como jefe y como colega. Kelly hizo caso omiso de las quejas. «Así que, por último, sin pensar en las consecuencias que tendría, le dije que John Bardeen y yo estábamos al tanto cuando Shockley inventó el transistor [de unión] PNP», recordaba Brattain. En otras palabras, dejó caer la velada amenaza de que algunos de los conceptos incluidos en la solicitud de patente para el transistor de unión, en la que Shockley figuraba como inventor, en realidad eran fruto del trabajo que había realizado Brattain y Bardeen. «Kelly se dio cuenta de que, si alguna vez se nos llamaba a declarar en una batalla sobre patentes, ni Bardeen ni yo mentiríamos sobre lo que sabíamos. Eso hizo que su actitud cambiara por completo. A partir de entonces, mi situación en los Laboratorios fue algo más cómoda.»[43] Bardeen y Brattain ya no tuvieron que dar cuenta a Shockley de sus actividades.

La nueva organización no fue suficiente para satisfacer a Bardeen, que dejó de centrarse en los semiconductores, empezó a trabajar en una teoría de la superconductividad y aceptó un puesto en la Universidad de Illinois. «El origen de mis dificultades —escribió en una carta de dimisión dirigida a Kelly— radica en la invención del transistor. Antes de eso, aquí había un ambiente excelente para la investigación. [...] Después de la invención, Shockley en un principio se negó a permitir que nadie más del grupo trabajase en el problema. En resumen, se sirvió del equipo en buena medida para explorar sus propias ideas.»[44]

La renuncia de Bardeen y las quejas de Brattain no contribuyeron a mejorar la posición de Shockley en el seno de los Laboratorios Bell. Su personalidad irritable hizo que no se le tuviera en cuenta para los ascensos. Apeló a Kelly e incluso al presidente de AT&T, pero sin éxito. «Al diablo con todo esto —le dijo a un colega—. Montaré mi propio negocio y ganaré un millón de dólares. Y, por cierto, lo haré en California.» Cuando se enteró de los planes de Shockley, Kelly no hizo nada por disuadirlo. Al contrario. «Le dije que, si creía que podía ganar un millón de dólares, pues ¡adelante!» Kelly incluso llamó a Laurence Rockefeller para recomendarle que financiase el proyecto de Shockley.[45]

En 1954, mientras hacía frente a esta situación, Shockley atravesó una crisis de madurez. Después de cuidar a su mujer mientras esta combatía contra un cáncer de ovarios, la abandonó cuando su salud mejoró y se echó una novia, con la que más tarde se casaría. Solicitó una excedencia de los Laboratorios y hasta se compró un coche deportivo, un Jaguar XK120 biplaza descapotable.

Shockley pasó un semestre como profesor visitante en Caltech y aceptó un trabajo como consultor para el Grupo de Evaluación de Sistemas Armamentísticos del ejército, con sede en Washington, pero se pasó mucho tiempo viajando por el país mientras intentaba poner en marcha su proyecto, visitando compañías tecnológicas y reuniéndose con emprendedores de éxito, como William Hewlett y Edwin Land. «Creo que intentaré reunir algo de capital y empezar por mi cuenta —le escribió a su novia—. Al fin y al cabo, es evidente que soy más inteligente y más dinámico, y que entiendo mejor a las personas, que la mayoría de la gente.» Sus diarios del año 1954 revelan las dificultades para encontrarle sentido a su búsqueda. En un momento dado anotó: «El hecho de que mis jefes no me valoren, ¿qué significa?». Como les sucede a muchas personas, también era cuestión de estar a la altura de las expectativas del padre fallecido. Reflexionando sobre su plan para crear una empresa que popularizara los transistores, escribió: «Idea de tomar el mundo por asalto, padre orgulloso».[46]

Tomar el mundo por asalto. A pesar de que Shockley nunca tendría éxito en los negocios, eso sí que lo consiguió. La empresa que estaba a punto de fundar transformaría un valle conocido por sus plantaciones de albaricoque en un lugar famoso por convertir el silicio en oro.

SHOCKLEY SEMICONDUCTOR

En la gala anual de la Cámara de Comercio de Los Ángeles, celebrada en febrero de 1955, se homenajeó a dos pioneros de la electrónica: Lee de Forest, inventor del tubo de vacío, y Shockley, que había inventado el dispositivo que lo reemplazaría. Shockley se sentó junto a un distinguido industrial, Arnold Beckman, vicepresidente de la Cámara. Como Shockley, Beckman había trabajado en los Laboratorios Bell, donde desarrolló técnicas para fabricar tubos de vacío. Siendo profesor en Caltech, había inventado varios instrumentos de medida, entre ellos uno para evaluar la acidez de los limones, alrededor del cual había erigido una gran compañía manufacturera.

En agosto de ese año, Shockley invitó a Beckman a formar parte del consejo de administración de su futura empresa. «Le hice algunas preguntas para saber quién más estaría en el consejo —recordaba Beckman—, y resultó que iba a estar compuesto por casi todos los participantes en el negocio de los instrumentos, que serían sus competidores.» Beckman se dio cuenta de lo «extraordinariamente ingenuo» que era Shockley, y para ayudarle a adoptar un enfoque más sensato lo invitó a pasar una semana en Newport Beach, donde atracaba su velero.[47]

El plan de Shockley consistía en fabricar transistores mediante difusión gaseosa para dopar el silicio con impurezas. Ajustando el tiempo, la presión y la temperatura, podría controlar con precisión el proceso, lo que haría posible la fabricación en serie de distintas variedades de transistor. Impresionado por la idea, Beckman convenció a Shockley de que, en lugar de fundar su propia compañía, encabezase una nueva división de Beckman Instruments, que el propio Beckman financiaría.

Beckman quería que estuviese situada en los alrededores de Los Ángeles, donde se encontraban la mayoría de sus otras divisiones. Pero Shockley exigió que tuviese la sede en Palo Alto, donde él había crecido, para poder estar cerca de su anciana madre. Madre e hijo se adoraban, algo que a alguna gente le parecía raro, pero que tuvo la consecuencia histórica de ayudar a crear Silicon Valley.

Palo Alto era aún, como durante la infancia de Shockley, una pequeña ciudad universitaria rodeada de plantaciones. No obstante, durante los años cincuenta su población se duplicó hasta alcanzar los 52.000 habitantes, y se construyeron doce nuevas escuelas de primaria. Tal crecimiento se debió en parte al auge de la industria de defensa durante la guerra fría. Las latas de película lanzadas desde los U-2, los aviones espía estadounidenses, eran enviadas al Centro de Investigación Ames de la NASA, en la cercana Sunnyvale. Las empresas del sector de la defensa se asentaron en las zonas circundantes, como la División de Misiles y Espacio de Lockheed, que fabricaba misiles balísticos lanzados desde submarinos, y Westinghouse, que producía tubos y transformadores para los sistemas de misiles. Brotaron barrios enteros de chalets adosados para acomodar a jóvenes ingenieros y profesores de Stanford. «Estaban ahí todas estas empresas militares de vanguardia —recordaba Steve Jobs, que nació en 1955 y creció en la zona—. Era misterioso y muy tecnológico, y hacía que vivir allí fuese muy emocionante.»[48]

Junto a las empresas del sector de la defensa, surgieron compañías que fabricaban instrumentos de medición eléctricos y otros dispositivos tecnológicos. Las raíces del sector se remontaban a 1938, cuando Dave Packard, un emprendedor de la electrónica, y su nueva mujer se trasladaron a una casa de Palo Alto con un cobertizo donde poco después se instalaría su amigo Bill Hewlett. La casa también tenía un garaje —un apéndice que resultaría útil e icónico en el valle— en el que trastearon hasta completar su primer producto, un oscilador de audio. En los años cincuenta, Hewlett-Packard marcaba el ritmo de las nuevas empresas tecnológicas de la zona.[49]

Por fortuna, existía un lugar para los ingenieros a los que sus garajes se les habían quedado pequeños. Fred Terman, un antiguo estudiante de doctorado de Vannevar Bush en el MIT que después sería decano de ingeniería de la Universidad de Stanford, creó un parque industrial en 1953 en una extensión de casi trescientas hectáreas de terreno sin edificar propiedad de la universidad, donde las empresas tecnológicas podían alquilar un espacio por poco dinero y construir nuevas oficinas. Ello contribuyó a la transformación de la zona. Hewlett y Packard había sido alumnos de Terman, y cuando fundaron su compañía los convenció para que se quedasen en Palo Alto en lugar de irse al este, como habían hecho hasta entonces la mayoría de los mejores alumnos de Stanford. Fueron unos de los primeros inquilinos del Parque de Investigación de Stanford. A lo largo de la década de 1950, Terman, que llegaría a ser el rector de la universidad, consiguió que el parque industrial creciera al fomentar la relación simbiótica de sus ocupantes con Stanford; los empleados y los directivos podían recibir o impartir clases a tiempo parcial en la universidad, y a sus profesores se les daba libertad para asesorar a las nuevas empresas. El parque de oficinas de Stanford acabaría sirviendo de incubadora de cientos de compañías, desde Varian hasta Facebook.

Cuando Terman supo que Shockley estaba pensando en establecer su nueva empresa en Palo Alto, le escribió una carta seductora en la que describía todos los incentivos que ofrecía la proximidad a Stanford. «Creo que esta ubicación sería beneficiosa para ambos», concluía. Shockley estuvo de acuerdo. Mientras se construía la nueva sede en Palo Alto, el Laboratorio Shockley de Semiconductores, una división de Beckman Instruments, se estableció temporalmente en un cobertizo prefabricado que antes había sido utilizado como almacén de albaricoques. El silicio había llegado al valle.

ROBERT NOYCE Y GORDON MOORE

Shockley intentó reclutar a algunos de los investigadores con los que había trabajado en los Laboratorios Bell, pero lo conocían demasiado bien, así que se propuso confeccionar una lista de los mejores ingenieros de semiconductores del país, para después llamarlos directamente. El más destacado de todos ellos, cuya contratación estaba llamada a ser trascendental, fue Robert Noyce, un carismático niño bonito de Iowa con un doctorado por el MIT, que por aquel entonces, con veintiocho años, era responsable de investigación en Philco, en Filadelfia. En enero de 1956 Noyce descolgó el teléfono y oyó estas palabras: «Soy Shockley». Enseguida supo de quién se trataba. «Fue como coger el teléfono y hablar con Dios», confesó.[50] Más tarde bromearía al respecto: «Cuando él llegó aquí a organizar los Laboratorios Shockley, solo tuvo que silbar y vine».[51]

Noyce, el tercero de los cuatro hijos de un pastor de la Iglesia congregacional, creció en varias localidades rurales de Iowa —Burlington, Atlantic, Decorah, Webster City— adonde los llevó la vocación de su padre. Los dos abuelos de Noyce habían sido también pastores de la Iglesia congregacional, un movimiento que formaba parte de la disidencia protestante surgida tras la Reforma puritana. Aunque no heredó su fe religiosa, Noyce interiorizó la aversión por la jerarquía, la autoridad centralizada y el liderazgo autoritario.[52]

Cuando tenía doce años, su familia finalmente se asentó en Grinnell (que por aquel entonces tenía 5.200 habitantes), a unos ochenta kilómetros al este de Des Moines, donde su padre consiguió un trabajo administrativo dentro de la iglesia. La vida del pueblo giraba alrededor del Grinnell College, fundado en 1846 por un grupo de congregacionalistas procedentes de Nueva Inglaterra. Noyce, con su sonrisa contagiosa y un cuerpo firme y agraciado, destacó en la escuela secundaria del pueblo como buen estudiante, atleta y rompecorazones. «La sonrisa torcida y presta, los buenos modales y su buena familia, el pelo ondulado y la frente despejada, con un toque de golfería; la combinación resultaba muy atractiva», escribió su biógrafa Leslie Berlin. En palabras de su novia de la adolescencia: «Probablemente sea el hombre más agraciado físicamente que haya conocido nunca».[53]

Años después, el periodista literario Tom Wolfe escribió un deslumbrante perfil de Noyce para la revista *Esquire* en el que estuvo a punto de canonizarlo:

Bob tenía una manera particular de escuchar y de mirar. Inclinaba ligeramente la cabeza y levantaba los ojos con una mirada que parecía transmitir una corriente de cien amperios. No parpadeaba ni tragaba saliva mientras te estaba mirando. Absorbía todo lo que le decías y respondía con gran ecuanimidad con su suave voz de barítono, y a menudo con una sonrisa que dejaba ver sus fantásticas hileras de dientes. La mirada, la voz, la sonrisa; todo un poco como el personaje cinematográfico del alumno más famoso de Grinnell, Gary Cooper. Con su rostro anguloso, su complexión atlética y la actitud de Gary Cooper, Bob Noyce proyectaba lo que los psicólogos denominan el efecto halo. Las personas que lo poseen parecen saber exactamente lo que hacen, y, lo que es más, consiguen que queramos admirarlas por ello. Nos hacen ver los halos sobre sus cabezas.[54]

De niño, Noyce se benefició de una situación que era habitual en aquella época. «Mi padre siempre se las apañó para tener alguna especie de taller en el sótano.» Al joven Noyce le encantaba construir cosas, como una radio de tubos de vacío, un trineo con hélice o una linterna frontal que utilizaba cuando repartía periódicos de madrugada. Como es bien sabido, construyó también un ala delta que hizo volar enganchándola a la parte trasera de un coche en movimiento, o bien saltando con ella desde el tejado de un granero. «Crecí en un pueblecito, donde había que ser autosuficiente. Si algo se estropeaba, lo arreglábamos nosotros mismos.»[55]

Como sus hermanos, Noyce estaba entre los mejores alumnos de su clase. Cortaba el césped de Grant Gale, un respetado profesor de física del Grinnell College. Gracias a su madre, que conocía a los Gale a través de la iglesia, logró que le permitieran asistir a sus clases de física mientras aún cursaba el último año de secundaria. Gale se convirtió en el mentor intelectual de Noyce, algo que continuó al año siguiente, cuando se inscribió en Grinnell.

Allí obtuvo una doble titulación, en matemáticas y física, y destacó en todas las facetas, tanto académicas como extracurriculares, como quien no quiere la cosa. Se obligó a sí mismo a deducir desde cero todas las ecuaciones del curso de física, llegó a ser campeón del Medio Oeste de salto de trampolín en el equipo de natación, tocaba el oboe en la banda, cantaba en el coro, diseñaba circuitos para el club de aeromodelismo, interpretaba al protagonista en un serial radiofónico y ayudaba a su profesor de matemáticas a explicar los números complejos en un curso de cálculo. Y lo más asombroso es que, a pesar de todo esto, era muy querido.

Su pícara afabilidad le metió en problemas más de una vez. Cuando su residencia universitaria decidió organizar una fiesta de primavera durante su tercer año en Grinnell, Noyce, junto con un amigo, se ofreció voluntario para conseguir el cerdo que asarían en la celebración. Tras tomar varias copas, se colaron en una granja cercana y, a base de fuerza y maña, raptaron a un cochinillo de unos diez kilos. Asaron al animal después de sacrificarlo con cuchillos y entre alaridos en una ducha de la residencia. La noche siguió entre risas, aplausos, comida y bebida. La resaca de la mañana siguiente fue también de índole moral. Noyce fue con su amigo a ver al granjero, confesaron lo que habían hecho y se ofrecieron a pagar por lo que habían robado. Si esto fuese una fábula, su sinceridad se habría visto recompensada. Pero en esa zona rural y pobre de Iowa, el latrocinio que había cometido no era ni gracioso ni perdonable. El dueño de la granja era el arisco alcalde del pueblo, que amenazó con denunciar los hechos. Gracias a la intermediación del profesor Gale, llegaron a una solución intermedia; Noyce pagaría por el cerdo y lo suspenderían durante un semestre, pero no lo expulsarían. Él asumió la situación con tranquilidad.[56]

Noyce volvió a clase en febrero de 1949, y Gale le hizo lo que resultaría ser un favor aún mayor. El profesor se había hecho amigo de Bardeen cuando coincidieron en sus años de universidad, y al tener noticia del transistor, en cuya invención en los Laboratorios Bell había participado Bardeen, le escribió y le pidió una muestra. También contactó con el presidente de los Laboratorios, que era antiguo alumno de Grinnell y que por aquel entonces tenía dos hijos estudiando allí. Le enviaron un lote de monografías técnicas, junto con un transistor. «Grant Gale —recordaba Noyce— se hizo con uno de los primeros transistores de punto de contacto que se fabricaron. Eso fue durante mi tercer año allí. Supongo que fue una de las cosas que me influyeron a la hora de interesarme por los transistores.» En una entrevista posterior, Noyce describió con mayor rotundidad su entusiasmo: «El concepto me impactó como la bomba atómica. Era sencillamente asombroso. La idea en sí, el hecho de que se pudiese conseguir amplificación sin vacío. Fue una de esas ideas que te sacan de golpe de tu rutina, que te hacen pensar de otra manera».[57]

Al graduarse, Noyce recibió lo que era, para alguien con su estilo y carisma, la mayor distinción de la universidad, otorgada tras una votación entre sus compañeros de clase: el premio Brown Derby, con el que se reconoce al «hombre del último año que ha obtenido las mejores notas con el menor esfuerzo». Pero cuando llegó al MIT para iniciar sus estudios de doctorado, se dio cuenta de que ahí sí que tendría que aplicarse en serio. Consideraron que tenía lagunas en física teórica y tuvo que superar un curso introductorio en ese campo. En su segundo año ya había recuperado el ritmo, y logró que le concediesen una beca de estudios. En su tesis investigó cómo se manifestaba el efecto fotoeléctrico en el estado de superficie de los aislantes. Aunque no fue ninguna proeza, ni en lo que atañe al trabajo de laboratorio ni en cuanto al análisis, le permitió familiarizarse con el trabajo de Shockley en ese campo.

Por eso, cuando recibió la llamada con la propuesta de Shockley, aceptó enseguida. Sin embargo, antes tuvo que superar una prueba inesperada. Shockley, que de niño no había obtenido en un test de inteligencia los resultados esperados, y que empezaba a dar muestras de la inquietante paranoia que echaría a perder los últimos años de su carrera, exigió que cualquier nueva incorporación fuera sometida a toda una batería de exámenes psicológicos y de inteligencia. Así pues, Noyce se pasó un día entero en una empresa especializada de Manhattan reaccionando a manchas de tinta, dando su opinión sobre extraños dibujos y rellenando cuestionarios de aptitud. Determinaron que era introvertido y que carecía de potencial para ser un buen gerente, lo cual decía mucho más sobre los defectos de las pruebas que sobre los del propio Noyce.[58]

La otra gran contratación de Shockley, que según la empresa que realizaba las pruebas tampoco tenía madera de jefe, fue Gordon Moore, un químico afable que también recibió una llamada inesperada de Shockley. Este estaba esforzándose en reunir un equipo con distintos talentos científicos que pudiesen combinarse para catalizar la innovación. «Sabía que los químicos le habían resultado útiles en los Laboratorios Bell, por lo que pensó que necesitaría alguno en su nuevo proyecto, consiguió mi nombre y me llamó —explicó Moore—. Por suerte, me di cuenta de quién era. Cuando descolgué el teléfono, dijo: "Hola, soy Shockley".»[59]

Con su modestia y su amabilidad, tras las que se ocultaba una mente penetrante, Gordon Moore llegaría a ser una de las figuras más queridas y respetadas de Silicon Valley. Había crecido cerca de Palo Alto, en Redwood City, donde su padre era ayudante del sheriff. Cuando tenía once años, al vecino de al lado le regalaron un kit de química. «Por aquel entonces, los kits de química incluían cosas geniales», recordaba Moore, quien también lamentaba que las normativas gubernamentales y los temores de los padres hubieran desvirtuado ese tipo de kits y probablemente hubiesen privado al país de unos cuantos de esos científicos que tanto necesitaba. Consiguió producir una pequeña cantidad de nitroglicerina, con la que fabricó dinamita. «Con cincuenta gramos de nitroglicerina se puede hacer un petardo fantástico», contó con regocijo en una entrevista, moviendo los diez dedos de las manos para señalar que habían sobrevivido a la inconsciencia de la infancia.[60] Según reconoció, lo mucho que se había divertido con los kits de química le marcó el rumbo que le llevó a estudiar química en Berkeley y a doctorarse en Caltech.

Desde que nació hasta que se doctoró, Moore nunca se había aventurado al este de Pasadena. Era un californiano de pura cepa, de trato fácil y afable. Durante un breve período después de obtener el doctorado, fue a trabajar a un laboratorio de física de la marina en Maryland. Pero tanto a él como a su querida esposa, Betty, también natural del norte de California, enseguida les entraron ganas de volver a casa, por lo que estuvo muy receptivo cuando recibió la llamada de Shockley.

Cuando Moore acudió a la entrevista tenía veintisiete años, uno menos que Noyce, y ya estaba perdiendo pelo con discreción. Shockley lo acribilló a preguntas y acertijos, cronometrando lo que tardaba en responder. Moore lo hizo tan bien que Shockley lo llevó a cenar al Rickeys Hyatt House, el garito local, e hizo ante él el truco de magia consistente en doblar una cuchara sin aplicar aparentemente ninguna fuerza sobre ella.[61]

La docena de ingenieros a los que Shockley había contratado, la mayoría de los cuales no llegaban a los treinta años de edad, pensaban que era un poco extraño pero absolutamente brillante. «Un día apareció en mi laboratorio del MIT y pensé: "Dios mío, nunca he conocido a nadie tan brillante" —señaló el físico Jay Last—. Trastoqué todos mis planes profesionales y me dije: "Quiero ir a California y trabajar con este hombre".» Entre los demás estaban Jean Hoerni, un físico de origen suizo, y Eugene Kleiner, que más adelante se convertiría en un destacado inversor de capital riesgo. En abril de 1956 ya había suficientes nuevos empleados como para organizar una fiesta de bienvenida. Noyce cruzó el país en coche desde Filadelfia, dándose prisa por llegar a tiempo. Apareció a las diez de la noche, cuando Shockley estaba bailando un tango en solitario con una rosa en la boca. Uno de los ingenieros le describió la llegada de Noyce a su biógrafa, Berlin: «No se había afeitado y parecía que no se había cambiado de ropa en una semana. Y tenía mucha sed. Había un gran bol de martini sobre la mesa. Noyce lo levantó y empezó a beber directamente de él. Después se desmayó. Yo me dije: "Esto va a ser muy divertido"».[62]

Shockley se desmorona

Algunos líderes saben cómo ser decididos y exigentes e inspirar lealtad al mismo tiempo. Ensalzan la audacia de una manera que acrecienta su carisma. Steve Jobs, por ejemplo, era uno de ellos. Su manifiesto personal, expresado en forma de anuncio de televisión, empezaba así: «Esto es para los locos. Los inadaptados. Los rebeldes. Los agitadores. Los que no encajan en ningún sitio». Jeff Bezos, el fundador de Amazon, posee esa misma capacidad de inspiración. El truco está en conseguir que la gente te siga, incluso a lugares a los que no creían que pudiesen ir, y en motivarla para compartir una misión. Shockley carecía de este talento. Gracias a su aura, pudo contratar a empleados brillantes, pero en cuanto empezaron a trabajar juntos, su torpe dirección consiguió frustrarlos a todos, como ya había sucedido con Brattain y Bardeen.

Un talento útil en un líder consiste en saber cuándo seguir adelante haciendo caso omiso de los escépticos y cuándo escuchar lo que tienen que decir. A Shockley le costaba encontrar el equilibrio. Como le sucedió, por ejemplo, al diseñar un diodo de cuatro capas que pensó que sería más rápido y versátil que el transistor de tres capas. En cierto sentido, supuso el primer paso hacia el circuito integrado, porque el nuevo dispositivo ejecutaría tareas que en una placa requerirían cuatro o cinco transistores. Pero era difícil de fabricar (las finas láminas de silicio de cada uno de los lados llevaban dopajes distintos), y la mayoría de los que se produjeron resultaron inservibles. Noyce trató de convencer a Shockley de que abandonara el diodo, pero no lo logró.

Muchos innovadores revolucionarios han sido igualmente obstinados a la hora de impulsar una nueva idea, pero Shockley cruzó la línea, y de visionario pasó a ser un alucinado, lo que lo convirtió en un caso práctico de mal liderazgo. Mientras duró su empeño en el diodo de cuatro capas, se mostró hermético, rígido, autoritario y paranoico. Creó grupos secretos y se negó a compartir información con Noyce, Moore y los demás. «Era incapaz de aceptar que había tomado una decisión equivocada, así que empezó a repartir las culpas entre todos los que lo rodeaban —recordaba Jay Last, uno de los ingenieros que le plantaron cara—. Fue muy grosero. Pasé de ser su favorito a ser el culpable de todos sus problemas.»[63]

Su paranoia, que ya empezaba a extenderse a otras facetas de su personalidad, se puso de manifiesto en varios incidentes inquietantes. Por ejemplo, cuando una de las secretarias se cortó un dedo al abrir una puerta, Shockley llegó al convencimiento de que había sido consecuencia de un acto de sabotaje. Ordenó que todos los empleados se sometiesen a la prueba del detector de mentiras. La mayoría se negaron, y Shockley tuvo que retractarse. Más tarde se descubrió que el corte había sido provocado por los restos de una chincheta que se había utilizado para colgar un aviso en la puerta. Según afirmó Moore: «No creo que "tirano" baste para definir a Shockley. Era una persona compleja. Era muy competitivo, y competía incluso con la gente que trabajaba para él. Mi diagnóstico de profano es que también era un paranoico».[64]

Peor aún, la obcecación de Shockley con el diodo de cuatro capas resultó injustificada. A veces, la diferencia entre los genios y los imbéciles depende únicamente de si sus ideas son correctas o no. Si finalmente se hubiese podido fabricar el diodo de Shockley, o si lo hubiera transformado en un circuito integrado, quizá habría recuperado su estatus de visionario. Pero no fue eso lo que sucedió.

La situación empeoró aún más después de que Shockley, junto con sus antiguos colegas Bardeen y Brattain, obtuviese el Premio Nobel. Cuando recibió la llamada, a primera hora de la mañana del 1 de noviembre de 1956, su primera reacción fue pensar que se trataba de una broma de Halloween. Más tarde le entraron oscuras sospechas de que alguna gente había intentado evitar que le otorgaran el premio, y escribió al comité del Nobel para recabar información sobre las personas que habrían actuado para oponerse a su candidatura, aunque su solicitud fue rechazada. Pese a todo, al menos durante ese día, la tensión remitió y hubo ocasión de celebrarlo. El almuerzo en el Rickeys estuvo bañado con champán.

Shockley seguía sin tener trato con Bardeen y Brattain, pero el ambiente fue cordial cuando se reunieron con sus respectivas familias en Estocolmo para la ceremonia de entrega. El presidente del comité del Nobel aprovechó su discurso para recalcar la combinación de genio individual y trabajo en equipo que condujo a la invención del transistor. Lo calificó de «esfuerzo supremo de previsión, ingenio y perseverancia, tanto individual como colectivo». Esa misma noche, Bardeen y Brattain estaban tomando unas copas en el bar del Grand Hotel cuando, poco después de la medianoche, apareció Shockley. Apenas habían hablado con él desde hacía seis años, pero dejaron a un lado sus diferencias y lo invitaron a su mesa.

Shockley volvió de Estocolmo con el ego por las nubes, pero también con las mismas inseguridades de siempre. En una charla a sus compañeros de trabajo, señaló que «ya era hora» de que se reconociesen sus aportaciones. El ambiente en la empresa, según observó Last, «se deterioró muy rápido», hasta que empezó a parecer un «gran centro psiquiátrico». Noyce le explicó a Shockley la «sensación general de resentimiento» que se estaba acumulando, pero su aviso tuvo pocas consecuencias.[65]

La renuencia de Shockley a la hora de compartir el reconocimiento hacía que le resultase difícil generar un espíritu de colaboración. Cuando algunos de sus empleados escribieron varios artículos para presentarlos ante la Sociedad Estadounidense de Física en diciembre de 1956, un mes después de que recibiera el Nobel, Shockley exigió que su nombre figurara como coautor en todos ellos. Lo mismo sucedía con la mayoría de las solicitudes de patente procedentes de su empresa, a pesar de lo cual insistía en afirmar, en lo que constituía en buena medida una contradicción, que para cada dispositivo solo existía un único inventor verdadero, porque «la bombilla solo se enciende en la cabeza de una persona». Las demás que participaban en el proceso, añadía, eran «meros ayudantes».[66] Su propia experiencia con el equipo que inventó el transistor debería haber bastado para sacarle del error.

Su ego le llevó a enfrentarse no solo a sus subordinados, sino también a su teórico jefe y dueño de la compañía, Arnold Beckman. Cuando este voló a Palo Alto para asistir a una reunión sobre la necesidad de controlar los costes, Shockley sorprendió a todo el mundo al afirmar lo siguiente, delante de todos los directivos de la empresa: «Arnold, si no te gusta lo que estamos haciendo aquí puedo llevarme a mi equipo y conseguir respaldo en cualquier otro sitio». A continuación salió airado de la sala, dejando a Beckman avergonzado ante el resto de los ejecutivos.

Esto explica que Beckman prestase mucha atención cuando, en mayo de 1957, recibió la llamada de Gordon Moore, con el que otros colegas inquietos se habían puesto en contacto para expresar sus quejas. «Las cosas no van bien por allí, ¿verdad?», preguntó Beckman. «No, la verdad es que no», respondió Moore, que le aseguró que el personal esencial permanecería en la empresa si Shockley se iba.[67] Y lo contrario también era cierto, advirtió Moore; si no se sustituía a Shockley por un gestor competente, era probable que los demás se fuesen.

Moore y sus colegas acababan de ver *El motín del Caine*, y empezaron a conspirar contra su capitán Queeg.[68] Durante las siguientes semanas, en una serie de reuniones y cenas secretas entre Beckman y siete empleados importantes y descontentos liderados por Moore, se llegó a un acuerdo por el que Shockley pasaría a ocupar un puesto de consultor ejecutivo sin responsabilidades de gestión. Beckman invitó a Shockley a cenar y le informó de los cambios.

Inicialmente, Shockley aceptó. Permitiría que Noyce gestionase el laboratorio y se limitaría a ofrecer ideas y asesoría estratégica. Pero después cambió de opinión. Ceder el control iba contra su naturaleza. Además, tenía dudas sobre la capacidad directiva de Noyce. Le dijo a Beckman que no sería un líder lo suficientemente resuelto o «agresivo», y tenía parte de razón. Puede que Shockley fuese demasiado decidido, pero a Noyce, de natural simpático y complaciente, no le habría venido mal un poco más de dureza. Uno de los retos más importantes para quien ejerce responsabilidades de gestión pasa por encontrar el equilibrio entre mantenerse firme en sus decisiones y escuchar a sus subordinados, algo que ni Shockley ni Noyce habían logrado superar.

Cuando se vio obligado a elegir entre Shockley y los empleados, Beckman se echó atrás. Como explicó tiempo después: «Me dejé llevar por un sentimiento de lealtad mal entendida y pensé que estaba en deuda con Shockley y que debía darle la oportunidad de resarcirse. Si hubiese sabido lo que hoy sé, me habría quitado de encima a Shockley».[69] La decisión de Beckman pilló por sorpresa a Moore y sus colegas. «Beckman básicamente nos dijo: "Shockley es quien manda, o lo aceptáis u os vais" —recordaba Moore—. Descubrimos que no era tan fácil para un grupo de jóvenes doctorados echar a todo un flamante ganador del Nobel.» La revuelta fue inevitable. «Primero nos quedamos de piedra, y enseguida vimos que teníamos que irnos», explicó Last.[70]

Abandonar una empresa consolidada para fundar una rival era bastante poco habitual por aquel entonces, por lo que tuvieron que ser valientes. Como observó Regis McKenna, un experto en marketing de empresas tecnológicas: «En la cultura empresarial que imperaba en este país, uno entraba a trabajar para una compañía, permanecía en la compañía y se jubilada en la compañía. Estos eran los valores tradicionales de la Costa Este —e incluso del Medio Oeste— estadounidense». Esa no es ya la situación actual, desde luego, y los rebeldes de Shockley contribuyeron al cambio cultural. Como explica Michael Malone, un historiador de Silicon Valley: «Hoy en día parece fácil, porque existe una tradición —puesta en marcha en gran medida por esos tíos— que acepta estas cosas. Es preferible lanzarte a fundar tu propia compañía y fracasar que permanecer durante treinta años en la misma empresa. Pero no sucedía lo mismo en los años cincuenta. Debieron de pasar mucho miedo».[71]

Moore reagrupó a las tropas rebeldes. En un principio eran siete —Noyce aún no se había alistado— y decidieron crear su propia empresa. Pero para eso necesitaban financiación, por lo que uno de ellos, Eugene Kleiner, escribió una carta al corredor de bolsa de su padre, que trabajaba en la prestigiosa firma de Wall Street Hayden, Stone & Co.

Tras exponer sus credenciales, afirmó: «Creemos que podríamos meter una compañía en el negocio de los semiconductores en menos de tres meses». La carta llegó hasta la mesa de Arthur Rock, un analista de treinta años que había llevado a cabo con éxito varias inversiones arriesgadas desde sus días en la Escuela de Negocios de Harvard. Rock convenció a su jefe, Bud Coyle, de que merecía la pena viajar a California para obtener más información.[72]

Cuando Rock y Coyle se reunieron con los siete en el hotel Clift de San Francisco, vieron que faltaba algo: un líder. Les urgieron a reclutar a Noyce, que se estaba resistiendo porque sentía que estaba en deuda con Shockley. Moore logró al fin convencerlo de que asistiese a la siguiente reunión. Rock se quedó impresionado. «En cuanto vi a Noyce me llamó la atención su carisma, y supe que era su líder natural. Los demás lo respetaban.»[73] En esa reunión, el grupo, incluido Noyce, selló un pacto por el que todos juntos abandonarían a Shockley para formar una nueva empresa. Coyle sacó varios billetes de dólar sin usar, que firmaron como un contrato simbólico con los demás.

Era difícil conseguir dinero, especialmente de empresas consolidadas, para arrancar una compañía completamente independiente. La idea del capital semilla para startups aún no estaba muy asentada; esa importante innovación aún tendría que esperar, como veremos, hasta la siguiente ocasión en que Noyce y Moore se lanzaran a una nueva aventura. Así pues, buscaron un patrocinador corporativo que les permitiese establecerse como una división semiautónoma, como Beckman había hecho con Shockley. Durante varios días, la camarilla estudió detenidamente el *Wall Street Journal* y confeccionó una lista de treinta y cinco firmas que podrían adoptarlos. Cuando volvió de Nueva York, Rock empezó a hacer llamadas, sin ningún éxito. «Nadie estaba dispuesto a incorporar una nueva división a su compañía —recordaba—. Pensaban que no sentaría bien entre sus propios empleados. Llevábamos un par de meses intentándolo, y estábamos a punto de darnos por vencidos cuando alguien sugirió que fuese a ver a Sherman Fairchild.»[74]

Hacían buena pareja. Fairchild, dueño de Fairchild Camera and Instrument, era inventor, *playboy*, emprendedor y el mayor accionista individual de IBM, de la que su padre fue cofundador. En su primer año en Harvard había creado la primera cámara con flash sincronizado, y después contribuyó también al desarrollo de la fotografía aérea, las cámaras de radar, los aviones especializados, métodos para iluminar las pistas de tenis, las grabadoras de alta velocidad, los linotipos para imprimir periódicos, las máquinas para realizar grabados en color y una cerilla resistente al viento. Eso le permitió sumar una segunda fortuna a la que había heredado, patrimonio que gastaba tan alegremente como lo había acumulado. Frecuentaba el Club 21 y el local nocturno El Morocco, acompañado (en palabras de la revista *Fortune*) de una «nueva chica guapa cada pocos días, como quien lleva una nueva flor en el ojal», y se había diseñado una casa futurista en el Upper East Side de Manhattan, con paredes de cristal y rampas con vistas a un atrio con jardín donde había piedras revestidas de cerámica verde.[75]

Fairchild aportó de buena gana un millón y medio de dólares para arrancar la empresa —aproximadamente el doble de lo que los ocho fundadores habían considerado necesario en un principio— a cambio de una opción de compra; si la compañía tenía éxito, tendría la posibilidad de hacerse con ella en el acto por tres millones de dólares.

Conocidos con el sobrenombre de los «ocho traidores», Noyce y su comitiva se establecieron a muy poca distancia de Shockley, a las afueras de Palo Alto. Shockley Semiconductor nunca se recuperó del golpe. Seis años después, Shockley se dio por vencido y aceptó un puesto de profesor en Stanford. Su paranoia se agravó, y se obsesionó con la idea de que el cociente intelectual de los negros era genéticamente inferior y de que se les debería disuadir de tener hijos. El genio que había ideado el transistor y había llevado a la gente a la tierra prometida de Silicon Valley se convirtió en un paria que no podía impartir una conferencia sin tener que hacer frente a alborotadores entre el público.

Los ocho traidores que formaron Fairchild Semiconductor, por el contrario, resultaron ser las personas adecuadas en el momento y el lugar adecuados. La demanda de transistores estaba aumentando gracias a las radios de bolsillo que Pat Haggerty había lanzado desde Texas Instruments, y estaba a punto de dispararse; el 4 de octubre de 1957, apenas tres días después de que se cree Fairchild Semiconductor, los rusos lanzaron el satélite *Sputnik* y dieron así el pistoletazo de salida a la carrera espacial con Estados Unidos. El programa espacial civil, junto con el programa militar para construir misiles balísticos, propulsó la demanda tanto de computadores como de transistores. También contribuyó a garantizar que el desarrollo de estas dos tecnologías quedase imbricado. Como había que fabricar ordenadores lo suficientemente pequeños como para que cupiesen en las cabezas de los cohetes, era imprescindible encontrar la manera de apiñar cientos (y después miles) de transistores en dispositivos minúsculos.

5

El microchip

En un artículo escrito con el objeto de conmemorar el décimo aniversario del transistor y publicado en 1957, precisamente cuando se formó Fairchild Semiconductor y se puso en órbita el *Sputnik*, un ejecutivo de los Laboratorios Bell detectó un problema al que se refirió como «la tiranía de los números». El número de conexiones de un circuito se multiplicaba a un ritmo exponencial a medida que aumentaba el número de sus componentes. Si un sistema tenía, por ejemplo, diez mil componentes, requería cien mil o más cables de pequeño tamaño en el circuito impreso, generalmente soldados a mano. No era la mejor fórmula para garantizar un funcionamiento fiable.

Se trataba, sin embargo, de una fórmula que incentivaba la innovación. La necesidad de resolver aquel problema de proliferación coincidió con un centenar de pequeños avances en el modo de fabricar semiconductores. Esta combinación de circunstancias hizo posible un invento que vio la luz al mismo tiempo en dos sitios de manera independiente, en Texas Instruments y en Fairchild Semiconductor. El resultado fue un circuito integrado, también conocido como microchip.

JACK KILBY

Jack Kilby pertenecía al tipo de chicos del Medio Oeste rural que se dedicaban a trastear en el taller con su padre y a construir radios caseras.[1] «Crecí rodeado de laboriosos descendientes de colonos de las Grandes Llanuras estadounidenses», declaró al ganar el Premio Nobel.[2] Se crió en Great Bend, en plena Kansas, donde su padre regentaba una empresa de suministro eléctrico local. En verano iban en el Buick familiar hasta las lejanas plantas generadoras, y cuando algo no funcionaba correctamente, las revisaban de arriba abajo hasta dar con el problema. Durante una virulenta borrasca usaron aquellas radios para mantenerse en contacto con las zonas donde los clientes se habían quedado sin línea telefónica, y al joven Kilby le fascinó la importancia de tales tecnologías. «Fue durante una tormenta de hielo, en mi adolescencia —le contó al periodista T. R. Reid, del *Washington Post*—, cuando vi por primera vez hasta qué punto la radio y, por extensión, la electrónica podían representar algo crucial en las vidas de la gente, al mantenerla informada y conectada, al darle esperanza.»[3] Estudió para obtener una licencia de radioaficionado y continuó mejorando su transmisor con piezas que rapiñaba aquí y allá.

Como no logró entrar en el MIT fue a la Universidad de Illinois, y tras Pearl Harbor interrumpió sus estudios para unirse a la marina. Destinado a un complejo de reparación de radios en la India, se escabullía hasta Calcuta para comprar piezas en el mercado negro y luego las usaba para construir mejores receptores y transmisores en una tienda de campaña acondicionada como laboratorio. Era una persona amable de sonrisa franca y carácter sereno, taciturno. Lo que hacía de él alguien especial era su curiosidad insaciable por cuanto tuviera que ver con las invenciones. Comenzó a leer cada una de las patentes que habían sido registradas. «Hay que leerlo todo, es parte del trabajo —afirmó—. Uno acumula todas esas minucias con la esperanza de que algún día le sea útil aunque sea una millonésima parte.»[4]

Su primer empleo lo desempeñó en Centralab, una empresa de Milwaukee que fabricaba piezas electrónicas. Experimentaba con maneras de combinar en una base individual de cerámica los componentes que se usaban para los audífonos. En 1952, Centralab era de esas compañías que pagaban 25.000 dólares por una licencia para construir transistores y que contaban con la buena disposición de Bell para compartir sus conocimientos. Kilby asistió a un seminario de dos semanas de duración en los Laboratorios Bell (se hospedaba con otra docena de colegas en un hotel de Manhattan y todas las mañanas los llevaban en autobús hasta Murray Hill) que incluía sesiones de profundización en el diseño de transistores, experimentos prácticos en los laboratorios y visitas a una fábrica. Bell envió a todos los participantes tres volúmenes de documentación técnica. Con aquella extraordinaria disposición a ceder sus patentes por un módico precio y a compartir sus conocimientos, los Laboratorios Bell sentaron las bases de la revolución digital, aun cuando no invirtieran su capital íntegro en ello.

Kilby se dio cuenta de que para situarse en la vanguardia del desarrollo del transistor era necesario trabajar para una empresa más grande. En el verano de 1958, tras barajar varias ofertas, se decantó por Texas Instruments, donde tendría la oportunidad de colaborar con Pat Haggerty y su brillante equipo de investigación, dirigido por Willis Adcock.

La política de empresa de Texas Instruments exigía que todo el mundo se tomase libres las mismas dos semanas de julio, así que cuando Kilby llegó a Dallas sin haber acumulado vacaciones fue una de las pocas personas presentes en el laboratorio de semiconducción. Tuvo tiempo para pensar qué se podía hacer con el silicio, aparte de transformarlo en transistores.

Sabía que si se lograba crear cierta cantidad de silicio sin impurezas, este actuaba como un simple resistor. También advirtió que había otro modo de lograr que una unión p-n funcionase como condensador, lo que significaba que podía almacenar una pequeña carga eléctrica. De hecho, se podía fabricar cualquier componente electrónico a partir de silicio tratado de diversas formas. A partir de ahí, se le ocurrió lo que llegaría a conocerse como la «idea monolítica», a saber, que es posible crear todos esos componentes en una pieza monolítica de silicio, eliminando así la necesidad de soldar los distintos elementos de un circuito integrado. En julio de 1958, seis meses antes de que Noyce anotase una idea similar, Kilby lo describió en su cuaderno de laboratorio, en una frase que más tarde sería citada en el discurso de concesión del Premio Nobel: «Es posible fabricar en una sola placa los siguientes elementos de un circuito: resistores, condensador, condensador de distribución y transistor». A continuación, dibujó un par de esbozos toscos que detallaban cómo construir dichos componentes configurando secciones de silicio previamente dopadas con impurezas con el fin de que presentasen propiedades distintas en una sola placa.

Cuando su jefe, Willis Adcock, volvió de las vacaciones no acabó de creerse que aquello resultase práctico. El laboratorio estaba concentrado en llevar a cabo otras cosas que parecían ser más urgentes, pero le propuso un trato a Kilby: si lograba fabricar un condensador y resistor que funcionase, lo autorizaría a que dedicase sus esfuerzos a completar un circuito en una sola placa.

Todo salió según lo planeado, y en septiembre de 1958 Kilby organizó una demostración de un dramatismo similar al que Bardeen y Brattain habían imprimido a la que habían llevado a cabo para sus superiores en los Laboratorios Bell once años atrás. Kilby integró en una placa de silicio del tamaño de un palillo de dientes los componentes que, en teoría, habían de conformar un oscilador. Bajo la atenta mirada de un grupo de ejecutivos, incluido el presidente de la compañía, un nervioso Kilby conectó el pequeño chip a un osciloscopio. Observó a Adcock, que se encogió de hombros como si dijese: «Estamos perdiendo el tiempo». Cuando pulsó el botón, la línea de la pantalla del osciloscopio se puso a ondular como se suponía que debía hacerlo. «Todo el mundo sonrió de oreja a oreja —recordaba Reid—. Acababa de comenzar una nueva era para la electrónica.»[5]

No era el artefacto más elegante del mundo. Los modelos que Kilby fabricó en el otoño de 1958 tenían infinidad de cablecitos dorados que conectaban los diversos componentes a la placa. Parecían carísimas telarañas sobresaliendo de un pedacito de silicio. Y no era solo que fuese feo, sino que también era inaplicable. No había ningún modo de fabricarlos en serie. En cualquier caso, fue el primer microchip.

En marzo de 1959, pocas semanas después de registrar la patente, Texas Instruments anunció su nuevo invento, al que se refirió como «circuito sólido». Expuso además, con gran pompa, varios prototipos en el congreso anual del Instituto de Ingenieros de Radio, celebrado en Nueva York. El presidente de la compañía afirmó que aquel sería el invento más importante desde el transistor. Parecía una hipérbole, pero se estaba quedando corto.

El anuncio de Texas Instruments fue un jarro de agua fría para Fairchild. Noyce, que había garabateado su propia versión del concepto dos meses atrás, se sintió desanimado al ver como lo adelantaban y asustado de la ventaja competitiva que obtenía Texas Instruments.

La versión de Noyce

Con frecuencia, se llega a una misma innovación por distintos caminos. Noyce y sus colegas de Fairchild habían estado trabajando en la posibilidad de un microchip desde otro ángulo. Todo empezó cuando se toparon con un problema desastroso; sus transistores no funcionaban demasiado bien. Una cantidad bastante considerable de ellos fallaban. Una diminuta partícula de polvo o la mera exposición a ciertos gases podían hacer que se estropeasen. Lo mismo sucedía si recibían un golpe seco o sufrían una sacudida.

Jean Hoerni, un físico de Fairchild que había sido uno de los «ocho traidores», dio con una solución genial. Extendería una fina capa de óxido de silicio sobre la superficie del transistor, como si glasease por encima un pastel de tres pisos, para proteger el silicio de debajo. «Recubrir con una capa de óxido […] la superficie del transistor —escribió en su cuaderno— protegerá de la contaminación las uniones que, de otro modo, habrían quedado expuestas.»[6]

El método recibió el nombre de «proceso planar» a raíz de la película plana de óxido que se formaba sobre el silicio. Una mañana de enero de 1959 (después de que a Kilby se le hubiesen ocurrido sus ideas, pero antes de que fueran patentadas y anunciadas), Hoerni tuvo otra «epifanía» mientras se duchaba; en aquella capa protectora de óxido podían practicarse unas ventanitas para permitir que las impurezas se propagasen hacia puntos concretos con el fin de crear las propiedades semiconductoras deseadas. A Noyce le encantó aquella idea de «construir un transistor dentro de un capullo» y la comparó con «instalar un quirófano de campaña: introduces a tu paciente en una bolsa de plástico y lo operas dentro de ella sin tener que preocuparte por que las moscas del campo se posen en la herida».[7]

El papel de los abogados de patentes es proteger las buenas ideas, pero a veces también las estimulan. El proceso planar se convirtió en un ejemplo de esta afirmación. Noyce llamó a John Ralls, el abogado de patentes de Fairchild, para preparar una solicitud. Así que Ralls comenzó a interrogar a Hoerni, Noyce y sus colegas: ¿qué aplicaciones prácticas tenía el tal proceso planar? Ralls trataba de obtener el mayor abanico de usos posibles para incorporarlos a la solicitud de patente. Noyce recordaba: «El reto de Ralls era: "¿Qué más podemos hacer con estas ideas para reforzar la protección de la patente?"».[8]

En aquella época, la pretensión de Hoerni no pasaba de construir un transistor que diese buenos resultados. Aún no se le había ocurrido que el proceso planar, con sus ventanitas diminutas, podía utilizarse para permitir que muchos tipos de transistores y otros componentes fueran grabados en una sola pieza de silicio. Pero las constantes preguntas de Ralls dieron que pensar a Noyce, que aquel mes estuvo dándoles vueltas a algunas ideas junto con Moore, garabateándolas en una pizarra y trasladándolas a su cuaderno.

Lo primero que advirtió fue que el proceso planar permitía eliminar los cablecitos que sobresalían de cada lámina del transistor. En lugar de eso, podían imprimirse pequeñas líneas de cobre sobre la capa de óxido. Eso permitiría fabricar los transistores con mayor rapidez y resultados más fiables. Así pues, llegó a la siguiente conclusión: si se usaban esas líneas de cobre para conectar las zonas de un transistor, se podían usar para conectar dos o más transistores montados en la misma pieza de silicio. El proceso planar, con su técnica de la ventanita, permitiría propagar las impurezas de modo que pudiesen colocarse varios transistores en una misma placa, y las líneas de cobre los conectarían en circuito. Entró en el despacho de Moore y le dibujó la idea en la pizarra.

Noyce era un locuaz torbellino de energía y Moore, un interlocutor taciturno si bien perspicaz, así que se complementaban bastante bien. El paso siguiente era sencillo: una misma placa podía contener varios componentes, tales como resistores y condensadores. Noyce emborronó la pizarra para explicar cómo una pequeña sección de silicio puro podía hacer las veces de resistor, y pocos días después esbozó el proyecto de un condensador de silicio. Las pequeñas líneas metálicas impresas en la superficie del óxido eran capaces de integrar todos aquellos componentes en un circuito. «No recuerdo un instante en el que se me encendiese una bombilla y todo estuviera claro de repente —reconoció Noyce—. Más bien se trataba del día a día. Uno se decía: "A ver, si hago esto a lo mejor luego puedo hacer esto otro, y así lograré hacer aquello de más allá", hasta que terminaba dando con el concepto.»[9]

Aquel mismo mes de enero de 1959, después de este período de actividad frenética, anotó en su cuaderno: «Sería conveniente construir múltiples dispositivos en una misma placa de silicio».[10]

A Noyce acababa de ocurrírsele el concepto del microchip sin tener ninguna relación con Kilby (y con pocos meses de diferencia), y ambos habían llegado a ello por vías distintas. Kilby estaba tratando de averiguar cómo vencer la tiranía de los números a fuerza de crear circuitos que no precisaran ser soldados entre ellos, mientras que el principal objetivo de Noyce era descubrir todas las virguerías que podían derivarse del proceso planar de Hoerni. Y había otra diferencia, de naturaleza más práctica: en la versión de Noyce no sobresalía un amasijo de cables similar al nido de una araña.

PROTEGER LOS DESCUBRIMIENTOS

Las patentes suponen una inevitable fuente de tensión en la historia de las invenciones, especialmente en la era digital. Las innovaciones tienden a originarse por medio de la colaboración y se desarrollan a partir del trabajo de varias personas, de modo que es complicado ser preciso a la hora de atribuir la autoría de ideas o los derechos de propiedad intelectual. De vez en cuando, el asunto pierde toda relevancia cuando un grupo de innovadores deciden involucrarse en un proceso abierto a la participación activa que permite que los frutos de su creatividad sean de dominio público. Sin embargo, lo más frecuente es que un innovador desee un reconocimiento. En ocasiones se trata de una cuestión de egos, como cuando Shockley urdió sus tejemanejes para aparecer en la lista de patentes del transistor. Otras veces responde a motivos económicos, sobre todo cuando se trata de compañías como Fairchild y Texas Instruments, que necesitan recompensar a sus inversores con el fin de reunir el capital necesario para continuar inventando cosas.

En enero de 1959, los abogados y ejecutivos de Texas Instruments comenzaron a batallar para que les fuera aceptada una solicitud de patente del circuito integrado de Kilby (no porque estuviesen al tanto de lo que Noyce estaba anotando en su cuaderno, sino por los rumores de que RCA había tenido la misma idea). Decidieron plantear una solicitud amplia y a gran escala. Esta estrategia suponía un riesgo, porque sería más fácil que les disputaran los registros, como había sucedido con las amplias acotaciones de Mauchly y Eckert para la patente de su computador; pero si se la aprobaban serviría como arma ofensiva contra cualquiera que intentase fabricar un producto similar. El invento de Kilby, según se afirmaba en la solicitud, era «un concepto de miniaturización nuevo y absolutamente diferente». Aunque la solicitud describía solo dos circuitos diseñados por el inventor, aseveraba: «La complejidad y la configuración de los circuitos que pueden construirse con este sistema son ilimitadas».

No obstante, con las prisas no les dio tiempo de tomar imágenes de los diversos métodos posibles para conectar entre sí los componentes en el microchip propuesto. El único ejemplo disponible era el intrincado modelo que había usado Kilby en su demostración, con un revoltijo de cablecillos dorados enhebrando el conjunto. El equipo de Texas Instruments decidió emplear para la descripción aquella «foto del chip desgreñado», como más tarde lo llamarían con sorna. Kilby ya había deducido que era posible construir una versión más sencilla si se usaban conexiones metálicas impresas, así que en el último momento les pidió a sus abogados que en la solicitud de derechos añadiesen también un pasaje sobre aquel concepto. «Las conexiones eléctricas pueden lograrse de otro modo —señalaba—, sin que sea necesario utilizar cables. Por ejemplo [...] puede evaporarse óxido de silicio sobre la lámina del circuito del semiconductor. [...] Podrían colocarse materiales como el oro encima del aislante a la hora de conseguir las conexiones eléctricas necesarias.» Se registró en febrero de 1959.[11]

Cuando Texas Instruments hizo su anuncio público al mes siguiente, Noyce y su equipo de Fairchild se apresuraron a registrar una solicitud de patente con la que pudieran competir. Dado que trataban de protegerse de la arrolladora reclamación de Texas Instruments, los abogados de Fairchild se concentraron muy específicamente en lo que diferenciaba a la versión de Noyce. Subrayaron que el proceso planar, que ya tenían registrado, permitía un método de circuito impreso «para producir conexiones eléctricas con las diversas zonas del semiconductor» y «para que las estructuras individuales fuesen más compactas y fáciles de fabricar». A diferencia de los circuitos que requerían «una conexión eléctrica por medio de cables añadidos», señalaba la solicitud de Fairchild, el método de Noyce significaba que «los conductores pueden depositarse al mismo tiempo y del mismo modo que los propios contactos». Incluso en el caso de que Texas Instruments contase con la aprobación de una patente por colocar múltiples componentes en una misma placa, Fairchild esperaba obtener la suya por efectuar las conexiones mediante líneas metálicas impresas en lugar de por medio de cables. Dado que esto último sería necesario para la producción en serie de microchips, Fairchild sabía que lograría cierta paridad en cuanto a protección de patentes y podría obligar a Texas Instruments a aceptar un pacto de licencias cruzadas. La solicitud de Fairchild fue registrada en julio de 1959.[12]

Como había sucedido con la disputa de patentes a propósito del computador, el sistema judicial se pasó años enzarzado en dirimir quién merecía qué patentes del circuito integrado, y no llegó a resolver la cuestión jamás. Las solicitudes en litigio de Texas Instruments y Fairchild fueron asignadas a dos examinadores distintos, en principio sin relación. Aunque la solicitud de patente de Noyce se presentó en segundo lugar, fue registrada antes; en abril de 1961 fue aprobada. A Noyce se le declaró el inventor del microchip.

Texas Instruments presentó una «objeción de prioridad», e indicó que Kilby había sido el primero en tener la idea. Esto desembocó en el caso «Kilby contra Noyce», instruido por el Consejo de Interferencia de Patentes. Parte del caso implicaba revisar los respectivos cuadernos de notas y otras pruebas con el objeto de comprobar quién había dado antes con el concepto básico; había un consenso general, incluso por parte de Noyce, en cuanto a que las ideas de Kilby databan de unos meses antes, pero también se dirimía si la solicitud de Kilby cubría realmente el proceso tecnológico clave consistente en imprimir líneas metálicas sobre la capa de óxido, en lugar de usar una multitud de pequeños cables, para crear un microchip. Esto suponía una serie de discusiones contrapuestas a propósito de la frase que Kilby había insertado al final de la solicitud, es decir, la alusión al hecho de que «podrían colocarse materiales como el oro» en la capa de óxido. ¿Se trataba de un proceso concreto descubierto por él o simplemente de una especulación casual anotada al vuelo?[13]

Mientras el conflicto seguía su curso, la oficina de patentes acabó de embrollar un poco más la situación al responder, en junio de 1964, a la solicitud original de Kilby y aprobarla, con lo que la objeción de prioridad se convirtió en lo más importante. Hasta febrero de 1967 no llegó el veredicto, en favor de Kilby. Habían transcurrido ocho años desde la presentación de su patente, y en ese momento Texas Instruments fue declarada la inventora del microchip. Pero no acabó aquí la cosa. Fairchild apeló y el Tribunal de Apelaciones de Usos y Patentes, tras escuchar todos los argumentos y testimonios, dictaminó en sentido contrario en noviembre de 1969. «Kilby no ha demostrado —afirmaba el tribunal de apelaciones— que la expresión "colocar" tuviese [...] o haya adoptado desde entonces un significado, en el campo de la electrónica y los semiconductores, que connote necesariamente "adherencia"».[14] El abogado de Kilby intentó apelar al Tribunal Supremo estadounidense, que desestimó el caso.

La victoria de Noyce, tras una década de tira y afloja y más de un millón de dólares en concepto de costas, significó bien poco. El subtítulo de la pequeña noticia en *Electronic News* decía: «La revocación de la patente no cambia demasiado las cosas». Llegados a este punto, los procedimientos jurídicos se habían vuelto casi irrelevantes. El mercado del microchip había estallado con tal rapidez que los pragmáticos miembros de Fairchild y Texas Instruments se dieron cuenta de que se jugaban demasiado como para confiar sus asuntos al sistema judicial. En el verano de 1966, tres años antes de la resolución definitiva, Noyce y los abogados de Fairchild se reunieron con el presidente y el letrado de Texas Instruments y firmaron tortuosamente un tratado de paz. Cada parte reconocía que la otra poseía ciertos derechos de propiedad intelectual sobre el microchip, y ambas convenían en otorgarse una licencia cruzada sobre los susodichos derechos. Otras compañías tendrían que hacer tratos de permisos con ambas, en general pagando unas regalías que ascenderían al 4 por ciento del beneficio aproximadamente.[15]

Así pues, ¿quién inventó el microchip? Como sucede con la pregunta de quién inventó el computador, la respuesta no puede extraerse sencillamente consultando los dictámenes judiciales. Los avances casi simultáneos de Kilby y Noyce demuestran que el ambiente de la época estaba preparado para un invento así. De hecho, mucha gente, tanto dentro del país como en diversas partes del mundo, incluidos Werner

Jacobi, de Siemens (Alemania), y Geoffrey Dummer, del Royal Radar Establishment (Reino Unido), había propuesto ya la posibilidad de un circuito integrado. Lo que hicieron Noyce y Kilby, en colaboración con sus equipos y empresas, fue ingeniar métodos prácticos para producir ese aparato. Aunque Kilby dio con la manera de integrar los componentes en una placa meses antes, Noyce fue un poco más allá, e ideó el método correcto para conectar dichos componentes. Su diseño podía ser producido en serie sin problemas, y se convirtió en el modelo estándar para los futuros microchips.

Cabe extraer una lección edificante del modo en que Kilby y Noyce se enfrentaron en lo personal a la cuestión de la autoría del microchip. Ambos eran personas de bien; provenían de pequeñas comunidades cerradas del Medio Oeste y eran educados. A diferencia de Shockley, no estaban aquejados de una mezcla de ego malsano y desconfianza. Siempre que surgía el asunto de la autoría del invento, cada uno tenía la generosidad de elogiar las contribuciones del otro. Pronto se convino en reconocerles un mérito compartido y en referirse a ellos como coinventores. Según un rumor que empezó a circular por entonces, Kilby se habría quejado cortésmente de lo siguiente: «No encaja exactamente con lo que entiendo por coinvención, pero es lo que ha terminado por aceptarse».[16] Sin embargo, él mismo terminó aceptando la idea y se mostró desde entonces elegante con ello. Cuando Craig Matsumoto, de *Electronic Engineering Times*, le preguntó sobre la controversia muchos años después, «Kilby se deshizo en elogios hacia Noyce y afirmó que la revolución de los semiconductores llegó gracias al trabajo de miles de personas, no a raíz de una patente».[17]

Cuando le informaron de que había ganado el Premio Nobel en 2000, diez años después de que Noyce falleciera,* una de las primeras cosas que hizo fue alabar a Noyce. «Lamento que ya no esté vivo —les dijo a los periodistas—. Si estuviera con nosotros, sospecho que compartiríamos este premio.» Cuando un físico sueco lo presentó en la ceremonia comentando que su invento había propulsado la revolución digital global, Kilby desplegó su humildad titubeante. «Cuando oigo

---

* Solo pueden optar al Nobel personas vivas.

esta clase de comentarios —respondió— recuerdo lo que el castor le dijo al conejo mientras contemplaban la presa Hoover: "No, no la he construido yo, pero está basada en una idea mía".»[18]

EL DESPEGUE DE LOS MICROCHIPS

El primer gran mercado para los microchips fue el militar. En 1962, el Mando Aéreo Estratégico diseñó un nuevo misil con base en tierra, el Minuteman II, que requeriría dos mil microchips solo para el sistema de navegación. Texas Instruments se ganó el derecho a convertirse en el primer proveedor. Hacia 1965, se construían siete Minuteman a la semana, y la marina también estaba comprando microchips para sus misiles de propulsión submarina, los Polaris. Con una sagacidad coordinada que no se cuenta muy a menudo entre las virtudes de la burocracia castrense, se estandarizaron los diseños de los microchips. Westinghouse y RCA comenzaron también a comercializarlos, así que el precio no tardó en desplomarse, hasta que los microchips terminaron siendo rentables para los artículos de consumo y no solo para los misiles.

Fairchild también vendía chips a fabricantes de armas, pero era más precavida que sus competidores en lo relativo a colaborar con el ejército. La relación tradicional con el entorno militar dictaba que el contratista trabajaba codo con codo con oficiales uniformados que no solo se encargaban de hacer pedidos, sino que también supervisaban y alteraban el diseño. Noyce opinaba que dichas relaciones reprimían la innovación. «La dirección de las investigaciones la determina gente menos competente a la hora de analizar qué rumbo debemos tomar.»[19] Insistía en que Fairchild financiase el desarrollo de los chips con su propio dinero, con el fin de conservar el control sobre el proceso. Si el producto era bueno, creía, los contratistas militares lo comprarían. Y así fue.

El programa espacial civil estadounidense fue el siguiente gran impulsor de la producción de microchips. En mayo de 1961, John F. Kennedy declaró: «Estoy convencido de que esta nación debe comprometerse a alcanzar el logro, antes de que termine la década, de poner a un hombre en la Luna y hacer que vuelva sano y salvo a la

Tierra». El programa Apolo, como sería conocido, necesitaba un ordenador de navegación que cupiese en una ojiva. Así que se diseñó partiendo de cero para que usase los microchips más potentes construidos hasta el momento. Los setenta y cinco ordenadores de navegación creados para el Apolo terminaron conteniendo cinco mil microchips cada uno, todos idénticos, y Fairchild se hizo con el contrato para fabricarlos. El programa se adelantó a la fecha límite de Kennedy por unos pocos meses; en julio de 1969, Neil Armstrong pisó la Luna. A aquellas alturas, el programa Apolo había comprado más de un millón de microchips.

Aquellas fuentes de demanda predecible y a gran escala del gobierno motivaron que el precio de cada microchip cayese a toda velocidad. El primer prototipo de chip para el ordenador de navegación del Apolo costó 1.000 dólares. Para cuando la producción regular estuvo en marcha, cada uno costaba 20. El precio medio de cada microchip del misil Minuteman era de 50 dólares; en 1968 era de 2. De este modo, se impulsó el mercado para el uso de microchips en aparatos destinados a los consumidores de a pie.[20]

Los primeros aparatos dirigidos al consumidor que utilizaron microchips fueron los audífonos, porque tenían que ser muy pequeños y se vendían por caros que fuesen. Sin embargo, la demanda era limitada, de modo que Pat Haggerty, el presidente de Texas Instruments, repitió una táctica que ya le había funcionado en el pasado. Un aspecto de la innovación es inventar nuevos aparatos, y otro es inventar maneras populares de usar dichos aparatos. Haggerty y su compañía eran buenos en ambos campos. Once años atrás había creado un mercado enorme para los transistores baratos promocionando radios de bolsillo. Buscó la manera de hacer lo mismo con los microchips, y la idea que se le ocurrió consistió en fabricar calculadoras de bolsillo.

Durante un vuelo con Jack Kilby, Haggerty expuso someramente su ocurrencia y transmitió a su empleado las órdenes que había que cumplir: construir una calculadora de mano que pudiese hacer lo mismo que los cacharros de mil dólares que había en las mesas de todos los despachos. Debía ser lo bastante eficiente como para funcionar con pilas, lo suficientemente pequeña como para metérsela en un bolsillo de la camisa, y tan barata como para comprarla por capricho. En 1967,

Kilby y su equipo crearon prácticamente lo que Haggerty había imaginado. Solo podía desempeñar cuatro tareas (sumar, restar, multiplicar y dividir) y era un poco pesada (casi un kilo) y no demasiado barata (150 dólares),[21] pero fue un éxito rotundo. Se había creado un nuevo mercado para un aparato que la gente no sabía que necesitaba, y siguiendo la trayectoria inevitable, el artilugio continuó volviéndose cada vez más pequeño, más potente y más barato. En 1972, el precio de una calculadora de bolsillo había caído a 100 dólares, y se vendieron 5 millones de unidades. Alrededor de 1975, el precio descendió hasta 25 dólares y las ventas se duplicaban cada año. En 2014, una calculadora de bolsillo de Texas Instruments costaba 3 dólares con 62 centavos en Walmart.

LA LEY DE MOORE

Aquel devino el esquema que seguir para todo aparato electrónico. Cada año los artilugios disminuían de tamaño, se abarataban y eran más veloces y potentes. Ello era posible —e importante— porque dos industrias estaban creciendo al mismo tiempo y estaban interconectadas: la de los ordenadores y la de los microchips. «La sinergia entre un nuevo componente y una nueva aplicación generó un crecimiento explosivo para ambos», escribió Noyce más tarde.[22] La misma sinergia había tenido lugar medio siglo antes cuando la industria del petróleo creció junto con la del automóvil. Ahí había una enseñanza clave para la innovación: es necesario comprender qué industrias son simbióticas para poder evaluar de qué manera puede una estimular a la otra.

Si alguien podía dar con una regla concisa y atinada para predecir las tendencias, ayudaría a los empresarios y emprendedores a aplicarse el cuento. Por fortuna, Gordon Moore dio un paso al frente en aquel momento para hacerlo. Precisamente cuando las ventas del microchip comenzaban a dispararse, se le pidió que efectuara una previsión del mercado futuro. Su artículo, titulado «Encajar más componentes en circuitos integrados», fue publicado en el número de abril de 1965 de la revista *Electronics*.

Moore comenzaba con un atisbo del futuro digital. «Los circuitos integrados llevarán a portentos tales como ordenadores domésticos (o, como mínimo, a terminales conectados a un ordenador central), controles automáticos para los coches y dispositivos de comunicación portátil personal», escribió. A continuación hizo una predicción aún más profética que estaba destinada a lanzarlo a la fama. «La complejidad de los componentes de costes mínimos se ha incrementado a un ritmo de aproximadamente un factor de dos por año —señaló—. No hay motivos para creer que no vaya a mantenerse casi constante a lo largo de los próximos diez años como mínimo.»[23]

En resumidas cuentas, lo que venía a decir era que el número de transistores que podían acumularse, sin dejar de ser rentables, en un microchip se había duplicado año tras año, y que esperaba que semejante crecimiento continuase durante como mínimo diez años más. Uno de sus amigos, un profesor de Caltech, se refirió públicamente a esta afirmación como «la ley de Moore». En 1975, pasados diez años, se comprobó que tenía razón. Entonces Moore modificó su ley; redujo el índice de incremento vaticinado a la mitad y profetizó que el número de transistores acumulados en un chip experimentaría en el futuro «una duplicación cada dos años en lugar de cada año». Un colega, David House, ofreció una modificación ulterior de la que hoy en día se echa mano, según la cual el «rendimiento» del chip se duplicaría cada dieciocho meses debido al incremento de la potencia, así como al aumento del número de transistores insertados en cada microchip. La formulación de Moore y sus variaciones demostraron su utilidad a lo largo del medio siglo siguiente, y ayudaron a valorar el curso de uno de los mayores hitos de la innovación y de la creación de riqueza de la historia humana.

La ley de Moore se convirtió en algo más que una simple predicción y supuso también un logro para la industria, que en parte hizo de ella una realidad. El primer ejemplo de ello tuvo lugar en 1964, mientras Moore formulaba su ley. Noyce decidió que Fairchild vendería sus microchips más sencillos por debajo del precio de coste, y Moore denominó a aquella estrategia «la imprevista contribución de Bob a la industria de los semiconductores». Noyce sabía que el dencenso del precio haría que los fabricantes de aparatos electrónicos incorporasen microchips en sus nuevos productos, y también era consciente de que estimularía la demanda, un gran volumen de producción y economías de escala, algo que haría realidad la ley de Moore.[24]

En 1959 Fairchild Camera and Instrument decidió, como era de esperar, ejercer sus derechos para comprar Fairchild Semiconductor. La operación enriqueció a los ocho fundadores, pero sembró la semilla de la discordia. Los ejecutivos de la corporación ubicada en la Costa Este se negaron a otorgarle a Noyce el derecho de entregar opciones de compra sobre acciones a sus técnicos más valiosos, y se apoderaron de los beneficios de la división de semiconductores para financiar inversiones menos provechosas en ámbitos más mundanos, tales como videocámaras domésticas y expendedores automáticos de sellos.

También existían problemas internos en Palo Alto. Los técnicos comenzaron a dimitir y se diseminaron por el valle en lo que dieron en llamarse «Fairchildren», compañías que brotaban a partir de esporas provenientes de Fairchild. La más relevante comenzó su andadura en 1961, cuando Jean Hoerni y tres de los ocho antiguos desertores de Shockley dejaron la empresa para unirse a un proyecto recién fundado por Arthur Rock y que se convertiría en Teledyne. Les siguieron muchos otros, y en 1968 el mismo Noyce estaba dispuesto a marcharse. Su ascenso a un puesto en la cúspide no se había materializado, algo que le fastidiaba, aunque también se dio cuenta de que no lo deseaba realmente. Fairchild —la corporación en pleno e incluso la sección de semiconductores de Palo Alto—, se había vuelto demasiado grande y burocrática. Noyce ansiaba deshacerse de varias responsabilidades propias de la dirección y volver a trabajar cerca del laboratorio.

—¿Y si fundamos una nueva compañía? —le preguntó un día a Moore.

—Yo me encuentro a gusto aquí —respondió este.[25]

Habían contribuido a crear la cultura del mundo tecnológico californiano, en que la gente abandonaba las compañías para formar las suyas propias, pero para entonces, recién cumplidos los cuarenta, Moore ya no sentía la necesidad de saltar al vacío sin paracaídas. Noyce continuó insistiéndole. Finalmente, cuando se acercaba el verano de 1968, se limitó a comunicarle que se iba. «De algún modo, le contagiaba a uno las ganas de embarcarse en aventuras con él —diría Moore muchos años después, riéndose—. Así que terminé por decir: "Muy bien, vamos allá".»[26]

«A medida que [la compañía] crecía día a día, disfrutaba menos de mi trabajo —escribió Noyce en su carta de dimisión dirigida a Sherman Fairchild—. Tal vez ello tenga que ver, en parte, con que me crié en un pueblecito, disfrutando de la multitud de relaciones personales propias de una localidad pequeña. Ahora damos empleo al equivalente del doble de la población de la capital de donde provengo.» Su deseo, decía, era «volver a observar de cerca la tecnología avanzada».[27]

Cuando Noyce llamó a Arthur Rock, que había sentado las bases para el pacto financiero que impulsó Fairchild Semiconductor, este le contestó de inmediato: «¿Por qué has tardado tanto?».[28]

Arthur Rock y el capital riesgo

En los once años transcurridos desde que pergeñara el pacto que facilitó que los «ocho traidores» formasen Fairchild Semiconductor, Arthur Rock había ayudado a alumbrar algo que estaba destinado a ser casi tan importante para la era digital como el microchip: el capital riesgo.

Durante la mayor parte del siglo xx, el capital riesgo y el capital privado destinado a invertir en empresas nuevas constituyeron una práctica al alcance de unas pocas familias acaudaladas, como los Vanderbilt, los Rockefeller, los Whitney, los Phipps y los Warburg. Tras la Segunda Guerra Mundial, muchos de estos clanes fundaron firmas para institucionalizar sus negocios. John Hay «Jock» Whitney, heredero de múltiples fortunas familiares, reclutó a Benno Schmidt Sr. para formar J. H. Whitney & Co., que se especializó en lo que al principio llamaron «capital aventurero» para financiar a empresarios con ideas interesantes que no conseguían un préstamo de los bancos. Los seis hijos y la hija de John D. Rockefeller Jr., encabezados por Laurence Rockfeller, crearon una firma similar, que terminó convirtiéndose en Venrock Associates. Aquel mismo año 1946 también fue testigo del nacimiento de uno de los proyectos más influyentes, basado en el talento para los negocios antes que en la fortuna familiar, la American Research and Development Corporation (ARDC). Fue fundada por Georges Doriot, antiguo decano de la Harvard Business School, en sociedad con el antiguo presidente del MIT, Karl Compton. La ARDC dio el pelotazo al comenzar invirtiendo en Digital Equipment Corporation en 1957, que cuando comenzó a cotizar en Bolsa once años después había multiplicado su valor por quinientos.[29]

Arthur Rock adaptó este concepto al estilo del oeste y encabezó la era del silicio del capital riesgo. Cuando reunió a los «ocho traidores» de Noyce con Fairchild Camera, Rock y su empresa arriesgaron en el pacto. Después de esto, se dio cuenta de que podía recaudar un fondo financiero y cerrar tratos parecidos sin depender del patrocinio de una corporación. Tenía experiencia en investigación empresarial, pasión por la tecnología, un sexto sentido para el liderazgo corporativo y numerosos inversores satisfechos en la Costa Este. «El dinero estaba allí, pero las compañías estimulantes se radicaban en California, así que decidí trasladarme al oeste a sabiendas de que podría conectar ambos lados», comentó.[30]

Rock había crecido en Rochester, Nueva York, en el seno de una familia de inmigrantes judíos rusos; allí trabajó sirviendo refrescos carbonatados en la tienda de golosinas de su padre y desarrolló un buen instinto para evaluar a las personas. Una de sus máximas clave relativas a la inversión era apostar por la gente más que por la idea. Además de estudiar los planes de negocio, realizaba incisivas entrevistas personales con quienes buscaban financiación. «Tengo semejante fe en el ser humano que creo que hablar con las personas es mucho más importante que esforzarse en averiguar qué es lo que quieren hacer», explicó. A primera vista fingía ser un cascarrabias y se comportaba de un modo adusto y taciturno, pero quienes observaban su rostro más de cerca advertían en el destello de los ojos y la sonrisa velada que le gustaba la gente y que poseía un cálido sentido del humor.

Cuando llegó a San Francisco le presentaron a Tommy Davis, un negociante locuaz que estaba invirtiendo dinero en Kern County Land Co., un emporio del ganado y el aceite que estaba generando copiosos réditos. Se asociaron como Davis and Rock, consiguieron 5 millones de dólares de los inversores de la Costa Este que conocía Rock (así como de algunos de los fundadores de Fairchild), y comenzaron a financiar nuevas compañías a cambio de un porcentaje de los beneficios. Fred Terman, el preboste de Stanford, que continuaba buscando la manera de vincular su universidad con el creciente auge tecnológico, animó a sus profesores de ingeniería a que dedicasen tiempo a ejercer de consejeros de Rock, que se matriculó en un curso nocturno de electrónica en la facultad. Dos de sus primeras apuestas fueron Teledyne y Scientific Data Systems, decisión que dio sus frutos. En 1968, en la época en que Noyce le había propuesto encontrar una estrategia para abandonar Fairchild, su sociedad con Davis se acababa de disolver amistosamente (sus inversiones se habían disparado y multiplicado por treinta en los últimos siete años) e iba por su cuenta.

«Si estuviese interesado en montar una compañía —le preguntó Noyce—, ¿podrías conseguirme el dinero?» Rock le aseguró que eso sería coser y cantar. ¿Qué podía encajar mejor con su teoría de que debe apostarse el dinero por los jockeys (que uno ha de invertir según la valoración que le merezca la gente que dirige la compañía) que una empresa con Robert Noyce y Gordon Moore al frente? Apenas preguntó qué intenciones tenían, y al principio ni se le pasó por la cabeza que tuviesen que elaborar un plan de negocio o una descripción. «Fue la única inversión cuyo éxito tuve siempre claro al cien por cien», afirmaría más tarde.[31]

Cuando en 1957 tuvo que buscar una sede para los «ocho traidores», arrancó una sola hoja de una libreta, confeccionó una lista de nombres y telefoneó metódicamente a uno tras otro, tachándolos después de cada llamada. Esta vez, once años más tarde, arrancó otra hoja y elaboró una lista de la gente a la que invitaría a invertir, especificando cuántas de las 500.000 acciones* disponibles a 5 dólares cada una les ofrecería respectivamente. En esta ocasión solo tachó un nombre. («Johnson, de Fidelity»** no entró.) Rock necesitó un segundo trozo de papel para revisar la asignación de fondos, porque mucha gente que-

---

* El método que empleó fue el de las obligaciones convertibles, que consistían en préstamos susceptibles de convertirse en acciones corrientes en el caso de que la compañía fuese un éxito, pero que no tendrían valor (estaban en la cola de los inversores con prioridad) si fracasaba.

** Edward «Ned» Johnson III, que por entonces dirigía Fidelity Magellan Fund. En 2013, Rock conservaba todavía las dos hojas, junto con aquella otra, más antigua, en la que se buscaba patrocinio para lo que terminaría siendo Fairchild, dobladas y guardadas dentro de un archivador de su despacho con vistas a la bahía de San Francisco.

ría invertir más de lo que él les proponía. Le llevó menos de dos días conseguir el dinero. Entre los afortunados inversores se incluían el propio Rock, Noyce, Moore, el Grinnell College (Noyce quería que ganara una fortuna, y lo logró), Laurence Rockefeller, el compañero de Harvard de Rock Fayez Sarofim, Max Palevsky, de Scientific Data Systems, y la antigua sociedad de inversiones de Rock, Hayden, Stone. Como curiosidad, cabe señalar que a los otros seis miembros de los «ocho traidores» (muchos de los cuales trabajaban por entonces en empresas que entrarían en competencia con la nueva) se les dio la oportunidad de invertir. Todos lo hicieron.

Por si alguien deseaba tener un folleto informativo, Rock mecanografió un esbozo de tres páginas y media sobre la compañía que se proponían crear. Comenzaba aludiendo a Noyce y Moore, y a continuación realizaba una descripción somera, en tres frases, de las «tecnologías de transistores» que la compañía desarrollaría. «Los abogados nos fastidiaron después el capital riesgo al obligarnos a redactar libros informativos tan largos, complejos y revisados tan escrupulosamente que resultaban ridículos —se quejaría más tarde Rock, sacando las páginas de su archivador—. Lo único que tenía que decirle a la gente era que se trataba de Noyce y Moore. No necesitaban saber mucho más.»[32]

El primer nombre que Noyce y Moore escogieron para su compañía fue NM Electronics, sus iniciales. No era una idea muy atractiva. Después de varias sugerencias desangeladas (una de ellas era Electronic Solid State Computer Technology Corp.), terminaron decidiéndose por Integrated Electronics Corp. Tampoco es que fuera un nombre muy apasionante, pero tenía la ventaja de poder abreviarlo como Intel. Eso sonaba bien. Fue una jugada astuta y sagaz, en muchos sentidos.

LA MANERA DE HACER LAS COSAS EN INTEL

Las innovaciones aparecen bajo aspectos muy distintos. La mayor parte de los que se describen en este libro son artefactos físicos, como el ordenador o el transistor, y procesos relacionados con ellos, como la programación, el software y el sistema de redes. También son importantes las innovaciones que favorecen la aparición de nuevos servicios, como el capital riesgo, y las que crean estructuras organizativas para la investigación y el desarrollo, como los Laboratorios Bell. Sin embargo este apartado trata de una clase de creación distinta. En Intel surgió una innovación que tuvo casi tanta repercusión en la era digital como cualquiera de las mencionadas. Me refiero a la invención de una cultura corporativa y un estilo de dirección que representaban la antítesis de la organización jerárquica de las compañías de la Costa Este.

Las raíces de este estilo, como de mucho de lo que sucedió en Silicon Valley, hay que buscarlas en Hewlett-Packard. Durante la Segunda Guerra Mundial, mientras Bill Hewlett estaba en el ejército, Dave Packard dormía más de una noche en un catre colocado en el despacho y supervisaba tres turnos de trabajadores, en su mayoría mujeres. Se dio cuenta, en parte por pura necesidad, de que conceder a sus empleados horarios flexibles y bastante manga ancha a la hora de determinar cómo cumplir sus objetivos jugaba en su favor. La jerarquía directiva estaba acabada. Durante los años cincuenta, esta perspectiva se mezcló con el estilo de vida informal de California para dar paso a una cultura que incluía juergas bañadas con cerveza los viernes, horarios flexibles y opciones sobre las acciones.[33]

Robert Noyce llevó esta cultura un peldaño más arriba. Para comprender su papel como directivo, es útil recordar que había nacido y se había criado en un entorno congregacionalista. Su padre y sus dos abuelos fueron pastores de aquella denominación disidente que portaba en el núcleo de su credo el rechazo de la jerarquía y de todas sus componendas. Los puritanos habían despejado a la iglesia de toda pompa y rango de autoridad, hasta el punto de eliminar los púlpitos elevados, y todos los que predicaban esta doctrina inconformista de las Grandes Llanuras, entre ellos los congregacionalistas, se mostraban igualmente en contra de las distinciones jerárquicas.

También nos ayudará recordar que, desde sus días de estudiante, Noyce había sentido inclinación por el canto de madrigales. Todos los miércoles por la tarde asistía a los ensayos de su grupo de doce voces. Los madrigales no hacen recaer todo el peso en los solistas y vocalistas principales, sino que las canciones polifónicas tejen múltiples voces y melodías al unísono, sin que una prevalezca sobre las otras. «Tu parte depende [de las de los demás] y las apoya», explicó una vez él mismo.[34]

Gordon Moore era tan poco pretencioso como el anterior, igualmente antiautoritario, poco dado a la confrontación y ajeno a las componendas del poder. Se complementaban. Noyce era muy efusivo; era capaz de deslumbrar a un cliente con el halo que le seguía a todas partes desde la infancia. Moore, siempre moderado y precavido, prefería quedarse en el laboratorio, y sabía cómo dirigir a los técnicos mediante sutiles preguntas o (su as en la manga) un estudiado silencio. Noyce poseía un talento extraordinario para la visión estratégica y para captar el panorama general; Moore comprendía los detalles, en concreto los relativos a la tecnología y la ingeniería.

Así que eran los socios perfectos, salvo en un sentido; a causa de su aversión compartida hacia las jerarquías y su rechazo a ser jefes, ni uno ni el otro era un director resolutivo. Debido a su afán de caer bien a todos, les costaba mostrarse severos. Guiaban a la gente, pero no la dirigían. Si surgía un problema o, Dios no lo quisiera, una desavenencia, no les gustaba afrontarla. Y no lo hacían.

Ahí es donde entraba en acción Andy Grove.

Grove, nacido András Gróf en Budapest, no contaba con un pasado como corista de madrigales congregacionalista. Se había criado como judío en Europa central con el ascenso del fascismo y había aprendido lecciones brutales sobre la autoridad y el poder. Cuando tenía ocho años, los nazis invadieron Hungría; enviaron a su padre a un campo de concentración, y a András y su madre los obligaron a mudarse a un apartamento abarrotado exclusivo para judíos. Cuando salía a la calle tenía que llevar una estrella de David amarilla. Un día se puso enfermo y la madre se las ingenió para convencer a un amigo no judío para que les llevase algunos ingredientes para preparar una sopa, lo que desembocó en el arresto de ambos. Después de que la soltasen, madre e hijo adoptaron identidades falsas mientras los amigos los acogían. La familia se reunió tras la guerra, pero entonces llegaron los comunistas. Grove decidió, a la edad de veinte años, huir cruzando la frontera con Austria. Tal como escribe en sus memorias, *Swimming Across*, «cuando cumplí los veinte, había soportado una dictadura fascista húngara, la ocupación del ejército alemán, la Solución Final de los nazis, el asedio de Budapest por parte del Ejército Rojo soviético, un período de democracia caótica durante los años inmediatamente posteriores a la guerra, multitud de regímenes comunistas represores y una revuelta popular que fue aplastada a punta de pistola».[35] No se parecía en absoluto a andar cortando el césped de los vecinos y cantando en el coro de un pueblecito de Iowa, y el resultado no era un carácter excesivamente dulce que digamos.

Grove llegó a Estados Unidos un año después, y dado que había aprendido inglés por su cuenta, pudo graduarse el primero de su promoción en el City College de Nueva York. Luego, en Berkeley, obtuvo un doctorado en ingeniería química. Se unió a Fairchild en 1963 al salir de la facultad, y en su tiempo libre escribía un libro de texto para la docencia titulado *Physics and Technology of Semiconductor Devices* («La física y la tecnología de los aparatos semiconductores»).

Cuando Moore le contó sus planes de abandonar Fairchild, Grove se ofreció a irse con él. De hecho, casi le obligó a llevárselo. «Lo respetaba de verdad, y quería ir a donde fuese», afirmó. Se convirtió en el tercero de Intel, donde ocupaba el cargo de director del departamento técnico.

Grove sentía una profunda admiración por las destrezas técnicas de Moore, pero no por su estilo de gerencia. Era algo comprensible dada su aversión a toda clase de confrontación y hacia casi cualquier aspecto de la dirección que no tuviese que ver con ofrecer consejos con la mayor cortesía. Si surgía algún conflicto, lo contemplaba en silencio desde la barrera. «Va contra su naturaleza, o sencillamente no le da la gana, hacer lo que suele hacer un director», dijo Grove de Moore.[36] Para el enérgico Grove, en cambio, la confrontación cara a cara era no solo uno de los deberes del gerente, sino uno de los mayores placeres de la vida, en el que él se deleitaba como curtido húngaro que era.

El estilo de dirección de Noyce todavía le apesadumbraba más. En Fairchild había contenido su furia cuando este ignoró la incompetencia de uno de los jefes de sección, que llegaba tarde y borracho a las reuniones. Así que cuando Moore le comunicó que el socio de su nueva aventura era Noyce, Grove soltó un gruñido. «Le dije que Bob era mejor líder de lo que él pensaba —explicó Moore—. Simplemente tenían estilos distintos.»[37]

Noyce y Grove se llevaban mejor fuera de la empresa que dentro de ella. Iban juntos con sus familias a Aspen, donde Noyce enseñaba a

Grove a esquiar e incluso le ataba las botas. Aun así, este último detectaba en Noyce un desapego que podía resultar desconcertante. «Era la única persona que se me ocurre que pudiera ser a un tiempo distante y encantadora.»[38] Además, pese a su amistad de fin de semana, en la oficina a Grove su colega lo irritaba, y a veces incluso le resultaba insoportable. «No hacía otra cosa que mantener disputas desagradables y deprimentes con él mientras observaba a Bob dirigiendo una compañía en apuros —recordaba—. Si dos personas discutían y lo mirábamos a él para que tomase una decisión, adoptaba un semblante angustiado y salía con algo como "A lo mejor deberíais resolverlo entre vosotros". Lo más habitual era que no dijese ni eso y se limitara a cambiar de tema.»[39]

Lo que Grove no advirtió en aquel momento, pero entendería más tarde, fue que una dirección eficaz no siempre es el resultado de contar con un líder fuerte, sino que puede ser el fruto de dar con la combinación adecuada de distintos talentos a la cabeza del proyecto. Igual que en una aleación metálica, si se logra la mezcla apropiada de elementos, el resultado puede ser muy sólido. Años después, cuando Grove hubo aprendido a valorar esta característica, leyó *La gerencia de las empresas*, de Peter Drucker, en el que se describe al director ejecutivo ideal como una persona expansiva, reflexiva y de acción. Grove se dio cuenta de que, en lugar de estar encarnados en un solo individuo, esos rasgos podían darse en un equipo directivo. Aquel era el caso de Intel, dijo Grove, e hizo copias del capítulo para Noyce y Moore. Noyce era el expansivo; Moore, el reflexivo, y Grove, el hombre de acción.[40]

Arthur Rock, que reunió la financiación para el trío y ejerció el cargo de presidente de la junta directiva en los inicios, comprendió las ventajas de crear un equipo ejecutivo cuyos miembros se complementasen. También dejó anotado un corolario: era importante que la trifecta ocupase la dirección ejecutiva en el orden en que lo hizo. A Noyce lo describía como «un visionario que sabía cómo estimular a la gente y venderles a otros la empresa cuando esta estaba en pañales». Una vez conseguido, Intel necesitaba que la dirigiese alguien que pudiese erigirla en pionera de cada nueva oleada de progreso tecnológico, «y Gordon era el científico brillante que sabía cómo dominar la tecnología». Por último, cuando tuvieron que competir con decenas de compañías, «necesitábamos un gerente ambicioso, que no se anduviera con chiquitas y que se concentrase en dirigirnos como empresa». Ese era Grove.[41]

La cultura de Intel, que impregnaría la cultura de Silicon Valley, la forjaron estos tres individuos. Como cabría esperar en una congregación cuyo pastor era Noyce, carecía de cualquier boato jerárquico. No había plazas de aparcamiento reservadas. Todo el mundo, incluidos Noyce y Moore, trabajaba en cubículos similares. Michael Malone, un periodista, describió el lugar tras visitarlo para realizar una entrevista: «No fui capaz de localizar a Noyce. Una secretaria tuvo que levantarse y llevarme hasta su cubículo, porque este era casi indistinguible del resto en aquella extensa pradera de cubículos».[42]

Cuando un empleado nuevo quería examinar el organigrama de la empresa, Noyce dibujaba una equis en el centro de una hoja y luego trazaba un montón de equis alrededor, con líneas que llevaban de unas a otras. El empleado estaba representado por la del centro, y las demás correspondían a la gente con la que tendría que tratar.[43] Noyce se fijó en que en las empresas de la Costa Este los administrativos y las secretarias tenían escritorios de metal, mientras que los de los altos ejecutivos eran enormes y de caoba. Así que decidió trabajar en un pequeño escritorio gris de aluminio, aun teniendo en cuenta que a los auxiliares recién contratados se les daban mesas de madera. Su escritorio mellado y rayado estaba casi en el centro de la sala, a la vista de todos, para que todos lo viesen. Así se ahorraban que alguien exigiese cualquier oropel de autoridad. «No existían privilegios en ningún sitio —recordaba Ann Bowers, que era la directora de personal y más tarde se casó con Noyce—.* Promovimos una modalidad de cultura empresarial completamente distinta de cualquier cosa que se hubiera visto hasta la fecha. Se trataba de una cultura basada en la meritocracia.»[44]

También era una cultura basada en la innovación. Noyce tenía una teoría que había desarrollado tras ser reprimido bajo la rígida jerarquía de Philco; cuanto más abierto y desestructurado fuera el lugar de trabajo, creía, a mayor velocidad surgían, se diseminaban, se refinaban y se

---

* Tras contraer matrimonio con Noyce tuvo que abandonar Intel y se incorporó a la recién fundada Apple Computer, donde se convirtió en la directora principal de recursos humanos de Steve Jobs, además de en una influencia serena y maternal para este.

aplicaban las nuevas ideas. «El asunto es que la gente no se vea obligada a recorrer una cadena de mando —indicó uno de los técnicos de Intel, Ted Hoff—. Si uno necesita hablar con un gerente en concreto, va y habla con él.»[45] Tal como lo expuso Tom Wolfe en su artículo, «Noyce advirtió cuánto detestaba el sistema corporativo clasista de la Costa Este, con sus rangos interminables, coronados por directores ejecutivos y vicepresidentes que actúan como si fuesen un tribunal y una aristocracia».

Al soslayar la cadena de mando, en Fairchild Semiconductor y luego en Intel, Noyce potenciaba a sus empleados y les obligaba a tomar la iniciativa. Por más que Grove pusiera el grito en el cielo cada vez que quedaban disputas sin resolver en las reuniones, Noyce prefería con diferencia dejar que sus trabajadores solucionasen sus problemas antes que emplazarlos a una instancia directiva superior para que les dijese qué debían hacer. Se dejaba la responsabilidad en manos de los jóvenes técnicos, que se veían impelidos a convertirse en innovadores. De vez en cuando, un empleado perdía los nervios ante un problema complicado. «Se dirigía a Noyce, hiperventilaba y le preguntaba qué podía hacer —señalaba Wolfe—. Y Noyce agachaba la cabeza, encendía sus ojos de cien amperios, escuchaba y decía: "Mira, estas son tus directrices: tienes que analizar A, tienes que analizar B y tienes que analizar C". Luego activaba su sonrisa de Gary Cooper: "Pero si crees que voy a tomar la decisión por ti, vas listo. Eh… eso ya es cosa tuya".»

En lugar de proponer planes a los altos ejecutivos, a los distintos departamentos de producción de Intel se les encomendaba que actuasen como si fueran una pequeña compañía ágil e independiente. Cuando se daba el caso de que necesitaban tomar una decisión que afectaba a otros departamentos de la empresa, como un nuevo plan de marketing o un cambio de estrategia relativo a un producto, no se buscaba a los jefes para que dispusieran. En lugar de eso, se improvisaba una reunión para llegar a una conclusión, o al menos intentarlo. A Noyce le gustaban las reuniones, y había salas laterales en la oficina para cualquiera que necesitase organizar una en un momento dado. Su papel allí no era el de jefe, sino el de un pastor que los guiaba en la toma de decisiones. «Aquello no era una corporación —concluía Wolfe—. Era una congregación.»[46]

Noyce era un gran líder por su astucia y su capacidad para motivar a la gente, pero no era un gran gerente. «Bob se regía por el principio de que, si uno sugiere a una persona la mejor solución para un caso concreto, esta será lo suficientemente lista como para cogerlo al vuelo y hacer lo correcto —dijo Moore—. No es necesario quedarse a vigilar.»[47] Moore admitió que él no era mucho mejor. «Nunca me atrajo demasiado ejercer mi autoridad ni ser el jefe, lo que debe significar que éramos bastante parecidos.»[48]

Un estilo de gerencia como el descrito requería que alguien impusiera disciplina. Desde el principio, mucho antes de que le tocase ocupar el puesto de jefe ejecutivo, Grove ayudó a instaurar ciertas técnicas de gestión. Creó un lugar donde la gente se responsabilizaba por sus descuidos. Los fallos tenían consecuencias. «De habérsela cruzado, Andy habría despedido a su propia madre», comentó un técnico. Otro colega explicó que aquello era necesario en una organización encabezada por Noyce. «Bob necesita de verdad ser el tío majo. Para él es importante caer bien. Así que alguien tiene que ponerse duro y apuntar nombres en su lista, y resulta que Andy es muy bueno en eso.»[49]

Grove comenzó a estudiar y asimilar el arte de la dirección como si se tratase de teoría de circuitos electrónicos. Con el tiempo llegaría a convertirse en autor de best sellers, con títulos como *Solo los paranoicos sobreviven* y *Cómo aumentar el rendimiento de los directivos*. No pretendía imponer un mando jerárquico en lo que Noyce había creado. Al contrario, contribuyó a inculcar una cultura equilibrada, concentrada y cuidadosa con los detalles, rasgos que no hubieran aflorado de manera natural con la manga ancha y la aversión a la confrontación propias de Noyce. Sus reuniones eran frescas y resolutivas, a diferencia de las que organizaba Noyce, en las que la gente tendía a alargar la cosa cuanto fuese posible, a sabiendas de que era probable que diese la razón tácitamente a la última persona que hablase con él.

Lo que evitó que Grove pareciese un tirano fue que era tan irresistible que era difícil que no cayera bien. Cuando sonreía se le iluminaban los ojos. Tenía una personalidad como de duendecillo travieso. Con su acento húngaro y su amplia sonrisa atolondrada, era de lejos el técnico más pintoresco del valle. Sucumbió a las dudosas modas de principios de los años setenta al intentar (a su manera geeky de inmigrante, a lo *Saturday Night Live*) ser «molón». Se dejaba las patillas largas y llevaba un bigote tupido y la camisa abierta con cadenas de oro colgando sobre el pecho peludo. Todo aquello no lograba ocultar el hecho de que se trataba de un auténtico ingeniero que había sido pionero en el campo del transistor semiconductor de óxido metálico, el buque insignia de los microchips modernos.

Grove cultivó el mismo enfoque igualitario que Noyce (trabajó durante toda su carrera en un cubículo expuesto y le encantaba), pero le añadió una pátina de lo que él llamaba «confrontación constructiva». Nunca se subía por las paredes, pero tampoco bajaba la guardia. En contraste con la dulce amabilidad de Noyce, Grove tenía un estilo directo, sin pelos en la lengua. Era el mismo método que emplearía Steve Jobs más tarde: honestidad sin tapujos, intenciones claras y la exigencia de temple para la perfección. «Andy era el que se encargaba de que los trenes llegaran a su hora —recordaba Ann Bowers—. Un capataz severo. Tenía una visión muy clara de lo que debía hacerse y lo que no debía hacerse, y era muy franco al respecto.»[50]

A pesar de lo diferente de sus estilos, Noyce, Moore y Grove tenían algo en común, el propósito inquebrantable de que en Intel florecieran la innovación, la experimentación y el espíritu emprendedor. El mantra de Grove era: «El éxito trae complacencia. La complacencia trae fracaso. Solo sobrevive el paranoico». Es posible que Noyce y Moore no fuesen paranoicos, pero jamás fueron complacientes.

EL MICROPROCESADOR

A veces, las invenciones tienen lugar cuando la gente se topa con un problema y se esfuerza por solucionarlo. En otras ocasiones, llegan cuando la gente asume un objetivo visionario. La historia de cómo inventaron el microprocesador Ted Hoff y su equipo en Intel es una muestra de ambos supuestos.

Hoff, que de joven había impartido clases en Stanford, se convirtió en el decimosegundo empleado de Intel, donde se le encomendó trabajar en el diseño del chip. Se dio cuenta de que diseñar varios tipos de microchips, con distintas funciones cada uno (que era lo que estaba haciendo Intel), suponía un derroche y carecía de elegancia. Llegaba una empresa y pedía que le construyeran un microchip diseñado para realizar una tarea específica. Hoff, al igual que Noyce y otros, visualizaba un método alternativo: crear un chip universal que pudiese recibir instrucciones, o ser programado, para una gran variedad de aplicaciones según el deseo de cada uno. En otras palabras, un ordenador de propósito general dentro de un chip.[51]

Esta visión coincidió con un problema que le endilgaron a Hoff en el verano de 1969. Una empresa japonesa llamada Busicom planeaba comercializar una nueva calculadora de mesa muy potente, y había esbozado especificaciones para doce microchips con procesos especiales (independientes entre sí para los diferentes procesos de pantalla, cálculo, memoria, etc.) que quería que fabricase Intel. Intel aceptó y se fijó un precio. Noyce le encomendó a Hoff que supervisase el proyecto. Pronto surgió un escollo. «Cuanto más profundizaba en el diseño, más me preocupaba la posibilidad de que Intel se hubiera comprometido a algo que superaba sus capacidades —recordaba Hoff—. El número de chips y su complejidad eran mucho mayores de lo que esperaba.» No había manera de que Intel lo construyese al precio acordado. Para acabar de rematarlo, la popularidad creciente de la calculadora de bolsillo de Jack Kilby estaba obligando a Busicom a recortar todavía más el precio.

«Bueno, si se te ocurre cualquier cosa para simplificar el diseño, adelante», sugirió Noyce.[52]

Hoff propuso que Intel diseñara un único chip lógico capaz de realizar casi todas las tareas que Busicom requería. «Sé que puede hacerse —dijo a propósito del chip universal—. Se puede imitar un ordenador.» Noyce le instó a que lo intentase.

Antes de que pudiesen venderle la idea a Busicom, Noyce se dio cuenta de que tenía que convencer a alguien que se mostraría incluso más reticente, Andy Grove, que (sobre el papel) recibía órdenes suyas. Entre las atribuciones que Grove consideraba propias se contaba la responsabilidad de mantener Intel centrada en sus objetivos. Noyce daba luz verde a casi cualquier propuesta; el trabajo de Grove consistía en lo contrario. Cuando Noyce entró despaciosamente en el cubículo de su colega y se sentó en un ángulo de la mesa, Grove se puso de inmediato en guardia. Sabía que el esfuerzo de Noyce por parecer despreocupado era señal de que se traía algo entre manos. «Estamos empezando un proyecto nuevo», dijo con risa afectada.[53] La primera reacción del otro fue decirle que estaba loco. Intel estaba prácticamente recién fundada y a duras penas fabricaba sus chips de memoria, así que lo último que les hacía falta eran distracciones. Sin embargo, después de escuchar la descripción de la idea de Hoff, se dio cuenta de que, seguramente, su resistencia era un error y de que, sin duda, resultaría inútil.

Hacia septiembre de 1969, Hoff y su colega Stan Mazor esbozaron la arquitectura de un chip lógico universal capaz de seguir instrucciones de programación. Podría desempeñar las tareas de nueve de los doce chips que Busicom había pedido. Noyce y Hoff presentaron la propuesta a los ejecutivos de Busicom, que convinieron en que constituía la mejor opción.

Cuando llegó el momento de renegociar el precio, Hoff le hizo a Noyce una recomendación crucial que permitió crear un mercado colosal para el chip universal y que supuso que Intel continuase a la cabeza de la era digital. Era una cláusula que Bill Gates y Microsoft imitarían con IBM una década después. A cambio de ofrecer un buen precio a Busicom, Noyce insistió en que Intel conservase los derechos sobre el nuevo chip y le estuviese permitido autorizar a otras compañías para que lo utilizasen en ámbitos distintos al de la fabricación de calculadoras. Advirtió que un chip que pudiera ser programado para realizar cualquier función lógica se convertiría en un componente básico de todos los aparatos electrónicos, al igual que los maderos de dos por cuatro constituían un componente básico en la construcción de casas. Aquello sustituiría a los chips habituales, lo que significaba que se podría fabricar en grandes cantidades y que el precio descendería de manera constante. También conduciría a un cambio más sutil en la industria electrónica; los técnicos de hardware, que diseñaban la disposición de los componentes en una placa de circuito, comenzaron a ser sustituidos por una nueva estirpe, los técnicos de software, cuyo cometido consistía en programar una serie de instrucciones en el sistema.

Dado que se trataba en esencia de un ordenador procesador dentro de un chip, al nuevo dispositivo se lo denominó «microprocesador». En noviembre de 1971, Intel anunció el producto, el Intel 4004, al público. Salió publicidad en revistas de negocios bajo el eslogan «Una nueva era de la electrónica integrada: ¡un ordenador microprogramable dentro de un chip!». El precio era de 200 dólares, y los pedidos, así como miles de solicitudes para obtener el manual, comenzaron a llegar. Noyce estaba en una feria de informática en Las Vegas el día del anuncio, y se emocionó al ver la multitud de clientes potenciales que se apiñaban en la sala de Intel.

Se convirtió en un apóstol del microprocesador. En una reunión que organizó para su numerosa familia en 1972 en San Francisco, se levantó en medio del autobús que había alquilado y blandió una placa semiconductora con el brazo en alto. «Esto va a cambiar el mundo —les dijo—. Va a revolucionar vuestro hogar. Tendréis ordenadores en vuestra propia casa. Tendréis acceso a toda clase de información.» Sus parientes se pasaron con veneración la placa. «No volveréis a necesitar dinero —profetizó—. Todo sucederá electrónicamente.»[54]

Exageraba solo un poco. Los microprocesadores comenzaron a aparecer en las señales luminosas de tráfico y en los frenos de los coches, en las cafeteras y los frigoríficos, en los ascensores y los aparatos médicos, y en otros mil artilugios. Pero el mayor triunfo del microprocesador fue que hizo posible la fabricación de ordenadores más pequeños, ordenadores auténticamente personales que uno podía colocar sobre el escritorio y en casa. Y si la ley de Moore continuaba demostrando ser cierta (como hasta la fecha), una industria del ordenador personal habría de proliferar en simbiosis con la industria del microprocesador.

Esto es lo que sucedió en los años setenta. El microprocesador favoreció la aparición de cientos de nuevas compañías que fabricaban hardware y software para ordenadores personales. Intel no se limitó a desarrollar chips de vanguardia, sino que también creó la cultura que inspiraría a las empresas jóvenes financiadas con capital riesgo para que transformasen la economía y deforestasen las plantaciones de albaricoques del valle de Santa Clara, la extensión de sesenta y cinco kilómetros de llanura que iba desde el sur de San Francisco hasta San José, pasando por Palo Alto.

La arteria principal del valle, una autopista atestada conocida como El Camino Real, había sido en su día la vía regia que conectaba las veintiuna iglesias de misión de California. Hacia principios de la década de 1970 (gracias a Hewlett-Packard, el Stanford Industrial Park de Fred

Terman, William Shockley, Fairchild y sus Fairchildren), conectó un atestado pasadizo de empresas tecnológicas. En 1971, la región recibió un nuevo apodo. Don Hoefler, un columnista del semanario de negocios *Electronic News*, comenzó a escribir una serie de columnas tituladas «Silicon Valley USA», y así se quedó.[55]

6

Videojuegos

La evolución de los microchips y de los microprocesadores llevó a producir artilugios cada vez más pequeños y potentes año tras año, como había pronosticado la ley de Moore. Pero existía otro impulso que estimularía la revolución de los ordenadores y, finalmente, la demanda de ordenadores personales: el convencimiento de que aquellos aparatos no servían solo para atracarse de números. También podían ser divertidos.

Dos culturas contribuyeron a la idea de que los ordenadores tenían que ser artilugios con los que jugar e interactuar. Por un lado, estaban los hackers más extremistas que creían en el «derecho a la libre manipulación» y a quienes les encantaban las bromas, los trucos de programación ingeniosos, los juguetes y los juegos.[1] Y, por otro, los emprendedores rebeldes deseosos de irrumpir en la industria de los juegos de entretenimiento, dominada en aquel momento por los sindicatos de distribuidores de máquinas de pinball y a punto de experimentar una revolución digital. Así nació el videojuego, que resultó ser no solo un divertimento periférico, sino parte integral del linaje que condujo al ordenador personal de nuestros días. También ayudó a propagar la idea de que los ordenadores debían interactuar con la gente en tiempo real, poseer interfaces intuitivas y estar dotados de despliegues gráficos atractivos.

STEVE RUSSELL Y «SPACEWAR»

La subcultura hacker, así como el videojuego seminal *Spacewar*, emanaron del Tech Model Railroad Club («Club de Modelismo Ferroviario») del MIT, una asociación de estudiantes fundada en 1946 por unos geeks que se reunían en las entrañas de un edificio en el que se había desarrollado el radar. Su búnker lo ocupaba casi por completo una mesa sobre la que habían montado una vía férrea a escala con decenas de vías, cruces, tranvías, luces y ciudades, todo apiñado compulsivamente y respetando con precisión los detalles históricos. La mayor parte de sus miembros estaban obsesionados con crear réplicas perfectas de trenes para exponerlas en la maqueta, pero existía una subsección del club más interesada en lo que se escondía bajo aquella mesa gigantesca. Los miembros del Subcomité de Señales y Energía se ocupaban de las transmisiones, los circuitos y los conmutadores de malla, que estaban organizados bajo el tablero con el fin de proporcionar una compleja jerarquía de controladores para los numerosos vehículos. En aquella red enmarañada veían la belleza. «Había batallones enteros de hileras de conmutadores, transmisores de bronce mate dispuestos a intervalos perfectos, una larga y errabunda maraña de cables rojos, azules y amarillos retorciéndose y enredándose como si la pelambrera de Einstein hubiese explotado en un arcoíris de colores», escribió Steven Levy en *Hackers*, que comienza con una pintoresca descripción del club.[2]

Los miembros del Subcomité de Señales y Energía adoptaron con orgullo el término «hacker». Connotaba a la vez virtuosismo técnico y un espíritu lúdico, nada de (como en el uso más reciente) intrusiones ilegales en la red. «Hacks» era el nombre con que se referían a las enrevesadas bromas ingeniadas por los estudiantes del MIT (tales como subir una vaca viva al tejado de una residencia de estudiantes, colocar una vaca de plástico en la Gran Cúpula del edificio principal, o lograr que un globo gigante emergiese del centro del campo durante un partido entre Harvard y Yale). «Aquí, en el TMRC, usamos el término "hacker" únicamente en su acepción original, la de alguien que utiliza su genio para lograr un resultado brillante, lo que llamamos un "hack" —proclamaba el club—. La esencia de un "hack" es que se lleva a cabo rápido y generalmente sin elegancia alguna.»[3]

Algunos de los primeros hackers aspiraban a crear máquinas capaces de pensar. Muchos eran estudiantes del Laboratorio de Inteligencia Artificial del MIT, fundado en 1959 por dos profesores que terminarían siendo míticos: John McCarthy, un hombre con aspecto de Papá Noel que acuñó el término «inteligencia artificial», y Marvin Minsky, un ser tan brillante que se antojaba la refutación de su convencimiento de que los ordenadores superarían algún día la inteligencia humana. La doctrina predominante en el laboratorio dictaba que, si se contaba con la suficiente capacidad de procesamiento, las máquinas podrían replicar interconexiones neuronales como las del cerebro humano y llegarían a poder interactuar de manera inteligente con sus usuarios. Minsky, de aspecto travieso y ojos risueños, había construido una máquina de aprender diseñada para imitar al cerebro que llamaba Stochastic Neural Analog Reinforcement Calculator («Calculadora Auxiliar Análoga Neural Estocástica»), con lo que insinuaba que iba en serio pero que lo mismo podía estar un poco de broma. Tenía la teoría de que la inteligencia podía ser el producto de la interacción de componentes no inteligentes, como pequeños ordenadores, conectados por redes gigantescas.

Un instante clave para los hackers del Tech Model Railroad Club tuvo lugar en septiembre de 1961, cuando Digital Equipment Corporation (DEC) donó el prototipo de su computador PDP-1 al MIT. De un tamaño equivalente a tres neveras, el PDP-1 fue el primer ordenador diseñado para la interacción directa con el usuario. Podía conectarse a un teclado y a un monitor que mostraba gráficos, y con una persona bastaba para hacerlo funcionar. Infinidad de hackers devotos comenzaron a revolotear alrededor de este computador como polillas alrededor del fuego y formaron una camarilla para dar con algo divertido que hacer con aquel aparato. Muchas de las discusiones tuvieron lugar en un apartamento destartalado en Hingham Street, Cambridge, de modo que los miembros se hicieron llamar Hingham Institute. Aquel nombre de altos vuelos era irónico. Su propósito no era que se les ocurriera nada elevado que aplicar en el PDP-1, sino alguna idea ingeniosa.

Algunos hackers ya habían creado varios juegos rudimentarios para los primeros ordenadores. En el MIT había uno consistente en un punto que representaba en la pantalla a un ratón que intentaba atravesar un laberinto para encontrar un pedazo de queso (o, en versiones posteriores, un martini); otro, en el Brookhaven National Lab de Long Island, utilizaba un osciloscopio en un computador analógico para simular un partido de tenis. Pero los miembros del Hingham Institute eran conscientes de que con el PDP-1 tenían la oportunidad de crear el primer videojuego auténtico para ordenadores.

El mejor programador del grupo era Steve Russell, que estaba ayudando al profesor McCarthy a crear el lenguaje LISP, que pretendía facilitar la investigación sobre inteligencia artificial. Russell era un geek consumado, desbordante de pasiones y obsesiones intelectuales que iban desde los trenes de vapor hasta las máquinas pensantes. Era bajo y nervioso, llevaba gafas de montura gruesa y tenía el pelo rizado. Cuando hablaba sonaba como si alguien hubiese pulsado el botón de avance rápido. Aunque era vehemente y enérgico, tenía cierta inclinación a dejar las cosas para más tarde, por lo que se había ganado el mote de Holgazán.

Como la mayoría de sus amigos hackers, Russell era un ferviente fan de las películas malas y de la ciencia ficción pulp. Su autor favorito era E. E. «Doc» Smith, un técnico alimentario fracasado (experto en blanqueadores para la harina, elaboraba extrañas mezclas de donuts) que se había especializado en un subgénero barato de ciencia ficción conocido como «space opera». Se trataba de aventuras melodramáticas repletas de batallas contra el mal, viajes interestelares y romances plagados de clichés. Doc Smith «escribía con la gracia y el refinamiento de un martillo neumático», según señaló Martin Graetz, un miembro del Tech Model Railroad Club y del Hingham Institute, al rememorar la creación de *Spacewar*. Graetz recordaba un relato típico de Doc Smith:

> Tras un embrollo preliminar de puro relleno escrito con el objetivo de que el nombre de cada personaje quede claro, una banda de matones superdesarrollados van de excursión por el universo para partirles la cara a los miembros de la chusma galáctica de turno, reventar algún planeta, aniquilar toda clase de formas de vida y, en definitiva, correrse una buena juerga. Al verse en cualquier aprieto, que es en la tesitura en que se encuentran cada dos por tres, podemos contar con que a nuestros héroes se les ocurrirá una teoría científica, inventarán la tecnología para ponerla en práctica y fabricarán las armas necesarias para hacer saltar por los aires a los malos, todo esto mientras son perseguidos en su nave espacial de aquí para allá a través de los páramos de la galaxia.*

---

* He aquí una muestra de la prosa de Doc Smith, extraída de su novela *Triplanetary* (1948): «La nave de Nerado estaba preparada para cualquier emergencia. Y, a dife-

Aquejados de esta pasión por ese tipo de culebrones espaciales, no es de extrañar que Russell, Graetz y sus amigos decidiesen elaborar un juego de guerras espaciales para el PDP-1. «Acababa de terminar de leer la serie *Lensman* de Doc Smith —recordaba Russell—. Sus protagonistas tenían una gran tendencia a ser perseguidos por todos los villanos de la galaxia y se veían obligados a ingeniárselas para sortear los problemas en plena persecución. Esta clase de acción fue lo que nos dio la idea para *Spacewar*.»[4] Nerds a más no poder, se reconstituyeron como Hingham Institute Study Group on Space Warfare, y Holgazán Russell se puso a codificar.[5]

Aunque en realidad, fiel a su mote, no lo hizo. Tenía claro el punto inicial del programa del juego. El profesor Minsky se había topado con un algoritmo que dibujaba un círculo en el PDP-1 y que era capaz de modificarlo de manera que se disgregaba en tres puntos que interactuaban entre ellos en la pantalla, tejiendo hermosos dibujos. Minsky llamó a este truco Tri-Pos, pero su estudiante lo apodó «el Minskytron». Aquello suponía una buena base para crear un juego en el que entrasen en escena naves espaciales y misiles. Russell se pasó semanas hipnotizado frente al Minskytron y asimilando aquella capacidad para dibujar patrones. Pero se atascaba cuando tenía que ponerse a escribir las rutinas de seno-coseno que determinarían el movimiento de las naves.

Cuando Russell expuso el obstáculo, un compañero del club llamado Alan Kotok supo cómo resolverlo. Cogió el coche, fue hasta el cuartel general de DEC en los suburbios de Boston, donde habían construido el PDP-1, y encontró a un técnico comprensivo que tenía las rutinas necesarias para efectuar los cálculos. «Bueno, aquí tienes las

---

rencia de su nave gemela, iba tripulada por científicos versados en los fundamentos teóricos relativos a las armas con las que luchaban. Rayos, barras y lanzas de energía llameaban y fulguraban; planos e intersecciones, reducidos y cortados a plomo; los escudos defensivos refulgían en rojo o resplandecían de repente en una incandescencia esplendente y centelleante. La opacidad carmesí luchaba en silencio contra las cortinas violetas de la aniquilación. Se lanzaban proyectiles y torpedos materiales bajo el control de haces únicamente para ser explosionados inofensivamente en medio del espacio, para estallar en la nada o para desaparecer con total inocuidad contra pantallas policíclicas impenetrables».

rutinas de senos y cosenos… —le dijo Kotok a Russell—. Ahora, ¿qué excusa tienes?» Russell admitiría más tarde: «Miré a mi alrededor y no encontré ninguna excusa, así que tuve que clavar los codos y ponerme manos a la obra».[6]

A lo largo de las vacaciones de Navidad de 1961, Russell se dedicó de lleno a ello, y al cabo de varias semanas había obtenido un método para mover los puntos en la pantalla, usando los conmutadores de palanca del panel de control para acelerar, desacelerar y girar. A continuación convirtió los puntos en dos naves como de dibujos animados, una de ellas gruesa e hinchada como un puro y la otra delgada y alargada como un lápiz. Otra subrutina permitía que cada nave disparara un punto por el morro a modo de misil. Cuando la posición del misil coincidía con la de una nave, esta «explotaba» en una serie de puntos fluctuantes al azar. En febrero de 1962, estaba terminada una versión básica.

Llegados a este punto, *Spacewar* devino un proyecto abierto a la participación. Russell colocó su cinta en la caja que contenía otros programas para el PDP-1 y sus amigos comenzaron a introducir mejoras. Uno de ellos, Dan Edwards, decidió que «molaría» introducir una fuerza gravitatoria, así que programó un gran sol que ejercía su atracción sobre las naves. Si uno se despistaba podía ser engullido y destruido, pero los buenos jugadores aprendían a pasar rozando el sol y aprovechar la atracción gravitacional para ganar impulso y alejarse a toda velocidad.

Otro amigo, Peter Samson, «opinaba que las estrellas que había incluido eran descuidadas y poco realistas», comentó Russell.[7] Samson decidió que el juego necesitaba «un chute de realidad», en alusión a constelaciones astronómicamente correctas en lugar de puntos al azar. Así que programó un añadido que llamó «Expensive Planetarium». Utilizando información del *American Ephemeris and Nautical Almanac*, codificó una rutina que mostraba todas las estrellas del firmamento nocturno hasta las de quinta magnitud. Al especificar cuántas veces irradiaba un punto mostrado, era capaz incluso de imitar el brillo relativo de cada estrella. Las naves espaciales se movían a toda velocidad y las estrellas se desplazaban con lentitud por el fondo.

Esta colaboración abierta a la participación dio pie a muchas más aportaciones brillantes. A Martin Graetz se le ocurrió lo que llamaba «el botón del pánico definitivo», que consistía en la capacidad de huir sin dejar rastro accionando un interruptor para desaparecer por unos instantes en otra dimensión del hiperespacio. «La idea era que cuando todo lo demás fallaba, uno podía saltar a la cuarta dimensión y desaparecer», explicó. Había leído sobre algo parecido, conocido como «conducto hiperespacial», en una de las novelas de Doc Smith. Sin embargo, existían algunas limitaciones: uno podía saltar al hiperespacio únicamente tres veces por partida; la desaparición proporcionaba al oponente un respiro, y uno nunca sabía dónde reaparecería la nave. Podía terminar en el sol o ante las narices del contrincante. «Era un subterfugio del que se podía echar mano, pero no se trataba de algo que uno se muriese de ganas por hacer», señaló Russell. Graetz añadió un homenaje al profesor Minsky: cuando una nave desaparecía en el hiperespacio, dejaba tras de sí los dibujos característicos del Minskytron.[8]

Una contribución duradera llegó de la mano de dos miembros activos del Tech Model Railroad Club, Alan Kotok y Bob Sanders. Advirtieron que tener a los jugadores pegados a la consola del PDP-1, dándose codazos y agarrando frenéticamente los conmutadores, era incómodo y peligroso. Así que rebuscaron bajo el tablero del tren en la sala del club y requisaron algunos interruptores y relés. Los ensamblaron dentro de dos cajas de plástico para que sirviesen como controles remotos, con todos sus conmutadores de funciones e incluso el botón del pánico con salto al hiperespacio.

El juego se extendió rápidamente a otros centros informáticos y se convirtió en un hito en la cultura hacker. DEC comenzó a enviar sus ordenadores con el juego ya instalado, y los programadores crearon nuevas versiones para otros sistemas. Los hackers de todo el mundo añadieron más funciones, como la capacidad de camuflarse, minas espaciales y la posibilidad de pasar a una vista subjetiva desde la cabina del piloto. Tal como dijo Alan Kay, uno de los pioneros en el mundo de los ordenadores personales: «*Spacewar* brota de modo espontáneo allí donde haya un procesador de gráficos conectado a un ordenador».[9]

Spacewar subrayó tres aspectos de la cultura hacker que se convirtieron en pilares de la era digital. Para empezar, había sido creado en equipo. «Fuimos capaces de construirlo juntos, trabajando como un equipo, que era como nos gustaba hacer las cosas», comentó Russell. En segundo lugar, se trataba de un software gratuito y abierto a la participación. «La gente pedía copias del código fuente y, desde luego, se las proporcionábamos.» Desde luego; hablamos de un tiempo y un lugar en que el software ansiaba ser libre. En tercer lugar, se basaba en el convencimiento de que los ordenadores debían ser personales e interactivos. «Esto nos permitió manipular un ordenador y hacer que nos respondiese en tiempo real», afirmó Russell.[10]

NOLAN BUSHNELL Y ATARI

Al igual que muchos estudiantes de informática de los años sesenta, Nolan Bushnell fue un fanático de *Spacewar*. «El juego tuvo un significado inaugural para todos los que amábamos los ordenadores, y para mí fue transformador —recordaba—. Steve Russell era como un dios para mí.» Lo que diferenciaba a Bushnell de cualquier otro aficionado a los ordenadores que se emocionase haciendo maniobras con un puntito en la pantalla era que a él, además, lo tenían cautivado los parques de atracciones. Trabajaba en uno para pagarse la universidad. Para terminar de rematarlo, poseía el temperamento tempestuoso de un emprendedor; se deleitaba en la mezcla de perseguir un reto y correr un riesgo. El resultado fue que Nolan Bushnell devino uno de esos innovadores que convierte su invención en una industria.[11]

El padre de Bushnell había fallecido cuando él tenía quince años. Era contratista de obra en una próspera urbanización periférica perteneciente a Salt Lake City, y a su muerte dejó infinidad de trabajos inacabados y sin cobrar. El hijo, ya talludo y resuelto, los terminó, acentuando su natural bravucón. «Cuando uno hace algo así a los quince años, comienza a creer que es capaz de cualquier cosa», dijo.[12] Como no era de extrañar, se convirtió en jugador de póquer, y la fortuna quiso que perdiese, obligándolo de manera fortuita a aceptar un trabajo en el Lagoon Amusement Park mientras estudiaba en la Universidad de Utah. «Aprendí todos los trucos necesarios para hacer que la gente se dejase los cuartos, algo a lo que terminaría sacándole partido, sin lugar a dudas.»[13] Pronto lo ascendieron al pinball y a las máquinas recreativas, donde los juegos de coches de carreras como *Speedway*, creado por Chicago Coin Machine Manufacturing Company, eran el último grito.

También tuvo la suerte de aterrizar en la Universidad de Utah. Allí tenían el mejor curso de gráficos informáticos del país, dirigido por los profesores Ivan Sutherland y David Evans, que terminó convirtiéndose en uno de los cuatro primeros nodos del ARPANET, el precursor de internet. (Otros estudiantes de la facultad fueron Jim Clark, que fundó Netscape; John Warnock, confundador de Adobe; Ed Catmull, cofundador de Pixar, y Alan Kay, de quien hablaré más adelante.) La universidad tenía un PDP-1 con una copia instalada de *Spacewar*, y Bushnell combinó su amor por el juego con su comprensión de la economía oculta tras los videojuegos. «Me di cuenta de que uno podía ganar mucho dinero si lograba combinar un ordenador con una máquina de videojuegos. Luego hice la división y vi que, ni en el caso de ingresar dinero a espuertas a diario, amortizaría el millón de dólares que costaba un ordenador. Si uno divide veinticinco centavos entre un millón de dólares, tira la toalla», afirmó.[14] Y así lo hizo, por el momento.

Cuando en 1968 se graduó («el último de la clase», fanfarroneaba a menudo), Bushnell comenzó a trabajar para Ampex, que fabricaba equipos de grabación. Junto con un colega de allí, Ted Dabney, continuó desarrollando su plan de convertir un ordenador en una máquina de videojuegos. Barajaron diversos modos de adaptar el Data General Nova, un miniordenador del tamaño de un frigorífico que había salido en 1969 a un precio de 4.000 dólares. Pero independientemente de cómo combinasen los números, no resultaba ni lo bastante barato ni lo bastante potente.

En sus tentativas por lograr que el Nova soportase *Spacewar*, Bushnell buscó elementos del juego que pudiesen ser generados mediante los circuitos de hardware en lugar de a partir de la potencia de procesamiento del ordenador, tales como el fondo de estrellas. «Entonces tuve una gran epifanía —recordaba—. ¿Por qué no hacerlo todo con el hardware?» Dicho de otra manera: podía diseñar circuitos para realizar cada una de las tareas que el programa había desempeñado. Eso lo abarataría. También significaba que el juego tenía que ser mucho más sencillo. Así que convirtió *Spacewar* en un juego con una sola nave controlable que luchaba contra dos cohetes sencillos generados por el hardware. También quedaron eliminados la gravedad del sol y el botón de pánico para desaparecer en el hiperespacio, pero seguía siendo un juego divertido y era posible producirlo a un coste razonable.

Bushnell le vendió la idea a Bill Nutting, que había formado una compañía con el fin de crear un videojuego llamado *Computer Quiz*. Para seguir con aquella denominación, el de Bushnell recibió el nombre de *Computer Space*. Ambos se entendieron tan bien que el primero dejó Ampex en 1971 para unirse a Nutting Associates.

Mientras trabajaban en las primeras máquinas de *Computer Space*, Bushnell se enteró de que le habían salido competidores. Bill Pitts, un alumno de Stanford, y su amigo Hugh Tuck, del Politécnico de California, se habían vuelto adictos al *Spacewar* y habían decidido usar un miniordenador PDP-11 para convertirlo en una máquina de videojuegos. Cuando Bushnell se enteró, invitó a Pitts y Tuck a visitarlo. Estaban consternados por los sacrificios —sacrilegios, de hecho— que Bushnell estaba perpetrando al despojar de detalles al juego para que pudiese ser producido sin tantos costes. «Lo de Nolan era una versión totalmente adulterada», afirmó Pitts furioso.[15] Por su parte, Bushnell menospreciaba el plan de aquellos dos: invertir 20.000 dólares en equipo, incluido un PDP-11 que se ubicaría en otra sala e iría conectado mediante metros de cable a la consola, para cobrar diez centavos por partida. «Me sorprendió ver hasta qué punto estaban desorientados en cuanto al modelo de negocio —dijo—. Sorprendido y aliviado. En cuanto vi lo que estaban haciendo, supe que no suponían ninguna competencia.»

El *Galaxy Game* de Pitts y Tuck hizo su debut en la cafetería del sindicato de estudiantes Tresidder, en Stanford, en el otoño de 1971. Los estudiantes se arremolinaban todas las noches como integrantes de un culto frente a un altar. Pero daba igual cuántos hiciesen cola con sus monedas; no había manera de amortizar la máquina, así que la intentona acabó en fracaso. «Hugh y yo éramos técnicos, y no prestamos atención a la vertiente económica», reconoció Pitts.[16] La innovación puede comenzar por el talento técnico, pero para revolucionar el mundo ha de combinarse con aptitudes para los negocios.

Bushnell logró producir su juego, *Computer Space*, por solo 1.000 dólares. Debutó pocas semanas después de *Galaxy Game* en el bar

Dutch Goose, en Menlo Park, cerca de Palo Alto, y terminó vendiendo la respetable cifra de 1.500 unidades. Bushnell era un emprendedor consumado: inventivo, buen técnico y con dotes en lo referente a los negocios y las exigencias del consumidor. Un reportero recordaba habérselo cruzado en una muestra comercial de Chicago. «Bushnell es la persona mayor de seis años más excitada a la hora de describir un nuevo juego que he conocido.»[17]

Computer Space resultó ser menos popular en los bares que en quedadas de estudiantes, de modo que no fue tan exitoso como la mayoría de los juegos de pinball. Pero consiguió adeptos. Y, lo que es más importante, impulsó una industria. Las máquinas de videojuegos, en su momento dominadas por las compañías de pinball con sede en Chicago, serían transformadas por los técnicos ubicados en Silicon Valley.

Poco impresionado por su experiencia con Nutting Associates, Bushnell decidió crear su propia compañía para su siguiente videojuego. «Trabajar con Nutting supuso una oportunidad de aprendizaje fenomenal, porque descubrí que no podía fastidiar las cosas más de lo que lo hacían ellos», recordaba.[18] Decidió llamar a su nueva empresa Syzygy, un término casi impronunciable para designar el momento en que tres cuerpos celestes quedan alineados. Por fortuna, el nombre no estaba disponible porque lo había registrado una comuna hippy dedicada a la fabricación de velas. Así que Bushnell decidió llamar Atari a su nueva aventura, adoptando un término proveniente del go, un juego de mesa de origen japonés.

«PONG»

El 27 de junio de 1972, día en que Atari quedó constituida, Nolan Bushnell contrató a su primer técnico. Al Alcorn era un futbolista de instituto procedente de un barrio de mala fama de San Francisco que había aprendido a reparar televisores por su cuenta a través de un curso de correspondencia de RCA. Había participado en un curso de prácticas de Berkeley que lo llevó a Ampex, donde trabajó bajo las órdenes de Bushnell. Se graduó en el momento en que este formaba Atari.

Muchos de los socios clave de la era digital suponen el emparejamiento de distintas capacidades y personalidades, como las de John

Mauchly y Presper Eckert, John Bardeen y Walter Brattain o Steve Jobs y Steve Wozniak; pero de vez en cuando las asociaciones funcionan porque las personalidades y los entusiasmos son similares, como fue el caso de Bushnell y Alcorn. Ambos eran tipos fortachones, amantes de la diversión e irreverentes. «Al es una de las personas que más me gusta en el mundo —afirmó Bushnell más de cuarenta años después—. Era el técnico perfecto y era divertido, así que estaba bien dotado para los videojuegos.»[19]

En aquella época, Bushnell había aceptado un contrato para diseñar un nuevo videojuego para Bally Midway, una empresa de Chicago. El plan era crear un juego de carreras de coches, que parecía más atractivo que pilotar una nave espacial, pensando en los bebedores de cerveza de los bares de la clase trabajadora. Pero antes de hacer que Alcorn se pusiese manos a la obra, decidió ponerle un ejercicio de calentamiento.

En una feria del sector, Bushnell había probado la Magnavox Odyssey, una consola primitiva para jugar a videojuegos en aparatos de televisión. Una de las opciones era una versión del ping-pong. «Aunque más bien cutre —dijo Bushnell años más tarde, después de que lo demandasen por plagiar la idea—. No tenía sonido ni marcadores, y las pelotas eran cuadradas, pero me fijé en que algunos se lo pasaban bien con aquello.» Cuando regresó a la oficinita alquilada de Atari en Santa Clara, le describió el juego a Alcorn, esbozó algunos circuitos y le pidió que crease una versión arcade del mismo. Le contó que había firmado un contrato con GE para hacer el juego, lo cual era falso. Como muchos empresarios, a Bushnell no le daba apuro distorsionar la realidad con tal de motivar al personal. «Me pareció que serían unas prácticas de programación fabulosas para Al.»[20]

Alcorn tuvo un prototipo presentable en pocas semanas, y lo terminó a comienzos de septiembre de 1972. Con su infantil sentido de la diversión, se le ocurrieron mejoras que convirtieron el monótono rebote parpadeante entre raquetas en algo entretenido. Había creado segmentos que delimitaban ocho regiones, de modo que cuando la pelota botaba en el centro de una raqueta, rebotaba en línea recta, pero si el impacto se producía hacia los bordes, entonces tomaba algún ángulo. Esto hacía que el juego supusiese un desafío y fuera algo más táctico. También creó un panel marcador, y, en una muestra de pura genialidad, sirviéndose de un generador sincronizado, añadió el sonido exacto al anotarse los tantos para que la experiencia fuese más placentera. Con un equipo de televisión en blanco y negro Hitachi de 75 dólares, Alcorn ensambló los componentes dentro de un armarito de madera de poco más de un metro de alto. Al igual que en *Computer Space*, el juego no se valía de un microprocesador ni ejecutaba una sola línea de código informático; todo dependía del hardware más el tipo de diseño digital lógico que usaban los técnicos de televisión. Para terminar, le pegó una caja para las monedas sacada de un pinball viejo y allí estaba; había nacido una estrella.[21] Bushnell lo llamó *Pong*.

Una de las características de *Pong* era su simplicidad. *Computer Space* había requerido instrucciones complejas; solo en la pantalla de presentación ya contaba con suficientes directrices (entre ellas, por ejemplo, «No hay gravedad en el espacio; la velocidad del cohete solo puede modificarla el motor propulsor») como para dejar desconcertado a un técnico informático. *Pong*, en cambio, era tan simple que incluso un universitario de primer año hasta arriba de cerveza o fumado podía comprenderlo a altas horas de la noche. Solo tenía una instrucción: «Evita perder la pelota para anotar tantos». Conscientemente o no, Atari acababa de dar con uno de los retos técnicos más importantes de la era informática: crear interfaces radicalmente sencillas e intuitivas para el usuario.

Bushnell quedó tan contento con la creación de Alcorn que decidió que debía ser algo más que un ejercicio de prácticas. «Cambié de opinión en el instante en que aquello se convirtió en algo muy divertido, cuando nos dimos cuenta de que llevábamos noches y noches jugando una o dos horas después del trabajo.»[22] Cogió un vuelo a Chicago para convencer a Bally Midway de que aceptase que con *Pong* cumplía el contrato, en lugar de insistir en lo del juego de carreras de coches, pero la compañía no quiso quedárselo. Recelaban de los juegos que requerían dos jugadores.

Aquella resultó una decisión afortunada para Bushnell. Para probar *Pong*, instalaron el prototipo en Andy Capp's, un bar ubicado en el pueblo de clase obrera de Sunnyvale, con el suelo lleno de cáscaras de cacahuete y chavales jugando al pinball en la parte trasera. Tras uno o dos días, Alcorn recibió una llamada del dueño del bar quejándose de que la máquina había dejado de funcionar. Tenía que arreglarla de inmediato, porque se había vuelto sorprendentemente popular. Así que Alcorn corrió a arreglar la máquina. En cuanto la abrió descubrió el problema; la caja de monedas estaba tan llena que había reventado. El dinero se esparció por el suelo.[23]

Bushnell y Alcorn sabían que tenían entre manos un triunfo seguro. Una máquina de las comunes solía generar unos 10 dólares al día; *Pong* generaba 40. De repente, la decisión de Bally de no aceptar el juego les pareció una bendición. El empresario que Bushnell llevaba dentro salió a relucir; decidió que Atari fabricaría el juego por su cuenta, aun cuando no contasen con financiación ni equipo.

Corrió el riesgo de cargar con el coste de la operación entera; se encargaría de financiarla con tanto dinero como pudiese de lo que había ganado con las ventas. Miró cuánto dinero tenía en el banco, lo dividió los 280 dólares que costaba cada máquina y calculó que para empezar podría fabricar unas trece. «Pero era un número de mal agüero —recordaba—, así que decidimos fabricar doce.»[24]

Hizo un pequeño modelo en arcilla de la carcasa de la consola que deseaba, y a continuación se lo llevó a un fabricante de lanchas, que comenzó a producirlas en fibra de vidrio. Les llevó solo una semana construir cada juego completo y un par de días venderlos por 900 dólares, así que con los 620 de beneficios contaban con efectivo para continuar produciendo. Parte de los ingresos iniciales los invirtieron en un folleto comercial en el que aparecía una hermosa mujer vestida con un vaporoso camisón con un brazo apoyado lánguidamente sobre la máquina. «La contratamos en el bar de topless de la misma calle», relató cuarenta años después Bushnell ante un público de entusiasmados estudiantes de instituto que parecían un tanto confusos por la historia y sin tener muy claro qué debía de ser un bar de topless.[25]

El capital riesgo, un reino que daba sus primeros pasos en Silicon Valley con la financiación de Intel por parte de Arthur Rock, no estaba al alcance de una compañía que se propusiera fabricar videojuegos, que eran un producto todavía demasiado desconocido y que la gente relacionaba con la superpoblada industria del pinball.* Los bancos también

* Tres años más tarde, en 1975, cuando Atari decidió construir una versión doméstica de *Pong*, la industria del capital riesgo estaba en pleno auge, de modo que ob-

pusieron trabas cuando Bushnell insinuó que necesitaba un préstamo. Solo Wells Fargo dio un paso al frente y les proporcionó una línea de crédito de 50.000 dólares, que era muchísimo menos de lo que él pedía.

Con el dinero, Bushnell pudo abrir un taller de producción en una pista de patinaje abandonada, a pocas manzanas de la oficina de Atari en Santa Clara. Las máquinas de *Pong* las colocaron unas junto a otras, pero no como en una cadena de montaje, sino en medio de la sala, donde los jóvenes trabajadores se encorvaban sobre ellas para colocar los diversos componentes. Estos trabajadores los contrataron a través de las oficinas de empleo de los alrededores. Tras echar a los heroinómanos y a los que robaban los monitores de televisión, la operación comenzó a prosperar a toda velocidad. Al principio fabricaban diez unidades diarias, pero transcurridos dos meses eran capaces de producir casi un centenar. También los ingresos mejoraban; el coste de cada juego se mantuvo en 300 dólares, pero el precio de venta se elevó a 1.200.

El ambiente era el que cabría esperar de Bushnell y Alcorn, unos veinteañeros con ganas de pasárselo bien, y esto supuso un paso más en el estilo informal de las compañías emergentes de Silicon Valley. Todos los viernes se celebraba una fiesta de la cerveza y la marihuana, a veces rematada con un chapuzón en cueros, sobre todo si aquella semana habían cuadrado los números. «Descubrimos que nuestros empleados respondían mejor a las fiestas que a las pagas extra por cumplir una cuota», afirmó Bushnell.

Este último se compró una bonita casa en las colinas, cerca de Los Gatos, donde a veces se reunía con los miembros de la junta directiva o daba fiestas para el personal en su jacuzzi. Cuando abrió un segundo taller de montaje, decretó que tendría su propio jacuzzi. «Era una herramienta de reclamo —insistió—. Nos dimos cuenta de que nuestro estilo de vida y nuestras fiestas eran fenomenales para atraer trabajadores. Si necesitábamos contratar a alguien, lo invitábamos a una de nuestras fiestas.»[26]

Además de funcionar como herramienta de reclamo a la hora de contratar, la cultura de Atari era la consecuencia natural de la persona-

---

tuvo 20 millones de dólares de financiación de Don Valentine, que acababa de fundar Sequoia Capital. Atari y Sequoia se impulsaron mutuamente.

lidad de Bushnell. Pero no se trataba únicamente de autocomplacencia; se basaba en una filosofía que bebía del movimiento hippy y que contribuiría a definir Silicon Valley. Su núcleo contenía ciertos principios: había que poner en cuestión la autoridad, había que soslayar las jerarquías, el inconformismo era digno de admiración y era necesario fomentar la creatividad. A diferencia de las corporaciones de la Costa Este, no existían un horario fijo ni unas normas de vestimenta, ni para la oficina ni para el jacuzzi. «En IBM, por aquellos tiempos, uno debía llevar camisa blanca, pantalones oscuros, corbata negra y la placa identificativa en el hombro o donde fuese —comentó Steve Bristow, un técnico—. En Atari contaba más el trabajo desempeñado que el aspecto de cada uno.»[27]

El éxito de *Pong* motivó una demanda por parte de Magnavox, que comercializaba el videojuego doméstico *Odyssey* que Bushnell había visto en una feria. Aquel juego había sido diseñado por un técnico de fuera llamado Ralph Baer. Este no podía alegar haber inventado el concepto; sus raíces se remontaban al menos hasta 1958, cuando William Higinbotham, del Brookhaven National Lab, manipuló un osciloscopio en un computador analógico para mover un punto hacia delante y hacia atrás en lo que llamó *Tenis para dos*. Sin embargo, Baer era uno de esos innovadores que, al igual que Edison, creía que registrar patentes era un elemento clave del proceso de invención. Tenía más de setenta registradas, incluidos algunos aspectos de sus juegos. En lugar de litigar, a Bushnell se le ocurrió una idea brillante que beneficiaba a ambas compañías. Pagó una cuota fija bastante baja, 700.000 dólares, por los derechos perpetuos para producir el juego con la condición de que Magnavox hiciese valer su patente y exigiese un porcentaje al resto de las compañías, incluidos sus antiguos compañeros de Bally Midway y Nutting Associates, que quisieran crear juegos similares. Esto supuso una ventaja competitiva para Atari.

La innovación requiere contar con tres cosas como mínimo: una gran idea, el talento técnico para llevarla a cabo y la experiencia empresarial (además de la sangre fría para cerrar tratos) para convertirla en un éxito. Nolan Bushnell consiguió esta tríada con tan solo veintinueve años, motivo por el que él, en mayor grado que Bill Pitts, Hugh Tuck, Bill Nutting o Ralph Baer, fue quien se convirtió en el innovador que propulsó la industria del videojuego. «Estoy orgulloso del modo en que fuimos capaces de diseñar *Pong*, pero aún lo estoy más de la manera en que me las arreglé y planifiqué el negocio desde el punto de vista económico —dijo—. Diseñar el juego fue fácil. Levantar la compañía sin dinero fue difícil.»[28]

7

Internet

El triángulo de Vannevar Bush

Las innovaciones llevan a menudo la huella de las organizaciones que las crearon. En el caso de internet, esta fue especialmente interesante, ya que lo creó una alianza formada por tres grupos: el ejército, la universidad y la empresa privada. Lo que hizo que el proceso resultase todavía más fascinante fue que no se trataba meramente de un consorcio deslavazado en el que cada grupo persiguiera sus propios objetivos, sino que, durante y después de la Segunda Guerra Mundial, los tres grupos estuvieron fusionados formando un triángulo de hierro: el complejo militar-industrial-académico.

El principal responsable de fraguar esta asociación fue Vannevar Bush, el profesor del MIT que en 1931 había construido el analizador diferencial, aquel primer computador analógico que hemos visto en el capítulo 2.[1] Bush estaba hecho para esta tarea, ya que era una estrella en los tres campos: decano de la Escuela de Ingeniería del MIT, fundador de la compañía de electrónica Raytheon y el jefe más importante de la ciencia militar estadounidense durante la Segunda Guerra Mundial. «Ningún estadounidense ha tenido una influencia mayor en el desarrollo de la ciencia y la tecnología que Vannevar Bush», afirmaría más adelante el presidente del MIT Jerome Wiesner, a lo que añadió que «su innovación más significativa fue el plan por el cual, en lugar de construir enormes laboratorios gubernamentales, se firmaron contratos con universidades y laboratorios industriales».[2]

Bush nació cerca de Boston en 1890, hijo de un pastor universalista que había comenzado su carrera como cocinero en un pesquero de

242

caballa. Los dos abuelos de Bush eran capitanes de ballenero, algo que le infundió un talante vivaz y directo que contribuiría a hacer de él un gestor decisivo y un director carismático. Al igual que muchos líderes de éxito en el ámbito tecnológico, era un experto tanto concibiendo productos como tomando decisiones rompedoras. «Todos mis antepasados recientes eran capitanes de barco, y los capitanes de barco acostumbran a dirigirlo todo sin dudar —dijo una vez—. Eso me dejó cierta inclinación a dirigir el espectáculo en cuanto entro en él».[3]

También como muchos buenos líderes tecnológicos, creció amando tanto las humanidades como las ciencias. Era capaz de citar «de corrido» a Kipling y a Omar Jayam, tocaba la flauta, adoraba las sinfonías y leía filosofía por placer. Su familia tenía además un taller en el sótano, donde construía barquitos y juguetes mecánicos. Como relataría más tarde *Time* con su viejo e inimitable estilo: «Esbelto, agudo y vivaz, Van Bush es un yanqui cuyo amor por la ciencia nació, como el de tantos niños estadounidenses, de la pasión por juguetear con aparatos».[4]

Fue a la Universidad Tufts, donde en su tiempo libre construyó una máquina de medición que usaba dos ruedas de bicicleta y un péndulo para trazar el perímetro de un área y calcular sus dimensiones, lo que la convertía en un instrumento analógico para hacer cálculo integral. Obtuvo una patente para ella, la primera de las cuarenta y nueve que acabaría acumulando. Estando en Tufts, sus compañeros de habitación y él consultaron con una serie de pequeñas empresas, y luego, después de graduarse, fundaron Raytheon, que creció hasta convertirse en un contratista militar y una compañía electrónica con un sinfín de ramificaciones.

Bush obtuvo un doctorado conjunto en ingeniería eléctrica por el MIT y Harvard, y luego pasó a ser profesor y decano del MIT, donde construyó su analizador diferencial. Su máximo deseo era dar a la ciencia y a la ingeniería un papel más relevante en la sociedad, en una época, mediados de los años treinta, en que no parecía estar sucediendo nada demasiado emocionante ni en un campo ni en otro. Los televisores no eran aún un producto de consumo, y las invenciones recientes más destacables introducidas en la cápsula del tiempo de la Feria Universal de Nueva York de 1939 fueron un reloj de Mickey Mouse y una maquinilla de afeitar de Gillette. El estallido de la Segunda Guerra

Mundial cambiaría eso y traería consigo un auge de nuevas tecnologías, con Vannevar Bush a la cabeza.

Preocupado por que Estados Unidos quedara rezagado en desarrollo tecnológico, movilizó al presidente de Harvard, James Bryant Conant, y a otros líderes científicos para convencer al presidente Franklin Roosevelt de que creara el Consejo Nacional de Investigaciones de Defensa y, más adelante, la Oficina de Investigación y Desarrollo Científico del ejército, ambos bajo su dirección. Con una omnipresente pipa en la boca y lápiz en mano, supervisó la construcción de la bomba atómica en el Proyecto Manhattan, así como los proyectos para desarrollar sistemas de radar y de defensa aérea. *Time* lo bautizó como el «General de la Física» en una portada de 1944. «Si hubiésemos estado al tanto en tecnología de guerra hace diez años —había dicho, según la revista, mientras daba un puñetazo sobre el escritorio—, seguramente no habríamos tenido esta maldita guerra.»[5]

Con un estilo expeditivo atemperado por su calidez personal, era un líder duro pero entrañable. Una vez, un grupo de científicos militares, frustrados por un problema burocrático, entraron en su despacho para presentar su renuncia. Bush fue incapaz de entender a qué se debía aquel jaleo. «Así que les dije: "Uno no renuncia en tiempos de guerra. Ustedes, amigos, largo de aquí y de vuelta al trabajo, y yo ya estudiaré el tema".»[6] Le obedecieron. Como comentaría después Wiesner, del MIT: «Era un hombre de opiniones firmes, que expresaba y aplicaba con vigor, sin embargo, se sentía sobrecogido ante los misterios de la naturaleza, tenía una cordial tolerancia por la debilidad humana y estaba abierto al cambio».[7]

Cuando terminó la guerra, Bush preparó un informe en julio de 1945, a requerimiento de Roosevelt (aunque acabó siendo entregado al presidente Harry Truman), en el que abogaba por que el gobierno financiara la investigación fundamental en colaboración con la universidad y la industria. Bush escogió un título evocador y prototípicamente estadounidense: «La ciencia, frontera sin fin». Su introducción merece una relectura siempre que los políticos amenazan con dejar de financiar la investigación necesaria para las innovaciones futuras. «La investigación fundamental conduce a nuevos conocimientos —escribía Bush—. Aporta capital científico. Crea el fundamento del que deben extraerse las aplicaciones prácticas del saber.»[8]

La descripción que hace Bush de cómo la investigación fundamental proporciona el trigo de siembra para las invenciones prácticas se dio a conocer como «modelo linear de la innovación». Aunque las oleadas posteriores de historiadores científicos quisieron desacreditar el modelo linear porque obviaba la compleja interacción entre la investigación teórica y las aplicaciones prácticas, este gozaba de popularidad y también de una base real. La guerra, decía Bush, había dejado «claro más allá de toda duda» que la ciencia básica —descubrir los fundamentos de la física nuclear, los láseres, la ciencia computacional, el radar— «es absolutamente esencial para la seguridad nacional». Y era además, añadía, crucial para la seguridad económica de Estados Unidos. «Los productos nuevos y los procesos nuevos no salen de la nada. Se basan en principios nuevos y en concepciones nuevas, que a su vez se desarrollan meticulosamente por medio de la investigación en los campos más puros de la ciencia. Un país que dependa de otros para acceder a los nuevos conocimientos en materia de ciencia básica mostrará lentitud en su progreso industrial y debilidad en su posición competitiva en el comercio mundial.» Hacia el final de su informe, Bush alcanzaba cotas poéticas al exaltar las recompensas de la investigación científica fundamental: «Los avances en la ciencia, cuando se les da un uso práctico, suponen más empleo, mayores salarios, menos horas, cosechas más abundantes y más tiempo libre para recrearnos, para estudiar, para aprender a vivir sin los trabajos pesados y soporíferos que han sido la losa del hombre común durante las épocas pasadas».[9]

Basándose en este informe, el Congreso creó la Fundación Nacional para la Ciencia. Al principio, Truman vetó la ley porque esta disponía que el director fuese escogido por un consejo independiente en lugar de por el presidente. Pero Bush hizo que Truman cambiara de opinión explicándole que eso le protegería de aquellos que anduviesen buscando favores políticos. «Van, tendrías que ser político —le dijo Truman—. Tienes cierto instintos para ello.» A lo que Bush respondió: «Señor presidente, ¿qué demonios cree que llevo haciendo en esta ciudad desde hace cinco o seis años?».[10]

La creación de una relación triangular entre gobierno, industria y universidad fue, a su manera, una de las innovaciones significativas que contribuyeron a originar la revolución tecnológica de finales del siglo xx. El Departamento de Defensa y la Fundación Nacional para la Ciencia se convirtieron pronto en los financiadores primordiales de gran parte de la investigación fundamental en Estados Unidos, y gastaron tanto como la industria privada entre los años cincuenta y los ochenta.* El rendimiento de aquella inversión fue enorme, y condujo no solo a internet, sino a muchos de los pilares de la innovación y el auge económico de la posguerra estadounidense.[11]

Unos pocos centros de investigación privados, muy particularmente los Laboratorios Bell, existían ya antes de la guerra. Pero después de que el toque de corneta de Bush generara apoyo y contratos gubernamentales, los centros de investigación híbridos comenzaron a proliferar. Entre los más destacados estaban la RAND Corporation, creada originalmente como proveedora de investigación y desarrollo (de ahí su nombre, Research ANd Development) para las fuerzas aéreas; el Instituto de Investigación de Stanford y su centro sobre el intelecto humano, el Augmentation Research Center, y el Xerox PARC. Todos ellos estuvieron implicados en el desarrollo de internet.

Dos de los institutos más importantes surgieron en la zona de Cambridge, Massachusetts, justo después de la guerra: el Laboratorio Lincoln, un centro de investigación financiado por el ejército y afiliado al MIT, y Bolt, Beranek and Newman, una empresa de investigación y desarrollo fundada e integrada por ingenieros del MIT (y algunos de Harvard). En estrecha relación con ambos, encontramos a un profesor del MIT con acento de Missouri y un sosegado talento para conformar equipos. Él sería la persona con el papel más importante en la creación de internet.

J. C. R. Licklider

Si vamos en busca de los padres de internet, la mejor persona por la que podemos empezar es un hombre lacónico pero con un encanto singular, psicólogo y tecnólogo, de sonrisa franca y talante escéptico, llamado

---

* En 2010, la inversión federal en investigación había caído a la mitad de la inversión realizada por la industria privada.

Joseph Carl Robnett Licklider, nacido en 1915 y conocido por todo el mundo como Lick. Fue el precursor intelectual de los dos conceptos más importantes en los que se basa internet: las redes descentralizadas que permitirían la distribución de la información desde y hacia cualquier parte, y las interfaces que favorecerían la interacción hombre-máquina en tiempo real. Además, fue el fundador y director del organismo militar que financió el ARPANET, y regresó al ruedo diez años después, cuando se crearon los protocolos para tejer con dicha red lo que se convertiría en internet. En palabras de uno de sus socios y protegidos, Bob Taylor: «Fue el verdadero padre de todo».[12]

El padre de Licklider era un granjero pobre de Missouri que llegó a exitoso corredor de seguros en San Luis y luego, cuando la Gran Depresión lo dejó en la ruina, acabó de pastor baptista en un pequeño pueblo rural. Lick, hijo único y mimado, convirtió su habitación en una planta de fabricación de aeromodelos y reconstruía coches hechos chatarra con su madre al lado, pasándole las herramientas. Pero, de todos modos, crecer en una zona rural apartada y llena de alambradas de espino hacía que se sintiera atrapado.

Primero estudió en la Universidad Washington, en San Luis, y tras obtener el doctorado en psicoacústica (cómo percibimos los sonidos), ingresó en el laboratorio de psicoacústica de Harvard. Con un interés creciente por la relación entre la psicología y la tecnología, por el modo en que interactuaban el cerebro humano y las máquinas, se trasladó al MIT para poner en marcha una sección de psicología integrada en el Departamento de Ingeniería Eléctrica.

En el MIT, Licklider se sumó al ecléctico círculo de ingenieros, psicólogos y humanistas que se reunían en torno al profesor Norbert Wiener, un teórico que estudiaba la forma en que humanos y máquinas trabajaban juntos y que acuñó el término «cibernética», que describía cómo cualquier sistema, desde el cerebro hasta el mecanismo de puntería de una pieza de artillería, aprende a través de las comunicaciones, el control y los bucles de retroalimentación. «Había una enorme agitación intelectual en Cambridge después de la Segunda Guerra Mundial —recordaba Licklider—. Wiener organizaba una tertulia semanal que reunía a cuarenta o cincuenta personas. Se juntaban y hablaban durante un par de horas. Yo era un fiel adepto.»[13]

A diferencia de algunos de sus colegas del MIT, Wiener creía que el camino más prometedor para la ciencia computacional era diseñar máquinas que trabajaran bien junto con la mente humana y la complementaran en lugar de intentar reemplazarla. «Mucha gente piensa que las máquinas de computar son sustitutos de la inteligencia y han reducido la necesidad de pensamiento original —escribió Wiener—. Pero no es así.»[14] Cuanto más potente sea el computador, mayor será el incentivo para conectarlo con un pensamiento humano imaginativo, creativo y de alto nivel. Licklider se convirtió en un adepto de este enfoque, que más tarde denominó la «simbiosis hombre-computador».

Licklider tenía un sentido del humor malicioso pero simpático. Le encantaba ver *Los tres chiflados* y sentía una debilidad pueril por los gags visuales. A veces, cuando un colega estaba a punto de hacer una presentación con diapositivas, Licklider deslizaba la foto de una mujer guapa en el carrusel del proyector. En el trabajo, se cargaba de energía con un suministro constante de coca-colas y dulces de las máquinas expendedoras, y regalaba chocolatinas Hershey a sus hijos y a los alumnos siempre que le daban una alegría. También estaba entregado a sus alumnos de doctorado, a los que solía invitar a las cenas que organizaba en su casa del vecindario de Arlington, a las afueras de Boston. «Para él, todo giraba en torno a la colaboración —afirmó su hijo Tracy—. Iba por ahí formando grupos de gente y animándola a ser inquisitiva y a resolver problemas.» Esa fue una de las razones por las que se interesó en las redes. «Sabía que para conseguir buenas respuestas hay que colaborar a distancia. Le encantaba detectar a gente de talento y vincularla en un equipo.»[15]

Su afabilidad, sin embargo, no la hacía extensible a la gente pretenciosa o pedante (con la excepción de Wiener). Cuando consideraba que un orador estaba soltando insensateces, se levantaba y le planteaba lo que parecían ser preguntas inocentes, pero que estaban en realidad cargadas de malicia. Al cabo de poco, el orador se daba cuenta de que le habían bajado los humos y Licklider volvía a sentarse. «No le gustaban ni los pedantes ni los farsantes —recordaba Tracy—. Nunca era mezquino, pero siempre se cargaba astutamente las pretensiones de la gente.»

Una de las pasiones de Licklider era el arte. Siempre que realizaba un viaje se pasaba horas en los museos, algunas veces arrastrando a regañadientes a sus dos hijos. «Se volvió loco con el tema, nunca tenía bastante», explicó Tracy. Podía pasarse cinco horas o más en un museo, maravillándose ante cada pincelada, analizando cómo tomaba forma cada cuadro, tratando de descifrar lo que enseñaba sobre la creatividad. Tenía instinto para detectar el talento en todos los campos, tanto en el arte como en las ciencias, pero creía que donde resultaba más fácil distinguirlo era en las formas más puras, como la pincelada de un pintor o el estribillo melódico de un compositor. Decía buscar esos mismos toques de creatividad en los diseños de los ingenieros de computación o de redes. «Se convirtió en un cazador de talentos para la creatividad realmente experto. Hablaba a menudo de lo que hacía creativa a la gente. Creía que era más fácil verlo en un artista, así que se esforzaba aún más por detectarlo en la ingeniería, donde las pinceladas no se ven de forma tan evidente.»[16]

Y, lo más importante, Licklider era generoso. Según su biógrafo, Mitchell Waldrop tiempo después, mientras trabajaba en el Pentágono, vio que la mujer de la limpieza estaba admirando las reproducciones de arte que colgaban de la pared de su despacho, a última hora de la tarde. Le dijo: «¿Sabe, doctor Licklider? Siempre dejo su despacho para el final porque me gusta tener un rato para mí, sin prisas, y mirar los cuadros». Él le preguntó cuál de las reproducciones le gustaba más, y la mujer señaló un Cézanne. Licklider estaba encantado, ya que era su favorita, y se apresuró a regalársela.[17]

Tenía la sensación de que su amor por el arte lo volvía más intuitivo. Era capaz de procesar una larga serie de datos y detectar patrones siguiendo su olfato. Otra cualidad suya, que le vino muy bien cuando ayudó a reunir al equipo que sentó los cimientos de internet, era que le encantaba compartir ideas sin importarle el reconocimiento. Tenía una personalidad tan poco egocéntrica que Licklider parecía disfrutar no reclamando, sino otorgando, a otros el mérito de ideas surgidas a lo largo de una conversación. «A pesar de la considerable influencia que tuvo en la computación, Lick conservó la modestia —dijo Bob Taylor—. Sus bromas favoritas eran las que se hacían a su costa.»[18]

El tiempo compartido y la simbiosis hombre–computador

En el MIT, Licklider colaboró con el pionero de la inteligencia artificial John McCarthy, en cuyo laboratorio los hackers del Tech Model Railroad Club habían inventado el *Spacewar*. Con McCarthy al frente, ayudaron a desarrollar, a en el transcurso los años cincuenta, los sistemas de tiempo compartido.

Hasta entonces, si uno quería que un computador realizase una tarea, tenía que entregar una pila de tarjetas perforadas o una cinta a los operadores de la máquina, como si fuera una ofrenda para los sacerdotes que protegían el oráculo. Esto se conocía como «procesamiento por lotes», y era engorroso. Podía llevar horas e incluso días obtener los resultados, cualquier pequeño error podía obligar a repetir las tarjetas para un segundo intento, y era posible que uno no llegasra a tocar o a ver siquiera la máquina en sí.

Con el tiempo compartido era diferente. Permitía conectar un gran número de terminales al mismo computador central, de modo que los usuarios podían introducir los comandos directamente y obtener una respuesta de manera casi instantánea. Como un gran maestro jugando simultáneamente docenas de partidas de ajedrez, la memoria de núcleos magnéticos del computador central llevaba el registro de todos los usuarios, y su sistema operativo era capaz de trabajar en modo multitarea y ejecutar múltiples programas. Esto proporcionaba a los usuarios una experiencia mágica; uno podía interactuar en tiempo real con un computador y tocarlo con los dedos, como en una conversación. «Empezamos a tener por aquí una especie de religión sobre lo distinto que iba a ser esto del procesamiento por lotes», indicó Licklider.[19]

Fue un paso clave hacia la colaboración o simbiosis humano-computador. «La invención de la computación interactiva a través del sistema de tiempo compartido fue todavía más importante que la invención de la propia computación —opinaba Taylor—. El procesamiento por lotes era como intercambiar cartas con alguien, mientras que la computación interactiva era como hablar con en persona.»[20]

La importancia de la computación interactiva se hizo evidente en el Laboratorio Lincoln, el centro de investigación con financiación militar que Licklider ayudó a construir en el MIT en 1951. Allí forjó un equipo, mitad psicólogos y mitad ingenieros, para buscar maneras de que los humanos pudieran interactuar con los computadores de modo más intuitivo y la información pudiera presentarse con una interfaz más accesible.

Una de las misiones del Laboratorio Lincoln era desarrollar computadores para un sistema de defensa aérea que proporcionaría una alerta temprana ante ataques enemigos y coordinaría la respuesta. Su nombre era SAGE (por las siglas en inglés de Control de Campo Semiautomático), y costó más dinero y empleó a más gente que la construcción de la bomba atómica del Proyecto Manhattan. Para funcionar, el sistema SAGE necesitaba que sus usuarios tuviesen una interacción instantánea con sus computadores. Cuando se acercaba un misil o un bombardero enemigo, no había tiempo para hacer cálculos mediante el procesamiento de lotes.

El sistema SAGE incluía veintitrés centros de seguimiento repartidos por todo Estados Unidos y conectados por líneas telefónicas de larga distancia. Era capaz de propagar la información hasta a cuatrocientos aviones en movimiento a la vez. Esto requería computadores potentes e interactivos, redes que pudiesen trasmitir cantidades ingentes de información y monitores que presentaran esa información con un estilo gráfico fácil de entender.

Por su formación en psicología, Licklider fue llamado para ayudar a diseñar las interfaces humano-máquina (lo que los usuarios veían en la pantalla). Formuló una serie de teorías en torno a la forma de cultivar una simbiosis, una colaboración estrecha que permitiría a los humanos y a las máquinas trabajar cooperativamente para solucionar problemas. Era particularmente importante dar con la manera de reflejar visualmente las situaciones cambiantes. «Queríamos métodos para visualizar el panorama aéreo durante varios segundos sucesivos, trazar trayectorias, no puntos, colorear esas trayectorias de forma que pudiésemos ver cuál era la información reciente y decidir qué dirección llevaba aquel objeto», explicó.[21] El destino de Estados Unidos dependía de la capacidad de un operador de consola para evaluar correctamente los datos y dar una respuesta inmediata.

Los computadores interactivos, las interfaces intuitivas y las redes de alta velocidad mostraron cómo las personas y las máquinas podían trabajar juntas en una asociación colaborativa, y Licklider imaginó dónde más podía darse esta, aparte de en los sistemas de defensa aérea. Empezó a hablar de lo que él llamaba «un auténtico sistema SAGE» que conectaría no solo los centros de defensa aérea, sino también «centros de ideas», integrados por enormes bibliotecas depositarias de conocimientos y con los que la gente podría interactuar a través de monitores con una presentación accesible; en otras palabras, el mundo digital que tenemos ahora.

Estas ideas sirvieron de base para uno de los artículos más influyentes en la historia de la tecnología de la posguerra, titulado «La simbiosis hombre-computador», que Licklider publicó en 1960. «La esperanza es que, dentro de no muchos años, el cerebro humano y las máquinas computadoras estén unidos de un modo muy estrecho —escribió—, y que la asociación resultante piense como ningún cerebro humano lo haya hecho jamás y procese datos de un modo nunca atisbado por las máquinas de gestión de la información que conocemos hoy.» Esta frase merece una relectura, porque se convirtió en uno de los conceptos seminales de la era de los ordenadores en red. El artículo, afirmaría Licklider tiempo después, «trataba en su mayor parte de ideas para hacer que una computadora y una persona pensaran juntas, compartiendo, repartiéndose la carga».[22]

Licklider se alineó más con Norbert Wiener, que basaba su teoría de la cibernética en la idea de humanos y máquinas trabajando codo con codo, que con sus colegas del MIT Marvin Minsky y John McCarthy, cuya búsqueda de la inteligencia artificial implicaba la creación de máquinas que pudiesen aprender por su cuenta y reproducir fielmente la cognición humana. Como explicaba Licklider, el objetivo más sensato era crear un entorno en el que humanos y máquinas «cooperarían en la toma de decisiones». En otras palabras, se mejorarían mutuamente. «Los hombres fijarán los objetivos, formularán las hipótesis, determinarán los criterios y llevarán a cabo las valoraciones. Las máquinas computadoras harán el trabajo rutinizable con el que preparar el terreno para el conocimiento y las decisiones en el pensamiento técnico y científico.»

La Red Intergaláctica de Computadores

A medida que combinaba sus intereses en psicología e ingeniería, Licklider se fue centrando aún más en los computadores. Eso le llevó a fichar, en 1957, por la incipiente Bolt, Beranek and Newman, una compañía de investigación académico-comercial con sede en Cambridge en la que trabajaban muchos de sus amigos. Al igual que en los Laboratorios Bell cuando se inventó el transistor, en BBN se reunió una electrizante mezcla de talento que incluía teóricos, ingenieros, técnicos, científicos computacionales, psicólogos y algún que otro coronel del ejército.[23]

Uno de los cometidos de Licklider en BBN era liderar un equipo al que se había asignado la tarea de averiguar cómo podían los computadores transformar las bibliotecas. Dictó su informe final, «Las bibliotecas del futuro», en el transcurso de cinco horas, sentado junto a la piscina durante una conferencia en Las Vegas.[24] El informe analizaba el potencial «de los dispositivos y las técnicas para la interacción hombre-computador en línea», un concepto que presagiaba internet. Imaginaba la acumulación de una enorme base de datos de información que era conservada y cribada para que no se volviera «demasiado difusa, abrumadora o poco fiable».

En un original apartado del artículo, presentaba un panorama ficticio en el que planteaba preguntas a la máquina. Imaginaba la actividad del computador: «A lo largo del fin de semana, recopiló más de diez mil documentos, los examinó en busca en secciones ricas en material relevante, analizó todas los apartados valiosos y los dispuso en proposiciones con un cálculo de predicados de orden superior, y luego introdujo estas proposiciones en la base de datos». Licklider era consciente de que la visión que describía acabaría siendo superada. «Sin duda, un enfoque más sofisticado será factible antes de 1994», escribió, echando la vista tres décadas adelante.[25] Fue extraordinariamente clarividente. En 1994 se desarrollaban para internet los primeros motores de búsqueda por rastreo de texto, WebCrawler y Lycos, a los que seguirían enseguida Excite, Infoseek, AltaVista y Google.

Licklider predijo también algo que parece ir en contra de toda lógica, pero que hasta el momento ha mostrado ser gratamente cierto: que la información digital no reemplazará por completo a la información impresa. «Como medio para la presentación de información, la página impresa es magnífica —escribió—. Aporta una resolución suficiente para satisfacer las necesidades del ojo. Presenta la información idónea para ocupar al lector durante una cantidad apropiada de tiempo. Ofrece una gran flexibilidad de fuentes y formatos. Permite al lector controlar el modo y la velocidad de inspección. Es pequeña, ligera, manejable, recortable, archivable, pegable, reproducible, eliminable y económica.»[26]

En octubre de 1962, mientras seguía trabajando en su proyecto de «Las bibliotecas del futuro», Licklider fue reclutado en Washington para dirigir una nueva oficina dedicada al procesamiento de información dentro de la Agencia de Proyectos de Investigación Avanzada del Departamento de Defensa, por aquel entonces conocida como ARPA.* Adscrita al Pentágono, tenía poderes para financiar la investigación fundamental en universidades e institutos privados, lo que la convirtió en una de las tantas vías por las que el gobierno puso en práctica la visión de Vannevar Bush. Pero tenía también una razón de ser más inmediata. En octubre de 1957, los rusos habían lanzado el *Sputnik*, el primer satélite fabricado por el ser humano. El vínculo que había establecido Bush entre ciencia y defensa titilaba ahora en el cielo todas las noches. Cuando los estadounidenses entrecerraban los ojos para verlo, podían ver también que Bush tenía razón; la nación que financiara la ciencia más avanzada produciría los mejores cohetes y satélites. Le siguió una oleada de saludable pánico popular.

Al presidente Eisenhower le gustaban los científicos. Su cultura y su forma de pensar, su capacidad para ser racionales y huir de ideologías, lo atraían. «El amor a la libertad consiste en proteger todos los recursos que hacen posible esta libertad, desde lo sagrado de nuestras familias hasta la riqueza de nuestro suelo y el genio de nuestros científicos», había afirmado en su primer discurso inaugural. Organizó cenas para los

---

* El gobierno ha vacilado repetidamente sobre si incluir o no la «D» de «Defensa» en el acrónimo. La agencia se creó en 1958 como ARPA. Fue rebautizada como DARPA en 1972, luego, en 1993, se revirtió el nombre a ARPA, y más tarde, en 1996, volvió a convertirse en DARPA.

científicos en la Casa Blanca, como harían los Kennedy con los artistas, y se rodeó de muchos de ellos para que ejercieran de asesores.

El *Sputnik* proporcionó a Eisenhower la oportunidad de oficializar esta simpatía. Cuando aún no habían pasado dos semanas desde el lanzamiento, reunió a quince asesores científicos de primera línea que habían colaborado con la Oficina de Movilización de Defensa y les pidió, como recordaba su asistente Sherman Adams, «que le dijeran qué lugar debía ocupar la investigación científica dentro de la estructura del gobierno federal».[27] A continuación, desayunó con James Killian, el presidente del MIT, y lo nombró su asesor científico a tiempo completo.[28] Junto con el secretario de Defensa, Killian trazó un plan, presentado en enero de 1958, para vincular la Agencia de Proyectos de Investigación Avanzada al Pentágono. Como escribió el historiador Fred Turner: «La ARPA supuso una ampliación de la colaboración entre el ejército y la universidad encaminadas a la defensa que se había iniciado en la Segunda Guerra Mundial».[29]

La oficina del ARPA para la que fue reclutado Licklider como director se llamaba Investigación de Mando y Control. Su misión consistía en estudiar cómo los computadores interactivos podían ayudar a facilitar el flujo de información. Había otra vacante para liderar un grupo que estudiaría los factores psicológicos en la toma de decisiones militares. Licklider afirmó que ambos temas debían agruparse. «Empecé a defender con elocuencia la idea de que los problemas de mando y control eran en esencia problemas de interacción hombre-computador», diría tiempo después.[30] Accedió a ocupar ambos puestos y rebautizó el nuevo grupo como Oficina de Técnicas de Procesamiento de la Información (IPTO por sus siglas en inglés).

Licklider tenía multitud de pasiones e ideas estimulantes, muy en particular la de fomentar el sistema de tiempo compartido, la interactividad en tiempo real y las interfaces que promovieran la simbiosis hombre-máquina. Todas ellas se entrelazaban en un sencillo concepto, una red. Con su irónico sentido del humor, empezó a referirse a su idea con el nombre «intencionadamente grandilocuente» de «la Red Intergaláctica de Computadoras».[31] En un informe de abril de 1963 dirigido a los «miembros y afiliados» de esa red de ensueño, Licklider describía sus objetivos: «Consideremos una situación en que varios puestos distintos estén conectados en red [...] ¿No es conveniente, o incluso necesario, que todos estos puestos se pongan de acuerdo en cuanto al lenguaje o, al menos, en cuanto a ciertas convenciones para preguntar cosas como "¿Qué lenguaje hablas?"».[32]

Bob Taylor y Larry Roberts

A diferencia de muchos otros de los colaboradores que impulsaron la era digital, Bob Taylor y Larry Roberts nunca fueron amigos, ni antes ni después de la etapa en que trabajaron juntos en la IPTO. De hecho, en los años posteriores siguieron desdeñando con rencor la contribución del otro. «Larry dice que diseñó la red él mismo, lo cual es totalmente falso —se quejaba Taylor en 2014—. No se fíen de lo que cuenta. Siento lástima por él.»[33] Por su parte, Roberts afirma que Taylor está resentido porque no se llevó todo el reconocimiento que quería. «No sé qué otro mérito reconocerle aparte del de contratarme. Eso es lo único importante que hizo Bob.»[34]

Aun así, durante los cuatro años que trabajaron juntos en la ARPA en los años sesenta, Taylor y Roberts se complementaron bien. Taylor no era un científico brillante —ni siquiera tenía el doctorado—, pero poseía una personalidad afable y persuasiva y era como un imán para el talento. Roberts, por el contrario, era un ingeniero apasionado y de carácter abrupto, rayando en lo cortante, que medía con cronómetro el tiempo que se tardaba en ir por rutas alternativas de un despacho a otro en el laberíntico edificio del Pentágono y estudiaba técnicas de lectura rápida de forma autodidacta. No tenía encandilados a sus colegas, pero a menudo los dejaba asombrados, y su carácter brusco y directo lo convertía en un gestor, si bien no muy querido, sí competente. Taylor engatusaba a la gente, mientras que Roberts la impresionaba con su intelecto.

Bob Taylor nació en 1932 en un hogar para madres solteras de Dallas, lo mandaron en tren a un orfanato de San Antonio y fue adoptado a los veintiocho días de vida por un pastor metodista itinerante y su mujer. La familia se mudaba cada dos años para ocupar el púlpito de pueblos como

Uvalde, Ozona, Victoria, San Antonio y Mercedes.[35] Su educación, decía, había dejado dos huellas en su personalidad. Como en el caso de Steve Jobs, que también era adoptado, los padres de Taylor hacían repetidamente hincapié en el hecho de que había sido «escogido, elegido como alguien especial». Él bromeaba: «Todos los demás padres tenían que contentarse con lo que les tocara, pero yo había sido escogido. Es probable que eso me diera una sensación inmerecida de confianza». También tuvo que aprender una y otra vez, con cada traslado de la familia, a forjar nuevas relaciones, aprender una nueva jerga y encontrar su lugar en el orden social de un pueblo pequeño. «Tienes que hacer cada vez todo un nuevo repertorio de amigos e interactuar con un nuevo repertorio de prejuicios.»[36]

Taylor estudió psicología experimental en la Universidad Metodista del Sur, sirvió en la marina y obtuvo una licenciatura y un máster por la Universidad de Texas. Mientras preparaba un artículo sobre psicoacústica, tuvo que introducir sus datos en tarjetas perforadas para el procesamiento por lotes en el sistema de computación de la universidad. «Tenía que ir cargando por ahí con pilas de tarjetas que tardaban días en ser procesadas, y luego me decían que había una coma mal puesta en la tarjeta 653 o algo así y había que rehacerlo todo —explicó—. Me sacaba de quicio.» Se dio cuenta de que podía haber una manera mejor al leer el artículo de Licklider sobre máquinas interactivas y la simbiosis hombre-computador, que le llevó a gritar de entusiasmo. «¡Sí, así es como debería ser», recordaba que se dijo a sí mismo.[37]

Después de dar clases en una escuela preparatoria y de trabajar para un contratista de Defensa de Florida, Taylor consiguió un trabajo en el cuartel general de la NASA en Washington D. C., supervisando las investigaciones sobre monitores de simuladores de vuelo. Por entonces Licklider dirigía la Oficina de Técnicas de Procesamiento de la Información en la ARPA, donde puso en marcha una serie de encuentros periódicos con otros investigadores del gobierno que estuviesen llevando a cabo trabajos similares. Cuando apareció Taylor, a finales de 1962, descubrió sorprendido que Licklider conocía el artículo sobre psicoacústica que había escrito en la Universidad de Texas. (El orientador de Taylor era amigo de Licklider.) «Me sentí muy halagado —recordaba Taylor—, así que a partir de entonces me convertí en su admirador y en un amigo realmente bueno de Lick.»

Taylor y Licklider viajaban juntos a los congresos algunas veces, lo que acabó de sellar su amistad. En un viaje a Grecia en 1963, Licklider llevó a Taylor a uno de los museos de arte de Atenas y le hizo una demostración de su técnica para analizar pinceladas mirando los cuadros con los ojos entrecerrados. Y en una taberna, aquella noche, Taylor pidió unirse a la banda y les enseñó canciones de Hank Williams.[38]

A diferencia de algunos ingenieros, tanto Licklider como Taylor entendían los factores humanos; habían estudiado psicología, sabían relacionarse con la gente y disfrutaban con la música y el arte. Aunque Taylor podía tener un carácter tempestuoso y Licklider tendía a ser tranquilo, ambos amaban trabajar con otras personas, hacer amistad con ellas y promover sus talentos. Este amor por la interacción humana y su comprensión del modo en que funcionaba los hacían muy aptos para diseñar las interfaces entre humanos y máquinas.

Cuando Licklider abandonó la IPTO, su adjunto, Ivan Sutherland, tomó el mando temporalmente y, a instancias de Licklider, Taylor dejó la NASA para convertirse en el adjunto de Sutherland. Taylor estaba entre los pocos que comprendían que las tecnologías de la información podían ser más estimulantes que el programa espacial. Después de que Sutherland renunciara en 1966 por una plaza de profesor titular en Harvard, Taylor no era la primera opción para todo el mundo, dado que no tenía un doctorado y no era científico computacional, pero al final consiguió el puesto.

A Taylor hubo tres cosas que le chocaron en la IPTO. En primer lugar, que cada una de las universidades y centros de investigación que tenían firmado un contrato con la ARPA quería los computadores más modernos y con más funcionalidades. Eso era un derroche y una duplicación. Tal vez había un computador que hacía gráficos en Salt Lake City y otro que minaba datos en Stanford, pero si un investigador necesitaba realizar ambas tareas tenía que ir de un lado a otro en avión o pedirle a la IPTO que financiara otro computador. ¿Por qué no conectarlos por medio de una red que les permitiera hacer un uso compartido del computador del otro? En segundo lugar, en sus viajes dando charlas a jóvenes investigadores, Taylor había descubierto que los que estaban en un sitio tenían un profundo interés por las investigaciones que se llevaban a cabo en otros lugares. Comprendió que sería lógico conectarlos electrónicamente para que pudiesen compartir información con más facilidad. En tercer lugar, a Taylor le sorprendía que hubiese tres terminales en su despacho del Pentágono, cada uno con sus contraseñas y comandos, conectados a diferentes centros computacionales financiados por la ARPA. «Esto es estúpido —pensaba—. Debería poder acceder a cualquiera de estos sistemas desde un único terminal.» Que necesitara tres, dijo, «condujo a una epifanía».[39] Esos tres problemas podían resolverse construyendo una red de datos que conectara los centros de investigación; esto es, si podía plasmar el sueño de Licklider de una Red Intergaláctica de Computadoras.

Fue hasta el Anillo E del Pentágono a ver a su jefe, el director de la ARPA Charles Herzfeld. Con su deje de Texas, Taylor sabía cómo encandilar a Herzfeld, un refugiado intelectual vienés. No llevaba ninguna presentación ni ningún informe, sino que se lanzó directamente a un discurso cargado de entusiasmo. Una red financiada e impuesta por la ARPA permitiría a los centros de investigación compartir los recursos computacionales y colaborar en proyectos, y a Taylor deshacerse de dos de los terminales de su despacho.

—Qué gran idea —le respondió Herzfeld—. Ponlo en marcha. ¿Cuánto dinero necesitas?

Taylor reconoció que podría costar un millón de dólares solo organizar el proyecto.

—Cuenta con ello —le dijo Herzfeld.

Mientras volvía a su despacho, Taylor echó un vistazo a su reloj. «Dios mío —murmuró para sí—. Solamente me ha llevado veinte minutos.»[40]

Era una anécdota que Taylor contaba a menudo en entrevistas y relatos orales. A Herzfeld le gustaba, pero más adelante se vio obligado a confesar que era un poco engañosa. «Taylor omite el hecho de que llevaba tres años estudiando el problema con él y con Licklider —explicó—. No costó conseguir ese millón de dólares porque en cierto modo estaba esperando que me lo pidiera.»[41] Taylor admitió que así era, y añadió un detalle: «Lo que me alegró de verdad fue que Charlie sacara el dinero de unos fondos que en teoría estaban destinados a desarrollar un sistema de defensa antimisiles, que a mí me parecía la idea más estúpida y peligrosa del mundo».[42]

Ahora Taylor necesitaba a alguien que dirigiera el proyecto, y así fue como Larry Roberts entró en escena. Era una elección obvia.

Roberts parecía nacido y formado para crear a crear internet. Sus padres eran doctores en química, y cuando aún no era más que un muchacho, cerca de Yale, había construido un televisor, una bobina de Tesla,* un equipo de radioaficionado y un sistema telefónico partiendo de cero. Fue al MIT, donde obtuvo la licenciatura, el máster y el doctorado en ingeniería. Impresionado por los artículos de Licklider sobre la simbiosis hombre-computador, fue a trabajar con él en el Laboratorio Lincoln y se convirtió en su protegido en los campos del tiempo compartido, las redes y las interfaces. Uno de sus experimentos allí consistió en conectar dos computadores alejados entre sí; fue financiado por Bob Taylor desde la ARPA. «Licklider me inspiró con su visión de enlazar computadores formando una red —recordaba Roberts—, y decidí que me dedicaría a eso.»

Pero Roberts seguía rechazando la oferta de Taylor de que fuera a Washington para ser su mano derecha. Le gustaba su trabajo en el Laboratorio Lincoln y no respetaba especialmente a Taylor. Además, había algo que este no sabía: un año antes, le habían ofrecido su puesto a Taylor. «Ivan se marchaba y me pidió que fuese a la IPTO como director, pero era un trabajo de gestor y yo prefería la investigación», explicó. Después de haber rechazado el cargo más importante, Roberts no tenía ninguna intención de convertirse en el segundo de Taylor. «Olvídalo —le dijo—. Estoy ocupado. Me lo estoy pasando bien con esta investigación maravillosa.»[43]

Había otro motivo por el que Roberts se resistía, y que Taylor notaba. «Larry venía del MIT y tenía un doctorado, y yo venía de Texas y tenía solo un máster —contó más adelante—. Así que sospecho que no quería trabajar para mí.»[44]

* Un transformador de alta frecuencia que puede tomar un voltaje normal, por ejemplo los 120 voltios de un enchufe estadounidense, y convertirlo en uno muy alto, a menudo con una descarga de energía en forma de arcos eléctricos de un aspecto impresionante.

Taylor, sin embargo, era un texano listo y testarudo. En el otoño de 1966 le preguntó a Herzfeld: «Charlie, ¿la ARPA no financia el 51 por ciento del Laboratorio Lincoln?». Herzfeld se lo confirmó. «Bueno, ¿sabes ese proyecto de red que quiero montar? Estoy teniendo problemas para conseguir el director de programa que quiero, y trabaja allí.» Tal vez Herzfeld pudiera llamar al director del laboratorio, sugirió Taylor, y decirle que haría bien en convencer a Roberts de aceptar el trabajo. Era un estilo muy texano de hacer las cosas, como habría apreciado el por aquel entonces presidente, Lyndon Johnson. El jefe del laboratorio no era ningún estúpido. «Seguramente, sería bueno para todos que lo consideraras», le señaló a Roberts tras recibir la llamada de Herzfeld.

Así pues, en diciembre de 1966 Larry Roberts entró a trabajar en la ARPA. «Chantajeé a Larry Roberts para que se hiciera famoso», diría Taylor tiempo después.[45]

Cuando Roberts se trasladó a Washington, alrededor de la Navidad, su esposa y él se quedaron unas semanas con Taylor mientras buscaban casa. Aunque no estaban destinados a ser amigos personales, la relación entre los dos hombres fue cordial y profesional, al menos durante los años que pasaron en la ARPA.[46]

Roberts no era tan genial como Licklider, ni tan extrovertido como Taylor, ni tan sociable como Bob Noyce. «Larry es un tipo frío», según dijo Taylor.[47] En cambio, tenía una característica que era igualmente útil para promover la creatividad colectiva y dirigir un equipo: era resoluto. Y, más importante aún, su resolución se basaba no en las emociones o en los favoritismos personales, sino en un análisis racional y preciso de las opciones. Sus colegas respetaban sus decisiones, aunque no estuvieran de acuerdo con ellas, porque era claro, tajante y justo. Esa era una de las ventajas de tener un auténtico ingeniero de producto al mando. Incómodo en el puesto de segundo de Taylor, Roberts se las apañó para llegar a un acuerdo con el jefe supremo, Charlie Herzfeld, y que lo nombrasen director científico del organismo. «Gestionaba contratos durante el día y trabajaba en mi investigación sobre redes por la noche», recordaba.[48]

Taylor, por su parte, era bromista y sociable, a veces en exceso. «Soy una persona extrovertida», comentó. Todos los años convocaba un congreso con los investigadores que recibían fondos de la ARPA y otro

para sus mejores alumnos de doctorado, normalmente en sitios divertidos como Park City, Utah o Nueva Orleans. Hacía que cada investigador realizara una presentación, y luego todo el mundo lo acribillaba a
preguntas y sugerencias. Así conoció a las estrellas en ciernes de todo el
país y se convirtió en un imán para el talento, algo que le serviría más
adelante, cuando fue a trabajar al Xerox PARC. Y también le sirvió
para llevar a cabo una de las tareas más importantes en la construcción
de una red: que todo el mundo creyera en la idea.

ARPANET

Taylor sabía que necesitaba venderle la idea de una red de tiempo compartido a la gente a la que pretendía servir, esto es, a los investigadores
que recibían fondos de la ARPA. Así que en abril de 1967 los invitó a
un encuentro en la Universidad de Michigan, y le encomendó a Roberts presentar el plan. Los terminales estarían conectados, explicó a
este, mediante líneas telefónicas en arrendamiento. Describió dos posibles arquitecturas: un sistema centralizado con un computador principal
situado en algún lugar, por ejemplo Omaha, que canalizaría la información, o un sistema en forma de telaraña, que tendría el aspecto de un
mapa de carreteras, con líneas cruzándose y entretejiéndose de una
punta a otra. Roberts y Taylor habían empezado a primar el enfoque
descentralizado; sería más seguro. La información podría ser transmitida
de nodo a nodo hasta llegar a su destino.

Muchos de los participantes eran reticentes a unirse a la red. «Las
universidades en general no querían compartir sus ordenadores con nadie —explicó Roberts—. Querían comprar sus propias máquinas y esconderse en un rincón.»[49] Y tampoco querían que nadie parasitara el
precioso tiempo de procesamiento de sus computadores por tener que
gestionar y encauzar el tráfico que se produciría con la entrada en la
red. Los primeros en disentir fueron Marvin Minsky, del Laboratorio de
Inteligencia Artificial del MIT, y su antiguo colega John McCarthy, que
estaba ahora en Stanford. Sus computadores, decían, ya estaban trabajando al máximo. ¿Por qué querrían permitir que otros se conectasen a
ellos? Además, tendrían que encargarse de enrutar el tráfico de la red

desde computadores que no conocían y cuyo lenguaje no hablaban. «Ambos se quejaban de que perderían potencia de computación y dijeron que no querían participar —recordaba Taylor—. Les dije que tenían que hacerlo, porque aquello me permitiría reducir a una tercera parte los fondos destinados a computadoras.»[50]

Taylor era persuasivo y Roberts, persistente, y ambos señalaron a los participantes que todos ellos recibían fondos de la ARPA. «Vamos a construir una red y vais a participar en ella —espetó Roberts de manera terminante—. Vais a conectarla con vuestras máquinas.»[51] No recibirían más financiación para comprar computadores hasta que estuviesen conectados a la red.

Las ideas afloran a menudo en los debates que se producen en los encuentros, y al final de la sesión de Michigan surgió una que ayudó a aplacar la oposición a la red. Vino de la mano de Wes Clark, que en el Laboratorio Lincoln había concebido un ordenador personal conocido como LINC. Estaba más interesado en desarrollar ordenadores diseñados para un uso individual que en promover el sistema de tiempo compartido en grandes computadores, así que no había prestado demasiada atención. Pero cuando el encuentro estaba ya terminando, entendió por qué costaba tanto que los centros de investigación aceptaran la idea de la red. «Justo antes de dar por terminada la reunión, recuerdo que de repente me di cuenta de cuál era el problema de fondo —contó—. Le pasé a Larry una nota en la que le decía que creía saber cómo solucionar el problema.»[52] De camino al aeropuerto, en un coche de alquiler conducido por Taylor, Clark le explicó su idea a Roberts, junto con otros dos colegas. La ARPA no debía obligar a los computadores de investigación de cada centro a gestionar el enrutamiento de datos, sino que tendría que diseñar y proporcionar a cada uno un minicomputador estandarizado que se ocupara de ello. Así, cada uno de los grandes computadores de investigación tendría solo la sencilla tarea de establecer una conexión con el minicomputador de enrutamiento suministrado por la ARPA. Esto tenía tres ventajas: libraría a los computadores centrales de cada host de la mayor parte de la carga, otorgaría a la ARPA el poder de homogeneizar la red y permitiría que el enrutamiento de datos estuviese completamente distribuido, en lugar de concentrado en algunos grandes hubs.

Taylor aceptó la idea de inmediato. Roberts hizo unas pocas preguntas y luego estuvo de acuerdo. La red estaría gestionada por los minicomputadores estandarizados que había propuesto Clark, que se dieron en llamar Procesadores de Mensajes de Interfaz, o IMP por sus siglas en inglés. Más adelante, se los llamaría simplemente «routers».

Cuando llegaron al aeropuerto, Taylor preguntó quién construiría esos IMP. Clark le respondió que era obvio; había que asignar la tarea a Bolt, Beranek and Newman, la empresa de Cambridge en la que había trabajado Licklider. Pero en el coche iba también Al Blue, encargado del cumplimiento de la normativa en la ARPA. Recordó a los demás que habría que sacar el proyecto a concurso de acuerdo con las leyes federales de contratación.[53]

En un congreso de puesta al día celebrado en Gatlinburg, Tennessee, en octubre de 1967, Roberts presentó el plan revisado para la red. También comunicó su nombre, ARPA Net, que más tarde sería ARPANET. Pero había un asunto que seguía sin resolver: la comunicación entre dos puntos de la red, ¿requeriría una línea en exclusiva, como ocurría con una llamada de teléfono, o había alguna manera práctica de conseguir que múltiples corrientes de datos usaran las líneas simultáneamente, como una especie de sistema de tiempo compartido para líneas telefónicas?

Entonces fue cuando un joven ingeniero de Inglaterra, Roger Scantlebury, se puso en pie para presentar un artículo sobre las investigaciones de su jefe, Donald Davies, del Laboratorio Nacional de Física británico. Este aportaba una respuesta: un método para fragmentar los mensajes en unas unidades pequeñas que había denominado «paquetes». Scantlebury añadió que la idea había sido desarrollada de modo independiente por un investigador llamado Paul Baran en la RAND. Después de la charla, Larry Roberts y otros se agruparon en torno a Scantlebury para conocer más detalles, y luego se trasladaron a un bar para hablar hasta bien entrada la noche.

La conmutación de paquetes: Paul Baran, Donald Davies y Leonard Kleinrock

Hay muchas formas de enviar datos a través de una red. La más sencilla, conocida como «conmutación de circuitos», es la que usan los sistemas telefónicos; una serie de conmutadores crean un circuito exclusivo para que las señales viajen en un sentido y en otro mientras dure la conversación, y esta conexión se mantiene abierta, incluso durante pausas largas. Otro método es la «conmutación de mensajes», o, como lo llamaban los telegrafistas, «conmutación de almacenamiento y reenvío». En este sistema, se otorga al mensaje completo un encabezado con el destinatario, se introduce en la red y luego se trasmite de nodo a nodo de camino a su destino.

Un método todavía más eficaz es la «conmutación de paquetes», en la que los mensajes son fragmentados en pedacitos de exactamente el mismo tamaño, llamados «paquetes», a los que se añade un encabezado de destinatario especificando adónde deben ir. Luego estos paquetes se envían dando saltos por la red hasta su destino, pasando de nodo en nodo y usando los enlaces más disponibles en cada instante. Si determinados enlaces empiezan a atascarse por un exceso de datos, algunos paquetes son enrutados hacia caminos alternativos. Cuando todos los paquetes llegan a su nodo de destino, se reacoplan siguiendo las instrucciones de los encabezados. «Es como dividir una carta muy larga en docenas de postales, cada una numerada y dirigida al mismo lugar —explicó Vint Cerf, uno de los pioneros de internet—. Cada una toma una ruta distinta para llegar a su destino y luego se reacoplan.»[54]

Como explicó Scantlebury en Gatlinburg, la primera persona que concibió detalladamente una red con conmutación de paquetes fue un ingeniero llamado Paul Baran. Su familia había emigrado desde Polonia cuando él tenía dos años y se había asentado en Filadelfia, donde su padre había abierto un pequeño colmado. Tras graduarse por el Instituto de Tecnología Drexel en 1949, Baran se unió a Presper Eckert y John Mauchly en su nueva empresa de computadores, donde probaba componentes para el UNIVAC. Luego se trasladó a Los Ángeles, fue a clases nocturnas en la UCLA y finalmente consiguió un trabajo en la RAND Corporation.

Cuando los rusos realizaron una prueba con una bomba de hidrógeno en 1955, Baran encontró la misión de su vida: ayudar a evitar un
holocausto nuclear. Un día, en la RAND, estaba revisando la lista semanal que enviaban las fuerzas aéreas con los temas que necesitaban investigar, y se fijó en uno referente a la construcción de un sistema militar
de comunicaciones que sobreviviera a un ataque enemigo. Sabía que un
sistema como ese podía ayudar a evitar una conflagración nuclear, porque si uno de los bandos temía que su sistema de comunicaciones quedara fuera de combate, era más probable que lanzara un primer ataque
preventivo en cuanto aumentaran las tensiones. Con un sistema de comunicaciones capaz de sobrevivir, en cambio, los países no tendrían la
necesidad de saltar a la mínima.

Baran dio con dos ideas clave, que empezó a publicar en 1960. La
primera era que la red no debía estar centralizada; no debía haber ningún hub central que controlara toda la conmutación y el enrutamiento.
Es más, ni siquiera debía estar meramente descentralizada, con el control repartido en muchos hubs regionales, como el sistema telefónico de
AT&T o el mapa de rutas de una gran aerolínea; si el enemigo eliminaba algunos de estos nodos, el sistema podía quedar inutilizado. En lugar
de eso, el control debía estar completamente desperdigado. En otras
palabras, todos y cada uno de los nodos debían tener el mismo poder
para conmutar y enrutar el flujo de datos.

Dibujó una red que parecía una malla de pesca. Todos los nodos
tenían la capacidad de enrutar el tráfico, y cada uno estaba conectado a
unos cuantos más. Si cualquier nodo resultaba destruido, el tráfico sería
enrutado por otros caminos. «No hay un control central —explicó Baran—. En cada nodo se practica una sencilla política de enrutamiento
local.» Calculó que, incluso si cada nodo tuviera solo tres o cuatro enlaces, el sistema tendría una capacidad de adaptación y de supervivencia
casi ilimitada. «Un nivel de redundancia de, quizá, solo tres o cuatro
haría posible una red casi tan robusta como el límite teórico.»[55]

«Después de considerar cómo conseguir una red robusta, tenía que
abordar el problema de hacer viajar las señales por esta red similar a una
red de pesca», señaló Baran.[56] Esto le llevó a la segunda idea, que era
descomponer los datos en pequeños bloques de tamaño estandarizado.
Los mensajes se fragmentarían en muchos de estos bloques, que avanza-

rían a toda prisa por distintos caminos, a través de los nodos de la red, y se reacoplarían al llegar a su destino. «Un bloque de mensaje universalmente estandarizado estaría compuesto de, tal vez, 1.024 bits —escribió—. La mayor parte del bloque de mensaje estaría reservado para cualquier dato textual que se quisiera transmitir, mientras que el resto contendría información de gestión interna, como datos de detección de errores o de enrutamiento.»

Baran topó entonces con una de las realidades de la innovación; a saber, que las burocracias atrincheradas son reacias al cambio. La RAND recomendó su idea de una red de conmutación de paquetes a las fuerzas aéreas, que tras una valoración exhaustiva decidieron construir una. Pero entonces el Departamento de Defensa decretó que un proyecto como aquel tenía que gestionarlo la Agencia de Comunicaciones, de modo que todas las fuerzas armadas pudiesen usar la red. Baran se dio cuenta de que la Agencia nunca tendría el deseo ni la capacidad de llevarlo a cabo.

Así pues, intentó convencer a AT&T de que complementara su red de voz de conmutación de circuitos con una red de datos de conmutación de paquetes. «Se resistieron con uñas y dientes —recordaba—. Lo intentaron todo con tal de detenerlo.» Ni siquiera dejaban que la RAND usara los planos de sus circuitos, así que Baran tuvo que usar un juego de mapas filtrado. Hizo varios viajes a la sede de AT&T en el Bajo Manhattan. En uno de ellos, un alto ejecutivo —un anticuado ingeniero analógico— se quedó perplejo cuando Baran explicó que con su sistema los datos podían viajar de ida y vuelta sin necesidad de un circuito exclusivo que permaneciese abierto todo el tiempo. «Miró a los colegas que había en la sala con los ojos en blanco, en señal de su absoluta incredulidad», contó Baran. Después de una pausa, el ejecutivo le dijo: «Hijo, así es como funciona un teléfono», y prosiguió con una descripción condescendiente y simplista.

Como Baran continuó insistiendo en su propuesta aparentemente absurda de que los mensajes podían fragmentarse y salir volando por la red en forma de paquetitos, AT&T lo invitó, así como a otros ajenos a la empresa, a una serie de seminarios en los que se explicaba cómo funcionaba realmente su sistema. «Hicieron falta noventa y cuatro oradores distintos para describir el sistema completo», dijo Baran maravillado.

Cuando terminó, los ejecutivos de AT&T le preguntaron: «¿Ves ahora por qué la conmutación de paquetes no funcionaría?». Para su gran decepción, Baran se limitó a responder: «No». Una vez más, AT&T estaba atenazada por el dilema del innovador: se resistía a tomar en consideración un tipo completamente nuevo de red de datos porque estaba consagrada a los circuitos tradicionales.[57]

El trabajo de Baran culminó finalmente en once volúmenes de detallados análisis de ingeniería, *On Distributed Communications*, que completó en 1964. Insistió en que no se clasificara como secreto porque era consciente de que un sistema como aquel funcionaría mejor si los rusos disponían también de uno. Aunque Bob Taylor leyó una parte, nadie más en la ARPA lo hizo, de modo que la idea de Baran tuvo muy poca repercusión hasta que llegó a oídos de Larry Roberts en la conferencia de Gatlinburg de 1967. Cuando volvió a Washington, Roberts desenterró los informes de Baran, les quitó el polvo y comenzó a leerlos.

Roberts se hizo también con los artículos que había escrito el grupo de Donald Davies en Inglaterra, y que Scantlebury le había resumido en Gatlinburg. Davies era hijo de un galés, oficinista de una mina de carbón, que murió a los pocos meses de que naciera su hijo, en 1924. El pequeño Davies creció en Portsmouth con su madre, que trabajaba para la Oficina General de Correos británica, empresa que gestionaba el sistema telefónico nacional. Pasó la infancia jugando con circuitos de teléfono, y luego se licenció en matemáticas y física en el Imperial College de Londres. Durante la guerra trabajó en la Universidad de Birmingham, creando aleaciones para los tubos de armas nucleares como ayudante de Klaus Fuchs, que resultaría ser un espía soviético. Luego pasó a trabajar con Alan Turing en la construcción del motor de computación automática, un computador de programa almacenado, en el Laboratorio Nacional de Física.

Davies desarrolló dos intereses: el sistema de tiempo compartido, que había descubierto durante una visita al MIT en 1965, y el uso de líneas telefónicas para la comunicación de datos. Combinando estas dos ideas en su cabeza, dio con el objetivo de encontrar un método similar al del tiempo compartido para maximizar el uso de las líneas de comunicación. Esto lo condujo a los mismos conceptos que había desarrollado Baran en torno a la eficacia de las unidades de mensaje de tamaño reducido. Y dio también con una palabra inglesa de las de toda la vida para ellas: «paquetes». Cuando trató de convencer a la Oficina General de Correos de que adoptara ese sistema, se topó con el mismo problema que tuvo Baran al llamar a la puerta de AT&T. Pero ambos encontraron un admirador en Washington. Larry Roberts no solo abrazó sus ideas, sino que también adoptó la palabra «paquete».[58]

El tercer colaborador en esta mixtura, algo más controvertido, fue Leonard Kleinrock, un experto en el flujo de datos en redes, jovial, afable y, de vez en cuando, algo arribista, que se había convertido en íntimo amigo de Larry Roberts el tiempo que compartieron despacho siendo estudiantes de doctorado en el MIT. Kleinrock creció en Nueva York en una familia de inmigrantes pobres. Su interés por la electrónica nació cuando, a los seis años, vio las instrucciones para construir una radio de cristal sin pilas en un cómic de Superman. Juntó un rollo de papel higiénico, una cuchilla de afeitar de su padre, algo de cable y grafito sacado de un lápiz, y luego convenció a su madre para que lo llevara en metro hasta el Lower Manhattan a comprar un condensador variable en una tienda de electrónica. El artilugio funcionó, y así floreció una fascinación por la electrónica que duraría toda la vida. «Aún sigo asombrado —dijo al recordar aquella radio—. Me sigue pareciendo mágico.» Comenzó a agenciarse manuales de válvulas de radio en tiendas de saldos y a rescatar radios desechadas de los contenedores, despedazándolas en componentes como un buitre para construir sus propios aparatos.[59]

Como no podía permitirse ir a la universidad, ni siquiera al City College de Nueva York, cuya matrícula era gratuita, trabajaba de día en una empresa de electrónica y luego iba a clases nocturnas. Los instructores de esa franja horaria eran más prácticos que los diurnos; en lugar de enseñarle la teoría del transistor, Kleinrock recuerda que su profesor les explicó lo sensibles que eran al calor y cómo ajustarlos a la temperatura prevista a la hora de diseñar un circuito. «Nunca aprendías cosas tan prácticas en el turno de día —recordaba—. Los instructores simplemente no sabían esas cosas.»[60]

Después de graduarse, consiguió una beca para cursar el doctorado en el MIT. Allí estudió teoría de colas, que considera cuestiones tales como cuál podría ser el tiempo medio de espera en una cola en función de una diversidad de factores, y en su tesis formuló algunas de las matemáticas subyacentes que analizaban cómo fluirían los mensajes y cómo surgirían cuellos de botella en las redes de datos conmutadas. Además de compartir despacho con Roberts, Kleinrock era compañero de clase de Ivan Sutherland y asistía a las clases de Claude Shannon y Norbert Wiener. «Era un auténtico semillero de brillantez intelectual», afirmó recordando el MIT en aquellos tiempos.[61]

Una noche, en el laboratorio de computadores del MIT, un cansado Kleinrock estaba manejando una de las máquinas, un computador experimental enorme conocido como TX-2, cuando oyó un silbido desconocido. «Comencé a preocuparme mucho —recordaba—. Había una ranura vacía de la que habían retirado una pieza para repararla, así que levanté la vista y me fijé en aquella ranura... ¡Había dos ojos mirándome!» Era Larry Roberts, que le gastaba una broma.[62]

Kleinrock, lleno de vitalidad, y Roberts, circunspecto hasta límites insospechados, siguieron siendo amigos a pesar (o tal vez a causa) de lo distintas que eran sus personalidades. Lo pasaban bien yendo juntos a los casinos de Las Vegas para intentar engañar a la banca. A Roberts se le ocurrió una estratagema para contar las cartas en el blackjack, que consistía en llevar el control tanto de las altas como de las bajas, y se lo enseñó a Kleinrock. «Una vez nos echaron, jugando con mi esposa en el Hilton. Los responsables del casino nos estaban vigilando a través del techo y se pusieron recelosos cuando compré seguro para una mano para la que no era muy normal hacerlo a no ser que supieras que quedaban pocas cartas altas», recordaba Roberts. Otro truco consistía en calcular la trayectoria de la bola en la mesa de la ruleta usando un contador hecho de transistores y un oscilador. Mediría la velocidad de la bola y predeciría a qué lado de la ruleta iría a parar, lo que les permitiría apostar con unas probabilidades más favorables. Con el fin de reunir los datos necesarios, Roberts se vendó la mano con gasa para esconder una grabadora. El crupier, intuyendo que tramaban algo, los miró y les dijo «¿Quieres que te rompa el otro brazo?». Kleinrock y él decidieron que no y se largaron.[63]

En su proyecto de tesis en el MIT, redactado en 1961, Kleinrock proponía analizar la base matemática con la que predecir los atascos de tráfico en una red en forma de telaraña. En este y otros artículos relacionados, describía una red de almacenamiento y reenvío —«redes de comunicación en las que hay almacenamiento en cada uno de los nodos»—, pero no una red de conmutación de paquetes pura. Abordaba el asunto «del retraso medio experimentado por un mensaje en su paso por la red» y analizaba el modo en que la aplicación de una estructura de prioridades que incluyese romper los mensajes en unidades más pequeñas podría ayudar a resolver el problema. No empleaba, sin embargo, el término «paquete» ni introducía ningún concepto que guardase con este un estrecho parecido.[64]

Kleinrock era un colega sociable y entusiasta, pero nunca fue conocido por emular a Licklider en su reticencia a reclamar reconocimiento. Con el paso del tiempo se enemistaría con muchos de los otros desarrolladores de internet al afirmar que, en su tesis doctoral y en el artículo del proyecto (ambos escritos después de que Baran empezara a hablar de la conmutación de paquetes en la RAND), había «desarrollado los principios básicos de la conmutación de paquetes» y «la teoría matemática de las redes de paquetes, la tecnología en que se basaba internet».[65] A partir de mediados de la década de 1990, emprendió una vigorosa campaña para que lo reconocieran «como el padre de las modernas redes de datos».[66] En una entrevista de 1996 aseguró: «Mi tesis sentó los principios básicos de la conmutación de paquetes».[67]

Esto levantó un clamor entre muchos otros pioneros de internet, que atacaron públicamente a Kleinrock y dijeron que su breve mención a las unidades de mensaje no llegaba a ser ni de lejos un proyecto de conmutación de paquetes. «Kleinrock es un tergiversador —dijo Bob Taylor—. Que afirme tener algo que ver con la invención de la conmutación de paquetes es el típico arribismo incorregible, del que pecó desde el primer día.»[68] (Kleinrock contraatacó: «Taylor está decepcionado porque nunca ha recibido todo el reconocimiento que creía merecer».)[69]

Donald Davies, el investigador británico que acuñó el término «paquete», era un hombre amable y reservado que nunca alardeó de sus logros. La gente decía que se pasaba de humilde. Pero cuando estaba a punto de morir, escribió un artículo, publicado póstumamente, en el que atacaba a Kleinrock en unos términos sorprendentemente duros. «El trabajo de Kleinrock antes y hasta 1964 no le da ningún derecho a atribuirse la conmutación de paquetes —escribió tras un análisis exhaustivo—. El pasaje de su libro en torno a la disciplina de cola en sistemas de tiempo compartido, de haberlo desarrollado hasta llegar a una conclusión, le habría conducido a la conmutación de paquetes, pero no fue así. [...] No encuentro ninguna prueba de que comprendiera los principios de la conmutación de paquetes.»[70] Alex McKenzie, un ingeniero que llevaba el centro de control de la red de BBN, sería tiempo después aún más contundente. «Kleinrock afirma haber introducido la idea de la paquetización. Esto es un completo disparate; no hay NADA en todo el libro de 1964 que sugiera, analice o mencione la idea de la paquetización.» Decía que las reivindicaciones de Kleinrock eran «ridículas».[71]

La reacción contra Kleinrock fue tan dura que se convirtió en el tema de un artículo del *New York Times* escrito por Katie Hafner en 2001. En él, describía cómo la acostumbrada actitud colegial de los pioneros de internet había saltado en pedazos ante la reclamación de prioridad de Kleinrock sobre el concepto de la conmutación de paquetes. Paul Baran, que sí merecería ser reconocido como el padre de la conmutación de paquetes, salió a la palestra para decir que «internet es en realidad el trabajo de un millar de personas», y señaló con toda la intención que la mayor parte de la gente implicada no reclamaba reconocimiento alguno para sí. «Es solo ese caso sin importancia el que parece una aberración», añadió, aludiendo despectivamente a Kleinrock.[72]

Curiosamente, hasta mediados de la década de 1990, el propio Kleinrock había otorgado a otros el mérito de concebir la idea de la conmutación de datos. En un artículo publicado en noviembre de 1978, mencionaba a Baran y a Davies como pioneros del concepto: «A principios de los sesenta, Paul Baran había descrito algunas de las propiedades de las redes de datos en una serie de artículos de la RAND Corporation. [...] En 1968, Donald Davies, del Laboratorio Nacional de Física de Inglaterra, había empezado a escribir sobre redes de conmutación de paquetes.»[73] Asimismo, en un artículo de 1979 en el que relataba el desarrollo de las redes distribuidas, Kleinrock no mencionaba ni citaba su propio trabajo de principios de la década de 1960. Todavía en 1990 seguía afirmando que Baran había sido el primero en concebir la conmutación de paquetes: «Le atribuiría [a Baran] las primeras ideas».[74] Sin embargo, cuando el artículo de Kleinrock de 1979 fue reimpreso en 2002, este escribió una nueva introducción en la que afirmaba: «Yo desarrollé los principios subyacentes a la conmutación de paquetes, pues publiqué el primer artículo al respecto en 1961».[75]

Para ser justos con Kleinrock, reivindicara o no que su trabajo de principios de la década de 1960 había conducido a la conmutación de paquetes, sí tendría que habérsele concedido (y debería concedérsele todavía) un gran respeto como pionero de internet. Fue indiscutiblemente un teórico importante y adelantado del flujo de datos en redes, y también un líder muy valorado en la construcción de ARPANET. Fue uno de los primeros en calcular el efecto de descomponer los mensajes al transmitirlos de un nodo a otro. Además, a Roberts su trabajo teórico le pareció valioso y lo reclutó para formar parte del equipo que puso en marcha ARPANET. La innovación la impulsa la gente que tiene tanto buenas teorías como la oportunidad de formar parte de un grupo que pueda ponerlas en práctica.

La polémica en torno a Kleinrock es interesante porque muestra que la mayoría de los creadores de internet prefirieron —por usar una metáfora acorde— un sistema de reconocimiento plenamente distribuido. De forma instintiva, aislaron y evitaron cualquier nodo que tratara de reclamar un papel más significativo que el de los demás. Internet nació de un espíritu de colaboración creativa y de toma de decisiones distribuida, y sus fundadores querían proteger ese legado. Quedó arraigado en sus personalidades, y en el ADN del propia internet.

¿Tuvo algo que ver con la bomba atómica?

Una de las historias generalmente aceptadas de internet es que fue construido para sobrevivir a un ataque nuclear. Esto indigna a muchos de sus arquitectos, incluidos Bob Taylor y Larry Roberts, que han desacreditado insistente y repetidamente este mito fundacional. Sin embargo, como en el caso de muchas de las innovaciones de la era digital, hubo múltiples causas y orígenes. Los diferentes participantes tienen perspectivas distintas. Algunos de los que estaban por encima de Taylor y de Roberts en la cadena de mando, y que están más informados de por qué se tomaron realmente las decisiones de financiarlo, han comenzado a refutar las refutaciones. Intentemos ir quitando capas.

No cabe duda de que cuando Paul Baran propuso una red de conmutación de paquetes en los informes de la RAND, la supervivencia nuclear era una de sus razones de ser. «Era necesario un sistema estratégico capaz de resistir un primer ataque y luego de pagar con la misma moneda —explicó—. El problema era que no teníamos un sistema de comunicaciones que pudiese sobrevivir, así que los misiles soviéticos que fueran lanzados contra territorio estadounidense podían dejar fuera de combate todo el sistema de comunicación telefónica.»[76] Eso condujo a una precaria situación de alerta máxima; era más probable que un país lanzara un ataque preventivo si temía que sus comunicaciones y su capacidad de respuesta no sobrevivieran a un enfrentamiento. «El origen de la conmutación de paquetes tiene mucho que ver con la guerra fría —dijo—. Me interesaba el tema de cómo demonios construir un sistema de mando y control que fuera fiable.»[77] De modo que en 1960 Baran emprendió el diseño de «una red de comunicaciones que permitirá que varios centenares de estaciones de comunicación importantes sigan en contacto después de un ataque enemigo».[78]

Puede que ese fuera el objetivo de Baran, pero recordemos que nunca convenció a las fuerzas aéreas de construir semejante sistema. Sus ideas fueron adoptadas por Roberts y Taylor, que recalcaron que solo querían crear una red de recursos compartidos para los investigadores de la ARPA, no una que sobreviviera a un ataque. «La gente ha cogido lo que escribió Paul Baran sobre una red de defensa nuclear segura y ha ido aplicándolo a ARPANET —afirmó Roberts—. Por descontado, no tienen nada que ver la una con el otro. Lo que yo le dije al Congreso fue que aquello era por el futuro de la ciencia mundial —del mundo civil así como del militar—, y que el ejército saldría tan beneficiado como el resto del mundo. Pero, claramente, no se hizo con fines militares, y yo no mencioné la guerra nuclear.»[79] En cierto momento, la revista *Time* publicó que internet había sido creado para garantizar las comunicaciones después de un ataque nuclear, y Taylor escribió una carta a los directores para corregirlos. *Time* no la publicó. «Me contestaron con una carta en la que insistían en que sus fuentes eran correctas», recordaba.[80]

Las fuentes de *Time* estaban por encima de Taylor en la cadena de mando. Puede que los que trabajaban en la Oficina de Técnicas de Procesamiento de Información de la ARPA, que era la responsable del proyecto de red, creyeran sinceramente que dicho proyecto no tenía nada que ver con la supervivencia nuclear, pero algunos de los jefazos de la ARPA lo consideraban, de hecho, uno de sus cometidos cruciales. Y así fue como convencieron al Congreso de que siguiera financiándolo.

Stephen Lukasik fue el director adjunto de la ARPA entre 1967 y 1970, y luego el director hasta 1975. En junio de 1968 logró obtener la autorización formal y la asignación de fondos para que Roberts procediera a construir la red. Eso fue apenas unos meses después de la ofensiva del Tet y la matanza de My Lai en Vietnam. Las protestas contra la guerra estaban en su apogeo, y los estudiantes habían provocado disturbios en las universidades más importantes. El dinero de Defensa no fluía generosamente hacia proyectos costosos diseñados con el único fin de permitir la colaboración entre investigadores del mundo académico. El senador Mike Mansfield y otros habían empezado a exigir que solo los proyectos con relevancia directa para un propósito militar obtuvieran financiación. «En ese contexto —explicó Lukasik—, lo habría tenido muy difícil para destinar un montón de dinero a la red solo para mejorar la productividad de los investigadores. Ese razonamiento, simplemente, no habría sido lo bastante sólido. Lo que sí lo era era la idea de que la conmutación de paquetes haría que la red tuviese más probabilidades de sobrevivir, que fuese más robusta frente a los daños. [...] En una situación estratégica —es decir, un ataque nuclear— el presidente podría seguir comunicándose con los silos de misiles. De modo que puedo asegurarle que, en la medida en que yo firmaba los cheques, cosa que hice de 1967 en adelante, los firmaba porque esa era la necesidad de la que estaba convencido.»[81]

En 2011, a Lukasik le hacía gracia y también le molestaba un poco el que se había convertido en un dogma ampliamente aceptado: que ARPANET no se había construido por razones militares estratégicas. Así que escribió un texto titulado «Por qué se construyó ARPANET», que hizo circular entre sus colegas. «La existencia de la ARPA y su único propósito atañían a la necesidad de dar respuesta a las nuevas preocupaciones en materia de seguridad nacional, que requerían una visibilidad de alto nivel —explicaba—. En el presente caso, eran el control y mando de las fuerzas militares, especialmente las que se derivaban de la existencia de armas nucleares y de desalentar su uso.»[82]

Esto contradecía de plano las declaraciones de uno de sus predecesores como director de la ARPA, Charles Herzfeld, el refugiado vienés que en 1965 había aprobado la propuesta de Bob Taylor de crear una red de investigación de tiempo compartido. «ARPANET no fue puesto en marcha para crear un Sistema de Mando y Control que sobreviviera a un ataque nuclear, como tantos afirman ahora —insistió Herzfeld muchos años después—. Construir un sistema como ese era, claramente, una necesidad militar prioritaria, pero no era misión de la ARPA hacerlo.»[83]

Dos versiones semioficiales autorizadas por la ARPA adoptaban posturas opuestas. «Fue a raíz del estudio de la RAND cuando los falsos rumores empezaron a afirmar que ARPANET estaba de algún modo relacionado con la construcción de una red resistente a una guerra nuclear —afirmaba el relato escrito por la Internet Society—. Esto nunca fue cierto en el caso de ARPANET, solo el del estudio de la RAND, desvinculado de este.»[84] Por su parte, el «Informe final» de la Fundación Nacional para la Ciencia afirmaba en 1995 que «ideado por la Agencia de Proyectos de Investigaciones Avanzadas del Departamento de Defensa, el plan de conmutación de paquetes de ARPANET estaba pensado para proporcionar comunicaciones fiables frente a un ataque nuclear».[85]

Así pues, ¿qué visión es la correcta? En este caso, ambas lo son. Para los académicos y los investigadores que estaban construyendo la red, esta solo tenía un propósito pacífico, mientras que para algunos de los que estaban supervisando y financiando el proyecto, en particular en el Pentágono y en el Congreso, tenía también un fundamento militar. A finales de la década de 1960 Stephen Crocker era un estudiante de posgrado que pasó a estar enteramente involucrado en la coordinación del diseño de ARPANET. Nunca consideró que la supervivencia nuclear fuese parte de su misión. Aun así, cuando Lukasik hizo circular su artículo de 2011, Crocker lo leyó, sonrió y se replanteó su opinión. «Yo estaba arriba y vosotros, abajo, así que en realidad no teníais ni idea de lo que estaba pasando ni de por qué lo estábamos haciendo», le dijo Lukasik. A lo que Crocker le respondió, con un toque de humor que enmascaraba cierta sabiduría: «Yo estaba abajo y vosotros, arriba, así que no teníais ni idea de lo que estaba pasando ni de lo que estábamos haciendo».[86]

Tal y como acabó comprendiendo Crocker, «no podemos pretender que todos los tipos involucrados en la red se pongan de acuerdo en por qué se construyó». Leonard Kleinrock, que había sido su supervisor en la UCLA, llegó a la misma conclusión. «Nunca sabremos si la supervivencia nuclear era la principal motivación. Es una pregunta sin respuesta. Para mí, no había ningún propósito militar, pero si subimos por la cadena de mando, estoy seguro de que algunos decían que la supervivencia ante un ataque nuclear sí que era una razón.»[87]

ARPANET acabó representando una interesante confluencia de intereses militares y académicos. Fue financiado por el Departamento de Defensa, que tendía a preferir sistemas de mando jerárquicos con un control centralizado, pero el Pentágono había delegado el diseño a un puñado de académicos, entre los cuales algunos estaban tratando de evitar el reclutamiento y la mayoría desconfiaban de la autoridad centralizada. Dado que optaron por una estructura de nodos ilimitados, cada uno con su propio enrutador —en lugar de una estructura basada en unos pocos hubs centralizados—, la red sería difícil de controlar. «Siempre que me fue posible, opté por descentralizar la red —dijo Taylor—. De ese modo sería complicado que un grupo se hiciera con el control. Yo no confiaba en las organizaciones grandes y centralizadas. Estaba en mi naturaleza el desconfiar de ellas.»[88] Al escoger a gente como Taylor para construir su red, el Pentágono estaba engendrando una que no sería completamente capaz de controlar.

Y había aún otro aspecto irónico. Esa arquitectura descentralizada y distribuida suponía que la red fuese más fiable, que pudiera incluso resistir un ataque nuclear. Construir un sistema de mando y control militar resistente y a prueba de ataques no era lo que había motivado a los investigadores de la ARPA. Ni siquiera se les pasaba por la cabeza. Pero fue una de las razones por las que consiguieron para el proyecto una aportación continua de fondos del Pentágono y el Congreso.

Incluso después de que ARPANET se metamorfoseara en internet a principios de la década de 1980, siguió sirviendo a propósitos tanto civiles como militares. Vint Cerf, un pensador reflexivo y moderado que ayudó a crear internet, recordaba: «Quería demostrar que nuestra tecnología podía sobrevivir a un ataque nuclear». Así que en 1982 realizó una serie de pruebas que simulaban artificialmente un ataque nuclear. «Había varios simulacros o demostraciones, algunos extremadamente ambiciosos. Involucraron al Mando Aéreo Estratégico. En cierto momento, lanzamos desde un avión radios por paquetes sobre el terreno mientras utilizábamos los sistemas aéreos para acoplar fragmentos de internet que habían sido segregados por un ataque nuclear simulado.» Radia Perlman, una de las ingenieras de redes más destacadas, desarrolló en el MIT protocolos que asegurarían la solidez de la red ante un ataque malintencionado, y ayudó a Cerf a dar con el modo de fragmentar y reconstruir ARPANET cuando fuese necesario y volverlo así más resistente.[89]

La interrelación de propósitos militares y académicos quedó arraigada en internet. «El diseño tanto de ARPANET como de internet primó los valores militares, como la capacidad de supervivencia, la flexibilidad y un alto rendimiento, frente a objetivos comerciales como el bajo coste, la sencillez o el atractivo para el consumidor —subrayó la historiadora de la tecnología Janet Abbate—. Al mismo tiempo, el grupo que diseñó y construyó las redes de la ARPA estaba dominado por científicos académicos, que incorporaron al sistema sus propios valores de colegialidad, descentralización de la autoridad e intercambio abierto de la información.»[90] Estos investigadores académicos de finales de la década de 1960, muchos de ellos vinculados a la contracultura antibelicista, crearon un sistema que se resistía al mando centralizado. Sortearía cualquier daño ocasionado por un ataque nuclear, pero también cualquier intento de someterlo a control.

UN PASO DE GIGANTE: HA LLEGADO ARPANET, OCTUBRE DE 1969

En el verano de 1968, mientras gran parte del mundo, de Praga a Chicago, se veía sacudido por la agitación política, Larry Roberts envió una convocatoria de concurso para empresas que quisieran construir los minicomputadores que se enviarían a cada centro de investigación para servir como enrutadores, o «procesadores de mensajes de interfaz», del proyectado ARPANET. El plan incorporaba el concepto de conmutación de paquetes de Paul Baran y Donald Davies, la propuesta de Wes Clark de IMP estandarizados, las visiones teóricas de J. C. R. Licklider y Leonard Kleinrock, y las contribuciones de otros muchos inventores.

De las 140 empresas que recibieron la convocatoria, solo una docena decidieron enviar una oferta. IBM, por ejemplo, no lo hizo. Dudaba que los IMP pudieran construirse a un precio razonable. Roberts convocó una reunión del comité en Monterey, California, para valorar las ofertas que habían recibido, y Al Blue, el especialista en normativas, sacó fotografías de todas ellas con una regla al lado para mostrar su grosor.

Raytheon, el gran contratista de defensa de la zona de Boston, fundado por Vannevar Bush, se situó como el favorito, y llegó incluso a entrar en negociaciones sobre los precios con Roberts. Pero Bob Taylor intervino y expresó la postura, que ya venía defendiendo Wes Clark, de que el contrato debía ser para BBN, que no cargaba con una larga tradición de burocracia corporativa. «Dije que la cultura empresarial de Raytheon y la de las universidades dedicadas a la investigación combinarían mal, como el agua y el aceite», rememoraba Taylor.[91] En palabras de Clark, «Bob se impuso al comité». Robert accedió: «Raytheon tenía una buena propuesta que competía en igualdad con BBN, y el único factor distintivo a largo plazo de cara a tomar mi decisión definitiva fue que BBN tenía un grupo más unido y organizado de tal manera que pensé que sería más eficaz».[92]

Al contrario que la burocratizada Raytheon, BBN contaba con un elenco de ingenieros brillantes y hábiles encabezado por dos refugiados del MIT, Frank Heart y Robert Kahn.[93] Ayudaron a mejorar el plan de Roberts especificando que, cuando un paquete fuese enviado de un IMP al siguiente, el IMP emisor lo mantuviera almacenado hasta recibir confirmación del IMP receptor, y que reenviase el mensaje si la confirmación no llegaba de inmediato. Esa se convertiría en la clave de la fiabilidad de la red. A cada paso, el diseño mejoraba gracias a la creatividad colectiva.

Justo antes de la Navidad, Robert sorprendió a muchos al anunciar la elección de BBN en lugar de Raytheon. Ted Kennedy remitió el acostumbrado telegrama que envían los senadores cuando un ciudadano de su circunscripción consigue un gran proyecto federal. En él, felicitaba a BBN por haber sido escogida para construir el procesador de mensajes de «interfé», que en cierto modo era una descripción apropiada para el papel ecuménico de los procesadores de mensajes de interfaz.[94]

Roberts seleccionó cuatro centros de investigación para que fuesen los primeros nodos de ARPANET: la UCLA, donde trabajaba Kleinrock; el Instituto de Investigación de Stanford (SRI), con el visionario Douglas Engelbart; la Universidad de Utah, con Ivan Sutherland, y la Universidad de California en Santa Bárbara. Se les encomendó la tarea de averiguar cómo podían conectarse sus grandes computadores hosts con los IMP estandarizados que se les iban a enviar. Como típicos profesores veteranos, los investigadores de estos centros reclutaron a una tropa variopinta de estudiantes de posgrado para que hiciesen el trabajo.

Los miembros de este joven grupo de trabajo se reunieron en Santa Bárbara para buscar la manera de avanzar, y descubrieron una verdad que seguiría siendo válida aun en la era de las redes sociales digitales; que era muy útil —y divertido— reunirse en persona, interactuar cara a cara. «Hubo una especie de efecto cóctel con el que descubrimos que había mucha afinidad entre nosotros», contó Stephen Crocker, un estudiante de doctorado del equipo de la UCLA que había ido en coche hasta allí con su mejor amigo y colega, Vint Cerf. Así que decidieron reunirse regularmente, alternando las localizaciones.

Crocker, educado y respetuoso, con una cara amplia y una sonrisa aún más amplia, tenía la personalidad perfecta para ser el coordinador de lo que se convertiría en uno de los procesos en equipo arquetípicos de la era digital. A diferencia de Kleinrock, Crocker rara vez usaba el pronombre «yo»; estaba más interesado en repartir el reconocimiento que en reclamarlo. Su sensibilidad hacia los otros le confería un don intuitivo para coordinar un grupo sin tratar de centralizar el control o la autoridad, algo muy apropiado para el modelo de red que estaban tratando de inventar.

Los meses pasaban, y los estudiantes de posgrado seguían reuniéndose y compartiendo ideas mientras esperaban que un funcionario todopoderoso cayese sobre ellos y los mandase para casa. Daban por sentado que en algún momento las autoridades de la Costa Este aparecerían con reglas, normativas y protocolos grabados en piedra para que los obedecieran los meros gestores de los computadores host. «No éramos más que unos cuantos estudiantes de posgrado voluntarios, y yo estaba convencido de que un cuerpo de figuras con autoridad o de adultos llegados de Washington o de Cambridge aparecería en cualquier momento para decirnos cuáles eran las reglas», explicó Crocker. Pero aquella era una nueva era. Se suponía que la red debía ser horizontal, y también debía serlo la autoridad sobre ella. Su creación y sus normas vendrían generadas por el usuario. Sería un proceso abierto. Aunque en parte estaba financiada para facilitar el mando y control militar, lo haría resistiéndose a uno centralizado. Los coroneles habían cedido autoridad a los hackers y académicos.

Así pues, tras un encuentro especialmente divertido en Utah, a comienzos de abril de 1967, esta pandilla de estudiantes de posgrado, que se habían bautizado como Grupo de Trabajo de la Red (Network Working Group), decidieron que sería útil poner por escrito algunas de las cosas que habían imaginado.[95] Crocker, que con su educada falta de pretenciosidad logró que un variopinto grupo de hackers llegasen a un consenso, fue escogido para la tarea. Ansiaba encontrar un planteamiento que no sonara presuntuoso. «Me di cuenta de que el simple acto de poner por escrito lo que estábamos discutiendo podía ser visto como una presunción de autoridad, y que vendría alguien y pondría el grito en el cielo, probablemente un adulto llegado del Este.» Su deseo de ser respetuoso no le dejaba pegar ojo, literalmente. «Estaba viviendo con mi novia y con su bebé, de una relación anterior, en casa de sus padres. El único sitio en el que se podía trabajar de noche sin molestar a nadie era el baño, así que me quedaba ahí desnudo y garabateaba notas.»[96]

Crocker comprendió esa noche que para su lista de sugerencias y prácticas necesitaba un nombre que no sonara demasiado contundente. «Para recalcar su carácter informal, se me ocurrió la idea absurda de llamarlo "Petición de comentarios" ["Request for Comments", RFC]; daba igual si era realmente una petición o no.» Eran las palabras perfectas para alentar la colaboración en la era de internet: amistosa, nada autoritaria, inclusiva y colegiada. «Seguramente ayudó que en aquellos tiempos evitáramos las patentes y demás restricciones; sin ningún incentivo económico para controlar los protocolos, era mucho más fácil alcanzar un acuerdo», escribió Crocker cuarenta años después.[97]

La primera RFC salió el 7 de abril de 1969, y fue enviada en anticuados sobres a través del sistema postal. (No existía el correo electrónico, ya que aún no habían inventado la red.) Con un tono afable e informal, desprovisto de todo formalismo, Crocker expuso la tarea de hallar el modo en que el computador host de cada centro debía conectarse a la nueva red. «A lo largo del verano de 1968, representantes de las cuatro instituciones iniciales se reunieron diversas veces para hablar sobre el software del host —escribió—. Presento aquí algunos de los acuerdos provisionales alcanzados y algunas de las cuestiones sin resolver con las que topamos. Muy poco de lo que hay aquí es en firme, y se esperan reacciones.»[98] La gente que recibió la RFC 1 sintió que estaba siendo incluida en un proceso divertido, no en uno en que trabajaran al dictado de un puñado de zares del protocolo. Era de una red de lo que estaban hablando, así que tenía todo el sentido que intentasen involucrar a todo el mundo.

El proceso de la RFC fue un precursor del desarrollo de código abierto de software, protocolos y contenidos. «La cultura del desarrollo abierto fue esencial para permitir que internet creciera y evolucionara de una forma tan espectacular como lo ha hecho», diría Crocker más adelante.[99] E, incluso más allá de esto, se convirtió en el estándar para la colaboración en la era digital. Treinta años después de la RFC 1, Vint Cerf escribió una RFC filosófica titulada «La gran conversación», que comenzaba así: «Hace mucho tiempo, en una red muy, muy lejana…». Una vez explicados los orígenes informales de las RFC, Cerf continuaba: «Tras la historia de las RFC está la historia del progreso de las instituciones humanas hacia el trabajo cooperativo».[100] Era una afirmación imponente, y habría parecido presuntuosa si no fuese porque era cierta.

Las RFC condujeron a una serie de estándares host-IMP hacia finales de agosto de 1969, justo cuando se envió el primer IMP al laboratorio de Kleinrock. Cuando llegó a la plataforma de carga de la UCLA, una decena de personas estaban allí para recibirlo: Crocker, Kleinrock, otros miembros del equipo, y también Cerf y su esposa, Sigrid, que había llevado champán. Se llevaron una sorpresa al ver que el IMP tenía el tamaño de una nevera y venía revestido, siguiendo las especificaciones de la máquina militar que era, de acero gris acorazado. Lo llevaron a la sala del computador, lo enchufaron y empezaron de inmediato. BBN había hecho un gran trabajo, y lo había entregado respetando los plazos y el presupuesto.

Pero una sola máquina no forma una red. No fue hasta un mes después, al entregar el segundo IMP al SRI, a las afueras del campus de Stanford, cuando ARPANET pudo empezar a funcionar realmente. El 29 de octubre estaba todo listo para establecer la conexión. El acontecimiento fue apropiadamente informal. No hubo nada que recordase al espectáculo del «un pequeño paso para el hombre, pero un gran paso para la humanidad» que había tenido lugar sobre la Luna unas semanas antes, con quinientos millones de personas siguiéndolo por televisión. En lugar de eso, fue un estudiante universitario llamado Charley Kline, bajo la atenta mirada de Crocker y Cerf, quien se puso unos auriculares telefónicos para coordinarse con un investigador del SRI al tiempo que tecleaba una secuencia de login que esperaba que permitiera a su terminal de la UCLA conectarse a través de la red al computador de Palo Alto, a 569 kilómetros. Tecleó una «L». El tipo del SRI le dijo que la habían recibido. Entonces tecleó una «O». También hubo confirmación. Pero cuando tecleó la «G», el sistema se topó con un problema de memoria debido a una función de autocompletar y se quedó colgado. De todos modos, se había enviado el primer mensaje a través de ARPANET, y si bien no era tan elocuente como «Ha llegado el Águila» o «Lo que Dios ha obrado», era muy adecuado por su sencillez: «Lo», como en «Lo and behold» («Mira por dónde»). En el cuaderno de bitácora, Kline registró, con una notación de un minimalismo memorable: «22.30. Hablamos con SRI Host a Host. CSK».[101]

Fue así como en la segunda mitad de 1969 —en pleno revuelo de Woodstock, el incidente de Chappaquiddick, las protestas contra la guerra de Vietnam, Charles Manson, el juicio de los Ocho de Chicago y el festival de Altamont— llegó la culminación de tres empresas históricas que llevaban casi una década gestándose. La NASA había conseguido enviar un hombre a la Luna; los ingenieros de Silicon Valley habían sido capaces de encontrar la manera de colocar un computador programable en un chip llamado «microprocesador», y la ARPA había creado una red que podía conectar computadores distantes. Solo la primera de ellas (¿tal vez la menos importante para la historia?) salió en los titulares.

INTERNET

ARPANET no era todavía internet; era solo una red. Al cabo de pocos años, habían aparecido otras redes de conmutación de paquetes, similares pero no interconectadas. Por ejemplo, los ingenieros del Centro de Investigación de Palo Alto (PARC) de Xerox querían una red de área local que conectara los terminales de trabajo que estaban diseñando a principios de la década de 1970, y un recién doctorado de Harvard llamado Bob Metcalfe ideó una manera de usar cable coaxial (del tipo que se enchufa en los receptores de televisión por cable) para crear un sistema de elevado ancho de banda que denominó «Ethernet». Estaba inspirado en una red inalámbrica desarrollada en Hawái y conocida como ALOHAnet, que enviaba paquetes de datos a través de la señal de UHF y el satélite. Además, había una red de radio por paquetes en San Francisco, denominada PRNET, y una versión vía satélite llamada SATNET. A pesar de las similitudes, estas redes de conmutación de paquetes no eran compatibles ni interoperables.

A principios de 1973, Robert Kahn se propuso remediarlo. Tenía que haber una manera, decidió, de interconectar todas estas redes, y él estaba en posición de hacerlo realidad. Había dejado BBN, donde había ayudado a desarrollar los IMP, para convertirse en el director de proyectos de la Oficina de Técnicas de Procesamiento de la Información de la ARPA. Tras trabajar en ARPANET y PRNET, se marcó la misión de crear un sistema que sirviera para conectarlas entre ellas y con otras redes de paquetes, un objetivo que sus colegas y él comenzaron a llamar «internetwork» («interred»). Al poco tiempo, el nombre se abrevió un poco, a «internet».

Como socio en este empeño, Kahn escogió a Vint Cerf, que había sido el aliado de Steve Crocker en el grupo, escribiendo RFC y desentrañando los protocolos de ARPANET. Cerf se había criado en Los

Ángeles, donde su padre trabajaba para la empresa que fabricó los motores del programa espacial Apolo. Al igual que Gordon Moore, creció jugando con un kit de química en los tiempos en que estos eran deliciosamente peligrosos. «Teníamos cosas como magnesio en polvo, aluminio en polvo, y azufre, glicerina y permanganato de potasio —contó—. Cuando los juntabas, ardían en llamas.» En quinto curso le aburrían las matemáticas, así que el maestro le dio un libro de álgebra de séptimo. «Me pasé el verano entero solucionando cada uno de los problemas del libro —dijo—. Los que más me gustaban eran los problemas de enunciado, porque eran como pequeños relatos de misterio. Tenías que averiguar quién era "x", y yo siempre tenía curiosidad por descubrir quién resultaría ser.» También se sumergió de lleno en la ciencia ficción, en particular en los libros de Robert Heinlein, y comenzó con su tradición de leer prácticamente todos los años la trilogía de *El señor de los anillos*, de J. R. R. Tolkien.[102]

Cerf había sido un bebé prematuro y a causa de ello tenía una discapacidad auditiva, por lo que empezó a llevar audífonos a los trece años. Por aquella época comenzó también a ir al colegio con americana y corbata y llevando un maletín. «No quería encajar con todos los demás —explicó—. Quería parecer diferente, llamar la atención. Esa era una manera muy eficaz de hacerlo, y era mejor que llevar un aro en la nariz, que era algo que en los años cincuenta mi padre seguramente no habría tolerado.»[103]

En el instituto, Crocker y él se hicieron los mejores amigos, y pasaban los fines de semana juntos, concibiendo proyectos científicos y jugando al ajedrez tridimensional. Tras graduarse en Stanford y trabajar un par de años en IBM, empezó a estudiar el doctorado en la UCLA, donde se incorporó al grupo de Kleinrock. Allí conoció a Bob Kahn, y siguieron estando muy unidos después de que este fuese a trabajar a BBN y más tarde a la ARPA.

Cuando Kahn se embarcó en su iniciativa de la interred en la primavera de 1973, visitó a Cerf y le describió todas las redes de conmutación de datos que habían surgido además de ARPANET. «¿Cómo vamos a conectar todos estos tipos tan distintos de redes de datos?», se preguntaba Kahn. Cerf aceptó el reto, y los dos se lanzaron a una colaboración febril de tres meses que conduciría a la creación de internet.

«Congeniamos enseguida en esto —explicó Kahn tiempo después—. Vint es la clase de tipo al que le gusta arremangarse la camisa y decir: "Vamos allá". Para mí fue un soplo de aire fresco.»[104]

Empezaron por organizar un encuentro en Stanford en junio de 1973 para recabar ideas. Como resultado de este planteamiento en equipo, explicó después Cerf, la solución «resultó ser el protocolo abierto en el que todo el mundo metía baza en un momento u otro».[105] Con todo, la mayor parte del trabajo lo realizaron como un dueto Kahn y Cerf, que se recluían para sus intensas sesiones en la Rickeys Hyatt House de Palo Alto o en un hotel cerca del aeropuerto de Dulles. «A Vint le gustaba ponerse a hacer dibujos de telarañas —contó Kahn—. Muchas veces estábamos manteniendo una conversación y decía: "Deja que te haga un dibujo de eso".»[106]

Un día de octubre de 1973, Cerf hizo un sencillo esbozo en el vestíbulo de un hotel de San Francisco que esquematizaba su idea. Mostraba diversas redes, como ARPANET y PRNET, cada una con montones de computadores host conectados, y un grupo de computadores haciendo de puertas de enlace, que trasmitirían paquetes entre cada una de las redes. Por último, pasaron todo un fin de semana en la oficina de la ARPA próxima al Pentágono, donde estuvieron casi dos noches seguidas sin dormir, y terminaron en un Marriott cercano para dar buena cuenta de un desayuno triunfal.

Descartaron la idea de que cada red pudiese conservar su propio protocolo, a pesar de que así no era tan fácil vender la idea. Querían un protocolo común. Esto permitiría que la nueva interred creciera vertiginosamente, dado que cualquier computador o red que usara el nuevo protocolo podría conectarse sin necesidad de un sistema de traducción. No debía haber costura alguna en el tráfico entre ARPANET y cualquier otra red. Así que se les ocurrió la idea de que todos los computadores adoptaran el mismo método y la misma plantilla para remitir sus paquetes. Era como si todas las postales que se envían en el mundo tuvieran que llevar una dirección en cuatro líneas y especificar el número de la calle, la ciudad y el país usando el alfabeto romano.

El resultado fue un Protocolo de Internet (IP) que indicaba cómo introducir el destino del paquete en su encabezado y ayudaba a determinar cómo viajaría a través de las redes para llegar hasta allí. Por encima de este, había un Protocolo de Control de la Transmisión (TCP) que mostraba el orden correcto en el que había que reacoplar los paquetes, los revisaba para comprobar si faltaba alguno y reclamaba la transmisión de cualquier información que se hubiese perdido. Ello se daría a conocer como TCP/IP. Kahn y Cerf lo presentaron en un artículo titulado «Un protocolo para la interconexión de redes de paquetes». Había nacido internet.

En el vigésimo aniversario de ARPANET, en 1989, Kleinrock, Cerf y muchos otros pioneros se reunieron en la UCLA, donde se instaló el primer nodo de la red. Hubo poemas, canciones y versos burlescos escritos para conmemorar la ocasión. Cerf interpretó una parodia de Shakespeare, titulada «Rosencrantz y Ethernet», que elevaba a dilema hamletiano la elección entre la conmutación de datos y los circuitos exclusivos:

> ¡Todo el mundo es una red! Y todos los datos en ella, meros paquetes que se almacenan y reenvían por breve tiempo en las colas y de los que no volvemos a oír jamás. ¡He aquí una red esperando a ser conmutada!

> ¿Conmutar o no conmutar? Esa es la cuestión:
> ¿Es más sabio para la red sufrir
> la estocástica del almacenamiento y reenvío
> o alzar sus circuitos frente a un mar de paquetes
> y ser su devota servidora?[107]

Una generación después, en 2014, Cerf estaba trabajando en la sede de Google en Washington D. C., aún pasándolo bien y asombrado ante las maravillas que habían obrado al crear internet. Con unas Google Glass puestas, señalaba que cada año trae algo nuevo. «Las redes sociales —me uní a Facebook como experimento—, las aplicaciones para empresas, los dispositivos móviles… No dejan de aparecer cosas nuevas en internet —afirmó—. Se ha multiplicado por un millón. No hay muchas cosas que puedan hacer eso sin romperse. Y aun así, a aquellos viejos protocolos que creamos les va estupendamente.»[108]

CREATIVIDAD EN RED

Así pues, ¿quién merece llevarse más reconocimiento por la invención de internet? (Reservémonos los inevitables chistes sobre Al Gore. Abordaré su participación —sí, la tuvo— en el capítulo 10.) Al igual que con la invención del computador, la respuesta es que fue un ejemplo de colaboración creativa. Tal y como explicaría Paul Baran a los escritores especializados en tecnología Katie Hafner y Matthew Lyon, empleando una bella imagen que se aplica a toda innovación:

> El proceso de desarrollo tecnológico es como construir una catedral. En el curso de varios cientos de años, va llegando gente nueva, cada persona deposita un bloque sobre los antiguos cimientos y dice: «He construido una catedral». Al mes siguiente, se coloca un nuevo bloque encima del anterior. Y entonces aparece un historiador y pregunta: «Bueno, ¿quién ha construido esta catedral?». Peter puso algunos bloques por aquí, y Paul añadió algunos más. Si no vas con cuidado, puedes engañarte a ti mismo y acabar creyendo que hiciste la parte más importante. Pero la realidad es que cada contribución tiene que partir de un trabajo previo. Todo está vinculado al resto.[109]

Internet fue construido en parte por el gobierno y en parte por empresas privadas, pero principalmente fue la creación de un grupo sin ataduras formado por académicos y hackers que trabajaban como iguales y compartían libremente sus ideas creativas. El resultado de esta colaboración entre iguales fue una red que facilita la colaboración entre iguales. No es una mera casualidad. Internet vio la luz bajo la creencia de que el poder debía ser distribuido, y no centralizado, y de que había que burlar cualquier dictado autoritario. En palabras de Dave Clark, uno de los primeros integrantes del Equipo de Trabajo de Ingeniería de internet: «No aceptamos reyes, ni presidentes, ni votaciones. Creemos en el consenso aproximado y en el código que funciona».[110] El resultado fue una red de uso común, un lugar donde las innovaciones nacen de la colaboración abierta y se escriben en código abierto.

La innovación no surge del empeño de un solitario, e internet es un ejemplo perfecto. «Con las redes de computadores, la soledad de la investigación queda reemplazada por la riqueza de la investigación compartida», afirmaba el primer número de *ARPANET News*, el boletín oficial de la nueva red.

Los pioneros J. C. R. Licklider y Bob Taylor comprendieron que internet, por el modo en que fue construido, tendía por su propia naturaleza a promover las conexiones entre iguales y la formación de comunidades online. Esto abría hermosas posibilidades: «La vida será más feliz para el individuo conectado a la Red, porque la gente con la que interaccionará de un modo más intenso será escogida más por una comunión de intereses y objetivos que por los azares de la proximidad», escribieron en un visionario artículo de 1968 titulado «El computador como dispositivo de comunicación». Su optimismo rayaba en el utopismo. «Habrá multitud de oportunidades para que todos (los que puedan permitirse un terminal) encuentren su vocación, pues el mundo entero de la información, con todos sus campos y disciplinas, estará abierto para él.»[111]

Pero eso no ocurrió de inmediato. Después de la creación de internet a mediados de la década de 1970, todavía fueron necesarias algunas innovaciones más para que pudiera convertirse en una herramienta transformadora. Seguía siendo una comunidad vallada, abierta principalmente a las instituciones militares y académicas. No fue hasta principios de los ochenta cuando los equivalentes civiles de ARPANET se abrieron por completo, y pasarían aún diez años más antes de que los usuarios domésticos corrientes pudiesen acceder.

Y había, además, un importante factor restrictivo: las únicas personas que podían usar internet eran aquellas con acceso activo a los computadores, que seguían siendo grandes, intimidantes y caros, no el tipo de aparato que uno podía comprar en un RadioShack. La era digital no podría ser verdaderamente transformadora hasta que los computadores fuesen verdaderamente personales.

8

El ordenador personal

«COMO PODRÍAMOS PENSAR»

La idea de un ordenador personal, que la gente normal y corriente pudiera coger y llevarse a casa, ya fue concebida en 1945 por Vannevar Bush. Después de construir su gran computador analógico en el MIT y de ayudar a crear el triángulo académico-militar-industrial, escribió un artículo para el número de julio de 1945 de la revista *Atlantic* titulado «Como podríamos pensar».[1]* En él planteaba la posibilidad de una máquina personal, que él denominaba «memex», que almacenaría y recuperaría las palabras, las imágenes y otra información de una persona. «Considérese un futuro dispositivo de uso individual, que es una especie de archivo y biblioteca privada mecanizada. [...] Un memex es un dispositivo en el que alguien guarda todos sus libros, documentos y comunicaciones, y que está mecanizado de modo que puede consultarse a una velocidad y con una flexibilidad mayúsculas. Es un íntimo complemento ampliado de su memoria.» El uso del término «íntimo» tenía aquí su importancia; Bush y sus discípulos se centraban en buscar formas de establecer vínculos estrechos y personales entre el hombre y la máquina.

Bush imaginaba que el dispositivo tendría un mecanismo de «entrada directa», como un teclado, de modo que uno pudiera introducir su información y sus documentos en la memoria. Incluso predijo los

---

* Apareció publicado el mismo mes en que Bush le presentó al presidente Truman su otro gran ensayo innovador, «Ciencia, la frontera sin fin», que proponía la creación de una estructura de colaboración en materia de investigación entre el gobierno, la industria y las universidades. Véase el capítulo 7.

vínculos de hipertexto, los archivos compartidos y los modos de colaborar en proyectos. «Aparecerán formas de enciclopedias totalmente nuevas, confeccionadas con un entramado de rastros asociativos discurriendo a través de ellas, listos para ser pasados por el memex y allí amplificados», escribía, anticipándose en medio siglo a la Wikipedia.

Resultó, sin embargo, que los ordenadores no surgieron del modo en que previó Bush, al menos no inicialmente. En lugar de devenir instrumentos personales y bancos de memoria de uso individual, se convirtieron en descomunales colosos industriales y militares que los investigadores podían compartir a tiempo parcial, pero que una persona normal y corriente no podía tocar. A comienzos de la década de 1970, empresas innovadoras como DEC fabricaban miniordenadores del tamaño de una nevera pequeña, pero descartaron la idea de que hubiera un mercado para modelos de escritorio que pudiera poseer y manejar la gente corriente. «No veo razón alguna por la que alguien podría querer su propio ordenador», afirmó el presidente de DEC, Ken Olsen, en una reunión celebrada en mayo de 1974 en que su comité de operaciones discutía acerca de si crear o no una versión más pequeña de su PDP-8 para el consumidor individual.[2] Como resultado, cuando estalló la revolución del ordenador personal, a mediados de la década de 1970, fue liderada por empresarios desaliñados en galerías comerciales y garajes que crearon empresas con nombres como Altair y Apple.

EL BREBAJE CULTURAL

El ordenador personal fue posible gracias a una serie de avances tecnológicos, el más notable de los cuales fue el microprocesador, un circuito grabado sobre un diminuto chip que integraba todas las funciones de la unidad central de procesamiento de un ordenador. Pero también las fuerzas sociales ayudan a impulsar y dar forma a las innovaciones, que por ello llevan la impronta del medio cultural en el que nacieron. Raras veces ha habido una amalgama cultural más potente que la que bullía en el Área de la Bahía de San Francisco a comienzos de la década de 1960, y que resultaría propicia para la producción de ordenadores caseros.

¿Cuáles fueron las tribus que conformaron esa mezcla cultural?[3] Esta se inició con los ingenieros —equipados con sus característicos protectores de bolsillo— que emigraron a la zona con el auge de los contratistas de defensa, como Westinghouse y Lockheed. Luego surgió allí una nueva cultura emprendedora, ejemplificada por Intel y Atari, en la que se alentaba la creatividad y se desdeñaban las tediosas burocracias. Los hackers que se trasladaron al oeste procedentes del MIT llevaron consigo su anhelo de ordenadores prácticos que pudieran tocar y con los que pudieran jugar. Había también una subcultura poblada de *wireheads*, *phreakers** y frikis en general a quienes les encantaba trastear con las líneas telefónicas de Bell System o con los ordenadores de tiempo compartido de las grandes empresas. Y, asimismo, de San Francisco y Berkeley emanaban idealistas y líderes comunitarios que buscaban formas, en palabras de una de ellos, Liza Loop, de «asimilar los avances tecnológicos con fines progresistas y así triunfar sobre la mentalidad burocrática».[4]

A esta mezcolanza se añadían tres corrientes contraculturales. Estaban los hippies, nacidos de la generación beat del Área de la Bahía, cuya alegre rebeldía se veía alimentada por la psicodelia y la música rock. Estaban los activistas de la denominada Nueva Izquierda, que engendraron el Movimiento por la Libertad de Expresión en Berkeley y las protestas pacifistas en los campus universitarios del mundo entero. E, imbricados con ellos, estaban los comunitaristas del movimiento Whole Earth de Stewart Brand, que creían en el control de sus propios instrumentos, los recursos compartidos y la resistencia al conformismo y la autoridad centralizada impuestos por las élites del poder.

Por diferentes que fueran algunas de esas tribus, sus mundos se entremezclaban, y compartían numerosos valores. Aspiraban a una creatividad basada en el «hágalo usted mismo» que se nutría construyendo kits de aparatos de radio en la infancia, leyendo el *Whole Earth Catalog* en la universidad y fantaseando sobre la posibilidad de unirse algún día a una comuna. También estaba arraigada en ellos la característica creencia estadounidense, tan malinterpretada por Tocqueville, de que el individualismo a ultranza y el deseo de formar asociaciones eran absolu-

---

* *Wirehead*, radioaficionado que normalmente se construye su propio equipamiento; *phreaker*, hacker de la telefonía. *(N. del T.)*

tamente compatibles, incluso complementarios, especialmente cuando ello implicaba crear cosas en equipo. En Estados Unidos la cultura de la producción, ya desde los días de la construcción comunitaria de graneros y los trabajos de *patchwork* colectivos, a menudo ha implicado la idea del «háganlo ustedes mismos» antes que la del mero «hágalo usted mismo». Además, a finales de la década de 1960 muchas de estas tribus del Área de la Bahía de San Francisco compartían la resistencia a las élites del poder y el deseo de controlar su propio acceso a la información. La tecnología debería ser abierta, manejable y cordial en lugar de desalentadora, misteriosa y orwelliana. En palabras de Lee Felsenstein, una de las encarnaciones de muchas de estas corrientes culturales: «Queríamos que hubiera ordenadores personales para poder liberarnos de las constricciones de las instituciones, ya fueran gubernamentales o corporativas».[5]

Ken Kesey fue una de las musas de la vertiente hippy de este tapiz cultural. Tras licenciarse por la Universidad de Oregón, en 1958 se trasladó al Área de la Bahía de San Francisco como estudiante de posgrado en el programa de escritura creativa de Stanford. Mientras estuvo allí, trabajó en el turno de noche de un hospital psiquiátrico y se apuntó como cobaya en una serie de experimentos financiados por la CIA, el Proyecto MKUltra, destinados a probar los efectos de la droga psicodélica LSD. A Kesey terminó por gustarle la droga, y mucho. La explosiva combinación de estudiar escritura creativa, tomar ácido cobrando y trabajar como celador en un manicomio se tradujo en su primera novela, *Alguien voló sobre el nido del cuco*.

Mientras otros creaban empresas de electrónica en el vecindario alrededor de Stanford, Kesey utilizó las ganancias de su libro, junto con un poco de ácido que había podido sacar de los experimentos de la CIA, para formar una comuna de tempranos hippies denominados Merry Pranksters («Alegres Bromistas»). En 1964, él y su grupo se embarcaron en una odisea psicodélica a través de todo el país en un viejo autobús escolar fabricado por International Harvester, llamado *Furthur* (una grafía que más tarde se corregiría por *Further*, «más lejos») y pintado en colores fosforescentes.

A su regreso, Kesey empezó a organizar en su casa una serie de *acid tests* (sesiones privadas de consumo de LSD), y a finales de 1965, dada su naturaleza de emprendedor además de hippy, decidió hacerlas públicas. Una de las primeras tuvo lugar, en diciembre de aquel año, en Big Ng's, un club musical de San José. Kesey reclutó a una banda que le gustaba, liderada por Jerry Garcia, y que acababa de cambiar su nombre de War-locks a Grateful Dead.[6] Había nacido el *flower power*.

Al mismo tiempo surgió otro fenómeno cultural paralelo, el movimiento pacifista, que compartía ese mismo espíritu rebelde. La confluencia de las sensibilidades hippy y antibelicista produjo memorables muestras del espíritu de la época, divertidas en retrospectiva, pero por entonces consideradas profundas, como los carteles psicodélicos que exhortaban «Haz el amor, no la guerra» o las coloridas camisetas teñidas con la técnica del *tie-dye* que exhibían símbolos pacifistas.

Tanto el movimiento hippy como el pacifista se mostraban recelosos de los ordenadores, al menos inicialmente. Los descomunales «computadores centrales» (*mainframes*), con el runrún de sus cintas y el parpadeo de sus luces, eran vistos como algo deshumanizador y orwelliano, como instrumentos de las grandes empresas estadounidenses, el Pentágono y la estructura de poder. En *El mito de la máquina*, el sociólogo Lewis Mumford advertía de que el auge de los ordenadores podía suponer que «el hombre se convierta en un animal pasivo, sin objetivo y condicionado por las máquinas».[7] En las protestas pacifistas y las comunas hippies, desde la Sproul Plaza en la Universidad de California en Berkeley hasta el barrio de Haight-Ashbury en San Francisco, la prescripción impresa en las tarjetas perforadas, «No doblar, clavar o mutilar», se convirtió en un eslogan burlón.

Sin embargo, a comienzos de la década de 1970, cuando surgió la posibilidad de los ordenadores personales, las actitudes empezaron a cambiar. «La informática pasó de ser desechada como una herramienta de control burocrático a ser abrazada como un símbolo de expresión y liberación individual», escribía John Markoff en su historia del período, *What the Dormouse Said*.[8] En *El reverdecer de América*, que sirvió de manifiesto de la nueva era, un profesor de Yale, Charles Reich, denunciaba las viejas jerarquías corporativas y sociales, y abogaba por unas nuevas estructuras que alentaran la colaboración y la realización personal. Lejos de condenar los ordenadores como instrumentos de la vieja estructura de poder, sostenía que estos podían contribuir al cambio de conciencia social si se volvían más personales: «La máquina, una vez construida, puede ahora ser reorientada a fines humanos, para que el hombre pueda una vez más convertirse en una fuerza creadora, renovando y creando su propia vida».[9]

Empezó a surgir cierto «tecnotribalismo». Gurús de la tecnología como Norbert Wiener, Buckminster Fuller y Marshall McLuhan se convirtieron en lectura obligatoria en comunas y residencias universitarias. En la década de 1980, Timothy Leary, un apóstol del LSD, actualizaría su famoso mantra «Turn on, tune in, drop out» («Conecta, sintoniza, abandona») para proclamar, en cambio, «Turn on, boot up, jack in» («Conecta, arranca, deja»).[10] En 1967, Richard Brautigan, poeta residente en el Caltech (el Instituto de Tecnología de California), supo captar el nuevo espíritu de la época en un poema titulado «All Watched Over By Machines of Loving Grace».[11] Empezaba así:

> *Me gusta pensar (¡y*
> *cuanto antes, mejor!)*
> *en un prado cibernético*
> *donde mamíferos y ordenadores*
> *vivan juntos en mutua*
> *armonía programada*
> *como el agua pura*
> *tocando el cielo despejado.*

STEWART BRAND

La persona que mejor encarnó y que alentó más encarecidamente este vínculo entre hippies y «techies» (frikis de la tecnología) fue un larguirucho entusiasta con una sonrisa de oreja a oreja llamado Stewart Brand, que apareció como un desgarbado duendecillo en la intersección entre una serie de divertidos movimientos culturales en el curso de muchas décadas. «El desprecio de la contracultura por la autoridad centralizada proporcionó los fundamentos filosóficos de toda la revolución del ordenador personal», escribía en 1995 en un artículo publicado en *Time* y titulado «Se lo debemos todo a los hippies»:

> El comunitarismo hippy y la política libertaria constituyeron las raíces de la moderna revolución cibernética. [...] La mayor parte de nuestra generación despreciaba los ordenadores como la encarnación del control centralizado. Pero un pequeño contingente —los denominados más tarde «hackers»— abrazó los ordenadores y empezó a transformarlos en instrumentos de liberación. Este resultó ser el auténtico camino al futuro [...] los jóvenes programadores que apartaron deliberadamente al resto de la civilización de los ordenadores centralizados tipo *mainframe*.[12]

Brand nació en 1938 en Rockford, Illinois, donde su padre era socio de una agencia publicitaria y, como tantos padres de emprendedores digitales, un radioaficionado. Después de graduarse como biólogo especializado por la Universidad de Stanford, en el marco del Cuerpo de Formación de Oficiales de la Reserva del ejército, Brand sirvió dos años como oficial de infantería, durante los que recibió entrenamiento en unidades aerotransportadas y ejerció como fotógrafo militar. Luego comenzó una alegre vida deambulando entre distintas comunidades situadas en aquella apasionante intersección donde se entremezclan el arte de acción y la tecnología.[13]

No resulta sorprendente que la vida en ese margen tecnológico/creativo llevara a Brand a convertirse en uno de los primeros que experimentaron con LSD. Tras familiarizarse con la droga en 1962, en un entorno seudoclínico cerca de Stanford, pasó a frecuentar regularmente las reuniones de los Merry Pranksters de Kesey. También era fotógrafo, técnico y productor de un colectivo artístico multimedia llamado USCO, que organizaba eventos a base de rock ácido, magia tecnológica, luces estroboscópicas, imágenes proyectadas y *performances* que requerían la participación del público. De vez en cuando reproducían también discursos de Marshall McLuhan, Dick Alpert y otros profetas de la nueva era. Un texto promocional del grupo señalaba que este «une los cultos del misticismo y la tecnología como base para la introspección y la comunicación», una frase que serviría como adecuado credo para los tecnoespiritualistas. La tecnología era un instrumento de expresión que podía ampliar las fronteras de la creatividad y, como las drogas y el rock, ser rebelde.

Para Brand, el eslogan característico de las protestas de la década de 1960, «El poder para el pueblo», empezaba a sonar vacuo cuando lo utilizaban los activistas políticos de la Nueva Izquierda, pero los ordenadores, en cambio, ofrecían una auténtica oportunidad de potenciación del individuo. «"El poder para el pueblo" era una mentira romántica —diría más tarde—. Los ordenadores hicieron más que la política para cambiar la sociedad.»[14] En 1972, Brand visitó el Laboratorio de Inteligencia Artificial de Stanford y escribió un artículo para la revista *Rolling Stone* calificándolo de «el escenario más ajetreado en el que he estado desde los *acid test* de los Merry Pranksters». Se dio cuenta de que aquella combinación de contracultura y cibercultura era la fórmula de una revolución digital. «Los frikis que diseñan la informática» arrebatarían el poder a «las ricas y poderosas instituciones», escribió. «Estemos preparados o no, los ordenadores están llegando a la gente. Esa es una buena noticia, tal vez la mejor desde la psicodelia.» Esta visión utópica, añadía, se hallaba «en sintonía con las fantasías románticas de los antepasados de la ciencia, como Norbert Wiener, J. C. R. Licklider, John von Neumann y Vannevar Bush».[15]

Todas esas experiencias llevaron a Brand a convertirse en el organizador y artífice tecnológico de uno de los acontecimientos más importantes de la contracultura de la década de 1960, el denominado Trips Festival celebrado en enero de 1966 en el Longshoreman's Hall de San Francisco. Tras las alegrías de los *acid tests*, que se habían celebrado semanalmente a lo largo de todo el mes de diciembre, Brand le propuso a Kesey lanzar una versión a lo grande que se prolongara durante tres días. El alarde se inició con la propia compañía de Brand, America Needs Indians («América necesita a los indios»), realizando un «sensorium» que incluía un espectáculo de luces de alta tecnología, proyectores de diapositivas, música y bailarines amerindios. A ello le siguió lo que el programa describía como «revelaciones, audioproyecciones, la explosión infinita, el congreso de las maravillas, proyecciones líquidas y los ratones del jazz». Y eso fue solo la noche de apertura. La noche siguiente la inauguró Kesey, al que habían arrestado por posesión de drogas solo unos días antes en la azotea de la casa de Brand en North

Beach, pero que estaba en libertad bajo fianza y organizando el evento desde un puesto de mando situado en un andamio. Actuaron los Merry Pranksters y su Sinfonía Psicodélica, Big Brother and the Holding Company, los Grateful Dead y varios miembros de la banda de moteros Ángeles del Infierno. El escritor Tom Wolfe trató de recuperar la esencia tecnodélica en su trascendental trabajo, enmarcado en el denominado Nuevo Periodismo, *Ponche de ácido lisérgico*:

> Luces y películas recorrían toda la sala; cinco proyectores de cine en marcha y Dios sabe cuántas máquinas de luz, interferómetros, los mares intergalácticos de la ciencia ficción por todas las paredes, altavoces tachonando toda la sala como arañas encendidas, una explosión estroboscópica, luces negras con objetos fosforescentes debajo y pintura fosforescente con la que jugar, farolas en cada entrada lanzando destellos rojos y amarillos, y un batallón de extrañas muchachas en leotardos, saltando en los bordes al tiempo que soplaban silbatos de perro.

La última noche supuso una glorificación aún más palmaria de la tecnología. «Dado que el elemento común de todos los espectáculos es la ELECTRICIDAD, esta noche será programada en vivo por estímulos procedentes de un FLIPPER —rezaba exultante el programa—. Se invita al público a llevar ROPA EXTÁTICA y a traer sus propios ARTILUGIOS (se proporcionarán tomas de corriente alterna).»[16]

Es cierto: la conjunción de drogas, rock y tecnología del Trips Festival —¡ácido y tomas de corriente!— era discordante. Pero, de manera significativa, resultó ser una exhibición arquetípica de la fusión de elementos que configuraría la era del ordenador personal: tecnología, contracultura, espíritu emprendedor, artilugios, música, arte e ingeniería. De Stewart Brand a Steve Jobs, dichos ingredientes modelaron una oleada de innovadores del Área de la Bahía de San Francisco que se sintieron cómodos a caballo entre Silicon Valley y Haight-Ashbury. «El Trips Festival marcó el auge de Stewart Brand como emprendedor contracultural, pero en un molde profundamente tecnocrático», escribió el historiador de la cultura Fred Turner.[17]

Un mes después del Trips Festival, en febrero de 1966, Brand estaba sentado en la azotea de grava de su casa de North Beach, San Francisco, disfrutando de los efectos de cien microgramos de LSD. Mientras contemplaba el horizonte, meditaba sobre algo que le había dicho Buckminster Fuller: nuestra percepción de que el mundo es plano y se prolonga indefinidamente, en lugar de ser redondo y pequeño, se debe a que nunca lo hemos visto desde el espacio exterior. Espoleado por el ácido, empezó a captar la pequeñez de la Tierra y la importancia de que otras personas la apreciaran también. «Había que difundir aquel fundamental punto de apoyo con respecto a los males del mundo —recordaría más tarde—. Bastaba una fotografía, una fotografía en color de la Tierra desde el espacio. Sería para que todos la vieran, la Tierra completa, diminuta, a la deriva, y nadie volvería a percibir jamás las cosas del mismo modo.»[18] Aquello, creía, promovería el pensamiento global, la empatía hacia todos los habitantes de la Tierra y el sentimiento de conexión.

Decidió convencer a la NASA de que tomara aquella foto. Para ello, con la excéntrica sabiduría derivada del ácido, decidió producir cientos de chapas para que la gente —en una época en que todavía no existía Twitter— pudiera correr la voz. «¿Por qué todavía no hemos visto una fotografía de la Tierra entera?», rezaban las chapas. Su plan era asombrosamente sencillo: «Preparé un cartelón de hombre-anuncio de colores fosforescentes con un pequeño mostrador en la parte delantera, me engalané con un mono blanco, unas botas y un sombrero de copa de disfraz con un corazón de cristal y una flor, y me fui a hacer mi debut a la Sather Gate de la Universidad de California en Berkeley, vendiendo mis chapas por veinticinco centavos». Los bedeles de la universidad le hicieron el favor de echarle del campus, lo que provocó que la noticia apareciera en el *San Francisco Chronicle*, contribuyendo así a dar publicidad a su cruzada personal. Brand la llevó a los campus de otras universidades de todo el país, y terminó en Harvard y el MIT. «¿Quién demonios es ese?», preguntó un decano del MIT al ver a Brand dando un discurso improvisado mientras vendía sus chapas. «Es mi hermano», le respondió un profesor del MIT llamado Peter Brand.[19]

En noviembre de 1967, la NASA accedió. Su satélite ATS-3 hizo una foto de la Tierra desde una altitud de casi 33.800 kilómetros, que sería la imagen de portada e inspiraría el título de la siguiente empresa de Brand, el *Whole Earth Catalog* («Catálogo de toda la Tierra»). Como su propio nombre indica, era (o al menos aparentaba ser) un «catálogo», y uno que difuminaba inteligentemente la distinción entre consumismo y comunitarismo. Su subtítulo era «Acceso a herramientas», y combinaba las sensibilidades de la contracultura basada en la «vuelta a la tierra» con el objetivo del fortalecimiento tecnológico. Brand escribía en la primera página de la primera edición: «Está surgiendo un reino de poder íntimo, personal; de poder del individuo para realizar su propia educación, encontrar su propia inspiración, configurar su propio entorno y compartir su aventura con quienquiera que esté interesado. El *Whole Earth Catalog* busca y fomenta las herramientas que ayuden a este proceso». Luego seguía Buckminster Fuller con un poema que empezaba diciendo: «Yo veo a Dios en los instrumentos y mecanismos que funcionan de manera fiable». La primera edición ofrecía elementos tales como el libro de Norbert Wiener *Cibernética* y una calculadora HP programable, junto con chaquetas de ante y abalorios. La premisa subyacente era que el amor a la Tierra y el amor a la tecnología (y a las compras) podían coexistir, que los hippies debían hacer causa común con los ingenieros y que el futuro debería ser un festival donde se proporcionaran tomas de corriente continua.[20]

El planteamiento de Brand no era el de la Nueva Izquierda política. Tampoco era ni siquiera antimaterialista, dada su exaltación de los juegos y artilugios que uno podía comprar. Pero sin duda aunaba, mejor que nadie, muchas de las corrientes culturales de aquel período, desde los hippies que tomaban ácido hasta los ingenieros, pasando por los idealistas comunitarios que trataban de oponerse al control centralizado de la tecnología. «Brand comercializó el concepto de ordenador personal a través del *Whole Earth Catalog*», diría su amigo Lee Felsenstein.[21]

Douglas Engelbart

Poco después de que apareciera la primera edición del *Whole Earth Catalog*, Brand contribuyó a producir un *happening* que resultaría ser un extraño eco de su tecnocoreografía del Trips Festival de enero de 1966. Titulado «La Madre de Todas las Demostraciones», el alarde de diciembre de 1968 se convertiría en el acontecimiento trascendental de la cultura del ordenador personal, tal como el Trips Festival lo había sido de la cultura hippy. Eso se debía a que, como un imán, Brand atraía y se vinculaba de manera natural a gente interesante. Esta vez fue un ingeniero llamado Douglas Engelbart, que había asumido como la pasión de su vida inventar formas de que los ordenadores pudieran acrecentar la inteligencia humana.

El padre de Engelbart, un ingeniero electrotécnico, tenía una tienda en Portland, Oregón, donde vendía y reparaba aparatos de radio; a su abuelo, que gestionaba presas hidroeléctricas en la región del noroeste del Pacífico, le gustaba llevarse a la familia a visitar las gigantescas plantas para ver cómo funcionaban las turbinas y los generadores. De modo que resultaba lógico que Engelbart desarrollara una pasión por la electrónica. En el instituto se enteró de que la marina tenía un programa, rodeado de secretismo, para formar a técnicos en una nueva y misteriosa tecnología llamada «radar», y se esforzó mucho en los estudios para asegurarse de poder entrar en él, algo que hizo.[22]

Su gran despertar se produjo mientras servía en la marina. Había embarcado en un buque que zarpó justo al sur del puente de la bahía de San Francisco, y mientras la tripulación se despedía agitando las manos, se anunció por el sistema de megafonía que los japoneses se habían rendido y que la Segunda Guerra Mundial había terminado. «Todos nosotros —relataría Engelbart— gritamos: "¡Dad la vuelta! ¡Volvamos a celebrarlo!".» Pero el barco siguió navegando, «todo recto en medio de la niebla y del mareo», hacia el golfo de Leyte, en las Filipinas.[23] En la isla de Leyte, Engelbart se recluyó cada vez que pudo en una biblioteca de la Cruz Roja situada en una choza levantada sobre pilotes y cubierta con techo de paja, y allí se sintió cautivado por una reimpresión profusamente ilustrada, publicada en la revista Time, del artículo de Vannevar Bush, previamente publicado en Atlantis, «Como podríamos pensar», en el que su autor había imaginado el sistema memex de información personal.[24] «La idea de ayudar a la gente a trabajar y pensar así simplemente me emocionó», recordaría más tarde.[25]

Tras su servicio naval se graduó en ingeniería por la Universidad Estatal de Oregón, y luego trabajó en el que fuera el precursor de la NASA, en el Centro de Investigación Ames de Silicon Valley. Tremendamente tímido, se matriculó en una clase de baile folclórico griego de nivel intermedio en el Centro Social de Palo Alto, a fin de encontrar a una mujer con quien casarse, algo que hizo. Al día siguiente de la boda, mientras se dirigía en coche a su trabajo, sintió una espantosa aprehensión que le cambiaría la vida. «Cuando llegué al trabajo ya tenía claro que me había quedado sin objetivos.»[26]

Durante los dos meses siguientes se entregó asiduamente a la tarea de encontrar un objetivo en la vida que mereciese la pena. «Examiné todas las cruzadas a las que la gente se podía unir para averiguar cómo podía reciclarme.» Lo que más le llamó la atención fue el hecho de que cualquier esfuerzo por mejorar el mundo resultaba complejo. Pensó en la gente que intentaba luchar contra la malaria o aumentar la producción de alimentos en las zonas pobres, y descubrió que eso llevaba a una compleja serie de otras cuestiones, como la superpoblación y la erosión del suelo. Para tener éxito en cualquier proyecto ambicioso, había que evaluar todas las intrincadas ramificaciones de una acción, sopesar probabilidades, compartir información, organizar a la gente y otras cosas. «Entonces, un día, simplemente me vino la idea —¡BUM!— de que lo fundamental era la complejidad —recordaría más tarde—. Y ese fue justo el clic. Si de algún modo podía contribuir de manera significativa a la forma en que los humanos pueden manejar la complejidad y la urgencia, eso resultaría universalmente beneficioso.»[27] Semejante empresa no solo abordaría uno de los problemas del mundo, sino que daría a la gente las herramientas para abordar cualquier problema.

Engelbart decidió que el mejor modo de ayudar a la gente a manejar la complejidad era siguiendo las líneas propuestas por Bush. Cuando trató de imaginar una forma de transmitir información en pantallas gráficas en tiempo real, le vino muy bien su formación en el manejo del radar. «En el plazo de una hora tenía la imagen de estar sentado ante una gran pantalla CRT [tubo de rayos catódicos] con toda clase de símbolos —recordaría— y poder manejar toda clase de cosas para hacer funcionar el ordenador.»[28] Aquel día comenzó su misión de encontrar formas de permitir a las personas retratar visualmente lo que pensaban y vincularlo a otras personas de modo que pudieran colaborar; en otras palabras, ordenadores interactivos conectados en red con pantallas gráficas.

Eso ocurría en 1950, cinco años antes de que nacieran Bill Gates y Steve Jobs. Los primeros computadores comerciales, como el UNIVAC, ni siquiera estaban todavía a disposición del público. Pero Engelbart suscribía la visión de Bush de que algún día la gente tendría sus propios terminales, que podrían utilizar para manipular, almacenar y compartir información. Este amplio concepto necesitaba un nombre adecuadamente grandioso, y a Engelbart se le ocurrió uno, «inteligencia acrecentada.» A fin de poder actuar como pionero en aquella misión, se matriculó en Berkeley para estudiar informática, y obtuvo su doctorado en 1955.

Engelbart era una de esas personas capaces de proyectar vehemencia hablando con una voz monótona asombrosamente tranquila. «Cuando sonríe, su rostro es pensativo e infantil, pero una vez que la energía de su movimiento hacia delante se detiene y él se para a reflexionar, sus ojos de color azul claro parecen expresar tristeza o soledad —dijo un amigo cercano—. Cuando te saluda, su voz es baja y suave, como amortiguada por haber viajado una larga distancia. Hay algo de retraído pero a la vez cálido en este hombre, algo apacible pero a la vez obstinado.»[29]

Por decirlo de manera más sencilla, a veces daba la impresión de que Engelbart no había nacido en este planeta, lo cual hizo que le resultara difícil conseguir financiación para su proyecto. Finalmente, en 1957 fue contratado para trabajar en sistemas de almacenamiento magnéticos en el Instituto de Investigación de Stanford (SRI por sus siglas en inglés), una entidad independiente sin ánimo de lucro creada por la universidad en 1946. Uno de los temas candentes en el SRI era el de la inteligencia artificial, especialmente el modo de crear un sistema que imitara las redes neuronales del cerebro humano.

Pero la búsqueda de la inteligencia artificial no entusiasmaba a Engelbart, que nunca perdió de vista su misión de acrecentar la inteligencia humana creando máquinas, como el memex de Bush, capaces de trabajar en estrecha colaboración con la gente y de ayudarla a organizar la información. Este objetivo, explicaría más tarde, nació de su respeto por la «ingeniosa invención» que era la mente humana. En lugar de tratar de reproducirla en una máquina, Engelbart se centró en cómo «el ordenador podía interactuar con las diferentes capacidades que ya tenemos».[30]

Durante años, trabajó en un borrador tras otro de un artículo que describiera su visión, hasta que este llegó a tener 45.000 palabras, la extensión de un libro pequeño. Lo publicó en octubre de 1962 como un manifiesto titulado «Augmenting Human Intellect» («El acrecentamiento del intelecto humano»). Empezaba explicando que no trataba de sustituir el pensamiento humano por inteligencia artificial. Lejos de ello, argumentaba que las dotes intuitivas de la mente humana deberían combinarse con las capacidades de procesamiento de las máquinas para dar lugar a «un dominio integrado donde los presentimientos, el ensayo y error, los imponderables y la "sensibilidad a la situación" humanos coexistan provechosamente con unos conceptos potentes, una terminología y notación racionalizadas, unos métodos sofisticados y unos artículos electrónicos de alta potencia». Con gran detalle, proporcionaba numerosos ejemplos de cómo funcionaría esta simbiosis humano-ordenador, entre ellos el de un arquitecto utilizando un ordenador para diseñar un edificio y un profesional elaborando un informe ilustrado.[31]

Mientras trabajaba en el artículo, Engelbart escribió una carta de admiración a Vannevar Bush, y dedicó una sección entera de su trabajo a describir la máquina memex.[32] Diecisiete años después de que Bush escribiera «Como podríamos pensar», su concepción de que los humanos y los ordenadores deberían interactuar en tiempo real a través de sencillas interfaces entre las que se incluían pantallas gráficas, punteros y dispositivos de entrada, seguía teniendo una validez radical. Engelbart subrayaba que su sistema no serviría solo para tareas matemáticas. «Cualquier persona que elabore su pensamiento por medio de conceptos simbolizados (sea en forma de la lengua inglesa, de pictogramas, de lógica formal o de matemáticas) debería poder beneficiarse considerablemente.» Ada Lovelace se habría sentido emocionada.

El tratado de Engelbart apareció el mismo mes en que Licklider, que había explorado los mismos conceptos dos años antes en su artículo «La simbiosis hombre-computador», pasaba a asumir el mando de la Oficina de Técnicas de Procesamiento de Información de la ARPA. Parte del nuevo trabajo de Licklider consistía en conceder subvenciones federales a proyectos prometedores. Engelbart se puso en la cola. «Yo estaba de pie en la puerta con el informe de 1962 y una propuesta —recordaría más tarde—. Pensé: "¡Ah, muchacho!, con todas las cosas que dice que quiere hacer, ¿cómo puede rechazarme?".»[33] De hecho no pudo, y Engelbart consiguió una subvención de la ARPA. Bob Taylor, que por entonces todavía estaba en la NASA, también le dio a Engelbart algo de financiación. Fue así como este pudo crear su propio Augmentation Research Center en el seno del SRI, que se convertiría en otro ejemplo de cómo la financiación pública de la investigación especulativa se amortiza a la larga cientos de veces en aplicaciones prácticas.

El ratón y el NLS

Se suponía que la subvención de la NASA gestionada por Taylor iba destinada a un proyecto independiente, y Engelbart decidió usarla para encontrar una manera fácil de que los humanos interactuaran con las máquinas.[34] «Busquemos dispositivos de selección en pantalla», le sugirió a su colega Bill English.[35] Su objetivo era encontrar el modo más fácil de que un usuario señalara y seleccionara algo en una pantalla. Los investigadores estaban probando docenas de opciones distintas para mover un cursor en una pantalla, entre ellas lápices ópticos, palancas de mando, bolas rodantes, paneles táctiles, tabletas con estiletes y hasta un dispositivo que se suponía que los usuarios controlaban con las rodillas. Engelbart y English los probaron todos. «Calculamos cuánto tiempo necesitaba cada usuario para mover el cursor hasta el objeto», explicaría Engelbart.[36] Los lápices ópticos, por ejemplo, parecían ser la opción más sencilla, pero requerían que el usuario los cogiera y volviera a soltarlos cada vez que los utilizaba, lo cual resultaba tedioso.

Elaboraron un gráfico con todas las ventajas y desventajas de cada dispositivo, lo que ayudó a Engelbart a imaginar sistemas que aún no hubieran sido concebidos. «Al igual que las reglas de la tabla periódica han llevado al descubrimiento de ciertos elementos antes desconocidos, en última instancia esta cuadrícula vino a definir las características deseables de un dispositivo que aún no existía», explicó. Un día de 1961 se encontraba en una conferencia y empezó a soñar despierto. Recordó un dispositivo mecánico que le había fascinado en el instituto, un planímetro, que podía calcular el área de una superficie haciéndolo rodar en torno a su perímetro. Para ello utilizaba dos ruedas perpendiculares, una horizontal y otra vertical, a fin de sumar la distancia que rodaban en cada dirección. «Bastó pensar en aquellas dos ruedas y el resto pronto resultó muy sencillo, de modo que fui e hice un bosquejo», recordaría.[37] En su cuaderno de bolsillo mostró cómo el dispositivo podría rodar sobre una mesa, y sus dos ruedas registrarían voltajes más altos o más bajos al girar en cada dirección. Esos voltajes podrían transmitirse a través de un cable a la pantalla de ordenador para mover un cursor arriba y abajo, y de un lado a otro.

El resultado, a la vez sencillo y complejo, era la clásica expresión física del ideal de acrecentamiento de la inteligencia y del imperativo de lo práctico. Aprovechaba el talento humano de coordinación mente-mano-ojo (algo en lo que los robots no son tan buenos) para proporcionar una interfaz natural con un ordenador. En lugar de actuar por separado, los seres humanos y las máquinas actuarían en armonía.

Engelbart le dio su bosquejo a Bill English, quien talló un trozo de caoba para elaborar la primera maqueta. Cuando lo probaron en su grupo de discusión, dio mejores resultados que cualquier otro dispositivo. Al principio el cable estaba delante, pero no tardaron en darse cuenta de que funcionaba mejor si salía de la parte trasera, como una cola. Así que llamaron «ratón» al dispositivo.

La mayoría de los auténticos genios (Kepler, Newton, Einstein e incluso Steve Jobs, por nombrar solo a algunos) tienen cierto instinto de sencillez. Engelbart no. Deseoso de embutir numerosas funcionalidades en cualquier sistema que construyera, quería que el ratón tuviera muchos botones, quizá hasta diez. Pero, para su decepción, las pruebas determinaron que el número óptimo de botones que debería tener el ratón era de tres. Al final resultó que aun así sobraba al menos un botón, o tal vez incluso, como insistiría más tarde el friki de la sencillez Steve Jobs, dos botones.

Durante los seis años siguientes, hasta tenerlo listo en 1968, Engelbart estuvo a diseñando un sistema de acrecentamiento de la inteligencia plenamente desarrollado al que denominó «oNLine System», o NLS. Además del ratón, este incluía muchos otros avances que conducirían a la revolución del ordenador personal: gráficos en pantalla, pantallas con múltiples ventanas, publicaciones digitales, diarios tipo blog, colaboraciones al estilo Wikipedia, documentos compartidos, correo electrónico, mensajería instantánea, vínculos de hipertexto, videoconferencias tipo Skype y formateo de documentos. Uno de sus genios tecnológicos protegidos, Alan Kay, que más tarde promovería todas y cada una de esas ideas en el Xerox PARC, diría de Engelbart: «No sé qué hará Silicon Valley cuando se quede sin las ideas de Doug».[38]

La Madre de Todas las Demostraciones

A Engelbart le iban más los bailes folclóricos griegos que los Trips Festivals, pero había llegado a conocer a Stewart Brand cuando ambos estuvieron experimentando con LSD en el mismo laboratorio. La sucesión de proyectos de Brand, incluido el *Whole Earth Catalog*, tenían su sede a solo unas manzanas del Augmentation Research Center de Engelbart, de modo que no tiene nada de extraño que en diciembre de 1968 ambos formaran equipo para realizar una demostración del oNLine System de Engelbart. Gracias al instinto de Brand como empresario del espectáculo, la demostración, que más tarde pasaría a conocerse como «la Madre de Todas las Demostraciones», se convirtió en un alarde multimedia, algo así como una especie de *acid test*, pero con silicio. El evento resultó ser la combinación última de las culturas hippy y hacker, y hasta ahora no ha tenido parangón, ni siquiera con los lanzamientos de productos de Apple, como la demostración tecnológica más deslumbrante e influyente de la era digital.[39]

El año había sido turbulento. En 1968, la ofensiva del Tet puso a la población estadounidense en contra de la guerra de Vietnam; Robert Kennedy y Martin Luther King fueron asesinados, y Lyndon Johnson anunció que no se presentaría a la reelección. Las protestas pacifistas cerraron las principales universidades y entorpecieron la Convención Nacional Demócrata de Chicago. Los rusos aplastaron la Primavera de Praga; Richard Nixon fue elegido presidente, y el *Apolo 8* orbitó la Luna. Ese mismo año también se fundó Intel y Stewart Brand publicó el primer *Whole Earth Catalog*.

La demostración de Engelbart, de noventa minutos de duración, tuvo lugar el 9 de diciembre ante una multitud de cerca de mil personas, todas ellas de pie, en un congreso del sector informático celebrado en San Francisco. Ataviado con una camisa blanca de manga corta y una fina corbata oscura, se sentó en la parte derecha del escenario ante una consola de la línea «Action Office» fabricada por Herman Miller. La imagen de su terminal informático se proyectaba en una pantalla de seis metros situada tras él. «Espero que les parezca bien este entorno más bien insólito», empezó diciendo. Llevaba un micrófono con auricular como el que podría utilizar un piloto de caza, y hablaba en un tono monocorde, como si una voz generada por ordenador tratara de emular al narrador de un viejo noticiario cinematográfico. Howard Rheingold, gurú y cronista de la cibercultura, diría más tarde que parecía el «Chuck Yeager* del cosmos informático, manejando con calma, paso a paso, el nuevo sistema e informando a su asombrada audiencia terrenal con voz suave y tranquila».[40]

«Si en su oficina —dijo Engelbart en tono solemne— a ustedes, como trabajadores intelectuales, se les proporcionara una pantalla de ordenador respaldada por un computador que estuviera en marcha para ustedes todo el día y que respondiera al instante a cualquier acción que realizaran, ¿qué valor le darían a ello?» Prometió que la combinación de tecnologías cuya demostración estaba a punto de llevar a cabo sería «toda ella muy interesante», y luego murmuró entre dientes: «Eso creo».

Una cámara montada en el terminal proporcionaba una imagen constante de su rostro, mientras que otra cámara situada por encima de él mostraba sus manos controlando el ratón y el teclado. Bill English, el artífice del ratón, se sentaba al fondo del auditorio como un realizador de televisión, seleccionando qué imágenes se mezclaban, se combinaban y se proyectaban en la pantalla grande.

Stewart Brand se hallaba a unos cincuenta kilómetros al sur, en el laboratorio de Engelbart, cerca de Stanford, generando imágenes de ordenador y manejando las cámaras. Dos líneas de radiocomunicación por microondas y una conexión telefónica transmitían al laboratorio

---

* Célebre militar y piloto estadounidense, considerado la primera persona que superó la barrera del sonido en una aeronave. *(N. del T.)*

cada clic de ratón y cada pulsación de teclado que hacía Engelbart, y enviaban imágenes e información de vuelta al auditorio. El público presenció incrédulo cómo Engelbart colaboraba con otros colegas distantes para crear un documento; diferentes personas hicieron correcciones, agregaron gráficos, cambiaron la maquetación, crearon un mapa e incorporaron elementos auditivos y visuales en tiempo real. Incluso fueron capaces de crear juntos vínculos de hipertexto. En suma: ya en 1968, Engelbart efectuó una demostración de casi todo lo que hoy hace un ordenador personal conectado a una red. Los dioses de las demostraciones le acompañaron, y para su sorpresa no se produjo fallo alguno. La multitud le obsequió con una gran ovación. Algunos de los asistentes incluso se precipitaron hacia el escenario como si fuera una estrella del rock, lo que en algunos aspectos podría decirse que era cierto.[41]

A cierta distancia de la sala de Engelbart, Les Earnest, cofundador, junto con el desertor del MIT John McCarthy, del Laboratorio de Inteligencia Artificial de Stanford, estaba llevando a cabo una demostración rival. Tal como relata John Markoff en *What the Dormouse Said*, en su sesión se exhibió una película sobre un robot que actuaba como si pudiera oír y ver cosas. Las dos demostraciones presentaban un claro contraste entre el objetivo de la inteligencia artificial y el de la inteligencia acrecentada. Esta última meta había parecido bastante extraña cuando Engelbart empezó a trabajar en ella, pero cuando exhibió todos sus elementos en su demostración de diciembre de 1968 —un ordenador personal con el que los humanos podían interactuar fácilmente en tiempo real, una red que permitía la creatividad en equipo—, eclipsó al robot. El titular de la noticia sobre la conferencia publicada al día siguiente en el *San Francisco Chronicle* era: «El fantástico mundo del ordenador del mañana». Y hablaba del oNLine System de Engelbart, no del robot.[42]

Como para sellar el matrimonio entre contracultura y cibercultura, Brand llevó a Ken Kesey al laboratorio de Engelbart para experimentar el oNLine System. Kesey, por entonces famoso gracias a la obra de Tom Wolfe *Ponche de ácido lisérgico*, recibió una explicación completa acerca de cómo el sistema podría cortar, pegar, recuperar y crear colectivamente libros y otros documentos. Se sintió impresionado. «Esto es lo siguiente después del ácido», sentenció.[43]

ALAN KAY

Alan Kay hizo todo lo posible para no perderse la Madre de Todas las Demostraciones de Engelbart. Tenía casi 39 de fiebre e inflamación de garganta, pero se obligó a subir a un avión en Utah, donde era estudiante de posgrado. «Temblaba y estaba enfermo, y apenas podía andar —recordaría más tarde—, pero estaba decidido a ir.»[44] Ya conocía y había abrazado las ideas de Engelbart, pero el espectáculo de la demostración le conmocionó como un toque de rebato. «Para mí fue como Moisés abriendo el mar Rojo —dijo Kay—. Él nos mostró una tierra prometida que había que encontrar, y los mares y ríos que teníamos que cruzar para llegar allí.»[45]

Como Moisés, Engelbart no llegaría a pisar aquella tierra prometida. En cambio, sería Kay, junto con un alegre grupo de colegas que trabajaban en el centro de investigación de una empresa de fotocopiadoras, quienes se situarían en la vanguardia en el proceso de llevar las ideas de Licklider y Engelbart al paraíso de la informática personal.

De niño, Kay había aprendido a amar tanto las ciencias como las letras en su hogar de la zona central de Massachusetts, donde nació en 1940. Su padre era un fisiólogo que diseñaba piernas y brazos artificiales. Kay desarrolló su amor a la ciencia en sus largos paseos con él, pero también se convirtió en un apasionado de la música. Su madre era músico y artista, como lo había sido el padre de ella, Clifton Johnson, un conocido ilustrador y autor que tocaba el órgano de tubos en la iglesia local. «Dado que mi padre era científico y mi madre, artista, el ambiente de mis primeros años estaba lleno de muchas clases de ideas y de formas de expresarlas. Yo no distinguía entre "arte" y "ciencia", y sigo sin hacerlo.»[46]

A los diecisiete años asistió a un campamento de verano musical, donde tocó la guitarra y fue miembro de la orquesta de jazz. Asimismo, y al igual que a su abuelo, le gustaban los órganos de tubos, y a la larga ayudaría a un maestro constructor a fabricar uno de estilo barroco español para un seminario luterano. Era un estudiante inteligente y culto que a menudo tenía problemas en la escuela, sobre todo por insubordinación, un rasgo característico de muchos innovadores en el campo de la tecnología. Estuvo a punto de ser expulsado, pero también participó en el concurso infantil radiofónico *Quiz Kids*.

Kay se matriculó en el Bethany College, en Virginia Occidental, para estudiar matemáticas y biología, pero fue expulsado durante la primavera del primer curso debido a «excesivas ausencias no justificadas». Durante un tiempo vivió en Denver, donde un amigo había encontrado trabajo manejando el sistema informático de reservas de la compañía United Airlines. A Kay le llamó la atención el hecho de que los ordenadores parecieran aumentar antes que reducir el trabajo pesado de los humanos.

Ante la perspectiva de ser llamado a filas, se alistó en las fuerzas aéreas, donde la elevada puntuación que obtuvo en las pruebas de aptitud hizo que fuera seleccionado para formarse como programador. Trabajó en el IBM 1401, el primer ordenador comercializado de forma generalizada para pequeñas empresas. «Aquello era en los días en que programar era una profesión de bajo estatus y en que la mayoría de los programadores eran mujeres —comentaría más tarde—. Eran realmente buenas. Mi jefe era una mujer.»[47] Cuando terminó su servicio militar, se matriculó en la Universidad de Colorado, donde se entregó a todas sus pasiones; estudió biología, matemáticas, música y teatro, mientras programaba supercomputadores en el Centro Nacional de Investigación Atmosférica.

Luego ingresó en la escuela de posgrado de la Universidad de Utah, algo que terminaría por considerar «la mayor suerte que he tenido nunca». El pionero de la informática David Evans estaba creando allí el mejor programa de gráficos del país. El día en que llegó Kay, en el otoño de 1966, Evans le entregó un documento de una pila que tenía sobre su escritorio y le dijo que lo leyera. Era la tesis doctoral del MIT de Ivan Sutherland, que por entonces enseñaba en Harvard, pero que no tardaría en trasladarse a Utah. Redactada bajo la supervisión del teórico de la información Claude Shannon, la tesis llevaba por título «Sketchpad: un sistema de comunicaciones gráficas hombre-máquina».[48]

Sketchpad era un programa informático pionero en el uso de una interfaz gráfica de usuario (o GUI por sus siglas en inglés), que mostraba iconos y gráficos en la pantalla tal como hacen los ordenadores actuales. Los gráficos, que podían crearse y manipularse con un lápiz óptico, proporcionaban una forma nueva y encantadora de que los humanos y los ordenadores interactuaran. «El sistema Sketchpad permite que un hombre y un ordenador conversen rápidamente a través del medio de dibujos lineales», escribía Sutherland. La comprensión de que el arte y la tecnología podían combinarse para crear una deliciosa interfaz informática atrajo el entusiasmo infantil de Kay por asegurarse de que el futuro resultara alegre y divertido. Las ideas de Sutherland, comentaría, constituían «un atisbo del cielo», e «imprimieron» en él la pasión por crear ordenadores personales manejables.[49]

Su primer contacto con Engelbart se produjo a comienzos de 1967, unos meses después de conocer las ideas del Sketchpad de Sutherland. Por entonces Engelbart estaba haciendo un recorrido por varias universidades, dando conferencias sobre las ideas que a la larga presentaría en su «Madre de Todas las Demostraciones» y cargando con un proyector Bell & Howell para poder exhibir una película de demostración de su oNLine System. «Congelaba la imagen y corría a distintas velocidades hacia delante y hacia atrás —recordaba Kay—. Luego decía: "Aquí está el cursor. ¡Observen lo que va a pasar ahora!".»[50]

El campo de los gráficos por ordenador y las interfaces de usuario naturales se hallaba en plena efervescencia, y Kay extraía ideas de numerosas fuentes. Asistió a una conferencia de Marvin Minsky, del MIT, sobre la inteligencia artificial y el terrible modo en que las escuelas estaban anulando la creatividad de los jóvenes estudiantes al no enseñarles a abordar imaginativamente la complejidad. «Lanzó una tremenda diatriba contra los métodos de educación tradicionales», recordó Kay.[51] Luego conoció a un colega de Minsky, Seymour Papert, que había creado un lenguaje de programación llamado LOGO que resultaba lo bastante sencillo como para que lo utilizara un escolar. Uno de sus numerosos trucos consistía en permitir a los estudiantes que emplearan órdenes simples para controlar una tortuga robótica que se movía por toda el aula. Después de oír a Papert, Kay empezó a dibujar esbozos del aspecto que podría tener un ordenador personal fácil de manejar por un niño.

En una conferencia celebrada en la Universidad de Illinois, Kay vio la demostración de una rudimentaria pantalla plana, fabricada con un delgado vidrio y gas neón. Aunando todo aquello en su mente con las demostraciones del oNLine System de Engelbart, y calculando aproximadamente el efecto de la ley de Moore, comprendió que las pantallas gráficas con ventanas, los iconos, el hipertexto y un cursor controlado por un ratón podrían ser incorporados a pequeños ordenadores en el plazo de una década. «Casi me sentí aterrorizado por las consecuencias —diría, dejándose llevar por sus dotes para la narración dramática—. Debía de ser la misma clase de desorientación que había sentido la gente después de leer a Copérnico y contemplar por primera vez un cielo distinto desde una Tierra distinta.»

Kay veía el futuro con gran claridad, y empezó a sentir impaciencia por inventarlo. «Habría millones de máquinas personales y de usuarios —comprendió—, la mayoría fuera del control institucional directo.» Ello requeriría la creación de pequeños ordenadores personales con pantallas gráficas lo bastante fáciles de manejar como para que los utilizara un niño y lo bastante baratos como para que cada persona pudiera tener uno. «Todo esto se unía para formar una imagen de lo que debería ser realmente un ordenador personal.»

En su tesis doctoral describió algunos de sus rasgos, ante todo que tendría que ser sencillo («Se debe poder aprender a manejar en privado») y agradable («El aspecto amable debe ser una característica esencial»). Estaba diseñando un ordenador como si fuera un humanista además de un ingeniero, inspirándose para ello en un impresor italiano de principios del siglo XVI llamado Aldo Manucio, que comprendió que los libros personales debían caber en las alforjas y empezó a producirlos del tamaño que hoy es común. Del mismo modo, Kay supo ver que el ordenador personal ideal no tenía que ser mayor que un cuaderno. «Era fácil saber qué hacer después —recordaba—. Construí una maqueta de cartulina para ver qué aspecto tendría y qué sensación daría.»[52]

Kay se había inspirado en lo que Engelbart estaban intentando hacer en su Augmentation Research Center, pero en lugar de pedir trabajo allí, se incorporó al Laboratorio de Inteligencia Artificial de Stanford (SAIL por sus siglas en inglés), dirigido por el profesor John McCarthy. No fue una decisión adecuada. Dado que McCarthy se centraba en la inteligencia artificial antes que en la inteligencia acrecentada, tenía poco interés en los ordenadores personales; creía, en cambio, en los grandes computadores utilizados a tiempo compartido.

En un trabajo académico que presentó en 1970, justo después de que Kay llegara al SAIL, McCarthy describía su visión de los sistemas de tiempo compartido que utilizaban terminales con poca capacidad de procesamiento o memoria propia. «El terminal tiene que estar conectado mediante el sistema telefónico a un ordenador de tiempo compartido, el cual, a su vez, tiene acceso a archivos que contienen todos los libros, revistas, periódicos, catálogos, horarios de vuelo, etc. —escribía—. Por medio del terminal, el usuario puede obtener cualquier información que quiera, puede comprar y vender, podría comunicarse con personas e instituciones, y procesar información de otras maneras útiles.»[53]

McCarthy preveía que ello podría llevar a una proliferación de nuevas fuentes de información que competirían con los medios de comunicación tradicionales, aunque pensaba erróneamente que estas se sustentarían mediante pagos de clientes antes que por la publicidad. «Dado que el coste de mantener un archivo de información en el ordenador y hacerlo accesible al público será pequeño, hasta un estudiante de instituto podría competir con el *New Yorker* si escribiera lo bastante bien y si el boca a oreja y la mención por parte de reseñadores atrajera la atención pública sobre él.» También predijo los contenidos elaborados por medio de una colaboración abierta; un usuario podría «decirle al sistema si la cura para la calvicie del año anterior había funcionado o no y conseguir un resumen de las opiniones de quienes se habían molestado en dejar constancia de sus impresiones sobre la cura que ahora él se planteaba probar». McCarthy tenía una visión muy optimista de lo que resultaría ser una estridente blogosfera. «La controversia pública puede dilucidarse más rápidamente que en la actualidad. Si yo leo algo que parece controvertido, puedo preguntarle al sistema si alguien ha presentado una réplica. Esto, junto con la capacidad de un autor de revisar su afirmación original, llevará a la gente a converger más rápidamente en posturas meditadas.»

La visión de McCarthy era profética, pero difería en un aspecto importante de la de Kay y del mundo conectado en red que hoy tenemos. No se basaba en ordenadores personales con su propia memoria y capacidad de procesamiento; lejos de ello, McCarthy creía que la gente tendría terminales baratos y «tontos» que estarían conectados a potentes ordenadores remotos. Incluso después de que empezaran a surgir clubes de aficionados para disfrutar de los ordenadores personales, McCarthy siguió trabajando en un plan para crear un «Club del Terminal Doméstico» que, por 75 dólares al mes, alquilaría a la gente unos sencillos terminales parecidos a teletipos que le permitirían compartir el tiempo de una potente unidad central remota.[54]

La visión opuesta de Kay era que unos ordenadores potentes y pequeños, con su propia memoria y capacidad de procesamiento, se convertirían en instrumentos personales para la creatividad individual. Soñaba con niños paseando por el bosque y utilizándolos bajo los árboles, exactamente igual que podían usar lápices de colores y una libreta de papel. Así, en 1971, tras dos años de penoso trabajo entre los apóstoles del tiempo compartido en el SAIL, Kay aceptó una oferta para incorporarse a un centro de investigación corporativa, situado a unos tres kilómetros de distancia, que estaba atrayendo a jóvenes innovadores que querían construir ordenadores que fueran personales y manejables y estuvieran adaptados a las personas. McCarthy rechazaría más tarde esos objetivos tildándolos de «herejías de Xerox»,[55] pero el caso es que terminaron marcando el rumbo que llevó a la era de los ordenadores personales.

El Xerox PARC

En 1970, Xerox Corporation siguió los pasos de Bell System poniendo en marcha un laboratorio dedicado a la investigación pura. Para evitar que se viera contaminado por la mentalidad burocrática de la empresa o por las exigencias cotidianas de su negocio, se ubicó en el parque industrial de Stanford, a casi cinco mil kilómetros de la sede central de la empresa en Rochester, Nueva York.[56]

Entre las personas reclutadas por el Centro de Investigación de Palo Alto de Xerox (conocido como Xerox PARC por sus siglas en inglés) se contaba Bob Taylor, que recientemente había dejado la Oficina de Técnicas de Procesamiento de Información de la ARPA para construir la red ARPANET. Gracias a sus visitas a los centros de investigación financiados por la ARPA y a las conferencias que organizaba para los estudiantes de posgrado más brillantes, había desarrollado cierta habilidad para detectar talentos. «Taylor había colaborado y financiado muchos de los principales grupos de investigación informática durante ese período —recordaba Chuck Thacker, una de las personas reclutadas por Taylor—. Por consiguiente, se hallaba en una posición única para atraer a un personal de la mayor calidad.»[57]

Taylor tenía otra habilidad de liderazgo que había perfeccionado en sus reuniones con investigadores de la ARPA y estudiantes de posgrado; era capaz de provocar una «abrasión creativa», en virtud de la cual un equipo de personas podían cuestionarse mutuamente e incluso tratar de destripar las ideas de otros, pero en que luego se esperaba que defendieran la postura contraria. Taylor organizaba lo que él denominaba reuniones «de banca» (un término que evocaba a los jugadores que trataban de ganar a la banca en el blackjack), en las que una persona tenía que presentar una idea mientras los demás se entregaban a una crítica (por regla general) constructiva. Taylor no era propiamente un genio de la tecnología, pero sabía cómo hacer que un grupo de ellos afilaran sus sables en duelos amistosos.[58] Su aptitud para ejercer de maestro de ceremonias le permitía espolear, engatusar, halagar y animar a los temperamentales genios, y conseguir que colaboraran. Se le daba mucho mejor cuidar del ego de las personas que trabajaban bajo su mando que satisfacer a sus propios jefes, pero eso formaba parte de su encanto; sobre todo si no eras uno de sus jefes.

Entre las primeras personas reclutadas por Taylor estaba Alan Kay, a quien conocía de las conferencias de la ARPA. «Conocí a Alan cuando él era un estudiante de doctorado en Utah, y me gustó mucho», afirmó Taylor.[59] Pese a ello, no contrató a Kay para su propio laboratorio en el PARC, sino que, en cambio, lo recomendó a otro grupo de los que había allí. Fue el modo de Taylor de llenar el lugar entero de gente brillante lo que le impresionó.

Cuando Kay fue al PARC para su entrevista formal, le preguntaron cuál esperaba que fuera su gran logro. «Un ordenador personal», respondió. Cuando le preguntaron qué era eso, cogió una cartera del tamaño de un cuaderno, la abrió y dijo: «Esto será una pantalla plana. Habrá un teclado aquí abajo, y tendrá suficiente potencia para almacenar su correo, archivos, música, material gráfico y libros. Todo en un paquete más o menos de este tamaño y de alrededor de un kilogramo de peso. De eso es de lo que estoy hablando». Su entrevistador se rascó la cabeza y murmuró entre dientes: «Sí, claro».[60] Pero Kay consiguió el trabajo.

Con sus ojos risueños y su alegre bigote, a Kay se le llegó a ver como un elemento perturbador, algo que de hecho era. Sentía un travieso placer en empujar a los directivos de una empresa de fotocopiadoras a crear un ordenador pequeño y manejable para niños. El director de planificación corporativa de Xerox, Don Pendery, un adusto ejecutivo procedente de Nueva Inglaterra, encarnaba lo que el profesor de Harvard Clay Christensen ha denominado el «dilema del innovador»; veía el futuro lleno de sombrías criaturas que amenazaban con corroer el negocio de las fotocopiadoras de Xerox. No dejaba de pedirles a Kay y a otros una evaluación de «tendencias» que pronosticaran lo que el futuro podía depararle a la empresa. Durante una exasperante sesión, Kay, cuyos pensamientos a menudo parecían expresamente acuñados para ir directamente de su lengua a Wikiquote, soltó una frase que iba a convertirse en el credo del PARC: «La mejor manera de predecir el futuro es inventarlo».

A fin de documentarse para su artículo publicado en 1972 en *Rolling Stone* sobre la naciente cultura tecnológica de Silicon Valley, Stewart Brand había visitado el Xerox PARC, y había causado agitación en la sede central de la empresa, en el este del país, cuando apareció dicho artículo. Con un entusiasmo literario, describía cómo la investigación del PARC se había «alejado de la enormidad y la centralidad, desplazándose hacia lo pequeño y lo personal, hacia la idea de poner el máximo poder de computación en las manos de todo aquel que lo desee». Entre las personas a las que había entrevistado se contaba Kay, quien le dijo: «Aquí la gente está acostumbrada a manejar relámpagos con las dos manos». Para las personas como Kay, el PARC tenía cierta sensibilidad festiva que procedía del Tech Model Railroad Club del MIT. «Es un lugar donde todavía puedes ser un artesano», le dijo a Brand.[61]

Kay era consciente de que necesitaba un nombre pegadizo para el pequeño ordenador personal que quería construir, de modo que empezó llamándolo Dynabook. También se le ocurrió un bonito nombre para su sistema operativo,* Smalltalk. La idea era que el nombre no resultara

---

* *Small talk*, significa «charla informal» en inglés. *(N. del T.)*

intimidatorio para los usuarios y no creara expectativas entre los ingenieros puros y duros. «Pensé que Smalltalk era un nombre tan insulso que, si en algún momento hacía algo bueno, la gente se sentiría gratamente sorprendida», sañaló Kay.

Estaba decidido a que su proyectado Dynabook costara menos de 500 dólares, «para que pudiéramos regalarlo en las escuelas». También tenía que ser pequeño y personal, de modo que «un niño pudiera llevárselo consigo a cualquier parte a donde fuera a esconderse», con un lenguaje de programación que resultara fácil de manejar. «Lo sencillo debería ser sencillo; lo complejo debería ser posible», afirmó.[62]

Kay escribió una descripción del Dynabook, titulada «Un ordenador personal para niños de todas las edades», que era en parte un proyecto de producto, pero también, y sobre todo, un manifiesto. Empezaba citando la idea fundamental de Ada Lovelace acerca de cómo podrían utilizarse ordenadores para las tareas creativas: «La máquina analítica teje patrones algebraicos del mismo modo que el telar de Jacquard teje flores y hojas». Al describir cómo los niños (de todas las edades) utilizarían el Dynabook, Kay mostró que estaba en el bando de quienes veían los ordenadores personales principalmente como herramientas de creatividad individual antes que como terminales conectados en red y destinados al trabajo en equipo. «Aunque se puede utilizar para comunicarse con otros a través de las "utilidades de conocimiento" del futuro como una "biblioteca" escolar —escribió—, pensamos que una gran parte de su uso implicará una comunicación reflexiva del propietario consigo mismo a través de este medio personal, de forma muy parecida a como se utilizan actualmente el papel y los cuadernos.»

El Dynabook, proseguía Kay, no debería ser mayor que un cuaderno ni pesar más de unos dos kilos. «El propietario podrá mantener y editar sus propios archivos de texto y programas cuando y donde quiera. ¿Hace falta añadir que se podrá utilizar en el campo?» En otras palabras, no era un mero terminal «tonto» diseñado para ser conectado en red a una unidad central de tiempo compartido. No obstante, preveía que llegaría un día en que los ordenadores personales y las redes digitales se unirían. «Una combinación de este dispositivo "para llevar a todas partes" y de una utilidad de información global como la red de la ARPA o una televisión por cable bidireccional llevará las bibliotecas y las escuelas (por no hablar de las tiendas y las vallas publicitarias) a casa.»[63] Era una visión atractiva del futuro, pero que aún tardaría otras dos décadas en inventarse.

Para impulsar su cruzada en favor del Dynabook, Kay reunió a su alrededor a un pequeño equipo y planteó una misión que era a la vez romántica, difusa y con aspiraciones. «Solo contraté a gente a la que se le iluminaban los ojos al oír hablar de la idea del ordenador portátil —recordaba Kay—. Pasábamos una gran parte del día fuera del PARC, jugando al tenis, montando en bici, bebiendo cerveza, comiendo comida china y hablando constantemente del Dynabook y de su potencial para amplificar el alcance humano y aportar nuevas formas de pensar a una civilización vacilante que las necesitaba desesperadamente.»[64]

Para poder dar el primer paso hacia la realización del Dynabook, Kay propuso una máquina «de transición». Sería aproximadamente del tamaño de una maleta de mano y tendría una pequeña pantalla gráfica. En mayo de 1972 hizo su discurso de presentación ante los directivos de hardware del Xerox PARC, a los que les propuso construir treinta unidades para que pudieran probarse en aulas a fin de comprobar si los estudiantes podían realizar sencillas tareas de programación con ellos. «Los usos de un artilugio personal como editor, profesor, en el ámbito doméstico y como terminal inteligente resultan bastante obvios —les dijo a los ingenieros y gerentes que le escuchaban sentados en sacos rellenos de poliestireno—. Construyamos treinta de ellos para poder seguir adelante.»

Fue un discurso romántico pronunciado con confianza, como solía ser el caso con Kay, pero no sirvió para deslumbrar a Jerry Elkind, el gerente del laboratorio de ordenadores del PARC. «Jerry Elkind y Alan Kay eran como criaturas de planetas distintos; uno era un austero y riguroso ingeniero y el otro, un audaz filibustero filosófico», diría Michael Hiltzik, autor de una historia del Xerox PARC. A Elkind no se le iluminaron los ojos al imaginar a los niños programando tortugas de juguete en máquinas Xerox. «Permítame hacer de abogado del diablo», respondió. Los otros ingenieros se animaron, pensando que iba a machacarlo sin piedad. El mandato del PARC, señaló Elkind, era crear la oficina del futuro, de modo que ¿para qué habría de entrar en el negocio de los juegos infantiles? Dado que el propio entorno corporativo se prestaba al uso a tiempo compartido de ordenadores de gestión corporativa, ¿no debería el PARC seguir trabajando en tales perspectivas? Tras una serie de preguntas similares en rápida sucesión, Kay se sintió como si arrastrara los pies. Cuando terminó la sesión estaba llorando. Su petición de que se construyera una partida de Dynabook de transición fue rechazada.[65]

Bill English, que había trabajado con Engelbart y había construido el primer ratón, estaba por entonces en el PARC. Tras la reunión, se llevó a Kay aparte, lo consoló y le ofreció algunos consejos. Tenía que dejar de ser un soñador solitario y, en lugar de ello, preparar una propuesta bien articulada y acompañada de un presupuesto. «¿Qué es un presupuesto?», le preguntó Kay.[66]

Kay redujo la escala de su sueño y propuso un plan de transición del plan de transición. Emplearía 230.000 dólares de la partida presupuestaria que tenía destinada para emular el Dynabook en un Nova, un miniordenador del tamaño de una caja grande fabricado por Data General. Pero la perspectiva realmente no le emocionaba.

Fue entonces cuando dos estrellas del grupo de Bob Taylor en el PARC, Butler Lampson y Chuck Thacker, irrumpieron en el despacho de Kay con un plan distinto.

—¿Tienes algo de dinero? —le preguntaron.

—Sí, unos doscientos treinta mil para Novas —contestó Kay—. ¿Por qué?

—¿Qué te parecería si te construyéramos tu maquinita? —le preguntaron, refiriéndose al Dynabook de transición que Elkind había rechazado.

—Me parecería estupendo —admitió Kay.[67]

Thacker quería construir su propia versión de un ordenador personal, y era consciente de que Lampson y Kay también tenían en mente el mismo objetivo general. De modo que el plan era aunar sus recursos y proceder sin esperar al permiso.

—¿Y qué vais a hacer con Jerry? —preguntó Kay, refiriéndose a su bestia negra, Elkind.

—Jerry estará fuera durante unos meses en un grupo de trabajo corporativo —le dijo Lampson—. A lo mejor podemos hacerlo a escondidas antes de que vuelva.[68]

Bob Taylor había contribuido a urdir el plan porque quería que su equipo dejara de construir ordenadores de tiempo compartido y se de-

Lord Byron (1788-1824), padre de Ada, vestido con la indumentaria típica albanesa, retratado por Thomas Phillips en 1835. (© The Print Collector/Corbis.)

a, condesa de Lovelace (1815-1852), retratada : Margaret Sarah Carpenter en 1836. (Hulton :hive/Getty Images.)

Charles Babbage (1791-1871), fotografía tomada c. 1837. (Popperfoto/Getty Images.)

Réplica de la máquina diferencial. (Allan J. Cronin.)

Réplica de la máquina analítica. (Science Ph Library/Getty Images.)

Telar de Jacquard. (David Monniaux.)

Retrato en seda de Joseph-Marie Jacquard (17 1834) tejido en un telar de Jacquard. (© Corbi

annevar Bush (1890-1974), con su analizador diferencial en el MIT. (© Bettmann/Corbis.)

lang Turing (1912-1954), en Sherborne School, n 1928. (Wikimedia Commons/Original en los chivos del Centro, King's College, Cambridge.)

Claude Shannon (1916-2001) en 1951. (Alfred Eisenstaedt/The LIFE Picture Collection/Getty Images.)

George Stibitz (1904–1995) *c.* 1945. (Universidad de Denison, Departamento de Matemáticas y Ciencias de la Computación.)

Konrad Zuse (1910–1995) con el computador Z en 1944. (Cortesía de Horst Zuse.)

John Atanasoff (1903–1995) en la Universidad de Iowa, *c.* 1940. (Departamento de Colecciones Especiales/Universidad Estatal de Iowa.)

Reconstrucción del computador de Atanasoff. (Departamento de Colecciones Especiales/Universidad Estatal de Iowa.)

Howard Aiken (1900-1973) en Harvard, en 1945. (Archivos de la Universidad de Harvard, UAV 362.7295.8p, B 1, F 11, S 109.)

John Mauchly (1907-1980) *c.* 1945. (Apic/Contributor/Hulton Archive/Getty Images.)

Presper Eckert (1919-1995) *c.* 1945. (© Bettmann/Corbis.)

Eckert (*tocand la máquina*), Mauchly (*en la columna*), Jean Jennings (*en el fondo*), Herman Goldstine (*al lado de Jennings*) y Ruth Lichterman con el ENIAC en 1956. (Archivos de la Universidad de Pennsylvania.)

Jean Jennings y Frances Bilas con el ENIAC. (Fo del ejército de Estados Unidos.)

Howard Aiken y Grace Hopper (1906-1992) con una parte de la máquina diferencial de Babbage en Harvard, en 1946. (De un fotógrafo del periódico/© 1946, *The Christian Science Monitor* (www.CSMonitor.com). Reproducida con autorización. Y cortesía de la Colección Grace Murray Hopper, Centro de Archivos, Museo Nacional de Historia Estadounidense, Smithsonian Institution.)

Jean Jennings (1924-2011) en 1945. (© Museo de Computación Jean Jennings Bartik/ Universidad Estatal del Noroeste de Missouri. Reservados todos los derechos. Reproducida con autorización.)

Betty Snyder (1917-2001) en 1944. (© Museo Computación Jean Jennings Bartik/Universid Estatal del Noroeste de Missouri. Reservados t dos los derechos. Reproducida con autorización

...nn von Neumann (1903-1957) en 1954. (© ...ttmann/Corbis.)

Herman Goldstine (1913-2004) *c.* 1944. (Cortesía del Museo de Historia del Ordenador.)

...esper Eckert (*centro*) y Walter Cronkite de la CBS (*derecha*) observan la predicción electoral del ...NIVAC en 1952. (Oficina del Censo de Estados Unidos.)

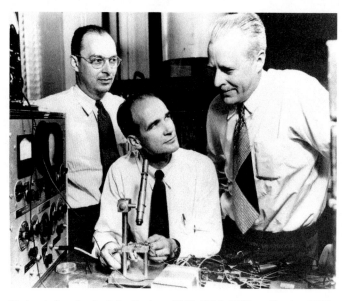

De izquierda a derecha: John Bardeen (1908-1991), William Shocley (1910-1989) y Walter Brattain (1902-1987) en una fotografía en los Laboratorios Bell, en 1948. (Lucent Technologies/Agence France-Presse/Newscom.)

El primer transistor en los Laboratorios Bell. (Reproducida con autorización de Alcatel-Lucent USA Inc.)

William Shockley (*en la cabecera de la mesa*) el día que cibió el Premio Nobel junto a sus colegas, entre el Gordon Moore (*sentado a la izquierda*) y Robert Noy (*de pie en el centro con una copa de vino*) en 1956. (Corte de Bo Lojek y el Museo de Historia del Ordenador.)

bert Noyce (1927-1990) en Fairchild, en 0. (© Wayne Miller/Magnum Photos.)

Gordon Moore (1929-) en Intel, en 1970. (Intel Corporation.)

rdon Moore (*en el extremo izquierdo*), Robert Noyce (*al frente en el centro*) y los «ocho traidores» e en 1957 abandonaron a Shockley para formar Fairchild Semiconductor. (© Wayne Miller/ gnum Photos.)

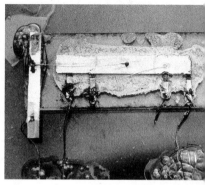

Microchip de Kilby. (Cortesía de Texas Instruments.)

Jack Kilby (1923-2005) en Texas Instruments, en 1965. (Fritz Goro/The LIFE Picture Collection/Getty Images.)

Arthur Rock (1926-) en 1997. (Louis Fabian Bachrach.)

Andy Grove (1936-) con Noyce y More en Intel en 1978. (Intel Corporation.)

n Edwards y Peter Samon (1941-) con el *Spacewar* en el MIT. (Cortesía del Museo de Historia Ordenador.)

lan Bushnell (1943-). (© Ed Kashi/VII/Corbis.)

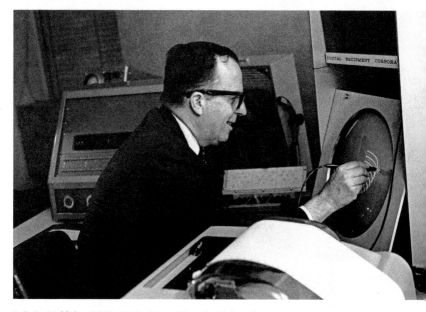

J. C. R. Licklider (1915-1990). (Karen Tweedy-Holmes.)

Bob Taylor (1932-). (Cortesía de Bob Taylor.)

Larry Roberts (1937-). (Cortesía de Larry Roberts.)

Donald Davies (1924-2000). (Laboratorio Nacional de Física © Crown Copyright/Science Source Images.)

Paul Baran (1926-2011). (Cortesía de RAND Corporation.)

Leonard Kleinrock (1934-). (Cortesía de Leonard Kleinrock.)

Vint Cerf (1943-) y Bob Kahn (1938-). (© Louie Psihoyos/Corbis.)

Ken Kesey (1935-2001) sosteniendo una flauta en el autobús. (© Joe Rosenthal/*San Francisco Chronicle*/Corbis.)

Stewart Brand (1938-). (© Bill Young/*San Francisco Chronicle*/Corbis.)

El primer número, otoño de 1968. (*Whole Earth Catalog.*)

ug Engelbart (1925-2013). (SRI Interna-
al.)

El primer ratón de Englebart. (SRI International.)

vart Brand (*centro*) asistiendo a la Madre de Todas las Demostraciones en 1968. (SRI Interna-
al.)

Alan Kay (1940-) en Xerox PARC, en 1974. (Cortesía del Museo de Historia del Ordenador.)

Dibujo de Kay de 1972 para un Dynab (Cortesía de Alan Kay.)

Le Falsenstein (1945-). (Cindy Charles.)

El primer número, octubre de 1972. (Museo formático DigiBarn.)

dicara, en cambio, a diseñar «una colección de pequeñas máquinas interconectadas basadas en pantallas».[69] Le emocionaba la idea de que tres de sus ingenieros favoritos —Lampson, Thacker y Kay— colaboraran en el proyecto. El equipo tenía una saludable dinámica de tira y afloja; Lampson y Thacker sabían lo que era posible hacer, mientras que Kay tenía sus miras puestas en la máquina definitiva soñada y les planteaba el reto de alcanzar lo imposible.

La máquina que diseñaron recibió el nombre de Xerox Alto (por más que Kay siguiera refiriéndose tercamente a ella como «el Dynabook de transición»). Tenía una pantalla configurada en mapa de bits, lo que significaba que cada uno de sus píxeles podía encenderse o apagarse por su cuenta para ayudar a representar un gráfico, una carta, una pincelada o lo que fuera. «Decidimos proporcionar un mapa de bits completo, en el que cada píxel de la pantalla estuviera representado por un bit de memoria principal», explicó Thacker. Eso planteaba numerosos requisitos de memoria, pero el principio rector era que la ley de Moore seguiría vigente y que, en consecuencia, la memoria seguiría abaratándose de manera exponencial. La interacción del usuario con la pantalla estaba controlada por un teclado y un ratón, tal como lo había diseñado Engelbart. Cuando fue completado, en marzo de 1973, llevaba un dibujo, pintado por Kay, del Monstruo de las Galletas de Barrio Sésamo sosteniendo la letra «C».*

Teniendo en mente a los niños (de todas las edades), Kay y sus colegas potenciaron los conceptos de Engelbart demostrando que podían llevarse a la práctica de una manera que fuera a la vez sencilla, intuitiva y manejable. El propio Engelbart, sin embargo, no compartía su visión. Lejos de ello, se dedicaba a embutir el máximo número posible de funciones en su oNLine System, y, por tanto, no tenía el menor deseo de crear un ordenador que fuera pequeño y personal. «Ese es un viaje totalmente diferente de a donde yo voy —les dijo a sus colegas—. Si nos apretujáramos en esos espacios tan pequeños, tendríamos que renunciar a un buen puñado de cosas.»[70] Por eso Engelbart, aunque fuera un teórico profético, no fue realmente un innovador de éxito; solo siguió

---

* Por la palabra *cookie*, «galleta». *(N. del T.)*

añadiendo funciones, instrucciones, botones y complejidades a su sistema. Kay, en cambio, hizo las cosas más fáciles, mostrando así por qué el ideal de sencillez —hacer productos que a la gente le resulten agradables y fáciles de usar— sería esencial en las innovaciones que harían personales los ordenadores.

Xerox envió sistemas Alto a centros de investigación de todo el país, difundiendo las innovaciones soñadas por los ingenieros del PARC. Hubo incluso un precursor de los protocolos de internet, el Paquete Universal PARC, que permitía interconectarse a diferentes redes de conmutación de paquetes. «La mayor parte de la tecnología que hace posible internet se inventó en el Xerox PARC en la década de 1970», afirmaría más tarde Taylor.[71]

Resultó, no obstante, que aunque el Xerox PARC señalara el camino a la tierra de los ordenadores personales —dispositivos que uno pudiera considerar propios—, Xerox Corporation no lideró esa migración. La empresa fabricó dos mil Altos, principalmente para ser usados en sus oficinas o en las de instituciones filiales, pero no comercializó el Alto como un producto de consumo.* «La empresa no estaba preparada para afrontar una innovación —recordaba Kay—. Ello habría supuesto embalajes completamente nuevos, manuales nuevos, gestionar las actualizaciones, formar al personal y localizar la producción en distintos países.»[72]

Taylor recordaría más tarde que tropezaba con un muro cada vez que intentaba tratar con los ejecutivos de la sede central de Xerox en el este del país. Como le explicó el jefe del centro de investigación de la empresa de Webster, Nueva York, «el ordenador nunca será tan importante para la sociedad como la fotocopiadora».[73]

En un fastuoso congreso corporativo de Xerox celebrado en Boca Ratón, Florida (donde se pagó a Henry Kissinger para que pronunciara

---

* La estación de trabajo Xerox Star no apareció hasta 1981, ocho años después de que se inventara el Alto, y al principio ni siquiera se comercializó como un ordenador independiente, sino como parte de un «sistema de oficina integrado» que incluía un servidor de archivos, una impresora y normalmente otras estaciones de trabajo conectadas en red.

el discurso de apertura), se hizo una exhibición del sistema Alto. Por la mañana se realizó una demostración teatral que fue un eco de la «Madre de Todas las Demostraciones» de Engelbart, y por la tarde se montaron treinta Altos en una sala de exposiciones para que cualquiera pudiera usarlos. Los ejecutivos, todos ellos hombres, apenas mostraron interés, pero sus esposas se pusieron de inmediato a probar el ratón y a teclear. «Los hombres pensaban que para ellos era un menoscabo saber teclear —dijo Taylor, que no había sido invitado al congreso, pero que se presentó de todos modos—. Eso era algo que correspondía a las secretarias, de modo que no se tomaron en serio el Alto; pensaban que solo les gustaría a las mujeres. Aquello me reveló que Xerox nunca tendría el ordenador personal.»[74]

Los primeros en irrumpir en el mercado del ordenador personal serían, en cambio, otros innovadores más emprendedores y despiertos. Algunos acabarían utilizando, legal o ilegalmente, ideas del Xerox PARC. En un primer momento, no obstante, los ordenadores personales fueron artilugios hechos en casa que solo podían gustarles a los aficionados.

LOS ACTIVISTAS COMUNITARIOS

Entre las tribus del Área de la Bahía de San Francisco en los años que desembocarían en el nacimiento del ordenador personal había una cohorte de activistas comunitarios y pacifistas que aprendieron a valorar los ordenadores como instrumentos para llevar el poder al pueblo. Abrazaron las tecnologías a pequeña escala, el *Operating Manual for Spaceship Earth* («Manual de operaciones de la nave espacial Tierra»), de Buckminster Fuller, y muchos de los valores definidos como instrumentos para la vida encarnados en el movimiento Whole Earth, sin sentirse por ello cautivados por la psicodelia o las repetidas asistencias a conciertos de los Grateful Dead.

Fred Moore era un ejemplo. Hijo de un coronel del ejército destinado en el Pentágono, en 1959 había ido al oeste para estudiar ingeniería en Berkeley. Aunque todavía no se había iniciado la escalada militar estadounidense en Vietnam, Moore decidió convertirse en un activista pacifista. Acampó frente a las escaleras de la Sproul Plaza —una explanada del campus universitario que no tardaría en convertirse en el epicentro de las manifestaciones estudiantiles— con un cartel en el que denunciaba al ROTC (Cuerpo de Formación de Oficiales de la Reserva del ejército). Su protesta duró solo dos días (llegó su padre y se lo llevó a casa), pero en 1962 volvió a matricularse en Berkeley y reanudó sus actos de rebeldía. Estuvo dos años en la cárcel por oponerse al reclutamiento, y más tarde, en 1968, se trasladó a Palo Alto, conduciendo una furgoneta Volkswagen con una niña pequeña cuya madre se había largado.[75]

Moore planeaba actuar allí como activista pacifista, pero descubrió los ordenadores en el Centro Médico de Stanford y se enganchó a ellos. Como nadie le decía que se fuera, pasaba los días deambulando entre los ordenadores mientras su hija vagaba por los pasillos o jugaba en la Volkswagen. Así adquirió su fe en el poder de los ordenadores para ayudar a la gente a tomar el control de sus vidas y crear comunidades. Si podía usar los ordenadores como instrumentos de potenciación personal y de aprendizaje, creía, la gente corriente podría liberarse del dominio del *establishment* militar-industrial. «Fred era un pacifista radical, flacucho y barbudo y de mirada intensa —recordaba Lee Felsenstein, que formaba parte tanto del activismo comunitario como de la escena informática de Palo Alto—. Al menor pretexto salía disparado a echar sangre sobre un submarino. No había quien le espantara.»[76]

Teniendo en cuenta su pasión tanto por el pacifismo como por la tecnología, no resulta sorprendente que Moore gravitara en la órbita de Stewart Brand y su movimiento Whole Earth. De hecho, acabó siendo la atracción principal en uno de los eventos más extraños de la época: la fiesta de despedida del *Whole Earth Catalog*, celebrada en 1971. Milagrosamente, la publicación había terminado con 20.000 dólares en el banco, y Brand decidió alquilar el Palacio de Bellas Artes, una estructura que imitaba la arquitectura clásica griega situada en el distrito de Marina de San Francisco, para celebrarlo con un millar de espíritus afines que decidirían en qué gastar el dinero. Para ello llevó un montón de billetes de cien dólares, abrigando la fantasía de que una multitud enloquecida por el rock y las drogas alcanzaría un juicioso consenso acerca de qué hacer con ellos. «¿Cómo podemos pedirle a nadie más en el mundo que llegue a acuerdos si nosotros no podemos?», le preguntó Brand a la muchedumbre.[77]

El debate duró diez horas. Brand, ataviado con un hábito negro y capucha como si fuera un monje, dejó que cada orador sostuviera el fajo de billetes mientras se dirigía a la multitud, y fue anotando las sugerencias en una pizarra. Paul Krassner, que había sido uno de los miembros de los Merry Pranksters de Ken Kesey, pronunció un apasionado discurso sobre la grave situación de los indios americanos —«¡Cuando llegamos aquí estafamos a los indios!»— y afirmó que el dinero había que dárselo a ellos. La esposa de Brand, Lois, que casualmente era india, se apresuró a señalar que ni ella ni los demás nativos lo querían. Alguien llamado Michael Kay dijo que simplemente tenían que quedárselo, y empezó a repartir los billetes entre la gente; Brand replicó que era mejor emplearlo todo junto y pidió a los presentes que le devolvieran los billetes, algo que algunos de ellos hicieron, lo cual suscitó un aplauso. Se hicieron decenas de sugerencias más, que iban de lo salvaje a lo estrafalario: «¡Échalo al váter!», «¡Compra más óxido nitroso para la fiesta!», «¡Construye un gigantesco símbolo fálico de plástico para clavarlo en la tierra!». En un momento dado, un miembro del grupo Golden Toat gritó: «¡Concentrad vuestra puta energía! ¡Tenéis nueve millones de sugerencias; elegid una! ¡Esto puede durar todo el puto año, y yo he venido aquí a tocar música!». Eso no llevó a decisión alguna, pero propició un interludio musical con la actuación da una bailarina de la danza del vientre que terminó en el suelo muerta de vergüenza.

En aquel punto, Fred Moore, con su barba descuidada y su cabello ondulado, se levantó y afirmó ejercer la profesión de «ser humano». Denunció que la multitud se preocupara por el dinero, y para recalcar su punto de vista cogió los dos billetes de dólar que llevaba en el bolsillo y los quemó. Hubo cierto debate en torno a la posibilidad de hacer una votación, algo que Moore denunció también porque era un método para dividir a la gente en lugar de unirla. Para entonces eran ya las tres de la mañana, y la aturdida y confusa multitud lo estaba cada vez más. Moore les instaba a compartir sus nombres para poder mantenerse unidos como una red. «Una unión de personas esta noche y aquí es más importante que dejar que nos divida una suma de dinero», dijo.[78] A la postre terminó quedándose solo junto con una veintena de radicales, y se decidió darle el dinero a él hasta que surgiera una idea mejor.[79]

Como no tenía cuenta bancaria, Moore enterró los 14.905 dólares que quedaban de los 20.000 en su patio trasero. Finalmente, después de mucho dramatismo e inoportunas visitas de peticionarios, lo repartió en forma de préstamos o subvenciones entre varias organizaciones que conocía, dedicadas a proporcionar acceso y formación informática en la zona. Las receptoras formaban parte del ecosistema tecnohippy surgido en Palo Alto y en Menlo Park en torno a Brand y su movimiento del *Whole Earth Catalog*.

Entre ellas se encontraba el editor del catálogo, el Instituto Portola, una organización alternativa sin ánimo de lucro que promovía la «educación informática para todos los niveles educativos». Su difuso programa de aprendizaje estaba dirigido por Bob Albrecht, un ingeniero que había dejado el mundo de las grandes empresas estadounidenses para enseñar programación a niños y baile folclórico griego a Doug Engelbart y otros adultos. «Cuando vivía en San Francisco, en lo alto de la calle más sinuosa, Lombard, con frecuencia organizaba fiestas en las que se hacía programación informática, se bebía vino y se bailaban bailes griegos», recordaba.[80] Él y sus amigos abrieron un centro informático de acceso público, provisto de un PDP-8, y asimismo se llevaba a algunos de sus mejores jóvenes alumnos en viajes de estudios, el más memorable de los cuales fue una visita a Engelbart en su laboratorio de acrecentamiento. Una de las primeras ediciones del *Whole Earth Catalog* reproducía en la última página una foto de Albrecht, con el pelo cortado a cepillo como un puercoespín, enseñando a unos niños a usar una calculadora.

Albrecht, que escribía guías de autoaprendizaje, entre ellas una muy popular en su época titulada *My Computer Likes Me (When I Speak BASIC)*, lanzó una publicación llamada *People's Computer Company*, que en realidad no tenía nada que ver con «compañía» alguna, sino que se llamaba así en honor del grupo de Janis Joplin, Big Brother and the Holding Company. Aquel desmañado boletín de noticias adoptó como divisa «Poder informático para el pueblo». El primer número, publicado en octubre de 1972, incluía en la portada un dibujo de un barco navegando en la puesta de sol y la afirmación, garabateada a mano: «Los ordenadores se utilizan sobre todo contra el pueblo en lugar de para el pueblo; se usan para controlar al pueblo en vez de liberarlo; es hora de cambiar todo eso: necesitamos una COMPAÑÍA INFORMÁTICA POPULAR».[81] La mayoría de los números exhibían montones de dibujos lineales de dragones —«Me gustaban los dragones desde que tenía trece años», recordaba Albrecht— y noticias sobre cursos de informática, programación en BASIC y diversas ferias de aprendizaje y festivales de bricolaje tecnológico.[82] El boletín contribuía a poner en contacto a aficionados a la electrónica, fanáticos del bricolaje y activistas del aprendizaje comunitario.

Otra encarnación de esa misma cultura era Lee Felsenstein, un temprano activista pacifista graduado en ingeniería eléctrica por Berkeley, que se convertiría en un destacado personaje de la obra *Hackers*, de Steven Levy. Felsenstein estaba lejos de ser un Merry Prankster, un «alegre bromista». Incluso en los embriagadores días de la revuelta estudiantil en Berkeley evitó el sexo y las drogas. Combinaba el instinto de líder comunitario propio de un activista político con la predisposición de un monstruo de la electrónica para crear herramientas y redes de comunicación. Lector asiduo del *Whole Earth Catalog*, tenía un especial aprecio por la tendencia al «hágalo usted mismo» de la cultura comunitaria estadounidense, junto con la fe en que el acceso público a las herramientas de comunicación podría arrebatar el poder a gobiernos y corporaciones.[83]

Tanto la vena de líder comunitario de Felsenstein como su amor a la electrónica le fueron inculcados de niño en Filadelfia, donde nació en 1945. Su padre era un maquinista ferroviario que se había convertido en un dibujante publicitario al que contrataban esporádicamente, y su madre era fotógrafa. Ambos eran miembros en secreto del Partido Comunista. «Su punto de vista era que lo que te contaban los medios de comunicación generalmente era "falso", que era una de las palabras favoritas de mi padre», recordaba Felsenstein. Incluso después de dejar el partido, sus padres siguieron siendo activistas de izquierdas. De niño, Felsenstein participaba en piquetes que iban a visitar a mandos militares y ayudaba a organizar manifestaciones frente a tiendas de la cadena

Woolworth's en apoyo de las sentadas contra la segregación en el Sur. «De niño siempre llevaba encima una hoja de papel para dibujar, ya que mis padres nos alentaban a ser creativos e imaginativos —recordaba—. En el otro lado normalmente había un panfleto mimeografiado de algún viejo evento de una organización vecinal.»[84]

Sus intereses tecnológicos le fueron inculcados en parte por su madre, que contaba repetidamente cómo su difunto padre había creado los pequeños motores diésel que se utilizaban en camiones y trenes. «Capté la indirecta de que quería que yo fuera inventor», explicó. En cierta ocasión en que fue reprendido por un profesor por soñar despierto, él contestó: «No estoy soñando despierto; estoy inventando».[85]

En una casa con un competitivo hermano mayor y una hermana adoptada, Felsenstein encontró refugio en el sótano, donde experimentaba con la electrónica. Eso despertó en él la percepción de que la tecnología de las comunicaciones debería permitir la potenciación del individuo. «La tecnología de la electrónica prometía algo que al parecer yo deseaba enormemente: comunicación fuera de la estructura jerárquica de la familia.»[86] Hizo un curso por correspondencia que incluía folletos y equipamiento de prueba, y compró manuales de radio y transistores a menos de un dólar para poder aprender cómo convertir los dibujos de esquemas en circuitos que funcionaran. Al ser uno de los muchos hackers que crecieron construyendo kits de aparatos de radio y otros proyectos electrónicos basados en el «suéldelo usted mismo», más tarde manifestaría su preocupación por el hecho de que las generaciones posteriores crecieran con dispositivos herméticamente cerrados que no podían explorar.* «Yo aprendí electrónica de niño trasteando con viejos aparatos de radio que eran fáciles de manipular, ya que estaban diseñados para que pudiera arreglarlos uno mismo.»[87]

Los instintos políticos y los intereses tecnológicos de Felsenstein iban acompañados de su afición a la ciencia ficción, en particular a las obras de Robert Heinlein. Como las generaciones de aficionados a los

---

* En 2014, Felsenstein estaba trabajando en un juguete/kit para estudiantes de secundaria que sería como una especie de placa base electrónica tipo Lego que ayudaría a los estudiantes a visualizar los bits, los componentes electrónicos y funciones lógicas tales como «no», «o» e «y».

videojuegos y fanáticos de los ordenadores que contribuyeron a crear la cultura del ordenador personal, también él se sintió inspirado por el *leitmotiv* más común del género, el del héroe-hacker que utiliza la magia de la tecnología para derribar a una autoridad perversa.

En 1963 fue a Berkeley a estudiar ingeniería eléctrica, justo cuando se fraguaba la rebelión contra la guerra de Vietnam. Uno de sus primeros actos fue unirse a una manifestación, junto con el poeta Allen Ginsberg, contra la visita de un dignatario survietnamita. Esta terminó más tarde de lo previsto, y tuvo que coger un taxi para regresar a tiempo al laboratorio de química.

Para poder pagarse la matrícula, entró en un programa de prácticas laborales que le valió un empleo en la NASA, en la base Edwards de las fuerzas aéreas, pero se vio obligado a marcharse cuando las autoridades descubrieron que sus padres habían sido comunistas. Entonces llamó a su padre para preguntarle si era cierto. «No quiero hablar de ello por teléfono», le respondió este.[88]

«No te metas en líos, hijo, y no tendrás ningún problema en recuperar tu trabajo», le dijo a Felsenstein un oficial de las fuerzas aéreas. Pero lo de no meterse en líos no iba con su carácter, y aquel incidente había inflamado su vena antiautoritaria. Regresó al campus en octubre de 1964, justo cuando estallaron las protestas del Movimiento por la Libertad de Expresión, y, como un héroe de ciencia ficción, decidió utilizar sus habilidades tecnológicas para incorporarse a la lucha. «Nosotros buscábamos armas no violentas, y de repente me di cuenta de que la mayor de todas las armas no violentas era el flujo de información.»[89]

En un momento dado circuló el rumor de que la policía había rodeado el campus, y alguien le gritó a Felsenstein: «¡Rápido! Haznos una radio como la de la policía». Aquello no era algo que él pudiera improvisar sobre la marcha, pero se tradujo en otra lección. «Estaba decidido; tenía que adelantarme a todos en aplicar la tecnología en beneficio de la sociedad.»[90]

Su principal idea era que crear nuevos tipos de redes de comunicaciones constituía el mejor modo de arrebatar el poder a las grandes instituciones. Esa era la esencia, comprendió, de un movimiento en favor de la libertad de expresión. «El Movimiento por la Libertad de Expresión estaba a punto de derribar las barreras de las comunicaciones de persona a persona y, en consecuencia, de permitir la formación de vínculos y comunidades que no fueran dirigidas por poderosas instituciones —escribiría más tarde—. Ello sentaba las bases de una auténtica rebelión contra las corporaciones y los gobiernos que dominaban nuestras vidas.»[91]

Empezó a pensar en qué clase de estructuras de información facilitarían esa clase de comunicaciones de persona a persona. Primero probó la imprenta, lanzando un boletín de noticias para su cooperativa de estudiantes, para pasar luego a unirse al semanario underground *Berkeley Barb*. Allí asumió el título, medio irónico, de «redactor militar» tras escribir un reportaje sobre un barco de transporte de lanchas de desembarco (en inglés *landing ship dock*) utilizando con doble sentido las siglas oficiales que designan a este tipo de embarcación en la marina estadounidense, LSD. Felsenstein esperaba que «la imprenta podría ser el nuevo medio de comunicación comunitario», pero se sintió desencantado cuando la vio «convertida en una estructura centralizada que vendía espectáculo».[92] En un momento dado fabricó un megáfono con una compleja red de cables de entrada que permitían responder a la multitud. «No tenía centro, y, por lo tanto, tampoco autoridad central —explicó—. Era un diseño parecido a internet, que constituía una forma de distribuir el poder de las comunicaciones a todo el mundo.»[93]

Felsenstein era consciente de que el futuro vendría configurado por la distinción entre medios de difusión como la televisión, que «transmitían una información idéntica desde un punto central, con mínimos canales de retorno de información», y medios de no difusión, «en los que cada participante es a la vez receptor y generador de información». Para él, los ordenadores conectados en red se convertirían en el instrumento que permitiría a la gente tomar el control de sus vidas. «Llevarían el *locus* del poder al pueblo», explicaría más tarde.[94]

En aquella época anterior a internet, antes de que existieran Craigslist y Facebook, había organizaciones comunitarias conocidas como *switchboards* («centralitas») que servían para establecer vínculos entre personas y ponerlas en contacto con servicios que pudieran estar buscando. La mayoría eran de baja tecnología, normalmente un puñado de personas alrededor de una mesa con un par de teléfonos e innumerables tarjetas y folletos colgados en las paredes; actuaban como enrutadores para crear redes sociales. «Parecía que cada subcomunidad tenía una o más —recordaba Felsenstein—. Yo las visitaba para ver si había alguna tecnología que pudieran utilizar para potenciar sus esfuerzos.» En un momento dado, un amigo le abordó en la calle para darle una estimulante noticia: uno de aquellos grupos comunitarios había conseguido un computador central explotando el sentimiento de culpa de algunos progresistas ricos de San Francisco. Aquella pista le llevó a una organización sin ánimo de lucro llamada Resource One, que estaba reconfigurando el computador central para poder ser utilizado a tiempo compartido por otras centralitas. «Teníamos el convencimiento de que íbamos a ser el ordenador de la contracultura», explicó.[95]

Más o menos por entonces, Felsenstein puso un anuncio personal en el *Berkeley Barb* que rezaba: «Hombre renacentista, ingeniero y revolucionario busca conversación».[96] Gracias a él conoció a una de las primeras mujeres hackers y ciberpunks, Jude Milhon, que escribía bajo el seudónimo de St. Jude.* Esta, a su vez, le presentó a su compañero Efrem Lipkin, un programador de sistemas. Resource One no había sido capaz de encontrar clientes de uso compartido, de modo que, a sugerencia de Lipkin, se embarcaron en una nueva empresa, a la que denominaron Community Memory («memoria comunitaria»), para utilizar el ordenador como un tablón de anuncios electrónico de acceso público. En agosto de 1973 montaron un terminal, conectado a la unidad central a través de la línea telefónica, en Leopold's Records, una tienda de discos propiedad de un estudiante en Berkeley.[97]

Felsenstein se basaba en una idea trascendental: el acceso público a redes de ordenadores permitiría a la gente formar comunidades de intereses al estilo «hágalo usted mismo». El folleto y manifiesto en el que se anunciaba el proyecto proclamaba que «los canales de comunicación no jerárquicos —sea vía ordenador y módem, con pluma y tinta, por teléfono o cara a cara— constituyen la vanguardia de la recuperación y la revitalización de nuestras comunidades».[98]

---

* Hay en dicho seudónimo un juego de palabras: Jude es un nombre propio inglés, pero también significa «Judas»; St. Jude es, pues, «san Judas». *(N. del T.)*

Una inteligente decisión que tomaron Felsenstein y sus amigos fue la de no incluir palabras clave predefinidas, como «ofertas de trabajo», «automóviles» o «servicios de canguro», en la programación del sistema. Lejos de ello, los propios usuarios podían decidir qué palabras clave deseaban subrayar en los anuncios que publicaban. Eso permitió a la gente de la calle encontrar sus propios usos para el sistema. El terminal se convirtió en un tablón donde anunciar poesía, ponerse de acuerdo para compartir coche, intercambiar opiniones sobre restaurantes y buscar parejas compatibles para el ajedrez, el sexo, el estudio, la meditación y casi cualquier otra cosa. Siguiendo el ejemplo de St. Jude, la gente creó su propio personaje online y desarrolló unas aptitudes literarias que habrían resultado imposibles en un tablón de anuncios convencional a base de corcho y chinchetas.[99] Community Memory se convertiría en la precursora de los sistemas de tablones de anuncios en internet y de comunidades online como The WELL. «Abrimos la puerta al ciberespacio y nos encontramos con que era un territorio acogedor», observó Felsenstein.[100]

Otra idea igualmente importante para la era digital surgió a raíz de una discrepancia con su antiguo amigo Lipkin, que quería construir un terminal acorazado para que la gente de la comunidad no pudiera romperlo. Felsenstein abogaba por el planteamiento opuesto. Si el objetivo era dar poder informático a la gente, entonces había que cumplir el imperativo de la accesibilidad. «Efrem decía que, si la gente le ponía la mano encima, lo rompería —recordaba Felsenstein—. Yo comulgaba con la que se convertiría en la filosofía de la Wikipedia, en virtud de la cual, si se permitía acceder a la gente, esta adoptaría una actitud protectora y lo arreglaría cuando se estropeara.» Él creía que los ordenadores tenían que ser como juguetes. «Si animas a la gente a trastear con el equipo, podrás desarrollar un ordenador y una comunidad en simbiosis.»[101]

Esos instintos cristalizaron en toda una filosofía cuando el padre de Felsenstein, justo después de que se montara el terminal en Leopold's, le envió un libro titulado *La convivencialidad*, escrito por Ivan Illich, un filósofo y sacerdote católico nacido en Austria y criado en Estados Unidos, que criticaba el papel dominante de las élites tecnocráticas. Parte del remedio de Illich consistía en crear una tecnología que fuera intuitiva, fácil de aprender y «convivencial». El objetivo, escribía, debía ser «darle a la gente instrumentos que garanticen su derecho a trabajar con una eficacia elevada e independiente».[102] Como Engelbart y Licklider, Illich hablaba de la necesidad de una «simbiosis» entre usuario e instrumento.

Felsenstein abrazó la idea de Illich de que había que construir los ordenadores de tal forma que se alentara su manipulación de modo accesible. «Sus textos me animaron a ser el flautista de Hamelín que condujera a la gente hacia un equipamiento que pudiera utilizar.» Una decena de años después, cuando finalmente ambos se conocieron, Illich le preguntó: «Si desea usted conectar a las personas, ¿por qué quiere interponer ordenadores entre ellas?». Felsenstein le contestó: «Quiero que los ordenadores sean instrumentos que conecten a las personas y que se hallen en armonía con ellas».[103]

Felsenstein supo aunar, de un modo característicamente estadounidense, los ideales de la denominada cultura «maker»* —la diversión y la satisfacción derivadas de una experiencia de aprendizaje informal, entre iguales y basada en el «hágalo usted mismo»— con el entusiasmo de la cultura hacker por las herramientas tecnológicas y el instinto de la Nueva Izquierda para el activismo comunitario.** Como él mismo afirmó ante una sala llena de fervientes aficionados en la Feria Maker del Área de la Bahía de San Francisco de 2013, tras subrayar el fenómeno extraño, pero a la vez apropiado, de tener a un revolucionario de los años sesenta como orador inaugural: «Las raíces del ordenador personal pueden encontrarse en el Movimiento por la Libertad de Expresión surgido en Berkeley en 1964 y en el *Whole Earth Catalog*, que promocionaron los ideales del "hágalo usted mismo" subyacentes al movimiento del ordenador personal».[104]

---

* Una subcultura contemporánea derivada de la llamada cultura HUM, o «hágalo usted mismo», pero centrada específicamente en la tecnología. *(N. del T.)*

** Cuando la revista *Wired* dedicó su número de abril de 2011 a la cultura maker, sacó por primera vez en la portada a una ingeniera, Limor Fried, una empresaria del «hágalo usted mismo» formada en el MIT; su apodo —ladyada— y el nombre de su empresa —Adafruit Industries— constituían sendos homenajes a Ada Lovelace.

En el otoño de 1974, Felsenstein definió las especificaciones de un terminal denominado Tom Swift,* que, según explicó, era un «dispositivo cibernético convivencial» llamado así en honor al «héroe popular estadounidense al que más probablemente se encontraría trasteando con el equipo».[105] Era un terminal robusto diseñado para conectar a la gente a un ordenador central o a una red. Felsenstein nunca llegó a desarrollarlo plenamente, pero mimeografió copias de las especificaciones y las repartió entre quienes podían suscribir la idea. Ello contribuyó a empujar a los partidarios de la Community Memory y del *Whole Earth Catalog* hacia su credo de que los ordenadores debían ser personales y «convivenciales». De ese modo podían convertirse en instrumentos para la gente corriente, y no solo para la élite tecnológica. En expresión del poeta Richard Brautigan, deberían ser «máquinas de amorosa gracia», de modo que Felsenstein decidió llamar Loving Grace Cybernetics a la empresa de consultoría que fundó.

Felsenstein tenía dotes de liderazgo innatas, así que decidió crear una comunidad de personas que compartieran su filosofía. «Mi propuesta, siguiendo a Illich, era que un ordenador solo podía sobrevivir si desarrollaba un club informático en torno a sí», explicó. Junto con Fred Moore y Bob Albrecht, se había hecho asiduo de las cenas de los miércoles por la noche en el Centro Informático Popular, donde cada uno llevaba un plato. Otro habitual era Gordon French, un desgarbado ingeniero a quien le gustaba construir sus propios ordenadores. Entre los temas de los que allí se hablaba figuraba el de «¿Cómo serán en realidad los ordenadores personales cuando finalmente lleguen a existir?». Cuando las cenas en el centro decayeron a comienzos de 1975, Moore, French y Felsenstein decidieron fundar un nuevo club. Su primer folleto anunciaba: «¿Está usted construyendo su propio ordenador? ¿Un terminal? ¿Un TV Typewriter? ¿Un dispositivo de entrada/salida? ¿Acaso alguna otra caja mágica negra digital? Si es así, puede que le guste venir a reunirse con gente que comparta sus intereses».[106]

* Sobre este personaje del género de la ciencia ficción y la aventura estadounidense, véase <http://es.wikipedia.org/wiki/Tom_Swift>. *(N. del T.)*

El Homebrew Computer Club («Club del Ordenador Casero»), como lo llamaron, terminó atrayendo a un variopinto grupo de entusiastas de numerosas tribus culturales del mundo digital del Área de la Bahía de San Francisco. «Tenía sus exploradores psicodélicos (no muchos), sus seguidores de las reglas del radioaficionado, sus aspirantes a potentados de clase alta, sus técnicos e ingenieros inadaptados de segunda y tercera filas, y demás gente excéntrica, incluida una dama remilgada y formal que se sentaba delante y que, según me dijeron más tarde, había sido piloto personal del presidente Eisenhower cuando era un hombre —recordaba Felsenstein—. Todos ellos querían que hubiera ordenadores personales, y todos ellos querían librarse de las coacciones institucionales, ya fueran del gobierno, de IBM o de sus patronos. La gente solo quería tocar lo digital con los dedos y, de paso, divertirse.»[107]

La primera reunión del Homebrew Computer Club se celebró un lluvioso miércoles, el 5 de marzo de 1975, en el garaje de Gordon French en Menlo Park. Se produjo justo cuando apareció el primer ordenador doméstico realmente personal, y no fue en Silicon Valley, sino en un centro comercial situado en un desierto de silicio y rodeado de artemisa.

Ed Roberts y el Altair

Hubo aún otro tipo de personaje que contribuyó a crear el ordenador personal: el emprendedor en serie. A la larga, aquellos incansables creadores de nuevas empresas sobrecargados de cafeína terminarían por dominar Silicon Valley, marginando a los hippies, al movimiento Whole Earth, a los activistas comunitarios y a los hackers. Pero el primero de ellos que tuvo éxito a la hora de crear un ordenador personal comercializable estaba muy lejos tanto de Silicon Valley como de los centros informáticos de la Costa Este.

En abril de 1974, cuando el microprocesador Intel 8080 estaba a punto de aparecer, Ed Roberts pudo hacerse con algunas hojas de datos escritas a mano que contenían una descripción de este. Roberts, un fornido emprendedor con una oficina en una zona comercial de Albuquerque, Nuevo México, tuvo una idea absolutamente sencilla con respecto a lo que podía hacer utilizando aquel «ordenador en un chip»; precisamente, un ordenador.[108]

Roberts no era un experto en informática, o siquiera un hacker. No tenía grandes teorías sobre el acrecentamiento de la inteligencia o la simbiosis creada por las interfaces gráficas de usuario. Nunca había oído hablar de Vannevar Bush o de Doug Engelbart. Era, en cambio, un aficionado. De hecho, tenía una curiosidad y una pasión que hacían de él, en palabras de un compañero de trabajo, «el mayor aficionado del mundo».[109] No del tipo empalagoso que se pasaba el rato hablando de la cultura maker, sino del tipo capaz de satisfacer las necesidades (y actuar como una versión algo crecidita) de los muchachos con la cara llena de granos a quienes les gustaba hacer volar maquetas de aviones y lanzar cohetes en el patio trasero de su casa. Roberts contribuyó a iniciar un período en el que el mundo de la informática personal recibiría un fuerte impulso, no de los chicos prodigio de Stanford y el MIT, sino de los aficionados a montar kits de aparatos de radio que amaban el dulce olor del soldador.

Roberts, que nació en Miami en 1941, era hijo de un técnico en reparación de electrodomésticos. Se incorporó a las fuerzas aéreas, que le enviaron a la Universidad Estatal de Oklahoma para graduarse en ingeniería y luego le destinaron a la división láser de un laboratorio de armamento de Albuquerque. Allí montó varias empresas, como la que gestionaba los personajes animados del escaparate navideño de unos grandes almacenes. En 1969, él y un compañero de las fuerzas aéreas llamado Forrest Mims crearon una empresa orientada al pequeño pero apasionado mercado de los entusiastas de las maquetas de cohetes. Esta fabricaba kits de montaje que permitían a los «cadetes espaciales» aficionados montar luces intermitentes y aparatos de radio en miniatura para poder rastrear sus cohetes de juguete.

Roberts tenía el dinamismo de un adicto a crear nuevas empresas. Según Mims: «Tenía una confianza absoluta en que sus dotes empresariales le permitirían cumplir sus ambiciones de ganar un millón de dólares, aprender a volar, tener su propio avión, vivir en una granja y terminar la carrera de medicina».[110] Llamaron a su empresa MITS para evocar el MIT, y luego, a partir del acrónimo, llegaron al nombre, Micro Instrumentation and Telemetry Systems. Su oficina de alquiler de 100 dólares al mes, que antes había sido una cafetería, estaba encajada entre una sala de masaje y una lavandería automática en una destartalada galería comercial. El viejo cartel que rezaba «El puesto de sándwiches encantado» todavía colgaba, bastante adecuadamente, sobre la puerta de MITS.

Siguiendo los pasos de Jack Kilby, de Texas Instruments, a continuación Roberts hizo una incursión en el negocio de las calculadoras electrónicas. Conocedor de la mentalidad del aficionado, empezó a vender sus calculadoras en un kit para que se las montara uno mismo, a pesar de que los dispositivos ya montados no habrían costado mucho más. Por entonces había tenido la buena fortuna de conocer a Les Solomon, el redactor técnico de *Popular Electronics*, que había ido a Albuquerque en un viaje de exploración para elaborar un reportaje. Solomon le encargó a Roberts que escribiera un artículo, cuyo título, «La calculadora de escritorio electrónica que usted puede construir», apareció en la portada del número de noviembre de 1971. En 1973, MITS tenía 110 empleados y facturaba un millón de dólares en ventas. Pero los precios de las calculadoras de bolsillo se desplomaban, y ya no era posible obtener beneficios. «Pasamos por un período en el que despachar un kit de calculadora tenía para nosotros un coste de 39 dólares, mientras que por 29 podías comprar una en un colmado», recordaba Roberts.[111] A finales de 1974, MITS tenía una deuda de más de 350.000 dólares.

Dada su naturaleza de audaz emprendedor, Roberts respondió a la crisis con la decisión de poner en marcha un negocio completamente nuevo. Siempre se había sentido fascinado por los ordenadores, y supuso que a otros aficionados a la electrónica les ocurría lo mismo. Su objetivo, le dijo entusiasmado a un amigo, era construir un ordenador para las masas que eliminara de una vez por todas al «clero informático». Tras estudiar el conjunto de instrucciones del Intel 8080, Roberts llegó a la conclusión de que MITS podía hacer un kit de montaje de un ordenador rudimentario que sería tan barato —menos de 400 dólares— que todos los entusiastas lo comprarían. «Creímos que había perdido el oremus», confesaría más tarde un colega.[112]

Intel vendía los 8080 por 360 dólares al por menor, pero Roberts logró sacarlos a 75 dólares cada uno a condición de comprar mil. Luego consiguió un crédito bancario basado en su insistencia de que los vendería todos, aunque en privado temía que inicialmente los pedidos rondaran solo las doscientas unidades. Daba igual. Él tenía la emblemática perspectiva del empresario; o tenía éxito y cambiaba la historia, o se arruinaría aún más deprisa de lo que ya lo estaba.

La máquina que construyeron Roberts y su variopinto equipo no habría impresionado a Engelbart, ni a Kay, ni al resto de los que trabajaban en los laboratorios en torno a Stanford. Contaba solo con 256 bytes de memoria, y no tenía teclado ni ningún otro dispositivo de entrada; la única forma de introducir datos o instrucciones era manipulando una hilera de interruptores. Los genios del Xerox PARC estaban construyendo interfaces gráficas para mostrar la información, mientras que la máquina salida del viejo puesto de sándwiches encantados· solo podía mostrar respuestas en código binario a través de unas cuantas luces en el panel frontal que se encendían y se apagaban. Puede que no fuera un triunfo tecnológico, pero era algo que los aficionados anhelaban; había una demanda reprimida de un ordenador que pudieran montar y hacer suyo, exactamente igual que un aparato de radioaficionado.

La conciencia pública es un componente importante de la innovación. Un ordenador creado, pongamos por caso, en un sótano de Iowa sobre el que nadie llega a escribir se convierte, para la historia, en algo parecido al árbol que cae en un bosque deshabitado del experimento mental de George Berkeley; ni siquiera resulta obvio que produzca un sonido. La Madre de Todas las Demostraciones contribuyó a que las innovaciones de Engelbart adquirieran popularidad. De ahí que los lanzamientos de productos sean tan importantes. La máquina de MITS podría haber languidecido junto con las calculadoras no vendidas en Albuquerque si antes Roberts no hubiera trabado amistad con Les Solomon, de la revista *Popular Electronics*, que era a los kits de montaje lo que *Rolling Stone* era a los aficionados al rock.

Solomon, un aventurero nacido en Brooklyn que de joven había luchado junto a Menaham Begin y los sionistas en Palestina, estaba impaciente por encontrar un ordenador personal que incluir en la portada de su revista. Un competidor había sacado una portada sobre un kit de ordenador llamado Mark 8, que era una caja sin apenas utilidad que contaba con el anémico Intel 8008. Solomon sabía que tenía que superar pronto la noticia de la competencia. Roberts le envió el único prototipo viable de su máquina MITS a través de la agencia Railway Express, que lo perdió (el venerable servicio de transporte iría a la quiebra solo unos meses después). De modo que el número de enero de 1975 de *Popular Electronics* sacó una versión falsa. Como tuvieron que correr para llevar el artículo a la imprenta, Roberts aún no había podido escoger un nombre para el dispositivo. Según Solomon, su hija, una fanática de *Star Trek*, sugirió que lo llamaran como la estrella que la nave espacial *Enterprise* visitaba aquella noche, Altair. Así fue como el primer auténtico ordenador personal para consumidores domésticos capaz de funcionar recibió el nombre de Altair 8800.[113]

«¡La era del ordenador en todos los hogares —un tema favorito entre los escritores de ciencia ficción— ha llegado!», exclamaba el titular de la noticia en *Popular Electronics*.[114] Por primera vez se comercializaba un ordenador viable y asequible para el gran público. «En mi opinión —afirmaría más tarde Bill Gates—, el Altair es el primer objeto que merece ser llamado "ordenador personal".»[115]

El mismo día en que el número de *Popular Electronics* llegó a los quioscos empezaron a llover los pedidos. Roberts tuvo que contratar a personal suplementario en Albuquerque para responder al teléfono. Solo en un día recibieron cuatrocientos pedidos, y en el plazo de unos meses se habían vendido cinco mil equipos (aunque todavía sin despachar, puesto que MITS no podía fabricarlos, ni de lejos, a esa velocidad). La gente enviaba cheques a una empresa de la que no había oído hablar nunca, situada en una ciudad cuyo nombre apenas sabía pronunciar, con la esperanza de conseguir una caja de piezas que pudiera soldar y que, si todo iba bien, haría que unas cuantas luces se encendieran y se apagaran en función de la información que había introducido meticulosamente utilizando unos conmutadores de palanca. Con la pasión propia de los aficionados, querían su propio ordenador, no un dispositivo compartido ni uno que les conectara en red con otras personas, sino uno con el que pudieran jugar por sí mismos en su habitación o en su sótano.

De resultas de todo ello, los aficionados de los clubes de electrónica, aliados con los hippies seguidores del Whole Earth y los hackers caseros, lanzaron una nueva industria, la de los ordenadores personales, que impulsaría el crecimiento económico y transformaría nuestra forma de vivir y de trabajar. En un movimiento en pro del poder para el pueblo, los ordenadores fueron arrebatados al control exclusivo de las corporaciones y el ejército, y puestos en manos de las personas, convirtiéndolos en instrumentos para el enriquecimiento, la productividad y la creatividad personales. «La sociedad distópica concebida por George Orwell tras la Segunda Guerra Mundial, más o menos en la misma época en que se inventó el transistor, no se ha materializado en absoluto —escribieron los historiadores Michael Riordan y Lillian Hoddeson—, debido en gran parte a que los dispositivos electrónicos transistorizados han potenciado a las personas creativas y a los emprendedores despiertos mucho más que al Gran Hermano.»[116]

El debut casero

En la primera reunión del Homebrew Computer Club, celebrada en marzo de 1975, el Altair fue el centro de atención. MITS lo había enviado a *People's Computer Company* para que escribieran una reseña, y pasó por las manos de Felsenstein, Lipkin y otros antes de que lo llevaran a la reunión. Allí fue expuesto en un garaje lleno de aficionados, hippies y hackers. La mayoría de ellos se sintieron poco impresionados —«No había más que interruptores y luces», dijo Felsenstein—, pero supieron percibir que anunciaba una nueva era. Se reunieron treinta personas y compartieron lo que sabían. «Ese pudo ser el momento en que el ordenador personal se convirtió en una tecnología convivencial», recordaba Felsenstein.[117]

Un hacker acérrimo, Steve Dompier, propuso dirigirse en persona a Albuquerque para hacerse con una máquina de MITS, que tenía problemas para servir los pedidos. Para cuando tuvo lugar la tercera reunión del club, en abril de 1975, había hecho un divertido descubrimiento. Había escrito un programa para ordenar números, y, mientras lo ejecutaba, escuchaba una emisión meteorológica en una radio de transistores de baja frecuencia. La radio empezó a hacer «zip-*zzziiip*-ZZZIIIPP», en distintos tonos, y Dompier se dijo a sí mismo: «¡Mira por dónde! ¡Mi primer dispositivo periférico!». Entonces se puso a experimentar. «Probé algunos otros programas para ver cómo sonaban, y después de unas ocho horas de trastear tenía un programa capaz de producir tonos musicales y, de hecho, de hacer música.»[118] Elaboró un gráfico de los tonos producidos por sus diferentes bucles de programa, y finalmente logró introducir un programa por medio de los conmutadores de palanca que, al ejecutarse, tocaba «The Fool on the Hill», de los Beatles, en su pequeño aparato de radio.* Los tonos no eran bonitos, pero la gente del club reaccionó con un momento de reverente silencio, seguido de una ovación y la petición de un bis. Luego Dompier hizo que su Altair interpretara una versión de «Daisy Bell (Bicycle Built for Two)», que en 1961 había sido la primera canción jamás tocada por un ordenador, concretamente en los Laboratorios Bell, en un IBM 704, y que luego, en 1968, había sido repetida por HAL, mientras era desmontado, en la película de Stanley Kubrick *2001: Una odisea del espacio.* «Genéticamente heredada», fueron las palabras con las que Dompier describió la canción. Los miembros del Homebrew Computer Club habían encontrado un ordenador que podían llevarse a casa y con el que hacer toda clase de cosas hermosas, entre ellas, como predijera Ada Lovelace, tocar música.

Dompier publicó su programa musical en el siguiente número de *People's Computer Company,* lo que llevó a una respuesta que resultaría históricamente significativa por parte de un lector desconcertado. «Steven Dompier tiene un artículo sobre el programa musical que ha escrito para el Altair en la revista *People's Computer Company* —comentaba Bill Gates, un estudiante de Harvard de permiso que escribía software para MITS en Albuquerque, en el boletín informativo de Altair—. El artículo ofrece una lista de su programa y los datos musicales de "The Fool on the Hill" y "Daisy". No explica por qué funciona, y yo no entiendo por qué. ¿Alguien lo sabe?»[119] La sencilla respuesta era que el ordenador, al ejecutar los programas, producía interferencias de frecuencia que podían controlarse a través de bucles de ritmo y captarse como impulsos de tono por un aparato de radio de onda media.

---

* Se puede escuchar al Altair de Dompier tocando «The Fool on the Hill» en <http://startup.nmnaturalhistoty.org/gallery/story.php?ii=46>.

Cuando se publicó su pregunta, Gates se había enzarzado en una disputa más trascendental con el Homebrew Computer Club, que se convertiría en representativa del conflicto entre la ética comercial que creía en mantener la propiedad de la información, representada por Gates, y la ética hacker que abogaba por compartir la información libremente, representada por la gente del club.

9

Software

Cuando Paul Allen se acercó al abarrotado quiosco situado en mitad de Harvard Square y vio que en la portada del número de enero de 1975 de *Popular Electronics* salía el Altair, sintió una mezcla de euforia y consternación. Aunque estaba estremecido con la llegada de la era del ordenador personal, temía quedarse fuera de la fiesta. Soltó los 75 centavos, cogió su ejemplar y echó a correr sobre la nieve a medio derretir hacia la habitación en la residencia universitaria de Harvard que ocupaba Bill Gates, su colega del instituto y, como él, fanático de los ordenadores procedente de Seattle, que le había convencido para abandonar la universidad y trasladarse a Cambridge. «¡Eh, que nos lo estamos perdiendo!», dijo Allen. Gates empezó a balancearse en la silla, como solía hacer en los momentos de concentración. Tras leer el artículo, vio que Allen tenía razón. Durante las siguientes ocho semanas, ambos se embarcaron en un frenesí de programación que cambiaría la naturaleza del negocio de los ordenadores.[1]

A diferencia de los pioneros de los ordenadores que lo precedieron, Gates, nacido en 1955, no se interesó mucho por el hardware en su juventud. Nunca se había entretenido fabricando radios Healthkit o soldando placas de circuitos. Uno de sus profesores de física en secundaria, molesto por la arrogancia que Gates mostraba cuando se ponía a los mandos del terminal de tiempo compartido del instituto, le encomendó la tarea de montar un kit de electrónica de Radio Shack. Cuando Gates entregó finalmente su trabajo, «toda la parte trasera estaba cubierta de chorretones de soldadura», recordaba el profesor. Y no funcionaba.[2]

Para Gates, la magia de los ordenadores no residía en los circuitos del hardware sino en el código del software. «No somos gurús del hardware, Paul —repetía cada vez que Allen le proponía construir una máquina—. De lo que sabemos es de software.» Incluso su amigo Allen, algo mayor que él y que sí había construido radios de onda corta, sabía que el futuro era de los programadores. «El hardware —reconoció— no era nuestra especialidad.»[3]

Lo que Gates y Allen se propusieron hacer ese día de diciembre de 1974 en que vieron la portada de *Popular Electronics* fue crear el software que utilizarían los ordenadores personales. Más aún, querían alterar el equilibrio en ese sector emergente para que el hardware se convirtiese en un repuesto intercambiable, mientras que quienes crearan el sistema operativo y el software de las aplicaciones recogerían la mayor parte de los beneficios. «Cuando Paul me enseñó la revista, la industria del software no existía como tal —recordaba Gates—. Tuvimos la intuición de que podíamos crearla. Y lo hicimos.» Años después, al rememorar sus innovaciones, afirmó: «Es la idea más importante que he tenido en mi vida».[4]

BILL GATES

El balanceo de Gates mientras leía el artículo de *Popular Electronics* había sido desde la infancia un reflejo de su concentración. «De bebé, se mecía a sí mismo en la cuna», recordaba su padre, un afable abogado de éxito. Su juguete favorito era un caballito de madera con muelles.[5]

La madre de Gates, una respetada líder cívica de una destacada familia de banqueros de Seattle, era conocida por su fuerte carácter, pero pronto comprobó que no era rival para su hijo. Muchas veces, cuando lo llamaba a la mesa para cenar, Bill, que estaba en el sótano donde tenía su dormitorio —que ella ya había renunciado a conseguir que ordenase—, no respondía.

—¿Qué haces? —le preguntó en una ocasión.

—Estoy pensando —gritó él como respuesta.

—¿Estás pensando?

—Sí, mamá, estoy pensando —insistió—. ¿Has probado a hacerlo alguna vez?

Su madre lo llevó a ver a un psicólogo. Este le descubrió los libros de Freud, que Gates devoró, pero fue incapaz de domarlo. Después de un año de terapia, le dijo a la madre de Gates: «Usted tiene todas las de perder. Es mejor que se adapte a su comportamiento, porque no vale la pena intentar cambiarlo». Su padre lo recordaba así: «Tuvo que aceptar que no merecía la pena tratar de competir con él».[6]

A pesar de su rebeldía ocasional, Gates tuvo la suerte de tener una familia unida y cariñosa. A sus padres y sus dos hermanas les gustaba mantener animadas discusiones de sobremesa, y también los juegos de mesa, los puzles y jugar a las cartas. Como su nombre completo era William Gates III, su abuela, una compulsiva jugadora de bridge (y estrella del baloncesto), lo apodó Trey, expresión que los jugadores de cartas utilizan para el tres, y ese fue su sobrenombre durante la infancia. Junto con amigos de la familia, pasaba buena parte del verano y algunos fines de semana en un conjunto de cabañas en el canal Hood, cerca de Seattle, donde organizaban unas «Olimpiadas para niños», incluida una ceremonia de inauguración con el paseo de la antorcha, seguida de carreras a la pata coja, lanzamiento de huevos y otros juegos por el estilo. «Se lo tomaban muy en serio —recordaba su padre—. Ganar era importante.»[7] Fue allí donde Gates, a los once años, negoció su primer contrato formal; redactó y firmó un acuerdo con una de sus hermanas por el que obtenía el derecho no exclusivo pero ilimitado para utilizar su guante de béisbol a cambio de 5 dólares. «Cuando Trey quiera el guante, lo tendrá», rezaba una de las cláusulas.[8]

Gates rehuía los deportes de equipo, pero se aficionó al tenis y al esquí acuático. Asimismo dedicaba mucho tiempo a perfeccionar trucos divertidos, como ser capaz de salir de un salto de un cubo de basura sin tocar el borde. Su padre había sido un *scout* águila (la influencia de las doce virtudes de la ley *scout* se dejó sentir a lo largo de toda su vida), y el joven Bill también se convirtió en un ferviente *boy scout*; alcanzó el rango de *scout* de vida, pero se quedó a tres insignias de llegar a ser uno águila. En un encuentro de los *scouts* hizo una demostración del uso de un ordenador, pero por aquel entonces aún no se podía conseguir una insignia por tener dotes para la informática.[9]

A pesar de todas esas actividades tan saludables, la brillantez intelectual de Gates, sus grandes gafas, su delgadez, su voz aguda y su aire de empollón —solía llevar la camisa abotonada hasta el cuello— le daban un aspecto de cerebrito. «Era un nerd antes incluso de que se inventase la expresión», afirmó uno de sus profesores. Su tenacidad era legendaria. En la clase de ciencias de cuarto curso, les mandaron escribir una redacción de cinco páginas y él entregó treinta. Ese mismo año, cuando le pidieron que eligiese cuál sería su profesión en el futuro, marcó la casilla de «científico». También ganó una cena en lo alto de la Aguja Espacial de Seattle como premio por memorizar y recitar a la perfección el «Sermón de la montaña» en un concurso organizado por el pastor de la iglesia a la que acudía su familia.[10]

En el otoño de 1967, cuando Gates cumplió doce años (aunque aparentaba nueve), sus padres decidieron que estaría mejor en una escuela privada. «Nos empezó a preocupar su situación cuando estaba a punto de empezar la secundaria —contó su padre—. Era muy poca cosa y muy tímido, se le veía necesitado de protección. Además, sus intereses no tenían nada que ver con los de la mayoría de los alumnos de sexto curso.»[11] Se decidieron por Lakeside, cuyo antiguo campus de ladrillo le daba el aspecto de un internado de Nueva Inglaterra y a la que asistían los hijos (y poco después también las hijas) de la élite empresarial y profesional de Seattle.

Pocos meses después de entrar en Lakeside, su vida sufrió una transformación con la llegada de un terminal a una pequeña sala situada en el sótano del edificio de ciencias y matemáticas. No se trataba realmente de un ordenador, sino de un teletipo conectado mediante una línea telefónica a un sistema informático de tiempo compartido Mark II de General Electric. La Asociación de Madres de Alumnos de Lakeside invirtió los 3.000 dólares que había obtenido en un rastrillo benéfico en pagar por el derecho a utilizar un bloque de tiempo en el sistema, al precio de 4,80 dólares por minuto. Como se pudo comprobar poco después, habían subestimado enormemente lo popular —y caro— que resultaría este nuevo servicio. Cuando su profesor de matemáticas de séptimo curso le enseñó la máquina, Gates quedó fascinado al instante. «El primer día yo sabía más que él —explicó el profesor—, pero solo durante ese primer día.»[12]

Gates aprovechaba cada ocasión, cualquier día, para ir a la sala del ordenador con un grupo de amigos tan entusiastas como él. «Vivíamos en nuestro propio mundo», recordaba. El terminal se convirtió para él en lo que la brújula de juguete había sido para el joven Einstein, un objeto fascinante que despertaba su curiosidad más profunda y exaltada. Tiempo después, al buscar las palabras para explicar qué era lo que le encantaba de aquel ordenador, Gates diría que era la sencilla belleza de su rigor lógico, algo que él había cultivado en su modo de pensar. «Cuando utilizamos un ordenador no podemos realizar afirmaciones confusas. Solo son válidas las proposiciones precisas.»[13]

El lenguaje de programación que utilizaban era el BASIC (Beginner's All-purpose Symbolic Instruction Code, «Código de Instrucciones Simbólicas de Uso General para Principiantes»), que había sido desarrollado unos años antes en Dartmouth para permitir que los legos pudieran escribir programas. Ninguno de los profesores de Lakeside sabía BASIC, pero Gates y sus amigos se leyeron las cuarenta y dos páginas del manual y llegaron a ser auténticos magos del lenguaje. Enseguida se dedicaron a aprender lenguajes más sofisticados, como el Fortran y el COBOL, pero el BASIC nunca dejaría de ser el primer amor de Gates. Aún en la secundaria, desarrolló programas capaces de jugar al tres en raya y de convertir números de una base de numeración a otra.

Cuando se conocieron en la sala del ordenador de Lakeside, Paul Allen iba dos cursos por delante de Gates y era mucho más maduro físicamente (incluso podía dejarse patillas). Alto y sociable, no era el típico empollón. Desde el principio, Gates le pareció divertido y encantador. «Vi a un chaval de octavo curso espigado y con la cara llena de pecas, abriéndose paso entre la gente que rodeaba el teletipo, todo brazos y piernas y energía nerviosa —recordaba Allen—. Su pelo rubio estaba completamente desmelenado.» Se hicieron amigos, y solían quedarse trabajando hasta tarde en la sala del ordenador. «Era realmente competitivo —dijo Allen de Gates—. Quería demostrar lo listo que era. Y era muy, pero que muy pesado.»[14]

Un día, Allen, que tenía orígenes más humildes (su padre era director de una biblioteca en la Universidad de Washington), visitó a Gates en su casa y quedó deslumbrado. «Sus padres estaban suscritos a *Fortune* y Bill la leía religiosamente.» Cuando Gates le preguntó cómo imaginaba que sería dirigir una gran compañía, Allen respondió que no tenía ni idea. «Quizá algún día tengamos nuestra propia empresa», afirmó Gates.[15]

Una característica que los diferenciaba era la capacidad de concentración. La mente de Allen revoloteaba entre múltiples ideas y pasiones, mientras que Gates era un obseso en serie. «Yo sentía curiosidad por estudiar todo lo que veía, mientras que él se centraba cada vez en una única tarea, con una disciplina absoluta —explicó Allen—. Se podía ver cuando programaba; se sentaba con un rotulador entre los dientes, meciéndose y dando golpecitos con los pies, inmune a las distracciones.»[16]

A primera vista, Gates podía dar la impresión de ser tanto un nerd como un niño mimado. Tenía un estilo agresivo, incluso con los profesores, y cuando se enfadaba le daban rabietas. Sabía que era un genio, y alardeaba de ello. «Eso es estúpido», les decía tanto a sus compañeros como a los profesores. O elevaba el insulto hasta alcanzar la categoría de «la cosa más estúpida que he oído nunca» o «completamente descerebrado». En una ocasión, se rió de un compañero de clase porque tardó en entender algo, lo que provocó que un chico apreciado por todos que se sentaba delante de Gates se diese la vuelta, lo agarrase por el cuello y amenazase con darle un puñetazo. Tuvo que intervenir el profesor.

Pero, para quienes lo conocían, Gates era más que un nerd o un niño mimado. Era vehemente y brillante, también tenía sentido del humor, y le encantaban las aventuras, asumir riesgos físicos y organizar actividades. A los dieciséis años le compraron un flamante Mustang rojo (aún lo conservaba más de cuarenta años después, en el garaje de su mansión), con el que salía con sus amigos a dar vueltas a toda velocidad. También llevaba a sus colegas a la finca que su familia poseía en el canal Hood, donde practicaba esquí acuático con una cuerda de trescientos metros sujeta a una lancha motora. Memorizó «The Night the Bed Fell», el relato clásico de James Thurber, para una obra del colegio, y protagonizó una producción de la *Comedia negra* de Peter Shaffer. Por aquella época empezó a decirle a la gente, sin darle mucha importancia, que tendría un millón de dólares antes de los treinta. Se subestimaba lamentablemente, pues a los treinta años su fortuna era de 350 millones de dólares.

El Grupo de Programación de Lakeside

En el otoño de 1968, cuando Gates estaba empezando el octavo curso, Allen y él crearon el Grupo de Programación de Lakeside, en parte como su versión geek de una pandilla. «En el fondo, el Grupo de Programación de Lakeside era un club de chicos; el ambiente estaba cargado de competitividad y testosterona», señaló Allen. Pero enseguida se transformó en un negocio con el que ganar dinero. «Yo era el impulsor —explicó Gates—, el que decía: "Llamemos al mundo real y tratemos de venderles algo".»[17] Como Allen comentaría tiempo después, con una pizca de acritud: «Mientras todos nos dedicábamos a demostrar lo que sabíamos hacer, Bill era, con diferencia, el más motivado y competitivo».[18]

El Grupo de Programación de Lakeside acogía a otros dos habituales de la sala de informática de la escuela. Ric Weiland, compañero de clase de Allen en el décimo curso, era monaguillo en la iglesia luterana local, y su padre trabajaba como ingeniero en Boeing. Dos años antes, había construido su primer ordenador en el sótano de su casa. Su aspecto era muy distinto del que tenían el resto de los obsesos encerrados en la sala del ordenador. Notablemente guapo, de mandíbula prominente, alto y musculado, estaba aceptando que era gay, algo que no era nada fácil expresar abiertamente en una escuela conservadora de los años sesenta.

El otro socio era Kent Evans, compañero de clase de Gates en octavo. Hijo de un pastor unitario, era muy sociable e indefectiblemente simpático, con una sonrisa torcida pero encantadora, secuela de la operación para reparar un labio leporino. Carecía por completo de temores e inhibiciones, ya fuese a la hora de llamar a ejecutivos adultos con los que no había mantenido ningún contacto previo o de escalar acantilados rocosos. Había elegido el nombre del Grupo de Programación de Lakeside pensando que ello les ayudaría a obtener material gratuito de las empresas que se anunciaban en las revistas de electrónica. Como a Gates, le encantaban los negocios, y leían juntos cada nuevo número de *Fortune*. Se convirtió en su mejor amigo. «Íbamos a conquistar el mundo —recordaba Gates—. Nos pasábamos horas y horas hablando por teléfono. Aún me sé su número de memoria.»[19]

El primer trabajo del Grupo de Programación de Lakeside llegó ese mismo otoño de 1968. Varios ingenieros de la Universidad de Washington habían creado una pequeña empresa de computación de tiempo compartido. Estaba ubicada en un concesionario de Buick abandonado, y aunque su nombre era Computer Center Corporation, se la conocía con el sobrenombre de C al Cubo. Compraron un DEC PDP-10 —un *mainframe* versátil que estaba llamado a convertirse en la bestia de carga de la incipiente industria de la computación de tiempo compartido, y en la máquina favorita de Gates— con la idea de ofrecerles tiempo de uso del ordenador a sus clientes, como Boeing, que se conectarían desde un teletipo a través de las líneas telefónicas. Entre los socios de C al Cubo estaba la madre de un alumno de Lakeside, que le hizo a la pandilla de Gates una oferta equivalente a pedirles a un grupo de niños de tercer curso que fuesen catadores de chocolate. La misión: forzar el rendimiento del nuevo PDP-10 todo lo que pudieran durante el tiempo que quisieran, programándolo y jugando con él por las noches y durante los fines de semana, para ver cómo podían provocar que fallase. Según el trato al que C al Cubo había llegado con DEC, no empezarían a pagar por el alquiler de la máquina hasta que hubiesen depurado los errores y esta fuese estable. DEC no contaba con que quienes la pondrían a prueba serían los pubescentes entusiastas del Grupo de Programación de Lakeside.

Había dos reglas: cada vez que lograsen que la máquina se detuviese, tenían que describir lo que habían hecho, y no podían emplear de nuevo ese mismo truco hasta que se lo autorizasen. «Nos contrataron como si fuésemos monos para despiojar la máquina —recordaba Gates—. Llevábamos la máquina al límite a base de fuerza bruta.» El PDP-10 disponía de tres cintas magnéticas, y los chicos de Lakeside las ponían en marcha todas a la vez y, a continuación, trataban de que el sistema se colgase ejecutando una decena de programas que acaparasen la máxima cantidad posible de memoria. «Era muy burdo», afirmó Gates.[20] A cambio de realizar su tarea iniciática, podían utilizar la máquina todo el tiempo que quisiesen para escribir programas por su cuenta. Crearon una versión del *Monopoly* que utilizaba un generador de números aleatorios para simular las tiradas del dado, y Gates se entregó a su fascinación por Napoleón (otro genio de las matemáticas) al inventar un complejo juego bélico. «Teníamos ejércitos, que se enfrentaban en batallas —explicó Allen—. El programa fue creciendo y creciendo hasta que, si lo desenrollabas, ocupaba unos quince metros de papel de teletipo.»[21]

Los chicos iban en autobús hasta C al Cubo y se pasaban las noches y los fines de semana encerrados en la sala del terminal. «Me enganché —se jactaba Gates—. Era día y noche.» Programaban hasta que les vencía el hambre, y entonces cruzaban la calle hasta un lugar frecuentado por hippies llamado Morningtown Pizza. Gates se obsesionó. En casa, su habitación estaba repleta de ropa desperdigada y de fragmentos de papel de teletipo. Sus padres intentaron imponerle una hora tope de vuelta a casa, pero sin éxito. «Trey estaba tan obcecado —recordaba su padre— que se escabullía por la puerta del sótano cuando estábamos dormidos y se pasaba casi toda la noche allí.»[22]

El directivo de C al Cubo que hizo de mentor de la pandilla no era otro que Steve «Slug» Russell, el programador creativo e irónico que, mientras estudiaba en el MIT, había creado *Spacewar*. Estaba cediendo el testigo a una nueva generación de hackers. «Bill y Paul se divertían tanto provocando los fallos de la máquina que tenía que recordarles continuamente que no debían volver a hacerlo hasta que se lo dijésemos —contó Russell—.[23] Cuando me pasaba por allí para ver qué hacían, me asediaban a preguntas, y mi tendencia natural era la de extenderme al responder.»[24] Algo que asombró particularmente a Russell fue la capacidad de Gates para asociar distintos tipos de errores con programadores concretos de la sede de DEC. El típico informe de errores de Gates decía algo como: «En esta línea de código, el señor Faboli ha cometido el mismo error de no comprobar el semáforo antes de cambiar el estado. Basta con añadir esta línea aquí para solucionar el problema».[25]

Gates y Allen aprendieron a apreciar la importancia del sistema operativo del ordenador, el equivalente de su sistema nervioso. En palabras de Allen: «Lleva a cabo el trabajo de logística que permite que la unidad central de procesamiento compute: pasar de un programa a otro; asignar espacio de almacenamiento a los ficheros, y mover los datos que entran o salen de los módems, las unidades de disco y las impresoras». El sistema operativo del PDP-10 llevaba el nombre de TOPS-10, y Russell les permitió a Gates y Allen que leyesen sus manuales, pero sin llevárselos a casa. En ocasiones se quedaron despiertos hasta el alba empapándose de ellos.

Gates se dio cuenta de que, para entender completamente el sistema operativo, necesitarían tener acceso al código fuente, que los programadores utilizaban para especificar cada acción que había de realizarse. Sin embargo, los ingenieros mantenían el código fuente a buen recaudo, fuera del alcance de los chicos de Lakeside; lo cual lo convertía aún más en el Santo Grial. Un fin de semana descubrieron que en un gran contenedor situado detrás del edificio se desechaban hojas impresas con el trabajo de los programadores. Allen juntó las manos para darle a Gates el impulso suficiente («No debía de pesar más de cincuenta kilos», dijo Allen) para que pudiese meterse en el contenedor a hurgar entre los restos de café y la basura hasta encontrar los tacos de folios impresos, manchados y arrugados. «Nos llevamos el preciado botín a la sala del terminal y nos abalanzamos sobre él durante horas —contó Allen—. No tenía ninguna piedra de Rosetta que me sirviese de guía, y solo entendía una o dos líneas de cada diez, pero me deslumbró la lacónica elegancia con la que estaba escrito el código fuente.»

Esto llevó a Gates y Allen a querer seguir profundizando. Para comprender la arquitectura del sistema operativo tendrían que dominar el lenguaje ensamblador, las instrucciones elementales —«Carga B. Suma C. Guarda en A.»— que se le comunicaban directamente al hardware de la máquina. Allen recordaba así la situación: «Al ver mi interés, Steve Russell me llevó aparte, me entregó un manual de ensamblador encuadernado en plástico satinado y me dijo: "Tienes que leer esto"».[26] Allen y Gates se leyeron los manuales, y de vez en cuando se topaban con cosas que no entendían. Entonces, Russell les entregaba otro más y les decía: «Ahora lo que tenéis que leer es esto». En poco tiempo, llegaron a dominar las complejidades —y las simplicidades— que hacen que un sistema operativo sea tan potente y elegante.

Cuando por fin se decidió que el software de DEC era estable, la pandilla de Lakeside perdió el derecho a utilizar gratuitamente el PDP-10. Como recordaba Gates: «Básicamente, nos dijeron: "Muy bien, monos, ya os podéis ir a casa"».[27] La Asociación de Madres de Alumnos de Lakeside acudió al rescate, al menos hasta cierto punto; subvencionó cuentas personales para los chicos, pero con un límite de tiempo y de dinero. Gates y Allen sabían que no podrían mantenerse dentro de ese límite, así que trataron de engañar al sistema haciéndose con una contraseña de administrador, penetrando en el fichero interno que almacenaba la contabilidad del sistema y rompiendo el código de cifrado. Eso les permitió acceder a cuentas gratuitas. Pero los descubrieron antes de que pudiesen causar muchos daños; su profesor de matemáticas encontró un rollo de papel de teletipo con todos los números de cuenta y las contraseñas. El asunto llegó hasta las altas esferas de C al Cubo y DEC, y una delegación oficial visitó la escuela para mantener una reunión en el despacho del director. Gates y Allen agacharon la cabeza y fingieron un profundo arrepentimiento, pero el truco no les funcionó. Les prohibieron utilizar el sistema durante el resto del semestre y en el transcurso del verano.

«Me obligué a dejar los ordenadores durante una temporada, intenté ser normal —contó Gates—. Decidí demostrar que podía sacar sobresalientes en todas las asignaturas sin llevarme nunca ningún libro de texto a casa. Me dediqué a leer biografías de Napoleón y *El guardián entre el centeno*.»[28]

Durante casi un año, el Grupo de Programación de Lakeside permaneció en hibernación. Después, en el otoño de 1970, la escuela empezó a pagar por tiempo de acceso a un PDP-10 de una empresa de Portland, Oregón, llamada Information Sciences, Inc. (ISI). Era caro: 15 dólares la hora. Gates y sus amigos enseguida encontraron la manera de acceder sin pagar, pero de nuevo los volvieron a pillar. Así pues, cambiaron de estrategia: enviaron una carta a ISI ofreciendo sus servicios a cambio de tiempo de acceso gratis.

Los ejecutivos de ISI no lo vieron claro, así que los cuatro chicos viajaron a Portland llevando muestras impresas de sus programas para demostrar lo buenos que eran. «Les explicamos cuál era nuestra experiencia y les entregamos nuestros currículums», recordaba Allen. Gates, que acababa de cumplir dieciséis años, escribió el suyo a lápiz en las hojas de un cuaderno. Les encargaron que escribiesen un programa de gestión de nóminas que generase los cheques de la paga incorporando correctamente las deducciones y los impuestos.[29]

Fue entonces cuando surgieron las primeras desavenencias en la relación entre Gates y Allen. Tenían que escribir el programa no en BASIC (el lenguaje favorito de Gates) sino en COBOL, otro lenguaje más complejo que había sido creado, entre otros, por Grace Hopper como un estándar para las empresas. Ric Weiland sabía COBOL y creó un editor de programas para el sistema de ISI, que Allen enseguida aprendió a utilizar. Llegado ese momento, los dos chicos mayores decidieron que no necesitaban a Gates ni a Kent Evans. Gates lo recordaba así: «Paul y Rick decidieron que no había trabajo suficiente para todos. "Chavales, no os necesitamos." Pensaban que podrían hacer el trabajo y quedarse con el tiempo de computación»[30]

Gates estuvo excluido seis semanas, d.urante las cuales leyó libros de álgebra y evitó a Allen y Weiland. «Entonces Paul y Rick se dieron cuenta de que "oh, mierda, esto no es tan fácil"», contó Gates. El programa requería no solo conocimientos de programación, sino también que fuesen capaces de calcular las deducciones de la Seguridad Social, los impuestos federales y el seguro de desempleo estatal. «Dijeron: "Eh, esto nos está dando problemas, ¿podéis volver y echarnos una mano?".» Fue entonces cuando Gates hizo una maniobra que definiría su futura relación con Allen. En palabras de Gates: «Les dije: "Vale. Pero seré yo quien mande. Me acostumbraré a mandar, y de ahora en adelante será difícil tratar conmigo a menos que mande. Si me dejáis mandar, me encargaré de esto y de cualquier otra cosa que hagamos"».[31]

Y así fue a partir de entonces. Cuando volvió al redil, Gates exigió que el Grupo de Programación de Lakeside se transformase en una asociación legalizada, mediante un acuerdo que redactó con la ayuda de su padre. Además, aunque las asociaciones normalmente no tienen presidente, Gates se atribuyó ese cargo. Tenía dieciséis años. A continuación dividió los 18.000 dólares en tiempo de computación que estaban ganando, aprovechando de paso la ocasión para hacerle una faena a Allen. «Asigné cuatro onceavos para mí, otro tanto para Kent, dos onceavos para Rick y uno para Paul —recordaba Gates—. A los demás les pareció extraño que dividiese el total entre once. Pero Paul había trabajado poco, nunca había hecho nada, así que mi razonamiento fue este: hay un factor de dos entre lo que Paul ha hecho y lo que Rick ha hecho, y luego existe más de un factor de dos entre lo que Rick ha hecho y lo que Kent y yo hemos hecho.»[32]

En un principio, Gates también trató de atribuirse un poco más de tiempo que Evans. «Pero Kent no me lo habría permitido.» Evans era tan astuto para los negocios como Gates. Cuando terminaron el programa de nóminas, Evans añadió una entrada en su minucioso diario. «El martes vamos a Portland a entregar el programa y, como ellos dicen, "a rematar un acuerdo para futuros trabajos". Hasta ahora, todo lo hemos hecho para aprender y a cambio de enormes cantidades de costoso tiempo de computación. Ahora queremos obtener también beneficios económicos.»[33] Las negociaciones fueron tensas, y durante un tiempo ISI intentó retener parte del pago en tiempo de computación aduciendo que el programa carecía de documentación. Pero, gracias en parte a una carta escrita por el padre de Gates, la disputa se resolvió y se negoció un nuevo acuerdo.

En el otoño de 1971, cuando Gates empezaba su penúltimo año de instituto, Lakeside se fusionó con una escuela de chicas. Esto provocó una situación de pesadilla a la hora de cuadrar los horarios de las clases, y la dirección del centro les pidió a Gates y Evans que escribiesen un programa para solucionarlo. Gates sabía que en el horario de una escuela intervenían múltiples variables (las clases obligatorias, los horarios de los profesores, el espacio en las aulas, las clases para alumnos aventajados, las asignaturas optativas, los grupos divididos con horarios escalonados, las prácticas de laboratorio en sesión doble) que complicarían enormemente la tarea, así que declinó la propuesta. Un profesor aceptó el reto en su lugar, mientras Gates y Evans le sustituían en su clase de computación. Pero ese enero, mientras se las veía y se las deseaba para producir un programa que funcionase, el profesor murió al estrellarse con la pequeña avioneta que pilotaba. Gates y Evans aceptaron hacerse cargo del proyecto. Se pasaron horas en la sala del ordenador, llegando a menudo a dormir allí, y trataron de escribir un nuevo programa desde cero. En mayo aún seguían bregando, intentando finalizarlo a tiempo para que estuviese listo para el siguiente año académico.

Fue entonces cuando Evans, a pesar de que estaba agotado, decidió irse de excursión con un grupo de alpinismo. Evans no era un atleta. «Fue realmente sorprendente que se apuntase a ese curso de alpinismo —recordaba Gates—. Creo que quería ponerse a prueba.» El padre de Evans, consciente de lo exhausto que estaba su hijo, le pidió que cancelase sus planes. «En la última conversación que mantuve con él traté de convencerle de que no fuera, pero no le gustaba dejar las cosas a medias.» La clase estaba aprendiendo cómo amarrarse en una de las pendientes más suaves cuando Evans tropezó y cayó al suelo. Trató de levantarse, pero siguió rodando doscientos metros por la nieve pendiente abajo sobre un glaciar, juntando los brazos para protegerse en lugar de abrirlos para frenarse, como debería haber hecho. Se golpeó la cabeza con varias rocas y murió en el helicóptero que acudió a rescatarlo.

El director de Lakeside telefoneó a casa de los Gates y estos llamaron a Bill a su dormitorio para comunicarle la noticia.* Se celebró un funeral presidido por el profesor de arte de Lakeside, Robert Fulghum, que era un pastor unitario, como el padre de Evans, y que después llegaría a ser un escritor conocido (*Todo lo que realmente necesito saber lo aprendí en el parvulario*). «Nunca había pensado en la muerte —explicó Gates—. Estaba previsto que yo hablase en el funeral, pero no fui capaz de levantarme. Durante dos semanas no pude hacer absolutamente nada.» Después pasó mucho tiempo con los padres de Kent. «Él era la niña de sus ojos.»[34]

Gates llamó a Paul Allen, que acababa de completar su primer año en la Universidad Estatal de Washington, y le pidió que volviese a Seattle para ayudarle con el programa de planificación de horarios. «Lo iba a hacer con Kent —le dijo Gates—. Necesito ayuda.» No se encontraba bien. «Bill estuvo varias semanas deprimido», recordaba Allen.[35] Llevaron unas camas plegables al campus y, como en los viejos tiempos, durante ese verano de 1972 pasaron muchas noches en la sala del ordenador, sin despegarse del PDP-10. Gracias a su mente rigurosa, Gates logró tomar el cubo de Rubik que era el problema de las variables de los horarios de las clases y descomponerlo en un conjunto de pequeñas tareas que podían ser resueltas de forma secuencial. También fue capaz de conseguir que lo admitieran en una clase de historia en la que estaban todas las chicas interesantes y solo otro chico («un tipo muy parado»), y de asegurarse de que tanto él como sus amigos del último curso tenían libres las tardes de los martes. Se confeccionaron camisetas en las que aparecía un barril de cerveza con el texto «El club de los martes».[36]

Ese verano, Gates y Allen se quedaron deslumbrados por el 8008, el nuevo microprocesador de Intel, que suponía un importante avance respecto a su modelo 4004, «el ordenador en un chip». Les entusiasmó hasta tal punto un artículo sobre el microprocesador publicado en *Electronics Magazine* que, años después, Gates aún recordaba en qué página

---

* Cuando alcanzaron el éxito, Gates y Allen donaron un nuevo edificio de ciencias a Lakeside, cuya sala de conferencias lleva el nombre de Kent Evans.

aparecía. Allen le planteó a Gates una pregunta: si el chip podía realmente funcionar como un ordenador y si se podía programar, ¿por qué no crear un lenguaje de programación, en concreto una versión de BASIC, para él? Si fuesen capaces de hacerlo, argumentó Allen, «la gente normal podría comprar ordenadores para sus oficinas, incluso para sus casas». Gates desechó la idea, porque no pensaba que el 8008 estuviera a la altura de una tarea como esa. «Sería lentísimo y patético —respondió—. Y el propio BASIC ocuparía casi toda la memoria. No tiene potencia suficiente.» Allen se dio cuenta de que Gates tenía razón, y acordaron esperar hasta que, de acuerdo con la ley de Moore, en uno o dos años apareciese un microprocesador dos veces más potente. Los parámetros de su amistad se iban perfilando. «Yo era el hombre de las ideas, el que se sacaba ocurrencias de la chistera —explicó Allen—. Bill escuchaba, cuestionaba lo que yo decía y después se centraba en las mejores de mis ideas para hacerlas realidad. En nuestra colaboración existía una tensión natural, pero por lo general era productiva y positiva.»[37]

Gates había conseguido un contrato para analizar las pautas del tráfico para una empresa que calculaba cuántos coches pasaban por encima de unos tubos de goma colocados transversalmente sobre las carreteras. Allen y él decidieron crear un ordenador de propósito específico que procesaría los datos de los tubos. Dando muestras de su falta de gusto, Gates escogió «Traf-O-Data» como nombre para su nuevo proyecto. Fueron a Hamilton Avnet, una tienda de electrónica cercana, y, en un momento cargado de significación, soltaron 360 dólares en efectivo para comprar un solo chip 8008. Allen recordaba perfectamente aquel instante. «El dependiente nos entregó una pequeña caja de cartón, que abrimos allí mismo para poder ver por primera vez un microprocesador. Dentro de un envoltorio de papel de plata, insertado en una pequeña pieza de goma negra aislante, había un fino rectángulo de algo más de dos centímetros de longitud. Para nosotros, que habíamos pasado nuestros años de formación entre enormes *mainframes*, fue un instante de asombro.» Gates le dijo al dependiente: «Es mucho dinero por algo tan pequeño», pero tanto Allen como él estaban profundamente impresionados, pues sabían que el chip contenía el cerebro de todo un ordenador. «Esa gente pensaba que el hecho de que un par de chavales quisiesen comprar un 8008 era lo más extraño del mundo —rememoraba Gates—. Y, mientras lo desenvolvíamos, teníamos buen cuidado de no romperlo.»[38]

Para escribir un programa que funcionase en el 8008, Allen ideó una manera de emular el microprocesador de un *mainframe*. Como explicó *a posteriori*, la emulación del 8008 «reflejaba una perogrullada en los ambientes tecnológicos que se remontaba a las teorías de Alan Turing en los años treinta: cualquier ordenador se puede programar para que se comporte como cualquier otro». Se podía extraer otra lección de este logro de la alquimia, una lección esencial sobre la contribución de Gates y Allen a la revolución de los ordenadores. Como explicaría después Allen: «El software se imponía sobre el hardware».[39]

Habida cuenta de su veneración por el software por encima del hardware, no es de extrañar que Gates y Allen fueran capaces de escribir un buen programa para su proyecto de tabulador del tráfico pero nunca llegasen a conseguir que los componentes de hardware funcionasen adecuadamente, en particular el mecanismo que debía leer las cintas de tráfico. Un día, cuando pensaban que ya funcionaba sin problemas, un funcionario del Departamento de Ingeniería de Seattle visitó la casa de los Gates para asistir a una demostración. Cuando estaban todos en el salón para ver la prueba, los dioses de las demostraciones se cobraron su venganza y el lector de cinta falló sin cesar. Gates llamó por teléfono a su madre. «¡Mamá, cuéntale —imploró—, cuéntale cómo funcionaba anoche!»[40]

Durante el semestre final del último año de secundaria de Gates, en la primavera de 1973, la Bonneville Power Administration, que estaba embarcada en una caza de expertos en PDP-10 a escala nacional para que contribuyesen a programar el sistema de gestión de su red eléctrica, contrató a Gates y Allen. Gates y sus padres hablaron con el director de Lakeside, que estuvo de acuerdo en que ese trabajo sería más beneficioso desde un punto de vista educativo que asistir al último semestre de la escuela. Allen pensaba lo mismo respecto a su semestre en la universidad. «Teníamos la oportunidad de volver a trabajar juntos en un PDP-10, ¡y nos pagaban!» Se subieron al Mustang descapotable de Gates, recorrieron en menos de dos horas los 265 kilómetros que separan

Seattle del centro de control de Bonneville y alquilaron un apartamento juntos.

Trabajaban en un búnker subterráneo junto al río Columbia, a la altura de Portland. «Tenían una enorme sala de control, más impresionante que cualquier cosa que hubiese visto nunca en la televisión», recordaba Gates. Allen y él se encerraban para sesiones de programación que duraban doce horas e incluso más. «Cuando Bill sentía que flaqueaba, agarraba un bote de Tang, se echaba un poco de polvo en la mano y lo lamía para meterse un chute de puro azúcar —contó Allen—. Todo ese verano, las palmas de sus manos tuvieron un tono anaranjado.» A veces, después de dos días trabajando sin parar, recuperaban el sueño perdido durmiendo dieciocho horas de un tirón. «Competíamos —dijo Gates— por ver quién era capaz de permanecer en el edificio durante tres o cuatro días seguidos. Algunas de las personas más remilgadas nos decían: "Id a casa a daros una ducha". Pero estábamos enganchados, escribiendo código.»[41]

De vez en cuando, Gates se tomaba un descanso para practicar esquí acuático extremo —a veces incluso partía desde un trampolín en la orilla— y después volvía al búnker para seguir programando. Allen y él se llevaban bien, salvo en las ocasiones en que el estilo metódico con el que Allen jugaba al ajedrez se imponía a la estrategia más temeraria y agresiva de Gates. «Cuando le gané un día, se enfadó tanto que tiró todas las piezas al suelo —explicó Allen—. Tras varias partidas así, dejamos de jugar.»[42]

Durante su último año de secundaria, Gates solo solicitó la admisión en tres universidades —Harvard, Yale y Princeton— y adoptó una estrategia diferente con cada una de ellas. «Tengo un talento natural para redactar solicitudes de entrada en la universidad», se jactó, plenamente consciente de su capacidad para brillar en los procesos de selección. De cara a Yale, se presentó como un aspirante a político e hizo hincapié en el mes de prácticas estivales en el Congreso; para Princeton, se centró en su deseo de ser ingeniero de software, y para Harvard explicó que su pasión eran las matemáticas. También se planteó la posibilidad del MIT, pero en el último momento prefirió jugar al pinball en lugar de hacer la entrevista. Lo aceptaron en las tres y optó por Harvard.[43]

—¿Sabes qué, Bill? —le advirtió Allen—. Cuando llegues a Harvard, allí habrá gente mucho mejor que tú en matemáticas.

—Venga ya —respondió Gates—. ¡De eso nada!

—Espera y verás —dijo Allen.[44]

Gates en Harvard

Cuando le pidieron a Gates que seleccionase qué tipo de compañeros de habitación prefería, pidió un afroamericano y un alumno extranjero. Lo enviaron a Wigglesworth Hall, una residencia para alumnos de primer año situada en Harvard Yard, con Sam Znaimer, un amante de la ciencia procedente de una humilde familia de refugiados judíos de Montreal, y Jim Jenkins, un estudiante negro de Chattanooga. A Znaimer, que nunca había conocido a un anglosajón privilegiado, Gates le pareció muy simpático y con unos hábitos de estudio extrañamente fascinantes. «Tenía la costumbre de estudiar treinta y seis o incluso más horas seguidas, desmayarse durante otras diez horas, y después salir, comprar una pizza y volver a estudiar —relató Znaimer—. Y si eso significaba reanudar el estudio a las tres de la mañana, él tan contento.»[45] Le asombraba que Gates se pasase varias noches rellenando formularios para pagar los impuestos federales y estatales correspondientes a los ingresos de Traf-O-Data. Cuando estaba concentrado, Gates solía balancearse continuamente. Después convencía a Znaimer para jugar unas cuantas partidas seguidas a *Pong*, el videojuego de Atari, en el salón de la residencia, o a *Spacewar* en el laboratorio de computación de Harvard.

El laboratorio de computación llevaba el nombre de Howard Aiken, que había inventado el Mark I y dirigido sus operaciones durante la Segunda Guerra Mundial con la ayuda de Grace Hopper. Albergaba la máquina favorita de Gates, un PDP-10 de DEC, al que se le había dado un uso militar en Vietnam, pero que en Harvard se utilizaba para llevar a cabo proyectos financiados por el ejército. Para evitar que se desencadenase una protesta antibélica, había sido introducido a escondidas en el laboratorio Aiken un domingo por la mañana de 1969. Estaba financiado por la Agencia de Proyectos de Investigación Avanzados de Defensa (conocida entonces como DARPA por sus siglas en inglés), pero eso se mantuvo en secreto, por lo que no había ninguna normativa escrita sobre quién tenía permiso para utilizarlo. También había numerosos ordenadores PDP-1 en los que podían jugar a *Spacewar*. Para su proyecto de computación de primer año, Gates conectó el PDP-10 a un PDP-1 para crear un videojuego de béisbol. «La lógica estaba en el PDP-10, pero yo la enviaba al PDP-1 porque utilizaba la misma pantalla que *Spacewar*, una pantalla vectorial que ya no se ve por ningún sitio», explicó.[46]

Gates permanecía despierto hasta tarde escribiendo los algoritmos que dirigían el bote de la bola y el ángulo de aproximación de los jugadores de campo. «Los proyectos en los que trabajó durante el primer año no eran comerciales —contó Znaimer—. Los llevaba a cabo más que nada por amor a la computación.»[47] El profesor que supervisaba el laboratorio, Thomas Cheatham, tenía sentimientos encontrados. «Era un grandísimo programador.» Pero también era «un incordio» y un «ser humano detestable. [...] Humillaba innecesariamente a la gente, y en general no era agradable tenerlo cerca».[48]

La advertencia de Allen, según la cual no sería el chico más listo de la clase, se confirmó. Había un alumno de primer año que vivía un piso por encima del suyo y que era mejor en matemáticas: Andy Braiterman, de Baltimore. Se pasaban noches enteras tratando de resolver conjuntos de problemas y comiendo pizza en la habitación de Braiterman. «Bill era apasionado», recordaba Braiterman, y también «un buen polemista».[49] Gates era particularmente vehemente cuando explicaba que muy pronto todo el mundo tendría un ordenador en casa con el que se podrían buscar pasajes de libros y otras informaciones. Al año siguiente, Braiterman y él compartían habitación.

Gates decidió graduarse en matemáticas aplicadas en lugar de puras, y logró dejar una pequeña huella en la disciplina. En un curso que impartía el informático Harry Lewis, se le planteó el siguiente problema clásico:

> En nuestro restaurante el chef es algo descuidado, y cuando prepara tortitas le salen cada una de un tamaño. Por eso, cuando se las tengo que servir a un comensal, de camino a la mesa las reordeno (de manera que la más pequeña quede arriba y así sucesivamente, hasta que la más grande

esté debajo del todo) tomando varias desde arriba y volteándolas, y repitiendo este proceso (cambiando el número de tortitas que volteo) tantas veces como sea necesario. Si hay n tortitas, ¿cuál es el número máximo de volteos (en función de n) que necesitaré para reordenarlas?

La respuesta requería dar con un buen algoritmo, igual que en cualquier programa informático. «Lo planteé y continué con la clase —recordaba Lewis—. Uno o dos días después, un brillante alumno de segundo año entra en mi despacho y me explica que tiene un algoritmo con cinco tercios de n.» En otras palabras, Gates había encontrado la manera de resolverlo con cinco volteos por cada tres tortitas. «Utilizaba un complicado análisis de las configuraciones posibles de las primeras tortitas del montón. Era muy ingenioso.» Tiempo después, uno de los ayudantes de Lewis para ese curso, Christos Papadimitriou, publicaría la solución en un artículo académico escrito en colaboración con Gates.[50]

Cuando Gates se estaba preparando para su segundo año en la universidad, en el verano de 1974, convenció a Allen para que se trasladase a la zona de Boston y aceptase un trabajo en Honeywell que le habían ofrecido inicialmente a Gates. Allen abandonó la universidad, condujo en su Chrysler hacia el este e incitó a Gates a que él también lo hiciese. «Nos vamos a perder la revolución de los computadores», argumentó. Mientras comían pizza, fantaseaban con la idea de crear su propia compañía. «Si todo saliese bien, ¿qué tamaño podría tener nuestra empresa?», preguntó Allen en un momento dado. Gates respondió: «Creo que podría llegar a tener treinta y cinco programadores».[51] Pero Gates cedió a la presión de sus padres y continuó en Harvard, al menos de momento.

Como muchos innovadores, Gates era un rebelde sin causa. Decidió que no asistiría a las clases de ninguna de las asignaturas en las que estaba matriculado, y que solo lo haría en asignaturas a las que no se había apuntado. Cumplió esta regla a rajatabla. «Durante mi segundo año, iba a clases cuyos horarios coincidían con los de aquellas asignaturas en las que estaba matriculado, solo para asegurarme de que nunca me equivocaría —recordaba—. Era un repudio en toda regla.»[52]

También se dedicó con ganas a jugar al póquer. Su variante favorita era el póquer abierto de siete cartas, alta y baja. En una noche se podían ganar o perder más de mil dólares. A Gates, cuyo cociente intelectual era bastante superior que su cociente emocional, se le daba mejor calcular las probabilidades que adivinar los pensamientos de sus compañeros de juego. «Bill poseía una cualidad monomaníaca —afirmó Braiterman—. Se concentraba en algo y perseveraba en ello.» En un momento dado le dio su billetera a Allen para evitar seguir despilfarrando dinero, pero poco después le pidió que se la devolviese. «Estaba aprendiendo costosas lecciones sobre el arte de echarse faroles —recordaba Allen—. Ganaba trescientos dólares una noche y perdía seiscientos a la siguiente. Ese otoño, mientras perdía miles de dólares, no dejaba de decirme: "Estoy mejorando".»[53]

En una clase de economía para estudiantes de doctorado, conoció a un alumno que vivía en el mismo pasillo de la residencia. En apariencia, Steve Ballmer era muy distinto de Gates. Grande, escandaloso y sociable, era un adicto a las actividades del campus al que le encantaba participar en múltiples organizaciones o dirigirlas. Estaba en el Hasty Pudding Club, que escribía y producía obras de teatro, y ejercía, con el entusiasmo de una animadora, como entrenador del equipo de fútbol. Era editor del *Advocate*, la revista literaria del campus, y director publicitario del *Crimson*, el periódico. Incluso se apuntó a uno de los caducos clubes masculinos, y convenció a su nuevo amigo del alma, Gates, para que hiciese lo propio. «Una experiencia extraña», la definió Gates. Lo que los unía era su extraordinaria vehemencia. Hablaban, discutían y estudiaban a todo volumen, cada uno balanceándose por su cuenta. También iban juntos al cine. «Vimos *Cantando bajo la lluvia* y *La naranja mecánica*, que lo único que tienen en común es una canción —contó Gates—. Y llegamos a ser muy buenos amigos.»[54]

La vida desordenada que Gates llevaba en Harvard llegó a un abrupto final en diciembre de 1974, a mitad de su segundo año, cuando Allen llegó a su habitación en la Currier House con el nuevo número de *Popular Electronics*, en cuya portada aparecía el Altair. El grito de guerra de Allen, «¡Eh, que nos lo estamos perdiendo!», hizo que Gates se pusiera en marcha.

BASIC PARA EL ALTAIR

Gates y Allen se propusieron escribir software que permitiera a los aficionados a los ordenadores crear sus propios programas en el Altair. En particular, decidieron crear un intérprete para el lenguaje de programación BASIC que se ejecutaría en el microprocesador Intel 8080 del Altair. Sería el primer lenguaje de programación comercial de alto nivel y nativo para un microprocesador. Y propiciaría el lanzamiento de la industria del software para ordenadores personales.

En folios antiguos con el membrete de Traf-O-Data, escribieron una carta a MITS, la joven empresa de Albuquerque que fabricaba el Altair, en la que afirmaban haber creado un intérprete de BASIC que podía ejecutarse en el 8080. «Estamos interesados en vender copias de este software a los aficionados a los ordenadores a través de ustedes.»[55] Lo cual no era del todo cierto. Aún no habían escrito ningún software, pero sabían que podrían lanzarse a hacerlo si MITS mostraba interés en ello.

Como no recibieron respuesta, decidieron llamar por teléfono. Gates sugirió que fuera Allen el que hablase, porque era mayor. «No, deberías hacerlo tú. A ti se te dan mejor estas cosas», respondió. Llegaron a una solución intermedia; llamaría Gates, ocultando su voz chillona, pero se presentaría como Paul Allen, porque sabían que sería este quien volaría a Albuquerque si la llamada daba sus frutos. «Yo llevaba barba y al menos tenía aspecto de adulto, mientras que Bill aún habría pasado por un quinceañero», recordaba Allen.[56]

Cuando la voz ronca de Ed Roberts respondió al teléfono, Gates forzó un tono grave para decir: «Soy Paul Allen, de Boston. Tenemos un BASIC para el Altair que está prácticamente terminado, y nos gustaría visitarle y mostrárselo». Roberts respondió que había recibido muchas llamadas como esa. La primera persona que entrase en su despacho de Albuquerque con un BASIC que funcionara se llevaría el contrato. Gates se volvió hacia Allen y, exultante, le dijo: «¡Dios, tenemos que ponernos en marcha!».

Como no tenían un Altair con el que trabajar, Allen tuvo que emularlo en el PDP-10 de Harvard, aplicando de nuevo la estrategia que había utilizado para crear su máquina Traf-O-Data. Así que compró un manual del microprocesador 8080 y, en unas semanas, Allen ya tenía listo el emulador y otras herramientas de desarrollo.

Mientras tanto, Gates estaba escribiendo frenéticamente el código del intérprete de BASIC en cuadernos de notas. Cuando Allen terminó el emulador, Gates había esbozado el esquema de la estructura y buena parte del código. «Aún puedo verlo caminando de un lado a otro o balanceándose durante un rato largo antes de anotar algo en el cuaderno, con los dedos manchados de todo un arcoíris de tinta de los rotuladores de colores —recordaba Allen—. Una vez que mi emulador estuvo en funcionamiento y Bill pudo utilizar el PDP-10, se sentó frente a un terminal y fue mirando su cuaderno sin dejar de balancearse. Escribía una ráfaga de código con los dedos en esas extrañas posturas tan suyas, y volvía a mirar el cuaderno. Podía estar así durante horas y horas.»[57]

Una noche estaban cenando en la Currier House, la residencia de Gates, sentados a una mesa con otros obsesos de las matemáticas, y empezaron a quejarse de la aburrida tarea que tenían por delante: escribir las subrutinas matemáticas de coma flotante que permitirían que el programa manejase números tanto muy pequeños como muy grandes, y números decimales en notación científica.* Entonces, un chico de Milwaukee de pelo rizado, Monte Davidoff, soltó: «Yo he escrito subrutinas como esas».[58] Esta era una de las ventajas de ser un geek en Harvard. Gates y Allen lo asediaron a preguntas sobre su capacidad para manejar código de coma flotante. En cuanto quedaron satisfechos y comprobaron que sabía de lo que hablaba, lo llevaron a la habitación de Gates y negociaron una tarifa de 400 dólares por su trabajo. Se convirtió así en el tercer miembro del equipo, y acabaría ganando mucho más dinero.

Gates ignoró todos los exámenes que supuestamente debía estar preparando e incluso dejó de jugar al póquer. Durante ocho semanas, Allen, Davidoff y él se encerraron día y noche en el Laboratorio Aiken de Harvard para hacer historia en el PDP-10 financiado por el Depar-

---

* La renuencia de Steve Wozniak a la hora de abordar esta tarea cuando escribió BASIC para el Apple II acabó obligando a Apple a obtener una licencia para el BASIC de Allen y Gates.

tamento de Defensa. Cada cierto tiempo, salían a cenar a la Harvard House of Pizza o al Aku Aku, un sucedáneo de restaurante polinesio. A veces, a altas horas de la madrugada, Gates se quedaba dormido frente al terminal. «Estaba en mitad de una línea de código cuando empezaba a inclinarse hacia delante hasta que su nariz daba con el teclado —contó Allen—. Después de dormir un par de horas, abría los ojos, miraba la pantalla de reojo, parpadeaba dos veces y seguía exactamente donde se había quedado; todo un prodigio de concentración.»

Garabateaban en sus cuadernos, compitiendo en ocasiones por ver quién podía escribir una subrutina en el menor número de líneas. «¡Puedo hacerlo en nueve!», gritaba uno, y el otro respondía: «¡Pues yo puedo hacerlo en cinco!». Allen explicó el porqué: «Sabíamos que cada byte que nos ahorrásemos dejaría más espacio para que los usuarios incorporasen sus aplicaciones». El objetivo era conseguir que el programa ocupase menos de los 4K de memoria que tendría un Altair mejorado, para que aún quedase espacio que pudiese utilizar el consumidor. (Un *smartphone* de 16GB tiene una memoria que es cuatro millones de veces mayor.) Por la noche, extendían en el suelo las hojas impresas con el programa y buscaban la manera de conseguir que fuera más elegante, compacto y eficiente.[59]

A finales de febrero de 1975, tras ocho semanas de intensa programación, consiguieron reducirlo a unos extraordinarios 3,2K. «No era cuestión de si era capaz de escribir el programa, sino de saber si podría comprimirlo en menos de 4K y hacer que fuera superrápido —contó Gates—. Fue el programa más interesante que escribí en mi vida.»[60] Gates lo revisó en busca de errores por última vez, y a continuación ordenó al PDP-10 del Laboratorio Aiken que lo imprimiese en cinta perforada para que Allen se lo pudiese llevar a Albuquerque.

En el vuelo hacia allá, Allen cayó en la cuenta de que no había escrito un cargador, la secuencia de comandos que le indicaría al Altair cómo colocar el intérprete de BASIC en su memoria. Mientras el avión se disponía a aterrizar, sacó un cuaderno y escribió veintiuna líneas en el lenguaje máquina propio del microprocesador de Intel, cada una de las cuales contenía un número de tres cifras en base ocho. Ya estaba sudando cuando salió de la terminal con su traje color marrón claro de poliéster Ultrasuede, mientras buscaba a Ed Roberts. Finalmente, vio a lo lejos a un hombre mofletudo de más de 130 kilos que le esperaba en una camioneta, vestido con vaqueros y una corbata de bolo. «Esperaba encontrarme con un ejecutivo agresivo de alguna empresa puntera, como las que se sucedían a lo largo de la ruta 128, el cinturón tecnológico de Boston», recordaba Allen.

La sede mundial de MITS tampoco era lo que Allen esperaba. Estaba en un pequeño centro comercial de alquileres bajos, y el único Altair con memoria suficiente para ejecutar BASIC aún estaba en fase de pruebas. Así que retrasaron hasta la mañana siguiente la demostración del programa y se dirigieron a «un bufet de tres dólares en un restaurante mexicano llamado Pancho's, cuya calidad era acorde a su precio», explicó Allen. Robert lo llevó al Sheraton de la localidad, donde el recepcionista le informó de que su habitación costaría 50 dólares. Eran diez más de lo que Allen llevaba encima, y, tras un incómodo cruce de miradas, fue Roberts quien acabó pagando. «Supongo que yo tampoco era lo que él esperaba», comentó Allen.[61]

A la mañana siguiente, Allen volvió a MITS para la gran prueba. El código del intérprete de BASIC que había escrito con Gates tardó casi diez minutos en cargarse. Roberts y sus colegas intercambiaron miradas jocosas, y empezaban a sospechar que la demostración sería un fiasco. Pero entonces el teletipo cobró vida y empezó a claquetear. «¿TAMAÑO DE LA MEMORIA?», preguntó. «¡Eh, ha escrito algo!», gritó alguien del grupo de MITS. Allen estaba gratamente sorprendido. Escribió la respuesta: 7168. El Altair contestó: «OK». Allen escribió: «PRINT 2+2». Era el comando más sencillo, pero servía para probar no solo el código de Gates, sino también las subrutinas matemáticas de Davidoff. La respuesta del Altair fue: «4».

Hasta ese momento, Roberts había estado observando en silencio. Había endeudado aún más a su maltrecha empresa dejándose llevar por la descabellada suposición de que podría crear un ordenador que un aficionado entusiasta podría permitirse comprar y sería capaz de utilizar. Ahora estaba asistiendo a un momento histórico. Por primera vez, se había ejecutado un programa de software en un ordenador doméstico. «¡Dios mío —gritó—, ha imprimido "4"!»[62]

Roberts invitó a Allen a pasar a su despacho y acordó comprar una licencia del intérprete de BASIC para su inclusión en todas las máquinas Altair. «No podía dejar de sonreír», confesó Allen. Cuando volvió a Cambridge, llevando consigo un Altair que instalarían en la habitación de Gates en la residencia, salieron a celebrarlo. Gates pidió lo de siempre, un «Shirley Temple», ginger ale con zumo de guinda al maraschino.[63]

Un mes más tarde, Roberts le ofreció a Allen trabajo como director de software en MITS. Sus colegas en Honeywell pensaron que estaba loco por el mero hecho de plantearse aceptarlo. «En Honeywell tienes un puesto seguro —le dijeron—. Aquí tendrás trabajo durante años.» Pero la seguridad laboral no era algo a lo que aspirasen quienes buscaban liderar la revolución de los ordenadores. De manera que, en la primavera de 1975, Allen se trasladó a Albuquerque, una ciudad que, según acababa de aprender, no estaba en Arizona.

Gates decidió quedarse en Harvard, al menos por el momento. Allí tuvo que soportar lo que se había convertido en un rito iniciático, gracioso solo al recordarlo, para muchos de sus alumnos más brillantes: ser conducido ante la misteriosa Junta Administrativa de la universidad para someterse a un proceso disciplinario. Gates hizo méritos para ello cuando los auditores del Departamento de Defensa decidieron investigar el uso que se estaba haciendo del PDP-10 que estaban financiando en el Laboratorio Aiken de Harvard y descubrieron que un alumno de segundo año, W. H. Gates, estaba acaparando la mayor parte del tiempo. Tras darle muchas vueltas, Gates preparó un escrito para su defensa en el que describía cómo había creado una versión de BASIC utilizando el PDP-10 como emulador. Acabó siendo exonerado por el uso de la máquina, pero lo «amonestaron» por permitir que alguien que no era alumno, Paul Allen, accediese con su contraseña. Acató esa leve reprimenda y aceptó hacer de dominio público su primera versión del intérprete de BASIC (pero no la más refinada en la que Allen y él ya estaban trabajando).[64]

Por aquel entonces, Gates le estaba dedicando más tiempo a su colaboración con Allen que al trabajo que debía realizar para sus clases en Harvard. Tras terminar su segundo año de universidad en la primavera de 1975, tomó un vuelo a Albuquerque para pasar el verano y decidió quedarse allí en lugar de volver en otoño para el primer semestre de su tercer año. Volvió a Harvard durante dos semestres más, en la primavera y el otoño de 1976, pero después abandonó definitivamente la universidad, dos semestres antes de graduarse. En junio de 2007, cuando volvió a Harvard para recibir un título honorario, comenzó su discurso con un comentario dirigido a su padre, que estaba entre el público. «He esperado más de treinta años para poder decir esto: "Papá, siempre te dije que volvería para graduarme".»[65]

MICRO-SOFT

Cuando Gates llegó a Albuquerque en el verano de 1975, Allen y él aún seguían suministrando el BASIC para el Altair merced a un acuerdo verbal con Ed Roberts. Gates exigió un contrato formal y, tras mucho regatear, acordó conceder la licencia del software a MITS durante diez años, para que se distribuyese con cada Altair, a cambio de 30 dólares por copia. Gates logró introducir en el acuerdo dos cláusulas que tendrían relevancia histórica. Exigió que Allen y él conservaran la propiedad del software; MITS poseería únicamente el derecho a ofrecerlo bajo licencia. También pidió que MITS hiciese «todo lo que esté en su mano» para ceder la licencia del software a otros fabricantes de ordenadores, repartiéndose los ingresos con Gates y Allen. Esto sentó un precedente para el acuerdo al que Gates llegaría seis años más tarde con IBM. «Fuimos capaces de garantizar que nuestro software funcionaba en muchos tipos de máquinas —dijo—. Eso permitió que fuéramos nosotros, y no los fabricantes de hardware, quienes definiésemos el mercado.»[66]

Ahora necesitaban un nombre. Barajaron varias ideas, incluida Allen & Gates, que les recordaba demasiado al nombre de un bufete de abogados. Finalmente eligieron uno que no era particularmente estimulante o inspirador, pero que sí transmitía el hecho de que creaban software para microordenadores. En los documentos finales del acuerdo con MITS, se referían a sí mismos como «Paul Allen y Bill Gates, bajo el nombre empresarial de Micro-Soft». El código fuente del que era hasta entonces su único producto incluía una línea de reconocimiento de la autoría. «Micro-Soft BASIC: Bill Gates escribió la parte relacionada con el tiempo de ejecución. Paul Allen escribió lo que no tiene que ver con el tiempo de ejecución. Monte Davidoff escribió el paquete matemáti-co.» En menos de dos años, el nombre se simplificó a Microsoft.

Tras alojarse durante una temporada en el motel Sundowner, en un tramo de la ruta 66 más conocido por las prostitutas que por los progra-madores, Gates y Allen se trasladaron a un apartamento amueblado y barato. Monte Davidoff, famoso por su código matemático de coma flotante, y Chris Larson, un alumno de Lakeside más joven, también se trasladaron al apartamento, que se convirtió en una fraternidad univer-sitaria que operaba como un búnker de geeks. Por las tardes, Allen en-chufaba su guitarra Stratocaster y tocaba acompañando los discos de Aerosmith o Jimi Hendrix, a lo que Gates respondía cantando a pleno pulmón «My Way», de Frank Sinatra.[67]

De todos ellos, Gates era quien poseía una personalidad más caracte-rística del innovador. «Un innovador suele ser un fanático, alguien a quien le encanta lo que hace, que trabaja día y noche, capaz de ignorar hasta cierto punto las cosas normales, y que por tanto se arriesga a que se le considere un poco desequilibrado —explicó—. Sin duda, desde la adolescencia y hasta los treinta años, yo encajaba en ese modelo.»[68] Tra-bajaba, como lo había hecho en Harvard, a rachas que podían durar has-ta treinta y seis horas, y después se acurrucaba en el suelo de su despacho y se quedaba dormido. Allen contó que Gates «vivía en estados binarios; o bien rebosaba de la energía nerviosa procedente de la docena de coca-colas que se tomaba al día, o bien estaba completamente muerto».

Gates era también un rebelde con escaso respeto por la autoridad, otro rasgo característico de los innovadores. A la gente como Roberts, un antiguo oficial de las fuerzas aéreas con cinco hijos que lo trataban de usted, Gates le parecía un niño mimado. «Era literalmente un niño malcriado, ese era el problema», diría Roberts después. Pero la cosa era más compleja. Gates trabajaba mucho y vivía austeramente de sus (por aquel entonces) escasos ingresos, pero no creía que tuviera que ser res-petuoso. El escuálido Gates se enfrentaba al fornido Roberts, que supe-raba el metro noventa, en discusiones tan acaloradas que, como recordaba Allen, «se podían oír sus gritos por toda la fábrica. Era todo un espec-táculo».

Allen suponía que con Gates iban a medias. Siempre habían sido un equipo, y parecía innecesario discutir sobre quién había hecho más. Sin embargo, desde su disputa sobre el programa de nóminas en Lakeside, Gates exigió estar al mando. «No es justo que te lleves la mitad —le dijo a Allen—. Tenías tu sueldo de MITS mientras yo hacía casi todo el intérprete de BASIC en Boston sin cobrar nada. Yo debería cobrar más. Creo que la proporción debería ser sesenta-cuarenta.» Independientemente de si Gates tenía o no razón, tendía a discutir por cosas como esta, al contrario que Allen. A este le pilló por sorpresa, pero accedió. Para colmo, Gates volvió a exigir que se revisase el reparto dos años más tarde. «He hecho la mayor parte del trabajo en el intérprete de BASIC, y tuve que hacer un gran sacrificio al abandonar Harvard —le dijo a Allen mientras paseaban—. Me merezco más del 60 por ciento.» Su nueva demanda era que en el reparto él se llevara el 64 por ciento. Allen estaba furioso. «Dejó bien claras las diferencias entre el hijo de un bibliotecario y el hijo de un abogado —dijo—. A mí me habían enseñado que un trato es un trato, y que hay que respetar la palabra dada. Bill era más flexible.» Pero, de nuevo, Allen cedió.[69]

Para ser justos con Gates, hay que decir que, por aquel entonces, era él quien dirigía realmente la joven empresa. No solo estaba escribiendo buena parte del código, sino que también se encargaba de las ventas, y hacía él mismo la mayoría de las llamadas. Comentaba con Allen ideas sobre la estrategia de los productos durante horas, pero era él quien tomaba las decisiones finales sobre qué versiones de Fortran, BASIC o COBOL desarrollarían. También estaba a cargo de los acuerdos comerciales con los fabricantes de hardware, con quienes era aún más duro negociando que con Allen. Además, se encargaba del personal, es decir, de las contrataciones y los despidos, y de decirle a la gente, sin pelos en la lengua, cuándo su trabajo era una mierda, algo que Allen nunca haría. Gates tenía la credibilidad para hacerlo; cuando en la oficina competían por ver quién podía escribir un programa empleando el menor número de líneas, solía ser el vencedor.

A veces, Allen llegaba tarde por las mañanas, e incluso daba la impresión de que creía que era tolerable salir del trabajo a tiempo para la cena; algo que no sucedía con Gates y su camarilla. «Era muy intenso —recordaba—. Un pequeño grupo de personas y yo trabajábamos hasta tarde por las noches. A veces incluso me quedaba toda la noche, dormía en mi despacho y mi secretaria me despertaba si tenía una reunión.»[70]

Para Gates, arriesgarse era algo congénito, y se relajaba a última hora de la noche conduciendo a velocidades de infarto por carreteras de montaña hasta una fábrica de cemento abandonada. «A veces me preguntaba por qué Bill conducía tan rápido —comentó Allen—. Llegué a la conclusión de que era su forma de liberar tensión. Nuestro trabajo le resultaba tan estresante que necesitaba tener alguna manera de dejar de pensar durante un rato en el negocio y en el código. La conducción vertiginosa no era tan distinta de las apuestas al póquer o del esquí acuático extremo.» En cuanto ganaron algo de dinero, Gates lo derrochó en un Porsche 911, con el que recorría la autopista a toda velocidad pasada la medianoche. Llegó incluso a quejarse en el concesionario local de que, aunque la velocidad máxima era supuestamente de 203 kilómetros por hora, él solo alcanzaba los 195. Una noche lo pillaron superando el límite de velocidad y se enzarzó en una discusión con el policía sobre por qué no llevaba encima el carnet de conducir. Acabó en la cárcel. «Me han arrestado», dijo cuando Allen descolgó el teléfono. Lo dejaron ir a las pocas horas, pero la fotografía de su ficha policial de aquella noche se convirtió en un icono memorable de la historia geek.[71]

La vehemencia de Gates dio sus frutos. Permitió que Microsoft cumpliese plazos de entrega que parecían descabellados, que se adelantase a sus competidores al lanzar cada nuevo producto al mercado, y que cobrase un precio tan bajo que los fabricantes de ordenadores rara vez se planteaban la posibilidad de desarrollar o controlar su propio software.

El software quiere ser libre

En junio de 1975, el mes en que Gates se fue a vivir a Albuquerque, Roberts decidió sacar el Altair de gira, como si fuese un circo ambulante. Su objetivo era dar a conocer las maravillas del Altair y crear clubes de fans por las poblaciones de todo el país. Adaptó una caravana Dodge, la llamó MITS Móvil, y la envió a una gira por sesenta y cuatro pueblos a lo largo de la costa de California, y luego al sudeste, haciendo escala en lugares como Little Rock, Baton Rouge, Macon, Huntsville y Knoxville.

Gates, que hizo parte de la ruta, pensó que era una buena estrategia de marketing. «Compraron una gran caravana azul, recorrieron el país y crearon clubes de computación allá por donde pasaron», explicó encantado.[72] Gates asistió a las demostraciones en Texas, y Allen se incorporó cuando llegaron a Alabama. En el Holiday Inn de Huntsville, sesenta personas, una combinación de aficionados de pelo largo e ingenieros de cabeza rapada, pagaron 10 dólares —por aquel entonces, cuatro veces el coste de una entrada de cine— para asistir al evento. La presentación duró tres horas. Tras la demostración de un juego que simulaba un alunizaje, los escépticos se asomaron a mirar bajo la mesa al sospechar que había cables que conectaban con un microcomputador más potente escondido debajo. «Pero cuando vieron que era real —recordaba Allen—, los ingenieros casi se marearon de la emoción.»[73]

Una de las paradas de la gira fue en el hotel Rickeys Hyatt House, en Palo Alto, el 5 de junio. Allí tuvo lugar un encuentro crucial tras la demostración del BASIC de Microsoft a un grupo de aficionados, entre ellos muchos miembros del Homebrew Computer Club, de reciente creación. «La sala estaba repleta de entusiastas y experimentadores ávidos de saber más acerca de este nuevo juguete electrónico», informó el boletín del club.[74] Algunos de ellos también ansiaban llevar a la práctica el credo de los hackers, según el cual el software debía ser libre; no era sorprendente habida cuenta de las actitudes sociales y culturales, tan diferentes del celo empresarial de Albuquerque, que habían confluido a principios de la década de 1970 para dar lugar a la formación del Homebrew Computer Club.

Muchos de los miembros del club que fueron a ver el MITS Móvil habían construido un Altair y estaban impacientes por hacerse con el programa de BASIC que Gates y Allen habían escrito. Algunos ya habían enviado cheques a MITS para pagar por él, así que estuvieron encantados de ver que los Altairs expuestos ejecutaban una versión del mismo. Dejándose llevar por el imperativo de los hackers, uno de los miembros, Dan Sokol, «tomó prestada» la cinta de papel perforado que contenía el programa y utilizó un DEC PDP-11 para hacer copias.[75] En la siguiente reunión del club, hubo una caja de cartón con docenas de cintas del BASIC para que los miembros se las llevaran.* Pero con una condición: tenían que hacer varias copias para rellenar la caja comunitaria. «Acordaos de traer más copias que las que os llevéis», bromeaba Lee Felsenstein. Era la frase que utilizaba cada vez que se daba la oportunidad de compartir software.[76] Así fue como el BASIC de Microsoft se difundió libremente.

Ello, como era de esperar, enfureció a Gates. Escribió una apasionada carta abierta, haciendo gala de todo el tacto propio de sus diecinueve años, que supuso el estallido de las hostilidades en la guerra sobre la protección de la propiedad intelectual en la era de los ordenadores personales:

> Carta abierta a los aficionados a los ordenadores:
>
> Hace casi un año, Paul Allen y yo, en previsión del crecimiento del mercado de los aficionados a la computación, contratamos a Monte Davidoff y desarrollamos BASIC para el Altair. Aunque el trabajo inicial solo nos llevó dos meses, los tres nos pasamos casi todo el año documentando, mejorando y añadiendo funcionalidades al BASIC. Ahora disponemos de las siguientes versiones: 4K, 8K, EXTENDED, ROM y DISK BASIC. El valor del tiempo de computación empleado en el desarrollo supera los 40.000 dólares.
>
> La respuesta que hemos obtenido de los cientos de personas que afirman estar usando BASIC ha sido muy positiva. Sin embargo, dos hechos han llamado poderosamente nuestra atención: 1) la mayoría de estos «usuarios» nunca han comprado BASIC (menos del 10 por ciento de todos los propietarios de un Altair han comprado BASIC) y 2) los ingresos que hemos percibido por la venta a los usuarios aficionados hacen que el tiempo invertido en Altair BASIC equivalga a menos de 2 dólares por hora.

---

* Cuando leyó un borrador de este libro online, Steve Wozniak comentó que Dan Sokol solo realizó ocho copias, porque era difícil y laborioso hacerlas. Pero John Markoff, que dio cuenta de este incidente en *What the Dormouse Said*, me hizo llegar (también a Woz y a Felsenstein) la transcripción de su entrevista con Dan Sokol, quien dijo que utilizó un PDP-11 con un lector y perforador de alta velocidad. Hizo varias copias cada noche, y calculaba que en total serían unas setenta y cinco.

¿Por qué sucede esto? Como la mayor parte de los aficionados a los ordenadores ya sabréis, la mayoría de vosotros robáis el software. El hardware hay que pagarlo, pero el software es algo que se comparte. ¿A quién le importa que quienes han trabajado en su desarrollo cobren o no por ello?

¿Es esto justo? Una de las cosas que el robo del software no permite es solicitar la ayuda de MITS ante algún problema con el programa. [...] Lo que sí se consigue es impedir que se cree buen software. ¿Quién se puede permitir realizar un trabajo profesional a cambio de nada? ¿Qué usuario aficionado puede dedicar el trabajo de tres hombres durante un año a la programación, la búsqueda de todos los errores y la documentación del producto para luego distribuirlo de manera gratuita? Lo cierto es que nadie, salvo nosotros, ha invertido mucho dinero en software para aficionados. Hemos escrito la versión de BASIC para el 6800, y estamos escribiendo las versiones de APL para el 8080 y el 6800, pero tenemos muy pocos incentivos para poner este software a disposición de los aficionados. Hablando en plata: lo que hacéis es robar. [...]

Agradecería recibir cartas de quienes deseen saldar su deuda o hacer alguna sugerencia o comentario. Me podéis escribir a 1180 Alvarado SE, n.º 114, Albuquerque, Nuevo México, 87108. Nada me gustaría más que poder contratar a diez programadores e inundar de buenos productos el mercado del software para aficionados.

BILL GATES
Socio fundador, Micro-Soft

La carta fue publicada en el boletín del Homebrew Computer Club y también en la revista *Computer Notes*, del grupo de usuarios de Altair, y en *People's Computer Company*.[77] Levantó una gran polvareda. «Recibí muchas críticas», reconoció Gates. De las trescientas cartas que recibió, solo cinco contenían un pago voluntario. La mayor parte del resto se dedicaban a insultarle.[78]

En esencia, Gates tenía razón. La creación de software tenía tanto valor como la creación de hardware. Quienes producían software merecían una compensación por ello. Si esto no sucedía, la gente dejaría de escribir software. Al enfrentarse a la ética hacker, según la cual todo lo que se pudiese copiar se debería copiar libremente, Gates contribuyó a garantizar el crecimiento de la nueva industria.

375

Aun así, la carta pecaba de un cierto descaro. Gates era, a fin de cuentas, un ladrón reincidente de tiempo de computación, y había manipulado contraseñas para acceder a diversas cuentas desde el octavo curso de primaria hasta su segundo año en Harvard. De hecho, cuando afirmaba en la carta que, en el desarrollo del BASIC, Allen y él habían empleado un tiempo de computación valorado en más de 40.000 dólares olvidó mencionar que en realidad nunca había pagado por ese tiempo y que buena parte de él correspondía al uso del ordenador que el ejército había aportado a Harvard, financiado por tanto por todos los contribuyentes estadounidenses. El director de un boletín de aficionados a los ordenadores escribió: «Circulan rumores entre la comunidad de aficionados a los ordenadores que dejan entrever que el desarrollo del BASIC al que se hace referencia en la carta de Bill Gates se llevó a cabo en un ordenador de la Universidad de Harvard sufragado, al menos en parte, con fondos públicos, y que existen ciertas dudas sobre la conveniencia desde un punto de vista ético, e incluso jurídico, de vender los resultados».[79]

Asimismo, aunque Gates en aquel momento no lo valorase, a largo plazo la piratería generalizada del BASIC de Microsoft benefició a su joven compañía. Al difundirse tan rápidamente, el BASIC de Microsoft se convirtió en un estándar, y otros fabricantes de ordenadores tuvieron que comprar licencias. Por ejemplo, cuando National Semiconductor lanzó un nuevo microprocesador necesitaba una versión de BASIC, y decidió pagar por la de Microsoft porque todo el mundo la usaba. «Convertimos a Microsoft en el estándar —dijo Felsenstein— y él nos llamó ladrones por hacerlo.»[80]

A finales de 1978, Gates y Allen trasladaron su empresa desde Albuquerque a los alrededores de su Seattle natal. Justo antes de irse, uno de los empleados ganó una sesión de fotos gratuita en un estudio local, así que posaron para una imagen que sería histórica. En ella, Allen y casi todos los demás tienen aspecto de refugiados de una comuna hippy mientras que Gates está sentado en primera fila con aspecto de joven *boy scout*. En su recorrido hacia el norte por la costa de California, a Gates le pusieron tres multas por exceso de velocidad, dos firmadas por el mismo policía.[81]

APPLE

Entre los presentes en el garaje de Gordon French en el primer encuentro del Homebrew Computer Club se encontraba un ingeniero de software joven e introvertido llamado Steve Wozniak, que había dejado la universidad y estaba trabajando en la división de calculadoras de Hewlett-Packard en Cupertino, un pueblo de Silicon Valley. Un amigo le había mostrado el folleto —«¿Estás construyendo tu propio ordenador?»— y había reunido el valor suficiente para asistir. «Esa noche resultó ser una de las más importantes de mi vida», reconoció.[82]

El padre de Wozniak era un ingeniero de Lockheed al que le encantaba explicar los entresijos de la electrónica. «Uno de mis primeros recuerdos es que me llevó a su trabajo un fin de semana, me mostró varios componentes electrónicos y los puso sobre una mesa para que yo pudiera jugar con ellos», recordaba Wozniak. Solía haber transistores y resistores desperdigados por la casa, y cuando Steve preguntaba «¿qué es eso?», su padre empezaba desde el principio y explicaba cómo funcionaban los electrones y los protones. «De vez en cuando sacaba una pizarra y respondía a mis preguntas dibujando diagramas —relató Wozniak—. Me explicó cómo construir puertas lógicas AND y OR a partir de los componentes que tenía por ahí (diodos y resistores), y me enseñó que debía haber un transistor en medio para amplificar la señal y conectar la salida de una de las puertas con la entrada de la otra. A día de hoy, así es como funcionan, al nivel más fundamental, todos y cada uno de los dispositivos digitales del mundo.» Era un ejemplo notable de la huella que puede dejar un padre en sus hijos, sobre todo en aquella época en que los padres sabían cómo funcionaba una radio y podían enseñarles a sus hijos cómo comprobar un tubo de vacío y sustituir el que se hubiese fundido.

A los siete años, Wozniak construyó una radio de galena utilizando monedas de centavo que había ido acumulando; a los diez, un sistema de intercomunicación entre las casas de los chicos de su barrio; a los once, una radio Hallicrafters de onda corta (su padre y él obtuvieron juntos sus licencias de radioaficionado), y ese mismo año aprendió cómo aplicar la lógica booleana al diseño de circuitos electrónicos y lo demostró creando una máquina que nunca perdía al tres en raya.

Cuando empezó la enseñanza secundaria, Wozniak estaba empleando su ingenio para la electrónica en gastar bromas. Una vez construyó un metrónomo atado a unas pilas que parecía una bomba. Cuando el director de la escuela lo descubrió haciendo tictac en una taquilla, salió corriendo con él al patio para alejarlo de los niños y llamó a la unidad de desactivación de explosivos. Wozniak tuvo que pasar la noche en el calabozo, donde enseñó a los demás reclusos cómo sacar los cables del ventilador del techo y conectarlos a los barrotes de las celdas para que el carcelero se llevase una descarga cuando fuera a abrir la puerta. Aunque había aprendido a programar bien, en el fondo era un ingeniero de hardware, a diferencia de los obsesos del software, como Gates, que eran más refinados. En una ocasión construyó un juego parecido al de la ruleta, en el que cada participante colocaba un dedo en una ranura y, cuando la bola se detenía, recibía una descarga. «La gente de hardware jugará a este juego, pero los de software siempre son demasiado gallinas», afirmó.

Como otras personas, combinaba el amor por la tecnología con la visión del mundo de un hippy, aunque no era muy consecuente con el estilo de vida propio de la contracultura. «Llevaba un pequeño pañuelo indio en la cabeza, el pelo realmente largo y barba —recordaba—. De cuello hacia arriba parecía Jesucristo, pero de cuello para abajo seguía llevando la ropa de un chico normal, de un joven ingeniero. Pantalones y camisa con cuello. Nunca tuve ropa rara de hippy.»

Por diversión, estudiaba los manuales de los ordenadores de oficina fabricados por Hewlett-Packard y trataba de rediseñarlos utilizando menos chips. «No tengo ni idea de por qué esto se convirtió en el pasatiempo de mi vida —reconoció—. Lo hacía todo a solas en mi habitación con la puerta cerrada. Era como un entretenimiento privado.» No era una actividad que hiciese de él el alma de las fiestas, así que se volvió bastante solitario, pero la habilidad para ahorrar chips le fue muy útil cuando decidió fabricar un ordenador por su cuenta. Lo hizo utilizando solo veinte chips, a diferencia de los cientos que incorporaban la mayoría de los ordenadores comerciales. Un amigo que vivía cerca le ayudó con las soldaduras, y como bebían mucha *cream soda** de la marca

---

* Una bebida gaseosa dulce con aroma a vainilla. *(N. del T.)*

Cragmont, lo llamaron «Cream Soda Computer». No tenía pantalla ni teclado; las instrucciones se introducían mediante una tarjeta perforada, y el ordenador comunicaba las respuestas mediante el parpadeo de bombillas en la parte frontal.

El amigo le presentó a un chico que vivía a unas pocas manzanas de distancia y que compartía su interés por la electrónica. Steve Jobs era casi cinco años menor y aún estudiaba en el Instituto Homestead, el mismo al que había ido Wozniak. Se sentaban en la acera y compartían historias de sus travesuras, las canciones de Bob Dylan que les habían gustado y los circuitos electrónicos que habían diseñado. «Normalmente, me costaba mucho explicarle a la gente los diseños en los que estaba trabajando, pero Steve lo entendía enseguida —contó Wozniak—. Me gustaba. Era bastante delgado y enjuto, y estaba lleno de energía.» Jobs también estaba impresionado. «Woz fue la primera persona que conocí que sabía más sobre electrónica que yo», explicó tiempo después, exagerando su propia experiencia.

Su mayor aventura, que sentó los cimientos de su futura colaboración, giró alrededor de lo que se conoció como la *bluebox*. En el otoño de 1971, Wozniak leyó un artículo en *Esquire* que describía cómo los «*phreaks* de los teléfonos» habían creado un dispositivo que emitía chirridos en los tonos precisos para engañar al sistema de la compañía telefónica y poder así hacer llamadas de larga distancia sin pagar. Antes incluso de terminar de leer el artículo, llamó a Jobs, que estaba empezando su último año en Homestead, y le leyó algunas partes en voz alta. Era domingo, pero sabían cómo colarse en una biblioteca de Stanford que podría tener ejemplares del *Bell System Technical Journal* que, según el artículo de *Esquire*, recogía todas las frecuencias para los tonos de señal. Tras hurgar en los montones, Wozniak consiguió encontrar la revista. «Estaba prácticamente temblando, con la piel de gallina y todo —recordaba—. Fue un momento de iluminación.» Fueron en coche hasta la tienda de electrónica de Sunnyvale a comprar los componentes que necesitaban, los soldaron entre sí e hicieron pruebas con un medidor de frecuencia que Jobs había fabricado para un proyecto de la escuela. Pero el dispositivo era analógico, y no consiguieron que produjese los tonos con la precisión y uniformidad necesarias.

Wozniak se dio cuenta de que necesitarían crear una versión digital utilizando un circuito con transistores. Ese otoño fue uno de los raros semestres en que asistió a la universidad (estaba yendo a clase en Berkeley), y con la ayuda de un estudiante de música de su residencia, consiguió tener listo el aparato para el día de Acción de Gracias. «Nunca he diseñado un circuito del que me sintiese más orgulloso —explicó—. Aún sigo pensando que era extraordinario.» Lo probaron haciendo una llamada al Vaticano en la que Wozniak se hizo pasar por Henry Kissinger, que necesitaba hablar con el Papa. Tardaron un tiempo, pero los funcionarios del Vaticano acabaron dándose cuenta de que era una broma antes de despertar al Pontífice.

Wozniak había diseñado un artilugio ingenioso, si bien, gracias a la colaboración con Jobs, fue capaz de hacer mucho más: crear una empresa comercial. «Eh, vamos a vender estas cosas», propuso un día Jobs. Esa fue una costumbre que dio lugar a una de las colaboraciones más célebres de la era digital, junto con las de Allen y Gates o Noyce y Moore. A Wozniak se le ocurría algún prodigio de la ingeniería y Jobs encontraba la manera de sacarle brillo, empaquetarlo y venderlo a un precio elevado. «Yo conseguí el resto de los componentes, como la carcasa, la fuente de alimentación y los teclados, y calculé a qué precio podíamos venderlo», dijo Jobs respecto a la *bluebox*. Esta incluía componentes por valor de 40 dólares, y produjeron cien unidades que vendieron a 150 dólares cada una. La aventura terminó cuando los atracaron a punta de pistola mientras intentaban vender una en una pizzería, pero la peripecia había plantado las semillas de las que nacería una empresa. «De no ser por las *blueboxes*, Apple no habría existido —reflexionó Jobs—. Woz y yo aprendimos a trabajar juntos.» Wozniak le dio la razón: «Nos permitió hacernos una idea de lo que podríamos conseguir si uníamos mis habilidades técnicas y su visión».

Jobs se pasó el año siguiente entrando y saliendo del Reed College, y después buscando la iluminación espiritual en una peregrinación a la India. Cuando volvió, en el otoño de 1974, entró a trabajar a las órdenes de Nolan Bushnell y Al Alcorn en Atari, que, con todo el dinero que había ganado gracias al éxito de *Pong*, estaba contratando a gente sin parar. «Diviértete; gana dinero», rezaba uno de los anuncios que publicaron en el *San Jose Mercury*. Jobs apareció vestido con su túnica hippy y dijo que no se iría del vestíbulo hasta que lo contratasen. A instancias de Alcorn, Bushnell decidió apostar por él. De este modo, el emprendedor más creativo del mundo de los videojuegos le pasaba el testigo a quien llegaría a ser el emprendedor más creativo de los ordenadores personales.

A pesar de sus hábitos zen recién adquiridos, Jobs se sintió impelido a informar a sus compañeros de trabajo de que los consideraba unos «tontos del culo» cuyas ideas eran una mierda. Aun así, también lograba de alguna manera ser seductor e inspirador. A veces llevaba una túnica color azafrán, iba descalzo y creía que su estricta dieta a base exclusivamente de frutas y verduras le eximía de usar desodorante y tener que ducharse a diario. Como explicó Bushnell, «esa era una teoría errónea», de manera que asignó a Jobs al turno de noche, cuando casi no había nadie más por allí. «Aunque Steve era arisco, a mí me caía bastante bien, así que le pedí que trabajase por las noches. Era una manera de salvarlo.»

Tiempo después, Jobs dijo que había aprendido varias lecciones importantes en Atari; la más profunda de ellas era la necesidad de lograr que las interfaces fuesen amigables e intuitivas. Las instrucciones deberían ser extremadamente sencillas: «Inserta una moneda, evita a los Klingons». Los dispositivos no deberían necesitar manuales. «Asumió esa necesidad de sencillez y se convirtió en una persona muy centrada en el producto», contó Ron Wayne, que trabajó con Jobs en Atari. Además, Bushnell supo contribuir a transformar a Jobs en un emprendedor. «Un emprendedor posee algo que no se puede definir, y yo lo vi en Steve —rememoró Bushnell—. No solo le interesaba la ingeniería, sino también los aspectos empresariales. Le enseñé que, si actúas como si pudieses hacer algo, lo acabarás consiguiendo. Le dije: "Finge que controlas perfectamente la situación y la gente supondrá que es así".»

A Wozniak le gustaba pasarse por Atari casi todas las noches, cuando salía de su trabajo en Hewlett-Packard, para pasar tiempo con Jobs y jugar al videojuego de carreras de coches, *Gran Trak 10*, que Atari por fin había desarrollado. «Mi juego favorito de siempre», lo llamaba. En su tiempo libre, recreó una versión casera de *Pong*, al que jugaba usando su televisor. Fue capaz de programarlo para que profiriese las expresiones «¡mierda!» o «¡coño!» cada vez que un jugador fallaba al intentar golpear la pelota. Una noche se lo mostró a Alcorn, al que se le ocurrió una idea. Le encargó a Jobs que desarrollase una versión de

Pong para un solo jugador, que se llamaría *Breakout*, en que el usuario lanzaría la pelota contra una pared de ladrillos y los iría desencajando para sumar puntos. Alcorn supuso, con razón, que Jobs convencería a Wozniak de que diseñara los circuitos. Jobs no era un gran ingeniero, pero sí sabía cómo conseguir que la gente hiciese cosas para él. «Pensé que podía tener dos por el precio de uno —explicó Bushnell—. Woz era mejor ingeniero.» También era un tipo ingenuo y entrañable, tan dispuesto a ayudar a Jobs a crear un videojuego como los amigos de Tom Sawyer lo estaban a ayudarle a encalar su verja. «Fue la propuesta más maravillosa de mi vida; diseñar un juego que la gente usaría de verdad», recordaba.

Mientras Woz se pasaba noches en vela produciendo uno tras otro los elementos del diseño, Jobs, sentado en un taburete a su izquierda, iba conectando los circuitos. Woz pensaba que tardaría varias semanas en completar la tarea, pero, en el que fue uno de los primeros casos prácticos de lo que sus colegas llamaban su «campo de distorsión de la realidad», Jobs miró a Woz sin pestañear y lo convenció de que podía hacerlo en cuatro días.

La primera reunión del Homebrew Computer Club, en marzo de 1975, tuvo lugar justo después de que Wozniak hubiese terminado de diseñar *Breakout*. Al principio del encuentro, se sintió fuera de lugar. Él se había dedicado a fabricar calculadoras y a usar televisores como monitores caseros para videojuegos, pero lo que generaba más expectación entre los asistentes a la reunión era el nuevo ordenador Altair, algo que a él en un principio no le interesaba. Tímido como era, se retiró a una esquina. Tiempo después, describió así la escena: «Alguien tenía la revista *Popular Electronics*, en cuya portada aparecía una fotografía de un ordenador llamado Altair. Resultó que todos los que estaban allí eran en realidad entusiastas del Altair, no personas interesadas en los monitores, como yo había imaginado». Hicieron una ronda de presentaciones, cuando le llegó su turno, Wozniak dijo: «Soy Steve Wozniak, trabajo en calculadoras en Hewlett-Packard y he diseñado un terminal gráfico». También añadió que le gustaban los videojuegos y los sistemas de películas de pago para hoteles, según el acta que redactó Moore.

Pero había otra cosa que despertaba el interés de Wozniak. Uno de los asistentes a la reunión hizo circular una hoja con las especificaciones del nuevo microprocesador de Intel. «Esa noche repasé la hoja con los datos del microprocesador y vi que disponía de una instrucción para añadir el contenido de una posición de memoria al registro A —recordaba—. Me dije: "Esto es interesante". Además, tenía otra instrucción que se podía utilizar para restar el contenido de la memoria del registro A. ¡Vaya! Puede que esto a otra persona no le dijera nada, pero yo sabía exactamente lo que significaban estas instrucciones, y fue un descubrimiento de lo más emocionante.»

Wozniak había estado diseñando un terminal con un monitor de vídeo y un teclado. Lo había imaginado como un terminal «tonto»; no tendría capacidad de computación propia, sino que se conectaría a través de la línea telefónica a un ordenador de tiempo compartido remoto. Sin embargo, cuando vio las especificaciones del microprocesador —un chip que incorporaba una unidad central de procesamiento— tuvo una visión: podría utilizar el microprocesador para trasladar parte de la capacidad de computación al terminal que estaba construyendo. Sería un gran avance respecto al Altair; un ordenador, un teclado y una pantalla, todo integrado. «Toda esta idea del ordenador personal se me ocurrió de repente —señaló—. Esa noche, empecé a esbozar sobre el papel lo que después se conocería como el Apple I.»

Tras permanecer todo el día dedicado al diseño de calculadoras en HP, Wozniak pasaba por su casa para una cena rápida y volvía a su cubículo para trabajar en su ordenador. A las diez de la noche del domingo 29 de junio de 1975 se produjo un hito histórico; Wozniak pulsó unas pocas teclas en el teclado, la señal fue procesada por un microprocesador; y las letras aparecieron en la pantalla. «Me quedé asombrado —confesó—. Por primera vez en la historia, alguien había pulsado un carácter en un teclado y lo había visto aparecer ante sus ojos en la pantalla.» Lo anterior no era exactamente cierto, pero sí que fue la primera vez en que un teclado y un monitor se integraban con un ordenador personal diseñado para aficionados.

La misión del Homebrew Computer Club consistía en compartir ideas libremente. Esto lo colocó en el punto de mira de Bill Gates, pero Wozniak era partícipe de este espíritu comunitario. «Creía hasta tal punto en la meta que tenía el club de promover la computación que hice unas cien fotocopias de mi diseño completo y las repartí entre todos los interesados.» Era demasiado tímido para ponerse delante del grupo y hacer una presentación formal, pero estaba tan orgulloso de su diseño que le encantaba quedarse en el fondo de la sala, mostrárselo a cualquiera que se acercase y repartir los esquemas del diseño. «Quería compartirlo gratuitamente con otra gente.»

Jobs pensaba de otra manera, como había sucedido con la *bluebox*. Y resultó que su deseo de empaquetar y vender un ordenador fácil de usar —y su instinto para saber cómo hacerlo— cambió el mundo de los ordenadores personales en la misma medida que el ingenioso diseño de los circuitos de Wozniak. De hecho, este se habría visto relegado a una breve reseña en el boletín del club de no ser por la insistencia de Jobs en que creasen una compañía y lo comercializasen.

Jobs comenzó a llamar a fabricantes de chips como Intel para obtener muestras gratuitas. «Sabía cómo hablar con los comerciales —dijo maravillado Wozniak—. Yo nunca habría sido capaz de hacerlo. Soy demasiado tímido.» Jobs también empezó a acompañar a Wozniak a las reuniones del Homebrew Computer Club para realizar las demostraciones con un televisor, y fue a él a quien se le ocurrió un plan para vender placas de circuitos con el diseño de Wozniak. Esto era algo típico de su colaboración. «Cada vez que se me ocurría un buen diseño, Steve encontraba la manera de hacernos ganar dinero —contó Wozniak—. Nunca se me pasó por la cabeza vender ordenadores. Fue él quien dijo: "Vamos a mostrarlos y a vender unos cuantos".» Jobs vendió su furgoneta Volkswagen y Wozniak vendió su calculadora HP para financiar la nueva aventura.

Formaban una pareja extraña pero poderosa. Woz era un ingenuo angelical que parecía un oso panda y Jobs, un embaucador poseído con aspecto de galgo. Gates había forzado a Allen a cederle más de la mitad del negocio que tenían en común. En el caso de Apple, fue el padre de Wozniak, un ingeniero que respetaba a sus colegas y despreciaba a los vendedores y los gestores, quien insistió en que su hijo, autor de los diseños, recibiese más del 50 por ciento de la sociedad. Se enfrentó a Jobs cuando este fue a casa de los Wozniak. «No te mereces una mierda. No has producido nada.» Jobs se echó a llorar y le dijo a Steve Wozniak que estaba dispuesto a disolver la sociedad. «Si no vamos al 50 por ciento —le dijo Jobs—, te lo puedes quedar todo.» Pero Wozniak comprendía lo que Jobs aportaba a su sociedad y que tenía derecho al menos a la mitad. Por su cuenta, puede que Wozniak no hubiese pasado de repartir gratuitamente sus diseños.

Después de la demostración en la reunión del Homebrew Computer Club, a Jobs se le acercó Paul Terrell, propietario de una pequeña cadena de tiendas de ordenadores llamada The Byte Shop. Tras la conversación, Terrell le dijo: «Mantente en contacto», y le entregó su tarjeta. Al día siguiente, Jobs entró descalzo en su tienda y anunció: «Me estoy manteniendo en contacto». Cuando Jobs finalizó su alegato, Terrell había accedido a encargar cincuenta unidades de lo que se conocería como el Apple I. Pero los quería completamente montados, no en forma de circuitos impresos con multitud de componentes. Fue otro paso adelante en la evolución de los ordenadores personales; ya no serían únicamente para entusiastas soldador en mano.

Jobs entendió que eso era lo que estaba por venir. Cuando llegó el momento de construir el Apple II, no dedicó mucho tiempo a estudiar las especificaciones del microprocesador, sino que entró en la tienda de Macy's en el centro comercial de Stanford y estudió el Cuisinart. Decidió que el próximo ordenador personal debería parecerse a un electrodoméstico; todo encajaría dentro de una impecable carcasa y no necesitaría montaje. Desde la fuente de alimentación hasta el software, del teclado al monitor, todo debería estar íntimamente integrado. «Mi idea consistía en crear el primer ordenador completamente empaquetado —explicó —. No nos dirigíamos ya a un puñado de entusiastas a los que les gustaba montar sus propios ordenadores y que sabían cómo comprar transformadores y teclados. Por cada uno de ellos, había mil personas que querrían una máquina lista para funcionar.»

A principios de 1977 ya habían surgido otras varias compañías de ordenadores para aficionados a partir del Homebrew Computer Club y otros caldos de cultivo parecidos. Lee Felsenstein, el maestro de ceremonias del club, había lanzado Processor Technology, que había puesto a la venta un ordenador llamado Sol. Otras de las empresas eran Cromemco, Vector Graphics, Southwest Technical Products, Commodore e IMSAI. Con todo, el Apple II fue el primer ordenador sencillo y completamente integrado, del hardware al software. Salió a la venta en junio de 1977 por 1.298 dólares, y en tres años se vendieron cien mil unidades.

La irrupción de Apple señaló el declive de la cultura de los aficionados a los ordenadores. Durante décadas, los jóvenes innovadores como Kilby y Noyce habían entrado en el mundo de la electrónica sabiendo distinguir entre distintos transistores, resistores, condensadores y diodos, y cómo conectarlos o soldarlos en placas de pruebas para crear circuitos que acabarían en aparatos para radioaficionados, controladores de cohetes, amplificadores y osciloscopios. Pero en 1971 las complejas placas de circuitos empezaron a quedar obsoletas frente a los microprocesadores, y las empresas japonesas de tecnología comenzaron a fabricar en masa productos más baratos que los caseros. Las ventas de los kits de automontaje se desplomaron. Los hackers del hardware como Wozniak cedieron su lugar a los programadores de software como Gates. Con el Apple II, y aún más en 1984 con el Macintosh, Apple fue pionera en la práctica de crear máquinas que no estaban pensadas para que los usuarios las abriesen y toqueteasen sus entrañas.

El Apple II también instauró una doctrina que se convertiría en un credo religioso para Steve Jobs: el hardware de su compañía estaba fuertemente integrado con el software de su sistema operativo. Era un perfeccionista al que le gustaba controlar por completo la experiencia del usuario. No quería que nadie comprase una máquina de Apple e instalara en ella un sistema operativo mediocre desarrollado por un tercero, ni que comprase el sistema operativo de Apple para utilizarlo sobre el hardware birrioso de otro fabricante.

La industria no optó mayoritariamente por este modelo integrado. El lanzamiento del Apple II hizo que despertaran el resto de los fabricantes, en particular IBM, y propició el surgimiento de una alternativa. IBM —más concretamente, la IBM que se estaba viendo superada por las tácticas de Gates— adoptaría una estrategia en la que distintas empresas fabricaban el hardware del ordenador personal y su sistema operativo. En consecuencia, el software sería el rey y, excepto en el caso de Apple, la mayor parte del hardware se convertiría en una mera mercancía sustituible.

Dan Bricklin y VisiCalc

Para que los ordenadores personales fuesen útiles, y para que las personas pragmáticas pudiesen justificar su compra, tenían que dejar de ser meros juguetes y convertirse en herramientas. Incluso el Apple II podría haber sido una moda pasajera, una vez que disminuyó el entusiasmo de los aficionados a los ordenadores, si los usuarios no hubiesen podido utilizarlo para realizar alguna tarea práctica. Fue así como surgió la demanda de lo que se conocería como «software de aplicación», programas que permitían aplicar la capacidad de procesamiento de un ordenador personal a la resolución de una tarea concreta.

El pionero más influyente en este campo fue Dan Bricklin, que ideó el primer programa de hojas de cálculo financiero, VisiCalc.[83] Bricklin era un ingeniero informático del MIT que había pasado varios años desarrollando software de procesamiento de texto en Digital Equipment Corporation y que después se había inscrito en la Escuela de Negocios de Harvard. Estando en clase en la primavera de 1978, vio como el profesor dibujaba en la pizarra las filas y columnas de un modelo financiero. Cuando encontraba un error o quería modificar el valor de una celda, el profesor tenía que utilizar el borrador y cambiar los valores de muchas otras celdas.[84]

Bricklin había visto la demostración del oNLine System de Doug Engelbart, lanzado a la fama en la «Madre de Todas las Demostraciones», que incluía un monitor gráfico y un ratón con el que señalar y clicar. Bricklin empezó a imaginar una hoja de cálculo electrónica que haría uso del ratón mediante una interfaz sencilla basada en señalar, arrastrar y clicar. Ese verano, mientras montaba en bicicleta en Martha's Vineyard, decidió convertir la idea en un producto. Estaba bien preparado para hacerlo; era un ingeniero informático con el instinto de un jefe de producto, conocedor de lo que los usuarios podían querer. Sus padres eran emprendedores, y a él la idea de empezar un negocio le entusiasmaba. Además, le gustaba trabajar en equipo y sabía cómo encontrar a los socios adecuados. «Tenía la combinación precisa de experiencia y conocimiento para desarrollar software que satisficiera una necesidad que la gente tenía», observó.[85]

Así pues, se juntó con un amigo al que había conocido en el MIT, Bob Frankston, otro ingeniero informático cuyo padre era un emprendedor. «Nuestra capacidad para trabajar en equipo fue crucial», comentó Frankston. Aunque Bricklin podría haber escrito el programa él solo, lo que hizo fue diseñarlo y dejar que fuese Frankston quien lo desarrollase. «Eso le dio libertad para centrarse en lo que el programa debía hacer, no en cómo debía hacerlo», dijo Frankston sobre su colaboración.[86]

La primera decisión que tomaron consistió en desarrollar el programa para que pudiese ser utilizado en un ordenador personal en lugar de en uno profesional de DEC. Optaron por el Apple II porque la arquitectura que Wozniak había diseñado era lo suficientemente abierta y transparente como para que las funciones que necesitaban los desarrolladores fuesen fácilmente accesibles.

Crearon el prototipo en un fin de semana, utilizando un Apple II que habían tomado prestado de alguien que acabaría siendo en la práctica un tercer colaborador, Dan Fylstra. Fylstra se acababa de graduar por la Escuela de Negocios de Harvard y había lanzado una empresa de desarrollo de software especializada en juegos como el ajedrez, que dirigía desde su apartamento en Cambridge. Para que la industria del software se desarrollase en paralelo a la del hardware, era necesario que hubiese empresas capaces de promover y distribuir sus productos.

Puesto que tanto Bricklin como Frankston tenían olfato para los negocios y una idea intuitiva de lo que los consumidores querían, se centraron en hacer de VisiCalc un «producto», no solo un programa. Organizaron sesiones de discusión con sus amigos y profesores para asegurarse de que la interfaz fuera intuitiva y fácil de usar. «El objetivo era ofrecerle al usuario un modelo conceptual predecible —explicó Frankston—. Lo llamábamos el "principio de la mínima sorpresa". Éramos ilusionistas que estábamos sintetizando una experiencia.»[87]

Entre quienes contribuyeron a convertir VisiCalc en un fenómeno empresarial estaba Ben Rosen, que por aquel entonces era analista en Morgan Stanley; después transformaría su influyente boletín de noticias y sus conferencias en un negocio propio, y más tarde lanzaría una firma de capital riesgo en Manhattan. En mayo de 1979, Fylstra mostró una primera versión de VisiCalc en el Foro del Ordenador Personal organizado por Rosen en su Nueva Orleans natal. En su boletín, Rosen expresó su entusiasmo: «VisiCalc cobra vida visualmente. [...] En cuestión de minutos, personas que nunca han usado un ordenador están escribiendo y utilizando programas». Concluía con una predicción que se haría realidad: «VisiCalc podría convertirse algún día en la cola de software que mueve (y vende) al perro del ordenador personal».

VisiCalc catapultó al Apple II al triunfo, porque durante un año no hubo versiones para otros ordenadores personales. «Eso fue realmente lo que impulsó al Apple II hasta el éxito que alcanzó», diría más tarde Jobs.[88] Poco después llegaron los procesadores de textos, como Apple Writer y EasyWriter. Así pues, VisiCalc no solo impulsó el mercado de los ordenadores personales, sino que contribuyó a crear toda una nueva industria con ánimo de lucro, la de la publicación de aplicaciones informáticas privativas.

EL SISTEMA OPERATIVO DE IBM

Durante los años setenta, IBM dominó el mercado de los *mainframes* con su serie 360, pero se vio superada por DEC y Wang en el de los miniordenadores del tamaño de una nevera, y daba la impresión de que también podría quedarse rezagada en el de los ordenadores personales. «Que IBM sacase un ordenador personal sería como enseñar a un elefante a bailar claqué», afirmó un experto.[89]

Parecía que la alta dirección de la empresa estaba de acuerdo, así que se plantearon comprar licencias del ordenador doméstico Atari 800 y ponerle el sello de IBM. No obstante, cuando esta posibilidad se discutió en una reunión en julio de 1980, el director general ejecutivo de IBM, Frank Carey, la descartó. Por supuesto que la mayor empresa de ordenadores del mundo podría crear su propio ordenador personal, dijo. Parecía que para sacar adelante algo nuevo en la compañía, se quejó, hacía falta que trescientas personas trabajasen durante tres años.

Fue entonces cuando Bill Lowe, que era el director del laboratorio de desarrollo de IBM en Boca Ratón, Florida, abrió la boca. «No, señor, se equivoca —afirmó—. Podemos completar el proyecto en un año.»[90] Su atrevimiento le valió que le encomendaran la tarea de supervisar el proyecto (cuyo nombre en clave era «Acorn») para crear un ordenador personal de IBM.

El nuevo equipo de Lowe estaba dirigido por Don Estridge, que eligió a Jack Sams, un amable sureño que llevaba veinte años trabajando para IBM, para que se encargase de reunir el software necesario. Habida cuenta del plazo de entrega, Sams sabía que tendrían que comprar licencias de software de terceros en lugar de desarrollarlo dentro de la compañía. Así fue como, el 21 de julio de 1980, llamó a Bill Gates y solicitó reunirse con él inmediatamente. Cuando Gates lo invitó a que volase a Seattle la semana siguiente, Sams le contestó que ya iba camino del aeropuerto y que quería verlo al día siguiente. Gates se ilusionó al sentir que el pez gordo estaba deseoso de que lo atrapasen.

Unas pocas semanas antes, Gates había contratado a su compañero de residencia en Harvard, Steve Ballmer, como gerente de Microsoft, y le pidió que lo acompañara a la reunión con la gente de IBM. «Eres el único, aparte de mí, que puede llevar traje», señaló Gates.[91] Cuando llegó Sams, Gates también llevaba traje, aunque a duras penas lo rellenaba. «Vino un joven para conducirnos a la sala de reuniones, y yo pensé que era el chico de los recados», recordaba Sams, que vestía el traje azul con camisa blanca que era la marca de la casa en IBM. Pero tanto él como el resto de su equipo enseguida quedaron deslumbrados por la brillantez de Gates.

Inicialmente, la gente de IBM quería negociar la licencia del BASIC de Microsoft, pero Gates transformó la conversación en una intensa discusión sobre hacia dónde iba la tecnología. Al cabo de unas cuantas horas, estaban hablando de ceder bajo licencia todos los lenguajes de programación que Microsoft había producido o podía producir, incluidos Fortran y COBOL, además de BASIC. «Le dijimos a IBM: "Vale, podéis tener todo lo que desarrollamos", aunque aún no lo habíamos desarrollado», recordaba Gates.[92]

El equipo de IBM volvió unas semanas después. Además de estos lenguajes de programación, a la empresa le faltaba un componente esencial del software; necesitaba un sistema operativo, el programa que serviría de base para el resto de los programas. Un sistema operativo gestiona las instrucciones básicas que el resto del software utiliza, incluidas tareas como decidir dónde se deben almacenar los datos, cómo se deben asignar la memoria y la capacidad de procesamiento, y cómo interactúa el software de las aplicaciones con el hardware del ordenador.

Microsoft aún no producía sistemas operativos. Estaba utilizando uno, llamado CP/M (Control Program for Microcomputers, «Programa de Control para Microordenadores»), que era propiedad de Gary Kildall, un amigo de la infancia de Gates que se acababa de trasladar a Monterrey, California. Así pues, con Sams sentado en su despacho, Gates levantó el auricular y llamó a Kildall. «Te voy a mandar a unos tipos —dijo, explicándole lo que los ejecutivos de IBM buscaban—. Trátalos bien, son personas importantes.»[93]

Kildall no lo hizo. Gates se refirió más tarde al episodio como «el día en que Gary decidió salir a volar». En lugar de reunirse con la delegación de IBM, Kildall decidió pilotar su avión privado, cosa que le encantaba hacer, para asistir a una reunión que había concertado con anterioridad en San Francisco. Dejó que fuese su mujer quien recibiese a los cuatro hombres de traje oscuro del equipo de IBM en la pintoresca casa victoriana donde la empresa de Kildall tenía su sede. Cuando le presentaron un extenso acuerdo de confidencialidad, ella se negó a firmarlo. Tras una larga discusión, la gente de IBM se marchó airada de la reunión. «Sacamos nuestra carta, en la que le pedíamos que no le contase a nadie que estábamos allí y que no nos contase nada confidencial, y ella la leyó y dijo que no podía firmarla —recordaba Sams—. Pasamos el día entero en Pacific Grove debatiendo con ellos, con los abogados, los suyos y los nuestros, y con todo el mundo sobre si podía o no incluso hablar con nosotros sobre el hecho de estar hablando con nosotros, y después nos fuimos.» La pequeña empresa de Kildall acababa de dejar pasar la oportunidad de convertirse en el actor dominante en el mundo del software.[94]

Sams regresó a Seattle para entrevistarse con Gates y le pidió que encontrara otra manera de conseguir un sistema operativo. Por suerte, Paul Allen conocía a alguien en Seattle que les podría ayudar: Tim Paterson, que trabajaba en una pequeña empresa llamada Seattle Computer Electronics. Unos pocos meses antes, Paterson había experimentado la frustración de saber que el CP/M de Kildall no estaba disponible para los nuevos microprocesadores de Intel, lo que le llevó a crear una versión que denominó QDOS (Quick and Dirty Operating System, «Sistema Operativo para Salir del Paso»).[95]

Para entonces Gates ya era consciente de que un sistema operativo, muy probablemente el elegido por IBM, acabaría convirtiéndose en el estándar que usarían la mayoría de los ordenadores personales. También se dio cuenta de que el propietario de ese sistema operativo estaría en una posición privilegiada, así que, en lugar de enviar a la gente de IBM a ver a Paterson, Gates y su equipo dijeron que ellos se encargarían de todo. Ballmer lo recordaba así: «Simplemente le dijimos a IBM: "Vamos a conseguir un sistema operativo de una pequeña compañía local y nosotros mismos nos encargaremos de adaptarlo y arreglarlo"».

La empresa de Paterson atravesaba por dificultades económicas, lo que le permitió a Allen negociar con su amigo unas condiciones muy favorables. Después de haber adquirido inicialmente una licencia no exclusiva, Allen volvió a hablar con Paterson cuando el acuerdo con IBM parecía inminente y directamente le compró su software, sin explicarle por qué lo hacía. «Acabamos llegando a un acuerdo por el que le comprábamos el sistema operativo, para cualquier uso que quisiéramos darle, por cincuenta mil dólares», recordaba Allen.[96] Por esa miseria Microsoft adquirió el software que, una vez pulido, le permitiría dominar el sector durante más de tres décadas.

Aun así, Gates estuvo a punto de desistir. Sorprendentemente, le preocupaba que Microsoft, que estaba muy comprometido en otros proyectos muy por encima de su capacidad para atenderlos, no pudiese embellecer QDOS para convertirlo en un sistema operativo digno de IBM. Microsoft solo tenía cuarenta empleados de lo más variopinto, algunos de los cuales dormían en el suelo y se lavaban con una esponja por la mañana, y su líder era un joven de veinticuatro años al que aún había quien lo confundía con el chico de los recados. Un domingo a finales de septiembre de 1980, dos meses después de la primera llamada de IBM, Gates reunió a sus principales colaboradores para decidir si seguían adelante o no. Fue Kay Nishi, un joven emprendedor japonés cuya vehemencia rivalizaba con la de Gates, quien se mostró más inflexible. «¡Hay que hacerlo, hay que hacerlo!», chilló sin cesar mientras daba saltos por la habitación. Gates le dio la razón.[97]

Gates y Ballmer tomaron un vuelo nocturno a Boca Ratón para negociar el acuerdo. Sus ingresos en 1980 eran de 7,5 millones de dólares, comparados con los 30.000 millones de IBM, pero Gates buscaba un acuerdo que permitiera a Microsoft continuar siendo el propietario de un sistema operativo que IBM convertiría en un estándar mundial. En su trato con la compañía de Paterson, Microsoft había comprado

DOS en su totalidad, «para cualquier uso», en lugar de limitarse a pagar por una licencia. Esa fue una decisión inteligente, pero aún más lo fue la de no permitir que IBM obligase a Microsoft a llegar al mismo tipo de acuerdo.

Cuando aterrizaron en el aeropuerto de Miami, pasaron por los aseos para ponerse los trajes y Gates se dio cuenta de que había olvidado llevar una corbata. En una inesperada muestra de meticulosidad, insistió en que parasen en los grandes almacenes Burdines, de camino a Boca Ratón para comprar una. No tuvo todo el efecto deseado sobre los ejecutivos de IBM, impecablemente trajeados, que lo estaban esperando. Uno de los ingenieros informáticos recordaba que Gates parecía «un chaval que ha perseguido a alguien por la calle y le ha robado un traje que le queda demasiado grande. Llevaba el cuello de la camisa levantado y tenía aspecto de granuja. Pregunté: "¿Quién demonios es este?"».[98]

Pero cuando Gates empezó con la presentación, se olvidaron de su aspecto desaliñado. Asombró al equipo de IBM con su dominio de los detalles, tanto técnicos como jurídicos, y proyectó una confianza tranquilizadora cuando insistió en las condiciones. Era todo puro teatro. Cuando volvió a Seattle, Gates se metió en su despacho, se tumbó en el suelo y le expresó en voz alta a Ballmer todas sus dudas.

Después de un mes de tira y afloja, a principios de noviembre de 1980 alcanzaron un acuerdo de treinta y dos páginas. «Steve y yo nos sabíamos el contrato de memoria —comentó Gates—. No nos pagaron tanto. En total, unos 186.000 dólares.»[99] Al menos inicialmente. Sin embargo, el acuerdo contenía las dos cláusulas que Gates sabía que alterarían el equilibrio de poder en la industria de los ordenadores. La primera decía que la licencia de IBM para utilizar el sistema operativo, que se llamaría PC-DOS, no sería exclusiva. Gates podría ceder bajo licencia el mismo sistema operativo a otros fabricantes de ordenadores personales bajo el nombre de MS-DOS. La segunda permitía a Microsoft mantener el control del código fuente. Esto significaba que IBM no podría modificar ni transformar el software en algo privativo para sus máquinas. Solo Microsoft podría hacer cambios, y también podría ceder después bajo licencia cada nueva versión a cualquier compañía que quisiese. «Sabíamos que iban a aparecer clones del PC de IBM —contó

Gates—. Redactamos el contrato original para permitirlo. Para nosotros, era un aspecto clave de las negociaciones.»[100]

El acuerdo era similar al que Gates había firmado con MITS, que también le permitió retener el derecho de ceder la licencia del BASIC a otros fabricantes de ordenadores. Y esta estrategia permitió que el BASIC de Microsoft y, lo que es más importante, su sistema operativo se convirtieran en estándares de la industria, estándares controlados por Microsoft. «Nuestro eslogan había sido "Nosotros marcamos la norma" —recordó Gates riendo—. Pero cuando de hecho establecimos el estándar nuestro abogado especialista en legislación antimonopolios nos dijo que lo cambiásemos. Es uno de esos eslóganes que solo se pueden utilizar mientras no son ciertos.»*[101]

Gates se jactó ante su madre de la importancia del acuerdo con IBM, con la esperanza de que demostrase que había hecho bien al abandonar Harvard. Se daba la circunstancia de que Mary Gates coincidía en la junta directiva de United Way con el presidente de IBM, John Opel, que estaba a punto de relevar a Frank Cary como director general ejecutivo. Un día viajaba en el avión de Opel a una reunión de la junta y mencionó la conexión: «Mi hijo está trabajando en un proyecto con tu empresa». Le dio la impresión de que Opel no sabía qué era Microsoft. Cuando volvió, le advirtió a Bill: «Le mencioné a Opel tu proyecto, y que habías dejado la universidad y todo eso, y no sabe quién eres, así que quizá el proyecto no sea tan importante como tú crees». Unas semanas después, los ejecutivos de Boca Ratón viajaron a la sede central de IBM para poner a Opel al día de la situación. «Dependemos de Intel para el chip, y Sears y ComputerLand se encargarán de la distribución —explicó el líder del grupo—. Pero probablemente la dependencia más importante sea la que mantenemos respecto a una pequeña empresa de software de Seattle que dirige un tipo llamado Bill

---

* Los abogados tenían motivos para estar preocupados. Tiempo después, Microsoft se vio involucrado en un prolongado litigio por abuso de posición dominante promovido por el Departamento de Justicia, que acusó a la empresa de aprovechar indebidamente su privilegiada posición en el mercado de los sistemas operativos para promover su navegador web y otros productos. Ambas partes acabaron alcanzando un acuerdo por el que Microsoft se comprometió a modificar algunas de sus prácticas.

Gates.» A lo que Opel respondió: «Ah, ¿el hijo de Mary Gates? Es estupenda».[102]

Como Gates había predicho, crear todo el software para IBM no fue fácil, pero el variopinto grupo trabajó día y noche durante nueve meses para conseguirlo. Por una última vez, Gates y Allen volvieron a ser un equipo, y pasaron noches enteras sentados codo con codo, programando con la pasión compartida que habían mostrado en Lakeside y en Harvard. «El único encontronazo que tuvimos Paul y yo fue cuando él quiso ir a presenciar un lanzamiento del transbordador espacial y yo no, porque llevábamos retraso», contó Gates. Allen acabó yendo. «Era el primero. Y tomamos el avión de vuelta en cuanto terminó el lanzamiento. No nos ausentamos ni treinta y seis horas.»

Al escribir el sistema operativo, ambos contribuyeron a determinar el aspecto y el comportamiento del ordenador personal. «Paul y yo decidimos hasta el más nimio detalle del PC —explicó Gates—. La distribución del teclado, cómo funcionaba el puerto para casetes, el puerto de sonido o el de gráficos.»[103] Por desgracia, el resultado reflejaba el gusto peculiar de Gates para el diseño. Aparte de que obligó a todos los usuarios a aprender dónde estaba la tecla para la barra invertida, no había mucho que decir sobre unas interfaces hombre-máquina basadas en líneas de comandos como «c:\>» y en ficheros de nombres extraños, como AUTOEXEC.BAT o CONFIG.SYS.

Años más tarde, en un evento en Harvard, el inversor de capital riesgo David Rubenstein le preguntó a Gates por qué había tenido que imponerle al mundo la combinación de teclas Control+Alt+Delete como secuencia de arranque. «¿Por qué tengo que usar tres dedos cuando quiero arrancar mi software y mi ordenador? ¿A quién se le ocurrió esta idea?» Gates empezó a explicar que los diseñadores del teclado de IBM habían sido incapaces de ofrecer una manera sencilla de indicarle al hardware que arrancase el sistema operativo, pero se detuvo y sonrió avergonzado. «Fue un error», reconoció.[104] Los programadores obcecados a veces olvidan que la sencillez es el alma de la belleza.

El PC de IBM se presentó, con un precio inicial de 1.565 dólares, en el Waldorf Astoria de Nueva York en agosto de 1981. Gates y su equipo no fueron invitados al acto. «Lo más extraño de todo —señaló Gates— fue que, cuando solicitamos asistir al gran lanzamiento oficial, IBM nos dijo que no.»[105] Para IBM, Microsoft no era más que un proveedor.

Pero fue Gates quien rió el último. Gracias al acuerdo que habían alcanzado, Microsoft pudo convertir el PC de IBM y sus clones en mercancías intercambiables que solo podrían competir en precio y estaban abocadas a ínfimos márgenes de beneficio. En una entrevista aparecida en el primer número de la revista *PC*, unos pocos meses más tarde, Gates vaticinó que pronto todos los ordenadores personales utilizarían los mismos microprocesadores estándar. «En la práctica, el hardware será mucho menos interesante —dijo—. Todo el trabajo se concentrará en el software.»[106]

LA INTERFAZ GRÁFICA DE USUARIO

Steve Jobs y su equipo en Apple compraron el nuevo PC de IBM en cuanto salió. Querían ver qué estaba haciendo la competencia. La opinión unánime fue que, en palabras de Jobs, «era una mierda». No se trataba de un mero reflejo de la arrogancia instintiva de Jobs, sino también, en parte, de una reacción al hecho de que la máquina, con su antipática línea de comandos presidida por el «c:\>» y su diseño cuadrado, era aburrida. A Jobs ni se le pasó por la cabeza pensar que quizá los gestores encargados de la tecnología en las empresas no estuvieran buscando emociones en la oficina y que sabían que nadie discutiría su decisión si elegían una marca aburrida como IBM antes que otra intrépida como Apple. Se dio la circunstancia de que Bill Gates se encontraba en la sede de Apple para una reunión el día en que se anunció el PC de IBM. «No le prestaron atención —comentó—. Tardaron un año en darse cuenta de lo que había pasado.»[107]

A Jobs le motivaba la competencia, especialmente si pensaba que era una mierda. Se veía a sí mismo como un guerrero zen que combatía las fuerzas de la fealdad y la maldad. Hizo que Apple publicase un anuncio en el *Wall Street Journal*, que él ayudó a redactar. Su título: «Bienvenido, IBM. En serio».

Uno de los motivos de su desdén era que Jobs ya había visto el futuro y estaba empeñado en inventarlo. En sus visitas al Xerox PARC había presenciado la demostración de muchas de las ideas que habían desarrollado Alan Kay, Doug Engelbart y sus colegas, en particular la interfaz gráfica de usuario (GUI por sus siglas en inglés), que incorporaba la metáfora del escritorio, con ventanas, iconos y un ratón que servía como puntero. La creatividad del equipo del Xerox PARC, combinada con el diseño y la genialidad para el marketing de Jobs, harían de la GUI el siguiente gran avance para facilitar la interacción hombre-máquina que Bush, Licklider y Engelbart habían imaginado.

Las dos visitas más importantes de Jobs y su equipo al Xerox PARC tuvieron lugar en diciembre de 1979. Jef Raskin, un ingeniero de Apple que estaba diseñando un ordenador atractivo que acabaría siendo el Macintosh, ya había visto lo que Xerox estaba haciendo y quería convencer a Jobs de que le prestase atención. Pero había un problema: Jobs no soportaba a Raskin (la frase exacta que utilizó para referirse a él fue «un gilipollas mediocre»). Aun así, Jobs acabó haciendo la peregrinación. Había llegado a un acuerdo con Xerox por el que la gente de Apple podría estudiar la tecnología a cambio de permitir que Xerox hiciese una inversión millonaria en Apple.

Jobs no era desde luego la primera persona ajena a la compañía que veía lo que el Xerox PARC estaba haciendo. Sus investigadores habían llevado a cabo cientos de demostraciones para los visitantes, y ya habían distribuido más de mil unidades del Xerox Alto, el costoso ordenador desarrollado por Lampson, Thacker y Kay que incorporaba una interfaz gráfica de usuario y otras innovaciones surgidas del PARC. Pero sí que fue el primero en obsesionarse con la idea de integrar las ideas de Xerox en un ordenador personal sencillo y barato. Una vez más, la mayor innovación no provendría de la gente que había desarrollado la tecnología, sino de quienes le dieron una aplicación útil.

En la primera visita de Jobs, los ingenieros del Xerox PARC, con Adele Goldberg (que trabajaba para Alan Kay) a la cabeza, se mostraron muy reservados. No le enseñaron gran cosa a Jobs, pero este montó en cólera —«¡Vamos a dejarnos de gilipolleces!», gritó una y otra vez— y finalmente, a instancias de la alta dirección de Xerox, le ofrecieron una demostración más completa. Jobs daba saltos de emoción mientras sus ingenieros estudiaban cada píxel de la pantalla. «¡Esto es una mina de oro! —gritó—. No me puedo creer que Xerox no esté sacando provecho de ello.»

La demostración constaba de tres innovaciones importantes. La primera era Ethernet, el conjunto de tecnologías desarrolladas por Bob Metcalfe para crear redes de área local. Como Gates y otros pioneros de los ordenadores personales, Jobs no estaba muy interesado —desde luego, no tanto como habría debido estarlo— en las tecnologías de red. Su atención estaba centrada en la capacidad de los ordenadores para potenciar a las personas, y no tanto en el hecho de que facilitasen la colaboración. La segunda innovación era la programación orientada a objetos, que tampoco despertó el interés de Jobs, pues él no era un programador.

Lo que sí le llamó la atención fue la interfaz gráfica de usuario, que incorporaba la metáfora del escritorio y que era tan intuitiva y atractiva como un parque de juegos para niños. Tenía ingeniosos iconos para los documentos y las carpetas y otras cosas útiles, como una papelera y un cursor controlado con el ratón que hacía que resultase fácil clicar sobre ellos. No solo le encantó, sino que a Jobs se le ocurrieron maneras de mejorarlo, de hacerlo más sencillo y elegante.

La GUI fue posible gracias a la tecnología de los mapas de bits, otra innovación surgida del Xerox PARC. Hasta entonces, la mayoría de los ordenadores, incluido el Apple II, se limitaban a mostrar en pantalla números y letras, normalmente en un verde espantoso sobre fondo negro. Los mapas de bits permitieron que el ordenador controlase todos y cada uno de los píxeles de la pantalla (que los activase, los desactivase o les diese cualquier color), lo cual hizo posibles toda clase de maravillosas representaciones, tipografías, diseños y gráficos. Con su sensibilidad para el diseño, su familiaridad con las tipografías y su amor por la caligrafía, Jobs quedó deslumbrado por esta tecnología. «Fue como si me quitaran un velo de los ojos —recordaba—. Pude ver cómo sería el futuro de los ordenadores.»

Mientras Jobs conducía de vuelta a las oficinas de Apple en Cupertino, a una velocidad que habría impresionado incluso a Gates, le dijo a su colega Bill Atkinson que debían incorporar —y mejorar— la interfaz gráfica de Xerox en los futuros ordenadores de Apple, como el Lisa, que estaba a punto de salir al mercado, y el Macintosh. «¡Eso es! —gritó—. ¡Tenemos que hacerlo!» Era una manera de acercar los ordenadores a la gente.[108]

Más tarde, cuando lo acusaron de robar las ideas de Xerox, Jobs citó a Picasso: «Los buenos artistas copian, los más grandes roban». Y añadió: «Nosotros nunca nos hemos avergonzado de copiar grandes ideas». También dejó caer que Xerox no había sabido sacar partido de la suya. «Solo sabían pensar en términos de fotocopiadoras y no tenían ni idea de lo que podía hacer un ordenador —afirmó en referencia a la dirección de Xerox—. Solo supieron extraer una derrota de la mayor victoria de la industria de los ordenadores. Xerox podría haberse hecho con toda la industria.»[109]

De hecho, ninguna de estas explicaciones les hace justicia ni a Jobs ni a Apple. Como demuestra el caso de John Atanasoff, el olvidado inventor de Iowa, la concepción de la idea es solo el primer paso. Lo que importa realmente es la ejecución. Jobs y su equipo tomaron las ideas de Xerox, las mejoraron, las pusieron en práctica y las llevaron al mercado. Xerox podría haberlo hecho, y de hecho lo intentó, con una máquina llamada Xerox Star. Pero era aparatosa, poco agraciada y cara, y fracasó. El equipo de Apple simplificó el ratón hasta conseguir que tuviese un solo botón y le proporcionó la capacidad de mover documentos y otros elementos en la pantalla, permitió cambiar las extensiones de los ficheros con tan solo arrastrar un documento y «dejarlo caer» en una carpeta, inventó los menús desplegables y creó la ilusión de documentos que se apilaban o se superponían.

Apple lanzó el Lisa en enero de 1983 y, un año después, el Macintosh, que tuvo un éxito mayor. Cuando presentó el Mac, Jobs sabía que impulsaría la revolución de los ordenadores personales, porque se trataba de una máquina suficientemente atractiva como para que la gente quisiese llevársela a casa. En el espectacular acto de lanzamiento del producto, cruzó un escenario en penumbra y sacó el nuevo ordenador de una bolsa de tela. Empezó a sonar la música de *Carros de fuego* mientras la palabra «MACINTOSH» se desplazaba horizontalmente por la pantalla, seguida de la frase «¡Absolutamente genial!» en una tipografía elegante, como si alguien la estuviese escribiendo a mano lentamente. En el auditorio se vivió un momento de embelesado silencio, seguido de unos cuantos suspiros. La mayoría de los asistentes nunca habían visto, ni siquiera imaginado, algo tan espectacular. A continuación se sucedieron en la pantalla distintas tipografías, documentos, gráficos, dibujos, un juego de ajedrez, una hoja de cálculo y una imagen de Jobs de la que salía un bocadillo de diálogo que contenía un Macintosh. La ovación duró cinco minutos.[110]

El lanzamiento del Macintosh estuvo acompañado de un anuncio memorable, «1984», en el que unos policías autoritarios corrían tras una joven heroína que se disponía a lanzar un martillo contra una pantalla y destruir así al Gran Hermano. Era Jobs, el rebelde, hablándole a IBM. Y Apple llevaba ahora ventaja; había perfeccionado e incorporado con éxito una interfaz gráfica de usuario, el nuevo gran avance en la interacción humano-máquina, mientras que IBM y el proveedor de su sistema operativo, Microsoft, seguían utilizando rudas líneas de comando con el dichoso «c:\>».

WINDOWS

A principios de la década de 1980, antes de la introducción del Macintosh, Microsoft mantenía una buena relación con Apple. De hecho, el día en que IBM lanzó su PC, en agosto de 1981, Gates estaba visitando a Jobs en Apple, algo que sucedía con cierta frecuencia, pues Microsoft obtenía la mayor parte de sus ingresos desarrollando software para el Apple II. Gates era aún la parte débil de la relación. En 1981, Apple obtuvo unos ingresos de 334 millones de dólares, mientras que Microsoft solo ganó 15 millones. Jobs quería que Microsoft escribiese nuevas versiones de su software para el Macintosh, que aún era un proyecto de desarrollo secreto. En la reunión de agosto de 1981 compartió sus planes con Gates.

Gates pensó que la idea del Macintosh —un ordenador asequible para las masas con una sencilla interfaz gráfica de usuario— era, en sus propias palabras, «una pasada». Gates estaba dispuesto a que Microsoft escribiese aplicaciones de software para él —de hecho, lo estaba deseando—, así que invitó a Jobs a ir a Seattle. En la presentación ante los ingenieros de Microsoft, Jobs mostró su faceta más carismática. Tomándose una pequeña licencia metafórica, expuso su visión de una factoría en California que a partir de arena, la materia prima del silicio, produciría un «electrodoméstico de la información» tan sencillo que no necesitaría manual. La gente de Microsoft le puso al proyecto el nombre en clave de «Sand» («arena» en inglés), e incluso idearon un nombre a partir del acrónimo, Steve's Amazing New Device («El Nuevo y Asombroso Dispositivo de Steve»).[111]

Había algo respecto a Microsoft que a Jobs le preocupaba mucho: no quería que copiasen la interfaz gráfica de usuario. Gracias a su intuición sobre lo que cautivaría al consumidor medio, sabía que la metáfora del escritorio con navegación basada en la idea de apuntar y clicar sería, si se hacía bien, el avance que convertiría los ordenadores en algo verdaderamente personal. En una conferencia sobre diseño celebrada en Aspen en 1981, se extendió con elocuencia sobre lo atractivas que podrían ser las pantallas si utilizasen «metáforas que la gente ya entiende, como la de los documentos en un escritorio». En cierta medida, el temor de que Gates le robase la idea resultaba irónico, pues el propio Jobs le había birlado el concepto a Xerox. Pero, según los esquemas mentales de Jobs, él había llegado a un acuerdo comercial para hacerse con los derechos de la idea de Xerox. Además, la había mejorado.

Así pues, Jobs introdujo en su contrato con Microsoft una cláusula que pensaba que le otorgaría a Apple al menos un año de ventaja en el terreno de las interfaces gráficas de usuario. Establecía que, durante un cierto período de tiempo, Microsoft no produciría para ninguna empresa distinta de Apple software que «utilice un ratón o una *trackball*», o que tuviese una interfaz gráfica basada en la idea de apuntar y clicar. Pero a Jobs su campo de distorsión de la realidad le jugó una mala pasada. Estaba tan empeñado en sacar al mercado el Macintosh antes de que terminase el año 1982 que se convenció a sí mismo de que sería así, y accedió a que la prohibición durase hasta finales de 1983. Finalmente, el Macintosh no fue distribuido hasta enero de 1984.

En septiembre de 1981, Microsoft empezó a diseñar en secreto un nuevo sistema operativo, que sustituiría al DOS, basado en la metáfora del escritorio y con ventanas, iconos, ratón y puntero. Contrató, procedente del Xerox PARC, a Charles Simonyi, un ingeniero informático que había trabajado con Alan Kay en la creación de los programas gráficos para el Xerox Alto. En febrero de 1982, el *Seattle Times* publicó una fotografía de Gates y Allen en la que, como el lector atento habrá notado, aparece al fondo una pizarra con unos cuantos dibujos y las palabras «Window manager» («gestor de ventana») en la parte superior. Ese verano, cuando Jobs empezaba a aceptar que la fecha de lanzamiento del Macintosh se retrasaría al menos hasta finales de 1983, se volvió paranoico. Sus miedos se vieron acrecentados cuando Andy Hertzfeld, un ingeniero de Apple muy amigo suyo, le informó de que su contacto en Microsoft había empezado a hacer preguntas detalladas sobre cómo poner en práctica la técnica del mapa de bits. «Le dije a Steve que sospechaba que Microsoft iba a clonar el Mac», recordaba Hertzfeld.[112]

Los temores de Jobs se materializaron en noviembre de 1983, dos meses antes del lanzamiento del Macintosh, cuando Gates convocó una rueda de prensa en el hotel Palace de Manhattan. Anunció que Microsoft estaba desarrollando un nuevo sistema operativo que estaría disponible para los PC de IBM y sus clones, y que incorporaría una interfaz gráfica de usuario. Se llamaría Windows.

Gates tenía derecho a hacerlo. El restrictivo acuerdo que había firmado con Apple expiraba a finales de 1983, y Microsoft no tenía pensado poner a la venta Windows hasta después de esa fecha. (Al final, Microsoft tardó tanto en completar incluso una chapucera versión 1.0 que Windows no salió a la venta hasta noviembre de 1985.) Aun así, Jobs estaba furioso, lo que no era un espectáculo agradable. «Traedme a Gates inmediatamente», le ordenó a uno de sus directivos. Gates se presentó ante Jobs, pero sin dejarse intimidar. «Me convocó para echarme la bronca —recordaba Gates—. Fui a Cupertino e hice el paripé. Le dije: "Estamos desarrollando Windows". Y añadí: "Estamos apostando nuestra compañía a la interfaz gráfica".» En una sala repleta de asombrados empleados de Apple, Jobs respondió gritando: «¡Nos estáis estafando! ¡Confié en vosotros y ahora nos estáis robando!».[113] Gates tenía la costumbre de tranquilizarse y mantener la calma cada vez que a Jobs le daba un arrebato. Cuando Jobs finalizó su diatriba, Gates lo miró y, con su voz aguda, le respondió con una frase que pasaría a la historia de las réplicas: «Bueno, Steve, me parece que hay más de una forma de verlo. Yo diría más bien que es como si ambos tuviésemos un vecino rico llamado Xerox y, cuando yo me colé en su casa para robar el televisor, descubrí que ya te lo habías llevado tú».[114]

El enfado y el resentimiento le duraron a Jobs toda la vida. «Nos estafaron por completo, porque Gates no tiene vergüenza», dijo casi treinta años después, poco antes de morir. Cuando oyó estas palabras, Gates respondió: «Si eso es lo que piensa, entonces es que ha entrado realmente en uno de sus campos de distorsión de la realidad».[115]

Los tribunales dictaminaron que, desde un punto de vista jurídico, Gates había actuado correctamente. Un fallo del tribunal federal de apelaciones señaló que «las GUI fueron desarrolladas como una manera sencilla de que los simples mortales se comunicaran con el ordenador de Apple [...] basándose en la metáfora de un escritorio con ventanas, iconos y menús desplegables que se pueden modificar en la pantalla con un dispositivo de mano llamado ratón». Pero dictaminó que «Apple no puede obtener la protección propia de una patente para la idea de la interfaz gráfica de usuario, o para la de la metáfora del escritorio». Proteger una innovación relativa al aspecto y al comportamiento de los programas era casi imposible.

Al margen de los detalles jurídicos, Jobs tenía motivos para estar indignado. Apple había sido más innovadora, imaginativa, elegante en la ejecución y brillante en el diseño. La GUI de Microsoft era chapucera, con ventanas apiladas que no podían superponerse y gráficos que parecían diseñados por borrachos en un sótano de Siberia.

Sin embargo, Windows logró abrirse camino hasta alcanzar una posición de dominio, no porque su diseño fuese mejor sino porque su modelo de negocio era mejor. La cuota de mercado del Windows de Microsoft llegó al 80 por ciento en 1990 y siguió aumentando hasta alcanzar el 95 por ciento en 2000. Para Jobs, el éxito de Microsoft representaba un defecto estético en el funcionamiento del universo. «El único problema con Microsoft es que carecen de gusto, no tienen ningún gusto en absoluto —dijo tiempo después—. No lo digo en un sentido restringido, sino en uno muy amplio; no tienen ideas originales y su producto no aporta gran cosa culturalmente.»[116]

La razón principal del éxito de Microsoft fue que estaba encantado de vender bajo licencia su sistema operativo a cualquier fabricante de hardware. Apple, por el contrario, optó por una estrategia de integración. Su hardware solo se vendía con su software, y viceversa. Jobs era un artista, un perfeccionista, y por lo tanto un obseso del control que quería dirigir la experiencia del usuario de principio a fin. La estrategia de Apple dio lugar a productos más hermosos, a un mayor margen de beneficios y a una experiencia de usuario más sublime. La estrategia de Microsoft condujo a una mayor variedad de hardware. Y también resultó ser un camino más directo para ganar cuota de mercado.

RICHARD STALLMAN, LINUS TORVALDS Y LOS MOVIMIENTOS DEL SOFTWARE LIBRE Y DE CÓDIGO ABIERTO

A finales de 1983, mientras Jobs se preparaba para desvelar el Macintosh y Gates anunciaba Windows, apareció otra estrategia de creación de software. Estaba impulsada por uno de los fanáticos miembros del Laboratorio de Inteligencia Artificial y del Tech Model Railroad Club del MIT, Richard Stallman, un hacker poseído por la verdad con aspecto de profeta del Antiguo Testamento. Su fervor moral era aún mayor que el de los miembros del Homebrew Computer Club que copiaban las cintas del BASIC de Microsoft, y creía que el software debía crearse de manera colectiva y compartirse libremente.[117]

A primera vista, esta no parecía una estrategia que fuese a proporcionar incentivos para que la gente produjera software de calidad. No fue la alegría de compartir lo que motivó a Gates, Jobs y Bricklin. Pero, gracias a la ética de colaboración comunitaria que impregnaba la cultura hacker, los movimientos del software libre y de código abierto llegaron a ser fuerzas poderosas.

Nacido en 1953, Richard Stallman mostró un intenso interés por las matemáticas durante su infancia en Manhattan, y aprendió cálculo por su cuenta siendo muy joven. «Las matemáticas tienen algo en común con la poesía —dijo tiempo después—. Están formadas por relaciones verdaderas, pasos verdaderos, deducciones verdaderas, y eso hace que sean hermosas.» A diferencia de sus compañeros de clase, sentía una profunda aversión por la competición. Cuando, en secundaria, un profesor dividió a los alumnos en dos grupos para un concurso, Stallman se negó a responder a ninguna de las preguntas. «Me rebelaba contra la idea de competir —explicó—. Veía que me estaban manipulando y que mis compañeros estaban siendo víctimas de esa manipulación. Todos querían vencer a otra gente, que eran tan amigos suyos como los integrantes de su equipo. Empezaron a exigir que respondiese a las preguntas para que pudiésemos ganar, pero aguanté la presión porque no tenía ninguna preferencia por equipo alguno.»[118]

Stallman estudió en Harvard, donde llegó a ser una leyenda incluso entre los genios de las matemáticas, y durante los veranos y después de graduarse trabajó en el Laboratorio de Inteligencia Artificial del MIT, en Cambridge, a dos paradas de metro de distancia. Allí, contribuyó a la maqueta de la vía del tren en el Tech Model Railroad Club, escribió un simulador del PDP-11 que se ejecutaba en el PDP-10 y se enamoró de la cultura de la colaboración. «Entré a formar parte de la comunidad que compartía software, que tenía una larga tradición —recordaba—. Cada vez que alguien de otra universidad o de una empresa quería migrar y utilizar un programa, se lo permitíamos gustosamente. Siempre podíamos pedir que nos dejasen ver el código fuente.»[119]

Como buen hacker, Stallman se oponía a las restricciones y a las puertas cerradas. Con sus compañeros, ideó varias maneras de colarse en las oficinas donde estaban los terminales prohibidos. Su especialidad era hacerlo a través de los falsos techos, desplazando una baldosa y descolgando una larga tira de cinta magnética con pedazos de cinta adhesiva en la punta para abrir los pomos de las puertas. Cuando el MIT implantó una base de datos de los usuarios y un sistema de contraseñas seguras, Stallman se opuso y conminó a sus colegas a que hicieran lo mismo. «Pensé que era asqueroso, así que no rellené el formulario y creé un usuario sin contraseña.» En un momento dado, un profesor le advirtió de que la universidad podría borrar su directorio de ficheros. Eso no sería bueno para nadie, respondió Stallman, porque algunos de los recursos del sistema estaban en su directorio.[120]

Desgraciadamente para él, la camaradería entre hackers que existía en el MIT empezó a desvanecerse a principios de la década de 1980. El laboratorio compró un nuevo ordenador de tiempo compartido con un sistema de software que era privativo. «Teníamos que firmar un acuerdo de confidencialidad hasta para obtener una copia ejecutable —se lamentó Stallman—. Eso significaba que el primer paso para poder utilizar un ordenador consistía en prometer que no ayudarías a tu vecino. Se impedía la creación de una comunidad basada en la cooperación.»[121]

En lugar de rebelarse, muchos de sus colegas entraron a trabajar en empresas de software, incluida una surgida del laboratorio del MIT llamada Symbolics, donde ganaron mucho dinero a base de no compartir libremente. Stallman, que en ocasiones dormía en su despacho y parecía que compraba la ropa en una tienda de segunda mano, no compartía su ánimo de lucro y los consideraba unos traidores. La gota que colmó el vaso llegó cuando Xerox donó una nueva impresora láser y Stallman quiso incluir un truco de software que permitiese avisar a los usuarios de la red cuando el aparato se atascase. Le pidió a alguien que le proporcionase el código fuente de la impresora, pero denegaron su solicitud aduciendo que había firmado un acuerdo de confidencialidad. Stallman estaba moralmente indignado.

Todos estos acontecimientos convirtieron aún más a Stallman en un Jeremías que llamaba a rebelarse contra la idolatría y daba sermones propios del Libro de las Lamentaciones. «Alguna gente me compara con un profeta del Antiguo Testamento, y la razón es que dichos profetas proclamaban que algunas prácticas sociales eran erróneas —afirmó—. Cuando se trataba de asuntos morales, eran intransigentes.»[122] Como Stallman. El software privativo era «malo», dijo, porque «obligaba a la gente a comprometerse a no compartirlo, y eso daba lugar a una sociedad fea». La manera de resistir y derrotar a las fuerzas del mal, decidió, consistía en crear software libre.

Así que en 1982, asqueado por el egoísmo que parecía impregnar a la sociedad de la era Reagan y a los emprendedores del software, Stallman se embarcó en la misión de crear un sistema operativo que fuese libre y completamente no privativo. Para evitar que el MIT reivindicase algún derecho sobre su software, dejó su trabajo en el Laboratorio de Inteligencia Artificial, aunque la benevolencia de su jefe le permitió quedarse con una llave y seguir utilizando los recursos del laboratorio. El sistema operativo que Stallman decidió crear sería parecido y compatible con UNIX, que había sido desarrollado en los Laboratorios Bell en 1971 y era el habitual en la mayoría de las universidades y entre los hackers. Con sutil humor de programador, Stallman usó como nombre para su nuevo sistema operativo un acrónimo recursivo, GNU, que significaba «GNU's Not UNIX» («GNU no es UNIX»).

En el número de marzo de 1985 de *Dr. Dobb's Journal*, una publicación surgida del Homebrew Computer Club y de *People's Computer Company*, Stallman difundió un manifiesto. «Considero que la Regla de Oro me exige que si me gusta un programa lo debo compartir con otras personas a quienes también les guste. Los vendedores de software quieren dividir a los usuarios y dominarlos para llevarlos a aceptar no compartir su software con los demás. Me niego a romper la solidaridad con otros usuarios de esta manera. […] Una vez que GNU esté terminado, todo el mundo podrá obtener un buen sistema de software tan libre como el aire.»[123]

El movimiento del software libre de Stallman tenía un nombre ambiguo.* Su objetivo no era conseguir que todo el software se obtuviese a precio cero, sino que estuviese libre de cualquier restricción. «Cuando decimos que el software es "libre", nos referimos a que respeta las libertades esenciales del usuario: la libertad de utilizarlo, ejecutarlo, estudiarlo y modificarlo, y de distribuir copias con o sin modificaciones —tenía que explicar una y otra vez—. Es una cuestión de libertad y no de precio; por lo tanto, piense en "libertad de expresión" y no en "barra libre".»

Para Stallman, el movimiento del software libre no era simplemente una manera de desarrollar software en comunidad, sino un imperativo moral para crear una sociedad buena. Los principios que promovía eran, según él, «esenciales no solamente para el bien del usuario individual sino para la sociedad entera, porque promueven la solidaridad social: compartir y cooperar».[124]

Para consagrar y certificar su credo, Stallman ideó la GNU General Public License («Licencia Pública General de GNU») y también el concepto, que le propuso un amigo, del *copyleft*, la cara opuesta del *copyright*. La esencia de la Licencia Pública General, decía Stallman, es que da «a todo el mundo permiso para ejecutar el programa, copiar el pro-

---

* La expresión en inglés para el software libre es «free software». La ambigüedad a la que alude el autor se debe a que *free* puede significar tanto «libre» como «gratuito». Por lo tanto, el problema no existe en castellano. *(N. del T.)*

grama, modificar el programa y distribuir versiones modificadas, pero no permiso para añadir restricciones adicionales».[125]

Él mismo escribió los primeros componentes del sistema GNU, incluidos un editor de texto, un compilador y muchas otras herramientas. No obstante, resultó cada vez más evidente que faltaba un elemento clave. «¿Qué hay del kernel?», le preguntó la revista *Byte* en una entrevista de 1986. El kernel es el módulo central de un sistema operativo, y gestiona las peticiones de los programas y las transforma en instrucciones para la unidad central de procesamiento del ordenador. «Estoy terminando el compilador antes de ponerme a trabajar en el kernel —respondió Stallman—. También voy a tener que reescribir el sistema de archivos.»[126]

Por toda una serie de razones, no consiguió completar el núcleo de GNU. Entonces, en 1991, apareció uno que no era obra de Stallman y su Free Software Foundation, sino que procedía de una fuente de lo más inesperado: Linus Torvalds, un finlandés de veintiún años, de aspecto juvenil y dientes prominentes, que se expresaba en sueco y estudiaba en la Universidad de Helsinki.

El padre de Linus Torvalds era miembro del Partido Comunista y periodista de un canal de televisión, y su madre, una estudiante radical que después se dedicó al periodismo gráfico, pero a él, durante su infancia en Helsinki, le interesaba más la tecnología que la política.[127] Se describió a sí mismo como «bueno en matemáticas y en física, y desprovisto por completo de habilidades sociales, y eso antes de que ser un nerd se considerase algo bueno».[128] Especialmente en Finlandia.

Cuando Torvalds tenía once años, su abuelo, que era profesor de estadística, le regaló un Commodore Vic 20 de segunda mano, uno de los primeros ordenadores personales. Torvalds empezó a escribir sus propios programas en BASIC, incluido uno que hacía las delicias de su hermana pequeña al escribir una y otra vez «Sara es la mejor». «Una de mis mayores alegrías —contó— fue aprender que los ordenadores son como las matemáticas; podemos crear nuestro propio mundo, con sus propias reglas.»

Torvalds se resistió a la presión de su padre para que jugase al baloncesto y se centró en aprender a escribir programas en lenguaje máquina, el código de instrucciones numéricas que son ejecutadas directamente por la unidad central de procesamiento del ordenador, lo que le permitió experimentar la sensación de estar «en contacto íntimo con una máquina». Después se sintió afortunado por haber aprendido lenguaje ensamblador y código máquina en un dispositivo muy elemental. «Los ordenadores eran mejores para los chavales cuando eran menos sofisticados, cuando jovenzuelos tontitos como yo podían juguetear con sus entrañas.»[129] Como sucedió con los motores de los coches, cada vez fue siendo más difícil desmontar y volver a montar un ordenador.

Después de inscribirse en la Universidad de Helsinki en 1988, y tras un año de servicio militar, Torvalds compró un clon de IBM con un procesador Intel 386. Poco impresionado con su MS-DOS, obra de Gates y compañía, decidió instalar UNIX, al que se había aficionado al usarlo en los *mainframes* de la universidad. Pero una copia de UNIX costaba 5.000 dólares, y no estaba configurado para ser ejecutado en un ordenador doméstico. Torvalds se propuso remediarlo.

Leyó un libro sobre sistemas operativos escrito por un profesor de informática de Amsterdam, Andrew Tanenbaum, que había desarrollado MINIX, un pequeño clon de UNIX con fines educativos. Torvalds decidió que sustituiría el MS-DOS por MINIX en su nuevo PC y pagó los 169 dólares de la licencia («me pareció exorbitante»), instaló los dieciséis disquetes, y empezó a modificar y complementar MINIX para adaptarlo a sus gustos.

Lo primero que añadió fue un programa de emulación de terminales para poder conectarse por teléfono al *mainframe* de la universidad. Lo escribió desde cero en lenguaje ensamblador, «en contacto directo con el hardware», para no tener que depender de MINIX. En los últimos días de la primavera de 1991, se encerró para programar justo cuando el sol reaparecía en el cielo tras su hibernación. Todo el mundo volvía a salir a la calle, menos él. «Me pasaba casi todo el día en bata, volcado sobre mi ordenador, tras gruesas persianas oscuras que me protegían de la luz del sol.»

Una vez que tuvo en marcha un rudimentario emulador de terminal, quiso poder descargar y subir ficheros, así que construyó un controlador de disco y un controlador del sistema de archivos. «Al hacerlo, me di cuenta de que el proyecto se estaba transformando en un sistema operativo», recordaba. Dicho de otro modo, se estaba embarcando en el desarrollo de un paquete de software que podría servir como núcleo de un sistema operativo similar a UNIX. «En un momento dado estoy vestido con mi bata raída, concentrado en programar un emulador de terminal y añadiéndole funciones adicionales, y al momento siguiente me doy cuenta de que está acumulando tantas funciones que se ha convertido en un nuevo sistema operativo en ciernes.» Determinó cuáles eran los cientos de «llamadas al sistema» de UNIX para hacer que el ordenador llevase a cabo operaciones básicas como «abrir», «cerrar», «leer» y «escribir», y escribió programas para ejecutarlas a su manera. Aún vivía en casa de su madre y se peleaba a menudo con su hermana Sara, que tenía una vida social normal, porque su módem acaparaba la línea de teléfono. «Nadie podía llamarnos», se quejó Sara.[130]

En un principio, Torvalds pensó llamar a su software «Freax», para que remitiese a *free* («libre»), *freaks* y «UNIX». Pero a la persona que gestionaba el sitio FTP que Linus estaba usando no le gustaba el nombre, así que Torvalds optó por llamarlo «Linux», que él pronunciaba de manera similar a su propio nombre.[131] «Nunca quise usar ese, porque me parecía un poco demasiado narcisista», explicó. Pero después reconoció que en parte su ego disfrutaba del reconocimiento tras tantos años viviendo en el cuerpo de un nerd solitario, y que se alegraba de haber elegido ese nombre.[132]

A comienzos del otoño de 1991, cuando en Helsinki el sol empezaba a desaparecer de nuevo, Torvalds reapareció con la *shell* (el intérprete de comandos) de su sistema, que constaba de diez mil líneas de código.* En lugar de tratar de vender su creación, decidió ofrecerla públicamente. Poco tiempo antes, había asistido con un amigo a una conferencia de Stallman, que recorría todo el mundo predicando la doctrina del software libre. A Torvalds esa religión no acababa de convencerle, y no adoptó su dogma. «Creo que no tuvo demasiado efecto en mi vida por aquel entonces. Me interesaba la tecnología, no la polí-

---

* En 2009, la versión Debian 5.0 de GNU/Linux tenía 324 millones de líneas de código fuente, y un estudio estimó que su desarrollo habría costado 8.000 millones de dólares si se hubiesen empleado para ello medios convencionales (<http://gsyc.es/~frivas/paper.pdf>).

SOFTWARE

tica. Ya tenía bastante política en casa.»[133] Pero sí que vio las ventajas prácticas de la estrategia abierta. Más por instinto que por convicción filosófica, sentía que Linux debería compartirse libremente, con la esperanza de que algunos de sus usuarios pudiesen ayudar a mejorarlo.

El 5 de octubre de 1991, publicó un atrevido mensaje en el tablón del grupo de noticias de MINIX. «¿Echáis de menos los días de minix-1.1, cuando los hombres eran hombres de verdad y escribían sus propios controladores de dispositivos? —empezaba diciendo—. Estoy trabajando en una versión libre de un clon de minix para ordenadores AT-386. Por fin ha llegado a la fase en que es utilizable (aunque quizá no lo sea para vosotros, depende de lo que busquéis), y estoy dispuesto a publicar el código fuente para que se difunda más.»[134]

«No me costó mucho tomar la decisión de publicarlo —recordaba—. Era lo que estaba acostumbrado a hacer para intercambiar programas.» En el mundo de los ordenadores, existía (y aún existe) una potente cultura basada en el *shareware*, en virtud de la cual la gente mandaba unos cuantos dólares al autor de un programa que se habían descargado. «Recibía correos electrónicos de personas que me preguntaban si me gustaría que me mandasen treinta dólares o así», explicó Torvalds. Había acumulado 5.000 dólares de deuda para pagarse los estudios, y aún estaba pagando 50 dólares al mes del préstamo que había pedido para comprarse su ordenador. Pero en lugar de buscar las donaciones, pidió que le enviasen postales, y empezaron a llegarle montones de ellas de gente de todo el mundo que estaba usando Linux. «Normalmente, era Sara la que recogía el correo, y de pronto se quedó asombrada de que su peleón hermano mayor recibiera cartas de nuevos amigos desde sitios tan remotos —recordaba Torvalds—. Fue el primer indicio de que podría estar haciendo algo tal vez útil durante todas esas horas en que tenía la línea de teléfono ocupada.»

Como explicó después, la decisión de Torvalds de renunciar a los pagos se debió a varios motivos, incluido el de estar a la altura de sus antepasados:

Sentí que estaba siguiendo los pasos de siglos de científicos y académicos que habían erigido su obra sobre los cimientos que otros habían puesto. [...] También quería recibir reacciones (y, por qué no reconocerlo, elogios). No tenía sentido cobrarle a la gente que quizá podría ayudarme a mejorar mi trabajo. Supongo que lo habría enfocado de otra manera si no hubiese crecido en Finlandia, donde a cualquiera que dé la más mínima muestra de codicia se le mira con desconfianza. Y, sí, sin duda habría enfocado el tema del dinero de una manera muy distinta si no hubiese crecido bajo la influencia de un abuelo académico y de un padre de fuertes convicciones comunistas.

«La codicia nunca es buena», afirmó Torvalds. Su enfoque lo convirtió en un héroe popular, digno de ser venerado en conferencias y portadas de revistas como el anti-Gates. De modo entrañable, tenía la suficiente autoconciencia para saber que disfrutaba de las alabanzas y que eso lo convertía en una persona algo más narcisista de lo que sus admiradores imaginaban. «Nunca he sido el tecnohippy desinteresado y carente de ego que la prensa despistada se empeña en creer que soy», reconoció.[135]

Torvalds decidió utilizar la Licencia Pública General de GNU no porque compartiese completamente la ideología basada en el libre intercambio de Stallman (o, de hecho, de sus propios padres), sino porque pensaba que permitir que los hackers de todo el mundo tuviesen acceso al código fuente podría dar lugar a un proyecto abierto y colectivo que crearía un software verdaderamente impresionante. «Mis motivos para poner Linux a disposición de todo el mundo eran bastante egoístas —dijo—. Quería evitarme el quebradero de cabeza de tratar de desarrollar las partes del sistema operativo que me parecían trabajo basura. Quería ayuda.»[136]

Su olfato no le engañó. La publicación del kernel de Linux dio pie a un tsunami de colaboraciones voluntarias que se convirtió en el modelo para la producción comunitaria que propulsó la innovación en la era digital.[137] En el otoño de 1992, un año después de su lanzamiento, el grupo de noticias de Linux en internet tenía decenas de miles de usuarios. Los colaboradores desinteresados aportaron mejoras, como una interfaz gráfica similar a la de Windows y herramientas para facilitar la conexión en red con otros ordenadores. Cada vez que surgía un error, aparecía alguien en algún lugar para solucionarlo. En su libro *The Cathedral and the Bazaar*, Eric Raymond, uno de los teóricos fundamentales del movimiento del software abierto, expuso lo que bautizó como la «ley de Linus»: «Si hay muchos ojos mirando, no hay error que se escape».[138]

El intercambio entre iguales y la colaboración organizada alrededor de los bienes comunes no eran nada nuevo. Ha surgido todo un campo de la biología evolutiva alrededor de la cuestión de por qué los humanos, y los miembros de algunas otras especies, cooperan de maneras en apariencia altruistas. La tradición de formar asociaciones de voluntarios, presente en todas las sociedades, era especialmente intensa en el Estados Unidos de los primeros tiempos, como queda de manifiesto en distintos proyectos que van desde las sesiones comunitarias de costura para confeccionar colchas a la construcción en equipo de graneros. «En ningún país del mundo se ha aplicado con mayor éxito, o con mayor generosidad, que en Estados Unidos el principio de asociación a multitud de objetivos diversos», escribió Alexis de Tocqueville.[139] Benjamin Franklin, en su *Autobiografía*, expuso todo un credo cívico, bajo el lema «Hacer aportaciones al bien común es algo divino», para explicar su apoyo a la formación de asociaciones de voluntarios con el fin de crear un hospital, una milicia, un cuerpo de barrenderos, una brigada de bomberos, una biblioteca, una patrulla de vigilancia nocturna y muchos otros esfuerzos comunitarios.

El cuerpo de hackers que surgió alrededor de GNU y Linux demostró que los incentivos emocionales, más allá de la recompensa económica, pueden ser motivación suficiente para la colaboración voluntaria. «El dinero no es la mayor de las motivaciones —afirmó Torvalds—. Las personas trabajan mejor cuando las mueve la pasión, cuando se están divirtiendo. Esto es tan cierto para los dramaturgos, escultores y emprendedores como lo es para los ingenieros informáticos.» Hay en juego también, tanto si se quiere como si no, algo de interés propio. «A los hackers también los motiva, en parte, el reconocimiento que pueden conseguir por parte de sus colegas si hacen contribuciones sólidas. [...] Todo el mundo quiere impresionar a sus colegas, mejorar su reputación, elevar su estatus social. El desarrollo de código abierto les da a los programadores la oportunidad de hacerlo.»

La «Carta abierta a los aficionados a los ordenadores» de Gates, en la que se quejaba de la distribución no autorizada del BASIC de Microsoft, preguntaba en forma de reproche: «¿Quién se puede permitir realizar un trabajo profesional a cambio de nada?». A Torvalds esta manera de ver las cosas le parecía extraña. Gates y él procedían de culturas muy diferentes; el mundo académico radical, con tintes comunistas, de Helsinki, frente a la élite empresarial de Seattle. Puede que Gates acabase teniendo una casa más grande, pero Torvalds se ganó la adulación de los grupos alternativos. «A los periodistas parecía encantarles el hecho de que, mientras que Gates vivía en una mansión de alta tecnología junto a un lago, yo me tropezaba con los juguetes de mi hija en una casa de tres habitaciones con problemas de tuberías ubicada en la aburrida Santa Bárbara —dijo con una conciencia clara e irónica de la situación—. Y que yo conducía un aburrido Pontiac. Y que respondía yo mismo al teléfono. ¿Quién no me iba a querer?»

Torvalds fue capaz de dominar el arte, propio de la era digital, de ser aceptado como líder de un enorme proyecto colectivo, descentralizado y no jerárquico, algo que Jimmy Wales estaba también haciendo aproximadamente al mismo tiempo en Wikipedia. La primera regla en una situación como esa es tomar decisiones como un ingeniero, basándose en el mérito técnico y no en consideraciones personales. «Era una manera de conseguir que la gente confiase en mí —explicó—. Cuando la gente confía en ti, sigue tus consejos.» También se dio cuenta de que los líderes de una colaboración voluntaria deben motivar a los demás para que persigan lo que los apasiona, sin darles órdenes. «La manera mejor y más efectiva de liderar es conseguir que la gente haga las cosas porque quiere hacerlas, no porque uno quiere que las haga.» Un líder así sabe cómo propiciar la autogestión de los grupos. Cuando se hace bien, surge de manera natural una estructura de gobernanza basada en el consenso, como sucedió tanto con Linux como con Wikipedia. «Lo que no deja de sorprender a muchos es que el modelo del software de código abierto realmente funciona —señaló Torvalds—. La gente sabe quién ha estado activo y en quién puede confiar, y la cosa sucede sin más. Sin votaciones, sin órdenes, sin recuentos.»[140]

La combinación de GNU con Linux supuso, al menos en teoría, un triunfo para la cruzada de Richard Stallman. Aun así, los profetas morales no suelen permitirse celebrar las victorias. Stallman era un purista. Torvalds, no. El kernel de Linux que este acabó distribuyendo contenía elementos binarios con algunas características privativas. Pero eso se podía remediar: Stallman y la Free Software Foundation crearon una versión completamente libre. Sin embargo, esto suscitaba una cuestión más profunda y emocional para Stallman. Se quejó de que referirse al sistema operativo como «Linux», algo que hacía prácticamente todo el mundo, era engañoso. Linux era el nombre del kernel. Stallman insistía, a veces airadamente, en que el sistema en su conjunto debería llamarse GNU/Linux. Una persona presente en una convención sobre software relató cómo había reaccionado Stallman cuando un nervioso adolescente de catorce años le había preguntado por Linux. Este testigo riñó después a Stallman: «Agrediste y humillaste verbalmente a ese chico, vi como le cambiaba la cara y su admiración por ti y por nuestra causa se hacía añicos».[141]

Stallman también insistía en que el objetivo debía ser el de crear lo que él llamaba «software libre», una expresión que reflejaba el imperativo moral de compartir. No le gustaba la que Torvalds y Raymond habían empezado a utilizar, «software de código abierto», que hacía hincapié en el objetivo pragmático de conseguir que la gente colaborase para crear software de manera más eficaz. En la práctica, la mayoría del software libre es también de código abierto, y viceversa. De hecho, se suelen unir ambas denominaciones en una sola expresión: «software libre y de código abierto». Pero para Stallman no solo era importante cómo se creaba el software, sino también por qué se creaba. De lo contrario, el movimiento podía avenirse a transigir e incluso corromperse.

Las disputas fueron más allá de la cuestión en sí y llegaron a ser, en cierto sentido, ideológicas. Stallman estaba poseído por una pureza moral y un aura de inflexibilidad, y lamentaba que «cualquiera que fomente el idealismo hoy en día se enfrenta a un gran obstáculo; la ideología dominante alienta a la gente a desdeñar el idealismo por ser "poco práctico"».[142] Torvalds, por el contrario, era descaradamente pragmático, como un ingeniero. «Yo era el líder de los pragmáticos —afirmó—. Siempre he pensado que los idealistas son interesantes, pero un poco aburridos y aterradores.»[143]

Torvalds reconoció que «no era precisamente el admirador número uno» de Stallman, y lo explicó: «No me gusta la gente monotemática, y tampoco creo que la gente que ve el mundo en blanco y negro sea muy agradable ni, en última instancia, útil. Lo cierto es que siempre hay más de dos maneras de entender cada cuestión, casi siempre hay todo un abanico de opciones, y "depende" es muchas veces la mejor respuesta para cualquier cuestión importante».[144] También creía que debería ser lícito ganar dinero con el software de código abierto. «Con el código abierto se trata de que todo el mundo participe. ¿Por qué se habría de excluir a las empresas, que impulsan una parte tan importante de los avances tecnológicos de la sociedad?»[145] Quizá el software quiera ser libre, pero la gente que lo escribe también puede querer dar de comer a sus hijos y pagar la hipoteca.

Estas disputas no deberían empañar el asombroso logro del que fueron artífices Stallman, Torvalds y sus miles de colaboradores. La combinación de GNU y Linux creó un sistema operativo que se utiliza en todo el mundo y que ha sido migrado a más plataformas de hardware que ningún otro, desde los diez mayores superordenadores del planeta a sistemas empotrados en teléfonos móviles. «Linux es subversivo —escribió Eric Raymond—. ¿Quién hubiera pensado hace apenas cinco años que un sistema operativo de talla mundial surgiría, como por arte de magia, gracias a la actividad hacker desplegada en sus ratos libres por varios miles de programadores diseminados por todo el planeta, conectados solamente por los tenues hilos de internet?»[146] No solo se convirtió en un gran sistema operativo, sino también en el modelo para la producción en equipo basada en los bienes comunes en otros ámbitos, desde Firefox, el navegador de Mozilla, hasta el contenido de Wikipedia.

En la década de 1990 existían muchos modelos de desarrollo de software. Estaba la estrategia de Apple, en que el hardware y el sistema operativo estaban estrechamente integrados, como sucede en el Macintosh, el iPhone y cualquier otro iProducto aparecido entremedias. Ofrecía una experiencia de usuario fluida. Estaba también el enfoque de Microsoft, en que el sistema operativo estaba desvinculado del hardware. Esto permitía ofrecerle más opciones al usuario. Y además estaban los planteamientos del software libre y del de código abierto, que permitían que el software estuviese completamente libre de restricciones y que cualquier usuario pudiese modificarlo. Cada modelo tenía sus ventajas e incentivos para la creatividad, y también sus profetas y discípulos. Con todo, la estrategia que mejor funcionó fue la de que coexistiesen los tres modelos, junto con diversas combinaciones de abierto y cerrado, integrado y no integrado, privativo y libre, Windows y Mac, Unix y GNU, Linux y OS X, iOS y Android; una variedad de enfoques que compiten desde hace décadas, se estimulan mutuamente y ejercen de contrapoder para evitar que cualquiera de los modelos llegue a ser tan dominante como ahogar para la innovación.

10

Conectados

Tanto internet como el ordenador personal nacieron en los años setenta, pero crecieron en paralelo. Esta era una situación extraña, y más aún cuando su desarrollo prosiguió por sendas distintas durante más de una década. De hecho, existía una cierta divergencia entre quienes se apuntaban a las delicias de las redes y quienes sentían vértigo ante la perspectiva de tener su propio ordenador personal. A diferencia de los utopistas del proyecto Community Memory, que disfrutaban creando tablones de anuncios y comunidades virtuales, muchos de los primeros aficionados a los ordenadores personales lo que querían, al menos inicialmente, era sumergirse en sus propias máquinas.

Existía también una razón más tangible por la que la irrupción de los ordenadores personales siguió un camino paralelo a la expansión de las redes. El ARPANET de los años setenta no estaba abierto al público en general. En 1981, Lawrence Landweber, de la Universidad de Wisconsin, promovió la formación de un consorcio de universidades que no estaban conectadas a ARPANET para crear otra red basada también en los protocolos TCP/IP, que se llamó CSNET. «Solo una pequeña proporción de la comunidad dedicada a la investigación informática en Estados Unidos tenía acceso por aquel entonces a las redes», dijo.[1] CSNET se convirtió en la precursora de una red financiada por la Fundación Nacional para la Ciencia, la NSFNET. Pero incluso después de que todas estas redes fueran conectadas entre sí para formar internet a principios de la década de 1980, era muy difícil que una persona normal pudiese tener acceso a ella desde un ordenador personal doméstico. Para conectarse, normalmente debían tener alguna relación con una universidad o un centro de investigación.

Así pues, durante casi quince años a partir de principios de la década de 1970, el crecimiento de internet y la eclosión de los ordenadores personales se produjeron en paralelo. No se entrelazaron hasta finales de los años ochenta, cuando se abrió la posibilidad de que cualquier persona se conectase a la red a través de la línea telefónica desde su casa o su oficina. Esto daría paso a una nueva fase de la revolución digital, en la que se haría realidad la visión de Bush, Licklider y Engelbart de ordenadores que incrementarían la inteligencia humana al servir de herramientas tanto para la creatividad personal como para la colaboración.

EL CORREO ELECTRÓNICO Y LOS TABLONES DE ANUNCIOS

«La calle da su propio uso a las cosas», escribió William Gibson en «Quemando cromo», su historia ciberpunk de 1982. Eso mismo sucedió con ARPANET. Se suponía que era una red para que los investigadores pudieran compartir recursos de computación, y en ese sentido fue un pequeño fracaso. En cambio, como muchas otras tecnologías, triunfó al convertirse en un medio para las comunicaciones y las redes sociales. Si algo se puede afirmar con seguridad sobre la era digital es que el deseo de comunicarse, conectarse, colaborar y formar comunidades suele estar detrás de los éxitos arrolladores. Y en 1972 ARPANET fue testigo del primero de ellos: el correo electrónico.

Los investigadores que usaban un mismo ordenador de tiempo compartido ya estaban utilizando correo electrónico. Un programa llamado SNDMSG permitía al usuario de un gran ordenador central enviar un mensaje a la carpeta personal de otro usuario con quien compartiera el uso de ese mismo ordenador. A finales de 1971, Ray Tomlinson, un ingeniero del MIT que trabajaba en BBN, decidió servirse de un truco informático que permitiría enviar los mensajes también a carpetas en otros *mainframes*. Lo hizo combinando SNDMSG con un programa experimental de transferencia de archivos llamado CPYNET, capaz de intercambiar archivos entre ordenadores remotos a través de ARPANET. Entonces se le ocurrió algo aún más ingenioso: para indicar que un mensaje debía dirigirse a la carpeta de un usuario en otro sitio distinto, empleó el símbolo @ de su teclado, creando así el sistema de direcciones que todos utilizamos a día de hoy: usuario@nombredeordenador. Así fue como Tomlinson inventó no solo el correo electrónico, sino también el símbolo por antonomasia del mundo conectado.[2]

ARPANET permitía a los investigadores de un centro aprovechar los recursos de computación situados en algún otro lugar, pero no era habitual que esto sucediera. El director de la ARPA, Stephen Lukasik, se convirtió en uno de los primeros adictos al correo electrónico, lo que provocó que todos los investigadores que necesitaban comunicarse con él lo usasen también. En 1973 encargó un análisis del tráfico en ARPANET que puso de manifiesto que, menos de dos años después de su invención, el correo electrónico suponía el 75 por ciento del total del tráfico. «La mayor de todas las sorpresas del programa ARPANET ha sido la popularidad y el éxito increíbles del correo en red», afirmaba un informe de BBN unos pocos años más tarde. Pero no debería haber sido una sorpresa; el deseo de conectar socialmente no solo impulsa las innovaciones, sino que también se las apropia.

El correo electrónico hizo más que facilitar el intercambio de mensajes entre dos usuarios de ordenadores. Llevó a la creación de comunidades virtuales que, como Licklider y Taylor predijeron en 1968, se «formaban en torno a la existencia de intereses y objetivos comunes antes que por una proximidad circunstancial».

Las primeras comunidades virtuales surgieron a partir de cadenas de mensajes de correo electrónico distribuidas entre grandes grupos de suscriptores interesados. Recibieron el nombre de «listas de correo». La primera lista importante, en 1975, fue SF-Lovers, para amantes de la ciencia ficción. En un principio, los gestores de la ARPA se plantearon cerrarla, por temor a que a algún senador no le hiciese mucha gracia que se empleara el dinero del ejército en financiar un lugar de encuentro virtual de gente interesada en la ciencia ficción, pero los moderadores del grupo lograron argumentar que se trataba de un experimento valioso en la gestión de grandes intercambios de información.

Enseguida surgieron otros métodos para la creación de comunidades online. Algunos hacían uso de la red troncal de internet, mientras que otros eran más improvisados. En febrero de 1978, dos miembros del Grupo de Aficionados a la Computación de la Zona de Chicago, Ward Christensen y Randy Suess, que estaban atrapados en sus casas debido a una gran tormenta de nieve, aprovecharon para desarrollar el primer tablón de anuncios electrónico, que permitiría a los hackers, aficionados y autoproclamados *sysops* (administradores de sistemas) montar sus propios foros online y ofrecer archivos, software pirateado, información y la publicación de mensajes. Cualquiera que tuviese manera de conectarse a la red podía participar. Al año siguiente, alumnos de la Universidad Duke y de la de Carolina del Norte, que aún no estaban conectadas a internet, desarrollaron otro sistema, alojado en ordenadores personales, que permitía la creación de foros de discusión en los que los mensajes y las respuestas se agrupaban formando hilos. Recibió el nombre de «Usenet», y cada una de las categorías de mensajes publicados en ella se denominó «grupo de noticias». En 1984 había cerca de mil terminales de Usenet en universidades y centros de investigación de todo Estados Unidos.

Incluso con estos nuevos tablones de anuncios y grupos de noticias, participar en comunidades virtuales no resultaba fácil para la mayoría de los usuarios normales de ordenadores personales. Necesitaban tener una manera de conectarse, lo que no era sencillo desde los hogares ni desde la mayoría de las oficinas. Pero entonces, a principios de la década de 1980, llegó una innovación, en parte tecnológica y en parte jurídica, aparentemente pequeña pero cuyas consecuencias serían enormes.

LOS MÓDEMS

El pequeño aparato que por fin estableció una conexión entre los ordenadores domésticos y las redes globales se llamaba «módem». Podía modular y demodular (de ahí su nombre) una señal analógica, como la que recorría un circuito telefónico, para transmitir y recibir información digital. Permitía así que cualquiera conectase sus ordenadores a otros a través de las líneas telefónicas, y eso constituyó el pistoletazo de salida de la revolución online.

Esta innovación se hizo esperar porque AT&T ejercía un casi monopolio sobre el sistema telefónico estadounidense, e incluso controlaba qué equipos se podían utilizar en los hogares. No estaba permitido conectar cualquier cosa a la línea telefónica, ni siquiera al propio teléfono, a menos que Ma Bell la alquilase o la aprobase. Aunque AT&T ofreció módems en los años cincuenta, eran aparatosos y caros, y estaban diseñados principalmente para usos industriales o militares, no para que aficionados entusiastas formasen comunidades virtuales.

Entonces llegó el caso del *Hush-A-Phone*. Se trataba de una simple boquilla de plástico que se podía enganchar a un teléfono para amplificar la voz al tiempo que dificultaba que las personas de alrededor escucharan la conversación. Existía desde hacía veinte años sin ningún problema, hasta que un abogado de AT&T lo vio en el escaparate de una tienda y la compañía decidió demandar al fabricante con el absurdo pretexto de que cualquier dispositivo externo, incluso un pequeño cono de plástico, podía dañar su red. Esto puso de manifiesto hasta dónde estaba dispuesta a llegar la empresa para proteger su monopolio.

Por suerte, a AT&T le salió el tiro por la culata. Un tribunal federal de apelaciones desestimó las pretensiones de la compañía, y las barreras para conectarse a su red comenzaron a desmoronarse. Seguía siendo ilegal conectar un módem al sistema telefónico electrónicamente, pero sí se podía hacer mecánicamente, por ejemplo adosando el auricular del teléfono a un acoplador acústico. A principios de la década de 1970 existían unos cuantos módems de este tipo, entre ellos el Pennywhistle, diseñado para los entusiastas por Lee Felsenstein, capaz de enviar y recibir señales digitales a trescientos bits por segundo.*

El siguiente paso se produjo cuando un empecinado vaquero de Texas obtuvo, tras una batalla judicial de doce años que sufragó con la venta de su ganado, el derecho a que sus clientes utilizasen un teléfono inalámbrico que había inventado. La normativa tardó aún varios años en ser actualizada por completo, pero en 1975 la Comisión Federal de Comunicaciones abrió una vía para que los consumidores conectasen dispositivos electrónicos a la red.

Las reglas eran restrictivas debido a las presiones de AT&T, lo que encareció inicialmente el precio de los módems electrónicos. Pero en 1981 salió al mercado el Hayes Smartmodem, que se conectaba directamente a una línea telefónica sin necesidad de un aparatoso acoplador

---

* Una conexión Ethernet o wifi actual puede transmitir datos a mil millones de bps, más de tres millones de veces más rápido.

acústico. Los aficionados pioneros, los ciberpunks y los usuarios domésticos podían marcar el número de un proveedor de servicios online, contener la respiración mientras esperaban a oír el chirrido característico que indicaba que la conexión se había establecido, y participar en las comunidades virtuales que se formaron alrededor de los tablones de anuncios, los grupos de noticias, las listas de correo y otros lugares de encuentro online.

The WELL

Prácticamente en cada década de la revolución digital, el ocurrente y sorprendente Stewart Brand ha encontrado la manera de hallarse en el lugar donde la tecnología entra en contacto con la comunidad y la contracultura. Organizó el espectáculo tecnopsicodélico del Trips Festival de Ken Kesey, escribió sobre *Spacewar* y el Xerox PARC para la revista *Rolling Stone*, alentó la «Madre de Todas las Demostraciones» de Doug Engelbart y colaboró en ella, y fundó el *Whole Earth Catalog*. Así pues, en el otoño de 1984, cuando los módems empezaban a estar ampliamente disponibles y los ordenadores personales comenzaban a ser agradables, no resultó sorprendente que Brand contribuyese a concretar la idea de la comunidad online por antonomasia, The WELL.

Todo empezó cuando Brand recibió la visita de Larry Brilliant, otro de los personajes serios y creativos de la tecno-contracultura idealista. Brilliant, médico y epidemiólogo, se sentía impelido a cambiar el mundo y a hacerlo divirtiéndose. Había ejercido como médico durante una ocupación de la prisión de Alcatraz por indios americanos, había buscado la iluminación en un *ashram* en el Himalaya con el famoso gurú Neem Karoli Baba (donde se cruzó por primera vez con Steve Jobs), se alistó en la campaña de la Organización Mundial de la Salud para erradicar la viruela y, con el apoyo de Jobs y de referentes de la contracultura como Ram Dass y Wavy Gravy, creó la Fundación Seva con el objetivo de curar la ceguera en comunidades pobres de todo el mundo.

Cuando uno de los helicópteros que la Fundación Seva utilizaba en Nepal sufrió una avería mecánica, Brilliant usó un sistema de conferencias por ordenador y un Apple II que Jobs había donado para organizar una expedición con el objetivo de repararlo. El potencial de los grupos de discusión online lo impresionó. Cuando fue a impartir clase a la Universidad de Michigan, ayudó a fundar una compañía alrededor de un sistema de conferencias por ordenador que se había creado en la red de la universidad. Conocido como PicoSpan, permitía a los usuarios publicar comentarios sobre diferentes temas y reunirlos en conversaciones para que todo el mundo pudiera leerlos. El idealismo de Brilliant, su tecnoutopismo y su actitud emprendedora confluían. Utilizó el sistema de conferencias para ofrecer atención médica en aldeas de Asia y para organizar misiones cuando había algún problema.

Cuando Brilliant asistió a una conferencia en San Diego, llamó a su viejo amigo Stewart Brand para comer juntos. Quedaron en un restaurante a pie de playa, cerca de donde Brand pensaba pasar el día practicando el nudismo. Brilliant tenía dos objetivos relacionados entre sí: popularizar el software de conferencias de PicoSpan y crear una comuna intelectual online. Le propuso a Brand formar una sociedad a la que Brilliant aportaría un capital de 200.000 dólares; también compraría un ordenador y proporcionaría el software. «Stewart se encargaría de gestionar el sistema y de extenderlo a través de su red de personas inteligentes e interesantes —explicó Brilliant—.[3] Mi idea era utilizar esta nueva tecnología como medio para conversar sobre todo lo que aparecía en el *Whole Earth Catalog*. Se puede formar una red social alrededor de las navajas suizas, de las estufas solares o de lo que sea.»[4]

Brand transformó la idea en algo más ambicioso: crear la comunidad online más estimulante del mundo, donde la gente pudiera discutir sobre lo que quisiera. «Generemos una conversación —propuso—, traigamos a la gente más brillante del mundo y dejemos que decidan sobre qué quieren hablar.»[5] A Brand se le ocurrió un acrónimo, The WELL, y luego dio con un nombre que se ajustaba a él: «Whole Earth 'Lectronic Link» («Enlace [E]lectrónico de la Tierra Entera»). Como dijo después, que un nombre tuviera un apóstrofe juguetón «nunca estaba de más».[6]

Brand defendía una idea que muchas comunidades virtuales posteriores olvidaron, pero que resultó clave para hacer de The WELL un servicio tan fértil. Los participantes no podían ser completamente anónimos. Podían utilizar un sobrenombre o un seudónimo, pero tenían que proporcionar su nombre real cuando se inscribían, y otros miembros podían saber quiénes eran. La filosofía de Brand, que aparecía en la pantalla inicial, era: «Uno es dueño de sus propias palabras». Cada uno era responsable de lo que publicaba.

Como el propio internet, The WELL se convirtió en un sistema diseñado por sus usuarios. En 1987, los temas de sus foros online, conocidos como «conferencias», iban desde los Grateful Dead (el más popular) a la programación en Unix, pasando por el arte de ser padres, los extraterrestres o el diseño de software. La jerarquía y el control eran mínimos, y evolucionó por medio de la colaboración. Esto lo convirtió al mismo tiempo en una experiencia adictiva y en un fascinante experimento social. Se escribieron libros enteros al respecto, incluidas las obras de los influyentes cronistas tecnológicos Howard Rheingold y Katie Hafner. «Solo estar en The WELL y hablar con gente con la que una no se plantearía establecer contacto en otro contexto, tenía su propio atractivo», escribió Hafner.[7] En su libro, Rheingold explicaba: «Era como tener el bar de la esquina, lleno de viejos amigos, recién llegados encantadores, nuevas herramientas listas para llevártelas a casa, grafitis recién pintados y cartas recién escritas, con la diferencia de que, en lugar de tener que ponerme el abrigo, apagar el ordenador y caminar hasta la esquina, bastaba con ejecutar un programa y ahí estaba todo».[8] Cuando Rheingold descubrió que su hija de dos años tenía una garrapata en el cuero cabelludo, encontró la manera de tratarla gracias a un médico en The WELL antes de que su propio médico le devolviese la llamada.

Las conversaciones online podían ser acaloradas. El líder de uno de los grupos de discusión, Tom Mandel, que es uno de los personajes centrales en el libro de Hafner y que también nos ayudó a mis colegas de *Time* y a mí a gestionar foros online, se enzarzaba periódicamente con otros miembros en encendidos debates, llamados «flamazos» (en inglés, *flame wars*). «Expresaba mis opiniones sobre cualquier cosa —recordaba—. Incluso empecé una discusión que arrastró a media Costa Oeste a una pelea electrónica e hizo que me prohibieran la entrada en The WELL.»[9] Aun así, cuando hizo público que se estaba muriendo de cáncer, todo el mundo lo apoyó emocionalmente. «Estoy triste, tremendamente triste, no soy capaz de expresar hasta dónde llega mi pena por no poder seguir jugando y discutiendo con vosotros mucho tiempo más», escribió en una de sus últimas entradas.[10]

The WELL fue un modelo del tipo de comunidad íntima y considerada que existió en internet en otra época. Aún continúa siendo, después de tres décadas, una comunidad muy unida, pero hace ya mucho tiempo que se vio desbordada por la popularidad de servicios online más comerciales, y después por lugares de discusión online menos comunitarios. La generalización del anonimato online ha socavado el credo de Brand, por el que las personas deben asumir las consecuencias de lo que dicen, y ha hecho que muchos de los comentarios en la Red sean menos reflexivos y las discusiones, menos íntimas. Internet atraviesa por distintos ciclos —ha sido una plataforma para compartir tiempo de computación, para crear comunidades, para publicar, para bloguear y donde crear redes sociales—, y puede que llegue un momento en que el anhelo intrínsecamente humano de establecer comunidades de confianza, similares a los bares de la esquina, vuelva a primer plano, y The WELL, o *startups* que repliquen su espíritu, recobre protagonismo en el mundo de la innovación. A veces innovar significa recuperar lo que se había perdido.

America Online

William Ferdinand von Meister fue uno de los primeros ejemplos de nuevo pionero que lideraría la innovación digital a partir de finales de la década de 1970. Como Ed Roberts, de Altair, Von Meister era un emprendedor pasado de vueltas. Alimentado por la proliferación de inversores de capital riesgo, este tipo de innovadores desprendían ideas como si fueran chispas, experimentaban un subidón de adrenalina cada vez que asumían un riesgo y promocionaban nuevas tecnologías con un fervor propio de los profetas. Von Meister era al mismo tiempo un modelo y una caricatura. A diferencia de Noyce, Gates y Jobs, él no se proponía crear compañías, sino lanzarlas y ver hasta dónde llegaban. En lugar de temer al fracaso, extraía su energía de él; fue gente como Von Meister la que hizo de la indulgencia con el fracaso un rasgo de la era de internet. Era un magnífico canalla que fundó nueve empresas en diez años, la mayoría de las cuales se hundieron o lo expulsaron, pero con sus fracasos en serie contribuyó a definir el arquetipo del emprendedor de internet, y al hacerlo también inventó el negocio online.[11]

La madre de Von Meister era una condesa austríaca y su padre, un ahijado del káiser Guillermo II, dirigía la filial estadounidense de la empresa alemana de zepelines que operaba el *Hindenburg* hasta que este explotó en 1937, y después dirigió la filial de una empresa química hasta que lo acusaron de fraude. Su estilo marcó al joven Bill, nacido en 1942, que parecía decidido a emular los descalabros de su padre en espectacularidad, cuando no en gravedad. Creció en una mansión de ladrillo encalado llamada Chimeneas Azules, en una finca de ocho hectáreas en New Jersey, y le encantaba escaparse a la buhardilla a jugar con su radio de onda corta y a construir artilugios electrónicos. Entre los dispositivos que fabricó estaba un transmisor de radio que su padre llevaba en el coche y que utilizaba para avisar cuando se aproximaba a casa a la vuelta del trabajo, para que el personal doméstico pudiera prepararle el té.

Tras una deslucida carrera académica que consistió en varios períodos intermitentes en distintas universidades de la ciudad de Washington, Von Meister entró a trabajar en Western Union. Ganó dinero con una serie de negocios paralelos, incluido uno consistente en reutilizar equipamiento desechado por su empresa, y después lanzó un servicio que permitía a la gente dictar cartas importantes por teléfono para que llegasen al destinatario al día siguiente. Tuvo éxito, pero, en lo que se convertiría en una costumbre, lo echaron por gastar descontroladamente y no prestar atención a las operaciones del día a día.*

Von Meister formaba parte de la primera generación de emprendedores de los medios de comunicación —más parecidos a Ted Turner que a Mark Zuckerberg—, que vivían a lo grande y aunaban hasta tal punto insensatez y astucia que eran casi indistinguibles. Le gustaban las mujeres llamativas y el buen vino tinto, los coches deportivos y los

---

* Más adelante, Western Union compró la empresa y la convirtió en su servicio Mailgram.

aviones privados, el whisky escocés de calidad y los puros de contraban-do. «Bill von Meister no era solo un emprendedor en serie, sino un emprendedor patológico —dijo Michael Schrage, que escribió sobre él para el *Washington Post*—. En general, si repasamos ahora las ideas de Bill von Meister, no parecen estúpidas. Pero en aquella época resultaban disparatadas. El mayor riesgo era que estaba tan chiflado que su locura se confundía con la idea, porque ambas estaban muy relacionadas.»[12]

Von Meister siguió haciendo gala de su capacidad para encontrar nuevas ideas y para obtener dinero de los inversores de capital riesgo, pero también de su incapacidad para gestionar lo que fuera. Entre sus *startups*, cabe mencionar: un servicio de enrutamiento telefónico en bloque para empresas, un restaurante en los suburbios de Washington llamado McLean Lunch and Radiator, que permitía a los clientes hacer llamadas de larga distancia desde teléfonos situados en sus mesas, y un servicio llamado Infocast, que enviaba información a los ordenadores transmitiendo datos digitales por medio de señales de radio de frecuen-cia modulada. En 1978, cuando ya se había aburrido o lo habían apar-tado de todos estos proyectos, combinó su interés por los teléfonos, los ordenadores y las redes de información para crear un servicio que llamó The Source.

The Source conectaba los ordenadores domésticos mediante líneas telefónicas con una red que ofrecía tablones de anuncios, intercambio de mensajes, noticias, horóscopos, guías de restaurantes, clasificaciones de vinos, compras, información meteorológica, horarios de vuelos y coti-zaciones bursátiles. En otras palabras, fue uno de los primeros servicios online dirigido a los consumidores. (El otro fue CompuServe, una red de compartición de tiempo de computación orientada a las empresas que en 1979 se empezaba a aventurar en el mercado de las conexiones telefónicas de consumidores.) «Puede llevar su ordenador personal a cualquier lugar del mundo», afirmaba uno de sus primeros folletos pu-blicitarios. Von Meister le dijo al *Washington Post* que se convertiría en una «compañía distribuidora» que proporcionaría información «como sale el agua de un grifo». Además de canalizar la información hasta los hogares, The Source se centró en crear comunidad: foros, salas de chat y zonas de intercambio privado de archivos donde los usuarios podían publicar sus escritos para que otros se los bajasen. En el lanzamiento oficial del servicio, que tuvo lugar en julio de 1979 en el hotel Plaza de Manhattan, el escritor de ciencia ficción y rostro publicitario Isaac Asimov proclamó: «¡Este es el comienzo de la era de la información!».[13]

Como de costumbre, Von Meister demostró enseguida su incapacidad para dirigir la compañía y su tendencia al despilfarro, lo que provocó que el inversor principal lo echase al cabo de un año y que dijese: «Billy von Meister era un fantástico emprendedor, pero no sabía cómo dejar de emprender». The Source acabó siendo vendida a *Reader's Digest*, que después lo vendió a su vez a CompuServe. Pero, a pesar de su corta vida, inauguró la era de la conexión al demostrar que los consumidores no solo querían recibir información, sino también tener la posibilidad de entrar en contacto con sus amigos y de crear y compartir su propio contenido.

La siguiente idea de Von Meister, también ligeramente adelantada a su tiempo, fue una tienda de música en casa que vendería música en *streaming* a través de las redes de televisión por cable. Las tiendas de discos y las compañías discográficas hicieron frente común para impedir que tuviera acceso a las canciones, así que Von Meister, que era una máquina de generar ideas, pasó a interesarse por los videojuegos. Era un objetivo todavía más propicio, pues por aquel entonces había catorce millones de consolas Atari en los hogares estadounidenses. Así fue como nació Control Video Corporation (CVC). El nuevo servicio de Von Meister permitía a los usuarios descargarse juegos en modalidad de alquiler o de compra. Le puso como nombre GameLine, y empezó a ofrecerlo en combinación con algunos de los servicios de información que habían formado parte de The Source. «Vamos a convertir al obseso de los videojuegos en un adicto a la información», anunció.[14]

GameLine y CVC se instalaron en un pequeño centro comercial de camino hacia el aeropuerto Dulles de Washington. Von Meister seleccionó una junta directiva que simbolizaba oficialmente el paso del testigo a una nueva raza de pioneros de internet. Entre sus miembros estaban Larry Roberts y Len Kleinrock, arquitectos del ARPANET original, y también Frank Caufield, el pionero inversor de capital riesgo de la que había llegado a ser la firma financiera más influyente en Silicon Valley, Kleiner Perkins Caufield & Byers. En representación del banco de inversión Hambrecht & Quist estaba Dan Case, un joven receptor de una beca Rhodes, cortés y lleno de energía, procedente de Hawái y Princeton.

Dan Case acompañó a Von Meister a Las Vegas en enero de 1983 para la Feria de Electrónica de Consumo, donde la GameLine de CVC esperaba causar sensación. Von Meister, que sabía cómo organizar un espectáculo, pagó para que un globo aerostático en forma de *joystick* y con el nombre de GameLine sobrevolara la ciudad, y alquiló una enorme suite en el hotel Tropicana, que engalanó con cabareteras contratadas.[15] Case se deleitó con la escena. Inmóvil en una esquina estaba su hermano pequeño, Steve, más reticente y que, con su enigmática sonrisa y su rosto afable, era más difícil de descifrar.

Steve Case, nacido en 1958, había crecido en Hawái, y su temperamento afable podía hacer pensar que se había criado entre delfines. Tenía un aspecto plácido. Algunos lo apodaban el Muro, porque su rostro rara vez expresaba alguna emoción. Era tímido pero no inseguro. Quienes no lo conocían mucho podían pensar que era distante o arrogante, pero no era así. Mientras crecía, aprendió a gastar bromas y a intercambiar insultos cariñosos en un tono llano y nasal, como un novato en una fraternidad. Sin embargo, bajo la chanza era profundamente reflexivo y serio.

Cuando estaban en la secundaria, Dan y Steve convirtieron sus dormitorios en oficinas desde las que dirigieron una serie de negocios que, entre otras cosas, vendían postales de felicitación y distribuían revistas. «La primera lección de emprendeduría de los Case —rememoró Steve— fue que, si a mí se me ocurría una idea y él la financiaba, él se quedaba con la mitad de la empresa.»[16]

Steve estudió en el Williams College, donde el famoso historiador James MacGregor Burns comentó desabridamente: «No fue un alumno destacado».[17] Pasó más tiempo pensando en montar negocios que estudiando. «Recuerdo que un profesor me llevó aparte y me aconsejó que pospusiera mis intereses empresariales y me centrase en los estudios, porque estar en la universidad era una oportunidad única en la vida —recordaba Case—. Ni que decir tiene que yo no estaba de acuerdo.» Solo asistió a una clase relacionada con los ordenadores, y no le gustó nada «porque era la época de las tarjetas perforadas, así que escribíamos un programa y luego teníamos que esperar horas para obtener los resultados».[18] La lección que aprendió fue que había que conseguir que los ordenadores fuesen más accesibles e interactivos.

Un aspecto de los ordenadores que sí le gustaba era la idea de utilizarlos para conectarse a las redes. «Las conexiones remotas eran como magia —le dijo a la periodista Kara Swisher—. Para mí, ese era un uso absolutamente evidente; el resto era para obsesos de los ordenadores.»[19] Tras leer *La tercera ola*, del futurista Alvin Toffler, quedó fascinado con el concepto de «la frontera electrónica», en que la tecnología conectaría a las personas entre sí y con toda la información del mundo.[20]

A principios de la década de 1980, presentó su candidatura para un puesto en la agencia de publicidad J. Walter Thompson. «Creo firmemente que los avances en las tecnologías de las comunicaciones están a punto de alterar significativamente nuestro modo de vida —escribió en su carta de presentación—. Las innovaciones en las telecomunicaciones (en particular, los sistemas por cable bidireccionales) harán que nuestros televisores (de gran formato, por supuesto) se transformen en vía de acceso a la información, periódico, escuela, ordenador, máquina de votación y catálogo comercial.»[21] No consiguió el trabajo, y también lo rechazaron en Procter & Gamble. Pero se las arregló para conseguir una segunda entrevista en P&G, costeándose de su bolsillo el viaje a Cincinnati, y acabó entrando como gerente de marca júnior en un grupo que gestionaba Abound, unas toallitas con acondicionador de pelo que tardarían poco en ser retiradas del mercado. Allí Case aprendió el truco de regalar muestras gratuitas para lanzar un nuevo producto. «De ahí surgió en parte la inspiración para la estrategia que aplicamos en AOL diez años más tarde con el disquete de prueba gratuita», contó.[22] A los dos años dejó el puesto para trabajar en la división de Pizza Hut de PepsiCo. «La razón del cambio fue que allí había un ambiente muy emprendedor. Era una compañía dirigida por los franquiciados, casi al contrario que Procter & Gamble, que era una empresa más jerarquizada y orientada a los procesos donde todas las decisiones importantes se tomaban en Cincinnati.»[23]

Siendo un joven soltero en Wichita, Kansas, donde no había gran cosa que hacer por las noches, se aficionó mucho a The Source. Era el refugio perfecto para alguien con su mezcla de timidez y deseo de conexión. Aprendió dos lecciones: que la gente quiere formar parte de comunidades y que, si busca atraer a las masas, la tecnología debe ser sencilla. La primera vez que intentó acceder a The Source, le costó configurar su ordenador portátil Kaypro. «Era como escalar el monte Everest, y lo primero que hice fue tratar de entender por qué tenía que ser tan difícil —recordaba—. Pero cuando por fin conseguí acceder y me vi conectado con todo el país desde mi minúsculo apartamento en Wichita, sentí una gran emoción.»[24]

En paralelo, Case creó una pequeña empresa de marketing. En el fondo era un emprendedor en una época en que lo que querían la mayoría de los jóvenes universitarios era trabajar en una gran compañía. Pagó por una dirección de correo situada en una zona exclusiva de San Francisco, la incluyó en sus tarjetas de visita e hizo que le reenviasen la correspondencia empresarial a su pequeño apartamento en Wichita. Lo que deseaba era ayudar a las compañías dispuestas a explorar la frontera electrónica, así que, cuando su hermano Dan entró en Hambrecht & Quist, en 1981, este empezó a enviarle a Steve planes de negocio de empresas interesantes. Uno de ellos era el de la Control Video Corporation de Von Meister. Durante unas vacaciones en una estación de esquí de Colorado en diciembre de 1982, discutieron si Dan debería invertir en ella, y también decidieron ir juntos a la Feria de Electrónica de Consumo en Las Vegas al mes siguiente.[25]

El irrefrenable Von Meister y el contenido Steve se pasaron una larga cena en Las Vegas hablando sobre las maneras de promocionar GameLine. Quizá porque compartían intereses a pesar de sus personalidades tan diferentes, congeniaron enseguida. Durante una conversación de borrachos en el baño a mitad de la cena, Von Meister le preguntó a Dan si le parecería bien que contratase al joven Steve. Dan le dijo que no tenía inconveniente. Steve empezó en CVC como consultor a tiempo parcial, y en septiembre de 1983 pasó a estar contratado a tiempo completo y se trasladó a Washington. «Creía que la idea de GameLine tenía un auténtico potencial —dijo Case—, pero también pensaba que, incluso si fracasaba, las lecciones que aprendería trabajando junto a Bill constituirían una valiosa educación. Y sin duda fue así.»[26]

A los pocos meses, CVC se encontraba al borde de la bancarrota. Von Meister aún no había aprendido a ser un gestor prudente, y el mercado de los juegos para Atari se había desinflado. Cuando le informaron de las cifras de ventas en una reunión de la junta de ese año, el inversor de capital riesgo Frank Caufield respondió: «Habría imaginado que se hurtaban más unidades en las tiendas». Caufield exigió que se contratase a un gestor disciplinado. Contactó con un amigo cercano y compañero de West Point, Jim Kimsey, cuyo rudo aspecto, propio de un miembro de las Fuerzas Especiales, escondía el corazón afable de un tabernero.

Kimsey no parecía la persona más adecuada para corregir el rumbo de un servicio digital interactivo —tenía mucha más experiencia con las armas y las copas de whisky que con los teclados—, pero poseía la combinación de tenacidad y rebeldía propia de un buen emprendedor. Nacido en 1939, creció en Washington DC y durante su último año allí lo expulsaron del mejor colegio católico de la ciudad, Gonzaga High, por alborotador. Sin embargo, se las apañó para ingresar en West Point, donde encajó en una atmósfera que ensalzaba, canalizaba y controlaba la agresividad. Tras graduarse, lo enviaron a la República Dominicana, y después cumplió dos períodos de servicio en Vietnam a finales de los años sesenta. Estando allí como comandante del cuerpo de infantería aerotransportada, se hizo cargo de la construcción de un orfanato para cien niños vietnamitas. De no ser por su tendencia a responder de mala manera a sus superiores en la cadena de mando, podría haber hecho carrera en el ejército.[27]

Pero eso no sucedió, y en 1970 volvió a Washington, compró un edificio de oficinas en el centro de la ciudad, alquiló buena parte del mismo a firmas de corretaje, y en la planta baja abrió un bar llamado The Exchange, con un aparato de teletipos. Poco después puso en marcha otros varios bares populares entre los solteros, con nombres como Madhatter y Bullfeathers, al tiempo que se embarcaba en otros proyectos inmobiliarios. Parte de su rutina consistía en partir en viajes de aventuras con Frank Caufield, su colega de West Point, y sus hijos. Fue en un viaje en balsa en 1983 cuando Caufield lo contrató para CVC como escolta de Von Meister y, con el paso del tiempo, director general ejecutivo.

Ante el escaso número de ventas, Kimsey despidió a la mayoría de la plantilla, pero no a Steve Case, que ascendió a vicepresidente de marketing. Kimsey tenía una pintoresca manera de hablar, propia del dueño de un bar del Oeste, plagada de referencias escatológicas. «Mi trabajo consiste en producir ensalada de pollo a partir de mierda de pollo», afirmó, y solía contar el viejo chiste del joven que escarba alegremente en una pila de excrementos de caballo y, cuando le preguntan por qué lo hace, responde: «Tiene que haber un poni bajo todo este estiércol».

Formaban un extraño triunvirato: Von Meister, el generador de ideas indisciplinado; Case, el frío estratega, y Kimsey, el tosco ex soldado. Mientras Von Meister se encargaba del espectáculo y Kimsey actuaba como un efusivo tabernero, Case permanecía inmóvil en una esquina observando y pensando nuevas ideas. Juntos demostraron una vez más cómo un equipo heterogéneo puede fomentar la innovación. Ken Novak, un consejero externo, observó un tiempo después: «No fue casualidad que crearan este negocio juntos».[28]

Case y Von Meister estaban interesados desde hacía tiempo en crear redes de ordenadores que permitiesen conectarse a los usuarios normales. Cuando CBS, Sears e IBM unieron sus fuerzas en 1984 para lanzar un servicio de ese estilo, conocido como The Prodigy, otros fabricantes de ordenadores se dieron cuenta de que ahí podía existir un mercado real. Commodore contactó con CVC y les pidió que creasen un servicio online. Eso llevó a Kimsey a transformar CVC en una compañía llamada Quantum, que en noviembre de 1985 lanzó un servicio llamado Q-Link para los usuarios de Commodore.

Por 10 dólares al mes, Q-Link ofrecía todo lo que Von Meister (que para entonces ya estaba siendo apartado de la compañía) y Case habían imaginado: noticias, juegos, información meteorológica, horóscopos, reseñas, cotizaciones bursátiles, información sobre las series de televisión, un centro comercial y más, junto con los problemas y cortes de servicio que serían característicos del mundo online. Pero lo más importante era que Q-Link tenía una sección llena de tablones de anuncios muy activos y salas de chat en directo, conocida como People Connection, que permitía a sus usuarios crear comunidades.

A los dos meses, a comienzos de 1986, Q-Link contaba con diez mil miembros. Pero el crecimiento empezó a ralentizarse, en gran medida porque las ventas de los ordenadores de Commodore se estaban resintiendo ante la nueva competencia por parte de Apple y otros fabricantes. Kimsey le dijo a Case: «Debemos tomar el control de nuestro propio destino».[29] Era obvio que, para que Quantum tuviese éxito, debía ofrecer sus servicios online a otros fabricantes de ordenadores, en particular a Apple.

Con la tenacidad propia de su personalidad paciente, Case se marcó el objetivo de convencer a los ejecutivos de Apple. Incluso después de que hubiesen forzado la salida (al menos temporal) de Steve Jobs, su brillante y controlador cofundador, no era fácil colaborar con Apple. Así que Case cruzó medio país y se mudó a Cupertino, donde alquiló un apartamento cercano a la sede de Apple. Desde allí comenzó su asedio. En Apple existían muchas unidades que podía tratar de conquistar, y al cabo de un tiempo consiguió hacerse con un pequeño escritorio dentro de la compañía. A pesar de su reputación de persona distante, Case tenía un curioso sentido del humor: en su escritorio colocó un cartel que rezaba «Steve lleva secuestrado»* junto con el número de días que había estado allí.[30] En 1987, tras tres meses de campaña diaria, lo logró: el departamento de atención al cliente de Apple accedió a firmar un acuerdo con Quantum para un servicio llamado AppleLink. Cuando se lanzó a finales de ese mismo año, el primer foro de chat en directo contó con la participación de Steve Wozniak, el entrañable cofundador de Apple.

A continuación, Case hizo un trato similar con Tandy para lanzar PC-Link. Pero enseguida se dio cuenta de que necesitaba revisar la estrategia de crear servicios por separado bajo distintas marcas para cada fabricante, lo que impedía que los usuarios de un servicio pudieran conectar con los de otro y dejaba en manos de los fabricantes el control sobre los productos, el marketing y el futuro de Quantum. Case le comunicó a su equipo: «No podemos seguir dependiendo de estas asociaciones. Necesitamos establecernos por nuestra cuenta y crear nuestra propia marca».[31]

El problema se agudizó —y se convirtió también en una oportunidad— cuando las relaciones con Apple se complicaron. «Los poderes

---

* Una referencia a la frase que se utilizó en 1980 durante el secuestro de varios estadounidenses en Irán.

fácticos en Apple decidieron que no les gustaba que una compañía externa utilizase la marca de Apple —contó Case—. Su decisión de cortar los vínculos con nosotros nos obligó a buscarnos una nueva marca.»[32] Case y Kimsey decidieron combinar los usuarios de sus tres servicios en un servicio online integrado con una marca propia. La estrategia que Bill Gates había empleado para el software también se podía aplicar en el campo de las redes; los servicios online serían independientes del hardware y funcionarían en todas las plataformas.

Seguidamente, necesitaban encontrar un nombre. Hubo muchas sugerencias, como Crossroads y Quantum 2000, pero todas sonaban a retiros espirituales o fondos de inversión. A Case se le ocurrió America Online, que a muchos de sus colegas les provocó arcadas; era sentimentaloide y torpemente patriótico. Pero a Case le gustaba. Sabía, al igual que Jobs cuando llamó a su compañía Apple, que era importante resultar, como diría más tarde, «sencillo, cercano e incluso un poco bobo».[33] Sin presupuesto para marketing, Case necesitaba que el nombre describiera claramente lo que el servicio ofrecía, y America Online lo hacía.

AOL, como se acabó conociendo, era como conectarse a la Red con ruedines. Era accesible y fácil de usar. Case puso en práctica las dos lecciones que había aprendido en Procter & Gamble: crea un producto que sea sencillo y lánzalo con muestras gratuitas. Inundó Estados Unidos de discos con software que ofrecían dos meses de servicio gratis. Un actor de doblaje llamado Elwood Edwards, que estaba casado con una de las primeras empleadas de AOL, grabó los alegres mensajes —«¡Bienvenido!» y «¡Tienes un mensaje!»—, que hicieron que el servicio resultara amigable. Y Estados Unidos se conectó.

En opinión de Case, el ingrediente secreto no eran los juegos ni el contenido publicado, sino el deseo de establecer contacto. «Nuestra gran apuesta, incluso ya en 1985, fue lo que llamábamos "comunidad" —recordaba—. Ahora la gente se refiere a ello como "redes sociales". Personas que interactúan de forma más práctica con otras personas a las que ya conocen, y también con gente a la que aún no conocen, pero a la que deberían conocer porque tienen algún interés en común.»[34] Entre las ofertas destacadas de AOL estaban las salas de chat, la mensajería instantánea, las listas de amigos y los mensajes de texto. Como en The

Source, había noticias, deporte, información del tiempo y horóscopos. Aun así, la atención se centraba en las redes sociales. «Todo lo demás —el comercio, el entretenimiento y los servicios financieros— era secundario —explicó Case—. Creíamos que la comunidad era más importante que el contenido.»[35]

Particularmente populares eran las salas de chat, donde podían reunirse personas con intereses similares (ordenadores, sexo, series de televisión...). Podían incluso pasar a «salas privadas» para hablar a solas o, en el otro extremo, visitar alguno de los «auditorios», donde podía estar celebrándose una sesión con algún personaje famoso. Los usuarios de AOL no eran clientes o suscriptores, sino «miembros». AOL creció porque contribuía a crear una red social. CompuServe y Prodigy, que empezaron siendo principalmente servicios de información y de compras, hicieron lo mismo con herramientas como el CB Simulator de CompuServe, que replicaba en formato textual el extravagante placer de hablar en una radio de banda ciudadana.

Kimsey, el tabernero, nunca pudo comprender por qué había personas normales que se pasaban las noches de los sábados en salas de chat y en tablones de anuncios. «Reconócelo, ¿no crees que todo esto es una mierda?», solía preguntarle medio en broma a Case.[36] Este sacudía la cabeza. Sabía que encontraría el poni bajo el montón de estiércol.

AL GORE Y EL SEPTIEMBRE ETERNO

Los servicios online como AOL se desarrollaron en paralelo a internet. Un embrollo de leyes, normativas, tradiciones y prácticas imposibilitó que las compañías comerciales ofreciesen acceso directo a internet a los consumidores corrientes que no tenían relación con una institución educativa o de investigación. «Ahora parece absurdo, pero hasta 1992 era ilegal conectar un servicio comercial como AOL a internet», comentó Steve Case.[37]

Pero a partir de 1993 se derribó esa barrera y todo el mundo pudo tener acceso a internet. Ello supuso un gran cambio para los servicios online, que hasta entonces habían sido jardines vallados en los que se mimaba a los usuarios en un entorno controlado, y también transformó internet, al provocar una avalancha de nuevos usuarios que ya nunca se detuvo. Sin embargo, lo más importante es que empezó a conectar las distintas ramas de la revolución digital, tal y como Bush, Licklider y Engelbart habían imaginado. Se interconectaron los ordenadores, las redes de comunicaciones y los repositorios de información digital, y se pusieron al alcance de cualquier persona.

Todo ello empezó en serio cuando AOL, siguiendo la estela de un competidor más pequeño llamado Delphi, abrió un portal en septiembre de 1993 para permitir que sus miembros tuvieran acceso a los grupos de noticias y tablones de noticias de internet. En la tradición de la Red, el diluvio de usuarios se conoció, en particular entre los más veteranos y desdeñosos del lugar, como el «septiembre eterno». El nombre aludía al hecho de que cada septiembre llegaba a las universidades una nueva hornada de alumnos primerizos que, desde las redes de los campus, accedían a internet. Al principio sus publicaciones solían ser irritantes, pero al cabo de unas semanas ya habían aprendido la suficiente «netiqueta» como para integrarse en la cibercultura. Sin embargo, la apertura de los diques en 1993 provocó un flujo interminable de novatos, que desbordó las normas sociales de la Red y desvirtuó la sensación de pertenecer a un mismo club existente hasta entonces. «Septiembre de 1993 pasará a la historia como el "septiembre que nunca acabó"», escribió en enero de 1994 Dave Fischer, un operario de internet.[38] Se creó un grupo de noticias llamado alt.aol-sucks, donde los veteranos publicaban sus diatribas. Los intrusos de AOL, se podía leer en una de ellas, «no conseguirían tener ni idea ni siquiera aunque estuviesen en un campo de ideas en la época de reproducción de las ideas, vestidos como una idea y empapados en feromonas de idea».[39] De hecho, la democratización de internet fruto del septiembre eterno fue algo bueno, pero los veteranos tardaron en verlo así.

Esta apertura de internet, que allanó el camino para una asombrosa era de innovación, no sucedió por casualidad. Fue el resultado de políticas gubernamentales, minuciosamente diseñadas en un ambiente reflexivo y no partidista, que garantizaron el liderazgo estadounidense en el desarrollo de la economía propia de la era de la información. La persona más influyente en este proceso, aunque pueda sorprender a quienes solo lo conocen como el blanco de muchas bromas, fue el senador Al Gore Jr., de Tennessee.

El padre de Gore también había sido senador. «Recuerdo ir en coche con mi padre desde Carthage a Nashville mientras él me explicaba por qué necesitábamos algo mejor que esas carreteras de dos carriles —recordaba Gore hijo—. No bastarán para satisfacer nuestras necesidades.»[40] Gore padre contribuyó a redactar la legislación del programa de autopistas interestatales, aprobada con los votos de los dos grandes partidos, lo cual le sirvió de inspiración a su hijo para ayudar a promocionar lo que él apodó la «autopista de la información».

En 1986 Gore impulsó un estudio oficial que analizaba diversos asuntos, como la creación de centros de supercomputación, la interconexión de distintas redes de investigación, el incremento de su ancho de banda o su apertura a un mayor número de usuarios. Al frente estaba Len Kleinrock, pionero de ARPANET. Gore prosiguió su cruzada con las concienzudas audiencias que precedieron a la Ley de Informática de Alto Rendimiento de 1991, conocida como Ley Gore, y la Ley de Tecnología Científica y Avanzada de 1992. Estas leyes permitieron que las redes comerciales, como AOL, se conectasen con la red de investigación gestionada por la Fundación Nacional para la Ciencia, y por tanto con el propio internet. Tras ser elegido vicepresidente en 1992, Gore impulsó la Ley de Infraestructura Nacional de la Información de 1993, que puso internet a disposición del público en general y lo introdujo en la esfera comercial para que su crecimiento se pudiese financiar mediante inversiones privadas, además de las aportaciones públicas.

Cuando comenté que estaba escribiendo un libro sobre las personas que contribuyeron a inventar los ordenadores e internet, la ocurrencia más previsible que recibí como respuesta, sobre todo por parte de quienes tenían pocos conocimientos sobre la historia de la Red, fue: «Ah, ¿te refieres a Al Gore?», seguido de unas risas. El hecho de que uno de los mayores logros no partidistas en beneficio de la innovación estadounidense se haya convertido en objeto de mofa por algo que Gore ni siquiera dijo —que él había «inventado» internet—, refleja el nivel del debate político en Estados Unidos. Cuando Wolf Blitzer, de la CNN, le pidió en marzo de 1999 que enumerase sus credenciales para ser candidato a presidente, Gore mencionó, entre otras cosas, que «durante mi paso por el Congreso, llevé la iniciativa en la creación de internet».[41] La expresión no fue muy afortunada, como suele suceder en los programas de televisión, pero nunca utilizó la palabra «inventé».

Vint Cerf y Bob Kahn, dos de las personas que sí inventaron los protocolos de internet, alzaron la voz en defensa de Gore. «Ninguna otra persona en la vida pública ha tenido una participación intelectual más activa en la creación de un clima propicio para el crecimiento de internet que el vicepresidente», escribieron.[42] Lo defendió hasta el republicano Newt Gingrich, que observó que «es algo en lo que Gore llevaba mucho tiempo trabajando. [...] Gore no es el padre de internet, pero hay que reconocer que sí es la persona que, en el Congreso, trabajó de una manera más sistemática para asegurarse de que tuviésemos internet».[43]

La humillación de Gore presagiaba una nueva época de creciente crispación partidista, acompañada de una falta de confianza en lo que el gobierno era capaz de hacer. Por este motivo es útil reflexionar sobre cómo se llegó al septiembre eterno de 1993. A lo largo de más de tres décadas, el gobierno federal, en colaboración con la empresa privada y las universidades de investigación, diseñó y puso en práctica un descomunal proyecto de infraestructura, como el sistema de autopistas interestatales pero enormemente más complejo, y después lo abrió a los ciudadanos en general y a las empresas comerciales en particular. Se financió principalmente con dinero público, pero dio beneficios miles de veces superiores a la inversión, al constituir el germen de una nueva economía y una era de crecimiento económico.

11

La Red

La popularidad que podía alcanzar internet tenía un límite, al menos entre los usuarios comunes de ordenadores, incluso después de que la llegada de los módems y el aumento de los servicios online posibilitaran que casi cualquier persona pudiera conectarse. Se trataba de una espesa y lóbrega selva sin mapas, repleta de cúmulos de extraño follaje con nombres como alt.config y Wide Area Information Servers que intimidaban a todo aquel que no fuera un intrépido explorador.

Sin embargo, justo cuando los servicios online comenzaban a abrirse a internet a principios de la década de 1990, apareció milagrosamente un nuevo método para publicar y subir contenido, como si hubiese cobrado vida de súbito en el interior de un acelerador de partículas subterráneo (que era de hecho más o menos lo que había sucedido). Fue algo que dejó obsoletos los servicios online, presentados con tanta premura, e hizo realidad —lo cierto es que los superó con creces— los sueños utópicos de Bush, Licklider y Engelbart. En mayor grado que otras innovaciones de la era digital, esta fue fruto de la invención de una única persona que la bautizó con un nombre que, al igual que él, tenía la virtud de ser al mismo tiempo sencillo y expresivo: World Wide Web («Red Informática Mundial»).

TIM BERNERS-LEE

Mientras crecía en la periferia de Londres durante la década de 1960, Tim Berners-Lee llegó a una conclusión fundamental a propósito de los computadores: eran muy buenos en abrirse paso poco a poco a través de programas, pero no lo eran tanto a la hora de realizar asociaciones aleatorias y establecer vínculos ingeniosos del modo en que es capaz de hacerlo un ser humano dotado de imaginación.

No es un detalle que la mayoría de los chavales tengan en cuenta, pero los padres de Berners-Lee eran científicos informáticos. Se dedicaban a la programación del Ferranti Mark I, la versión comercial del computador de programa almacenado de la Universidad de Manchester. Una tarde, en casa, el padre (cuyo jefe le había pedido que preparase una disertación sobre cómo conseguir que los ordenadores fueran más intuitivos) aludió a varios libros sobre el cerebro humano que estaba leyendo. Su hijo recordaba: «La idea que me quedó grabada fue que los ordenadores podrían llegar a ser mucho más potentes si se lograba programarlos para que vinculasen información que de otro modo permanecería inconexa».[1] También hablaron sobre el concepto de «máquina universal» de Alan Turing. «Así fue como me di cuenta de que lo que limitaba todo lo que podías hacer con un ordenador no eran sino los límites de tu propia imaginación.»[2]

Berners-Lee nació en 1955, el mismo año que Bill Gates y Steve Jobs, y consideraba que aquella fue una época perfecta para interesarse en la electrónica. Los chicos de aquel tiempo conseguían con facilidad un equipo básico y unos componentes con los que pudieran jugar. «Las cosas salían a nuestro paso en el momento preciso —explicó—. Cada vez que habíamos comprendido un avance tecnológico, la industria creaba algo más potente y que podíamos permitirnos con el dinero de nuestras pagas.»[3]

En la primaria, Berners-Lee frecuentaba con un amigo las tiendas para aficionados a las manualidades, donde solían gastarse la semanada en electroimanes para construir sus propios conmutadores e interruptores. «Se incrusta un electroimán en un trozo de madera —rememoraba—, y cuando se acciona el interruptor, el imán atrae un trocito de metal y se completa el circuito.» A partir de ahí desarrollaron una comprensión más profunda de lo que era un bit, cómo podía almacenarse y las cosas que podían realizarse con un circuito. Justo cuando los interruptores sencillos comenzaban a quedárseles pequeños, los transistores se convirtieron en algo lo bastante común como para que sus amigos y él pudieran comprar una bolsa con un centenar a un precio bastante bajo. «Aprendimos a probar transistores y a utilizarlos para sustituir los conmutadores que habíamos construido.»[4] Gracias a eso, pudo visualizar claramente qué función desempeñaba cada componente y compararla con la de los viejos interruptores electromagnéticos reemplazados. Con ellos construyó sistemas de audio para que su tren emitiera sonidos y creó circuitos que controlaban la desaceleración del vehículo.

«Empezamos a concebir circuitos lógicos bastante complejos, pero terminaban siendo imposibles de llevar a cabo porque requerían el uso de demasiados transistores», señaló. No obstante, poco después de toparse con aquel problema, los microchips estuvieron al alcance de todos en las tiendas de electrónica. «Uno compraba aquellas bolsitas de microchips con la paga semanal y se daba cuenta de que podía construir el núcleo de un computador.»[5] Y no solo eso; además, uno podía comprender el núcleo del computador, ya que había recorrido el camino que iba desde los simples interruptores hasta los microchips pasando por los transistores, consciente de cómo funcionaba cada elemento.

El verano anterior a su ingreso en Oxford, Berners-Lee aceptó un trabajo en un aserradero. Mientras echaba un montón de serrín en un contenedor, se encontró una vieja calculadora, mecánica y electrónica a partes iguales, con hileras de botones. La rescató, le instaló algunos de sus interruptores y transistores, y no tardó en funcionar como un computador rudimentario. Compró un televisor estropeado en una tienda de reparaciones y, tras averiguar cómo funcionaba el circuito de la válvula termoiónica, lo utilizó como monitor para que mostrase los datos.[6]

Durante sus años en Oxford los microprocesadores llegaron a ser asequibles, así que, tal como habían hecho Wozniak y Jobs, junto con sus amigos diseñaba placas que luego intentaban vender. No tuvieron tanto éxito como las de Steve, en parte porque, como Berners-Lee explicaría más tarde, «no contábamos con una comunidad tan preparada para ello ni con la mezcla cultural de la que disfrutaban en el Homebrew Computer Club y en Silicon Valley».[7] La innovación aflora en los lugares donde existe el elemento primigenio adecuado, algo que se daba en el Área de la Bahía de San Francisco, pero no en el Oxfordshire de los años setenta.

La educación práctica y paso a paso de Berners-Lee, empezando por los interruptores electromagnéticos y progresando poco a poco hasta llegar a los microprocesadores, le dio una comprensión bastante profunda de la electrónica. «Cuando uno ha logrado construir algo con cables y clavos, si oye decir que un chip o un circuito lleva un conmutador, se siente seguro al usarlo porque es consciente de que puede diseñar otro igual —afirmó—. Ahora los muchachos consiguen un Mac-Book y lo consideran un dispositivo. Lo tratan como un frigorífico y esperan que se llene de cosas buenas, pero no saben cómo funciona. No acaban de comprender lo que mis padres y yo sabíamos: que el único límite de lo que se puede llevar a cabo con un ordenador lo impone la imaginación de quien lo usa.»[8]

Había un segundo recuerdo persistente de la infancia: un almanaque de la época victoriana en la casa paterna que llevaba por mágico y añejo título *Enquire Within Upon Everything* («Averiguaciones a propósito de todas las cosas»). La introducción afirmaba: «Ya sea porque quiere modelar una flor con cera, estudiar las normas de la etiqueta, ofrecer una exquisitez para el desayuno o la cena, preparar un banquete para un grupo grande o pequeño, curar una jaqueca, redactar un testamento, casarse o enterrar a un pariente, sea lo que sea que desee llevar a la práctica, construir o disfrutar (siempre que esté relacionado con las necesidades de la vida doméstica), esperamos que no se olvide de hacer sus "averiguaciones"».[9] Era, en cierto modo, el *Whole Earth Catalog* del siglo XIX, y estaba repleto de información y relaciones al azar, todo bien indexado. «Se emplaza a los averiguadores a consultar el índice del final», se informaba en la portadilla. En 1894 llevaba 89 ediciones y había vendido 1.188.000 ejemplares. «Aquel libro servía de portal a un enorme acervo de información; uno encontraba de todo, desde cómo quitar manchas de la ropa hasta consejos para invertir dinero —observó Berners-Lee—. No constituía una analogía exacta de la Red, pero sí un primitivo punto de partida.»[10]

Otra idea que Berners-Lee llevaba rumiando desde la infancia concernía al modo en que el cerebro humano realiza asociaciones aleatorias —el aroma del café nos hace rememorar el vestido que llevaba una amiga la última vez que tomamos una taza con ella— en comparación con una máquina, que solo puede establecer las asociaciones que está programada para llevar a cabo. También estaba interesado en cómo la gente trabaja en equipo. «Tú tienes la mitad de la solución en tu cerebro y en el mío está la otra mitad —explicó—. Si estamos sentados a una mesa, yo comenzaré una frase y tú podrías ayudarme a terminarla, y así es como intercambiamos pareceres hasta dar con una idea brillante. Dibujamos garabatos en una pizarra y luego editamos las cosas del otro. ¿Cómo podemos hacer eso cuando estamos separados?»[11]

Todos estos elementos, desde el *Enquire Within* hasta la capacidad del cerebro para establecer relaciones fortuitas y colaborar con otras personas, le daban vueltas en la cabeza a Berners-Lee cuando se graduó por la Universidad de Oxford. Más tarde descubriría una gran verdad sobre la innovación: las ideas nuevas afloran cuando una multitud de conceptos casuales encajan entre sí hasta fusionarse. Describió este proceso de la siguiente manera: «Las ideas a medio concretar flotan a nuestro alrededor. Provienen de distintos sitios, y la mente tiene una manera maravillosa de hacerlas revolotear hasta que un día encajan. A lo mejor no encajan demasiado bien, y entonces damos un paseo en bici o lo que sea y todo cuadra».[12]

En el caso de Berners-Lee, sus conceptos innovadores comenzaron a cuadrar cuando aceptó trabajar de asesor para el CERN, el colosal acelerador de partículas y laboratorio físico situado cerca de Ginebra. Necesitaba un modo de catalogar los vínculos entre unos diez mil investigadores, sus proyectos y sus sistemas informáticos. Tanto la gente como los computadores hablaban una gran variedad de idiomas y tendían a establecer vínculos *ad hoc* entre ellos. Berners-Lee necesitaba realizar un seguimiento de todos, de modo que escribió un programa que lo ayudase en dicha tarea. Se fijó en que cuando la gente le explicaba las diversas relaciones entre los miembros del CERN, tendía a garabatear diagramas con numerosas flechas entrecruzadas, así que ideó un método para replicarlo en un programa. Tecleaba el nombre de una persona o de un proyecto y, a continuación, creaba enlaces que mostraban con qué o quién estaban relacionados. Así pues, elaboró un programa informático al que llamó, en homenaje al almanaque de su infancia, Enquire.

«Me gustaba Enquire —escribió—, porque almacenaba información sin utilizar estructuras como matrices o árboles.»[13] Dichas estructuras son jerárquicas y rígidas, mientras que la mente humana opera de un modo más anárquico. Mientras trabajaba en Enquire, se amplió su visión de lo que podía llegar a ser. «Supongamos que toda la información almacenada en los ordenadores de todo el mundo estuviese conectada. Eso supondría la existencia de un único espacio mundial de información. Se formaría una red de información.»[14] Lo que estaba imaginando, aunque en aquel momento no lo supiera, era la máquina memex de Vannevar Bush —capaz de almacenar documentos, establecer referencias cruzadas entre ellos y recuperarlos—, pero en un formato de alcance mundial.

Sin embargo, antes de que progresase más en la creación de Enquire, tocó a su fin el período de asesoría en el CERN. Dejó allí su ordenador y el disquete de ocho pulgadas con todo el código, que enseguida se perdió y cayó en el olvido. Durante varios años, trabajó en Inglaterra para una empresa que fabricaba software para documentos editoriales, pero se aburrió de ello y solicitó una beca en el CERN. En septiembre de 1984 regresó para trabajar con el grupo responsable de recopilar los resultados de todos los experimentos que se realizaban en el instituto.

El CERN era un crisol de gente de diferentes procedencias y de sistemas informáticos que usaban decenas de idiomas, tanto verbales como digitales. Todos necesitaban compartir información. «Dentro de aquella diversidad interconectada —recordaba Berners-Lee—, el CERN era un microcosmos del resto del mundo.»[15] En semejante escenario, volvió a sus cavilaciones de infancia sobre el modo en que gente con distintas perspectivas colabora para transformar en nuevas ideas los puntos de vista erróneos del otro. «Siempre me ha interesado estudiar cómo se trabaja en equipo. Yo lo hacía con multitud de personas de otros institutos y universidades, y tenían que colaborar. Si hubiesen estado en la misma habitación, lo habrían escrito todo en una pizarra. Estaba buscando un sistema que permitiese a la gente poner en común sus pareceres y realizar el seguimiento de la memoria institucional del proyecto.»[16]

Berners-Lee pensaba que un sistema de esas características vincularía a la gente para que pudiese completar las frases y añadir ingredientes provechosos a las ideas a medio formar de sus interlocutores. «Quería que fuese algo que nos permitiera trabajar juntos, diseñar cosas juntos —afirmó—. El momento más interesante a la hora de diseñar algo es aquel en que contamos con multitud de gente de todo el planeta que tiene parte de la solución en sus cabezas. Tienen parte de la solución a la cura del sida, parte de la comprensión del cáncer.»[17] El objetivo era facilitar la creatividad del equipo —el intercambio de ideas que se produce cuando la gente se reúne y termina de dar cuerpo a las ideas de los demás— cuando los participantes no se encuentran en el mismo lugar.

De modo que Berners-Lee reconstruyó el programa del Enquire y comenzó a pensar en cómo expandirlo. «Quería acceder a distintos tipos de información, como, por ejemplo, artículos técnicos de los investigadores, manuales de los diversos módulos de software, actas de reuniones, notas garabateadas sobre la marcha y demás.»[18] De hecho, quería mucho más que eso. Por fuera parecía un codificador nato, pero en su interior anidaba la curiosidad fantástica del niño que se queda hasta altas horas leyendo el *Enquire Within Upon Everything*. Más que diseñar un sistema para organizar datos, ansiaba crear un terreno abierto al juego y la cooperación. «Pretendía construir un espacio creativo —dijo más tarde—, algo así como un arenero en el que todos pudiesen jugar juntos.»[19]

Berners-Lee dio con una sencilla maniobra que le permitiría establecer las conexiones que deseaba: el hipertexto. El hipertexto, un concepto que le resultará familiar a cualquiera que navegue habitualmente por la Red, es una palabra o frase codificada de tal manera que, al clicar sobre ella, envía al usuario a otro documento o fragmento de contenido. Imaginado por Bush en su descripción de una máquina memex, el término fue acuñado en 1963 por el técnico visionario Ted Nelson, que fantaseaba con un proyecto muy ambicioso llamado Xanadú, jamás llevado a la práctica, en el que todos los fragmentos de información serían publicados con enlaces hipertextuales bidireccionales, hacia y desde la información relacionada.

El hipertexto era una forma de facilitar que las conexiones existentes en el núcleo del programa Enquire de Berners-Lee se multiplicaran como conejos; cualquiera podía enlazar a documentos en otros ordenadores, incluso los que usaban otros sistemas operativos, sin pedir permiso. «Un programa Enquire capaz de crear enlaces hipertextuales externos suponía el paso de la reclusión a la libertad —afirmó exultante—. Se podrían tejer nuevas redes para unir distintos ordenadores.» No habría un nodo central ni un comando matriz. Si uno conocía la dirección web de un documento, podía enlazarlo. De este modo, el sistema de enlaces podía expandirse y multiplicarse «cabalgando a lomos de internet», tal como lo expresó Berners-Lee.[20] Una vez más, una innovación tenía lugar al entretejer dos innovaciones previas, en este caso el hipertexto e internet.

Utilizando un ordenador NeXT, el elegante híbrido de terminal de trabajo y ordenador personal creado por Jobs antes de ser expulsado de Apple, Berners-Lee adaptó el protocolo en el que había estado trabajando (llamado Remote Procedure Call, «llamada a procedimiento remoto»), que permitía a un programa que se estuviese ejecutando en un ordenador invocar una subrutina perteneciente a otro. A continuación ideó una serie de principios para nombrar cada documento. Al principio los llamó Universal Document Identifiers («identificadores universales de documento»). Sus compañeros del Grupo de Trabajo de Ingeniería de Internet encargados de aprobar los estándares pusieron pegas al considerar una «arrogancia» denominar «universal» a su proyecto, de modo que Berners-Lee aceptó cambiarlo por «uniforme».[21] De hecho, lo presionaron para que cambiase las tres palabras y las convirtiese en Uniform Resource Locators («localizadores de recursos uniformes», esas URL del estilo de http://www.cern.ch, que ahora usamos a diario). A finales de 1990 había creado un conjunto de herramientas que permitieron que su red de trabajo cobrase vida: un Hypertext Transfer Protocol (HTTP, «protocolo de transferencia de hipertexto») para que el hipertexto pudiese ser intercambiado online, un Hypertext Markup Language (HTML, «lenguaje de marcas de hipertexto») para crear páginas, un navegador rudimentario que sirviese como la aplicación de software encargada de recuperar y mostrar la información, y un software para servidor capaz de responder a las peticiones de la red.

En marzo de 1989, Berners-Lee ya tenía listo su diseño y cursó una solicitud oficial a los altos directivos del CERN con una propuesta de financiación. «Mi esperanza es lograr que se cree un fondo de información capaz de crecer y evolucionar —escribió—. Una "red" de notas unidas por enlaces es mucho más útil que un sistema fijo jerárquico.»[22] Por desgracia, su propuesta provocó desconcierto y entusiasmo a partes iguales. «Vaga pero excitante», anotó en el margen superior del documento su jefe, Mike Sendall. «Cuando leí la solicitud de Tim —admitiría más tarde—, no podía ni imaginarme de qué se trataba, pero me pareció que era algo genial.»[23] De nuevo, un inventor genial se vio necesitado de un colaborador para que una idea cobrase vida.

En un mayor grado que la mayoría de las innovaciones de la era digital, la idea de la Red fue obra principalmente de una sola persona, pero Berners-Lee necesitaba un socio con quien llevar el proyecto a la práctica. Por suerte, encontró un compañero en Robert Cailliau, un ingeniero belga del CERN que había estado sopesando ideas similares y que estaba dispuesto a unir fuerzas con él. «Robert ejerció de padrino en el matrimonio entre el hipertexto e internet», dijo Berners-Lee.

Gracias a sus maneras agradables y sus dotes para los asuntos burocráticos, Cailliau era la persona idónea para convertirse en el apóstol del proyecto dentro del CERN y en el gestor encargado de llevar a cabo el trabajo. Meticuloso en la forma de vestir y acostumbrado a programar metódicamente sus cortes de pelo, según Berners-Lee era «el tipo de técnico capaz de subirse por las paredes por la incompatibilidad entre enchufes de países distintos».[24] Juntos formaron una sociedad que suele verse en los equipos de innovadores, el diseñador de producto visionario y el diligente administrador de proyectos. Cailliau, a quien le encantaba planear y organizar el trabajo, despejó el terreno, aseguró, para que su compañero «enterrase la cabeza en los bits y desarrollase su software». Un día, Cailliau intentó comentar el plan de un proyecto con Berners-Lee y se dio cuenta de que «¡no comprendía el concepto!».[25] Gracias a Cailliau, no le hacía falta entenderlo.

Su primera contribución consistió en pulir la propuesta de financiación que Berners-Lee había remitido a los administradores del CERN, volviéndola menos vaga sin que dejase de ser fascinante. Comenzó por el título, «Gestión de la información». Insistió en que diesen con un nombre más pegadizo para el proyecto, algo que tampoco era muy difícil. Berners-Lee tenía varias ideas. La primera era Mine of Information («Mina de Información»), pero la abreviatura sería MOI, «yo» en francés, que sonaba un tanto egocéntrico. La segunda era The Information Mine, pero el acrónimo sería TIM, que todavía resultaba peor. Cailliau rechazó la idea, utilizada muy a menudo en el CERN, de tomar el nombre de una deidad griega o de un faraón egipcio. Entonces a Berners-Lee se le ocurrió algo directo y descriptivo. «Llamémoslo World Wide Web», dijo. Se trataba de la metáfora que había empleado en su propuesta original. Cailliau objetó: «No podemos llamarlo así, porque la abreviatura WWW suena aún más larga que el nombre completo». Las iniciales tenían el triple de sílabas que el propio nombre,[26] pero Berners-Lee podía ser bastante tozudo. «Suena bien», afirmó. Así que el título de la propuesta se convirtió en «World-WideWeb. Propuesta para un proyecto con hipertexto». Así recibió su nombre la Red.

Una vez que el proyecto recibió el visto bueno oficial, los administradores del CERN quisieron patentarlo. Cuando Cailliau planteó el asunto, Berners-Lee se opuso. Quería que la Red se expandiese y evolucionase tan rápido como fuera posible, y eso significaba que debía ser gratuita y abierta. En un momento dado, le dirigió la mirada a Cailliau y le preguntó en tono acusatorio: «Robert, ¿tú quieres hacerte rico?». Tal como recordaba el interpelado, su primera reacción fue: «Bueno, a nadie le viene mal, ¿no?».[27] Respuesta incorrecta. Cailliau descubrió que «por lo visto aquello no le importaba demasiado. Tim no está metido en esto por dinero. Acepta un abanico mucho más amplio de habitaciones de hotel que algunos directores ejecutivos».[28]

En lugar de eso, Berners-Lee insitió en que los protocolos de la Red debían ponerse a disposición de todos y compartirse de manera abierta y gratuita, con el fin de que perteneciesen para siempre al dominio público. Después de todo, la razón de ser de la Red y la esencia de su diseño eran promover la comunicación y la colaboración. El CERN publicó un documento en el que afirmaba «renunciar a toda propiedad intelectual respecto a dicho código, tanto a la fuente como a la forma binaria, y se garantiza a cualquiera el permiso para utilizarlo, duplicarlo, modificarlo y redistribuirlo».[29] Al final, el CERN unió fuerzas con Richard Stallman y adoptó el GNU de este último, un sistema operativo libre y de código abierto. El resultado fue uno de los recursos gratuitos y abiertos más colosales de la historia.

Este enfoque reflejaba el estilo de Berners-Lee, que prefería no aparecer en la foto y era reacio a cualquier tipo de engrandecimiento personal. El origen de esa actitud residía en un lugar recóndito de su interior: una perspectiva moral basada en el acto de compartir y en el respeto, que había encontrado e interiorizado en la Iglesia universalista unitaria. Como dijo a propósito de sus correligionarios: «Se reúnen en iglesias en lugar de hacerlo en hoteles bien comunicados, y debaten sobre la justicia, la paz, los conflictos y la moralidad en vez de hacerlo sobre protocolos y formatos de datos, pero en muchos sentidos su respeto al prójimo es muy semejante al del Grupo de Trabajo de Ingeniería de Internet. [...] El objetivo de internet y de la Red es buscar una serie de reglas que permitan que los ordenadores trabajen juntos en armonía, y nuestra cruzada espiritual y social pretende encontrar una serie de normas que permitan que la gente trabaje junta en armonía».[30]

A pesar del revuelo que suele acompañar al anuncio de muchos productos —pensemos en los Laboratorios Bell al presentar el transistor o a Steve Jobs y su Macintosh—, algunas de las innovaciones más trascendentales aparecen de puntillas en el escenario de la historia. El 6 de agosto de 1991, Berners-Lee estaba echando un vistazo al foro de internet alt.hypertext cuando se encontró con esta pregunta: «¿Sabe alguien si existen investigaciones o un proyecto sobre [...] enlaces con hipertexto que permitan la búsqueda a partir de fuentes múltiples y heterogéneas?». Su respuesta (desde timbl@info.cern.ch, a las 14.56) se convirtió en el primer anuncio público de la Red. «El proyecto WorldWideWeb pretende que se puedan crear enlaces a cualquier información desde cualquier lugar —comenzaba—. Si estás interesado en usar el código, envíame un correo.»[31]

Con su personalidad poco dada a los aspavientos y su comentario todavía más discreto, Berners-Lee no era consciente de cuán profunda era la idea que acababa de lanzar. «Cualquier información desde cualquier lugar.» «Dediqué muchísimo tiempo a asegurarme de que cualquiera pudiese poner cualquier cosa en la Red —diría más de dos décadas después—. No tenía ni idea de que la gente lo pondría literalmente todo.»[32] Sí, todo. *Enquire Within Upon Everything.*

Marc Andreessen y Mosaic

Para que la gente pudiese consultar sitios en la Red, era necesario que contase con un sistema de software cliente en su ordenador, que terminaría conociéndose como «navegador». Berners-Lee ideó uno que podía leer y editar documentos —esperaba que la Red pudiese convertirse en un espacio donde los usuarios tuvieran la posibilidad de colaborar—, pero su navegador solo funcionaba con ordenadores NeXT, de los que no había demasiados, y no tenía ni el tiempo ni los recursos para crear otras versiones. Así pues, contrató a una joven alumna en prácticas del CERN, una estudiante universitaria llamada Nicola Pellow que se estaba especializando en matemáticas en el Politécnico de Leicester, para que creara el primer navegador universal para los sistemas operativos de UNIX y Microsoft. Era rudimentario, pero funcionaba. «Tenía que ser el vehículo que permitiese a la Red dar sus primeros pasos en la escena mundial, pero Pellow se quedó tan ancha —recordaba Cailliau—. Le encomendamos la tarea y se limitó a concentrarse en ello, sin sospechar siquiera la enormidad de lo que estaba a punto de desatar.»[33] A continuación regresó al Politécnico de Leicester.

Berners-Lee comenzó a insistir a otros en que mejorasen el trabajo de Pellow. «Sugerimos encarecidamente a todo el mundo que la creación de navegadores redundaría en proyectos más útiles.»[34] En el otoño de 1991 había media docena de versiones experimentales, y la Red se expandió a toda velocidad a otros centros de investigación de Europa.

En diciembre cruzó el Atlántico. Paul Kunz, un físico de partículas del Acelerador Lineal de Stanford, estaba de visita en el CERN y Berners-Lee se lo ganó para el mundo de la Red. «Me puso entre la espada y la pared e insistió en que fuera a verlo —afirmó Kunz, que se temía que le esperaba la aburrida demostración de un gestor de datos—. Pero entonces me enseñó algo que me abrió los ojos.»[35] Se trataba de un navegador en el NeXT de Berners-Lee que solicitaba información de un IBM emplazado en alguna otra parte del mundo. Kunz se llevó consigo el software, y http://slacvm.slac.stanford.edu/ se convirtió en el primer servidor web de Estados Unidos.

La World Wide Web alcanzó velocidad supersónica en 1993. El año comenzó con cincuenta servidores web en todo el mundo, y en octubre eran quinientos. Uno de los motivos fue que la principal alternativa para acceder a la información de internet era un protocolo de envío y recogida denominado Gopher* que había sido desarrollado en la Universidad de Minnesota, y circulaba el rumor de que los desarrolladores planeaban imponer una tarifa al uso del software del servidor. Un impulso más importante lo representó la creación del primer navegador fácil de instalar y con capacidades gráficas, el Mosaic. Fue desarrollado en el Centro Nacional de Aplicaciones de Supercomputación (NCSA) de la Universidad de Illinois, en la zona metropolitana de Champaign-Urbana, fundada en virtud de la Ley Gore.

El hombre —o el niño crecidito— que creó el Mosaic era un estudiante universitario, cortés pero impetuoso, llamado Marc Andreessen, un gigantón ufano de casi dos metros de altura alimentado a base de maíz, nacido en Iowa en 1971 y criado en Wisconsin. Era un admirador de los pioneros de internet, y sus escritos le servían de inspiración. «Cuando conseguí un ejemplar de "Como podríamos pensar", de Vannevar Bush, me dije: "Alto ahí, ¡esto es! ¡Se le ha ocurrido!"». Bush se imaginó internet con toda la claridad con la que uno puede hacerlo teniendo en cuenta que no disponía de ordenadores digitales. Charles Babbage y él jugaban en la misma liga.» Otro de sus héroes era Doug Engelbart. «Su laboratorio era el nodo número cuatro en internet, que era como tener el cuarto teléfono del mundo. Tuvo la increíble corazonada de lo que internet sería antes de que existiera siquiera.»[36]

Cuando Andreessen presenció una demostración de la Red en noviembre de 1992, se quedó de piedra. De modo que hizo que se le uniese un empleado del NCSA, Eric Bina, un programador de primera, para construir un navegador más atractivo. A ambos les encantaban las

---

* Al igual que la HTTP de la Red, Gopher era un esbozo de protocolo de aplicación de internet (TCP/IP). Principalmente facilitaba un diseño de navegación basado en un menú con el fin de encontrar y distribuir documentos (generalmente de texto) online. Los enlaces los creaban los servidores en lugar de usar estar incrustados en los documentos. El nombre lo heredó de la mascota de la universidad, y también era un juego de palabras con *go for* («ve a por ello»).

ideas de Berners-Lee, pero consideraban que el software de implementación del CERN era soso y carecía de un aspecto sugerente. «Si alguien lograse crear el navegador y el servidor adecuados, sería muy interesante —le dijo Andreessen a Bina—. Podemos ponernos con ello y hacer que funcione de verdad.»[37]

Durante dos meses consagraron sus fuerzas a unas jornadas intensivas de programación que podían competir con las de Bill Gates y Paul Allen. Codificaron sin parar durante tres o cuatro días —Andreessen aguantaba a base de leche y galletas, y Bina a base de caramelos Skittles y refrescos Mountain Dew—, y luego durmieron todo un día para recuperarse. Formaban un equipo fenomenal; Bina era un programador metódico y Andreessen, un visionario con su producto como prioridad absoluta.[38]

El 23 de enero de 1993, con solo un poco más de fanfarria que la que se había permitido Berners-Lee al lanzar la Red, marca@ncsa.uiuc.edu anunció el Mosaic en el foro de internet www-talk. «Por el poder que nadie en particular me ha otorgado —comenzaba—, aquí os hago entrega de la versión alfa/beta 0.5 del X Mosaic, el navegador de la World Wide Web y de sistemas de información en red basados en signos de la NCSA.» Berners-Lee, que al principio se sintió complacido, publicó su respuesta dos días después: «¡Genial! Cada nuevo navegador es más atractivo que el anterior». Lo añadió a la creciente lista de navegadores disponibles para ser descargados desde info.cern.ch.[39]

Mosaic fue popular porque se podía instalar fácilmente y permitía incorporar imágenes en páginas web. Pero adquirió todavía más fama porque Andreessen conocía uno de los secretos de los emprendedores de la era digital: prestaba una atención obsesiva al intercambio de opiniones, dedicaba mucho tiempo a consultar foros de internet tomando nota de sugerencias y quejas, y luego sacaba versiones actualizadas constantemente. «Es fabuloso lanzar un producto y conocer de inmediato la valoración del público —afirmó entusiasmado—. Lo que extraía de aquella espiral continua de opiniones era una intuición instantánea de lo que funcionaba y de lo que no.»[40]

La concentración de Andreessen en la mejora sin tregua impresionó a Berners-Lee. «Uno le informaba de un fallo y dos horas después te respondía con la solución.»[41] Años más tarde, ya como inversor de capital riesgo, Andreessen convirtió en una norma favorecer a las empresas emergentes cuyos fundadores se centraran en ejecutar códigos y en la atención al cliente más que en gráficas y presentaciones. «Las primeras son las que se convierten en compañías que facturan miles de millones de dólares», señaló.[42]

Sin embargo, hubo algo en el navegador de Andreessen que decepcionó a Berners-Lee y que pronto comenzó a fastidiarle. Era bonito, incluso deslumbrante, pero el énfasis estaba puesto en facilitar medios exuberantes para publicar páginas vistosas, y él consideraba que había que concentrarse en proporcionar las herramientas que permitiesen la colaboración seria. De modo que en marzo de 1993, tras una reunión en Chicago, condujo «a través de los aparentemente interminables campos de maíz» de la región central de Illinois para visitar a Andreessen y Bina en el NCSA.

No fue un encuentro agradable. «Todas mis reuniones anteriores con desarrolladores de navegadores habían sido placenteras y productivas —recordaba Berners-Lee—, pero esa estuvo cargada de una extraña tensión.» Tenía la sensación de que los desarrolladores de Mosaic, que poseían su propio personal de relaciones públicas y habían conseguido gran notoriedad, estaban «intentando aparecer como los principales impulsores de la Red y, básicamente, darle un nuevo nombre, Mosaic».[43] Se le antojaba que trataban de apropiarse de la Red y, tal vez, sacar beneficio de ella.*

A Andreessen, el recuerdo que tenía Berners-Lee le pareció gracioso. «Cuando Tim se presentó allí, venía más en calidad de visita de Estado que para celebrar una sesión de trabajo. La Red estaba subiendo como la espuma, y a él le molestaba no poder controlarla.» La renuncia de Berners-Lee a incorporar imágenes se le antojaba anticuada y purista. «Solo quería texto —recordaba—. Muy en concreto, desaprobaba las revistas. Tenía una visión muy purista, básicamente lo que deseaba era que se usase para publicar artículos científicos. En su opinión, las imágenes eran el primer peldaño en el camino al infierno. Y el camino al infierno es el contenido multimedia y las revistas, lo chillón, los juegos y los artículos de consumo.» A Andreessen, que se centraba en el clien-

---

* Un año después, Andreessen se uniría con el siempre exitoso empresario Jim Clark para lanzar una compañía llamada Netscape, que creó una versión comercial del navegador Mosaic.

te, aquello le pareció fariseísmo académico. «Yo soy un buhonero del Medio Oeste. Si la gente quiere imágenes, tendrá imágenes. Y punto.»[44]

La crítica fundamental de Berners-Lee era que al centrarse en el despliegue de prestaciones, como los contenidos multimedia y las fuentes ornamentales, Andreessen ignoraba el potencial del navegador; a saber, herramientas de edición que habrían permitido a los usuarios interactuar y contribuir al contenido de una página web. El énfasis en el despliegue en lugar de en las herramientas de edición hacía que la Red estuviese más cerca de convertirse en una plataforma de publicación compartida para gente con servidores que en un espacio de colaboración y creatividad. «Me decepcionó que Marc no incluyera herramientas de edición en el Mosaic. Creo que si se hubiera incentivado el uso de la Red como un medio de colaboración en lugar de como un medio de publicación, hoy sería mucho más poderosa.»[45]

Algunas de las primeras versiones de Mosaic sí que contaban con un botón para «colaborar», que permitía a los usuarios descargar un documento, trabajar en él y volver a publicarlo. Pero el navegador no estaba concebido para funcionar como un editor, y Andreessen creyó que era imposible transformarlo en eso. «Me asombró el desdén casi unánime por crear un editor —se quejó Berners-Lee— Sin un editor de hipertexto, la gente no dispondría de las herramientas necesarias para usar la Red como un medio cooperativo personal. Los navegadores les facilitarían la tarea de encontrar y compartir información, pero no podrían trabajar juntos intuitivamente.»[46] Hasta cierto punto, tenía razón. A pesar del enorme éxito de la Red, el mundo habría sido un lugar más interesante de haberse potenciado aquel uso más cooperativo.

Berners-Lee también visitó a Ted Nelson, que vivía en una casa flotante en Sausalito, a la sombra del Golden Gate. Veinticinco años antes había sido el primero en formular el concepto de una red que se sirviera del hipertexto con su proyecto Xanadú. Fue una reunión agradable, pero a Nelson le molestaba que la Red careciera de elementos clave de Xanadú.[47] Creía que una red con hipertextos debía tener enlaces en ambos sentidos, lo que requería la aprobación de la persona que creaba el enlace original y de la persona cuya página era enlazada. Además, dicho sistema habría contado con el beneficio añadido de favorecer micropagos a los creadores de contenido. «El HTML era precisamente lo que tratábamos de evitar: enlaces que se rompen constantemente, enlaces solo de ida, citas cuya fuente es imposible identificar y una gestión inexistente de las versiones y de los derechos», se lamentaría más tarde Nelson.[48]

Si el sistema bilateral de Nelson hubiera prevalecido habría sido posible contabilizar el uso de los enlaces, y esto habría permitido pagos automáticos a quienes creaban el contenido utilizado. El negocio entero de la edición, el periodismo y los blogs habría sido distinto. Los creadores de contenido digital podrían haber sido compensados de un modo sencillo y sin fricciones, permitiendo una gran variedad de modalidades de ingreso, entre ellas algunas que no dependiesen en modo alguno de los anunciantes. En cambio, la Red se convirtió en un reino en el que los agregadores podían ganar más dinero que los creadores de contenido. Los periodistas, tanto los de grandes medios de comunicación como los de pequeños blogs, tenían menos oportunidades de cobrar. Como ha afirmado Jaron Lanier, el autor de *¿Quién controla el futuro?*: «Todo lo relativo a recurrir a los anuncios para financiar la comunicación en internet es en esencia autodestructivo. Si uno tiene enlaces externos universales, puede contar con una base de micropagos gracias a una información que no le pertenece y que es útil a otros».[49] Sin embargo, un sistema de enlaces bilaterales y micropagos habría exigido algún tipo de coordinación central y habría entorpecido la velocísima expansión de la Red, así que Berners-Lee se opuso a aquella idea.

Mientras la Red alzaba el vuelo, en 1993 y 1994, yo era el director de nuevos medios para Time Inc., responsable de la estrategia de la empresa en internet. Al principio habíamos hecho tratos con los servicios online de conexión por línea conmutada, como AOL, CompuServe y Prodigy. Proporcionábamos nuestros contenidos, comercializábamos sus servicios entre nuestros suscriptores y moderábamos salas de chat y foros que formaban comunidades de miembros. Eso nos reportaba entre uno y dos millones de dólares al año en concepto de derechos de autor.

Cuando el internet abierto tomó cuerpo como alternativa a aquellos servicios online de propiedad, pareció que se nos ofrecía una oportunidad de coger las riendas de nuestro destino y el de nuestros suscriptores. En la comida de los Premios National Magazine de abril de 1994 mantuve una conversación con Louis Rossetto, el fundador y director de *Wired*, sobre cuál de los protocolos emergentes de internet y qué herramienta de búsqueda —Gopher, Archie, FTP, la Red— resultaban más convenientes. Me sugirió que la mejor opción era la última, por las sobresalientes capacidades gráficas que podían soportar navegadores como Mosaic. En octubre de 1994, se pusieron en marcha *HotWired* y una serie de sitios web de Time Inc.

En Time Inc. hicimos la prueba de usar nuestras marcas establecidas —*Time*, *People*, *Life*, *Fortune*, *Sports Illustrated*—, además de crear un portal que llamamos Pathfinder. Asimismo, creamos nuevas marcas, como *Virtual Garden* y *Netly News*. En un principio pensamos en cobrar una módica cantidad por suscripción, pero los publicistas de Madison Avenue se mostraron tan entusiasmados con el nuevo medio que se agolparon alrededor de nuestro edificio para comprarnos los anuncios que habíamos desarrollado para nuestros sitios web. Así fue como, junto con otros medios de comunicación, decidimos crear gratuitamente nuestro contenido y volvernos tan atractivos como pudiésemos a los ojos de los anunciantes.

Aquel demostró ser un modelo de negocio insostenible.[50] El número de sitios web, y por lo tanto el espacio para los anuncios, aumentaban exponencialmente cada pocos meses, pero la cantidad total de dólares invertidos continuaba siendo relativamente baja. Eso comportó una caída en la valoración de la publicidad. Tampoco era un modelo demasiado sano desde el punto de vista ético, pues animaba a los periodistas a satisfacer los deseos de sus anunciantes antes que las necesidades de sus lectores. A esas alturas, sin embargo, los consumidores habían sido condicionados para creer que el contenido debía ser gratuito. Hicieron falta dos décadas más para comenzar a devolver ese genio a su botella.

A finales de la década de 1990, Berners-Lee trató de desarrollar un sistema de micropagos para la Red a través del World Wide Web Consortium (W3C), que él mismo presidía. La idea era idear un modo de incorporar en una página web la información necesaria para realizar un pequeño pago, lo que permitiría la proliferación de diversos servicios de «monedero electrónico» creados por bancos o empresas. Jamás fue puesto en práctica, en parte debido a la cambiante complejidad de las regulaciones bancarias. «Cuando comenzamos, lo primero que intentamos fue incentivar pequeños pagos a la gente que subía contenido —explicó Andreessen—, pero en la Universidad de Illinois no disponíamos de los recursos necesarios para aplicar esa idea. Los sistemas de tarjeta de crédito y los bancos lo imposibilitaron. Nos esforzamos en ello, pero era insoportable negociar con aquella gente. Era insoportable hasta extremos inenarrables.»[51]

En 2013, Berners-Lee comenzó a recuperar algunas de las actividades del Micropayments Markup Working Group de W3C. «Estamos volviendo a investigar un protocolo de micropagos —afirmó—. Haría de la Red un lugar completamente distinto. Podría suponer una verdadera optimización. Es innegable que la posibilidad de pagar por un buen artículo o por una canción podría mantener a la gente que escribe o compone.»[52] Andreessen dijo que esperaba que el bitcoin,* una moneda digital y sistema de pago entre iguales creada en 2009, llegase a convertirse en un modelo de mejores sistemas de pago. «Si tuviera una máquina del tiempo y pudiese volver a 1993, una de las cosas que sin duda haría sería crear el bitcoin o alguna forma parecida de criptodivisa.»[53]

Diría que tanto en Time Inc. como en otros grupos mediáticos cometimos otro error: dejamos de lado la idea de comunidad tras asentarnos en la Red a mediados de la década de 1990. En los sitios web de AOL y CompuServe, la mayor parte de nuestros esfuerzos se dirigían a crear comunidades con nuestros usuarios. Contratamos a uno de nuestros clientes más veteranos en The WELL, Tom Mandel, para que moderase el foro de *Time* y ejerciese de maestro de ceremonias en las salas de chat. Publicar artículos de la revista era secundario frente a la creación de una sensación de vínculo social y comunidad entre los usuarios. Cuando migramos a la Red en 1994, comenzamos intentando repetir aquella estrategia. Creamos foros y grupos de chat en Pathfinder y

---

* El bitcoin y otras criptodivisas incorporan técnicas de encriptación matemáticamente codificada y otros principios de la criptografía con el fin de crear una moneda segura e independiente de un control central.

pedimos a nuestros técnicos que copiasen los sencillos hilos de debate de AOL.

Sin embargo, a medida que pasaba el tiempo, empezamos a prestar más atención a la publicación de nuestros textos online que a crear comunidades de usuarios o mejorar el contenido generado por los clientes. Tanto nosotros como otros conglomerados mediáticos reutilizamos nuestras publicaciones impresas en páginas web para que los lectores las consumiesen pasivamente, y relegamos los debates a una serie de comentarios al final de las mismas. A menudo se trataba de diatribas e insensateces que nadie moderaba y que muy pocos, entre ellos nosotros, leían. A diferencia de los foros de Usenet, de The WELL o de AOL, el núcleo no eran los debates, ni las comunidades, ni el contenido creado por los usuarios. En lugar de eso, la Red se convirtió en una plataforma de publicación que servía vino viejo —la clase de contenido que uno espera encontrar en publicaciones impresas— en botellas nuevas. Era como en los primeros tiempos de la televisión, cuando no se emitían más que programas de radio con imágenes. Pecamos de falta de ambición.

Por suerte, el río volvió a su cauce y pronto surgieron nuevas formas de comunicación que aprovecharon la nueva tecnología. Impulsada por el crecimiento de blogs y wikis, que emergieron a mediados de la década de 1990, apareció una Red 2.0 revitalizada que permitía a los usuarios colaborar, interactuar, formar comunidades y generar su propio contenido.

JUSTIN HALL Y CÓMO LOS WEBLOGS SE CONVIRTIERON EN BLOGS

Cuando Justin Hall acababa de empezar sus estudios en el Swarthmore College, en diciembre de 1993, cogió un ejemplar del *New York Times* abandonado en la sala de estudiantes y leyó un artículo de John Markoff sobre el navegador Mosaic. «Pensemos en ello como si se tratara de un mapa que indicase dónde se encuentran enterrados los tesoros de la era de la información —comenzaba—. Un nuevo software de acceso gratuito para las empresas y los particulares está ayudando incluso a los recién llegados al mundo de la informática a abrirse paso en la inmensidad de internet, una red de redes rica en información pero en la que navegar puede llegar a ser desconcertante.»[54] Hall, un geek desgarbado de sonrisa pícara y melena rubia hasta los hombros, parecía un cruce entre Huck Finn y un elfo de Tolkien. Como había pasado su infancia en Chicago metido en foros informáticos, se descargó de inmediato el navegador y comenzó a surfear. «El concepto en sí me descolocó por completo», recordaba.[55]

No tardó en darse cuenta de algo. «Casi todas las tentativas de publicación online eran propias de aficionados, de gente que no tenía nada que decir.» Así que, utilizando un Apple PowerBook y software MacHTTP que había descargado gratis, decidió crear un sitio web que serviría para divertirse y divertir a aquellos que compartiesen su punto de vista descarado y sus obsesiones adolescentes. «Tenía la posibilidad de subir mis escritos electrónicamente, hacer que tuviesen un aspecto atractivo y llenar la web de enlaces.»[56] Tuvo la página lista a mediados de enero de 1994, y pocos días después, para su deleite, infinidad de desconocidos que deambulaban por la Red comenzaron a dar con ella.

La página de inicio tenía un tono de traviesa familiaridad. Incluía una foto de Hall atacando al coronel Oliver North, otra de Cary Grant tomando ácido y una sincera declaración que decía: «El pedestre de Al Gore, primer aduanero oficial de la información». El tono era el propio de una conversación. «¿Qué tal? —afirmaba la página—. Esto es informática del siglo XXI. ¿Vale la pena ser pacientes? Voy a publicar esto, y supongo que vosotros lo vais a leer, en parte para averiguar la respuesta, ¿os parece?»

Por aquel entonces no había directorios web ni motores de búsqueda, aparte de algunos muy formales, como el Catálogo W3 de la Universidad de Ginebra, y una página de «What's New» de la NCSA de la Universidad de Illinois. De modo que Hall inventó uno para su sitio, al que adjudicó el elegante nombre de «Here's a Menu of Cool Shit» («Aquí tenéis un menú de mierda de la buena»). Poco después, en un homenaje a Dostoievski, lo rebautizó «Enlaces de Justin desde el subsuelo». Incluía enlaces a la Fundación Frontera Electrónica, al Banco Mundial y a sitios web creados por expertos en cerveza y fans de la escena musical rave, así como a la página de un chico de la Universidad de Pennsylvania llamado Ranjit Bhatnagar que había diseñado un sitio similar. «Creedme, el autor es un tío muy guay», señalaba Justin. También contaba con una lista de grabaciones piratas de conciertos de Jane's Addiction y Porno for Pyros. «Dejadme un mensaje si estáis interesados en alguna o si tenéis otras», escribió. Como no es de extrañar teniendo en cuenta las fijaciones de Justin y sus usuarios, también había muchas secciones dedicadas a la erótica, con páginas como «Informe sobre la sexualidad en expansión» o «Índices a páginas con material lascivo». No se le pasó por alto recordar servicialmente a sus usuarios: «No olvidéis limpiar el semen de vuestros teclados».

«Enlaces de Justin desde el subsuelo» se convirtió en el mordaz pistoletazo de salida para la proliferación de directorios, como Yahoo! y después Lycos o Excite, que comenzaron a florecer más tarde aquel mismo año. Pero, además de proporcionar un portal al país de las maravillas de la Red, Hall creó algo de una atracción insólita que resultaría ser todavía más importante: un weblog que daba cuenta de sus actividades personales, pensamientos al azar, profundas divagaciones y encuentros íntimos. Se convirtió en la primera forma de contenido creada exclusivamente para —y sirviéndose de— las redes de ordenadores personales. Su weblog contenía poemas mordaces sobre el suicidio de su padre, elucubraciones sobre sus diversos deseos sexuales, fotografías de su pene, relatos encantadoramente agudos sobre su padrastro y otras efusiones que rondaban los límites de lo que se considera un «exceso de información». En resumidas cuentas, se convirtió en el fundador del blogueo canallesco.

«Había sido miembro de la revista literaria del instituto —explicó—, y ya había publicado cosas muy personales.» Aquello se convirtió en la receta para sus futuros y diversos blogs: comportamiento informal, cercanía y provocación. Publicó una foto, que no le habían dejado utilizar en el anuario del instituto, en la que aparecía desnudo en mitad del escenario junto con una leyenda de las editoras en la que se leía: «Riéndome mientras repaso las fotos en blanco y negro de mi pajarito». Más tarde relató el doloroso encuentro sexual que tuvo una noche con una chica, tras el cual se le había inflamado la piel del prepucio; la historia aparecía ilustrada con muchas fotos en primer plano del problema genital. Con ello, contribuyó a inventar una sensibilidad para una nueva época. «Siempre he intentado provocar, y la desnudez era parte de la provocación —señaló—, de modo que tengo en mi haber una larga tradición de proezas que harían ruborizarse a mi madre.»[57]

El empeño de Hall en traspasar los límites del «exceso de información» se convirtió en un sello distintivo del blogueo. Se trataba del desparpajo elevado a categoría moral. «El "exceso de información" constituye algo así como el laboratorio más fiable para llevar a cabo todos nuestros experimentos humanos —explicaría más tarde—. Si uno revela demasiada información, puede lograr que la gente se sienta menos sola.» Aquello no era un asunto trivial. De hecho, hacer que la gente se sintiera menos sola era parte de la esencia de internet.

Lo del prepucio inflamado fue un ejemplo; en unas pocas horas, gente de todo el mundo publicó comentarios con sus propias experiencias, recomendándole curas y asegurándole que la afección no tardaría en desaparecer. Más conmovedor fue el asunto de los escritos a propósito de su padre, un alcohólico que se suicidó cuando Justin tenía ocho años. «Mi padre era un hombre sensible, humano e irónico —escribió—. También era un cabrón intolerante y rencoroso.» Hall contó que su padre solía cantarle canciones de Joan Baez, pero también que se bebía de un trago botellas de vodka, blandía pistolas e insultaba a las camareras. Tras enterarse de que había sido la última persona en hablar con él antes de que se suicidase, Hall publicó un poema: «¿De qué hablamos, / me pregunto, / y / qué más da? / ¿Podría haberte hecho cambiar de opinión?». Aquellas entradas dieron pie a la formación de un grupo de apoyo virtual. Los lectores enviaban sus propias historias y Hall las publicaba. Al compartir vivencias se establecían vínculos. Emily Ann Merkler lidiaba con la pérdida de su padre, víctima de la epilepsia; Russell Edward Nelson aportó el permiso de conducir de su padre y otros documentos escaneados, y Werner Brandt creó una página en memoria de su padre en la que se podían encontrar canciones para piano que le habían gustado en vida. Justin lo publicaba todo junto con sus propias reflexiones. Se convirtió en una red social. «Internet fomenta la participación —señaló—. Al exponerme en la Red, espero animar a la gente a que ponga un poco de su espíritu en sus sistemas.»

Pocos meses después de poner en marcha su weblog, Hall se las ingenió para conseguir, a fuerza de numerosas llamadas telefónicas y correos electrónicos, una beca para trabajar en HotWired.com, en San

Francisco, durante el verano de 1994. La revista *Wired*, bajo la batuta de su carismático director, Louis Rossetto, estaba en proceso de creación de una de las primeras revistas web. Su redactor jefe era Howard Rheingold, un clarividente sabio de la era digital que acababa de publicar *La comunidad virtual*, en el que se describían las costumbres sociales y las satisfacciones resultantes de «asentarse en las fronteras electrónicas». Hall se convirtió en el amigo y protegido de Rheingold, y juntos se enzarzaron en una batalla contra Rossetto por el alma del nuevo sitio web.[58]

Rheingold opinaba que HotWired.com, a diferencia de la revista impresa, debía ser una comunidad con un control muy flexible, una «jam session mundial» repleta de material generado por los propios usuarios. «Pertenecía al bando de Howard en lo referente a la idea de que la comunidad era importante y al deseo de crear foros de usuarios y herramientas que facilitasen que la gente entrara en contacto», recordaba Hall. Una idea en la que insistieron fue la de idear maneras de que los miembros de una comunidad pudieran desarrollar sus propias identidades y reputaciones online. «El valor consiste en que los usuarios hablan con otros usuarios —argumentó Hall ante Rossetto—. La gente constituye el contenido.»

Rossetto, en cambio, opinaba que HotWired debía ser una plataforma de publicación bien elaborada y con un aspecto sofisticado en lo relativo al diseño, con una imaginería profusa que difundiría la marca de la revista y crearía una identidad online fácilmente reconocible. «Contamos con artistas geniales y debemos servirnos de ellos —apostilló—. Vamos a hacer algo hermoso, profesional y refinado, que es algo de lo que la Red carece.» Diseñar una multitud de herramientas para los comentarios y el contenido generado por usuarios era «demasiada parafernalia».[59]

Tras largas reuniones y apasionadas cadenas de correos electrónicos, la postura de Rossetto, compartida por muchos otros directores del mundo impreso, prevaleció, y terminó dando forma a la evolución de la Red. HotWired se convirtió principalmente en una plataforma para la publicación de contenidos más que para la creación de comunidades virtuales. «La era del acceso público a internet ha terminado», afirmó Rossetto.[60]

Cuando Hall regresó de su larga estancia veraniega en HotWired, decidió convertirse en el apóstol del punto de vista contrario, convencido de que valía la pena ensalzar y apoyar los aspectos relacionados con el acceso público a internet. Con menos sofisticación sociológica que Rheingold pero más ardor juvenil, comenzó a predicar la naturaleza redentora de las comunidades virtuales y de los weblogs. «Me he dedicado a colgar mi vida en la Red, a contar historias sobre gente que conozco y cosas que me han sucedido cuando no estoy delante del ordenador —explicó allí mismo un año después—. Hablar de mí mismo me ayuda a seguir adelante.»

Sus manifiestos describían los atractivos de un nuevo medio de acceso público. «Al contar historias en internet, reivindicamos que los ordenadores sirvan para comunicarnos y crear lazos con la comunidad, no para practicar un vulgar mercantilismo», afirmaba en una de sus primeras entradas. Teniendo en cuenta que se había pasado horas en los primeros foros de internet durante su formación, quería recuperar el espíritu de los grupos de Usenet y The WELL.

Y así fue como Hall se convirtió en el Johnny Appleseed del «weblogging». En su página colgó un anuncio en el que se ofrecía a enseñar a la gente a publicar en HTML si lo acogían durante una o dos noches, y a lo largo del verano de 1996 viajó por todo Estados Unidos durmiendo en casa de quienes aceptaron el ofrecimiento. «Cogió un medio concebido como depositario de la erudición académica y lo redujo a una escala humana», escribió Scott Rosenberg en su historia del blogueo *Say Everything*.[61] Sí, pero también contribuyó a algo más: restituyó internet y la Red al estado para el que habían sido creados, herramientas para compartir más que plataformas para la publicación comercial. «Un mejor uso de la tecnología mejora nuestra humanidad —insistió Hall—. Nos permite darle forma a nuestra narrativa, compartir vivencias y establecer vínculos.»[62]

El fenómeno se extendió a toda velocidad. En 1997 John Barger, que había creado un divertido sitio web titulado *Robot Wisdom*, acuñó el término «weblog», y dos años después el diseñador de páginas web Peter Merholz partió la palabra en dos al comentar en broma que usaría la expresión «we blog» («nosotros blogueamos»). La palabra «blog» entró en el habla popular.* En 2014 había en el mundo alrededor de 847 millones de blogs.

---

* En marzo de 2003, «blog» fue admitido como adjetivo y como sustantivo en el *Oxford English Dictionary*.

Fue un fenómeno social que la élite tradicional de los juntapalabras no llegó a apreciar. Era fácil, y no del todo injustificado, denigrar la mayor parte de los barboteos egocéntricos que aparecían en los blogs y sonreír con desdén ante aquellos que ocupaban sus noches en postear en páginas leídas por muy pocos. Sin embargo, como señaló desde el principio Arianna Huffington cuando creó su agregador de noticias, el *Huffington Post*, la gente decidía exponerse en aquellos discursos públicos porque le permitía sentirse realizada.[63] Tenían la oportunidad de expresar sus opiniones, prepararlas para el consumo público y recibir respuesta. Aquello representó una nueva oportunidad para quienes antes habían consagrado sus noches a consumir pasivamente lo que les servían a través de las pantallas de sus televisores. «Antes de que llegase internet, la mayoría de la gente rara vez escribía por placer o satisfacción intelectual después de graduarse del instituto o de la universidad —señalaba Clive Thompson en su libro *Smarter Than You Think*—. Esto es algo que a los colectivos profesionales cuyos oficios requieren escribir incesantemente, como los profesores, los periodistas, los abogados o los expertos en marketing, les cuesta comprender.»[64]

A su simpática manera, Hall comprendió los deleites que esto entrañaba. Era lo que convertiría a la era digital en algo diferente de la era de la televisión. «Al colgar nuestras publicaciones en la Red, rechazamos el papel de receptores pasivos que los medios nos han reservado —escribió—. Si todos disponemos de un lugar donde postear nuestras páginas (el canal de Howard Rheingold, el canal del Rising City High School), no habrá manera de que la Red termine siendo un espacio tan banal y mediocre como la televisión. La oferta de lugares donde encontrar contenido fresco y atractivo será tan grande como la de gente ávida de ser escuchada. La buena costumbre de contar historias humanas es el mejor modo de evitar que internet y la World Wide Web se conviertan en un páramo yermo.»[65]

EV WILLIAMS Y BLOGGER

En 1999 los blogs proliferaban. Habían dejado de ser un territorio monopolizado por exhibicionistas excéntricos como Justin Hall, que publicaban diarios personales sobre su vida y andanzas, y se habían convertido en una plataforma de expertos autodidactas, ciudadanos metidos a periodista, defensores de alguna causa, activistas y analistas. Pero había un problema: para publicar y mantener un blog independiente había que dominar algo de codificación y tener acceso a un servidor. Una de las claves para que una innovación tenga éxito es simplificar el acceso del usuario. Para que los blogs se convirtiesen en un nuevo medio que transformase la publicación y democratizase el discurso público, alguien tenía que ponerlo fácil, tan fácil como «Escribe en este recuadro y pulsa el botón». Aquí es donde entra en escena Ev Williams.

Nacido en 1972 en una granja dedicada al cultivo de maíz y soja en las lindes de la aldea de Clarks, Nebraska (con una población de 374 habitantes), Ev Williams se crió como un chico larguirucho, tímido y a menudo solitario que se mantenía alejado de la caza y el fútbol americano, algo que lo convertía en un bicho raro. En lugar de eso, jugaba con piezas de Lego, construía monopatines de madera, desmontaba bicicletas, dedicaba mucho tiempo al tractor verde de su familia y, tras cumplir con las tareas de riego, contemplaba el horizonte y fantaseaba. «Los libros y las revistas eran mi vínculo con el mundo exterior —recordaba—. Mi familia jamás viajaba, así que nunca había ido a ninguna parte.»⁶⁶

En todo ese tiempo no dispuso de un ordenador, pero al ingresar en la Universidad de Nebraska en 1991 descubrió el mundo de los servicios online y los foros. Comenzó a leer todo lo que pudo sobre internet, e incluso se suscribió a una revista sobre foros electrónicos. Después de abandonar la facultad, decidió poner en marcha una empresa dedicada a fabricar CD-ROM en los que se explicaba el mundo virtual a los empresarios locales. Filmados en el sótano de su casa con una cámara prestada, los vídeos tenían el aspecto de un programa comunitario sin presupuesto, y no se vendieron. Así pues, deambuló hasta California y aceptó un trabajo como redactor becario en la editorial técnica O'Reilly Media, donde puso de manifiesto su molesta independencia al enviar un correo electrónico a todo el personal en el que anunciaba su negativa a escribir sobre uno de los productos de la compañía porque era «una porquería».

Dotado de los instintos de un empresario en serie, Williams siempre rabiaba por poner en marcha sus propias empresas, y a principios de

1999 fundó Pyra Labs con una astuta mujer llamada Meg Hourihan, con quien había salido alguna vez. A diferencia de otros que por aquel entonces se embarcaron en la locura de las puntocoms, se concentraron en usar internet para su propósito original: la colaboración online. Pyra Labs ofrecía un paquete de aplicaciones vinculadas a la Red que permitía a un equipo compartir proyectos, listas de tareas pendientes y documentos creados conjuntamente. Williams y Hourihan descubrieron que necesitaban una manera sencilla de compartir sus reflexiones al azar y sus interesantes productos, así que comenzaron a postear en un sitio web interno que denominaron «Cosas».

Por entonces Williams, a quien siempre le habían encantado las revistas y todo tipo de publicaciones, se había puesto a leer blogs. Más que de los diarios personales al estilo del de Hall, se convirtió en un seguidor acérrimo de los comentaristas sobre tecnología que se estaban destapando como los pioneros del ciberperiodismo, como Dave Winer, que había creado uno de los primeros weblogs, *Scripting News*, y diseñado un formato de sindicación XML para el mismo.[67]

Williams tenía una página propia llamada *EvHead* que contaba con una sección de notas y comentarios actualizados. Al igual que otros que añadían aquella clase de bitácoras a sus páginas de inicio, se veía obligado a teclear elemento por elemento y actualizarlo utilizando código HTML. En un afán por agilizar el proceso, escribió un sencillo archivo de órdenes que convertía automáticamente sus entradas al formato conveniente. Fue un pequeño truco que tuvo un efecto transformador. «La idea de poder teclear una reflexión y que quedase publicada en mi sitio web en cuestión de segundos transformaba por completo la experiencia. Fue una de esas cosas que, al automatizar el proceso, modifica por completo lo que uno está haciendo.»[68] Pronto comenzó a preguntarse si su pequeño complemento podría convertirse en un producto en sí.

Una de las premisas básicas de la innovación es mantenerse centrado. Williams sabía que su primera empresa había fracasado por intentar hacer treinta cosas sin lograr terminar ni siquiera una. Hourihan, que había sido asesora de gerencia, fue categórica: la herramienta del archivo de órdenes era fantástico, pero constituía una distracción, y por tanto no podría llegar a ser un producto comercial. Williams estuvo de acuerdo, pero en marzo registró en secreto el dominio blogger.com. No pudo resistirse. «Siempre había sido el que se ocupa de los productos, y no hago otra cosa que pensar en ellos, así que pensé que aquello sería una ocurrencia genial.» En julio, mientras Hourihan estaba de vacaciones, y sin decírselo a esta, lanzó Blogger como producto independiente. Estaba siguiendo otra de las premisas básicas de la innovación: «No te mantengas demasiado centrado».

Cuando Hourihan volvió y descubrió lo sucedido, se puso a gritar y amenazó con dimitir. Pyra solo contaba con otro empleado además de ellos dos, y no podían permitirse distracciones. «Estaba cabreada —recordaba Williams—, pero la convencimos de que aquello tenía sentido.» Lo tuvo. Blogger atrajo tantos seguidores en los meses siguientes que Williams, con su encanto torpe y lacónico, se convirtió en una de las estrellas del South by Southwest de marzo de 2000. A finales de año, Blogger tenía cien mil cuentas.

Lo que no tenía, no obstante, eran ingresos. Williams había estado ofertando Blogger gratuitamente con la vaga esperanza de que así la gente comprase la aplicación Pyra, pero en el verano de 2000 prácticamente había abandonado ese proyecto. Con el estallido de la burbuja de internet, no era el mejor momento para pedir dinero. La relación entre Williams y Hourihan, siempre un tanto frágil, degeneró hasta el punto de que las peleas a gritos eran algo habitual.

En enero de 2001 la crisis de la falta de efectivo llegó a su punto culminante. Williams necesitaba urgentemente nuevos servidores, y apeló a los usuarios de Blogger para que hicieran donativos. Se ingresaron cerca de 17.000 dólares, suficiente para comprar nuevo hardware pero no para pagar los salarios.[69] Hourihan exigió que Williams abandonase el puesto de director ejecutivo, y cuando este se negó, ella dimitió. «El lunes me fui de la compañía que había cofundado —escribió Hourihan en su blog—. Todavía estoy llorando como una magdalena.»[70] El resto de los empleados, seis en total por entonces, también se fueron.

Williams publicó en su blog una larga entrada titulada «Y entonces solo quedó uno». «Nos hemos quedado sin dinero y he perdido a mi equipo. [...] Los últimos dos años han supuesto para mí un viaje largo, emocionante, instructivo, único, doloroso y, en definitiva, muy fructífero y satisfactorio.» Tras comprometerse a mantener en marcha el servicio aun en el caso de tener que hacerlo solo, terminaba con una posdata: «Si alguien quiere compartir espacio de oficina durante un tiempo, que me lo haga saber. Me vendría bien ahorrarme algo de alquiler (y también la compañía)».[71]

La mayoría de la gente habría abandonado llegados a este punto. No quedaba dinero para el alquiler, no contaba con nadie que mantuviese en funcionamiento los servidores y no estaba previsto obtener ningún ingreso. Asimismo, se enfrentaba a los dolorosos ataques personales y jurídicos de sus antiguos empleados, que lo obligaban a acumular facturas de su abogado. «Lo que se contaba, por lo visto, era que yo había despedido a todos mis amigos sin pagarles y me había apoderado de la compañía —dijo—. Era un asunto verdaderamente feo.»[72]

Aun así, la paciencia del cultivador de maíz y la obstinación del emprendedor formaban parte de la magra herencia de Williams. Poseía un nivel de tolerancia a la frustración por encima de lo normal, de modo que no dio el brazo a torcer, moviéndose en la borrosa frontera entre la perseverancia y la inconsciencia, y conservando la serenidad mientras los problemas lo acosaban. Dirigió la compañía en solitario desde su apartamento. Se encargaba de los servidores y de codificarlos. «Básicamente, me lancé de cabeza a ello y no hice otra cosa que tratar de que Blogger siguiera en marcha.»[73] Los ingresos eran casi nulos, pero podía mantener a raya los costes. Tal como escribió en una entrada de su web: «Lo cierto es que me encuentro en una buena forma sorprendente. Soy optimista (siempre lo soy). Y tengo muchas, muchas ideas (siempre tengo muchas ideas)».[74]

Unos pocos expresaron sus condolencias y le ofrecieron ayuda. Entre ellos cabe destacar a Dan Bricklin, un ingeniero muy querido y siempre dispuesto a colaborar que había participado en la creación de VisiCalc, el primer programa informático de hoja de cálculo. «No me gustaba la idea de que Blogger se viera arrastrado por el derrumbe de las puntocoms», comentó Bricklin.[75] Después de leer la entrada desolada de Williams, le envió un correo electrónico preguntándole si había algo que pudiera hacer para ayudarle. Acordaron verse cuando Bricklin, que vivía en Boston, asistiera a una conferencia de O'Reilly en San Francisco. Mientras comían sushi en un restaurante, Bricklin le contó que años antes, cuando su empresa se estaba yendo a pique, se había cruzado con Mitch Kapor, de Lotus. A pesar de ser un competidor directo, compartían una ética hacker de colaboración, de modo que este le propuso un trato que le ayudaría a seguir siendo solvente. Bricklin fundó una compañía, Trellix, que creó su propio sistema de publicación en sitios web. Pagó por adelantado la inestimable ayuda de la pandilla de hackers de Kapor a un medio competidor y consiguió un trato para que Trellix obtuviese la licencia del software de Blogger por 40.000 dólares, con lo que mantuvo con vida la empresa. Bricklin era, sobre todo, una buena persona.

A lo largo de 2001, Williams trabajó las veinticuatro horas del día en su apartamento o en lugares prestados para mantener Blogger en marcha. «Todo el mundo que me conocía pensaba que estaba loco», recordaba. En Navidad, cuando fue a visitar a su madre, que se había mudado a Iowa, tocó fondo. Le hackearon el sitio web el día de Navidad. «Estaba en Iowa intentando evaluar el daño utilizando una conexión telefónica y un pequeño ordenador portátil, y en aquel momento no disponía de un administrador de sistema ni nadie trabajando para mí. Terminé pasándome la mayor parte del día en un Kinko's, llevando a cabo un control de daños.»[76]

Las cosas comenzaron a enderezarse en 2002. Lanzó Blogger Pro, por el que los usuarios debían pagar, y con la ayuda de un nuevo socio obtuvo la licencia en Brasil. El mundo del blog estaba creciendo exponencialmente, lo que convertía a Blogger en un artículo apetecible. En octubre, gracias a la intervención del antiguo jefe de Williams, el editor Tim O'Reilly, Google llamó a la puerta. Todavía no era más que un motor de búsqueda y aún no había comenzado a comprar otras empresas, pero hicieron una oferta para quedarse con Blogger. Williams aceptó.

El pequeño y sencillo producto de Williams ayudó a democratizar la publicación. Su mantra era: «Clica el botón y publica para los demás». «Me encanta el mundo de las publicaciones y soy una persona muy independiente, dos rasgos que atribuyo al hecho de haber crecido en una granja remota —dijo—. Cuando encontré la manera de hacer que cualquiera pudiera publicar en internet, supe que sería capaz de dar poder y voz a millones de personas.»

Al principio por lo menos, Blogger era sobre todo una herramienta para publicar, no una plataforma para el debate interactivo. «En lugar de promover el diálogo, dejaba a la gente subida en una tribuna —admitió Williams—. Internet tiene una vertiente comunitaria y otra más orientada a la publicación. Hay gente mucho más obsesionada que yo por la primera. En mi caso, me inclino más por el aspecto relativo a la publicación de conocimientos, porque crecí aprendiendo del mundo gracias a lo que otra gente había publicado, y no es que participe demasiado en el aspecto comunitario.»[77]

Sin embargo, la mayor parte de las herramientas digitales terminaron siendo empleadas con propósitos sociales, como cabe esperar de la naturaleza humana. La blogosfera evolucionó hasta convertirse en una comunidad en lugar de limitarse a ser un conjunto de tribunas. «Ha terminado siendo una comunidad, aun cuando todos tengamos nuestros propios blogs, porque nos comentamos y nos enlazamos —dijo Williams años más tarde—. Existía una comunidad, desde luego, tan real como cualquier lista de correo o foro, y al final aprendí a apreciarlo.»[78]

Williams siguió adelante y se convirtió en uno de los fundadores de Twitter, una red social y servicio de micropublicación, y luego de Medium, un sitio dedicado a la publicación diseñado para promover la colaboración y el intercambio. Durante el proceso, se dio cuenta de que en realidad valoraba el aspecto comunitario de internet tanto como el de la publicación. «Dar con una comunidad de personas con intereses similares y relacionarse con ella era muy complicado antes de internet, cuando era un joven granjero de Nesbraska, y el deseo oculto de relacionarte con un grupo siempre forma parte de nosotros. Llegué a la conclusión, mucho después de fundar Blogger, de que era una herramienta que cumplía este cometido. Entrar en contacto con una comunidad es uno de los deseos básicos que impulsan el mundo digital.»[79]

WARD CUNNINGHAM, JIMMY WALES Y EL FABULOSO MUNDO DE LAS WIKIS

Cuando Tim Berners-Lee puso en marcha la Red en 1991, tenía la intención de que se usara como una herramienta de colaboración, razón por la cual le desilusionó que el navegador Mosaic no proporcionase a los usuarios la posibilidad de editar las páginas web que consultaban. Eso transformaba a los internautas en consumidores pasivos del contenido publicado. Aquel desatino lo mitigó en parte el auge de los blogs, que incentivaban el contenido creado por los usuarios. En 1995, se inventó otro medio que fue más lejos en lo relativo a facilitar la colaboración en la Red. Se llamaba «wiki», y permitía que los usuarios modificaran páginas web (en este caso, no por medio de una herramienta de edición en su navegador, sino clicando e introduciendo el texto directamente en las páginas que funcionaban con software wiki).

La aplicación la desarrolló Ward Cunningham, otro de aquellos simpáticos chicos oriundos del Medio Oeste (de Indiana en este caso) que se habían criado montando aparatos de radioaficionado y emocionándose con las comunidades globales que amparaba aquel medio. Tras graduarse por la Universidad Purdue, consiguió un trabajo en una empresa de aparatos electrónicos, Tektronix, donde se le encomendó el seguimiento de los proyectos, una labor parecida a la que afrontó Berners-Lee en el CERN.

Para llevarlo a cabo, modificó un producto de software soberbio desarrollado por uno de los innovadores más encantadores de Apple, Bill Atkinson. Se llamaba HyperCard, y permitía al usuario crear sus propias tarjetas y documentos con hipervínculos en sus ordenadores. Apple no sabía muy bien qué hacer con aquel software, de modo que (debido a la insistencia de Atkinson) lo proporcionaba gratis con los ordenadores. Era fácil de usar, e incluso los niños —sobre todo los niños— lograban crear montones de HyperCard con imágenes y juegos enlazados.

Aunque Cunningham quedó asombrado por HyperCard la primera vez que lo vio, le pareció farragoso, así que ideó una manera muy sencilla de crear nuevas tarjetas y enlaces: una caja vacía en cada tarjeta, en la que uno podía escribir un título, una palabra o una frase. Si uno deseaba crear un enlace a alguna persona, al «Proyecto audiovisual de Harry» o a lo que fuese, simplemente había que teclear aquellas palabras en la caja. «Era divertido», afirmó.[80]

Luego creó una versión de aquel programa de hipertexto para internet, escribiéndolo en solo cien líneas de código Perl. El resultado fue una nueva aplicación de gestión de contenido que permitía a los usuarios editar una página web y contribuir a ella. Cunningham usó la aplicación para crear un servicio, el Portland Pattern Repository («Depósito de Pautas de Portland»), que permitía a los desarrolladores de software intercambiar ideas de programación y mejorarlas según las pautas que otros posteaban. «El plan es hacer que gente interesada escriba páginas web sobre la gente, los proyectos y las pautas que han cambiado su forma de programar —escribió en un aviso publicado en mayo de 1995—. El estilo de redacción es informal, como el de un correo electrónico. […] Pensad en ello como si fuese una lista moderada donde cualquiera puede ser el moderador y todo queda archivado. No es exactamente un chat, pero es posible conversar.»[81]

Lo que necesitaba, llegados a ese punto, era un nombre. Había creado una herramienta web rápida [«quick»], pero QuickWeb sonaba ramplón, como si se le hubiera ocurrido a un comité de Microsoft. Por suerte, un sinónimo de «quick» emergió del fondo de su memoria. Mientras celebraba su luna de miel trece años atrás, recordó, «el encargado del mostrador en el aeropuerto me indicó que cogiésemos el wiki wiki bus entre terminales». Cuando le preguntó qué significaba, le respondió que «wiki» significa «rápido» en hawaiano, y que «wiki wiki» quiere decir «superrápido». Así que bautizó sus páginas web y el software que las hacía funcionar WikiWikiWeb, wiki para abreviar.[82]

En la versión original, la sintaxis que usó para crear enlaces dentro de un texto suponía unir unas palabras con otras de modo que apareciesen dos o más mayúsculas —por ejemplo, LetrasMayúsculas— en un solo término. A esto se lo conoció como CamelCase («caja [tipográfica] de camello»), y su influencia quedaría de manifiesto más tarde en algunas marcas comerciales de internet, como AltaVista, MySpace o YouTube.

WardsWiki (así es como fue conocida) permitía a cualquiera editar y contribuir sin necesidad siquiera de una contraseña. Se almacenarían las versiones anteriores de cada página por si alguien echaba a perder alguna, y habría una página de «Cambios recientes» para que Cunningham y los demás pudiesen efectuar el seguimiento de las ediciones. Pero no habría un supervisor ni un «portero» que aprobase los cambios. Funcionaría, afirmó con su alegre optimismo del Medio Oeste, porque «en general la gente es buena». Era precisamente lo que había imaginado Berners-Lee, una Red que fuese reescrita más que leída. «Las wikis fueron una de las herramientas que facilitaron la colaboración —señaló—. Los blogs fueron otra.»[83]

Al igual que Berners-Lee, Cunningham optó por que cualquiera pudiera acceder y modificar el software básico, de modo que pronto hubo numerosos sitios wiki, así como mejoras de código abierto del software. Con todo, el concepto de «wiki» no traspasó las fronteras del ámbito especializado de la ingeniería informática hasta enero de 2001, cuando lo adoptó un esforzado emprendedor de internet que estaba intentando —sin demasiado éxito— elaborar una enciclopedia online gratuita y de libre acceso.

Jimmy Wales nació en 1966 en Hunstville, Alabama, una localidad donde los pueblerinos convivían con científicos aeroespaciales. Seis años antes, a raíz del lanzamiento del *Sputnik*, el presidente Eisenhower había estado allí en persona para inaugurar el Centro Marshall de Vuelos Espaciales. «Criarme en Huntsville durante el auge del programa espacial me dio una especie de perspectiva optimista acerca del futuro —observó Wales—.[84] Uno de mis primeros recuerdos es que las ventanas de casa tableteaban cuando se estaban realizando pruebas con cohetes. El programa espacial venía a ser como nuestro equipo de fútbol local, de modo que era emocionante y uno sentía que vivía en un pueblo dedicado a la tecnología y la ciencia.»[85]

Wales, cuyo padre era encargado en una tienda de comestibles, fue a un colegio privado de una sola sala que habían puesto en marcha su madre y su abuela, que enseñaba música. Cuando cumplió tres años de edad, la primera le regaló una *World Book Encyclopedia* que le había comprado a un vendedor que iba de puerta en puerta; a medida que iba aprendiendo a leer, se convirtió en objeto de veneración. Puso a su alcance una cantidad inmensa de conocimientos, amén de mapas, ilustraciones e incluso varias transparencias de celofán que uno podía levantar para explorar cosas como los músculos, las arterias y el aparato digestivo de una rana diseccionada. Pero Wales descubriría pronto que el libro tenía sus limitaciones; independientemente de todas las cosas que incluía, muchas otras no estaban allí, y con el paso del tiempo fueron cada vez más. Transcurridos unos años, había toda clase de temas —alunizajes, festivales de rock, marchas contestatarias, los Kennedy y reyes— que no aparecían en su enciclopedia. La *World Book* enviaba adhesivos a los dueños de algún ejemplar para que los pegaran en las páginas y la actualizaran, y Wales lo hacía a conciencia. «Suelo bromear con que comencé de niño revisando la enciclopedia que compró mi madre y pegándole los adhesivos.»[86]

Tras licenciarse por la Universidad de Auburn y una tentativa no demasiado seria de doctorarse, Wales comenzó a trabajar como director de investigación para una empresa de operaciones financieras de Chicago. Pero aquello no acababa de interesarle. Su actitud académica se combinaba con un amor por internet que había demostrado participando en videojuegos de rol online en modo multijugador, que eran en esencia juegos colectivos. Fundó y moderó una lista de correo destinada a debatir sobre Ayn Rand, la escritora estadounidense nacida en Rusia que había abanderado la filosofía libertaria y objetivista. Era muy flexible en lo relativo a quién podía unirse al foro, le molestaban las trifulcas y los ataques personales gratuitos, y supervisaba con mano firme el comportamiento de los participantes. «He escogido un método de moderación "medio", una especie de conminación entre bambalinas», escribió en una entrada.[87]

Antes del auge de los motores de búsqueda, entre los servicios de internet más solicitados se encontraban los directorios web, donde la gente colgaba listas y categorías de sitios web interesantes, así como anillos web, que, por medio de una barra de navegación corriente, creaban un círculo de sitios afines que se enlazaban unos con otros. En 1996, sirviéndose de estas herramientas, Wales puso en marcha, junto con dos amigos, una iniciativa que llamaron BOMIS, por Bitter Old Men in Suits («viejo antipático trajeado»), y empezaron a buscar y recabar ideas. Impulsaron una serie de proyectos típicos del auge de las puntocoms de finales de la década de 1990: un directorio y un anillo de coches usados con fotos, un servicio de comida por encargo, un directorio de empresas de la zona de Chicago y un anillo de deportes. Tras instalarse en San Diego, Wales lanzó un directorio y un anillo que servían como «una especie de motor de búsqueda dirigido al público masculino», en el que aparecían fotografías de mujeres ligeras de ropa.[88]

Los anillos le demostraron a Wales el valor de contar con la ayuda de los usuarios para crear contenido, algo que resultaba patente al observar que la multitud de apostadores deportivos que participaban en su sitio web proporcionaban un informe matutino mucho más preciso que el que cualquier experto pudiese ofrecer por sí solo. También le causó una profunda impresión la lectura de *The Cathedral and the Bazaar*, de Eric Raymond, en el que se explicaba por qué un bazar abierto y creado por una multitud de gente era mejor modelo para un sitio web que una catedral, cuya construcción era controlada desde arriba.[89]

A continuación puso en práctica una idea que reflejaba su amor por aquel libro de su infancia, una enciclopedia online. La llamó Nupedia, y contaba con dos atributos: sería obra de voluntarios y sería gratuita. Se trataba de una idea que ya había sido propuesta en 1999 por Richard Stallman, el primer defensor del software libre.[90] A largo plazo, Wales esperaba ganar dinero vendiendo espacio para anunciantes, y para desarrollarla contrató como ayudante a un estudiante de doctorado en filosofía, Larry Sanger, que había conocido en grupos de debate online. «En concreto, estaba interesado en encontrar a un filósofo que dirigiese el proyecto», recordaba Sanger.[91]

Sanger y Wales fijaron un riguroso proceso de siete pasos para crear y dar el visto bueno a los artículos, que incluía asignar temas a expertos acreditados cuyas credenciales hubieran sido aprobadas y luego someter los textos al cotejo de expertos externos, la opinión del público, una revisión y edición profesionales, y la publicación final. «Deseamos que nuestros editores sean verdaderos expertos en sus campos y (con contadas excepciones) que posean un doctorado», estipulaba la línea política de Nupedia.[92] «La postura de Larry consistía en que, si no lo hacíamos más académica que una enciclopedia tradicional, la gente no creería en ella ni la respetaría —explicó Wales—. Estaba equivocado, pero su visión tenía lógica a tenor de lo que sabíamos por aquellas fechas.»[93] El primer artículo, publicado en marzo de 2000, versaba sobre el atonalismo y era obra de un estudiante de la Universidad Johannes Gutenberg de Maguncia, Alemania.

Era un proceso dolorosamente lento y, lo que es peor, no demasiado divertido. La gracia de escribir para un medio online gratuito, como

Justin Hall había demostrado, era que procuraba un placer enorme. Al cabo de un año, Nupedia solo había publicado alrededor de una decena de artículos —como enciclopedia resultaba inútil— y tenía ciento cincuenta en proceso de escritura, lo que indicaba cuán poco placentero se había vuelto el método. Había sido diseñado al milímetro para no avanzar. Wales no lo comprendió hasta que decidió redactar personalmente un artículo sobre Robert Merton, un economista ganador del Premio Nobel por crear un modelo matemático para los mercados de derivados. Ya había publicado un texto sobre la teoría de valoración de opciones, de modo que estaba familiarizado con el trabajo de Merton. «Me puse a escribir el artículo y resultaba muy intimidante, porque sabía que enviarían el texto a los profesores de economía más prestigiosos que encontrasen —comentó Wales—. De repente, me sentí como si estuviese en el colegio, y era muy estresante. Me di cuenta de que nuestra manera de organizar las cosas no iba a funcionar.»[94]

Fue entonces cuando Wales y Sanger descubrieron el software wiki de Ward Cunningham. Como muchas innovaciones de la era digital, la aplicación del software wiki a Nupedia con el fin de crear Wikipedia —combinando dos ideas para alumbrar una innovación— constituyó un proceso cooperativo que incluyó reflexiones que ya flotaban en el ambiente. Sin embargo, en este caso estalló una disputa muy poco wiki a propósito de quién merecía más reconocimiento.

Tal como lo recuerda Sanger, a principios de enero de 2001 estaba comiendo en un puesto de tacos a pie de carretera cerca de San Diego con un amigo llamado Ben Kovitz, un ingeniero informático. Kovitz había estado usando la wiki de Cunningham y se la describió con pelos y señales. Entonces, según dijo él mismo, a Sanger se le ocurrió que una wiki podría ayudarle a resolver los problemas que estaba teniendo con Nupedia. «Al instante me puse a evaluar si la wiki funcionaría como un sistema de edición más abierto y sencillo para una enciclopedia colaborativa y libre —explicaría más tarde—. Cuantas más vueltas le daba, sin haber visto jamás una wiki, más acertada me parecía la idea.» En su versión de la historia, a continuación convenció a Wales para probar el método de la wiki.[95]

Kovitz, por su parte, alegó que fue a él a quien se le ocurrió la idea de usar el software wiki para la enciclopedia colectiva y que no le fue fácil convencer a Sanger. «Le sugerí que, en lugar de usar la wiki con la plantilla de colaboradores de Nupedia, la abriera al público en general y dejase que cada edición apareciera en el sitio en tiempo real, sin procesos de revisión —relató—. Mis palabras exactas fueron que permitiera que "cualquier idiota con acceso a internet" modificara cualquier página del sitio.» Supuestamente, Sanger objetó: «Pero esos idiotas podrán colgar descripciones flagrantemente falsas o manipuladas, ¿no?». «Sí, y otros idiotas podrán borrarlas o editarlas para mejorar la descripción.»[96]

En cuanto a Wales, más tarde afirmó que ya había oído hablar de las wikis un mes antes de la comida de Sanger y Kovitz. Al fin y al cabo, las wikis llevaban dando vueltas por ahí desde hacía más de cuatro años y eran objeto de debate entre los programadores, incluido uno que trabajaba en BOMIS, Jeremy Rosenfeld, un chicarrón de sonrisa franca. «Jeremy me enseñó la wiki de Ward en diciembre de 2000 y me dijo que podía resolver nuestro problema», recordaba Wales, y añadió que cuando Sanger le enseñó lo mismo respondió: «Ah, sí, wiki. Jeremy me la mostró el mes pasado».[97] Sanger restó credibilidad a este recuerdo y ello dio pie a un virulento fuego cruzado en los foros de debate de Wikipedia. Al final, Wales intentó quitarle hierro a la discusión diciéndole a su compañero en una entrada: «Venga, cálmate», pero Sanger continuó su cruzada contra Wales en otros muchos foros.[98]

La discusión constituyó un caso típico de cuestionamiento de lo acontecido a la hora de escribir sobre la creatividad en equipo; cada jugador tiene un recuerdo distinto de quién realizó cada contribución, con una tendencia natural a exagerar la suya propia. Todos hemos observado esta propensión en nuestros amigos en muchas ocasiones, y quizá incluso más de una o dos veces en nosotros mismos. Aun así, es irónico que una disputa de este tipo tuviese lugar justo cuando veía la luz una de las creaciones más colaborativas de la historia, un sitio basado en el convencimiento de que la gente contribuiría voluntariamente sin exigir ningún reconocimiento.*

---

* Desde luego, y es loable, las entradas de Wikipedia relativas a su propia historia y al papel de Wales y Sanger han terminado, tras mucho batallar en foros de debate, siendo equilibradas y objetivas.

Más importante que determinar quién era merecedor del reconocimiento es valorar las dinámicas que se producen cuando la gente comparte ideas. Ben Kovitz lo comprendía a la perfección. Era la persona con la hipótesis más lúcida —llamémosla la teoría del «abejorro oportuno»— sobre la forma en que se creó Wikipedia. «Algunas personas, con la intención de menospreciar o criticar a Jimmy Wales, han afirmado que soy uno de los cofundadores de Wikipedia, o incluso "el verdadero fundador" —comentó—. Yo sugerí la idea, pero no fui uno de los fundadores. Fui un abejorro que revoloteó entre las flores de la wiki un tiempo y que luego polinizó la flor de la enciclopedia libre. He hablado con muchas otras personas que tuvieron la misma idea, solo que no en el momento ni en el lugar en que podían echar raíces.»[99]

Así es como las buenas ideas suelen aflorar: un abejorro trae la mitad de una idea desde una región y poliniza otra región fértil repleta de innovaciones a medio completar. Este es el motivo por el que las herramientas web son valiosas, al igual que los puestos de tacos.

Cunningham se mostró receptivo e incluso complacido cuando Wales lo llamó en enero de 2001 para decirle que tenía previsto usar el software wiki para impulsar su proyecto de enciclopedia. No había buscado patentarlo ni registrar un copyright del software ni del nombre «wiki», y era uno de esos innovadores felices de ver que sus productos se transforman en herramientas que cualquiera puede usar o adpatar.

Al principio, Wales y Sanger concebían Wikipedia como un complemento de Nupedia, algo así como el pienso o el equipo de una granja. Los artículos wiki, aseguró Sanger a los editores expertos, quedarían relegados a una sección aparte del sitio web y no tendrían cabida en la lista de páginas corrientes de Nupedia. «Si un artículo wiki alcanza un nivel alto, tal vez lo incluiremos en el proceso editorial de Nupedia», escribió en una entrada.[100] Sin embargo, los puristas de la Nupedia eran renuentes, e insistieron en que la Wikipedia fuera mantenida completamente al margen, de modo que no pudiese contaminar la sabiduría de los expertos. El comité asesor de Nupedia afirmaba lacónicamente en su página web: «Téngase en cuenta que los procesos editoriales y las políticas de Wikipedia y Nupedia son completamente independientes;

Ed Roberts (1941-2010). (Cortesía del Museo de Historia del Ordenador.)

El Altair en portada, enero de 1975. (Museo Informático DigiBarn.)

Paul Allen (1953-) y Bill Gates en la sala de informática de Lakeside. (Bruce Burgess, cortesía Lakeside, Bill Gates, Paul Allen y Fredrica Rice.)

Gates arrestado por exceso de velocidad, 1977. (Wikimedia Commons/Albuquerque, Departamento de Policía de Nuevo México.)

El equipo de Microsoft, con Gates abajo a la izquierda y Allen abajo a la derecha, poco antes de dejar Albuquerque, diciembre de 1978. (Cortesía de Microsoft Archives.)

Imagen gráfica de Jobs en el Macintosh original, en 1984. (YouTube.)

e Jobs (1955-2011) y Steve Wozniak (1950-) 1976. (© DB Apple/dpa/Corbis.)

hard Stallman (1953-). (Sam Ogden.)

Linus Torvalds (1969-). (© Jim Sugar/Corbis.)

Stewart Brand y Larry Brilliant (1944-) en la casa flotante de Brand, en 2010. (© Winnie Wintermeyer.)

William von Meister (1942-1995). (*The Washington Post*/Getty Images.)

Steve Case (1958-). (Cortesía de Steve Case.)

Tim Berners-Lee (1955-). (CERN.)

Marc Andreesen (1971-). (© Louie Psihoyos/ Corbis.)

Justin Hall (1974-) y Howard Rheingold (1947-) en 1995. (Cortesía de Justin Hall.)

Dan Bricklin (1951-) y Ev Williams (1972-) en 2001. (Don Bulens.)

Jimmy Wales (1966-). (Terry Foote vía Wikimedi Commons.)

Serguéi Brin (1973-) y Larry Page (1973-). (Associated Press.)

Ada, condesa de Lovelace. (Hulton Archive/Getty Images.)

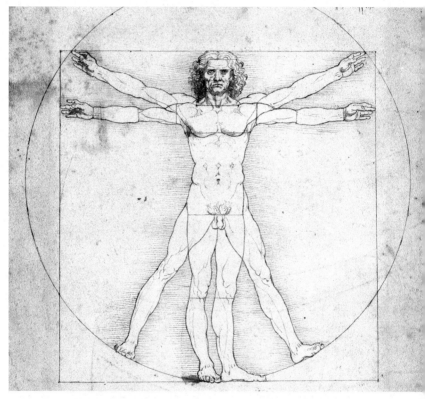

El Hombre de Vitruvio de Leonardo da Vinci. (© The Gallery Collection/Corbis.)

los editores de Nupedia y los encargados de realizar la revisión por pares no apoyan necesariamente el proyecto de Wikipedia, y es posible que los colaboradores de Wikipedia no apoyen el proyecto de Nupedia».[101] Aunque no lo supieran, los pedantes del sacerdocio nupédico le estaban haciendo un gran favor a Wikipedia al cortar el cordón umbilical.

Sin ningún lastre que la atenazase, Wikipedia alzó el vuelo. Fue al contenido web lo que GNU/Linux era al software: un patrimonio común creado y mantenido por voluntarios que trabajaban por las satisfacciones cívicas que obtenían de ello. Era un concepto soberbio y contrario a toda lógica, perfectamente ajustado a la filosofía, la actitud y la tecnología de internet. Cualquiera podía editar una página y los resultados se mostraban al instante. No era preciso ser un experto. Uno no tenía que enviar por fax su diploma. No tenía que ser autorizado por las altas instancias. Ni siquiera era necesario registrarse ni usar el nombre real. Evidentemente, ello implicaba que los vándalos podían arruinar páginas, como también podían hacerlo los imbéciles y los ideólogos. Pero el software seguía el rastro de cada versión. Si aparecía un artículo erróneo, la comunidad no tenía más que borrarlo clicando en un enlace para «revertir». El estudioso de los medios de comunicación Clay Shirky explicó el proceso en los siguientes términos: «Imaginemos una pared en la que fuese más fácil borrar que añadir grafitis. La cantidad de grafiti en dicha pared dependerá del compromiso de sus defensores».[102] En el caso de Wikipedia, sus defensores estaban profundamente comprometidos. Se han librado guerras menos intensas que las batallas por la reversión que tienen lugar en Wikipedia. Y, en cierto modo de manera asombrosa, las fuerzas de la razón acostumbraban a triunfar.

Un mes después del lanzamiento de Wikipedia había miles de artículos, aproximadamente setecientas veces más que el número de documentos publicados por Nupedia al cabo del año. En septiembre de 2001, tras ocho meses de existencia, contaba con diez mil artículos. Aquel mes, cuando tuvieron lugar los hechos del 11-S, el sitio demostró su agilidad y utilidad; los colaboradores se concentraron en crear nuevos documentos que versaban sobre temas como el World Trade Center y sus arquitectos. Al año siguiente, el total de artículos alcanzó los cuarenta mil, más que los que contenía la *World Book Encyclopedia* que compró la madre de Wales. En marzo de 2003 el número de artículos en la edición inglesa ascendía a cien mil, con cerca de quinientos editores en activo que trabajaban casi a diario. Llegados a este punto, Wales decidió cerrar Nupedia.

Para entonces ya hacía un año que Sanger se había marchado. Wales no se opuso. Habían chocado cada vez más en cuestiones fundamentales, como el deseo de Sanger de mostrar mayor deferencia hacia los expertos y estudiosos. En opinión de Wales, «quienes esperan deferencia por tener un doctorado y no quieren tratar con gente corriente tienden a ser cargantes».[103] Sanger percibía lo contrario, que eran las masas de iletrados las que tendían a ser cargantes. «Como comunidad, Wikipedia carece del hábito o la tradición del respeto a la profesionalidad —escribió en un manifiesto redactado el Año Nuevo de 2004 que supuso uno de los numerosos ataques tras su marcha—. Una política que intenté implantar en la Wikipedia del primer año, pero para la que no se me apoyó como era debido, fue la de respetar y tratar con educación a los expertos.» El elistismo de Sanger encontró el rechazo no solo de Wales, sino del resto de la comunidad de Wikipedia. «Por consiguiente, casi cualquiera con mucha experiencia pero poca paciencia evitará editar los artículos de Wikipedia», se lamentaba Sanger.[104]

Resultó que se equivocaba. La multitud desprovista de credenciales no se quedó sin expertos. En lugar de eso, fue ella la que se convirtió en la experta, y los expertos se convirtieron en parte de la multitud. En los primeros tiempos de Wikipedia, yo estaba investigando para un libro sobre Albert Einstein y me fijé en que la entrada correspondiente a su biografía aseguraba que en 1935 había viajado a Albania para que el rey Zog le ayudase a escapar de los nazis consiguiéndole un visado para entrar en Estados Unidos. Aquello era una completa falsedad, aunque el pasaje contenía citas de oscuros sitios web albaneses donde se afirmaba orgullosamente semejante hecho, basándose por regla general en una serie de recuerdos de tercera mano sobre lo que un amigo del tío de alguien le había contado a este en su momento. Con mi nombre real y con el de usuario de Wikipedia, borré del artículo la aseveración, pero apareció de nuevo. En la página de debate aporté pruebas de dónde se encontraba realmente Einstein en aquel momento en cuestión (Princeton) y de qué pasaporte usaba (uno suizo). Pero los tozudos albaneses no se daban por vencidos y seguían reinsertando la afirmación. El tira y afloja sobre Einstein en Albania continuó durante algunas semanas. Comenzó a preocuparme que la obstinación de unos pocos obcecados pudiese menoscabar la fe de Wikipedia en la sabiduría de las multitudes. Pero, al poco tiempo, las guerras de edición terminaron y el artículo dejó de afirmar que Einstein hubiera ido a Albania. Al principio no me creí el éxito de la sabiduría de las multitudes, dado que la insistencia en enmendar aquel artículo había venido por mi parte, no por parte de las masas. Pero entonces me di cuenta de que yo, como otros miles, era de hecho parte de la multitud, añadiendo de vez en cuando diminutos fragmentos de sabiduría.

Un principio clave de Wikipedia era que los artículos debían reflejar un punto de vista neutral. Esto era fácil al redactar artículos que, en general, eran directos, incluso a propósito de temas controvertidos como el calentamiento global o el aborto. También facilitaba que gente que sostenía puntos de vista distintos colaborase. «Gracias a la política de neutralidad, en los mismos artículos tenemos trabajando juntos a defensores de creencias enfrentadas —explicó Sanger—. Vale la pena subrayarlo.»[105] La comunidad era capaz de guiarse por la estrella polar del punto de vista neutral para elaborar un texto consensuado que ofreciese perspectivas contrapuestas de un modo imparcial. Se convirtió en un modelo, pocas veces imitado, de hasta qué punto las herramientas digitales pueden usarse para encontrar un terreno común en una sociedad beligerante.

Pero no era solo que los artículos de Wikipedia los crease conjuntamente una comunidad, sino que también sus prácticas operativas funcionaban por cooperación. Wales alentó un sistema flexible de organización colectiva en el que hacía las veces de guía y de benevolente acicate, pero no de jefe. Había páginas wiki donde los usuarios podían formular y debatir las reglas en grupo. Por medio de este mecanismo, las pautas evolucionaron hasta lidiar con asuntos como las prácticas de reversión, la mediación en las discusiones, el bloqueo de ciertos usuarios y la concesión a algunas personas del estatus de administradores. Todas estas normas surgieron orgánicamente desde la comunidad en lugar de ser dictadas desde arriba, por una autoridad central. Al igual que el propio internet, el poder se distribuyó. «No puedo imaginarme quién sino un grupo de gente colaborando podría haber redactado unas pautas tan detalladas —reflexionó Wales—. En Wikipedia es corriente que lleguemos a una solución realmente buena, y esto se debe a que muchas mentes se han empeñado en mejorar el aspecto que nos ocupa.»[106]

Mientras crecía de manera orgánica y tanto el contenido como la gestión surgían de su base, Wikipedia fue capaz de expandirse como una enredadera. A principios de 2014 había ediciones en 287 idiomas que iban desde el afrikaans hasta el samogitiano. El número total de artículos era de 30 millones, con 4.400.000 en inglés. En cambio, la *Encyclopedia Britannica*, que dejó de publicar una edición impresa en 2010, contaba con 8.000 artículos en su edición electrónica, menos del 2 por ciento que Wikipedia. «El esfuerzo acumulado de los millones de colaboradores de Wikipedia significa que nos encontramos a un clic de saber lo que es un infarto de miocardio, cuáles fueron las causas de la guerra de la Franja de Agacher o quién fue Spangles Muldoon —ha escrito Clay Shirky—. Se trata de un milagro imprevisto, como cuando "el mercado" decide cuánto pan tiene que haber en la tienda. La Wikipedia, sin embargo, es un fenómeno aún más inusitado que el mercado; no solo la gente aporta gratuitamente todo ese material, sino que está a tu alcance sin coste alguno.»[107] El resultado ha sido el mayor proyecto cooperativo de la historia en el ámbito del conocimiento.

Entonces, ¿por qué contribuye la gente? El profesor de Harvard Yochai Benkler califica a la Wikipedia, junto con otros proyectos de software de código abierto y otro tipo de iniciativas de cooperación, de ejemplos de «producción basada en el patrimonio común de la ciudadanía». «Su característica fundamental es que los grupos de personas colaboran con éxito en proyectos a gran escala siguiendo una variada serie de impulsos motivacionales y señales sociales, en lugar de guiarse por los precios del mercado o por las órdenes de una organización», explica.[108] Entre estas motivaciones se encuentran la satisfacción psicológica de interactuar con otros y la gratificación personal por realizar una labor útil. Todos tenemos nuestros pequeños placeres, como coleccionar sellos o ser puntillosos en el buen uso de la gramática, sabernos la media de bateo de Jeff Torborg en la universidad o el orden de la batalla de Trafalgar. Todo esto tiene cabida en Wikipedia.

Cabe detectar aquí algo fundamental, casi primordial. Algunos wikipedistas se refieren a ello como el «wiki-crack», el chute de dopamina que parece alcanzar los centros de placer del cerebro cuando uno finaliza una edición brillante y aparece al instante en la Wikipedia. Hasta hace poco, ser publicado era un deleite reservado solo a un grupo selecto. La mayoría de nosotros podemos recordar la emoción que experimentamos al ver aparecer en público nuestras palabras por primera vez. La Wikipedia, como los blogs, puso este goce al alcance de todos. Uno no necesita tener credenciales ni estar ungido por la élite de los medios de comunicación.

Por ejemplo, muchos artículos de Wikipedia sobre la aristocracia británica han sido escritos por un usuario conocido como Lord Emsworth. Profundizaban tanto en las complejidades del sistema de pares que algunos aparecían como «Artículo del día», y Lord Emsworth llegó a convertirse en un administrador de la Wikipedia. Resultó que el tal Lord Emsworth, un nombre sacado de las novelas de P. G. Wodehouse, era en realidad un estudiante de dieciséis años que vivía en South Brunswick, New Jersey. En Wikipedia nadie sabe si eres o no un plebeyo.[109]

Relacionada con esto, también está la satisfacción todavía más profunda que se siente al ayudar a crear la información que usamos en lugar de limitarse a recibirla pasivamente. «El compromiso de la gente con la información que lee —escribió el profesor de Harvard Jonathan Zittrain— es un importante fin en sí mismo.»[110] Una Wikipedia creada entre todos tiene más sentido que una Wikipedia que nos sirviesen ya masticada. La producción fruto de la colaboración entre iguales permite que la gente se sienta parte de algo.

Jimmy Wales repetía a menudo que la Wikipedia tenía una sencilla y edificante meta: «Imaginemos un mundo en el que a cada persona del planeta se le dé acceso libre a todo el conocimiento humano. Eso es lo que estamos haciendo». Era un objetivo enorme, audaz y valioso, pero apenas permite comprender en toda su magnitud lo que hizo la Wikipedia. Se trataba de algo más que de «dar» a la gente libre acceso al conocimiento; era también concederle el poder, de un modo nunca antes visto en la historia, de formar parte del proceso de crear y distribuir conocimiento. Wales terminó dándose cuenta de esto. «Wikipedia permite a la gente no solo el acceso al conocimiento de otras personas, sino la posibilidad de compartir el conocimiento propio —dijo—. Cuando uno contribuye a construir algo, lo posee, estás imbuido de ello. Eso es mucho más satisfactorio que haberlo recibido de manos de otro.»[111]

Wikipedia acercó todavía más el mundo a la visión propuesta por Vannevar Bush en su ensayo de 1945, «Como podríamos pensar», en el que predecía: «Aparecerán modalidades de enciclopedia completamente nuevas, creadas sobre la marcha y permeadas por una maraña de rastros asociativos, preparadas para alimentar el memex y ser ampliadas a partir de ahí». Esto suponía que volvían a ser tenidas en cuenta las ideas de Ada Lovelace, que afirmó que las máquinas serían capaces de hacer casi cualquier cosa, excepto pensar por sí solas. La Wikipedia no tenía nada que ver con construir una máquina pensante, sino que era un ejemplo deslumbrante de la simbiosis entre humanos y máquinas, en que la sabiduría de los humanos y la potencia de procesamiento de los ordenadores se entretejían como en un tapiz. Cuando en 2011 Wales y su nueva esposa tuvieron una hija, le pusieron de nombre Ada, por lady Lovelace.[112]

Larry Page, Serguéi Brin y Search

Cuando Justin Hall creó su peculiar página en enero de 1994, solo había setecientos sitios web en todo el mundo. A finales de aquel año había diez mil, y al terminar el siguiente ya eran cien mil. La combinación de ordenadores personales y redes había conducido a una situación asombrosa: cualquiera podía hallar contenidos en cualquier lugar y distribuir el suyo propio por doquier. Sin embargo, para que este universo en expansión resultase útil era necesario encontrar un sistema fácil, una interfaz sencilla que uniera a seres humanos, ordenadores y redes, que permitiese a la gente encontrar lo que necesitaba.

La primera tentativa al respecto fue una compilación de directorios. Algunos eran extravagantes y frívolos, como los «Enlaces desde el subsuelo» de Hall y las «Páginas inútiles» de Paul Phillips, mientras que otros eran sobrios y serios, como la World Wide Web Virtual Library de Tim Berners-Lee, la página «What's New» de la NCSA y el Global Network Navigator de Tim O'Reilly. En un lugar intermedio, y llevando el concepto a un nuevo nivel, existía un sitio creado en 1994 por dos estudiantes de Stanford que se llamaba, en una de sus muchas encarnaciones iniciales, Guía de la Red de Jerry y David.

Mientras terminaban sus tesis doctorales, Jerry Yang y David Filo remoloneaban jugando una liga de baloncesto ficticia. «Hacíamos todo lo posible por evitar escribir nuestras tesis», recordaba Yang,[113] que se pasaba el tiempo urdiendo maneras de cotillear en las estadísticas de los servidores que usaban FTP y Gopher, dos protocolos para distribuir documentos en internet muy populares antes del auge de la Red.

Cuando apareció el navegador Mosaic, Yang desvió su atención hacia la Red, y junto con Filo comenzó a recopilar a mano un directorio de sitios siempre en constante expansión. Estaba organizado por categorías —como «Negocios», «Educación», «Entretenimiento», «Gobierno», etc.—, y cada categoría contaba con decenas de subcategorías. A finales de 1994, habían rebautizado la guía con el nombre de Yahoo!

De entrada, había un problema obvio; con el número de sitios web multiplicándose por diez cada año era imposible mantener un directorio actualizado a mano. Por suerte, había una herramienta que ya se estaba usando para rebuscar información guardada en los sitios de FTP y Gopher. Se la conocía como «araña web», porque se dedicaba a deslizarse de un servidor a otro por todo internet recopilando un índice. Las dos arañas web más famosas recibieron los nombres de dos personajes de cómic, Archie (para los archivos FTP) y Veronica (para Gopher). En 1994, una multitud de ingenieros decididos estaban creando sus arañas para que sirviesen como herramienta de búsqueda en la Red. Entre ellas se encontraban WWW Wanderer («merodeadora web»), creada por Matthew Gray en el MIT; WebCrawler («oruga web»), obra de Brian Pinkerton en la Universidad de Washington; AltaVista, desarrollada por Louis Monier en la Digital Equipment Corporation; Lycos, creada por Michael Mauldin en la Universidad Carnegie Mellon; OpenText, obra de un grupo de la Universidad de Waterloo, en Canadá, y Excite, creada por seis amigos en Stanford. Todas ellas utilizaban robots, o bots, que saltaban de enlace en enlace, con la capacidad de desplazarse a toda velocidad por la Red como un borracho de bar en bar, absorbiendo URL e información sobre cada sitio. Todo esto se etiquetaba, se indexaba y se incluía en una base de datos a la que se podía acceder por medio de un servidor de rastreo.

Filo y Yang no crearon su propia araña web, sino que decidieron comprar la licencia de una y la añadieron a su página de inicio. Yahoo! continuó subrayando la importancia de su directorio, recopilado por humanos. Cuando un usuario tecleaba una frase, los ordenadores de Yahoo! comprobaban si tenía relación con alguna entrada del directorio, y si había coincidencias, aquella lista de sitios artesanal emergía. Si no, la exploración se delegaba en el motor de búsqueda de la araña web.

El equipo de Yahoo! creía, erróneamente, que la mayoría de los usuarios navegaban por la Red explorando en lugar de buscando algo específico. «La transición de la exploración y el descubrimiento a la búsqueda específica de nuestros días era inconcebible entonces», recordaba Srinija Srinivasan, la primera editora jefe de Yahoo!, que supervisaba una sala de más de sesenta jóvenes editores y recopiladores de directorios.[114] Esta fe en el factor humano significó que a Yahoo! le iría mucho mejor que a la competencia durante años (e incluso en la actualidad) a la hora de escoger nuevas historias, si bien no en lo que respecta a proporcionar herramientas de búsqueda. Aun así, era imposible que Srinivasan y su equipo pudieran seguir el ritmo de las páginas que se creaban. A pesar de lo que ella y sus colegas de Yahoo! creían, los motores de búsqueda automatizados se convertirían en el método principal para encontrar cosas en la Red, una vía abierta por otro par de estudiantes de Stanford.

Larry Page nació y se crió en el mundo de la informática.[115] Su padre era profesor de informática e inteligencia artificial en la Universidad de Michigan, y su madre daba clases de programación allí. En 1979, cuando Larry tenía seis años, el padre le llevó a casa un Exidy Sorcerer, un ordenador doméstico para aficionados a la informática.* «Recuerdo que estaba muy emocionado por tener un ordenador, porque era algo

---

* Creado por Paul Terrell, el dueño de Byte Shop, que había impulsado el lanzamiento del Apple I al pedir los primeros cincuenta aparatos para su tienda.

fuera de lo común y seguramente caro, como comprar un coche», dijo.[116] Larry dominó enseguida su funcionamiento, y al poco tiempo ya lo utilizaba para hacer los deberes del colegio. «Creo que fui el primer chaval de la escuela en entregar un documento escrito con un procesador de texto.»[117]

Uno de sus héroes de la infancia era Nikola Tesla, el imaginativo pionero de la electricidad y otros inventos al que Thomas Edison había engañado y que falleció como un desconocido. Cuando tenía doce años, Page leyó la biografía de Tesla y la historia lo desconcertó. «Fue uno de los inventores más importantes, pero su historia es muy, muy triste —afirmó—. No logró vender nada, y apenas podía financiarse la siguiente investigación. Uno desea parecerse más a Edison. Con inventar algo no ayudas a nadie, lo que hay que hacer es ponerlo en el mundo; hay que producirlo y ganar dinero con ello para poder financiarlo.»[118]

A él y a su hermano Carl, los padres de Larry solían llevarlos de viaje por carretera, a veces a congresos sobre informática. «Creo que cuando entré en la universidad ya había visitado casi todos los estados», apuntó. Uno de aquellos viajes fue al Congreso Conjunto Internacional sobre Inteligencia Artificial celebrado en Vancouver, que estaba lleno de robots fabulosos. Como tenía menos de dieciséis años le prohibieron la entrada, pero su padre insistió. «Básicamente les gritó. Es una de las pocas veces que lo he visto discutir.»[119]

Al igual que Steve Jobs y Alan Kay, el otro amor de Larry después de los ordenadores era la música. Tocaba el saxofón y estudiaba composición. Durante los veranos iba a un famoso campamento musical en Interlochen, en el norte de Michigan. Los profesores tenían un método para comprobar el nivel de cada chico: al llegar les asignaban asientos en la orquesta y cualquier niño podía retar al que tuviese al lado; a los competidores les daban una selección musical que debían interpretar mientras el resto de los chavales les daban la espalda; luego votaban quién había sonado mejor. «Tras un tiempo, las cosas se calmaban y cada uno sabía cuál era su lugar», comentó.[120]

Los padres de Page no solo daban clases en Michigan, sino que se habían conocido allí en su época de estudiantes, de modo que cuando le decían que él también iría allí se trataba de una broma a medias. Y allí fue. Se empeñó en licenciarse en empresariales además de en informática, en parte por prudencia tras haber leído la historia de Tesla, que era capaz de inventar pero no de vender. Además, tenía por modelo a su hermano Carl, nueve años mayor, que tras finalizar los estudios se convirtió en el cofundador de una de las primeras compañías dedicadas a las redes sociales, que tiempo después vendería a Yahoo! por 413 millones de dólares.

El curso universitario que lo impresionó más, según Page, fue el que versaba sobre la interacción entre humanos y ordenadores, impartido por Judith Olson. El objetivo era comprender cómo diseñar interfaces sencillas e intuitivas. Page realizó su trabajo de investigación sobre el visulizador del gestor de correo Eudora, estimando y comprobando cuánto tiempo le llevaba ejecutar varias tareas. Descubrió, por ejemplo, que las teclas comando ralentizaban al usuario en 0,9 segundos en comparación con el uso del ratón. «Diría que había desarrollado una intuición sobre cómo interactúa la gente con una pantalla, y me di cuenta de que todo aquello era muy importante —explicó—. Aun así, incluso hoy siguen sin comprenderse del todo.»[121]

Un verano, durante sus años en la universidad, Page fue a un campamento organizado por un instituto especializado en liderazgo llamado LeaderShape, que animaba a los estudiantes a mostrar «una sana indiferencia por lo imposible». Le inculcaron el deseo, que más tarde satisfaría en Google, de impulsar proyectos que otros considerarían en el límite entre la audacia y la insensatez. En concreto, tanto en Michigan como más adelante, se empeñaría en ideas futuristas para sistemas de transporte privado y coches sin conductor.[122]

Cuando llegó el momento de realizar el curso de posgrado, el MIT rechazó a Page, pero Stanford lo aceptó. Aquello fue una bendición; para alguien interesado en la intersección entre la tecnología y el mundo de los negocios, aquel era el lugar adecuado. Desde que Cyril Elwell, licenciado por dicha universidad, fundase Federal Telegraph en 1909, Stanford no solo había tolerado el espíritu empresarial, sino que lo había incentivado entre sus alumnos, una actitud que se vio reforzada cuando el decano Fred Terman construyó un parque industrial en unos terrenos de la universidad a principios de la década de 1950. Incluso dentro de la facultad de ingeniería, se ponía el mismo énfasis en la creación de nuevas empresas que en las publicaciones académicas. «Era la clase de profesores que yo quería, con un pie en la industria y el deseo de llevar a cabo locuras que pusiesen el mundo patas arriba —afirmó Page—. Muchos profesores de informática de Stanford son así.»[123]

Por aquel entonces, la mayor parte de las universidades de élite se centraban en la investigación académica y evitaban las tentativas comerciales. Stanford abrió el camino a un tipo de universidad que no se limitara a desempeñar el papel de academia, sino que también ejerciera de incubadora. Algunas de las compañías que engendró Stanford fueron Hewlett-Packard, Cisco, Yahoo! y Sun Microsystems. Page, que terminaría añadiendo el nombre más grande a esta lista, pensaba que aquella perspectiva mejoraba la investigación. «Creo que la productividad de la investigación pura era mucho más alta, porque contaba con una base afianzada en el mundo real —señaló—. No era solo teórica. Uno quiere aplicar al problema real aquello en lo que está trabajando.»[124]

En el otoño de 1995, mientras se preparaba para matricularse en los cursos de posgrado de Stanford, Page participó en un programa de orientación que incluía pasar un día en San Francisco. Su guía era un extrovertido estudiante de segundo año llamado Serguéi Brin. Page era de natural taciturno, pero Brin no dejaba de incordiarlo con sus opiniones, de modo que enseguida se vieron enzarzados en una discusión sobre temas que iban desde los ordenadores hasta la zonificación urbana. Congeniaron a la perfección. «Recuerdo que pensé que era bastante repelente —admitió Page—. Y sigo pensándolo. Supongo que es algo recíproco.»[125] En efecto, el sentimiento era mutuo. «No nos soportábamos el uno al otro —convino Brin—, pero lo decimos un poco en broma. Evidentemente, pasamos un montón de tiempo charlando, así que algo debíamos de tener en común. Alguna coña nos traeríamos entre manos.»[126]

Los padres de Serguéi Brin también eran académicos, matemáticos ambos, pero su infancia fue muy distinta de la de Page. Brin nació en Moscú, donde su padre daba clases en la Universidad Estatal de la capital y su madre era ingeniera investigadora en el Instituto Soviético del Petróleo y el Gas. Sus carreras se vieron truncadas por ser judíos. «Éramos bastante pobres —le explicó Serguéi al periodista Ken Auletta—.

Mis padres, los dos, atravesaban períodos de gran malestar.» Cuando su padre solicitó permiso para emigrar, perdieron sus empleos. Los visados de salida les llegaron en mayo de 1979, cuando Serguéi tenía cinco años. Con la ayuda de la Sociedad de Ayuda al Inmigrante Hebreo, se instalaron en un barrio de clase obrera cerca de la Universidad de Maryland, donde el padre consiguió trabajo como profesor de matemáticas y la madre se convirtió en investigadora del Centro Goddard de Vuelo Espacial de la NASA.

Serguéi fue a un colegio Montessori, donde se fomentaba el pensamiento independiente. «No tienes a alguien que vaya diciéndote qué debes hacer —explicó—. Te toca labrarte tu propio camino.»[127] Era algo que tenía en común con Page. Cuando más tarde les preguntaron si el hecho de que sus padres fueran profesores había sido un factor clave, ambos aludieron a su paso por un colegio Montessori como lo más importante. «Creo que fue parte de aquella educación consistente en no seguir normas ni órdenes y encontrar automotivaciones, cuestionar lo que sucedía en el mundo y hacer las cosas de un modo un poco distinto», aseguró Page.[128]

Otra cosa que Brin tenía en común con Page era que sus padres le habían regalado un ordenador a los nueve años, un Commodore 64. «La posibilidad de programar tu propio ordenador era mucho más accesible que hoy —recordaba—. El ordenador venía con un intérprete de BASIC* de serie, y uno podía comenzar a escribir directamente sus propios programas.» En el instituto, Brin escribía programas con un amigo e intentaba simular la inteligencia artificial sosteniendo una conversación con el usuario. «No creo que los niños que empiezan ahora con los ordenadores obtengan tantas satisfacciones de programar como lo hacía yo.»[129]

Su actitud rebelde hacia la autoridad estuvo a punto de costarle un disgusto cuando sus padres se lo llevaron de visita a Moscú al cumplir los diecisiete, pues en una ocasión, al ver un coche de la policía, comenzó a lanzarle piedras. Los dos agentes salieron del vehículo para enfrentarse a Serguéi, pero sus padres fueron capaces de calmar los áni-

---

* El que había escrito Bill Gates.

mos. «Creo que mi rebeldía tenía que ver con el hecho de haber nacido en Moscú. Diría que es algo que no me ha abandonado durante la madurez.»[130]

Entre los libros que inspiraron a Brin se encontraban las memorias del físico Richard Feynman, que pregonó el poder resultante de la unión de las ciencias y el arte del mismo modo que lo hiciera Leonardo da Vinci. «Recuerdo que había un fragmento en el que explicaba cuánto deseaba ser un Leonardo, un artista y científico al mismo tiempo —dijo Brin—. Me pareció muy alentador. Creo que es un empeño que conduce a la realización.»[131]

Brin fue capaz de finalizar los estudios de secundaria en tres años y de licenciarse en el mismo tiempo por la Universidad de Maryland, donde obtuvo un posgrado en matemáticas e informática. Durante un tiempo se aficionó a frecuentar los foros y chats de internet junto con sus amigos geeks, hasta que se aburrió de «chavales de diez años que intentaban charlar sobre sexo». Entonces se aficionó a los juegos de rol online con múltiples jugadores, unos videojuegos de texto; creó uno por su cuenta sobre un cartero que entregaba paquetes explosivos. «Me pasé el tiempo suficiente con aquellos juegos para creer que eran el no va más», recordaba.[132] En la primavera de 1993, su último año en Maryland, se descargó el navegador Mosaic que Andreessen acababa de lanzar y se quedó fascinado con la Red.

Brin fue a Stanford con una beca de la Fundación Nacional para la Ciencia, y allí decidió centrarse en el estudio de la exploración de datos. (En un doble golpe de efecto, para él más que para la institución, el MIT lo rechazó tal como había hecho con Page.) Para obtener el doctorado tenía que aprobar ocho pruebas globales, y superó con la máxima nota siete de ellas en cuanto llegó. «No aprobé el examen que pensaba que me saldría mejor —recordaba—. Fui a ver al profesor y debatimos sobre las respuestas. Terminé convenciéndolo, así que aprobé las ocho.»[133] Con esto era libre para escoger los cursos que mejor le pareciesen y darse el gusto de dedicarse a sus extraños intereses atléticos: acrobacias, trapecio, vela, gimnasia y natación. Era capaz de andar sobre las manos y, según él, en una ocasión había estado a punto de escaparse de casa y unirse a un circo. También era un ávido patinador, y a menudo se le veía deslizándose a toda velocidad por los pasillos.

Unas semanas después de que Page llegase a Stanford, se mudó con Brin y con el resto del departamento de informática al nuevo edificio Gates.* Molesto con el sistema de numeración poco motivador que el arquitecto había diseñado para los despachos, Brin ideó uno que aprovechaba mejor la ubicación de cada estancia y la distancia entre ellas; acabó por ser adoptado. «Era bastante intuitivo, si se me permite decirlo», comentó.[134] A Page se le asignó un cuarto con otros tres estudiantes de posgrado, y Brin también hizo de aquel su base. Había plantas colgantes con un sistema de riego computarizado, un piano conectado a un ordenador, un surtido de juguetes electrónicos y esterillas para dormir la siesta o pasar la noche.

El dúo inseparable estrechó lazos, al estilo de CamelCase, otorgándose el nombre de LarryAndSerguéi, y cuando se enzarzaban en una discusión o se lanzaban pullas eran como dos espadas afilándose. Tamara Munzner, la única mujer del grupo, lo resumía con una frase; «payasos astutos», los llamaba, sobre todo cuando se ponían a debatir sobre conceptos absurdos, como, por ejemplo, si es posible construir algo del tamaño de un edificio únicamente con habas. «Era muy divertido compartir despacho con ellos —explicó—. Todos teníamos unos horarios de locos. Recuerdo que una vez, a las tres de la madrugada, el despacho estaba hasta arriba de gente.»[135] El dúo era célebre no solo por su ingenio, sino también por su desparpajo. Según el profesor Rajeev Motwani, uno de sus tutores: «No tenían un respeto fingido por la autoridad. Se pasaban el tiempo desafiándome. No tenían empacho en replicarme:"¡No dice más que gilipolleces!"».[136]

Al igual que muchos socios inventores, LarryAndSerguéi poseían personalidades complementarias. Page no era un animal social; le costaba menos establecer contacto visual con una pantalla que con un desconocido. Una afección crónica en las cuerdas vocales, de resultas de una infección vírica, lo obligaba a hablar en un tono de voz susurrante

* Gates hizo donaciones para la construcción de edificios destinados a la informática en Harvard, Stanford, el MIT y Carnegie Mellon. El de Harvard, cofinanciado con Steve Ballmer, lo bautizaron con el apellido de sus madres, Maxwell Dworkin.

y ronco, así que tenía la costumbre desconcertante (aunque en cierto modo admirable) de no hablar apenas, con lo que sus escasas intervenciones eran más que memorables. Era capaz de ser asombrosamente desapegado, pero en ocasiones se mostraba apasionadamente cautivador. Sonreía con facilidad y franqueza, tenía un semblante expresivo y escuchaba con una atención que podía resultar tan halagadora como desquiciante. Intelectualmente riguroso, era capaz de detectar fallos lógicos en los comentarios más mundanos y transformar sin esfuerzo una conversación superficial en el más profundo de los debates.

Brin, por su parte, podía ser encantadoramente descarado. Entraba en los despachos sin llamar a la puerta, lanzaba ideas y peticiones sin pensárselo dos veces, y opinaba sobre cualquier tema. Page era más reflexivo y reservado. Mientras que Brin se conformaba con comprobar que algo funcionaba, Page le daba vueltas a por qué funcionaba. El apasionado y locuaz Brin cautivaba al público, pero los comentarios serenos de Page al final de una discusión hacían que la gente se inclinase hacia delante para escuchar. «A lo mejor yo era un poco más tímido que Serguéi, aunque él también lo es en cierto modo —observó—. Nuestra colaboración era genial, porque mi pensamiento funciona más a gran escala y mis aptitudes son distintas de las suyas. Me educaron como ingeniero informático, así que me desenvuelvo mejor con el hardware. Él tiene una base más matemática.»[137]

Lo que le fascinaba más a Page era la astucia de Brin. «Quiero decir que era sorprendentemente listo, incluso para alguien perteneciente al departamento de informática.» Además, su personalidad extrovertida facilitaba la unión entre las personas. Cuando Page llegó a Stanford, le dieron un escritorio en una sala abierta conocida como «la zona de calentamiento», junto a otros estudiantes nuevos. «Serguéi era bastante sociable —afirmó Page—. Conocía a todos los alumnos y pasaba ratos con nosotros en aquella sala.» Brin tenía incluso cierto don para caer bien a los profesores. «Serguéi tenía la costumbre de entrar en los despachos de los profesores y charlar con ellos, algo que era poco frecuente en un estudiante de posgrado. Creo que se lo permitían por ser tan listo y erudito. Estaba en mil sitios a la vez.»[138]

Page se unió al Grupo de Interacción Humano-Ordenador, que estudiaba el modo de mejorar la simbiosis entre humanos y máquinas.

Era el campo en el que habían sido pioneros Licklider y Engelbart, y había sido su tema favorito en el curso de Michigan. Se convirtió en un adepto al concepto del «diseño centrado en el usuario», que insistía en que el software y las interfaces de los ordenadores deben ser intuitivas y en que el usuario siempre tiene la razón. Había entrado en Stanford con la idea clara de que quería que su tutor fuese Terry Winograd, un profesor vivaracho con una melena a lo Einstein. Winograd había estudiado la inteligencia artificial, pero tras reflexionar sobre la esencia del conocimiento humano, cambió de perspectiva (como hiciera en su momento Engelbart) y se centró en el modo en que las máquinas podían aumentar y ampliar (en lugar de replicar y reemplazar) el conocimiento humano. «Cambié de punto de vista; en lugar de investigar qué podría considerarse inteligencia artificial, me planteé una pregunta más amplia: "¿Cómo desearíamos interactuar con un ordenador?"», explicó el profesor.[139]

Al campo de las interacciones entre seres humanos y máquinas y del diseño de interfaces, a pesar de provenir de la noble estirpe de Licklider, se lo seguía considerando una disciplina más bien en ciernes, desdeñada por los científicos informáticos altivos como una materia que enseñaban meros profesores de psicología, como habían sido en su momento Licklider y Judith Olson. «La gente que estudiaba máquinas de Turing o lo que fuese, consideraba que tratar el tema de las reacciones humanas era algo cursi, casi como refocilarse en las humanidades», señaló Page. Winograd contribuyó a aumentar la reputación de aquel terreno de investigación. «Terry contaba con una buena base en ciencias informáticas de la época en que había trabajado en la inteligencia artificial, pero estaba demasiado interesado en la interacción entre humanos y ordenadores, un campo que a nadie le interesaba, y creo que no se le respetó demasiado.» Uno de los cursos preferidos de Page fue «Recursos cinematográficos aplicados al diseño de interfaces para el usuario». «Se enseñaba cómo el lenguaje y las técnicas del cine podían aplicarse al diseño de interfaces informáticas.»[140]

El foco de atención de las investigaciones académicas de Brin fue la exploración de datos. Junto con el profesor Motwani, puso en marcha un grupo llamado Mining Data at Stanford, o MIDAS. Entre los artículos que publicaron (con la colaboración de otros estudiantes de posgrado como Craig Silverstein, que se convertiría en el primer empleado al fundar Google) había dos análisis sobre la cesta de la compra, una técnica que evalúa hasta qué punto es posible que un consumidor que compra los artículos A y B también compre los artículos C y D.[141] De ahí le vino a Brin su interés en el modo de analizar las pautas relativas al hallazgo de datos en la Red.

Con la ayuda de Winograd, Page comenzó a darle vueltas al tema de su tesis. Valoró casi una decena de ideas, entre ellas una sobre cómo diseñar coches con piloto automático, que es lo que harían más tarde en Google. Al final decidió estudiar cómo evaluar la importancia relativa de diversos sitios web, y el método que ideó provenía del hecho de haberse desarrollado en un ambiente académico. Un criterio que determina el valor de un artículo académico es cuántos investigadores lo citan en las notas y la bibliografía. Siguiendo la misma teoría, un modo de determinar el valor de una página web era comprobar cuántas otras páginas la enlazaban.

Pero había un problema. Por el modo en que Tim Berners-Lee había diseñado la Red, para gran consternación de los puristas del hipertexto como Ted Nelson, cualquiera podía crear un enlace a otra página sin pedir permiso, registrando dicho enlace en una base de datos o haciendo que funcionase bidireccionalmente. Esto permitía que la Red se expandiese sin orden ni concierto, pero también suponía que no había manera de saber cuántos enlaces remitían a una página web ni el origen de los mismos. Uno podía consultar una página y ver todos los enlaces externos, pero no podía saber cuántos había ni qué calidad poseían. «La Red era una versión bastante pobre de otros sistemas de colaboración que había visto, porque su hipertexto tenía un fallo: no tenía enlaces bidireccionales», dijo Page.[142]

Así pues, se puso a averiguar el modo de reunir una gran base de datos de los enlaces para lograr seguirles la pista y comprobar qué sitios estaban enlazados a cada página. Uno de los motivos era alentar la colaboración. Su plan permitiría a la gente anotar otra página. Si Harry escribía un comentario y enlazaba en él el sitio web de Sally, entonces los seguidores de esta última podrían leer el comentario. «Al tener la posibilidad de remontarnos a través de los enlaces hasta el origen, conseguíamos que la gente pudiese comentar o anotar un sitio simplemente con enlazarlo», explicó Page.[143]

Su método para remontarse en los enlaces se basaba en una audaz idea que se le había ocurrido cuando se despertó en mitad de la noche a causa de un sueño. «Me puse a pensar: "¿Y si pudiésemos descargar la web entera y guardar los enlaces?" —recordaba—. Cogí un boli y comencé a escribir. Me pasé la mitad de aquella noche garabateando los detalles y convenciéndome a mí mismo de que funcionaría.»[144] Aquel estallido de actividad nocturno le sirvió de lección. «Uno tiene que ser un poco ingenuo en cuanto a los objetivos que se fija —le contó más tarde a un grupo de estudiantes israelíes—. Hay un dicho que aprendí en la facultad: "Hay que cultivar una sana indiferencia por lo imposible". Es una buena frase. Debemos intentar hacer cosas que la mayoría no se atreverán a hacer.»[145]

Elaborar un mapa de la Red no era una tarea sencilla. Incluso por aquel entonces, enero de 1996, ya había cien mil sitios web con un total de diez millones de documentos y cerca de mil millones de enlaces entre ellos, y las cifras crecían exponencialmente año tras año. A principios de ese verano, Page creó una araña web diseñada para comenzar a rastrear en su página de inicio y seguir todos los enlaces que encontrase. Mientras se deslizara como el insecto por su telaraña, iría almacenando el texto de cada hiperenlace, los títulos de las páginas y un registro del origen de cada enlace. A este proyecto lo denominó BackRub.*

Page le dijo a su tutor Winograd que, según una estimación superficial, su araña web sería capaz de terminar la tarea en varias semanas. «Terry asintió con complicidad, completamente consciente de que haría falta mucho más tiempo, pero cuidándose mucho de decírmelo —recordaba Page—. ¡A menudo se subestima el optimismo de la juventud!»[146] El proyecto no tardó en absorber casi la mitad del ancho de banda de Stanford, y ello provocó al menos un apagón en todo el campus, pero los administradores de la universidad fueron indulgentes. «Estoy a punto de quedarme sin espacio en el disco duro —le escribía Page

---

* Literalmente, «masaje de espalda», el juego es con la palabra *backlink*, «enlace externo». *(N. del T.)*

a Winograd el 15 de julio de 1996, tras recoger 24 millones de URL y más de 100 millones de enlaces—. Solo tengo un 15 por ciento de las páginas, pero la cosa promete.»[147]

Tanto la audacia como la complejidad del proyecto de Page sedujeron la mente matemática de Serguéi Brin, que había estado buscando un tema para su tesis. Le emocionaba unir fuerzas con su amigo. «Era un proyecto de lo más apasionante por dos razones: porque abordaba la Red, que representa el conocimiento humano, y porque Larry me caía bien.»[148]

En aquel momento, todavía se pretendía que BackRub fuera una recopilación de enlaces externos de la Red que serviría de base para un posible sistema de anotación y análisis de citas. «Aunque parezca asombroso, no tenía ninguna intención de construir un motor de búsqueda —admitió Page—. La idea ni siquiera la habíamos considerado.» A medida que el proyecto evolucionaba, Brin y él idearon formas más sofisticadas de estimar el valor de cada página, basándose en el número y la calidad de los enlaces que remitían a ella. Fue entonces cuando a los BackRub Boys se les ocurrió que su índice de páginas ordenado por relevancia podía convertirse en el fundamento de un motor de búsqueda de alta calidad. Así fue como nació Google. «Cuando un sueño verdaderamente genial asoma la cabeza, ¡agárralo!», afirmaría más tarde Page.[149]

Al principio, el proyecto reformulado se denominó PageRank, porque realizaba una clasificación de cada página capturada en el índice BackRub y, no por casualidad, reproducida para vanidad e irónico sentido del humor de Page. «Pues sí, lamentablemente, lo de "Page" era por mí —admitió tímidamente más tarde—. Me siento un poco mal por ello.»[150]

Aquel objetivo de clasificar páginas los condujo a un nuevo grado de complejidad. Page y Brin se dieron cuenta de que, en lugar de limitarse a tabular el número de enlaces que remitían a una página, lo mejor sería poder asignar también un valor a cada uno de aquellos enlaces externos. Por ejemplo, un enlace externo desde el *New York Times* debería contar más que uno desde el dormitorio de Justin Hall en Swarthmore. Esto suponía un proceso recurrente con múltiples vericuetos de ida y vuelta; cada página estaba clasificada por el número y la calidad de los enlaces, y la calidad de los enlaces la determinaban el número y la calidad de los enlaces a las páginas que los originaban, y así sucesivamente. «Todo es recurrente —explicó Page—. Todo es un gran círculo. Pero las matemáticas son geniales. Uno puede resolver esto.»[151]

Se trataba del tipo de complejidad matemática que Brin apreciaba de verdad. «Lo cierto es que desarrollamos un sinfín de cálculos matemáticos para resolver el problema —recordaba—. Convertimos la Red entera en una gran ecuación con muchísimos millones de variables, que representaban las clasificaciones de todas las páginas web.»[152] En un artículo firmado junto con sus dos tutores académicos, expusieron las complejas fórmulas matemáticas basadas en cuántos enlaces externos tenía una página y en la clasificación relativa de cada uno de ellos. A continuación lo redactaron en un lenguaje más llano, accesible para el ciudadano de a pie. «Una página tiene una clasificación alta si la suma de las clasificaciones de sus enlaces externos es alta. Esto sirve tanto para cuando una página tiene muchos enlaces externos como para cuando tiene pocos enlaces considerados altos.»[153]

La pregunta del millón de dólares era si PageRank proporcionaría realmente mejores resultados de búsqueda, así que realizaron una prueba comparativa. Uno de los ejemplos que se les ocurrió fue buscar «universidad». En AltaVista y otros motores obtenían una lista de páginas aleatorias que posiblemente contenían aquella palabra en sus títulos. «Recuerdo que les pregunté: "¿Por qué le dais porquería a la gente?"», dijo Page. La respuesta que obtuvo fue que el escaso número de resultados era culpa suya, que debía refinar la búsqueda. «En el curso sobre la interacción entre humanos y ordenadores aprendí que culpar al usuario no es una buena estrategia, así que tenía claro que no estaban haciendo lo correcto. Este convencimiento, que el usuario nunca se equivoca, nos condujo a la idea que daría pie a un motor de búsqueda mejor.»[154] Con PageRank, los resultados principales al buscar «universidad» eran Stanford, Harvard, el MIT y la Universidad de Michigan, algo que lo complació inmensamente. «"Caray" —recordaba Page que exclamó—. Estaba bastante claro para mí y el resto del grupo que, si teníamos un modo de clasificar las cosas basado no solo en la página misma sino en la opinión del mundo entero, contábamos con un elemento verdaderamente valioso para la búsqueda.»[155]

Page y Brin se dispusieron a perfeccionar PageRank añadiéndole más factores, como la frecuencia, el cuerpo de la fuente y la ubicación de palabras clave en la página web. Se sumaban puntos adicionales si las palabras clave se encontraban en la URL, aparecían en mayúsculas o las contenía el título. Comprobaban cada grupo de resultados, a continuación lo ajustaban y perfeccionaban la fórmula. Descubrieron que era relevante darle bastante importancia al texto de anclaje, las palabras que aparecían subrayadas como hiperenlace. Por ejemplo, las palabras «Bill Clinton» eran el texto de anclaje de muchos enlaces que llevaban a whitehouse.gov, así que la página web escalaba puestos cuando un usuario buscaba «Bill Clinton», aun cuando el sitio whitehouse.gov no presentara de forma destacada el nombre de Bill Clinton en su página de inicio. Un competidor, por el contrario, se aupaba al primer puesto al buscar «Bill Clinton»: «El chiste del día de Bill Clinton».[156]

En parte debido al ingente número de páginas y enlaces que había que clasificar, Page y Brin bautizaron su motor de búsqueda con el nombre de Google jugando con la palabra «googol», término con el que nos referimos al número 1 seguido de cien ceros. Lo sugirió uno de los compañeros de despacho de Stanford, Sean Anderson, y cuando introdujeron «Google» para comprobar si el dominio estaba disponible, en efecto lo estaba. De modo que Page lo vio claro. «No estoy seguro de que nos diésemos cuenta de que habíamos escrito mal la palabra —diría más tarde—. Pero de todas formas "googol" ya estaba cogido. Había un tío que había registrado Googol.com; intenté comprárselo, pero le tenía cariño. Así que nos quedamos con "Google".»[157] Era una palabra graciosa, fácil de recordar y teclear, y podía convertirse en un verbo.*

Page y Brin se esforzaron en mejorar dos facetas de Google. Primero ampliaron el ancho de banda y aumentaron la potencia de proce-

---

* El *Oxford English Dictionary* añadió «google» como verbo en 2006.

samiento y la capacidad de almacenamiento muy por encima de los de cualquiera de sus rivales, con lo que aceleraron así su araña web hasta el punto de poder indexar cien páginas por segundo. Además, analizaron obsesivamente la conducta del usuario con el fin de ajustar su algoritmo. Si los usuarios clicaban el resultado principal y no volvían a la lista de resultados, significaba que habían encontrado lo que buscaban, pero si hacían una búsqueda y regresaban enseguida a revisar la pesquisa, ello quería decir que no estaban satisfechos y que los técnicos debían tomar nota, observando la búsqueda refinada, de lo que se había estado tratando de encontrar en primer lugar. Cada vez que los usuarios pasaban a la segunda o la tercera página de resultados, era señal de que no estaban satisfechos con el orden de resultados obtenido. Como el periodista Steven Levy subrayó, este ciclo de retroalimentación ayudó a Google a aprender que cuando los usuarios introducían la palabra «perros» también estaban buscando «cachorros», y que cuando introducían «hervir» muy bien podían estar refiriéndose a «agua caliente»; a la postre, Google aprendió también que si se tecleaba «perrito caliente» no se estaba buscando «hervir cachorros».[158]

Otra persona dio con la idea de una estrategia basada en los enlaces muy similar a la de PageRank: un técnico chino llamado Yanhong (Robin) Li, que había estudiado en SUNY Buffalo y luego se había incorporado a una filial del Dow Jones ubicada en New Jersey. En la primavera de 1996, justo cuando Page y Brin estaban en plena creación de PageRank, a Li se le ocurrió un algoritmo que llamó RankDext y que determinaba el valor de los resultados de una búsqueda en función del número de enlaces externos a una página y el contenido del texto que anclaban los mismos. Compró un libro para saber cómo debía patentar la idea, y lo hizo con la ayuda del Dow Jones. Sin embargo, la compañía no apoyó la puesta en práctica de la idea, así que Li se mudó al oeste para trabajar en Infoseek y a continuación regresó a China. Allí cofundó Baidu, que se convirtió en el mayor buscador del país y en uno de los más grandes competidores mundiales de Google.

A principios de 1998, la base de datos de Page y Brin contenía mapas de cerca de 518 millones de hiperenlaces, sobre un total de 3.000 millones aproximadamente que existían entonces en la Red. Page deseaba que Google no fuese solo un proyecto académico, sino que se convirtiera también en un producto popular. «Era como el problema de Nikola Tesla —afirmó—. Uno inventa algo que piensa que es genial, así que desea que lo use tanta gente como sea posible.»[159]

El deseo de transformar el tema de su tesis en un negocio hizo que ambos se mostrasen reticentes a publicar o a presentar formalmente lo que estaban haciendo, pero sus tutores académicos seguían insistiendo en que publicaran algo, de modo que en la primavera de 1998 escribieron un artículo de veinte páginas en el que se las arreglaban para explicar las teorías académicas subyacentes a PageRank y Google sin abrirse tanto el quimono como para revelar demasiados secretos a la competencia. Titulado «La anatomía de un motor de búsqueda hipertextual a gran escala», fue leído en abril de 1998 durante una conferencia en Australia.

«En este artículo presentamos Google, un prototipo de motor de búsqueda a gran escala que hace un uso intensivo de la estructura presente en el hipertexto», comenzaba.[160] Al elaborar un mapa de más de quinientos millones de los tres mil millones de enlaces de la web, eran capaces de calcular una clasificación para un mínimo de veinticinco millones de páginas, lo que «encaja bastante con la idea subjetiva que tiene la gente del concepto de importancia». Detallaban el «sencillo algoritmo iterativo» que emitía clasificaciones para cada página. «Se ha aplicado a la Red el sistema académico de citas, en gran medida contando las citas o enlaces externos a una página en concreto. Esto nos da un dato aproximado de la página o la calidad de una página. El logro de PageRank es que no cuenta los enlaces de todas las páginas como si tuviesen el mismo valor.»

El artículo contenía muchos detalles técnicos sobre la clasificación, el rastreo, la indexación y la iteración de los algoritmos, y también había unos pocos párrafos dedicados a algunas líneas de investigación que podrían ser útiles en el futuro. Con todo, quedaba bastante claro que aquello no era un mero ejercicio de erudición académica. Estaban embarcados en lo que iba a convertirse sin duda en una empresa comercial. «Google está diseñado para ser un motor de búsqueda ampliable —señalaban en la conclusión—. El objetivo principal es proporcionar unos resultados de búsqueda de alta calidad.»

Eso podría haber supuesto un problema en universidades donde se suponía que la investigación debía perseguir propósitos esencialmente académicos y no aplicaciones comerciales, pero Stanford no solo permitía a los estudiantes que trabajasen en iniciativas comerciales, sino que les animaba a ello y se lo facilitaba. Incluso había una oficina con el cometido de asesorar a quien quisiera obtener una patente y firmar contratos de licencia. «En Stanford disponemos de un entorno que promueve la emprendeduría y la investigación arriesgada —afirmó el rector John Hennessy—. Aquí la gente tiene claro que a veces la mejor manera de dejar una impronta en el mundo no es escribir un artículo, sino coger la tecnología en la que uno cree y producir algo con ella.»[161]

Al principio, Page y Brin intentaron vender la licencia de su software a otras compañías, y se reunieron con los directores ejecutivos de Yahoo!, Excite y AltaVista. Pidieron un millón de dólares, que no era una cifra exorbitante teniendo en cuenta que incluiría los derechos de patente, así como los servicios personales de ambos creadores. «Aquellas empresas valían por entonces cientos de millones o más —comentaría más tarde Page—. No era un gasto significativo para ellas. Pero los directores ejecutivos demostraron una falta absoluta de olfato. Muchos de ellos nos dijeron:"La búsqueda tampoco es tan importante".»[162]

Así pues, Page y Brin decidieron fundar su propia compañía. Les vino bien disponer de empresarios prósperos situados a pocos kilómetros del campus, que actuaron como inversores de proximidad, y de contar con la ayuda de los inversores de capital riesgo de Sand Hill Road, que les proporcionaron el capital de explotación. David Cheriton, uno de sus profesores de Stanford, había fundado una empresa de productos Ethernet junto con el inversor Andy Bechtolsheim, que luego habían vendido a Cisco Systems. En agosto de 1998, Cheriton sugirió a Page y Brin que se reuniesen con Bechtolsheim, que también había fundado Sun Microsystems. Una noche, bien tarde, Brin le envió un correo electrónico. Obtuvo respuesta al instante, y al día siguiente, temprano, quedaron en el porche de la casa de Cheriton en Palo Alto.

Incluso a una hora tan intempestiva para unos estudiantes, Page y Brin fueron capaces de efectuar una demostración convincente del motor de búsqueda, dejando claro que podían descargar, indexar y clasificar la mayor parte de la Red en clústeres de miniordenadores. Fue una reunión agradable en pleno auge de las puntocoms, y las preguntas de Bechtolsheim fueron alentadoras. A diferencia de la multitud de propuestas que le llegaban todas las semanas, aquello no era una presentación en PowerPoint de un software quimérico que todavía no existía. Se podían realizar búsquedas, las respuestas aparecían al instante y estas eran mucho mejores que las proporcionadas por AltaVista. Además, los dos fundadores eran espabilados y apasionados, el tipo de emprendedores con los que le gustaba colaborar. Bechtolsheim valoraba que no estuviesen destinando grandes sumas de dinero —o ningún dinero, ya puestos— al marketing. Eran conscientes de que Google era lo suficientemente bueno como para que la noticia de su existencia se difundiera como un reguero de pólvora, así que todo el dinero que tenían lo invertían en componentes para ordenadores que montaban ellos mismos. «Otros sitios web se gastaban buena parte del capital riesgo en publicidad —dijo Bechtolsheim—. Aquella era la estrategia contraria. Crea algo de valor y ofrece un servicio lo bastante atractivo como para que la gente no tenga más remedio que usarlo.»[163]

Aun cuando Page y Brin eran renuentes a aceptar la inclusión de anuncios, Bechtolsheim sabía que sería fácil —y que no corrompería en absoluto el espíritu del proyecto— insertar rótulos claramente etiquetados en la página de resultados de la búsqueda; es decir, existía un claro filón de ingresos pendiente de ser explotado. «Esta es la mejor idea que he oído en años», les confesó. Charlaron sobre la valoración por minuto y Bechtolsheim les dijo que estaban fijando un precio demasiado bajo. «Bueno, no quiero perder el tiempo —concluyó, ya que tenía que ir al trabajo—. Estoy seguro de que os ayudará si me limito a haceros un cheque.» Fue al coche a por su talonario y rellenó un cheque a nombre de Google Inc. por valor de 100.000 dólares. «Todavía no tenemos cuenta corriente», le dijo Brin. «Ingresadlo cuando tengáis una», respondió Bechtolsheim. Luego se fue en su Porsche.

Brin y Page fueron a celebrarlo a un Burger King. «Pensamos que nos merecíamos algo que fuese muy sabroso y a la vez muy poco sano —explicó Page—. Y barato. Nos pareció la combinación de elementos adecuada para celebrar la financiación.»[164]

El cheque de Bechtolsheim les proporcionó el impulso necesario para terminar de afianzar la sociedad. «Tuvimos que conseguir un abogado a toda prisa», dijo Brin.[165] Page recordaba: «Pensamos: "¡Vaya!… a lo mejor deberíamos poner en marcha ya la empresa"».[166] Gracias a la reputación de Bechtolsheim —y a la impresionante calidad del producto Google— encontraron otras fuentes de financiación, entre ellas Amazon, de Jeff Bezos. «Me encandilé al instante de Larry y Serguéi —indicó Bezos—. Tenían un proyecto realmente sólido. Era un punto de vista centrado en el cliente.»[167] Los rumores favorable en torno a Google se difundieron tanto que, meses después, fueron capaces de darse el curioso gusto de obtener inversiones de las dos firmas de capital riesgo rivales más importantes del valle, Sequoia Capital y Kleiner Perkins.

Silicon Valley contaba con otro ingrediente, además de una universidad solícita, mentores entusiastas e inversores: multitud de garajes, igual que aquellos en los que Hewlett y Packard diseñaron sus primeros productos y Jobs y Wozniak montaron los primeros Apple I. Cuando Page y Brin se dieron cuenta de que era hora de aparcar sus tesis y abandonar el nido de Stanford, encontraron un garaje —uno de dos plazas que incluía una bañera y un par de habitaciones disponibles dentro de la casa— que pudieron alquilar por 1.700 dólares al mes en Menlo Park, en la vivienda de una compañera de la universidad, Susan Wojcicki, que pronto se uniría a Google. En septiembre de 1998, un mes después de que se reuniesen con Bechtolsheim, Page y Brin pusieron en marcha la compañía, abrieron una cuenta en un banco y cobraron el cheque. En la pared del garaje colgaron una pizarra con el rótulo «Cuartel general universal de Google».

Además de hacer accesible toda la información de la World Wide Web, Google representó un salto definitivo en las relaciones entre los seres humanos y las máquinas, la «simbiosis hombre-computador» que Licklider había pronosticado cuatro decenios antes. Yahoo! había experimentado con una versión más primitiva de esta simbiosis al usar búsquedas electrónicas y directorios recopilados por humanos. El método de Page y Brin puede parecer a primera vista una manera de eliminar de la ecuación al ser humano al delegar en exclusiva las búsquedas en las arañas web y los algoritmos informáticos, pero si se examina en profundidad se verá que su enfoque era, de hecho, una combinación de la inteligencia humana y la de la máquina. El algoritmo de Page y Brin partía de los miles de millones de juicios humanos efectuados por la gente al crear enlaces desde sus sitios web. Era una forma automatizada de extraer la sabiduría humana; en otras palabras, una forma más elevada de simbiosis humano-ordenador. «El proceso puede parecer completamente automatizado —explicó Brin—, pero en lo que atañe a la cantidad de intervención humana en el producto final, hay que contar con los millones de personas que dedican su tiempo y sus esfuerzos a diseñar páginas web, a determinar a quién enlazan y cómo, y ahí es donde se encuentra el elemento humano.»[168]

En su ensayo fundacional de 1945 «Como podríamos pensar», Vannevar Bush había planteado el reto: «La suma de la experiencia humana se expande a una velocidad prodigiosa, y los medios que utilizamos para seguirle el rastro a través del consiguiente laberinto hasta el objeto que nos parece momentáneamente importante, son los mismos que usábamos en los tiempos de los buques de aparejo cruzado». En el artículo que presentaron en Stanford justo antes de poner en marcha la empresa, Brin y Page llegaban a la misma conclusión: «El número de documentos de los índices se ha incrementado en muchos órdenes de magnitud, aunque no la capacidad del usuario para examinar documentos». Sus palabras eran menos elocuentes que las de Bush, pero habían logrado hacer realidad el sueño de este; a saber, que se produjera una colaboración entre el ser humano y la máquina para enfrentarse a la avalancha de información. Al conseguirlo, Google se convirtió en la culminación de un proceso de sesenta años destinado a crear un mundo en el que los seres humanos, los ordenadores y las redes estuviesen íntimamente ligados. Cualquiera, desde cualquier parte del mundo, podría compartir información con otra gente y buscar datos sobre cualquier cosa.

12

Por siempre Ada

La objeción de lady Lovelace

Ada Lovelace se habría sentido contenta. En la medida en que nos está permitido conjeturar sobre los pensamientos de alguien que lleva más de ciento cincuenta años muerto, podemos imaginarla escribiendo una orgullosa carta jactándose de lo acertado de su intuición de que un día los dispositivos de cálculo se convertirían en ordenadores de uso universal, hermosas máquinas capaces no solo de manipular números, sino de componer música, procesar palabras y «combinar símbolos generales en sucesiones de ilimitada variedad».

Este tipo de máquinas surgieron en la década de 1950, y durante los treinta años siguientes hubo dos innovaciones históricas que revolucionarían nuestra forma de vida: los microchips permitieron a los ordenadores volverse lo suficientemente pequeños como para convertirse en electrodomésticos personales, y las redes de conmutación de paquetes les permitieron conectarse como nodos en la gran red que hoy conocemos como «internet». Esta fusión del ordenador personal e internet permitiría que la creatividad digital, los contenidos compartidos, la formación de comunidades y la interconexión social florecieran a una escala masiva, y ello, a su vez, hizo realidad lo que Ada había denominado «ciencia poética», en que creatividad y tecnología constituían la urdimbre y la trama de un tapiz como los del telar de Jacquard.

También estaría justificado que Ada se jactara de haber tenido razón —al menos hasta ahora— en otra afirmación suya, más controvertida: la de que ningún ordenador, por muy potente que fuera, llegaría a ser jamás realmente una máquina «pensante». Un siglo después de su muerte, Alan Turing denominó a esta afirmación la «objeción de lady Lovelace», para luego tratar de refutarla proporcionando una definición operativa de «máquina pensante» —que una persona que le planteara preguntas no pudiera distinguir las respuestas de la máquina de las de un humano— y prediciendo que en el plazo de unas décadas habría un ordenador que superaría esa prueba. Pero de eso hace más de sesenta años y ninguna máquina ha superado el test de Turing, una prueba bastante sencilla y, posiblemente, no demasiado significativa. Y, desde luego, ninguna ha superado el listón de Ada —aún más alto— de ser capaz de «originar» cualquier pensamientos propio.

Desde que Mary Shelley concibiera su relato sobre Frankenstein durante unas vacaciones con el padre de Ada, lord Byron, la perspectiva de que un artilugio artificial pudiera originar sus propios pensamientos había inquietado a varias generaciones. El *leitmotiv* de Frankenstein se convirtió en un ingrediente básico de la ciencia ficción. Un vívido ejemplo de ello fue la película de Stanley Kubrick *2001: Una odisea del espacio* (1968), en la que aparece un ordenador tremendamente inteligente llamado HAL. Con su voz tranquila, HAL exhibe los atributos propios de un humano, las capacidades de hablar, de razonar, de reconocer rostros, de apreciar la belleza, de mostrar emociones y (por supuesto) de jugar al ajedrez. Cuando HAL parece funcionar mal, los astronautas humanos deciden desconectarlo. HAL se entera del plan y los mata a todos excepto a uno. Después de una heroica lucha, el astronauta que queda logra acceder a los circuitos cognitivos de HAL y los desconecta uno a uno. HAL sufre una regresión hasta que, al final, entona la melodía de «Daisy Bell», un homenaje —como ya se ha mencionado anteriormente— a la primera canción generada por ordenador, cantada en 1961 por un IBM 704 en los Laboratorios Bell.

Los entusiastas de la inteligencia artificial llevan mucho tiempo prometiendo —o amenazando con— que pronto aparecerán máquinas como HAL, que demostrarán que Ada se equivocaba. Tal fue la premisa de la conferencia celebrada en 1956 en Dartmouth, organizada por John McCarthy y Marvin Minsky, que dio nacimiento al campo de investigación de la inteligencia artificial. Los conferenciantes concluyeron que se produciría un gran avance a unos veinte años vista. No ha sido así. Década tras década, nuevas oleadas de expertos han afirmado que la inteligencia artificial se vislumbraba en el horizonte, quizá a solo una veintena de años de distancia. Pero esta ha seguido siendo un espejismo permanentemente situado a unos veinte años vista.

John von Neumann trabajaba en el reto de la inteligencia artificial poco antes de su muerte en 1957. Tras haber contribuido a diseñar la arquitectura de los modernos ordenadores digitales, comprendió que la del cerebro humano es fundamentalmente distinta. Los ordenadores digitales tratan con unidades precisas, mientras que el cerebro, hasta donde sabemos, es también en parte un sistema analógico, que trata con un continuum de posibilidades. En otras palabras, el proceso mental de un humano incluye numerosos impulsos de señales y ondas analógicas de diferentes nervios, que fluyen conjuntamente para producir no solo datos binarios «sí-no», sino también respuestas como «tal vez» y «probablemente» y otra infinita serie de matices, incluidos ocasionales desconciertos. Von Neumann sugería que el futuro de la computación inteligente podría requerir abandonar el planteamiento puramente digital y crear «procedimientos mixtos» que incluyeran una combinación de métodos digitales y analógicos. «La lógica tendrá que sufrir una seudomorfosis a la neurología», afirmó; lo cual, traducido de manera aproximada, significaba que los ordenadores iban a tener que volverse más parecidos al cerebro humano.[1]

En 1958, un profesor de la Universidad Cornell, Frank Rosenblatt, trató de hacer eso mismo diseñando un enfoque matemático para crear una red neuronal artificial como la del cerebro, a la que denominó «Perceptrón». Utilizando datos de entrada estadísticos ponderados, esta podía, en teoría, procesar datos visuales. Cuando la marina estadounidense —que lo financiaba— reveló el proyecto, desató el mismo tipo de revuelo en la prensa que ha acompañado a muchas pretensiones posteriores relacionadas con la inteligencia artificial. «La marina ha revelado hoy el embrión de un computador electrónico que espera que sea capaz de andar, hablar, ver, escribir, reproducirse y ser consciente de su existencia», informaba el *New York Times*. Por su parte, el *New Yorker* no se mostraba menos entusiasta: «El Perceptrón [...] como su nombre implica, es capaz de lo que equivale a un pensamiento original. [...]

Nos da la impresión de que es el primer rival serio del cerebro humano jamás inventado».[2]

Eso ocurría hace casi sesenta años, pero el Perceptrón todavía no existe.[3] Sin embargo, desde entonces ha habido casi todos los años emocionadas noticias sobre alguna maravilla vislumbrada en el horizonte que vendría a reproducir y superar al cerebro humano, muchas de ellas utilizando casi las mismas palabras exactas que las noticias sobre el Perceptrón en 1958.

La discusión sobre la inteligencia artificial se avivó ligeramente, al menos en la prensa popular, después de que el Deep Blue de IBM, una máquina que jugaba al ajedrez, derrotara al campeón mundial Gari Kaspárov en 1997, y de que luego Watson, un ordenador que respondía a preguntas en un lenguaje natural, ganara el concurso televisivo estadounidense *Jeopardy!* frente a los campeones Brad Rutter y Ken Jennings en 2011. «Creo que eso despertó a toda la comunidad de la inteligencia artificial», declararía Ginni Rometty, presidenta de IBM.[4] Pero, como ella misma sería la primera en admitir, aquellos no eran verdaderos avances en la línea de una inteligencia artificial similar a la humana. Deep Blue ganó aquel torneo de ajedrez por la fuerza bruta, ya que era capaz de evaluar 200 millones de posiciones por segundo y compararlas con 700.000 jugadas anteriores de grandes maestros. La mayoría de nosotros estaríamos de acuerdo en que los cálculos de Deep Blue eran fundamentalmente distintos de lo que entendemos por auténtico pensamiento. «Deep Blue solo era inteligente como puede serlo tu reloj despertador programable —dijo Kaspárov—. Pero tampoco es que perder frente a un reloj despertador de 10 millones de dólares me hiciera sentir mejor.»[5]

Del mismo modo, Watson ganó el concurso *Jeopardy!* utilizando megadosis de capacidad de computación; contaba con 200 millones de páginas de información en sus cuatro terabytes de capacidad de almacenamiento (la Wikipedia entera hubiera ocupado un mero 0,2 por ciento). Podía consultar el equivalente a un millón de libros por segundo. También era bastante bueno a la hora de procesar un inglés coloquial. Aun así, nadie que lo viera apostaría a que podría superar el test de Turing. De hecho, los jefes de equipo de IBM tenían miedo de que los guionistas del concurso pudieran tratar de convertirlo en eso elaborando preguntas diseñadas para engañar a una máquina, de modo que insistieron en que solo se utilizaran viejas preguntas de programas no emitidos. Aun así, la máquina se equivocó en aspectos que mostraban que no era humana. Por ejemplo, una pregunta planteaba cuál era la «singularidad anatómica» del antiguo gimnasta olímpico George Eyser. Watson respondió: «¿Qué es una pierna?», cuando la respuesta correcta era que a Eyser le faltaba una pierna. El problema había estado en no entender el término «singularidad», explicó David Ferrucci, que dirigía el proyecto Watson en IBM: «El ordenador no sabía que el hecho de que le faltara una pierna resulta más singular que cualquier otra cosa».[6]

John Searle, el profesor de filosofía de Berkeley que diseñó el experimento mental de la «habitación china» como refutación del test de Turing, se mofaba de la idea de que Watson representara siquiera un atisbo de inteligencia artificial. «Watson no entendía las preguntas, ni sus respuestas, ni que algunas de dichas respuestas eran acertadas y otras erróneas, ni que estaba jugando a un juego, ni que había ganado, puesto que no entendía nada —señaló Searle—. El ordenador de IBM no estaba ni podía haber estado diseñado para entender. Lejos de ello, fue diseñado para simular que entendía, para actuar como si entendiera.»[7]

Incluso la propia gente de IBM estaba de acuerdo con eso, ya que nunca sostuvieron que Watson fuera una máquina «inteligente». «Los ordenadores de hoy son idiotas brillantes —afirmó el director de investigación de la empresa, John E. Kelly III, tras las victorias de Deep Blue y Watson—. Tienen unas capacidades enormes para almacenar información y realizar cálculos numéricos, muy superiores a las de cualquier humano. Pero cuando se trata de otra clase de destrezas, las de entender, aprender, adaptarse e interactuar, los ordenadores son muy inferiores a los humanos.»[8]

Lejos de demostrar que las máquinas están cada vez más cerca de la inteligencia artificial, Deep Blue y Watson señalaban en realidad lo contrario. «Irónicamente, estos recientes logros han subrayado las limitaciones de la informática y de la inteligencia artificial —afirmó el profesor Tomasso Poggio, director del Centro de Cerebros, Mentes y Máquinas del MIT—. Todavía no entendemos cómo el cerebro da origen a la inteligencia, ni sabemos cómo construir máquinas que sean tan claramente inteligentes como lo somos nosotros.»[9]

Douglas Hofstadter, profesor de la Universidad de Indiana, combinó las artes y las ciencias en su inesperado best-seller de 1979 *Gödel, Escher, Bach*. Él creía que la única forma de lograr una inteligencia artificial significativa era entender cómo funciona la imaginación humana. Su planteamiento fue prácticamente descartado en la década de 1990, cuando los investigadores encontraron que resultaba más rentable abordar tareas complejas proyectando una capacidad de procesamiento masiva sobre enormes cantidades de datos, del mismo modo que Deep Blue jugaba al ajedrez.[10]

Este enfoque dio lugar a una peculiaridad: los ordenadores pueden llevar a cabo algunas de las tareas más duras del mundo (evaluar miles de millones de posibles posiciones de ajedrez, encontrar correlaciones en cientos de depósitos de información del tamaño de Wikipedia, etc.), pero no pueden realizar algunas de las tareas que a nosotros, simples humanos, nos parecen las más sencillas. Formulémosle a Google una pregunta difícil como «¿Cuál es la profundidad del mar Rojo?» y al instante responderá: «2.211 metros», algo que hasta nuestros amigos más inteligentes ignoran. Pero hagámosle una pregunta fácil como «¿Puede un cocodrilo jugar al baloncesto?» y no nos dará pista alguna de la respuesta, aunque hasta un niño nos podría contestar después de soltar una risita.[11]

En la empresa Applied Minds, cerca de Los Ángeles, se puede echar un emocionante vistazo al modo en que se programa un robot para maniobrar, pero pronto resulta evidente que, aun así, tiene problemas para moverse por una habitación desconocida, coger un lápiz de color y escribir su nombre. Una visita a otra empresa, Nuance Communications, cerca de Boston, muestra los maravillosos avances en las tecnologías de reconocimiento de la voz que subyacen a Siri y otros sistemas, pero a cualquiera que use Siri también le resulta evidente que estamos lejos de poder mantener una conversación realmente significativa con un ordenador, excepto en el cine fantástico. En el Laboratorio de Informática e Inteligencia Artificial del MIT se está realizando una labor interesante para conseguir que los ordenadores perciban objetos visualmente, pero aunque la máquina pueda distinguir las imágenes de una muchacha con una taza, un muchacho en una fuente y un gato bebiendo crema de leche a lengüetazos, es incapaz de formular el sencillo pensamiento abstracto necesario para entender que todos ellos están realizando la misma actividad: beber. Una visita al sistema de mando de la policía de Nueva York, en Manhattan, revela que los ordenadores analizan miles de metros de grabación de cámaras de vigilancia en el marco del denominado Domain Awareness System, pero el sistema sigue siendo incapaz de identificar la cara de nuestra madre entre una multitud.

Todas estas tareas tienen algo en común: hasta un niño de cuatro años puede hacerlas. «La principal lección de treinta y cinco años de investigación en inteligencia artificial es que los problemas difíciles son fáciles y los problemas fáciles, difíciles», afirmó Steven Pinker, el especialista en ciencia cognitiva de Harvard.[12] Como han señalado el futurista Hans Moravec y otros, esta paradoja se deriva del hecho de que los recursos computacionales necesarios para reconocer un patrón visual o verbal son enormes.

La paradoja de Moravec viene a reforzar las observaciones que hiciera Von Neumann hace medio siglo acerca de cómo la química del cerebro humano, basada en el carbono, funciona de manera distinta de los circuitos lógicos binarios de un ordenador, basados en el silicio. El *wetware** es distinto del hardware. El cerebro humano no solo combina procesos analógicos y digitales, sino que también es un sistema distribuido, como internet, en lugar de uno centralizado, como un ordenador. La unidad de procesamiento central de un ordenador puede ejecutar instrucciones mucho más deprisa de lo que tarda en activarse una neurona del cerebro. «El cerebro, no obstante, lo compensa con creces, puesto que todas las neuronas y sinapsis se activan a la vez, mientras que la mayoría de los actuales ordenadores tienen solo una o, como mucho, unas pocas CPU», opinan Stuart Russell y Peter Norvig, autores del manual más conocido sobre inteligencia artificial.[13]

---

* Término acuñado por analogía con los de software y hardware para designar las formas biológicas; *wet*, «húmedo», hace referencia al alto contenido en agua de los organismos vivos. *(N. del T.)*

Entonces, ¿por qué no crear un ordenador que imite los procesos del cerebro humano? «A la larga seremos capaces de secuenciar el genoma humano y reproducir el modo en que la naturaleza hizo la inteligencia en un sistema basado en el carbono —especula Bill Gates—. Es como realizar ingeniería inversa con el producto de alguien para resolver un desafío.»[14] No será tarea fácil. Los científicos han tardado cuarenta años en cartografiar la actividad neurológica de una lombriz intestinal de un milímetro de largo, que cuenta con 302 neuronas y 8.000 sinapsis.* El cerebro humano tiene 86.000 millones de neuronas y hasta 150 billones de sinapsis.[15]

A finales de 2013, el *New York Times* informaba de «un acontecimiento que está a punto de poner patas arriba el mundo digital» y «hacer posible una nueva generación de sistemas de inteligencia artificial que realizarán algunas funciones que los humanos desempeñan con facilidad: ver, hablar, escuchar, navegar, manipular y controlar». Estas palabras recordaban a las empleadas en su noticia de 1958 sobre el Perceptrón («serán capaces de andar, hablar, ver, escribir, reproducirse y ser conscientes de su existencia»). Una vez más, la estrategia era reproducir el modo en que funcionan las redes neuronales del cerebro humano. Como explicaba el *Times*, «el nuevo enfoque informático se basa en el sistema nervioso biológico, concretamente en cómo reaccionan las neuronas a los estímulos y se conectan con otras neuronas para interpretar la información».[16] Tanto IBM como Qualcomm revelaron sendos planes para construir procesadores informáticos «neuromórficos», esto es, similares al cerebro, y un consorcio de investigación europeo denominado Proyecto Cerebro Humano anunció que había construido un microchip neuromórfico que incorporaba «cincuenta millones de sinapsis plásticas y doscientos mil modelos de neuronas biológicamente realistas en un solo disco de silicio de unos veinte centímetros».[17]

Quizá esta última ronda de noticias signifique de hecho que en el plazo de unas décadas habrá máquinas que piensen como los humanos. «Repasamos constantemente la lista de cosas que las máquinas no pue-

---

* Una neurona es una célula nerviosa que transmite información utilizando señales eléctricas o químicas. Una sinapsis es una estructura o camino que lleva una señal de una neurona a otra neurona o célula.

den hacer —jugar al ajedrez, conducir un coche, traducir una lengua—, y luego las eliminamos de dicha lista cuando las máquinas se vuelven capaces de hacerlas —dijo Tim Berners-Lee—. Un día llegaremos al final de la lista.»[18]

Estos últimos avances incluso pueden conducir a la «singularidad», un término que acuñó Von Neumann y que popularizaron el futurista Ray Kurzweil y el escritor de ciencia ficción Vernor Vinge, el cual se utiliza a veces para describir el momento en que los ordenadores no solo sean más inteligentes que las personas, sino que también puedan diseñarse a sí mismos para ser aún más superinteligentes y, por lo tanto, ya no nos necesiten a nosotros, los mortales. Vinge dice que eso ocurrirá en 2030.[19]

Por otra parte, estas últimas noticias podrían resultar como las que se anunciaron con palabras similares en la década de 1950, vislumbres de un espejismo en permanente retroceso. Puede que la verdadera inteligencia artificial tarde todavía unas cuantas generaciones o hasta unos cuantos siglos más. Podemos dejar ese debate a los futuristas. De hecho, en función de cuál sea nuestra definición de «conocimiento», puede que nunca llegue a ocurrir. Ese otro debate podemos dejárselo a los filósofos y teólogos.

Hay, sin embargo, otra posibilidad más, una que le habría gustado a Ada Lovelace y que se basa en el medio siglo de desarrollo informático en la tradición de Vannevar Bush, J. C. R. Licklider y Doug Engelbart.

LA SIMBIOSIS HUMANO-ORDENADOR: «WATSON, VENGA, LE NECESITO»

«La máquina analítica no tiene en absoluto pretensión alguna de originar nada —afirmó Ada Lovelace—. Puede hacer cualquier cosa que sepamos cómo ordenarle que haga.» En su opinión, las máquinas no reemplazarían a los humanos, sino que, en cambio, se convertirían en sus compañeros. Los humanos, explicaba, aportarían a esa relación originalidad y creatividad.

Esa es la idea subyacente a una alternativa a la búsqueda de la inteligencia artificial pura: aspirar, en cambio, a la inteligencia acrecentada que se produce cuando las máquinas se convierten en compañeras de las personas. La estrategia de combinar las capacidades del ordenador y las humanas, de crear una simbiosis humano-ordenador, ha resultado ser mucho más fructífera que aspirar a construir máquinas capaces de pensar por sí mismas.

Licklider ayudó a marcar ese rumbo ya en 1960, en su artículo titulado «La simbiosis hombre-computador», que señalaba: «El cerebro humano y las máquinas computadoras se acoplarán muy estrechamente, y la asociación resultante pensará como ningún cerebro humano lo ha hecho nunca y procesará datos de un modo jamás abordado por las máquinas que hoy conocemos basadas en el manejo de información».[20] Sus ideas se inspiraban en el ordenador personal memex que imaginara Vannevar Bush en su ensayo de 1945 «Como podríamos pensar». Licklider también se basó en su trabajo de diseño del sistema de defensa antiaérea SAGE, que requería una estrecha colaboración entre humanos y máquinas.

El planteamiento de Bush-Licklider fue dotado de una agradable interfaz gracias a Engelbart, que en 1968 hizo una demostración de un sistema informático conectado en red con una pantalla gráfica intuitiva y un ratón. En un manifiesto titulado «Augmenting Human Intellect» se hizo eco de las ideas de Licklider. El objetivo, escribía Engelbart, era crear «un dominio integrado donde los presentimientos, el ensayo y error, los imponderables y la "sensibilidad a la situación" humanos coexistan provechosamente con [...] artículos electrónicos de alta potencia». Richard Brautigan, en su poema «All Watched Over by Machines of Loving Grace», expresaba ese sueño de manera algo más lírica: «... un prado cibernético / donde mamíferos y ordenadores / vivan juntos en mutua / armonía programada».

Los equipos que construyeron Deep Blue y Watson adoptaron ese enfoque simbiótico en lugar de perseguir el objetivo de los puristas de la inteligencia artificial. «El propósito no es reproducir el cerebro humano —afirma John Kelly, director de investigación de IBM, quien, haciéndose eco de Licklider, añade—: No se trata de reemplazar el pensamiento humano por el pensamiento de la máquina. Lejos de ello, en la era de los sistemas cognitivos, los humanos y las máquinas colaborarán para producir mejores resultados, aportando cada uno sus propias habilidades superiores a la asociación.»[21]

Un ejemplo del poder de esta simbiosis humano-ordenador surgió de una idea que tuvo Kaspárov después de que Deep Blue le derrotara. Se dio cuenta de que, incluso en un juego definido por una serie de reglas como es el ajedrez, «los ordenadores son buenos en aquello en lo que los humanos flojean, y viceversa». Eso le dio una idea para un experimento: «¿Y si en lugar de enfrentar el humano a la máquina jugamos como compañeros?». Cuando él y otro gran maestro lo probaron, se creó la simbiosis que había imaginado Licklider. «Podíamos concentrarnos en la planificación estratégica en lugar de dedicar tanto tiempo a hacer cálculos —explicó Kaspárov—. En tales condiciones la creatividad humana resultaba aún más capital.»

En 2005 se celebró un torneo siguiendo esas pautas. Los jugadores podían jugar en equipo con los ordenadores que eligieran. Muchos grandes maestros entraron en la contienda, así como los ordenadores más avanzados. Pero ni el mejor de los grandes maestros ni el más potente de los ordenadores ganaron. Fue la simbiosis la que lo hizo. «Los equipos de humano más máquina dominaron incluso a los ordenadores más fuertes —señaló Kaspárov—. La dirección estratégica humana combinada con la agudeza táctica de un ordenador resultó aplastante.» El ganador final no fue un gran maestro, ni un ordenador de vanguardia, ni siquiera una combinación de ambos, sino dos aficionados estadounidenses que utilizaron tres ordenadores al mismo tiempo y que supieron cómo gestionar el proceso de colaboración con sus máquinas. «Su habilidad a la hora de manipular y entrenar a sus ordenadores para examinar con gran profundidad las posiciones contrarrestó en la práctica el superior conocimiento del ajedrez de los grandes maestros adversarios y la mayor capacidad computacional de otros participantes», indicó Kaspárov.[22]

Dicho de otro modo, el futuro podría estar en manos de las personas más capaces de asociarse y colaborar con ordenadores.

Asimismo, IBM decidió que el mejor uso de Watson, el ordenador que ganó el concurso televisivo *Jeopardy!*, sería que colaborara con los humanos en lugar de intentar superarlos. Así, se elaboró un proyecto que implicaba utilizar la máquina para trabajar en colaboración con médicos sobre planes de tratamiento del cáncer. «El desafío de *Jeopardy!* puso al hombre contra la máquina —explicó Kelly, de IBM—. Con Watson y la medicina, hombre y máquina afrontan un desafío juntos, y van más allá de lo que cualquiera de ellos podría hacer por sí solo.»[23] El sistema Watson, cargado con más de dos millones de páginas de revistas médicas y 600.000 evidencias clínicas, podía examinar asimismo hasta 1,5 millones de historiales. Cuando un médico introducía los síntomas y la información vital de un paciente, el ordenador proporcionaba una lista de recomendaciones clasificadas por orden de fiabilidad.[24]

El equipo de IBM comprendió que, para ser útil, la máquina tenía que interactuar con los médicos humanos de tal modo que dicha colaboración resultara agradable. David McQueeney, vicepresidente de software de IBM Research, explicó cómo se programó la máquina para que mostrara una fingida humildad: «Nuestra primera experiencia fue con médicos recelosos que se resistían diciendo: "Yo soy licenciado en la práctica de la medicina, y no voy a dejar que un ordenador me diga lo que tengo que hacer". Entonces reprogramamos nuestro sistema para que resultara humilde y dijera: "Aquí está el porcentaje de probabilidad de que esto le resulte útil; ahora es usted el que decide"». Los médicos se mostraron encantados, y decían que parecía una conversación con un colega bien informado. «Aspirábamos a combinar los talentos humanos, como nuestra intuición, con los puntos fuertes de una máquina, como su alcance infinito —señaló McQueeney—. Esa combinación es mágica, porque cada uno ofrece un elemento que el otro no tiene.»[25]

Ese fue uno de los aspectos de Watson que impresionaron a Ginni Rometty, una ingeniera que había trabajado en inteligencia artificial y que asumió la presidencia de IBM a comienzos de 2012. «Vi interactuar a Watson de manera colegiada con los médicos —explicó—. Era el testimonio más claro de cómo las máquinas pueden realmente ser compañeras de los humanos en lugar de tratar de reemplazarlos. Tuve esa sensación de manera inequívoca.»[26] Se quedó tan impresionada que decidió poner en marcha una nueva división de IBM basada en Watson, a la que se dotó de una inversión de 1.000 millones de dólares y una nueva sede central en la zona de Silicon Alley, cerca de Greenwich Village, en Manhattan. Su misión era comercializar «informática cognitiva», lo que significa sistemas informáticos capaces de llevar el análisis de datos al siguiente nivel aprendiendo por sí mismos a complementar las habilidades de pensamiento del cerebro humano. En lugar de dar un nombre técnico a la nueva división, Rometty simplemente la llamó «Watson». Era un homenaje a Thomas Watson Sr., fundador de IBM y director de la empresa durante más de cuarenta años, pero también evocaba a John, el médico compañero de Sherlock Holmes («Elemental, mi querido Watson»), y a Thomas, el ayudante de Alexander Graham Bell («Venga aquí, quiero verle»).* Así, el nombre contribuía a transmitir la idea de que el ordenador Watson debía considerarse un colaborador y compañero, y no una amenaza como el HAL de *2001*.

Watson era un precursor de una tercera oleada de ordenadores que difuminaría la línea divisoria entre inteligencia humana acrecentada e inteligencia artificial. «La primera generación de ordenadores eran máquinas que contaban y tabulaban —explica Rometty, remontándose a las raíces de IBM, los tabuladores de tarjetas perforadas que utilizara Herman Hollerith para el censo de 1890—. La segunda generación implicó máquinas programables que utilizaban la arquitectura de Von Neumann. Tenías que decirles lo que debían hacer.» Empezando por Ada Lovelace, la gente escribía algoritmos que proporcionaban a esos ordenadores, paso a paso, las instrucciones para realizar las tareas. «Debido a la proliferación de datos —añade Rometty—, no hay otra opción que disponer de una tercera generación, que son sistemas que no se programan, sino que aprenden.»[27]

Pero mientras eso ocurre, el proceso podría seguir siendo uno de asociación y simbiosis con los humanos, en lugar de uno diseñado para relegar a estos al cubo de basura de la historia. Larry Norton, un médico especialista en cáncer de mama del Memorial Sloan-Kettering Can-

---

* La primera frase es de todos conocida; la segunda probablemente lo sea menos: son las primeras palabras que pronunció Alexander Graham Bell el día en que realizó una prueba con su nuevo invento, el teléfono. (*N. del T.*)

cer Center de Nueva York, formaba parte del equipo que trabajó con Watson. «La informática va a evolucionar con rapidez, y la medicina evolucionará con ella —afirmó—. Eso es coevolución. Nos ayudaremos unos a otros.»[28]

Esta creencia de que las máquinas y los humanos se volverán más inteligentes colaborando juntos se corresponde con un proceso que Doug Engelbart denominaba «inicialización» (*bootstrapping*) y también «coevolución».[29] Y plantea una interesante perspectiva: quizá, independientemente de lo rápido que progresen los ordenadores, la inteligencia artificial nunca supere la inteligencia de la asociación humano-máquina.

Supongamos, por ejemplo, que algún día una máquina exhibe todas las capacidades mentales de un humano; da la sensación aparente de que reconoce patrones, percibe emociones, aprecia la belleza, crea arte, siente deseos, forma valores morales y persigue objetivos. Una máquina así podría ser capaz de superar un test de Turing. Incluso es posible que superara lo que podríamos llamar un «test de Ada», esto es, que pudiera dar la impresión de «originar» sus propios pensamientos más allá de lo que los humanos la hemos programado para hacer.

Sin embargo, quedaría todavía otro obstáculo antes de poder decir que la inteligencia artificial ha triunfado sobre la inteligencia acrecentada. Podemos denominarlo el «test de Licklider». Este iría más allá de preguntarse si una máquina es capaz de reproducir todos los componentes de la inteligencia humana para pasar a plantearse si la máquina realiza mejor esas tareas cuando se la deja completamente a su aire o cuando trabaja en conjunción con humanos. En otras palabras, ¿es posible que humanos y máquinas trabajando en equipo sean infinitamente más potentes que una máquina de inteligencia artificial trabajando sola?

De ser así, la «simbiosis hombre-computador», como la llamaba Licklider, seguirá alzándose con el triunfo. La inteligencia artificial no tiene por qué ser necesariamente el santo grial de la informática. El objetivo, en cambio, podría ser el de encontrar formas de optimizar la colaboración entre las capacidades humanas y las de la máquina, para forjar una asociación en la que dejemos hacer a las máquinas lo que mejor hacen y nosotros hagamos lo que mejor hacemos.

Unas cuantas lecciones de este viaje

Como todas las narraciones históricas, la historia de las innovaciones que crearon la era digital tiene numerosos hilos conductores. Entonces, ¿qué lecciones, aparte del poder de la simbiosis humano-máquina que acabamos de tratar, podrían extraerse del relato?

Ante todo, que la creatividad es un proceso colaborativo. La innovación proviene con mayor frecuencia de equipos de personas que de momentos de inspiración de genios solitarios. Esto ha sido así en cualquier época de fermento creativo. La revolución científica, la Ilustración y la revolución industrial contaron todas ellas con sus instituciones para trabajar en equipo y sus redes para compartir ideas. Pero esto se aplica aún en mayor medida en la era digital. Por brillantes que fueran los numerosos inventores de internet y el computador, lograron la mayor parte de sus avances gracias al trabajo en equipo. Como Robert Noyce, algunos de los mejores de entre ellos tendían a parecer pastores congregacionalistas antes que profetas solitarios, o coristas antes que solistas.

Twitter, por ejemplo, lo inventó un equipo de personas que tenían un espíritu de equipo, pero también bastante polémico. Según Nick Bilton, del *New York Times*, cuando uno de los cofundadores, Jack Dorsey, empezó a atribuirse demasiado mérito en las entrevistas en los medios de comunicación, otro cofundador, Evan Williams —un emprendedor en serie que previamente había creado Blogger—, le dijo que echara el freno.

—Pero yo he inventado Twitter —argumentó Dorsey.

—No, tú no has inventado Twitter —le contestó Williams—. Ni tampoco lo he inventado yo. Ni tampoco Biz [Stone, otro cofundador]. En internet la gente no inventa cosas; simplemente expande una idea que ya existía.[30]

Aquí radica otra lección: puede que la era digital parezca revolucionaria, pero se basaba en expandir las ideas transmitidas por las generaciones anteriores. La colaboración no se daba simplemente entre contemporáneos, sino también entre generaciones. Los mejores innovadores fueron los que supieron entender la trayectoria del cambio tecnológico y tomaron la batuta de los innovadores que les precedieron. Steve Jobs se basó en el trabajo de Alan Kay, que a su vez se basó en Doug Engelbart, que a su vez se basó en J. C. R. Licklider y Vannevar Bush. Cuando Howard Aiken diseñaba su computador digital en Harvard, se inspiró en un fragmento que encontró de la máquina diferencial de Charles Babbage, e hizo que los miembros de su equipo leyeran las «Notas» de Ada Lovelace.

Los equipos más productivos fueron los que supieron reunir a personas con una amplia serie de especialidades. Los Laboratorios Bell constituyen un ejemplo clásico. En sus largos pasillos, en las afueras de New Jersey, había físicos teóricos, científicos experimentales, expertos en ciencia de materiales, ingenieros, unos pocos empresarios e incluso algunos técnicos especializados en trepar a los postes telefónicos con grasa bajo las uñas. Walter Brattain, un científico experimental, y John Bardeen, un teórico, compartían un mismo espacio de trabajo —como un libretista y un compositor compartiendo un banco de piano— a fin de poder dar respuestas durante todo el día a cualesquiera preguntas que surgieran acerca de cómo manipular el silicio para hacer lo que se convertiría en el primer transistor.

Aunque internet proporcione una herramienta que posibilita las colaboraciones virtuales y a distancia, otra lección de la innovación de la era digital es que, hoy como en el pasado, la proximidad física resulta beneficiosa. Hay algo especial —como evidencia el caso de los Laboratorios Bell— en las reuniones de carne y hueso que no puede reproducirse digitalmente. Los fundadores de Intel crearon un espacio de trabajo abierto, extenso y orientado al trabajo en equipo, donde todos los empleados de Noyce para abajo trabajaban codo con codo. Este sería un modelo que se volvería común en Silicon Valley. Las predicciones de que las herramientas digitales permitirían teletrabajar a la gente no han llegado a cumplirse del todo. Uno de los primeros actos de Marissa Mayer como presidenta de Yahoo! fue desalentar la práctica de trabajar desde casa, señalando acertadamente que «la gente se muestra más colaboradora e innovadora cuando se junta». Cuando Steve Jobs diseñó una nueva sede central para Pixar, se obsesionó con los posibles modos de estructurar el atrio, e incluso acerca de dónde situar los cuartos de baño, a fin de que se produjeran encuentros personales fortuitos. Una de sus creaciones fue el plano de la nueva y emblemática sede central de Apple, un círculo con anillos de espacios de trabajo abiertos en torno a un patio central.

A lo largo de toda la historia, el mejor liderazgo ha provenido de equipos que han sabido combinar a personas con estilos complementarios. Tal fue el caso, por ejemplo, de la fundación de Estados Unidos. Entre sus líderes se incluyeron un símbolo de rectitud, George Washington; pensadores brillantes como Thomas Jefferson y James Madison; hombres de visión y pasión, como Samuel y John Adams, y un sabio conciliador, Benjamin Franklin. Del mismo modo, entre los fundadores de ARPANET se contaban visionarios como Licklider, ingenieros tajantes en la toma de decisiones, como Larry Roberts, hombres políticamente hábiles a la hora de manejar a la gente, como Bob Taylor, y personas capaces de remar al unísono, como Steve Crocker y Vint Cerf.

Otra clave a la hora de formar un gran equipo es juntar visionarios, capaces de generar ideas, con gestores operativos, capaces de ejecutarlas. Las visiones sin ejecución son alucinaciones.[31] Robert Noyce y Gordon Moore eran ambos visionarios; de ahí la importancia de que la primera persona a la que contrataran en Intel fuera Andy Grove, que sabía cómo imponer claros procedimientos de gestión, forzar a la gente a centrarse y lograr que las cosas se hicieran.

A menudo, los visionarios que carecen de tales equipos a su alrededor pasan a la historia como meras notas a pie de página. Existe un persistente debate histórico en torno a quién merece más que se le considere el inventor del computador digital electrónico, si bien John Atanasoff, un profesor que trabajó prácticamente solo en la Universidad Estatal de Iowa, o bien el equipo liderado por John Mauchly y Presper Eckert en la Universidad de Pennsylvania. Personalmente, en este libro atribuyo más mérito a los miembros del último grupo, en parte porque fueron capaces de hacer que su máquina, el ENIAC, funcionara y resolviera problemas. Lo hicieron con la ayuda de docenas de ingenieros y mecánicos, más un cuadro de mujeres que realizaron tareas de programación. La máquina de Atanasoff, en cambio, nunca funcionó del todo, en parte porque no hubo ningún equipo que le ayudara a resolver el modo de hacer operativa su grabadora de tarjetas perforadas. Terminó almacenada en un sótano, y luego desechada cuando nadie pudo recordar exactamente qué era.

Como el ordenador, ARPANET e internet fueron diseñados por equipos que trabajaron en equipo. Las decisiones fueron tomadas a través de un proceso, iniciado por un respetuoso estudiante de posgrado, de envío de propuestas en forma de «solicitudes de comentarios». Ello condujo a una red de conmutación de paquetes tipo telaraña, sin autoridad ni ejes centrales, en la que el poder se hallaba plenamente distribuido entre todos los nodos, cada uno de los cuales tenía la capacidad de crear y compartir contenidos y de eludir los intentos de imponer controles. Así pues, un proceso colaborativo produjo un sistema diseñado para facilitar la colaboración. Internet llevaba la impronta del ADN de sus creadores.

Hubo otro grupo que contribuyó asimismo al ADN de internet: la red fue financiada por personas del Pentágono y el Congreso estadounidenses que querían un sistema de comunicaciones capaz de sobrevivir a un ataque nuclear. Los investigadores de la ARPA nunca compartieron o siquiera supieron de tal objetivo; de hecho, por entonces muchos de ellos evitaban el reclutamiento. Esto llevaría a una dulce ironía; un sistema financiado en parte para facilitar el mando y el control terminó por socavar la autoridad central. La gente de la calle encuentra sus propios usos para las cosas.

Internet ha facilitado la colaboración no solo dentro de los equipos, sino también entre innumerables personas que no se conocían entre sí. Este es el avance que más se acerca a ser revolucionario. Las redes de colaboración han existido desde que los persas y asirios inventaran los sistemas postales, pero nunca antes había sido tan fácil solicitar y cotejar las aportaciones de miles o millones de colaboradores desconocidos. Esto se ha traducido en sistemas innovadores —la indexación de páginas de Google, las entradas de Wikipedia, el navegador Firefox, el software GNU/Linux— basados en el saber colectivo de grandes muchedumbres.

Hubo tres formas de montar equipos en la era digital. La primera fue mediante la financiación y coordinación estatales. Así fue como se organizaron los grupos que construyeron los primeros ordenadores (Colossus, ENIAC) y redes (ARPANET). Ello reflejaba el consenso —bastante acentuado en la década de 1950, bajo la presidencia de Eisenhower— de que era responsabilidad del gobierno estadounidense emprender aquellos proyectos, como el programa espacial y el sistema de carreteras interestatales, que beneficiaban al bien común. Esto solía hacerse en colaboración con universidades y contratistas privados en el marco de un triángulo estatal-académico-industrial que fomentaron Vannevar Bush y otros. Algunos burócratas federales con talento (lo que no siempre es un oxímoron), como Licklider, Taylor y Roberts, supervisaron los programas y asignaron los fondos públicos.

La empresa privada fue otra de las vías en que se formaron equipos de trabajo colectivo. Esto se produjo en centros de investigación de grandes empresas, como los Laboratorios Bell y el Xerox PARC, así como en nuevas compañías emprendedoras, como Texas Instruments, Intel, Atari, Google, Microsoft y Apple. Un motor clave fueron los beneficios, no solo como recompensa para los participantes, sino también como forma de atraer inversores. Ello requirió un planteamiento jurídico de la innovación que se tradujo en patentes y en medidas de protección de la propiedad intelectual. Los teóricos digitales y los hackers a menudo despreciaban ese planteamiento, pero ese sistema de empresa privada que recompensaba económicamente la invención fue a su vez un componente del sistema, más general, que llevó a una impresionante innovación en forma de transistores, chips, ordenadores, teléfonos, dispositivos varios y servicios web.

En el transcurso de la historia ha habido una tercera vía, además de los estados y las empresas privadas, en que se ha organizado la creatividad en equipo: a través de grupos de iguales que han compartido libremente ideas y han hecho aportaciones en el marco de un esfuerzo colectivo voluntario. Muchos de los avances que dieron lugar a internet y sus servicios se produjeron de ese modo, que el profesor de Harvard Yochai Benkler ha denominado «producción paritaria de base comunal».[32] Internet permitiría que esta forma de colaboración se practicara a una escala mucho mayor que antes. La creación de Wikipedia y de la World Wide Web son buenos ejemplos de ello, junto con la producción de software gratuito y de código abierto como Linux y GNU, OpenOffice y Firefox. Como ha señalado el periodista tecnológico Steven Johnson: «Su arquitectura abierta permite a otros construir más fácilmente sobre ideas preexistentes, tal como Berners-Lee construyó la Red sobre internet».[33] Esta producción de base comunal realizada a través de redes paritarias vino impulsada no por incentivos financieros, sino por otras formas de recompensa y satisfacción.

Los valores del intercambio de base comunal y los de la empresa privada a menudo se hallan en conflicto, especialmente en torno a la cuestión de en qué medida las innovaciones deberían ser protegidas con patentes. Los grupos comunales tienen sus raíces en la ética hacker emanada del Tech Model Railroad Club del MIT y el Homebrew Computer Club. Steve Wozniak era un ejemplo de ello. Asistió a las reuniones de este último para mostrar el circuito informático que había construido, y repartió libremente los esquemas para que los demás pudieran usarlo y mejorarlo. Pero su colega y vecino Steve Jobs, que empezó a acompañarlo a las reuniones, le convenció de que tenían que dejar de compartir el invento y, en lugar de ello, construirlo y venderlo. Así nació Apple, que durante los cuarenta años siguientes lideraría la actitud consistente en patentar agresivamente y obtener beneficios de las propias innovaciones. Los instintos de ambos Steve resultarían útiles para alumbrar la era digital. La innovación es más pujante en los ámbitos donde los sistemas de código abierto compiten con los sistemas privativos.

A veces la gente aboga por uno de esos modos de producción por encima de los demás basándose en sentimientos ideológicos. Prefieren un mayor papel del Estado, o exaltan la empresa privada, o idealizan el intercambio paritario. En las elecciones presidenciales estadounidenses de 2012, Barack Obama suscitó una controversia al decirles a los propietarios de empresas: «No las han construido ustedes». Sus críticos lo interpretaron como un menosprecio del papel de la empresa privada. El argumento de Obama era que cualquier empresa se beneficia tanto del respaldo del Estado como del apoyo paritario de la comunidad. «Si ustedes han tenido éxito, es porque alguien a lo largo del camino les proporcionó alguna ayuda. Hubo un gran maestro en algún momento de sus vidas. Alguien contribuyó a crear este increíble sistema estadounidense que tenemos y que les permitió prosperar. Alguien invirtió en caminos y puentes.» Esa no era precisamente la forma más elegante que tenía de disipar la fantasía de que era un socialista encubierto, pero sin duda apuntaba a una lección de economía moderna que se aplica a la innovación de la era digital: que una combinación de todas esas formas de organizar la producción —estatal, de mercado y de intercambio paritario— resulta más fuerte que favorecer solamente una cualquiera de ellas.

Nada de todo esto es nuevo. Babbage consiguió la mayor parte de su financiación del Estado británico, que se mostraba generoso a la hora de financiar cualquier investigación que pudiera reforzar su economía e imperio. Por su parte, él adoptó ideas de la industria privada, especialmente las tarjetas perforadas que habían desarrollado las firmas textiles para los telares automáticos. Babbage y sus amigos fueron los fundadores de un puñado de nuevos clubes que facilitaban la interacción entre colegas, entre ellos la Asociación Británica para el Avance de la Ciencia, y aunque pueda parecer forzado ver aquel augusto grupo como un precursor vestido de época del Homebrew Computer Club, ambos existieron para facilitar la colaboración paritaria de base comunal y las ideas compartidas.

Los esfuerzos de mayor éxito de la era digital fueron los dirigidos por líderes que fomentaron la colaboración al tiempo que proporcionaban una visión clara. Demasiado a menudo, estos fueron considerados rasgos contradictorios; un líder es, o bien alguien de talante abiertamente inclusivo, o bien un visionario apasionado. Pero los mejores líderes podían ser ambas cosas. Robert Noyce fue un buen ejemplo de ello. Él y Gordon Moore impulsaron Intel basándose en una nítida visión de hacia dónde se dirigía la tecnología de los semiconductores, y ambos se mostraron exageradamente colaboradores y en absoluto autoritarios. Incluso Steve Jobs y Bill Gates, con toda su vehemencia iracunda, sabían cómo construir a su alrededor equipos fuertes e inspirar lealtad.

Los individuos brillantes incapaces de colaborar tendieron a fracasar. El Laboratorio Shockley de Semiconductores se desintegró. Del mismo modo, también los equipos que carecían de visionarios apasionados y obstinados fracasaron. Después de inventar el transistor, los Laboratorios Bell fueron a la deriva. Y lo mismo le ocurrió a Apple después de echar a Jobs en 1985.

La mayoría de los innovadores y emprendedores de éxito que aparecen en este libro tenían algo en común: eran gente que cuidaba el producto. Se interesaban por la ingeniería y el diseño, y los entendían profundamente. No eran ante todo expertos en marketing, vendedores o gente de finanzas; cuando esta clase de personas se hicieron con el control de las empresas, a menudo fue en detrimento de la innovación sostenida. «Cuando los tipos de ventas controlan la empresa, los tipos de producción no importan tanto, y muchos de ellos simplemente desconectan», decía Jobs. Larry Page opinaba lo mismo: «Los mejores líderes son los que más profundamente entienden la ingeniería y el diseño del producto».[34]

Otra lección de la era digital es tan vieja como Aristóteles: «El hombre es un animal social». ¿Qué otra cosa podría explicar el éxito de las radios de banda ciudadana y los equipos de radioaficionado, o de sus sucesores como WhatsApp y Twitter? La gente ha acabado apropiándose de casi cada herramienta digital, se diseñara o no a tal fin, para un propósito social: crear comunidades, facilitar la comunicación, colaborar en proyectos y permitir la interrelación social. Incluso el ordenador personal, que originariamente fue saludado como una herramienta de creatividad individual, llevó inevitablemente al auge de los módems, los servicios online y, a la larga, Facebook, Flickr y Foursquare.

Las máquinas, en cambio, no son animales sociales. No se unen a Facebook por voluntad propia ni buscan compañía por sí mismas. Cuando Alan Turing afirmó que algún día las máquinas se comportarían como humanos, sus críticos replicaron que nunca serían capaces de mostrar afecto o anhelar una relación íntima. Para complacer a Turing, quizá podríamos programar una máquina que aparentara sentir afecto y fingiera buscar una relación íntima, tal como a veces hacen los humanos. Pero Turing, más que casi ningún otro, probablemente advertiría la diferencia.

Según la segunda parte de la cita de Aristóteles, la naturaleza no social de los ordenadores sugiere que estos son «o una bestia o un dios». En realidad, no son ninguna de las dos cosas. Pese a todas las afirmaciones de los ingenieros de la inteligencia artificial y los sociólogos de internet, las herramientas digitales no tienen personalidad, intenciones ni deseos. Son lo que hacemos de ellas.

LA DURADERA LECCIÓN DE ADA: CIENCIA POÉTICA

Esto nos lleva a una última lección, una que nos remonta de nuevo a Ada Lovelace. Como ella señalaba, en nuestra simbiosis con las máquinas los humanos hemos aportado un elemento crucial a la asociación: la creatividad. La historia de la era digital —de Bush a Licklider, Engelbart o Jobs, de SAGE a Google, Wikipedia o Watson— ha venido a reforzar esta idea. Y en la medida en que sigamos siendo una especie creativa, eso probablemente seguirá siendo cierto. «Las máquinas serán más racionales y analíticas —sostiene John Kelly, director de investigación de IBM—. Las personas aportarán juicio, intuición, empatía, una brújula moral y creatividad humana.»[35]

Nosotros, los humanos, podemos seguir siendo relevantes en una era de informática cognitiva porque somos capaces de pensar de manera distinta, algo que un algoritmo, casi por definición, no puede lograr. Poseemos una imaginación que, como decía Ada, «aúna cosas, hechos, ideas, concepciones en combinaciones nuevas, originales, infinitas, en constante variación». Discernimos patrones y apreciamos su belleza. Entretejemos información en narrativas. Somos animales narradores de historias, además de sociales.

La creatividad humana implica valores, intenciones, juicios estéticos, emociones, conciencia personal y una concepción moral. Eso es lo que las artes y las humanidades nos enseñan, y de ahí que esos ámbitos constituyan una parte de la educación tan valiosa como la ciencia, la tecnología, la ingeniería y las matemáticas. Si nosotros, los mortales, hemos de mantener nuestra parte de la simbiosis humano-ordenador, si pretendemos conservar el papel de socios creativos de nuestras máquinas, debemos seguir alimentando las fuentes de nuestra imaginación, originalidad y humanidad. Eso es lo que aportamos a la fiesta.

En sus lanzamientos de productos, Steve Jobs solía concluir con una diapositiva, proyectada sobre la pantalla situada tras él, en la que aparecían dos rótulos de calles mostrando la intersección entre las Artes liberales y la Tecnología. En la última de tales apariciones, organizada en 2011 para lanzar el iPad 2, se detuvo delante de aquella imagen y afirmó: «Está en el ADN de Apple que la tecnología sola no basta; que es la tecnología casada con las artes liberales, casada con las humanidades, la que arroja el resultado que nos alegra el corazón». Eso es lo que hizo de él el innovador tecnológico más creativo de nuestra era.

Sin embargo, también lo opuesto a este panegírico de las humanidades es cierto. Las personas a quienes les gustan las artes y las humanidades deberían esforzarse en apreciar las bellezas de las matemáticas y la física, tal como hizo Ada. De lo contrario, seguirán siendo meros espectadores en la intersección de las artes y las ciencias, que es donde se producirá la mayor parte de la creatividad de la era digital. Cederán el control de ese territorio a los ingenieros.

Muchas personas que ensalzan las artes y las humanidades, que aplauden vigorosamente los tributos a su importancia en nuestras escuelas, afirman sin el menor embarazo (y a veces hasta bromeando) que no entienden de matemáticas o de física. Alaban las virtudes de aprender latín, pero no tienen la menor idea de cómo escribir un algoritmo o distinguir el BASIC del C++, o el Python del Pascal. Consideran que quienes no distinguen *Hamlet* de *Macbeth* son unos ignorantes, mientras que podrían admitir alegremente que ignoran la diferencia entre un gen y un cromosoma, o entre un transistor y un condensador, o entre una integral y una ecuación diferencial. Puede que esos conceptos parezcan difíciles, es cierto. Pero también *Hamlet* lo es. Y, como *Hamlet*, todos y cada uno de esos conceptos son hermosos. Como una elegante ecuación matemática, son expresiones del esplendor del universo.

C. P. Snow tenía razón acerca de la necesidad de respetar «las dos culturas», la ciencia y las humanidades. Pero hoy es aún más importante entender cómo ambas se entrecruzan. Quienes contribuyeron a liderar la revolución tecnológica fueron personas en la tradición de Ada, capaces de combinar ciencia y humanidades. De su padre heredó una vena poética y de su madre una matemática, y eso le inculcó el amor a lo que ella llamaba «ciencia poética». Su padre defendió a los luditas que rompían los telares mecánicos, pero a Ada le gustaba el modo en que las tarjetas perforadas daban instrucciones a dichos telares para tejer hermosos patrones, e imaginó cómo esa maravillosa combinación de arte y tecnología podría manifestarse en los ordenadores.

La próxima fase de la revolución digital traerá una auténtica fusión de la tecnología con las industrias creativas, como los medios de comunicación, la moda, la música, el espectáculo, la educación, la literatura y el arte. Hasta ahora, una gran parte de la innovación ha implicado verter vino viejo —libros, periódicos, artículos de opinión, revistas, canciones, programas de televisión, películas— en odres nuevos digitales. Pero, a la larga, la interacción entre la tecnología y las artes se traducirá en formas de expresión y formatos mediáticos completamente nuevos.

Esta innovación provendrá de personas que sean capaces de unir la belleza a la ingeniería, la humanidad a la tecnología y la poesía a los procesadores. En otras palabras, provendrá de los herederos espirituales de Ada Lovelace, creadores capaces de florecer allí donde las artes se entrecruzan con las ciencias y dotados de una rebelde capacidad de asombro que les abra a la belleza de ambas.

Agradecimientos

Quiero dar las gracias a las personas que me han concedido entrevistas y proporcionado información, entre ellas a Bob Albrecht, Al Alcorn, Marc Andreessen, Tim Berners-Lee, Stewart Brand, Dan Bricklin, Larry Brilliant, John Seeley Brown, Nolan Bushnell, Jean Case, Steve Case, Vint Cerf, Wes Clark, Steve Crocker, Lee Felsenstein, Bob Frankston, Bob Kahn, Alan Kay, Bill Gates, Al Gore, Andy Grove, Justin Hall, Bill Joy, Jim Kimsey, Leonard Kleinrock, Tracy Licklider, Liza Loop, David McQueeney, Gordon Moore, John Negroponte, Larry Page, Howard Rheingold, Larry Roberts, Arthur Rock, Virginia Rometty, Ben Rosen, Steve Russell, Eric Schmidt, Bob Taylor, Paul Terrell, Jimmy Wales, Evan Williams y Steve Wozniak. Doy también las gracias a las personas que me han dado consejos útiles durante el camino, entre ellas Ken Auletta, Larry Cohen, David Derbes, John Doerr, John Hollar, John Markoff y Michael Moritz.

Rahul Mehta, de la Universidad de Chicago, y Danny Z. Wilson, de Harvard, leyeron un primer borrador para corregir cualesquiera posibles errores matemáticos o de ingeniería; sin duda he deslizado unos cuantos cuando no miraban, de modo que no se les debe culpar por cualquier lapsus que haya quedado. Estoy especialmente agradecido a Strobe Talbott, que leyó un borrador y realizó extensos comentarios sobre él. Ha hecho lo mismo con cada uno de los libros que he escrito, empezando por *The Wise Men* en 1986, y yo he guardado todos los juegos de sus detalladas notas como testimonio de su sabiduría y generosidad.

También he intentado algo distinto para este libro: las sugerencias y correcciones colectivas de muchos de sus capítulos. Esto no es nada nuevo. Enviar artículos para que sean comentados fue una de las razones por las que en 1660 se creó la Real Sociedad de Londres y por las que Benjamin

Franklin fundó la Sociedad Filosófica Estadounidense. En la revista *Time* teníamos la costumbre de enviar borradores de los reportajes a todos los departamentos para sus «comentarios y correcciones», lo que resultaba muy útil. En el pasado he enviado partes de mis borradores a docenas de personas que conocía; ahora, utilizando internet, he podido solicitar comentarios y correcciones a miles de personas a las que no conocía.

Eso parecía apropiado, puesto que facilitar el proceso colaborativo era una de las razones por las que se creó internet. Una noche, cuando estaba escribiendo sobre eso, me di cuenta de que tenía que intentar usar internet para ese propósito original. Ello, esperaba, mejoraría mis borradores a la vez que me permitiría entender mejor cómo las actuales herramientas basadas en internet (en comparación con Usenet y los viejos sistemas de tablones de anuncios) facilitan la colaboración.

Experimenté con muchos sitios. El mejor resultó ser Medium, creado por Ev Williams, uno de los personajes de este libro. Un extracto del libro lo leyeron 18.200 personas en su primera semana online, lo que supone aproximadamente 18.170 lectores preliminares más que los que había tenido nunca en el pasado. Multitud de lectores hicieron comentarios, y cientos de ellos me enviaron correos electrónicos. Eso se tradujo en numerosos cambios y adiciones, además de una sección completamente nueva (sobre Dan Bricklin y VisiCalc). Quiero dar las gracias a los centenares de colaboradores —a algunos de los cuales he llegado a conocer después— que me ayudaron en este proceso de revisión colectiva. (Por cierto, espero que alguien invente pronto un cruce entre un eBook potenciado y una Wiki para que puedan surgir nuevas formas de historias multimedia que sean en parte dirigidas por su autor y en parte fruto de la colaboración colectiva.)

También quiero dar las gracias a Alice Mayhew y Amanda Urban, que han sido respectivamente mi editora y mi agente durante treinta años, y al equipo de Simon & Schuster: Carolyn Reidy, Jonathan Karp, Jonathan Cox, Julia Prosser, Jackie Seow, Irene Kheradi, Judith Hoover, Laura Wyss, Ruth Lee-Mui y Jonathan Evans. También tengo la fortuna de contar con tres generaciones de mi familia dispuestas a leer y comentar un borrador de este libro: mi padre, Irwin (ingeniero electrotécnico); mi hermano, Lee (asesor informático), y mi hija, Betsy (escritora de temas de tecnología, que fue la primera que me llamó la atención sobre Ada Lovelace). Y, sobre todo, doy las gracias a mi esposa, Cathy, la lectora más sabia y la persona más cariñosa que he conocido jamás.

Notas

Introducción

1. Henry Kissinger, sesión informativa para periodistas, enero de 1974, de los archivos de la revista *Time*.
2. Steven Shapin, *The Scientific Revolution*, University of Chicago Press, 1996, p. 1.

1. Ada, condesa de Lovelace

1. Lady Byron a Mary King, 13 de mayo de 1833. Las cartas de la familia Byron, incluidas las de Ada, se conservan en la Biblioteca Bodleiana de Oxford. Hay transcripciones de las cartas de Ada en Betty Toole, *Ada, the Enchantress of Numbers: A Selection from the Letters*, Strawberry, 1992, y Doris Langley Moore, *Ada, Countess of Lovelace*, John Murray, 1977. Además de las fuentes citadas más abajo, este apartado se basa también en Joan Baum, *The Calculating Passion of Ada Byron*, Archon, 1986; William Gibson y Bruce Sterling, *The Difference Engine*, Bantam, 1991; Dorothy Stein, *Ada*, MIT Press, 1985; Doron Swade, *The Difference Engine*, Viking, 2001; Betty Toole, *Ada: Prophet of the Computer Age*, Strawberry, 1998; Benjamin Wooley, *The Bride of Science*, Macmillan, 1999; Jeremy Bernstein, *The Analytical Engine*, Morrow, 1963, y James Gleick, *The Information*, Pantheon, 2011, cap. 4. A menos que se indique lo contrario, las citas de las cartas de Ada se basan en las transcripciones de Toole.

Los autores que han escrito sobre Ada Lovelace van desde quienes la idealizan hasta los que la denuestan. Los libros que más simpatizan con ella son los de Toole, Woolley y Baum; el más académico y ecuánime es el de Stein. Como ejemplo de denostación de Ada Lovelace, véase Bruce Collier, «The Little Engines That Could've», tesis doctoral, Harvard, 1970, <http://robroy.

dyndns.info/collier/>. Escribe el autor: «Era una maniacodepresiva con los más asombrosos delirios sobre su talento. [...] Ada estaba como una cabra, y apenas contribuyó a las "Notas" más de lo que las dificultó».

2. Richard Holmes, *The Age of Wonder*, Pantheon, 2008, p. 450.

3. Laura Snyder, *The Philosophical Breakfast Club*, Broadway, 2011, p. 190.

4. Charles Babbage, *The Ninth Bridgewater Treatise 1837*, caps. 2 y 8, <http://www.victorianweb.org/science/science_texts/bridgewater/intro. htm>; Snyder, *The Philosophical Breakfast Club*, p. 192.

5. Toole, *Ada, the Enchantress of Numbers*, p. 51.

6. Sophia De Morgan, *Memoir of Augustus De Morgan Longmans*, 1882, p. 9; Stein, *Ada*, p. 41.

7. Holmes, *The Age of Wonder*, p. xvi. [Hay trad. cast.: *La edad de los prodigios*, Madrid, Turner, 2012.]

8. Ethel Mayne, *The Life and Letters of Anne Isabella, Lady Noel Byron*, Scribner's, 1929, p. 36; Malcolm Elwin, *Lord Byron's Wife*, Murray, 1974, p. 106.

9. Lord Byron a lady Melbourne, 28 de septiembre de 1812, en John Murray, ed., *Lord Byron's Correspondence*, Scribner's, 1922, p. 88.

10. Stein, *Ada*, p. 14; de la biografía de Thomas Moore sobre Byron, basada en los diarios destruidos de Byron.

11. Wooley, *The Bride of Science*, p. 60.

12. Stein, *Ada*, p. 16; Wooley, *The Bride of Science*, p. 72.

13. Wooley, *The Bride of Science*, p. 92.

14. *Ibid.*, p. 94.

15. John Gait, *The Life of Lord Byron*, Colburn & Bentley, 1830, p. 316.

16. Catherine Turney, *Byron's Daughter: A Biography of Elizabeth Medora Leigh*, Readers Union, 1975, p. 160.

17. Velma Huskey y Harry Huskey, «Lady Lovelace and Charles Babbage», *IEEE Annals of the History of Computing*, octubre-diciembre de 1980.

18. Ada a Charles Babbage, 30 de julio de 1843.

19. Ada a lady Byron, 11 de enero de 1841.

20. Toole, *Ada, the Enchantress of Numbers*, p. 136.

21. Ada a lady Byron, 6 de febrero de 1841; Stein, *Ada*, p. 87.

22. Stein, *Ada*, p. 38.

23. Harry Wilmot Buxton y Anthony Hyman, *Memoir of the Life and Labours of the Late Charles Babbage*, c. 1872; reed. por el Instituto Charles Babbage/MIT Press, 1988, p. 46.

24. Martin Campbell Kelly y William Aspray, *Computer: A History of the Information Machine*, Westview, 2009, p. 6.

25. Swade, *The Difference Engine*, p. 42; Bernstein, *The Analytical Engine*, p. 46 y *passim*.

26. James Essinger, *Jacquard's Web*, Oxford, 2004, p. 23.

27. Ada a Charles Babbage, 16 de febrero de 1840.

28. Ada a Charles Babbage, 12 de enero de 1841.

29. Charles Babbage, *Passages from the Life of a Philosopher*, Longman Green, 1864, p. 136.

30. Luigi Menabrea, con notas sobre la memoria de la traductora, Ada Augusta, condesa de Lovelace, «Sketch of the Analytical Engine, Invented by Charles Babbage», octubre de 1842, <http://www.fourmilab.ch/babbage/sketch.html>.

31. Babbage, *Passages from the Life of a Philosopher*, p. 136; John Fuegi y Joe Francis, «Lovelace & Babbage and the Creation of the 1843 "Notes"», *Annals of the History of Computing*, octubre de 2003.

32. Todas las citas de Menabrea y las notas de Lovelace proceden de Menabrea, «Sketch of the Analytical Engine».

33. Charles Babbage a Ada, 1843, en Toole, *Ada, the Enchantress of Numbers*, p. 197.

34. Diálogos de la película *Ada Byron Lovelace: To Dream Tomorrow*, dirigida y producida por John Fuegi y Jo Francis, Flare Productions, 2003; véase también Fuegi y Francis, «Lovelace & Babbage».

35. Ada a Charles Babbage, 5 de julio de 1843.

36. Ada a Charles Babbage, 2 de julio de 1843.

37. Ada a Charles Babbage, 6 de agosto de 1843; Wooley, *The Bride of Science*, p. 278; Stein, *Ada*, p. 114.

38. Ada a lady Byron, 8 de agosto de 1843.

39. Ada a Charles Babbage, 14 de agosto de 1843.

40. Ada a Charles Babbage, 14 de agosto de 1843.

41. Ada a Charles Babbage, 14 de agosto de 1843.

42. Ada a lady Lovelace, 14 de agosto de 1843.

43. Stein, *Ada*, p. 120.

44. Ada a lady Byron, 22 de agosto de 1843.

45. Ada a Robert Noel, 9 de agosto de 1843.

2. EL COMPUTADOR

1. Andrew Hodges, *Alan Turing: The Enigma*, Simon & Schuster, 1983, 439 (los números de posición hacen referencia a la «edición del centenario» publicada

en versión electrónica para Kindle). Además de las fuentes citadas más abajo, este apartado se basa en la biografía de Hodges y su página web, <http://www.turing.org.uk/>; la correspondencia y los documentos conservados en el Archivo Turing, <http://www.turingarchive.org/>; David Leavitt, *The Man Who Knew Too Much*, Atlas Books, 2006; S. Barry Cooper y Jan van Leeuwen, *Alan Turing: His Work and Impact*, Elsevier, 2013; Sara Turing, *Alan M. Turing*, Cambridge, 1959 (los números de posición hacen referencia a la «edición del centenario» publicada en versión electrónica para Kindle en 2012, con un epílogo de John F. Turing), y Simon Lavington, ed., *Alan Turing and His Contemporaries*, BCS, 2012.

2. John Turing, en Sara Turing, *Alan M. Turing*, 146.

3. Hodges, *Alan Turing*, 590.

4. Sara Turing, *Alan M. Turing*, 56.

5. Hodges, *Alan Turing*, 1.875.

6. Alan Turing a Sara Turing, 16 de febrero de 1930, Archivo Turing; Sara Turing, *Alan M. Turing*, 25.

7. Hodges, *Alan Turing*, 2.144.

8. *Ibid.*, 2.972.

9. Alan Turing, «On Computable Numbers», *Proceedings of the London Mathematical Society*, leído el 12 de noviembre de 1936.

10. *Ibid.*, p. 241.

11. Max Newman a Alonzo Church, 31 de mayo de 1936, en Hodges, *Alan Turing*, 3.439; Alan Turing a Sara Turing, 29 de mayo de 1936, Archivo Turing.

12. Alan Turing a Sara Turing, 11 y 22 de febrero de 1937, Archivo Turing; Alonzo Church, «Review of A. M. Turing's "On computable numbers"», *Journal of Symbolic Logic*, 1937.

13. Este apartado sobre Shannon se basa en Jon Gertner, *The Idea Factory: Bell Labs and the Great Age of American Innovation*, Penguin, 2012 (los números de posición hacen referencia a la edición Kindle), cap. 7; M. Mitchell Waldrop, «Claude Shannon: Reluctant Father of the Digital Age», *MIT Technology Review*, julio de 2001; Graham Collins, «Claude E. Shannon: Founder of Information Theory», *Scientific American*, octubre de 2012; James Gleick, *The Information*, Pantheon, 2011, cap. 7.

14. Peter Galison, *Image and Logic*, Universidad de Chicago, 1997, p. 781.

15. Claude Shannon, «A Symbolic Analysis of Relay and Switching Circuits», *Transactions of the American Institute of Electrical Engineers*, diciembre de 1938. Puede leerse una explicación clara en Daniel Hillis, *The Pattern on the Stone*, Perseus, 1998, pp. 2-10.

16. Paul Ceruzzi, *Reckoners: The Prehistory of the Digital Computer*, Green-

wood, 1983, p. 79. Véase también Computer History Museum, «George Stibitz», <http://www.computerhistory.org/revolution/birth-of-the-computer/4/85>.

17. Relato oral de Howard Aiken, obtenido por Henry Tropp e I. Bernard Cohen, Smithsonian Institution, febrero de 1973.

18. Howard Aiken, «Proposed Automatic Calculating Machine», *IEEE Spectrum*, agosto de 1964; Cassie Ferguson, «Howard Aiken: Makin' a Computer Wonder», *Harvard Gazette*, 9 de abril de 1998.

19. I. Bernard Cohen, *Howard Aiken: Portrait of a Computer Pioneer*, MIT, 1999, p. 9.

20. Kurt Beyer, *Grace Hopper and the Invention of the Information Age*, MIT, 2009, p. 75.

21. Cohen, *Howard Aiken*, p. 115.

22. *Ibid.*, p. 98 y *passim*.

23. Beyer, *Grace Hopper*, p. 80.

24. Ceruzzi, *Reckoners*, p. 65.

25. Horst Zuse (hijo), «The Life and Work of Konrad Zuse», <http://www.horst-zuse.homepage.t-online.de/Konrad_Zuse_index_english_html/biography.html>.

26. Archivo Konrad Zuse, <http://www.zib.de/zuse/home.php/Main/KonradZuse>; Ceruzzi, *Reckoners*, p. 26.

27. Horst Zuse, «The Life and Work of Konrad Zuse», parte 4; Ceruzzi, *Reckoners*, p. 28.

28. La historia de John Atanasoff y la polémica en torno al mérito que cabe atribuirle han dado lugar a algunos textos impresionantes. Una batalla histórica y jurídica le enfrentó a los creadores del ENIAC, John Mauchly y Presper Eckert. Los cuatro principales libros sobre Atanasoff fueron escritos por personas que querían ponerse de su lado en la disputa. Alice Burks, *Who Invented the Computer?*, Prometheus, 2003 (los números de posición hacen referencia a la edición Kindle) se basa en parte en los documentos de la batalla jurídica. Alice Burks y Arthur Burks, *The First Electronic Computer: The Atanasoff Story*, Universidad de Michigan, 1988, es una obra anterior de carácter más técnico; Arthur Burks fue un ingeniero del equipo del ENIAC que terminó adoptando una actitud crítica hacia Eckert y Mauchly. Clark Mollenhoff, *Atanasoff: Forgotten Father of the Computer*, Universidad Estatal de Iowa, 1988, es obra de un periodista y premio Pulitzer que era jefe de la oficina de Washington del *Des Moines Register* y que, tras saber de la existencia de Atanasoff, quiso rescatarle del olvido. Jane Smiley, *The Man Who Invented the Computer*, Doubleday, 2010, surgió cuando la aclamada novelista se zambulló en la historia del ordenador y se convirtió

en defensora de Atanasoff. Con respecto a la historia personal y la participación de Alice y Arthur Burks, véase su artículo «Memoir of the 1940s», *Michigan Quarterly Review*, primavera de 1997, <http://hdl.handle.net/2027/spo. act2080.0036.201>. Este apartado se basa también en Allan Mackintosh, «Dr. Atanasoff's Computer», *Scientific American*, agosto de 1988; Jean Berry, «Clifford Edward Berry: His Role in Early Computers», *Annals of the History of Computing*, julio de 1986, y William Broad, «Who Should Get the Glory for Inventing the Computer?», *New York Times*, 22 de marzo de 1983.

29. John Atanasoff, «Advent of Electronic Digital Computing», *Annals of the History of Computing*, julio de 1984, p. 234.

30. *Ibid.*, p. 238.

31. *Ibid.*, p. 243.

32. Katherine Davis Fishman, *The Computer Establishment*, Harper & Row, 1981, p. 22.

33. Testimonio de Atanasoff, «Honeywell *versus* Sperry Rand», 15 de junio de 1971, transcripción p. 1.700, en Burks, *Who Invented the Computer?*, 1.144. Los archivos del juicio se conservan en la Universidad de Pennsylvania, <http://www.archives.upenn.edu/faids/upd/eniactrial/upd8_10.html>, y en el Instituto Charles Babbage de la Universidad de Minnesota, <http://discover.lib.umn.edu/cgi/f/findaid/findaid-idx?c=umfa;cc=umfa;rgn=main;view=text;didno=cbi00001>.

34. Testimonio de Atanasoff, transcripción p. 1.703.

35. Atanasoff, «Advent of Electronic Digital Computing», p. 244.

36. John Atanasoff, «Computing Machine for the Solution of Large Systems of Linear Algebraic Equations», 1940, disponible online en la Universidad Estatal de Iowa, <http://jva.cs.iastate.edu/img/Computing%20machine. pdf>. Puede verse un análisis detallado en Burks y Burks, *The First Electronic Computer*, p. 7 y *passim*.

37. Robert Stewart, «The End of the ABC», *Annals of the History of Computing*, julio de 1984; Mollenhoff, *Atanasoff*, p. 73.

38. Este apartado se basa en el relato oral de John Mauchly, obtenido por Henry Tropp, 10 de enero de 1973, Smithsonian Institution; relato oral de John Mauchly, obtenido por Nancy Stern, 6 de mayo de 1977, Instituto Estadounidense de Física (IEF); Scott McCartney, *ENIAC*, Walker, 1999; Herman Goldstine, *The Computer from Pascal to Von Neumann*, Princeton, 1972 (los números de posición hacen referencia a la edición Kindle); Kathleen Mauchly, «John Mauchly's Early Years», *Annals of the History of Computing*, abril de 1984; David Ritchie, *The Computer Pioneers*, Simon & Schuster, 1986; Bill Mauchly

et al., página web del ENIAC, <http://the-eniac.com/first/>; Howard Rheingold, *Tools for Thought*, MIT, 2000, y Joel Shurkin, *Engines of the Mind: A History of the Computer*, Washington Square Press, 1984.

39. John Costello, «The Twig Is Bent: The Early Life of John Mauchly», *IEEE Annals of the History of Computing*, 1996.

40. Relato oral de Mauchly, IEF.

41. Costello, «The Twig Is Bent».

42. McCartney, *ENIAC*, p. 82.

43. Kay McNulty Mauchly Antonelli, «The Kathleen McNulty Mauchly Antonelli Story», 26 de marzo de 2004, página web del ENIAC, <https://sites.google.com/a/opgate.com/eniac/Home/kay-mcnulty-mauchly-antonelli>; McCartney, *ENIAC*, p. 32.

44. Ritchie, *The Computer Pioneers*, p. 129; Rheingold, *Tools for Thought*, p. 80.

45. McCartney, *ENIAC*, p. 34.

46. Kathleen Mauchly, «John Mauchly's Early Years».

47. McCartney, *ENIAC*, p. 36.

48. Kathleen Mauchly, «John Mauchly's Early Years».

49. John Mauchly a H. Helm Clayton, 15 de noviembre de 1940.

50. John Mauchly a John de Wire, 4 de diciembre de 1940; Kathleen Mauchly, «John Mauchly's Early Years».

51. Mauchly a Atanasoff, 19 de enero de 1941; Atanasoff a Mauchly, 23 de enero de 1941; relato oral de Mauchly, Smithsonian; Burks, *Who Invented the Computer?*, 668.

52. La batalla en torno a lo ocurrido se libró en la revista *Annals of the History of Computing*, con múltiples artículos, comentarios y acerbas cartas. Este apartado y el relativo a la batalla jurídica, más adelante, se basan en todo ello. Entre dicho material se incluyen Arthur Burks y Alice Burks, «The ENIAC: First General-Purpose Electronic Computer», con comentarios de John Atanasoff, J. Presper Eckert y Kathleen R. Mauchly, y Konrad Zuse, y una respuesta de Burks y Burks, *Annals of the History of Computing*, octubre de 1981, pp. 310-399 (más de ochenta páginas de este número se dedicaron a reflejar las diversas declaraciones y refutaciones, lo que no dejó de provocar cierta incomodidad a los editores; Kathleen Mauchly, «John Mauchly's Early Years», *Annals of the History of Computing*, abril de 1984; John Mauchly, «Mauchly: Unpublished Remarks», con un epílogo de Arthur Burks y Alice Burks, *Annals of the History of Computing*, julio de 1982; Arthur Burks, «Who Invented the General Purpose Computer?», charla en la Universidad de Michigan, 2 de abril de 1974, y James McNulty, carta al director, *Datamation*, junio de 1980.

53. Testimonio de Lura Meeks Atanasoff, «Sperry *versus* Honeywell»; Burks, *Who Invented the Computer?*, 1.445.

54. Mollenhoff, *Atanasoff*, p. 114.

55. Relato oral de Mauchly, Smithsonian; John Mauchly, «Fireside Chat», 13 de noviembre de 1973, *Annals of the History of Computing*, julio de 1982.

56. Ritchie, *The Computer Pioneers*, p. 142.

57. Relato oral de Mauchly, Smithsonian.

58. Testimonio de John Mauchly, «Sperry *versus* Honeywell»; Burks, *Who Invented the Computer?*, 429.

59. John Mauchly a John Atanasoff, 30 de septiembre de 1941, sumario del juicio «Sperry *versus* Honeywell».

60. Atanasoff a Mauchly, 7 de octubre de 1941, sumario del juicio «Sperry *versus* Honeywell».

61. Además de las fuentes citadas más abajo, este apartado se basa en Peter Eckstein, «Presper Eckert», *Annals of the History of Computing*, primavera de 1996; relato oral de J. Presper Eckert, obtenido por Nancy Stern, 28 de octubre de 1977, Instituto Charles Babbage, Universidad de Minnesota; Nancy Stern, *From ENIAC to UNIVAC*, Digital Press, 1981; J. Presper Eckert, «Thoughts on the History of Computing», *Computer*, diciembre de 1976; J. Presper Eckert, «The ENIAC», John Mauchly, «The ENIAC», y Arthur W. Burks, «From ENIAC to the Stored Program Computer», todos ellos en Nicholas Metropolis *et al.*, eds., *A History of Computing in the Twentieth Century*, Academic Press, 1980; y Alexander Randall, «A Lost Interview with Presper Eckert», *Computerworld*, 4 de febrero de 2006.

62. Relato oral de Eckert, Instituto Charles Babbage.

63. Eckstein, «Presper Eckert».

64. Ritchie, *The Computer Pioneers*, p. 148.

65. Relato oral de Eckert, Instituto Charles Babbage.

66. John W. Mauchly, «The Use of High Speed Vacuum Tube Devices for Calculating», 1942, en Brian Randell, ed., *The Origins of Digital Computers: Selected Papers*, Springer-Verlag, 1973, p. 329. Véase también John G. Brainerd, «Genesis of the ENIAC», *Technology and Culture*, julio de 1976, p. 482.

67. Relato oral de Mauchly, Smithsonian; Goldstine, *The Computer from Pascal to Von Neumann*, 3.169; McCartney, *ENIAC*, p. 61.

68. Burks, *Who Invented the Computer?*, 71.

69. McCartney, *ENIAC*, p. 89.

70. Relato oral de Eckert, Instituto Charles Babbage.

71. *Ibidem.*

72. *Ibidem*; Randall, «A Lost Interview with Presper Eckert».

73. Hodges, *Alan Turing*, 3.628.

74. Además de la biografía de Hodges, *Alan Turing*, este apartado se basa en B. Jack Copeland, *Colossus: The Secrets of Bletchley Park's Codebreaking Computers*, Oxford, 2006; I. J. Good, «Early Work on Computers at Bletchley», *Annals of the History of Computing*, julio de 1979; Tommy Flowers, «The Design of Colossus», *Annals of the History of Computing*, julio de 1983; Simon Lavington, ed., *Alan Turing and His Contemporaries*, BCS, 2012; Sinclair McKay, *The Secret Life of Bletchley Park: The History of the Wartime Codebreaking Centre by the Men and Women Who Were There*, Aurum Press, 2010, y en mi visita a Bletchley Park y los eruditos, los guías turísticos, las exposiciones y el material allí disponibles.

75. Randall, «A Lost Interview with Presper Eckert».

76. Archivos del juicio «Honeywell *versus* Sperry Rand». Véase también Charles E. McTieman, «The ENIAC Patent», *Annals of the History of Computing*, abril de 1998.

77. Sentencia del juez Earl Richard Larson, «Honeywell *versus* Sperry Rand».

78. Randall, «A Lost Interview with Presper Eckert».

3. PROGRAMACIÓN

1. Alan Turing, «Intelligent Machinery», informe del Laboratorio Nacional de Física, julio de 1948, disponible en <http://www.AlanTuring.net/intelligent_machinery>.

2. Además de las fuentes que se citan más adelante, este apartado se basa en Kurt Beyer, *Grace Hopper and the Invention of the Information Age*, MIT, 2009, y la siguiente serie de relatos orales de Grace Hopper: Smithsonian (cinco sesiones), julio de 1968, noviembre de 1968, 7 de enero de 1969, 4 de febrero de 1969 y 5 de julio de 1972; Museo de Historia del Ordenador (CHM por sus siglas en inglés), diciembre de 1980; entrevista con Grace Hopper, septiembre de 1982, proyecto de relatos orales de mujeres en la Administración Federal, Radcliffe Institute, Harvard.

3. Kurt Beyer afirma erróneamente que fue la primera mujer en doctorarse en matemáticas por Yale. La primera fue Charlotte Barnum, en 1895, y hubo diez antes de Hopper. Véase Judy Green y Jeanne LaDuke, *Pioneering Women in American Mathematics: The pre-1940 PhDs*, Sociedad Estadounidense de Matemáticas, 2009, p. 53; Beyer, *Grace Hopper*, pp. 25 y 26.

4. Relato oral de Hopper, Smithsonian, 5 de julio de 1972.

5. Relato oral de Hopper, Smithsonian, julio de 1968; Rosario Rausa, «In Profile, Grace Murray Hopper», *Naval History*, otoño de 1992.

6. Relatos orales de Hopper (cuenta la misma historia), Museo de Historia del Ordenador y Smithsonian, 5 de julio de 1972.

7. Personal de la Biblioteca de Computación de Harvard [Grace Hopper y Howard Aiken], *A Manual of Operation for the Automatic Sequence Controlled Calculator*, Harvard, 1946.

8. Relato oral de Grace Hopper, Museo de Historia del Ordenador.

9. Beyer, *Grace Hopper*, p. 130.

10. Beyer, *Grace Hopper*, p. 135.

11. Relato oral de Richard Bloch, Instituto Charles Babbage, Universidad de Minnesota.

12. Beyer, *Grace Hopper*, p. 53.

13. Grace Hopper y Richard Bloch, comentarios durante la mesa redonda, 30 de agosto de 1967, en Henry S. Tropp, «The 20th Anniversary Meeting of the Association for Computing Machinery», *IEEE Annals*, julio de 1987.

14. Beyer, *Grace Hopper*, p. 5.

15. Relato oral de Hopper, Smithsonian, 5 de julio de 1972.

16. Relato oral de Howard Aiken, obtenido por Henry Tropp e I. Bernard Cohen, Smithsonian Institution, febrero de 1973.

17. Grace Hopper y John Mauchly, «Influence of Programming Techniques on the Design of Computers», *Proceedings of the IRE*, octubre de 1953.

18. Registro de operaciones del computador de Harvard, 9 de septiembre de 1947, <http://www.history.navy.mil/photos/images/h96000/h96566k.jpg>.

19. Relato oral de Grace Hopper, Smithsonian, noviembre de 1968.

20. *The Moore School Lectures*, Instituto Charles Babbage (reimp., MIT Press, 1985).

21. Relato oral de Hopper, Smithsonian, noviembre de 1968.

22. Además de las fuentes citadas a continuación, este apartado se basa en Jean Jennings Bartik, *Pioneer Programmer*, Truman State, 2013 (los números de posición hacen referencia a la edición Kindle); relato oral de Jean Bartik, obtenido por Gardner Hendrie, Museo de Historia del Ordenador, 1 de julio de 2008; relato oral de Jean Bartik, obtenido por Janet Abbate, IEEE Global History Network, 3 de agosto de 2001; Steve Lohr, «Jean Bartik, Software Pioneer, Dies at 86», *New York Times*, 7 de abril de 2011; Jennifer Light, «When Computers Were Women», *Technology and Culture*, julio de 1999.

23. Jordynn Jack, *Science on the Home Front: American Women Scientists in World War II*, Universidad de Illinois, 2009, p. 3.

24. Jennings Bartik, *Pioneer Programmer*, 1.282.

25. W. Barkley Fritz, «The Women of ENIAC», *IEEE Annals of the History of Computing*, otoño de 1996.

26. Fritz, «The Women of ENIAC».

27. Jennings Bartik, *Pioneer Programmer*, 1.493. Véanse también LeAnn Erickson, «Top Secret Rosies: The Female Computers of WWII», vídeo, PBS, 2002; Bill Mauchly, página web del ENIAC, <https://sites.google.com/a/opgate.com/eniac>; Thomas Petzinger Jr., «History of Software Begins with Work of Some Brainy Women», *Wall Street Journal*, 15 de noviembre de 1996. Kathy Kleiman contribuyó a que se reconociese el papel de las programadoras tras haberlas conocido en 1986 mientras realizaba la investigación para su trabajo de fin de carrera en Harvard sobre las mujeres en el mundo de la computación, y coprodujo un documental de veinte minutos titulado *The Computers*, que se estrenó en 2014. Véase la página web del ENIAC Programmers Project, <http://eniacprogrammers.org>.

28. Kay McNulty Mauchly Antonelli, «The Kathleen McNulty Mauchly Antonelli Story», página web del ENIAC, <https://sites.google.com/a/opgate.com/eniac/Home/kay-mcnulty-mauchly-antonelli>.

29. Fritz, «The Women of ENIAC».

30. Jennings Bartik, *Pioneer Programmer*, 1.480.

31. Autumn Stanley, *Mothers and Daughters of Invention*, Rutgers, 1995, p. 443.

32. Fritz, «The Women of ENIAC».

33. Relato oral de Jean Jennings Bartik y Betty Snyder Holberton, obtenido por Hem Tropp, Smithsonian, 27 de abril de 1973.

34. Relato oral de Jennings Bartik, Museo de Historia del Ordenador.

35. Relato oral de Jennings Bartik, Museo de Historia del Ordenador.

36. Jennings Bartik, *Pioneer Programmer*, 557.

37. Eckert y Mauchly, «Progress Report on ENIAC», 31 de diciembre de 1943, en Nancy Stern, *From ENIAC to UNIVAC*, Digital Press, 1981.

38. John Mauchly, «Amending the ENIAC Story», carta al director de *Datamation*, octubre de 1979.

39. Presper Eckert, «Disclosure of a Magnetic Calculating Machine», 29 de enero de 1944, prueba instrumental desclasificada, en los archivos de Don Knuth, Museo de Historia del Ordenador; Mark Priestley, *A Science of Operations*, Springer, 2011, p. 127; Stern, *From ENIAC to UNIVAC*, p. 28.

40. Además de las notas específicas que siguen, este apartado se basa en William Aspray, *John von Neumann and the Origins of Modern Computing*, MIT,

1990; Nancy Stern, «John von Neumann's Influence on Electronic Digital Computing, 1944-1946», *IEEE Annals of the History of Computing*, octubre-diciembre de 1980; Stanislaw Ulam, «John von Neumann», *Bulletin of the American Mathematical Society*, febrero de 1958; George Dyson, *Turing's Cathedral*, Random House, 2012 (los números de posición hacen referencia a la edición Kindle); Herman Goldstine, *The Computer from Pascal to Von Neumann*, Princeton, 1972 (los números de posición hacen referencia a la edición Kindle).

41. Dyson, *Turing's Cathedral*, 41.

42. Nicholas Vonneumann, «John Von Neumann as Seen by His Brother», impresión privada, 1987, p. 22, del cual se publicó un extracto bajo el título «John von Neumann: Formative Years» en *IEEE Annals*, otoño de 1989.

43. Dyson, *Turing's Cathedral*, 45.

44. Goldstine, *The Computer: from Pascal to Von Neumann*, 3.550.

45. Dyson, *Turing's Cathedral*, p. 1.305.

46. *Ibid.*, 1.395.

47. Relato oral de Hopper, Smithsonian, 7 de enero de 1969.

48. Relato oral de Bloch, 22 de febrero de 1984, Instituto Charles Babbage.

49. Robert Slater, *Portraits in Silicon*, MIT Press, 1987, p. 88; Beyer, *Grace Hopper and the Invention of the Information Age*, p. 9.

50. Goldstine, *The Computer from Pascal to Von Neumann*, 3.634.

51. *Ibid.*, 840.

52. *Ibid.*, 199; Goldstine a Gillon, 2 de septiembre de 1944; Beyer, *Grace Hopper and the Invention of the Information Age*, p. 120. Véanse también John Mauchly, «Amending the ENIAC Story», carta al director de *Datamation*, octubre de 1979; Arthur W. Burks, «From ENIAC to the Stored Program Computer», en Nicholas Metropolis *et al.*, eds., *A History of Computing in the Twentieth Century*, Academic Press, 1980.

53. Relato oral de Jean Jennings Bartik y Betty Snyder Holberton, Smithsonian, 27 de abril de 1973.

54. McCartney, *ENIAC*, p. 116.

55. Relato oral de Jean Jennings Bartik y Betty Snyder Holberton, Smithsonian, 27 de abril de 1973.

56. Dyson, *Turing's Cathedral*, 53.

57. Burks, *Who Invented the Computer?*, p. 161; Norman Macrae, *John von Neumann*, Sociedad Estadounidense de Matemáticas, 1992, p. 281.

58. Ritchie, *The Computer Pioneers*, p. 178.

59. Relato oral de Presper Eckert, obtenido por Nancy Stern, Instituto Charles Babbage, 28 de octubre de 1977; Dyson, *Turing's Cathedral*, 1.952.

60. John von Neumann, «First Draft of a Report on the EDVAC», Departamento de Artillería del ejército estadounidense y Universidad de Pennsylvania, 30 de junio de 1945. El informe está disponible en <http://www.virtual travelog.net/wp/wp-content/media/2003-08-TheFirstDraft.pdf>.

61. Dyson, *Turing's Cathedral*, 1.957. Véase también Aspray, *John von Neumann and the Origins of Modern Computing*.

62. Relato oral de Eckert, Instituto Charles Babbage. Véase también McCartney, *ENIAC*, p. 125, donde se cita a Eckert: «Claramente, John von Neumann nos engañó y consiguió que en determinados círculos llamasen "arquitectura de Von Neumann" a mis ideas».

63. Jennings Bartik, *Pioneer Programmer*, 518.

64. Charles Duhigg y Steve Lohr, «The Patent, Used as a Sword New», *New York Times*, 7 de octubre de 2012.

65. McCartney, *ENIAC*, p. 103.

66. C. Dianne Martin, «ENIAC: The Press Conference That Shook the World», *IEEE Technology and Society*, diciembre de 1995.

67. Jennings Bartik, *Pioneer Programmer*, 1.878.

68. Fritz, «The Women of ENIAC».

69. Jennings Bartik, *Pioneer Programmer*, 1.939.

70. Relato oral de Jean Jennings Bartik y Betty Snyder Holberton, Smithsonian, 27 de abril de 1973.

71. Jennings Bartik, *Pioneer Programmer*, 672, 1.964, 1.995 y 1.959.

72. T. R. Kennedy, «Electronic Computer Flashes Answers», *New York Times*, 15 de febrero de 1946.

73. McCartney, *ENIAC*, p. 107.

74. Jennings Bartik, *Pioneer Programmer*, 2.026 y 2007.

75. Relato oral de Jean Jennings Bartik, Museo de Historia del Ordenador.

76. McCartney, *ENIAC*, p. 132.

77. Steven Henn, «The Night a Computer Predicted the Next President», NPR, 31 de octubre de 2012; Alex Bochannek, «Have You Got a Prediction for Us, UNIVAC?», Museo de Historia del Ordenador, <http://www.computerhistory.org/atchm/have-you-got-a-prediction-for-us-univac/>. Algunas informaciones afirman que la CBS no emitió la predicción sobre Eisenhower porque las encuestas previas a la votación habían predicho que ganaría Stevenson. Esto no es cierto; las encuestas predijeron la victoria de Eisenhower.

78. Relato oral de Hopper, Museo de Historia del Ordenador, diciembre de 1980.

79. Beyer, *Grace Hopper*, p. 277.

80. Von Neumann a Stanley Frankel, 29 de octubre de 1946; Joel Shurkin, *Engines of the Mind*, Washington Square Press, 1984, p. 204; Dyson, *Turing's Cathedral*, 1.980; Stern, «John von Neumann's Influence on Electronic Digital Computing».

81. Relato oral de Eckert, Instituto Charles Babbage.

82. Goldstine, *The Computer from Pascal to Von Neumann*, 5.077.

83. Crispin Rope, «ENIAC as a Stored-Program Computer: A New Look at the Old Records», *IEEE Annals of the History of Computing*, octubre de 2007; Dyson, *Turing's Cathedral*, 4.429.

84. Fritz, «The Women of ENIAC».

85. Maurice Wilkes, «How Babbage's Dream Came True», *Nature*, octubre de 1975.

86. Hodges, *Alan Turing*, 10.622.

87. Dyson, *Turing's Cathedral*, 2.024. Véase también Goldstine, *The Computer from Pascal to Von Neumann*, 5.376.

88. Dyson, *Turing's Cathedral*, 6.092.

89. Hodges, *Alan Turing*, 6.972.

90. Alan Turing, «Lecture to the London Mathematical Society», 20 de febrero de 1947, disponible en <http://www.turingarchive.org/>; Hodges, *Alan Turing*, 9.687.

91. Dyson, *Turing's Cathedral*, 5.921.

92. Geoffrey Jefferson, «The Mind of Mechanical Man», Lister Oration, 9 de junio de 1949, Archivo Turing, <http://www.turingarchive.org/browse. php/B/44>.

93. Hodges, *Alan Turing*, 10.983.

94. Para una versión en línea, véase <http://loebner.net/Prizef/TuringArticle.html>.

95. John Searle, «Minds, Brains and Programs», *Behavioral and Brain Sciences*, 1980. Véase también «The Chinese Room Argument», *The Stanford Encyclopedia of Philosophy*, <http://plato.stanford.edu/entries/chinese-room/>.

96. Hodges, *Alan Turing*, 305; Max Newman, «Alan Turing, An Appreciation», *Manchester Guardian*, 11 de junio de 1954.

97. M. H. A. Newman, Alan M. Turing, sir Geoffrey Jefferson y R. B. Braithwaite, «Can Automatic Calculating Machines Be Said to Think?», emisión de la BBC de 1952, transcrita en Stuart Shieber, ed., *The Turing Test: Verbal Behavior as the Hallmark of Intelligence*, MIT, 2004; Hodges, *Alan Turing*, 12.120.

98. Hodges, *Alan Turing*, 12.069.

99. *Ibid.*, 12.404. Para una discusión del carácter y el suicidio de Turing, véase Robin Gandy, obituario inédito de Alan Turing para el *Times* y otros artículos en los archivos de Turing, <http://www.turingarchive.org>. Su madre, Sara, prefería pensar que el suicidio de Turing fue en realidad un accidente acaecido mientras usaba cianuro para dorar una cuchara. Remitió al archivo de su hijo la cuchara que encontró en su laboratorio, acompañándola de una nota que decía: «Esta es la cuchara que encontré en el laboratorio de Alan Turing. Es similar a la que él mismo doró. Parece probable que estuviese intentando dorar también esta con cianuro de potasio de producción propia». Artículo AMT/A/12, Archivo Turing, <http://www.turingarchive.org/browse.php/A/12>.

4. EL TRANSISTOR

1. Jon Gertner, *The Idea Factory: Bell Labs and the Great Age of American Innovation*, Penguin, 2012 (los números de posición hacen referencia a la edición Kindle). Además de las citas específicas que aparecen a continuación, entre las fuentes para este apartado están: Joel Shurkin, *Broken Genius: The Rise and Fall of William Shockley*, MacMillan, 2006 (los números de posición hacen referencia a la edición Kindle); Lillian Hoddeson y Vicki Daitch, *True Genius: The Life and Science of John Bardeen*, Academias Nacionales, 2002; Michael Riordan y Lillian Hoddeson, *Crystal Fire: The Invention of the Transistor and the Birth of the Information Age*, Norton, 1998; William Shockley, «The Invention of the Transistor–An Example of Creative-Failure Methodology», publicación especial de la Oficina Nacional de Estándares (NBS por sus antiguas siglas en inglés; actualmente, NIST), mayo de 1974, pp. 47-89: William Shockley, «The Path to the Conception of the Junction Transistor», *IEEE Transactions of Electron Device*, julio de 1976; David Pines, «John Bardeen», *Proceedings of the American Philosophical Society*, septiembre de 2009; «Special Issue: John Bardeen», *Physics Today*, abril de 1992, con artículos en recuerdo de Bardeen escritos por siete de sus colegas; John Bardeen, «Semiconductor Research Leading to the Point Contact Transistor», discurso de aceptación del Premio Nobel, 11 de diciembre de 1956; John Bardeen, «Walter Houser Brattain: A Biographical Memoir», Academia Nacional de Ciencias, 1994; *Transistorized!*, PBS, transcripciones y entrevistas, 1999, <http://www.pbs.org/transistor/index.html>; relato oral de William Shockley, Instituto Estadounidense de Física (IEF), 10 de septiembre de 1974; Relato oral de Shockley Semiconductor, Museo de Historia del Ordenador, 27 de febrero de

2006; relato oral de John Bardeen, IEF, 12 de mayo de 1977; relato oral de Walter Brattain, IEF, enero de 1964.

2. Gertner, *The Idea Factory*, 2.255.

3. Shurkin, *Broken Genius*, 2.547.

4. John Pierce, «Mervin Joe Kelly: 1894-1971», Academia Nacional de Ciencias, Biographical Memoirs, 1975, <http://www.nasonline.org/publications/biographical-memoirs/memoir-pdfs/kelly-mervin.pdf>; Gertner, *The Idea Factory*, 2.267.

5. Shurkin, *Broken Genius*, 178.

6. *Ibid.*, 231.

7. *Ibid.*, 929; Lillian Hoddeson, «The Discovery of the Point-Contact Transistor», *Historical Studies in the Physical Sciences*, vol. 12, n.º 1, 1981, p. 76.

8. Entrevista con John Pierce, *Transistorized!*, PBS, 1999.

9. Shurkin, *Broken Genius*, 935; Shockley, «The Path to the Conception of the Junction Transistor».

10. Gertner, *The Idea Factory*, 1.022.

11. *Ibid.*, 1.266.

12. *Ibid.*, 1.336.

13. Relato oral de Brattain, IEF.

14. Pines, «John Bardeen».

15. Bardeen, «Walter Houser Brattain».

16. Relato oral de Brattain, IEF.

17. Riordan y Hoddeson, *Crystal Fire*, p. 126.

18. Shockley, «The Path to the Conception of the Junction Transistor»; Michael Riordan, «The Lost History of the Transistor», *IEEE Spectrum*, mayo de 2004.

19. Riordan y Hoddeson, *Crystal Fire*, p. 121.

20. Relato oral de Brattain, IEF.

21. Riordan y Hoddeson, *Crystal Fire*, p. 131.

22. Bardeen, «Semiconductor Research Leading to the Point Contact Transistor», discurso de aceptación del Premio Nobel.

23. Relato oral de Brattain, IEF.

24. Relato oral de Brattain, IEF.

25. Shurkin, *Broken Genius*, 1.876.

26. Riordan y Hoddeson, *Crystal Fire*, pp. 4 y 137.

27. *Ibid.*, p. 139.

28. Shurkin, *Broken Genius*, 1.934.

29. Shockley, «The Path to the Conception of the Junction Transistor».

30. Relato oral de Brattain, IEF.

31. Riordan y Hoddeson, *Crystal Fire*, p. 148.

32. Shockley, «The Path to the Conception of the Junction Transistor».

33. *Ibidem*.

34. Shockley, «The Invention of the Transistor»; Gertner, *The Idea Factory*, 1.717.

35. Entrevista con Brattain, «Naming the Transistor», PBS, 1999; entrevista con Pierce, PBS, 1999.

36. Mervin Kelly, «The First Five Years of the Transistor», revista *Bell Telephone*, verano de 1953.

37. Relato oral de Nick Holonyak, IEF. 23 de marzo de 2005.

38. Riordan y Hoddeson, *Crystal Fire*, p. 207; Mark Burgess, «Early Semiconductor History of Texas Instruments», <https://sites.google.com/site/transistorhistory/Home/us-semiconductor-manufacturers/ti>.

39. Conferencia de Gordon Teal, «Announcing the Transistor», congreso sobre la planificación estratégica de Texas Instruments, 17 de marzo de 1980.

40. Riordan y Hoddeson, *Crystal Fire*, p. 211; manual de la Regency TR1, <http://www.regencytr1.com/images/Owners%20Manual%20-%20TR-1G.pdf>.

41. T. R. Reid, *The Chip*, Simon and Schuster, 1984 (los números de posición hacen referencia a la edición Kindle), 2.347.

42. Sobre Regency, <http://www.regencytr1.com/TRivia_CORNER.html>.

43. Relato oral de Brattain, IEF.

44. John Bardeen a Mervin Kelly, 25 de mayo de 1951; Ronald Kessler, «Absent at the Creation», revista del *Washington Post*, 6 de abril de 1997; Pines, «John Bardeen».

45. Gertner, *The Idea Factory*, 3.059; Shurkin, *Broken Genius*, 2.579.

46. Riordan y Hoddeson, *Crystal Fire*, p. 231 y *passim*.

47. Arnold Thackery y Minor Myers, *Arnold O. Beckman: One Hundred Years of Excellence*, vol. 1, Chemical Heritage Foundation, 2000, p. 6.

48. Walter Isaacson, *Steve Jobs*, Simon and Schuster, 2011, p. 9. [Hay trad. cast.: *Steve Jobs*, Barcelona, Debate, 2011.]

49. Entre las fuentes para los pasajes sobre Silicon Valley están Leslie Berlin, *The Man Behind the Microchip: Robert Noyce and the Invention of Silicon Valley*, Oxford, 2005 (los números de posición hacen referencia a la edición Kindle), 1.332 y *passim* (Berlin es una historiadora que trabaja en el proyecto de los Archivos de Silicon Valley en Stanford y está escribiendo un libro sobre el auge de Silicon Valley); Rebecca Lowen, *Creating the Cold War University:*

The Transformation of Stanford, Universidad de California, 1997; Michael Malone, *The Intel Trinity* (HarperBusiness, 2014), *Infinite Loop* (Doubleday, 1999), *The Big Score: The Billion Dollar Story of Silicon Valley* (Doubleday, 1985), *The Valley of Heart's Deight: A Silicon Valley Notebook, 1963-2001* (Wiley, 2002) y *Bill and Dave* (Portfolio, 2007); Christophe Lécuyer, *Making Silicon Valley*, MIT, 2007; C. Stewart Gillmore, *Fred Terman at Stanford: Building a Discipline, a University, and Silicon Valley*, Stanford, 2004; Margaret Pugh O'Mara, *Cities of Knowledge: Cold War Science and the Search for the Next Silicon Valley*, Princeton, 2005; Thomas Heinrich, «Cold War Armory: Military Contracting in Silicon Valley», *Enterprise & Society*, 1 de junio de 2002; Steve Blank, «The Secret History of Silicon Valley», <http://steveblank.com/secret-history/>.

50. Berlin, *The Man Behind the Microchip*, 1.246; Reid, *The Chip*, 1.239. Además de estas dos fuentes y de las que se mencionan más abajo, este apartado se basa en mis entrevistas con Gordon Moore y Andy Grove; Shurkin, *Broken Genius*; Michael Malone, *The Intel Trinity*; Tom Wolfe, «The Tinkerings of Robert Noyce», *Esquire*, diciembre de 1983; Bo Lojek, *History of Semiconductor Engineering*, Springer, 2007; cuadernos y otros artículos del Museo de Historia del Ordenador; relato oral de Robert Noyce, obtenido por Michael F. Wolff, IEEE History Center, 19 de septiembre de 1975; relato oral de Gordon Moore, obtenido por Michael F. Wolff, IEEE History Center, 19 de septiembre de 1975; relato oral de Gordon Moore, obtenido por Daniel Morrow, Computerworld Honors Program, 28 de marzo de 2000; relato oral de Gordon Moore y Jay Last, obtenido por David Brock y Christophe Lécuyer, Chemical Heritage Foundation, 20 de enero de 2006; relato oral de Gordon Moore, obtenido por Craig Addison, SEMI, 25 de enero de 2008; entrevista con Gordon Moore, realizada por Jill Wolfson y Teo Cervantes, *San Jose Mercury News*, 26 de enero de 1997, y Gordon Moore, «Intel: Memories and the Microprocessor», *Daedalus*, primavera de 1966.

51. Shurkin, *Broken Genius*, 2.980, extraído de Fred Warshorfsky, *The Chip War*, Scribners Sons, 1989.

52. Berlin, *The Man Behind the Microchip*, 276.

53. *Ibid.*, 432 y 434.

54. Wolfe, «The Tinkerings of Robert Noyce».

55. Entrevista con Robert Noyce, «Silicon Valley», PBS, 2013; Malone, *The Big Score*, p. 74.

56. Berlin, *The Man Behind the Microchip*, 552; Malone, *Intel Trinity*, p. 81.

57. Leslie Berlin escribe que los transistores no llegaron hasta 1950, después de que Noyce se graduara. «[El director de investigación de Bell] Buckley

no tenía ningún dispositivo de sobra, pero le envió a Gale copias de varias monografías técnicas que los Laboratorios Bell habían publicado sobre el transistor. Estas monografías constituyeron la base de la exposición inicial de Noyce al dispositivo. El transistor no se trataba en ningún libro de texto, y (aunque la mitología dominante afirma lo contrario) los Laboratorios Bell no le enviaron un transistor a Gale hasta después de que Noyce se hubiese graduado» (*The Man Behind the Microchip*, 650). Berlin cita como fuente para esta afirmación una carta de marzo de 1984 escrita por el profesor Gale a un amigo, y escribe en una nota a pie de página: «Gale menciona un "albarán de envío original adjunto" [para los transistores, que Bardeen le envió a Gale] fechado el 6 de marzo de 1950 (que se ha perdido)». Lo que escribe Berlin no coincide con lo que recuerda Noyce. La cita de Noyce según la cual «Grant Gale se hizo con uno de los primeros transistores de punto de contacto [...] durante mi tercer año» procede del relato oral de Noyce (IEEE History Center, septiembre de 1975) que se menciona más arriba. En el perfil de Noyce que escribió para *Esquire*, basado en sus visitas con él, Tom Wolfe dice lo siguiente: «En el otoño de 1948, Gale había obtenido dos de los primeros transistores jamás fabricados, e impartió la primera formación académica sobre electrónica de estado sólido del mundo, para beneficio de los dieciocho alumnos [incluido Noyce] que cursaban la licenciatura de física en el Grinnel College» («The Tinkering of Robert Noyce»). Reid (*The Chip*, 1.226), basándose en las entrevistas que mantuvo en 1982 con Robert Noyce, escribe: «Gale había sido compañero de clase de John Bardeen en la escuela de ingeniería de la Universidad de Wisconsin, y así fue como pudo obtener uno de los primeros transistores y mostrárselo a sus alumnos. Fue una clase que los estudiantes no olvidarían. "Me impactó como la bomba atómica", recordaba Noyce cuarenta años después». A partir de julio de 1948, Bardeen y los demás ingenieros de los Laboratorios Bell enviaron muchas muestras de transistores a las instituciones académicas que los solicitaron.

58. Reid, *The Chip*, 1.266; Berlin, *The Man Behind the Microchip*, 1.411.

59. Entrevista con Gordon Moore, «Silicon Valley», PBS, 2013.

60. Entrevista del autor con Gordon Moore.

61. Riordan y Hoddeson, *Crystal Fire*, p. 239.

62. Berlin, *The Man Behind the Microchip*, 1.469.

63. Entrevista con Jay Last, «Silicon Valley», PBS, 2013.

64. Malone, *Intel Trinity*, p. 107.

65. Entrevista con Jay Last, «Silicon Valley», PBS, 2013; Berlin, *The Man Behind the Microchip*, 1.649; Riordan y Hoddeson, *Crystal Fire*, p. 246.

66. Berlin, *The Man Behind the Microchip*, 1.641.

67. Shurkin, *Broken Genius*, 3.118.

68. Entrevista del autor con Gordon Moore.

69. Relato oral de Arnold Beckman, obtenido por Jeffrey L. Sturchio y Arnold Thackray, Chemical Heritage Foundation, 23 de julio de 1985.

70. Entrevistas con Gordon Moore y Jay Last, «Silicon Valley», PBS, 2013.

71. Entrevistas con Regis McKenna y Michael Malone, «Silicon Valley», PBS, 2013.

72. Berlin, *The Man Behind the Microchip*, 1.852; entrevista del autor con Arthur Rock.

73. Entrevista del autor con Arthur Rock.

74. Entrevista con Arthur Rock, «Silicon Valley», PBS, 2013; entrevista del autor con Arthur Rock y artículos que este le proporcionó al autor.

75. «Multifarious Sherman Fairchild», *Fortune*, mayo de 1960; «Yankee Tinkerer» (historia de portada sobre Sherman Fairchild), *Time*, 25 de julio de 1960.

5. EL MICROCHIP

1. Además de las fuentes citadas más abajo, este apartado se basa en Jack Kilby, «Turning Potentials into Realities», discurso de aceptación del Premio Nobel, 8 de diciembre de 2000; Jack Kilby, «Invention of the Integrated Circuit», *IEEE Transactions on Electron Devices*, julio de 1976; T. R. Reid, *The Chip*, Simon and Schuster, 1984 (los números de posición hacen referencia a la edición Kindle).

2. Kilby, ensayo biográfico, organización del Premio Nobel, 2000.

3. Reid, *The Chip*, 954.

4. *Ibid.*, 921.

5. *Ibid.*, 1.138.

6. Leslie Berlin, *The Man Behind the Microchip*, 2.386. Los cuadernos de notas de Fairchild se conservan y están expuestos al público en el Museo de Historia del Ordenador de Mountain View, California.

7. Berlin, *The Man Behind the Microchip*, 2.515.

8. Relato oral de Robert Noyce, IEEE.

9. Reid, *The Chip*, 1.336; relato oral de Robert Noyce, IEEE.

10. Entrada en el diario de Robert Noyce, 23 de enero de 1959, en el Museo de Historia del Ordenador, Mountain View, California. Se puede ver

una fotografía de la página en <http://www.computerhistory.org/atchm/the-relics-of-st-bob/>.

11. Kilby, «Capacitor for Miniature Electronic Circuits or the Like», solicitud de patente US 3434015 A, 6 de febrero de 1959; Reid, *The Chip*, 1.464.

12. R. N. Noyce, «Semiconductor Device-and-Lead Structure», solicitud de patente US 2981877 A, 30 de julio de 1959; Reid, *The Chip*, 1.440.

13. Reid, *The Chip*, 1.611 y *passim*.

14. «Noyce v. Kilby», U.S. Court of Customs and Patent Appeals, 6 de noviembre de 1969.

15. Reid, *The Chip*, 1.648.

16. Relato oral de Jack Kilby, recogido por Arthur L. Norberg, Instituto Charles Babbage, Universidad de Minnesota, 21 de junio de 1984.

17. Craig Matsumoto, «The Quiet Jack Kilby», columna en Valley Wonk, *Heavy Reading*, 23 de junio de 2005.

18. Reid, *The Chip*, 3.755 y 3.775; Jack Kilby, discurso de aceptación del Premio Nobel, 8 de diciembre de 2000.

19. Paul Ceruzzi, *A History of Modern Computing*, MIT Press, 1998, p. 187.

20. *Ibid.*, cap. 6.

21. Reid, *The Chip*, 2.363 y 2.443.

22. Noyce, «Microelectronics», *Scientific American*, septiembre de 1977.

23. Gordon Moore, «Cramming More Components onto Integrated Circuits», *Electronics*, abril de 1965.

24. Berlin, *The Man Behind the Microchip*, 3.177.

25. Entrevista a Moore, «American Experience: Silicon Valley», PBS, 2013.

26. Entrevista del autor con Moore.

27. Berlin, *The Man Behind the Microchip*, 3.529.

28. Entrevista del autor con Arthur Rock.

29. John Wilson, *The New Venturers*, Addison-Wesley, 1985, cap. 2.

30. Entrevista del autor con Arthur Rock; David Kaplan, *The Silicon Boys*, Morrow, 1999, p. 165 y *passim*.

31. Entrevista del autor con Arthur Rock.

32. Entrevista del autor con Arthur Rock.

33. Michael Malone, *The Intel Trinity*, pp. 4 y 8.

34. Berlin, *The Man Behind the Microchip*, 4.393.

35. Andrew Grove, *Swimming Across*, Grand Central, 2001, p. 2. Este apartado también se basa en entrevistas del autor y conversaciones con Grove a lo largo de los años y en Joshua Ramo, «Man of the Year: A Survivor's Tale», *Time*, 29 de diciembre de 1997; Richard Tedlow, *Andy Grove*, Portfolio, 2006.

36. Tedlow, *Andy Grove*, p. 92.

37. *Ibid.*, p. 96.

38. Berlin, *The Man Behind the Microchip*, 129.

39. Entrevista a Andrew Grove, «American Experience: Silicon Valley», PBS, 2013.

40. Tedlow, *Andy Grove*, p. 74; relato oral de Andy Grove recogido por Arnold Thackray y David C. Brock, 14 de julio y 1 de septiembre de 2004, Chemical Heritage Foundation.

41. Entrevista del autor con Arthur Rock.

42. Entrevista a Michael Malone, «American Experience: Silicon Valley», PBS, 2013.

43. Berlin, *The Man Behind the Microchip*, 4.400.

44. Entrevista a Ann Bowers, «American Experience: Silicon Valley», PBS, 2013.

45. Entrevista a Ted Hoff, «American Experience: Silicon Valley», PBS, 2013.

46. Wolfe, «The Tinkerings of Robert Noyce».

47. Malone, *The Intel Trinity*, p. 115.

48. Entrevista del autor con Gordon Moore.

49. Malone, *The Intel Trinity*, p. 130.

50. Entrevista a Ann Bowers, «American Experience»; entrevista del autor con Ann Bowers.

51. Reid, *The Chip*, 140; Malone, *The Intel Trinity*, p. 148.

52. Entrevista a Ted Hoff, «American Experience: Silicon Valley», PBS, 2013.

53. Berlin, *The Man Behind the Microchip*, 4.329.

54. *Ibid.*, 4.720.

55. Don Hoefler, «Silicon Valley USA», *Electronic News*, 11 de enero de 1971.

6. Videojuegos

1. Steven Levy, *Hackers*, Anchor/Doubleday, 1984; la paginación hace referencia a la reedición con motivo del vigésimo quinto aniversario, O'Reilly, 2010, p. 28. En este libro clásico e influyente, que comienza con una historia detallada del Tech Model Railroad Club del MIT, Levy describe una «ética hacker» en la que se incluye lo siguiente: «El acceso a ordenadores y a cualquier elemento susceptible de enseñarnos algo sobre el funcionamiento del

mundo debe ser ilimitado y total. ¡No te resistas nunca al derecho a la manipulación libre!». Además del libro de Levy y de las fuentes específicas citadas más abajo, otras fuentes de este capítulo incluyen las entrevistas del autor con Steve Russell y Stewart Brand; el relato oral de Steve Russell recogido por Al Kossow, 9 de agosto de 2008, Museo de Historia del Ordenador; J. Martin Graetz, «The Origin of Spacewar», *Creative Computing*, agosto de 1981, y Stewart Brand, «Spacewar», *Rolling Stone*, 7 de diciembre de 1972.

2. Levy, *Hackers*, p. 7.

3. «Definition of Hackers», página web del Tech Model Railroad Club, <http://tmrc.mit.edu/hackers-ref.html>.

4. Brand, «Spacewar».

5. Graetz, «The Origin of Spacewar».

6. Relato oral de Steve Russell, Museo de Historia del Ordenador; Graetz, «The Origin of Spacewar».

7. Entrevista del autor con Steve Russell.

8. Graetz, «The Origin of Spacewar».

9. Brand, «Spacewar».

10. Entrevista del autor con Steve Russell.

11. Las fuentes de este apartado incluyen las entrevistas del autor con Nolan Bushnell, Al Alcorn, Steve Jobs (para el libro anterior) y Steve Wozniak; Tristan Donovan, *Replay: The Story of Video Games*, Yellow Ant, 2010 (los números de posición hacen referencia a la edición Kindle); Steven Kent, *The Ultimate History of Video Games: From Pong to Pokemon*, Three Rivers, 2001; Scott Cohen, *Zap! The Rise and Fall of Atari*, McGraw-Hill, 1984; Henry Lowood, «Videogames in Computer Space: The Complex History of Pong», *IEEE Annals*, julio de 2009; John Markoff, *What the Dormouse Said*, Viking, 2005 (los números de posición hacen referencia a la edición Kindle); entrevista a Al Alcorn, *Retro Gaming Roundup*, mayo de 2011; entrevista a Al Alcorn, recogida por Cam Shea, *IGN*, 10 de marzo de 2008.

12. Kent, *The Ultimate History of Video Games*, p. 12.

13. Entrevista del autor con Nolan Bushnell.

14. Conferencia de Nolan Bushnell a jóvenes empresarios, Los Ángeles, 17 de mayo de 2013 (notas del autor).

15. Donovan, *Replay*, 429.

16. *Ibid.*, 439.

17. Eddie Adlum, citado en Kent, *The Ultimate History of Video Games*, p. 42.

18. Kent, *The Ultimate History of Video Games*, p. 45.

19. Entrevista del autor con Nolan Bushnell.

20. Entrevista del autor con Nolan Bushnell.

21. Entrevista del autor con Al Alcorn.

22. Donovan, *Replay*, 520.

23. Entrevista del autor con Nolan Bushnell y Al Alcorn. Este relato se encuentra en otras fuentes, a menudo un tanto adornado.

24. Entrevista del autor con Nolan Bushnell.

25. Conferencia de Nolan Bushnell a jóvenes empresarios, Los Ángeles, 17 de mayo de 2013.

26. Entrevista del autor con Nolan Bushnell.

27. Donovan, *Replay*, 664.

28. Entrevista del autor con Nolan Bushnell.

7. INTERNET

1. Las fuentes para Vannevar Bush incluyen Vannevar Bush, *Pieces of the Action*, Morrow, 1970; Pascal Zachary, *Endless Frontier: Vannevar Bush, Engineer of the American Century*, MIT, 1999; «Yankee Scientist», reportaje de portada de *Time*, 3 de abril de 1944; Jerome Weisner, «Vannevar Bush: A Biographical Memoir», National Academy of Sciences, 1979; James Nyce y Paul Kahn, eds., *From Memex to Hypertext: Vannevar Bush and the Mind's Machine*, Academic Press, 1992; Jennet Conant, *Tuxedo Park*, Simon and Schuster, 2002, y relato oral de Vannevar Bush, Instituto Estadounidense de Física, 1964.

2. Weisner, «Vannevar Bush».

3. Zachary, *Endless Frontier*, p. 23.

4. *Time*, 3 de abril de 1944.

5. *Ibidem*.

6. Bush, *Pieces of the Action*, p. 41.

7. Weisner, «Vannevar Bush».

8. Vannevar Bush, *Science, the Endless Frontier*, National Science Foundation, julio de 1945, p. VII.

9. Bush, *Science*, p. 10.

10. Bush, *Pieces of the Action*, p. 65.

11. Joseph V. Kennedy, «The Sources and Uses of U.S. Science Funding», *The New Atlantis*, verano de 2012.

12. Mitchell Waldrop, *The Dream Machine: J. C. R. Licklider and the Revolution That Made Computing Personal*, Penguin, 2001, p. 470. Otras fuentes para este apartado incluyen una entrevista del autor con Tracy Licklider, hijo; Katie

Hafner y Matthew Lyon, *Where Wizards Stay Up Late: The Origins of the Internet*, Simon and Schuster, 1998; relato oral de J. C. R. Licklider, recogido por William Aspray y Arthur Norberg, 28 de octubre de 1988, Instituto Charles Babbage, Universidad de Minnesota; entrevista con J. C. R. Licklider, realizada por James Pelkey, «A History of Computer Communications», 28 de junio de 1988 (el material de Pelkey solo está disponible online, en <http://www.histo ryofcomputercommunications.info/index.html>); Robert M. Fano, *Joseph Carl Robnett Licklider 1915-1990, a Biographical Memoir*, National Academies Press, 1998.

13. Relato oral de Licklider, Instituto Charles Babbage.

14. Norbert Wiener, «A Scientist's Dilemma in a Materialistic World», (1957), en *Collected Works*, vol. 4, MIT, 1984, p. 709.

15. Entrevista del autor con Tracy Licklider.

16. Entrevista del autor con Tracy Licklider.

17. Waldrop, *The Dream Machine*, p. 237.

18. Bob Taylor, «In Memoriam: J. C. R. Licklider», 7 de agosto de 1990, publicación de la Digital Equipment Corporation.

19. Entrevista con J. C. R. Licklider, realizada por John A. N. Lee y Robert Rosin, «The Project MAC Interviews», *IEEE Annals of the History of Computing*, abril de 1992.

20. Entrevista del autor con Bob Taylor.

21. Relato oral de Licklider, Instituto Charles Babbage.

22. J. C. R. Licklider, «Man-Computer Symbiosis», *IRE Transactions on Human Factors in Electronics*, marzo de 1960, <http://groups.csail.mit.edu/ medg/people/psz/Licklider.html>.

23. David Walden y Raymond Nickerson, eds., *A Culture of Innovation: Insider Accounts of Computing and Life at BBN* (impresión privada en la librería de Harvard, 2011); véase <http://walden-family.com/bbn/>.

24. Relato oral de Licklider, Instituto Charles Babbage.

25. J. C. R. Licklider, *Libraries of the Future*, MIT, 1965, p. 53.

26. Licklider, *Libraries of the Future*, p. 4.

27. Sherman Adams, *Firsthand Report*, Harper, 1961, p. 415; Hafner y Lyon, *Where Wizards Stay Up Late*, p. 17.

28. Entrevista con James Killian, «War and Peace», WGBH, 18 de abril de 1986; James Killian, *Sputnik, Scientists, and Eisenhower*, MIT, 1982, p. 20.

29. Fred Turner, *From Counterculture to Cyberculture*, Universidad de Chicago, 2006, p. 108.

30. Relato oral de Licklider, Instituto Charles Babbage.

31. Entrevista con Licklider, realizada por James Pelkey; véase también James Pelkey, «Entrepreneurial Capitalism and Innovation», <http://www.historyofcomputercommunications.info/Book/2/2.1-IntergalacticNetwork_ 1962-1964. html#_ftn1>.

32. J. C. R. Licklider, «Memorandum for Members and Affiliates of the Intergalactic Computer Network», ARPA, 23 de abril de 1963. Véase también J. C. R. Licklider y Welden Clark, «Online Man-Computer Communications», *Proceedings of AIEE-IRE*, primavera de 1962.

33. Entrevista del autor con Bob Taylor.

34. Entrevista del autor con Larry Roberts.

35. Relato oral de Bob Taylor, Museo de Historia del Ordenador, 2008; entrevista del autor con Bob Taylor.

36. Michael Hiltzik, *Dealers of Lightning*, Harper, 1999, 536 y 530 (los números de posición hacen referencia a la edición Kindle).

37. Entrevista del autor con Bob Taylor.

38. Entrevista del autor con Bob Taylor.

39. Relato oral de Robert Taylor, Museo de Historia del Ordenador; entrevista del autor con Bob Taylor; Hafner y Lyon, *Where Wizards Stay Up Late*, p. 77.

40. Hafner y Lyon, *Where Wizards Stay Up Late*, p. 591, ofrece la descripción más completa de este encuentro. Véase también Hiltzik, *Dealers of Lightning*, 1.120; relato oral de Kleinrock, «How the Web Was Won», *Vanity Fair*, julio de 2008.

41. Entrevista de Charles Herzfeld con Andreu Veà, «The Unknown History of the Internet», 2010, <http://www.computer.org/comphistory/ pubs/2010-11-vea.pdf>.

42. Entrevista del autor con Bob Taylor.

43. Entrevista del autor con Larry Roberts.

44. Entrevista del autor con Larry Roberts.

45. Como ocurría con el relato de la decisión de Herzfeld de financiar ARPANET tras una reunión de veinte minutos, la historia de Taylor reclutando a Roberts para que fuera a Washington también se ha contado muchas veces. Esta versión está sacada de las entrevistas del autor con Taylor y Roberts; Hafner y Lyons, *Where Wizards Stay Up Late*, p. 667; Stephen Segaller, *Nerds 2.0.1*, TV Books, 1998, p. 47; relato oral de Bob Taylor, Museo de Historia del Ordenador; Larry Roberts, «The Arpanet and Computer networks», *Proceedings of the ACM Conference on the History of Personal Workstations*, 9 de enero de 1986.

46. Entrevista del autor con Bob Taylor.

47. Entrevista del autor con Bob Taylor.

48. Entrevista del autor con Larry Roberts.

49. Relato oral de Larry Roberts, Instituto Charles Babbage.

50. Entrevista del autor con Bob Taylor.

51. Janet Abbate, *Inventing the Internet*, MIT, 1999, p. 1.012; Relato oral de Larry Roberts, Instituto Charles Babbage.

52. Relato oral de Wes Clark, recogido por Judy O'Neill, 3 de mayo de 1990, Instituto Charles Babbage.

53. Hay versiones discordantes de esta historia, entre ellas alguna que dice que fue en un trayecto en taxi. Bob Taylor insiste en que ocurrió en un coche que él había alquilado. Entrevistas del autor con Bob Taylor y Larry Roberts; relato oral de Robert Taylor, recogido por Paul McJones, octubre de 2008, Museo de Historia del Ordenador; Hafner y Lyon, *Where Wizards Stay Up Late*, p. 1.054; Segaller, *Nerds*, p. 62.

54. Entrevista del autor con Vint Cerf.

55. Paul Baran, «On Distributed Computer Networks», *IEEE Transactions on Communications Systems*, marzo de 1964. Este apartado sobre Baran bebe de John Naughton, *A Brief History of the Future*, Overlook, 2000, cap. 6; Abbate, *Inventing the Internet*, p. 314 y *passim*; Hafner y Lyon, *Where Wizards Stay Up Late*, pp. 723 y 1.119.

56. Entrevista con Paul Baran, en James Pelkey, «Entrepreneurial Capitalism and Innovation», <http://www.historyofcomputercommunications.info/Book/2/2.4-Paul%20Baran-59- 65.html#_ftn9>.

57. Relato oral de Paul Baran, «How the Web Was Won», *Vanity Fair*, julio de 2008; entrevista con Paul Baran, por Stewart Brand, *Wired*, marzo de 2001; relato oral de Paul Baran, recogido por David Hochfelder, 24 de octubre de 1999, Centro de Historia del IEEE.

58. Donald Davies, «A Historical Study of the Beginnings of Packet Switching», *Computer Journal*, British Computer Society, 2001; Abbate, *Inventing the Internet*, p. 558; entrevista del autor con Larry Roberts; Trevor Harris, «Who Is the Father of the Internet? The Case for Donald Davies», <http://www.academia.edu>.

59. Entrevista del autor con Leonard Kleinrock; relato oral de Leonard Kleinrock, recogido por John Vardalas, Centro de Historia del IEEE, 21 de febrero de 2004.

60. Entrevista del autor con Leonard Kleinrock.

61. Relato oral de Kleinrock, IEEE.

62. Segaller, *Nerds*, p. 34.

63. Entrevistas del autor con Kleinrock y Roberts; véase también Hafner y Lyon, *Where Wizards Stay Up Late*, p. 1.009; Segaller, *Nerds*, p. 53.

64. Leonard Kleinrock, «Information Flow in Large Communications Nets», proyecto para tesis doctoral, MIT, 31 de mayo de 1961. Véase también Leonard Kleinrock, *Communication Nets: Stochastic Message Flow and Design*, McGraw-Hill, 1964.

65. Web personal de Leonard Kleinrock, <http://www.lk.cs.ucla.edu/index.html>.

66. Leonard Kleinrock, «Memoirs of the Sixties», en Peter Salus, *The ARPANET Sourcebook*, Peer-to-Peer, 2008, p. 96.

67. Entrevista con Leonard Kleinrock, *Computing Now*, IEEE Computer Society, 1996. Kleinrock aparece citado en Peter Salus, *Casting the Net*, Addison-Wesley, 1995, p. 52: «Yo fui el primero en hablar del aumento de rendimiento que aportaría la conmutación de paquetes».

68. Entrevista del autor con Taylor.

69. Entrevista del autor con Kleinrock.

70. Donald Davies, «A Historical Study of the Beginnings of Packet Switching», *Computer Journal*, British Computer Society, 2001.

71. Alex McKenzie, «Comments on Dr. Leonard Kleinrock's Claim to Be "the Father of Modern Data Networking"», 16 de agosto de 2009, <http://alexmckenzie.weebly.com/comments-on-kleinrocks-claims.html>.

72. Katie Hafner, «A Paternity Dispute Divides Net Pioneers», *New York Times*, 8 de noviembre de 2001.

73. Leonard Kleinrock, «Principles and Lessons in Packet Communications», *Proceedings of the IEEE*, noviembre de 1978.

74. Relato oral de Kleinrock, Instituto Charles Babbage, 3 de abril de 1990.

75. Leonard Kleinrock, «On Resource Sharing in a Distributed Communication Environment», *IEEE Communications Magazine*, mayo de 2002. Hubo un incondicional que sí apoyó las afirmaciones de Kleinrock, su amigo de toda la vida, compañero de casino y colega Larry Roberts. «Si uno lee el libro de Len de 1964, está claro que está rompiendo los archivos en unidades de mensaje», me dijo Roberts en 2014. Sin embargo, previamente, y al igual que Kleinrock, había atribuido la conmutación de paquetes a Baran. En 1978 escribía: «La primera descripción publicada de lo que ahora llamamos conmutación de paquetes era un análisis en once volúmenes, *Sobre las comunicaciones distribuidas*, preparado por Paul Baran, de la RAND Corporation, en agosto de

1964». Véase Lawrence Roberts, «The Evolution of Packet Switching», *Proceedings of the IEEE*, noviembre de 1978.

76. Relato oral de Paul Baran, «How the Web Was Won», *Vanity Fair*, julio de 2008.

77. Entrevista con Paul Baran, por Stewart Brand, *Wired*, marzo de 2001.

78. Paul Baran, «Introduction to Distributed Communications Networks», RAND, 1964, <http://www.rand.org/pubs/research_memoranda/RM3420/RM3420-chapter1.html>.

79. Segaller, *Nerds*, p. 70.

80. Entrevista del autor con Bob Taylor. Yo era uno de los directores de *Time* y recuerdo la disputa.

81. Mitchell Waldrop, *The Dream Machine*, Viking, 2001, p. 279.

82. Stephen Lukasik, «Why the ARPANET Was Built», *IEEE Annals of the History of Computing*, marzo de 2011; relato oral de Stephen Lukasik, recogido por Judy O'Neill, Instituto Charles Babbage, 17 de octubre de 1991.

83. Charles Herzfeld, «On ARPANET and Computers», s.f., <http://inventors.about.com/library/inventors/bl_Charles_Herzfeld.htm>.

84. «A Brief History of the Internet», Internet Society, 15 de octubre de 2012, <http://www.internetsociety.org/internet/what-internet/history-internet/brief-history-internet>.

85. «NSFNET: A Partnership for High-Speed Networking: Final Report», 1995, <http://www.merit.edu/documents/pdf/nsfnet/nsfnet_report.pdf>.

86. Entrevista del autor con Steve Crocker.

87. Entrevista del autor con Leonard Kleinrock.

88. Entrevista del autor con Robert Taylor.

89. Entrevista del autor con Vint Cerf; Radia Joy Perlman, «Network Layer Protocols with Byzantine Robustness», defensa de la tesis, MIT, 1988, <http://dspace.mit.edu/handle/1721.1/14403>.

90. Abbate, *Inventing the Internet*, p. 180.

91. Entrevista del autor con Taylor.

92. Entrevista con Larry Roberts, realizada por James Pelkey, <http://www.historyofcomputercommunications.info/Book/2/2.9-BoltBeranek-Newman-WinningBid- 68%20.html#_ftn26>.

93. Hafner y Lyon, *Where Wizards Stay Up Late*, p. 1.506 y *passim*.

94. Pelkey, «A History of Computer Communications», <http://www.historyofcomputercommunications.info/index.html>, 2.9; Hafner y Lyon, *Where Wizards Stay Up Late*, p. 1.528.

95. La historia de las RFC de Steve Crocker se ha contado con muchas variaciones. Este relato está sacado de mis entrevistas con Steve Crocker, Vint Cerf y Leonard Kleinrock; Hafner y Lyon, *Where Wizards Stay Up Late*, p. 2.192 y *passim*; Abbate, *Inventing the Internet*, p. 1.330 y *passim*; relato oral de Stephen Crocker, recogido por Judy E. O'Neill, 24 de octubre de 1991, Instituto Charles Babbage, Universidad de Minnesota; Stephen Crocker, «How the Internet Got Its Rules», *New York Times*, 6 de abril de 2009; Cade Metz, «Meet the Man Who Invented the Instructions for the Internet», *Wired*, 18 de mayo de 2012; Steve Crocker, «The Origins of RFCs», en «The Request for Comments Guide», RFC 1000, agosto de 1987, <http://www.rfc-editor.org/rfc/rfc1000.txt>; Steve Crocker, «The First Pebble: Publication of RFC 1», RFC 2555, 7 de abril de 1999.

96. Entrevista del autor con Steve Crocker.

97. Crocker, «How the Internet Got Its Rules».

98. Stephen Crocker, «Host Software», RFC 1, 7 de abril de 1969, <http://tools.ietf.org/html/rfc1>.

99. Crocker, «How the Internet Got Its Rules».

100. Vint Cerf, «The Great Conversation», RFC 2555, 7 de abril de 1999, <http://www.rfceditor. org/rfc/rfc2555.txt>.

101. «The IMP Log: October 1969 to April 1970», Centro Kleinrock de Estudios de Internet, UCLA, <http://internethistory.ucla.edu/the-imp-log-october-1969-to-april-1970/>; Segaller, *Nerds*, p. 92; Hafner y Lyon, *Where Wizards Stay Up Late*, p. 2.336.

102. Relato oral de Vint Cerf, recogido por Daniel Morrow, 21 de noviembre de 2001, Computerworld Honors Program; Hafner y Lyon, *Where Wizards Stay Up Late*, p. 2.070 y *passim*; Abbate, *Inventing the Internet*, p. 127 y *passim*.

103. Relato oral de Cerf, Computerworld.

104. Relato oral de Robert Kahn, recogido por Michael Geselowitz, Centro de Historia del IEEE, 17 de febrero de 2004.

105. Relato oral de Vint Cerf, recogido por Judy O'Neill, 24 de abril de 1990, Instituto Charles Babbage; Vint Cerf, «How the Internet Came to Be», noviembre de 1993, <http://www.netvalley.com/archives/mirrors/cerf-how-inet.html>.

106. Relato oral de Robert Kahn, recogido por David Allison, 20 de abril de 1995, Computerworld Honors Program.

107. «A Collection of Poems», Network Working Group, Request for Comments 1121, septiembre de 1989.

108. Entrevista del autor con Vint Cerf.

109. Hafner y Lyon, *Where Wizards Stay Up Late*, p. 110.

110. David D. Clark, «A Cloudy Crystal Ball», MIT Laboratory for Computer Science, julio de 1992, <http://groups.csail.mit.edu/ana/People/DDC/future_ietf_92.pdf>.

111. J. C. R. Licklider y Robert Taylor, «The Computer as a Communication Device», *Science and Technology*, abril de 1968.

8. EL ORDENADOR PERSONAL

1. Vannevar Bush, «As We May Think», *Atlantic*, julio de 1945.

2. Dave Ahl, que asistió a la reunión, diría: «Le correspondía a Ken Olsen tomar una decisión. Nunca olvidaré sus fatídicas palabras: "No veo razón alguna por la que alguien podría querer su propio ordenador"»; John Anderson, «Dave Tells Ahl», *Creative Computing*, noviembre de 1984. En defensa de Olsen véase <http://www.snopes.com/quotes/kenolsen.asp>, pero este texto no aborda la afirmación de Ahl de que pronunció esas palabras cuando discutía con sus colaboradores si había que desarrollar o no una versión personal del PDP-8.

3. En 1995, Stewart Brand escribió por encargo mío un artículo para *Time* titulado «Se lo debemos todo a los Hippies». En él subrayaba el papel de la contracultura en el nacimiento del ordenador personal. Este capítulo se basa asimismo en cinco libros bien documentados y reveladores acerca de cómo la contracultura ayudó a configurar la revolución del ordenador personal: Steven Levy, *Hackers*, Anchor/Doubleday, 1984 (la paginación hace referencia a la reedición con motivo del vigésimo quinto aniversario, O'Reilly, 2010); Paul Freiberger y Michael Swaine, *Fire in the Valley*, Osborne, 1984; John Markoff, *What the Dormouse Said*, Viking, 2005 (los números de posición hacen referencia a la edición Kindle); Fred Turner, *From Counterculture to Cyberculture*, Universidad de Chicago, 2006, y Theodore Roszak, *From Satori to Silicon Valley*, Don't Call It Frisco Press, 1986.

4. Comentario de Liza Loop sobre mi borrador online colgado en Medium y correo electrónico dirigido a mí, 2013.

5. Comentario de Lee Felsenstein sobre mi borrador online colgado en Medium, 2013. Véanse también «More Than Just Digital Quilting», *Economist*, 3 de diciembre de 2011; Victoria Sherrow, *Hustings, Quiltings, and Barn Raisings: Work-Play Parties in Early America*, Walker, 1992.

6. Pueden verse los carteles y programas de los *acid tests* en Phil Lesh, «The Acid Test Chronicles», <http://www.postertrip.com/public/5586.

cfm>; Tom Wolfe, *The Electric Kool-Aid Acid Test*, Farrar, Straus and Giroux, 1987, p. 251 y *passim*. [Hay trad. cast.: *Ponche de ácido lisérgico*, Barcelona, Anagrama, 2000.]

7. Turner, *From Counterculture to Cyberculture*, p. 29, citando a Lewis Mumford, *Myth of the Machine Harcourt*, Brace, 1967, p. 3. [Hay trad. cast.: *El mito de la máquina*, Logroño, Pepitas de Calabaza, 2010.]

8. Markoff, *What the Dormouse Said*, 165.

9. Charles Reich, *The Greening of America*, Random House, 1970, p. 5. [Hay trad. cast.: *El reverdecer de América*, Buenos Aires, Emecé 1971.]

10. Entrevista del autor con Ken Goffman, alias R. U. Sirius; Mark Dery, *Escape Velocity: Cyberculture at the End of the Century*, Grove, 1966, p. 22; Timothy Leary, *Cyberpunks CyberFreedom*, Ronin, 2008, p. 170.

11. Publicado inicialmente en distribución limitada por Communication Company, San Francisco, 1967.

12. La historia de Brand apareció en marzo de 1995 en un número especial de *Time* sobre «Cyberspace», que a su vez era una secuela de un reportaje de portada publicado el 8 de febrero de 1993, también en *Time*, escrito por Phil Elmer-Dewitt y titulado «Cyberpunks», que analizaba asimismo las influencias contraculturales que rodearon al ordenador, a los servicios online como The WELL y a internet.

13. Este apartado se basa en entrevistas del autor con Stewart Brand; véanse también Stewart Brand, «"Whole Earth" Origin», 1976, <http://sb.longnow.org/SB_homepage/WholeEarth_buton.html>; Turner, *From Counterculture to Cyberculture*; Markoff, *What the Dormouse Said*. El libro de Turner se centra en Brand.

14. Entrevista del autor con Stewart Brand; comentarios públicos de Stewart Brand sobre un primer borrador de este capítulo colgado en Medium.com.

15. Stewart Brand, «Spacewar: Fanatic Life and Symbolic Death among the Computer Bums», *Rolling Stone*, 7 de diciembre de 1972.

16. Comentarios de Stewart Brand sobre mi borrador del libro colgado en Medium; entrevistas y correos electrónicos de Stewart Brand con el autor, 2013; cartel y programas del Trips Festival, <http://www.postertrip.com/public/5577.cfm> y <http://www.lysergia.corn/MerryPranksters/MerryPranksters_post.htm>; Wolfe, *Electric Kool-Aid Test*, p. 259.

17. Turner, *From Counterculture to Cyberculture*, p. 67.

18. Entrevista del autor con Stewart Brand; Brand, «"Whole Earth" Origin».

19. Brand, «"Whole Earth" Origin»; entrevista del autor con Stewart Brand.

20. *Whole Earth Catalog*, otoño de 1968, <http://www.wholeearth.com>.

21. Entrevista del autor con Lee Felsenstein.

22. El mejor relato sobre Engelbart es el de Thierry Bardini, *Bootstrapping: Douglas Engelbart, Coevolution, and the Origins of Personal Computing*, Stanford, 2000. Este apartado se basa asimismo en el relato oral de Douglas Engelbart (cuatro sesiones), obtenido por Judy Adams y Henry Lowood, Stanford, <http://www-sul.stanford.edu/depts/hasrg/histsci/ssvoral/engelbart/start1. html>; relato oral de Douglas Engelbart, obtenido por Jon Eklund, Smithsonian Institution, 4 de mayo de 1994; Christina Engelbart, «A Lifetime Pursuit», un esbozo biográfico escrito en 1986 por su hija, <http://www.dougengelbart.org/history/engelbart.html#l0a>; «Tribute to Doug Engelbart», una serie de recuerdos de colegas y amigos, <http://tribute2doug.wordpress.com/>; entrevistas a Douglas Engelbart, en Valerie Landau y Eileen Clegg, *The Engelbart Hypothesis: Dialogs with Douglas Engelbart*, Next Press, 2009 y <http://engelbartbookdialogues.wordpress.com/>; The Doug Engelbart Archives (incluye numerosos vídeos y entrevistas), <http://dougengelbart.org/library/engelbart-archives.html>; Susan Barnes, «Douglas Carl Engelbart: Developing the Underlying Concepts for Contemporary Computing», *IEEE Annals of the History of Computing*, julio de 1997; Markoff, *What the Dormouse Said*, 417; Turner, *From Counterculture to Cyberculture*, p. 110; Bardini, *Bootstrapping*, p. 138.

23. Relato oral de Douglas Engelbart, Stanford, entrevista 1, 19 de diciembre de 1986.

24. El extracto de *Life*, publicado el 10 de septiembre de 1945, se hallaba profusamente ilustrado con dibujos del proyecto del memex (el número incluía asimismo fotografías aéreas de Hiroshima tras el lanzamiento de la bomba atómica).

25. Relato oral de Douglas Engelbart, Smithsonian, 1994.

26. Relato oral de Douglas Engelbart, Stanford, entrevista 1, 19 de diciembre de 1986.

27. Landau y Clegg, *The Engelbart Hypothesis*.

28. Relato oral de Douglas Engelbart, Stanford, entrevista 1, 19 de diciembre de 1986.

29. La cita procede de Nilo Lindgren, «Toward the Decentralized Intellectual Workshop», *Innovation*, septiembre de 1971, citado en Howard Rheingold, *Tools for Thought*, MIT, 2000, p. 178. Véase también Steven Levy, *Insanely Great Viking*, 1994, p. 36.

30. Relato oral de Douglas Engelbart, Stanford, entrevista 3, 4 de marzo de 1987.

31. Douglas Engelbart, «Augmenting Human Intellect», redactado para el director de Ciencias de la Información de la Oficina de Investigación Científica de las fuerzas aéreas estadounidenses, octubre de 1962.

32. Douglas Engelbart a Vannevar Bush, 24 de mayo de 1962, MIT/ Brown Vannevar Bush Symposium, archivos, <http://www.dougengelbart. org/events/vannevar-bush-symposium.html>.

33. Relato oral de Douglas Engelbart, Stanford, entrevista 2, 14 de enero de 1987.

34. Entrevista del autor con Bob Taylor.

35. Relato oral de Douglas Engelbart, Stanford, entrevista 3, 4 de marzo de 1987.

36. Landau y Clegg, «Engelbart on the Mouse and Keyset», en *The Engelbart Hypothesis*; William English, Douglas Engelbart y Melvyn Berman, «Display Selection Techniques for Text Manipulation», *IEEE Transactions on Human-Factors in Electronics*, marzo de 1967.

37. Relato oral de Douglas Engelbart, Stanford, entrevista 3, 4 de marzo de 1987.

38. Landau y Clegg, «Mother of All Demos», en *The Engelbart Hypothesis*.

39. El vídeo de la «Madre de Todas las Demostraciones» se puede ver en <http://sloan.stanford.edu/MouseSite/1968Demo.html#complete>. Este apartado se basa asimismo en Landau y Clegg, «Mother of All Demos», en *The Engelbart Hypothesis*.

40. Rheingold, *Tools for Thought*, p. 190.

41. Entrevista del autor con Stewart Brand; vídeo de la «Madre de Todas las Demostraciones».

42. Markoff, *What the Dormouse Said*, 2.734. John Markoff encontró los informes de las demostraciones de Les Earnest en los archivos microfilmados de Stanford. El libro de Markoff proporciona un buen análisis de la distinción entre inteligencia acrecentada e inteligencia artificial.

43. Markoff, *What the Dormouse Said*, 2.838.

44. Entrevista del autor con Alan Kay. Kay leyó varios pasajes de este libro e hizo comentarios y correcciones. Este apartado se basa también en Alan Kay, «The Early History of Smalltalk», *ACM SIGPLAN Notices*, marzo de 1993; Michael Hiltzik, *Dealers of Lightning*, Harper, 1999 (los números de posición hacen referencia a la edición Kindle), cap. 6.

45. Entrevista del autor con Alan Kay; Landau y Clegg, «Reflections by Fellow Pioneers», en *The Engelbart Hypothesis*; intervención de Alan Kay en la mesa redonda en torno al XXX aniversario de la «Madre de Todas las Demos-

traciones», archivo de internet, <https://archive.org/details/XD1902_1Engel bartsUnfinishedRev30AnnSes2>. Véase también Paul Spinrad, «The Prophet of Menlo Park», <http://coe.berkeley.edu/news-center/publications/fore-front/archive/copy_of_forefront-fall-2008/features/the-prophet-of-menlo-park-douglas-engelbart-carries-on-his-vision>. En correos electrónicos dirigidos a mí, Kay aclaró parte de lo que había dicho en anteriores charlas y entrevistas, y yo modifiqué algunas de sus citas basándome en sus sugerecias.

46. Cathy Lazere, «Alan C. Kay: A Clear Romantic Vision», 1994, <http://www.cs.nyu.edu/courses/fall04/G22.2110-001/kaymini.pdf>.

47. Entrevista del autor con Alan Kay. Véase también Alan Kay, «The Center of Why», discurso de aceptación del Premio Kioto, 11 de noviembre de 2004.

48. Entrevista del autor con Alan Kay; Ivan Sutherland, «Sketchpad», tesis doctoral, MIT, 1963; Howard Rheingold, «Inventing the Future with Alan Kay», The WELL, <http://www.well.com/user/hlr/texts/Alan%20Kay>.

49. Hiltzik, *Dealers of Lightning*, 1.895; intercambio de correos electrónicos entre el autor y Alan Kay.

50. Intervención de Alan Kay en la mesa redonda en torno al XXX aniversario de la «Madre de Todas las Demostraciones»; Kay, «The Early History of Smalltalk».

51. Kay, «The Early History of Smalltalk».

52. *Ibidem* (incluye todas las citas de los párrafos precedentes).

53. John McCarthy, «The Home Information Terminal: A 1970 View», 1 de junio de 2000, <http://www-formal.stanford.edu/jmc/hoter2.pdf>.

54. Markoff, *What the Dormouse Said*, 4.535.

55. *Ibid.*, 2.381.

56. Además de en las referencias citadas más abajo, y en Hiltzik, *Dealers of Lightning*, y Kay, «The Early History of Smalltalk», antes citados, este apartado se basa asimismo en Douglas Smith y Robert Alexander, *Fumbling the Future: How Xerox Invented, Then Ignored, the First Personal Computer*, Morrow, 1988, y en las entrevistas del autor con Alan Kay, Bob Taylor y John Seeley Brown.

57. Charles P. Thacker, «Personal Distributed Computing: The Alto and Ethernet Hardware», ACM Conference on History of Personal Workstations, 1986. Véase también Butler W. Lampson, «Personal Distributed Computing: The Alto and Ethernet Software», ACM Conference on History of Personal Workstations, 1986. Se puede acceder a ambos trabajos, con el mismo título, en <http://research.microsoft.com/en-us/um/people/blampson/38-Alto-Software/Abstract.html>.

58. Linda Hill, Greg Brandeau, Emily Truelove y Kent Linebeck, *Collective Genius: The Art and Practice of Leading Innovation*, Harvard Business Review Press, 2014; Hiltzik, *Dealers of Lightning*, 2.764; entrevista del autor con Bob Taylor.

59. Entrevista del autor con Bob Taylor.

60. Hiltzik, *Dealers of Lightning*, 1.973.

61. Stewart Brand, «Spacewar», *Rolling Stone*, 7 de diciembre de 1972.

62. Alan Kay, «Microelectronics and the Personal Computer», *Scientific American*, septiembre de 1977.

63. Alan Kay, «A Personal Computer for Children of All Ages», en *Proceedings of the ACM Annual Conference*, 1972. El original mecanografiado está en <http://www.mprove.de/diplom/gui/Kay72a.pdf>.

64. Kay, «The Early History of Smalltalk»; entrevista del autor con Alan Kay.

65. Hiltzik, *Dealers of Lightning*, 3.069.

66. Kay, «The Early History of Smalltalk»; Hiltzik, *Dealers of Lightning*, 3.102.

67. Kay, «The Early History of Smalltalk»; entrevista del autor con Alan Kay.

68. Kay, «The Early History of Smalltalk» (véase la sección IV, «The First Real Smalltalk»); entrevistas del autor con Alan Kay y Bob Taylor; Hiltzik, *Dealers of Lightning*, 3.128; Markoff, *What the Dormouse Said*, 3.940; Butler Lampson, «Why Alto?», memorando interno de Xerox, 19 de diciembre de 1972, <http://www.digibarn.com/friends/butler-lampson/>.

69. Entrevista del autor con Bob Taylor; Thacker, «Personal Distributed Computing».

70. Relato oral de Engelbart, Stanford, entrevista 4, 1 de abril de 1987.

71. Entrevista del autor con Bob Taylor.

72. Entrevista con Alan Kay, realizada por Kate Kane, *Perspectives on Business Innovation*, mayo de 2002.

73. Debate con Bob Taylor, Universidad de Texas, 17 de septiembre de 2009, organizado por John Markoff, <http://transcriptvids.eom/v/jvbGA-PJSDJI.html>.

74. Entrevista del autor con Bob Taylor; Hiltzik, *Dealers of Lightning*, 4.834.

75. El relato de Fred Moore aparece detallado en Levy, *Hackers*, y Markoff, *What the Dormouse Said*.

76. Entrevista del autor con Lee Felsenstein.

77. Vídeo de la fiesta de despedida del *Whole Earth Catalog*, <http://mediaburn.org/video/aspects-of-demise-the-whole-earth-demise-party-2/>; Levy, *Hackers*, 197; entrevista del autor con Stewart Brand; Stewart Brand,

«Demise Party, etc.», <http://www.wholeearth.com/issue/1180/article/321/history.-.demise.party.etc>.

78. Markoff, *What the Dormouse Said*, 3.335.

79. Además de las fuentes que acabo de citar, véase Thomas Albright y Charles Moore, «The Last Twelve Hours of the Whole Earth», *Rolling Stone*, 8 de julio de 1971; Barry Lopez, «Whole Earth's Suicide Party», *Washington Post*, 14 de junio de 1971.

80. Entrevista del autor con Bob Albrecht; notas proporcionadas por el propio Albrecht.

81. Archivo de *People's Computer Company* y boletines de noticias relacionados, <http://www.digibarn.com/collections/newsletters/peoples-computer/>.

82. Entrevista del autor con Bob Albrecht.

83. Entrevista del autor con Lee Felsenstein. Este apartado se basa también en unas memorias inéditas en diecisiete capítulos que escribió Felsenstein y que me hizo llegar personalmente; y asimismo en los artículos de Felsenstein «Tom Swift Lives!» y «Convivial Design», publicados en *People's Computer Company*, y su artículo «My Path through the Free Speech Movement and Beyond», 22 de febrero de 2005, que me hizo llegar personalmente; los ensayos autobiográficos que ha colgado en <http://www.leefelsenstein.com/>; Freiberger y Swaine, *Fire in the Valley*, pp. 99-102; Levy, *Hackers*, 153 y *passim*, y Markoff, *What the Dormouse Said*, 4.375 y *passim*.

84. Entrevista del autor con Lee Felsenstein.

85. *Ibidem*; Lee Felsenstein, «Philadelphia 1945-1963»,<http://www.leefelsenstein.com/?page_id=16>; relato oral de Lee Felsenstein, obtenido por Kip Crosby, 7 de mayo de 2008, Museo de Historia del Ordenador.

86. Felsenstein, «My Path through the Free Speech Movement and Beyond».

87. Entrevista del autor con Lee Felsenstein.

88. Felsenstein, «My Path through the Free Speech Movement and Beyond».

89. Entrevista del autor con Lee Felsenstein; memorias inéditas de Felsenstein.

90. Las memorias inéditas de Felsenstein, que este me hizo llegar personalmente, dedican un capítulo entero al incidente de la radio de la policía.

91. Felsenstein, «My Path through the Free Speech Movement and Beyond».

92. Lee Felsenstein, «Explorations in the Underground», <http://www.leefelsenstein.com/?page_id=50>.

93. Entrevista del autor con Lee Felsenstein.

94. *Ibidem*; memorias inéditas de Felsenstein.

95. Entrevista del autor con Lee Felsenstein.

96. Levy, *Hackers*, 160.

97. Ken Colstad y Efrem Lipkin, «Community Memory: A Public Information Network», *ACM SIGCAS Computers and Society*, diciembre de 1975. Se puede ver un archivo del boletín de noticias Resource One en <http://www.well.com/~szpak/cm/index.html>.

98. Doug Schuler, «Community Networks: Building a New Participatory Medium», *Communications of the ACM*, enero de 1994. Véase también el folleto de Community Memory colgado en The WELL, <http://www.well.com/~szpak/cm/cmflyer.html>: «Tenemos una potente herramienta —un genio— a nuestra disposición».

99. R. U. Sirius y St. Jude, *How to Mutate and Take Over the World*, Ballantine, 1996; Betsy Isaacson, «St. Jude», tesis de licenciatura, Universidad de Harvard, 2012.

100. Lee Felsenstein, «Resource One/Community Memory», <http://www.leefelsenstein.com/?page_id=44>.

101. Entrevista del autor con Lee Felsenstein; Felsenstein, «Resource One/Community Memory».

102. Ivan Illich, *Tools for Conviviality*, Harper, 1973, p. 17.

103. Entrevista del autor con Lee Felsenstein.

104. Lee Felsenstein, «The Maker Movement: Looks Like Revolution to Me», discurso pronunciado en la Feria Maker del Área de la Bahía de San Francisco, 18 de mayo de 2013. Véase también Evgeny Morozov, «Making It», *New Yorker*, 13 de enero de 2014.

105. Lee Felsenstein, «Tom Swift Terminal, or a Convivial Cybernetic Device», <http://www.leefelsenstein.com/wp-content/uploads/2013/01/TST_scan_150.pdf>; Lee Felsenstein, «Social Media Technology», <http://www.leefelsenstein.com/?page_id=125>.

106. Homebrew Computer Club Newsletter #1, Museo de la Informática DigiBarn, <http://www.digibarn.com/collections/newsletters/homebrew/V1_01/>; Levy, *Hackers*, 167.

107. Comentarios de Lee Felsenstein a mi primer borrador del libro colgado en Medium.com, 20 de diciembre de 2013. No hay evidencias de que ninguno de los pilotos personales de Eisenhower se sometiera jamás a un cambio de sexo.

108. Este apartado se basa en: entrevista a Ed Roberts realizada por Art Salsberg, *Modern Electronics*, octubre de 1984; entrevista a Ed Roberts, realizada por David Greelish, revista *Historically Brewed*, 1995; Levy, *Hackers*, 186 y *passim*; Forrest M. Mims III, «The Altair Story: Early Days at MITS», *Creative*

Computing, noviembre de 1984; Freiberger y Swaine, *Fire in the Valley*, p. 35 y *passim*.

109. Levy, *Hackers*, 186.

110. Mims, «The Altair Story».

111. Levy, *Hackers*, 187.

112. *Ibidem*.

113. Les Solomon, «Solomon's Memory», Atari Archives, <http://www.atariarchives.org/deli/solomons_memory.php>; Levy, *Hackers*, 189 y *passim*; Mims, «The Altair Story».

114. H. Edward Roberts y William Yates, «Altair 8800 Minicomputer», *Popular Electronics*, enero de 1975.

115. Entrevista del autor con Bill Gates.

116. Michael Riordan y Lillian Hoddeson, «Crystal Fire», *IEEE SCS News*, primavera de 2007, adaptado a partir de *Crystal Fire*, Norton, 1977.

117. Entrevistas del autor con Lee Felsenstein, Steve Wozniak, Steve Jobs y Bob Albrecht. Este apartado se basa también en los relatos sobre los orígenes del Homebrew Computer Club de Wozniak, *iWoz*, Norton, 2006; Markoff, *What the Dormouse Said*, 4.493 y *passim*; Levy, *Hackers*, 201 y *passim*; Freiberger y Swaine, *Fire in the Valley*, p. 109 y *passim*; Steve Wozniak, «Homebrew and How the Apple Came to Be», <http.//www.atariarchives.org/deli/homebrew_and_how_the_apple.php>; la exposición de los archivos del club en el Museo de Historia del Ordenador; los archivos de los boletines de noticias del club, <http://www.digibarn.com/collections/newsletters/homebrew/>; y Bob Lash, «Memoir of a Homebrew Computer Club Member», <http://www.bambi.net/bob/homebrew.html>.

118. Steve Dompier, «Music of a Sort», *People's Computer Company*, mayo de 1975. Véanse también Freiberger y Swaine, *Fire in the Valley*, p. 129, y Levy, *Hackers*, 204. Sobre el código de Dompier véase <http://kevindriscoll.org/projects/ccswg2012/fool_on_a_hill.html>.

119. Bill Gates, «Software Contest Winners Announced», *Computer Notes*, julio de 1975.

9. SOFTWARE

1. Entrevista del autor con Bill Gates; Paul Allen, *Idea Man*, Portfolio, 2011 (los números de posición hacen referencia a la edición Kindle), 129. Este apartado también se basa en una entrevista informal en 2013 y en otras con-

versaciones que mantuve con Bill Gates; el tiempo que pasé con él, con su padre y con sus colegas para escribir una historia que fue portada de *Time*, «In Search of the Real Bill Gates», *Time*, 13 de enero de 1997; correos electrónicos de Bill Gates padre; Stephen Manes y Paul Andrews, *Gates*, Doubleday, 1993 (los números de posición hacen referencia a la edición Kindle); James Wallace y Jim Erickson, *Hard Drive*, Wiley, 1992; Mark Dickison, conversación con Bill Gates, Henry Ford Innovation Series, 30 de junio de 2009; entrevista con Bill Gates, realizada por David Allison, Smithsonian Institution, abril de 1995; otros relatos orales que no son públicos proporcionados por Bill Gates.

2. Wallace y Erickson, *Hard Drive*, p. 38.

3. Allen, *Idea Man*, 1.069.

4. Entrevista del autor con Bill Gates. Véase también conversación con Bill Gates, Ford Innovation Series.

5. Isaacson, «In Search of the Real Bill Gates».

6. *Ibidem*.

7. Entrevista del autor con Bill Gates padre.

8. Manes y Andrews, *Gates*, 715.

9. Entrevista del autor con Bill Gates padre. La ley afirma: «El *scout* es digno de confianza, leal, servicial, amigo de todos, cortés, educado, obediente, animoso, austero, valiente, limpio y reverente».

10. Manes y Andrews, *Gates*, 583 y 659.

11. Entrevista del autor con Bill Gates padre.

12. Wallace y Erickson, *Hard Drive*, p. 21.

13. Entrevista del autor con Bill Gates.

14. Allen, *Idea Man*, 502.

15. Wallace y Erickson, *Hard Drive*, p. 25.

16. Allen, *Idea Man*, 511.

17. Wallace y Erickson, *Hard Drive*, p. 26.

18. Allen, *Idea Man*, 751.

19. Entrevista del autor con Bill Gates; Isaacson, «In Search of the Real Bill Gates».

20. Entrevista del autor con Bill Gates (también en otras conversaciones).

21. Manes y Andrews, *Gates*, 924.

22. Entrevistas del autor con Bill Gates y Bill Gates padre.

23. Entrevista del autor con Steve Russell.

24. Wallace y Erickson, *Hard Drive*, p. 31.

25. Entrevista del autor con Bill Gates.

26. Allen, *Idea Man*, 616; entrevistas del autor con Steve Russell y Bill Gates.

27. Entrevista del autor con Bill Gates.

28. Paul Freiberger y Michael Swaine, *Fire in the Valley*, Osborne, 1984, p. 21; entrevista del autor con Bill Gates; Wallace y Erickson, *Hard Drive*, p. 35.

29. Allen, *Idea Man*, 719.

30. Wallace y Erickson, *Hard Drive*, p. 42.

31. Entrevista del autor con Bill Gates: Isaacson, «In Search of the Real Bill Gates».

32. Entrevista del autor con Bill Gates; conversación de Bill Gates con Larry Cohen y Brent Schlender, a la que tuve acceso a través de Bill Gates.

33. Wallace y Erickson, *Hard Drive*, p. 43.

34. Entrevistas del autor con Bill Gates.

35. Allen, *Idea Man*, 811.

36. Wallace y Erickson, *Hard Drive*, p. 43.

37. Entrevista del autor con Bill Gates; Allen, *Idea Man*, 101.

38. Entrevista del autor con Bill Gates; Allen, *Idea Man*, 849.

39. Allen, *Idea Man*, 860.

40. Wallace y Erickson, *Hard Drive*, p. 45; Manes y Andrews, *Gates*, 458.

41. Manes y Andrews, *Gates*, 1.445; Allen, *Idea Man*, 917; entrevista del autor con Bill Gates.

42. Allen, *Idea Man*, 942.

43. Entrevista del autor con Bill Gates.

44. Allen, *Idea Man*, 969.

45. Wallace y Erickson, *Hard Drive*, p. 55. Una versión anterior de este apartado se publicó en la *Harvard Gazette*; la versión actual refleja los comentarios y correcciones efectuados por Gates y otros.

46. Entrevista del autor con Bill Gates.

47. Nicholas Josefowitz, «College Friends Remember Bill Gates», *Harvard Crimson*, 4 de junio de 2002.

48. Manes y Andrews, *Gates*, 1.564.

49. «Bill Gates to sign off at Microsoft», AFP, 28 de junio de 2008.

50. William H. Gates y Christos P. Papadimitriou, «Bounds for Sorting by Prefix Reversal», *Discrete Mathematics*, 1979; Harry Lewis, «Reinventing the Classroom», *Harvard Magazine*, septiembre de 2012; David Kestenbaum, «Before Microsoft, Gates Solved a Pancake Problem», NPR, 4 de julio de 2008.

51. Allen, *Idea Man*, 62.

52. Entrevista del autor con Bill Gates.

53. Allen, *Idea Man*, 1.058.

54. Entrevista del autor con Bill Gates.

55. Bill Gates y Paul Allen a Ed Roberts, 2 de enero de 1975; Manes y Andrews, *Gates*, 1.810.

56. Allen, *Idea Man*, 160.

57. *Ibid.*, 1.103.

58. Manes y Andrews, *Gates*, 1.874.

59. Entrevista del autor con Bill Gates; Allen, *Idea Man*, 1.117.

60. Wallace y Erickson, *Hard Drive*, p. 76.

61. Allen, *Idea Man*, 1.163.

62. *Ibid.*, 1.204.

63. *Ibid.*, 1.223; Wallace y Erickson, *Hard Drive*, p. 81.

64. Entrevista del autor con Bill Gates.

65. Comentarios de Bill Gates, *Harvard Gazette*, 7 de junio de 2007.

66. Entrevista del autor con Bill Gates.

67. El apartado sobre Gates en Albuquerque se basa en Allen, *Idea Man*, 1.214 y ss.; Manes y Andrews, *Gates*, 2.011 y ss.; Wallace y Erickson, *Hard Drive*, pp. 85 y ss.

68. Conversación con Bill Gates, Henry Ford Innovation Series.

69. Allen, *Idea Man*, 1.513.

70. Entrevista del autor con Bill Gates.

71. Allen, *Idea Man*, 1.465; Manes y Andrews, *Gates*, 2.975; Wallace y Erickson, *Hard Drive*, p. 130.

72. Entrevista del autor con Bill Gates.

73. Allen, *Idea Man*, 1.376.

74. Fred Moore, «It's a Hobby», boletín del Homebrew Computer Club, 7 de junio de 1975.

75. John Markoff, *What the Dormouse Said*, Viking, 2005 (los números de posición hacen referencia a la edición Kindle), 4.633; Steven Levy, *Hackers*, Anchor Doubleday, 1984 (la paginación hace referencia a la reedición con motivo del vigésimo quinto aniversario, O'Reilly, 2010), p. 231.

76. Entrevista del autor con Lee Felsenstein; conversación de Lee Felsenstein con Kip Crosby, Museo de Historia del Ordenador, 7 de mayo de 2008.

77. Boletín del Homebrew Computer Club, 3 de febrero de 1976, <http://www.digibarn.com/collectionsnewslettershomebrewW2_01/gatesletter.html>.

78. Entrevista del autor con Bill Gates.

79. Harold Singer, «Open Letter to Ed Roberts», boletín del Micro-8 Computer User Group, 28 de marzo de 1976.

80. Entrevista del autor con Lee Felsenstein.

81. Entrevista con Bill Gates, *Playboy*, julio de 1994.

82. Esta sección se basa en *Steve Jobs*, Simon and Schuster, 2011 [hay trad. cast.: *Steve Jobs*, Barcelona, Debate, 2011], que a su vez está basado en mis entrevistas con Steve Jobs, Steve Wozniak, Nolan Bushnell, Al Alcorn y otros. La biografía de Jobs incluye una bibliografía y notas. Para este libro volví a entrevistar a Bushnell, Alcorn y Wozniak. Este apartado también se basa en Steve Wozniak, *iWoz*, Norton, 1984 [hay trad. cast.: *Iwoz. Steve Wozniak, de genio de la informática a icono de culto*, Alcobendas, Rasche, 2013]; Steve Wozniak, «Homebrew and How the Apple Came to Be», <http://www.atariarchives.org/deli/homebrew_and_how_the_apple.php>.

83. Cuando publiqué en Medium un primer borrador con fragmentos de este libro para recoger comentarios y correcciones comunitarias, Dan Bricklin ofreció varias sugerencias útiles. Mantuvimos un intercambio sobre la creación de VisiCalc, tras el cual añadí este apartado al libro. Se basa parcialmente en intercambios de correos electrónicos con Bricklin y Bob Frankston, y en el cap. 12, «VisiCalc», de *Dan Bricklin on Technology*, Wiley, 2009.

84. Correo electrónico de Dan Bricklin al autor; Dan Bricklin, «The Idea», <http://www.bricklin.com/history/saiidea.htm>.

85. Peter Ruell, «A Vision of Computing's Future», *Harvard Gazette*, 22 de marzo de 2012.

86. Bob Frankston, «Implementing VisiCalc», inédito, 6 de abril de 2002.

87. *Ibidem*.

88. Entrevista del autor con Steve Jobs.

89. Historia corporativa de IBM, «The Birth of the IBM PC», <http://www-03.ibm.com/ibm/history/exhibits/pc25/pc25_birth.html>.

90. Manes y Andrews, *Gates*, 3.629.

91. *Ibid.*, 3.642; entrevista con Steve Ballmer, «Triumph of the Nerds», parte II, PBS, junio de 1996. Véase también James Chposky y Ted Leonsis, *Blue Magic*, Facts on File, 1988, cap. 9.

92. Entrevista con Bill Gates y Paul Allen, por Brent Schlender, *Fortune*, 2 de octubre de 1995.

93. Entrevista con Steve Ballmer, «Triumph of the Nerds», parte II, PBS, junio de 1996.

94. Entrevista con Jack Sams, «Triumph of the Nerds», parte II, PBS, junio de 1996. Véase también Steve Hamm y Jay Greene, «The Man Who Could Have Been Bill Gates», *Business Week*, 24 de octubre de 2004.

95. Entrevistas con Tim Paterson y Paul Allen, «Triumph of the Nerds», parte II, PBS, junio de 1996.

96. Entrevistas con Steve Ballmer y Paul Allen, «Triumph of the Nerds», parte II, PBS, junio de 1996; Manes y Andrews, *Gates*, 3.798.

97. Entrevista con Bill Gates y Paul Allen, por Brent Schlender, *Fortune*, 2 de octubre de 1995; Manes y Andrews, *Gates*, 3.868.

98. *Ibid.*, 3.886 y 3.892.

99. Entrevista del autor con Bill Gates.

100. Entrevista con Bill Gates y Paul Allen, por Brent Schlender, *Fortune*, 2 de octubre de 1995.

101. Entrevista del autor con Bill Gates.

102. Entrevista del autor con Bill Gates.

103. Entrevista con Bill Gates y Paul Allen, por Brent Schlender, *Fortune*, 2 de octubre de 1995.

104. Entrevista a Bill Gates realizada por David Rubenstein, Harvard, 21 de septiembre de 2013, notas del autor.

105. Entrevista con Bill Gates y Paul Allen, por Brent Schlender, *Fortune*, 2 de octubre de 1995.

106. Entrevista con Bill Gates, realizada por David Bunnell, revista *PC*, 1 de febrero de 1982.

107. Isaacson, *Steve Jobs*, p. 135.

108. *Ibid.*, p. 94.

109. Entrevista del autor con Steve Jobs.

110. Presentación de Jobs, enero de 1984, <https://www.youtube.com/watch?v=2B-XwPjn9YY>.

111. Isaacson, *Steve Jobs*, p. 173.

112. Entrevista del autor con Andy Hertzfeld.

113. Entrevistas del autor con Steve Jobs y Bill Gates.

114. Andy Hertzfeld, *Revolution in the Valley*, O'Reilly Media, 2005, p. 191 [hay trad. cast.: *Revolución en Silicon Valley: La increíble historia de cómo se hizo el primer Mac de Apple*, Barcelona, Gestión 2000, 2012]. Véase también Andy Hertzfeld, <http://www.folklore.org/StoryView.py?story=A_Rich_Neighbor_Named_Xerox.txt>.

115. Entrevistas del autor con Steve Jobs y Bill Gates.

116. Entrevista del autor con Steve Jobs.

117. Además de las fuentes que se citan a continuación, este apartado se basa en mi entrevista con Richard Stallman; Richard Stallman, ensayos y filosofía, en <http:/www.gnu.org/gnu/gnu.html>; Sam Williams, con revisiones de Richard M. Stallman, *Free as in Freedom (2.0): Richard Stallman and the Free Software Revolution*, Free Software Foundation, 2010. O'Reilly Media publicó

en 2002 una versión previa del libro de Williams. Cuando dicha edición se estaba finalizando, Stallman y Williams «se separaron en términos poco cordiales» a raíz de las objeciones y solicitudes de corrección de Stallman. La versión 2.0 incorporaba las objeciones de Stallman y una considerable reescritura de algunos pasajes del libro. Stallman describe los cambios en su prólogo y Williams, en su prefacio a esta segunda versión, que Stallman más tarde denominó «mi semiautobiografía». El texto original del libro se puede leer en <http://oreilly.com/openbook/freedom/>.

118. Entrevista del autor con Richard Stallman. Véanse también K. C. Jones, «A Rare Glimpse into Richard Stallman's World», *Information Week*, 6 de enero de 2006; entrevista con Richard Stallman, en Michael Gross, «Richard Stallman: High School Misfit, Symbol of Free Software, MacArthur-Certified Genius», 1999, <www.mgross.com/interviews/stallman1.html>; Williams, *Free as in Freedom*, pp. 26 y ss.

119. Richard Stallman, «The GNU operating system and the Free Software Movement», en Chris DiBona y Sam Ockman, eds., *Open Sources: Voices from the Open Source Revolution*, O'Reilly, 1999.

120. Entrevista del autor con Richard Stallman.

121. Richard Stallman, «El Proyecto GNU», <http://www.gnu.org/gnu/thegnuproject.html>.

122. Williams, *Free as in Freedom*, p. 75.

123. Richard Stallman, «The GNU Manifesto», <http://www.gnu.org/gnu/manifesto.html> [hay trad. cast.: «El manifiesto GNU», <http://www.gnu.org/gnu/manifesto.es.html>.]

124. Richard Stallman, «¿Qué es el software libre?» y «Por qué el "código abierto" pierde de vista lo esencial del software libre», <https://www.gnu.org/philosophy>.

125. Richard Stallman, «The GNU System», <https://www.gnu.org/philosophy>.

126. Entrevista con Richard Stallman, por David Betz y Jon Edwards, *BYTE*, julio de 1986.

127. «Linus Torvalds», Linux Information Project, <http://www.linfo.org/linus.html>.

128. Linus Torvalds con David Diamond, *Just for Fun*, HarperCollins, 2001, p. 4.

129. *Ibíd.*, pp. 74, 4 y 17; Michael Learmonth, «Giving It All Away», *San Jose Metro*, 8 de mayo de 1997.

130. Torvalds y Diamond, *Just for Fun*, pp. 52, 55, 64, 78 y 72.

131. Linus Torvalds pronunciando «Linux»: <http://upload.wikimedia.org/wikipedia/commons/0/03/Linus-linux.ogg>.

132. Learmonth, «Giving It All Away».

133. Torvalds y Diamond, *Just for Fun*, p. 58.

134. Linus Torvalds, «Free Minix-like Kernel Sources for 386-AT», publicación en el tablón del grupo de noticias comp.os.minix, 5 de octubre de 1991, <http://www.cs.cmu.edu/~awb/linux.history.html>.

135. Torvalds y Diamond, *Just for Fun*, pp. 87, 93, 97 y 119.

136. Gary Rivlin, «Leader of the Free World», *Wired*, noviembre de 2003.

137. Yochai Benkler, *The Penguin and the Leviathan: How Cooperation Trumphs over Self-Interest*, Crown, 2011 [hay trad. cast.: *El pingüino y el leviatán: Por qué la cooperación es nuestra arma más valiosa para mejorar el bienestar de la sociedad*, Barcelona, Deusto, 2012]; Yochai Benkler, «Coase's Penguin and the Nature of the Firm, *Yale Law Journal* (2002), <http://soc.ics.uci.edu/Resources/bibs.php?793>.

138. Eric Raymond, *The Cathedral and the Bazaar*, O'Reilly Media, 1999, p. 30.

139. Alexis de Tocqueville, *Democracy in America* (publicado originalmente en 1835-1840; ed. de Packard), 304 en la edición Kindle. [Hay múltiples trad. en cast.: *La democracia en América*.]

140. Torvalds y Diamond, *Just for Fun*, pp. 122, 167, 120 y 121.

141. Entrevista con Richard Stallman, *Reddit*, 29 de julio de 2010, <http://www.redditblog.com/2010/07/rms-ama.html>.

142. Richard Stallman, «¿Qué hay detrás de un nombre?», <https://www.gnu.org/gnu/why-gnu-linux.html>.

143. Torvalds y Diamond, *Just for Fun*, p. 164.

144. Entrada en el blog de Linus Torvalds, «Black and White», 2 de noviembre de 2008, <http://torvalds-family.blogspot.com/2008/11/black-and-white.html>.

145. Torvalds y Diamond, *Just for Fun*, p. 163.

146. Raymond, *The Cathedral and the Bazaar*, p. 1.

10. CONECTADOS

1. Correo electrónico de Lawrence Landweber al autor, 5 de febrero de 2014.

2. Ray Tomlinson, «The First Network Email», <http://openmap.bbn.com/~tomlinso/ray/firstemailframe.html>.

3. Correo electrónico de Larry Brilliant al autor, 14 de febrero de 2014.

4. Entrevista con Larry Brilliant, *Wired*, 20 de diciembre de 2007.

5. *Ibidem.*

6. Katie Hafner, *The Well*, Carroll & Graf, 2001, p. 10.

7. *Ibid.*, p. 30; Turner, *From Counterculture to Cyberculture*, p. 145.

8. Howard Rheingold, *The Virtual Community*, Perseus, 1993, p. 9.

9. Tom Mandel, «Confessions of a Cyberholic», *Time*, 1 de marzo de 1995. Cuando lo escribió, Mandel sabía que se estaba muriendo, y les preguntó a sus editores en *Time* —Phil Elmer-DeWitt, Dick Duncan y yo mismo— si podía escribir una reflexión de despedida sobre el mundo online.

10. Tom Mandel, publicación en The WELL, <http://www.well.com/~cynsatom/tom13.html>. Véase también «To our Readers» [firmado por la editora Elizabeth Long, pero escrito por Phil Elmer-DeWitt], *Time*, 17 de abril de 1995.

11. Este apartado se basa en entrevistas con Steve Case, Jim Kimsey y Jean Case; Michael Banks, *On the Way to the Web*, APress, 2008; los números de posición hacen referencia a la edición Kindle); Kara Swisher, *AOL.com*, Random House, 1998; Alec Klein, *Stealing Time*, Simon & Schuster, 2003. Steve Case, viejo amigo y colega, aportó sus comentarios y correcciones a un primer borrador.

12. Klein, *Stealing Time*, p. 11.

13. Banks, *On the Way to the Web*, 792 y 743.

14. *Ibid.*, 602 y 1.467.

15. Entrevista del autor con Steve Case; Banks, *On The Way to the Web*, 1.503; Swisher, *AOL.com*, pp. 27 y 16.

16. Conferencia de Steve Case, JP Morgan Technology Conference, San Francisco, 1 de mayo de 2001.

17. Nina Munk, *Fools Rush In*, Collins, 2004, p. 73.

18. Entrevista del autor con Steve Case.

19. Swisher, *AOL.com*, p. 25.

20. Discurso de Steve Case, Stanford, 25 de mayo de 2010.

21. Discurso de Steve Case, Stanford, 25 de mayo de 2010.

22. Entrevista del autor con Steve Case.

23. Discurso de Steve Case, Stanford, 25 de mayo de 2010.

24. Swisher, *AOL.com*, p. 27.

25. Entrevista del autor con Steve Case.

26. Entrevista del autor con Steve Case; correo electrónico de Case al autor y comentarios de Case al primer borrador, publicado en Medium. Los relatos difieren sobre si Von Meister estaba deseando o no contratar a Steve Case, o si fue Dan Case quien le empujó a hacerlo. Swisher, *AOL.com*, p. 28,

dice que fue lo primero. Banks, *On the Way the Web*, 1.507, afirma que fue lo segundo. Probablemente, ambas versiones tienen algo de cierto.

27. Entrevista del autor con Jim Kimsey.

28. Swisher, *AOL.com*, p. 53.

29. *Ibid.*, p. 48.

30. Entrevistas del autor con Steve Case y Steve Wozniak.

31. Discurso de Steve Case, Stanford, 25 de mayo de 2010.

32. Entrevista del autor con Steve Case.

33. Entrevista del autor con Steve Case.

34. Conversación de Steve Case con Walter Isaacson, 2013, proyecto Riptide, Harvard, <http://www.niemanlab.org/riptide/person/steve-case>. Participé en este proyecto de conversaciones sobre la transformación digital del periodismo, coordinado por John Huey, Paul Sagan y Martin Nisenholtz.

35. Conversación con Steve Case, «How Web Was Won», *Vanity Fair*, julio de 2008.

36. Entrevista del autor con Jim Kimsey.

37. Discurso de Steve Case, Stanford, 25 de mayo de 2010.

38. Publicación de Dave Fischer en el grupo de noticias alt.folklore.computers, 25 de enero de 1994, <https://groups.google.com/forum/#!original/alt.folklore.computers/wF4CpYbWuuA/jS6ZOyJd10sJ>.

39. Wendy Grossman, *Net Wars*, NYU, 1977, p. 33.

40. Entrevista del autor con Al Gore.

41. Entrevista de Al Gore con Wolf Blitzer, «Late Edition», CNN, 9 de marzo de 1999, <http://www.cnn.com/ALLPOLITICS/stories/1999/03/09/president.2000/transcript.gore>.

42. Robert Kahn y Vinton Cerf, «Al Gore and the Internet», en un correo electrónico dirigido a Declan McCullaugh y otros, 28 de septiembre de 2000, <http://www.politechbot.com/p-01394.html>.

43. Newt Gingrich, discurso ante la Asociación Estadounidense de Ciencias Políticas, 1 de septiembre de 2000.

11. La Red

1. Tim Berners-Lee, *Weaving the Web*, Harper Collins, 1999, p. 4. Véase también Mark Fischetti, «The Mind Behind the Web», *Scientific American*, 12 de marzo de 2009.

2. Entrevista del autor con Tim Berners-Lee.

3. Entrevista del autor con Tim Berners-Lee.

4. Entrevista del autor con Tim Berners-Lee.

5. Entrevista del autor con Tim Berners-Lee.

6. Entrevista a Tim Berners-Lee, Academy of Achievement, 22 de junio de 2007.

7. Entrevista del autor con Tim Berners-Lee.

8. Entrevista del autor con Tim Berners-Lee.

9. *Enquire Within Upon Everything* (1894), <http://www.gutenberg.org/files/10766/10766-hi10766-h.htm>.

10. Berners-Lee, *Weaving the Web*, p. 1.

11. Entrevista del autor con Tim Berners-Lee.

12. Entrevista a Tim Berners-Lee, Academy of Achievement, 22 de junio de 2007.

13. Berners-Lee, *Weaving the Web*, p. 10.

14. *Ibid.*, p. 4.

15. *Ibid.*, p. 14.

16. Entrevista del autor con Tim Berners-Lee.

17. Entrevista a Tim Berners-Lee, Academy of Achievement, 22 de junio de 2007.

18. Berners-Lee, *Weaving the Web*, p. 15.

19. John Naish, «The NS Profile: Tim Berners-Lee», *New Statesman*, 15 de agosto de 2011.

20. Berners-Lee, *Weaving the Web*, pp. 16 y 18.

21. *Ibid.*, p. 61.

22. Berners-Lee, «Information Management: A Proposal», CERN (marzo de 1989), <http://www.w3.org/History/1989/proposal.html>.

23. James Gillies y Robert Cailliau, *How the Web Was Born*, Oxford, 2000, p. 180.

24. Berners-Lee, *Weaving the Web*, p. 26.

25. Gillies y Cailliau, *How the Web Was Born*, p. 198.

26. *Ibid.*, p. 190.

27. Entrevista con Robert Cailliau, «How the Web Was Won», *Vanity Fair*, julio de 2008.

28. Gillies y Cailliau, *How the Web Was Born*, p. 234.

29. Tim Smith y François Flückiger, «Licensing the Web», CERN, <http://home.web.cern.ch/topics/birth-web/licensing-web>.

30. Tim Berners-Lee, «The World Wide Web and the "Web of Life"», 1998, <http://www.w3.org/People/Berners-Lee/UU.html>.

31. Tim Berners-Lee, entrada en el foro «alt.hypertext», 6 de agosto de 1991, <http://www.w3.org/People/Berners-Lee/1991/08/art-6484.txt>.

32. Nick Bilton, «As the Web Turns 25, Its Creator Talks about Its Future», *New York Times*, 11 de marzo de 2014.

33. Gillies y Cailliau, *How the Web Was Born*, p. 203. Véase también Matthew Lasar, «Before Netscape», *Ars Technica*, 11 de octubre de 2011.

34. Berners-Lee, *Weaving the Web*, p. 56.

35. Gillies y Cailliau, *How the Web Was Born*, p. 217.

36. Entrevista del autor con Marc Andreessen.

37. Entrevista del autor con Marc Andreessen.

38. Robert Reid, *Architects of the Web*, Wiley, 1997, p. 7.

39. Gillies y Cailliau, *How the Web Was Born*, p. 239; foro «alt.hypertext», viernes 29 de enero de 1993, 12.22.43 GMT), <http://www.jmc.sjsu.edu/faculty/rcraig/mosaic.txt>.

40. Entrevista del autor con Marc Andreessen.

41. Gillies y Cailliau, *How the Web Was Born*, p. 240.

42. Entrevista del autor con Marc Andreessen.

43. Berners-Lee, *Weaving the Web*, p. 70; entrevista del autor con Tim Berners-Lee.

44. Entrevista del autor con Marc Andreessen.

45. Entrevista del autor con Tim Berners-Lee.

46. Berners-Lee, *Weaving the Web*, p. 70.

47. *Ibid.*, p. 65.

48. Ted Nelson, «Computer Paradigm», <http://xanadu.com.au/ted/TN/WRITINGS/TCOMPARADIGM/tedCompOneLiners.html>.

49. Entrevista de Eric Allen Bean a Jaron Lanier, Nieman Journalism Lab, 22 de mayo de 2013.

50. John Huey, Martin Nisenholtz y Paul Sagan, «Riptide», Escuela Kennedy de Harvard, <http://www.niemanlab.org/riptide/>.

51. Entrevista del autor con Marc Andreessen.

52. Entrevista del autor con Tim Berners-Lee.

53. Entrevista del autor con Marc Andreessen.

54. John Markoff, «A Free and Simple Computer Link», *New York Times*, 8 de diciembre de 1993.

55. Este apartado se basa principalmente en mis entrevistas con Justin Hall y en sus entradas en <http://www.links.net/>.

56. Justin Hall, «Justin's Links», <http://www.links.net/vita/web/story.html>.

57. Entrevistas del autor con Justin Hall y Joan Hall.

58. Entrevista del autor con Howard Rheingold; Howard Rheingold, *The Virtual Community*, Perseus, 1993. [Hay trad. cast.: *La comunidad virtual*, Barcelona, Gedisa, 1996.]

59. Entrevistas del autor con Justin Hall y Howard Rheingold; Gary Wolf, *Wired-A Romance*, Random House, 2003, p. 110.

60. Scott Rosenberg, *Say Everything*, Crown, 2009, p. 24.

61. *Ibid.*, p. 44.

62. Justin Hall, «Exposing Myself», posteado por Howard Rheingold, <http://www.well.com/~hlr/jam/justin/justinexposing.html>.

63. Entrevista del autor con Arianna Huffington.

64. Clive Thompson, *Smarter Than You Think*, Penguin, 2013, p. 68.

65. Hall, «Exposing Myself».

66. Entrevista del autor con Ev Williams. Este apartado también se basa en las siguientes fuentes: entrevista de Jessica Livingston a Ev Williams en *Founders at Work*, Apress, 2007, 2.701 y *passim*; Nick Bilton, *Hatching Twitter*, Portfolio, 2013, p. 9 y *passim*; Rosenberg, *Say Everything*, p. 104 y *passim*; Rebecca Mead, «You've Got Blog», *New Yorker*, 13 de noviembre de 2000.

67. Dave Winer, «Scripting News in XML», 15 de diciembre de 1997, <http://scripting.com/davenet/1997/12/15/scriptingNewsInXML.html>.

68. Livingston, *Founders at Work*, 2.094.

69. *Ibid.*, 2.109, 2.123 y 2.218.

70. Meg Hourihan, «A Sad Kind of Day», <http://web.archive.org/web/20010917033719/http://www.megnut.com/archive.asp?which=2001_02_01_archive.inc>; Rosenberg, *Say Everything*, p. 122.

71. Ev Williams, «And Then There Was One», 31 de enero de 2001, <http://web.archive.org/web/20011214143830/http://www.evhead.com/longer/2200706_essays.asp>.

72. Livingston, *Founders at Work*, 2.252.

73. *Ibid.*, 2.252.

74. Williams, «And Then There Was One».

75. Dan Bricklin, «How the Blogger Deal Happened», entrada de blog, 15 de abril de 2001, <http://danbricklin.com/log/blogger.htm>; *Bricklin on Technology*, Wiley, 2009, p. 206.

76. Livingston, *Founders at Work*, 2.289 y 2.302.

77. Entrevista del autor con Ev Williams.

78. Entrevista del autor con Ev Williams.

79. Entrevista del autor con Ev Williams.

80. Andrew Lih, *The Wikipedia Revolution*, Hyperion, 2009, 1.111.Véanse también Ward Cunningham y Bo Leuf, *The Wiki Way: Quick Collaboration on the Web*, Addison-Wesley, 2001; Cunningham, «HyperCard Stacks», <http://c2.com/~ward/HyperCard/>; Cunningham, discurso inaugural, Wikimania, 1 de agosto de 2005.

81. Cunningham, «Invitation to the Pattern List», 1 de mayo de 1995.

82. Ward Cunningham, correspondencia sobre la etimología de la palabra «wiki», <http://c2.com/doc/etymology.html>.

83. Entrevista a Berners-Lee, Riptide Project, Schornstein Center, Harvard, 2013.

84. Kelly Kazek, «Wikipedia Founder, Huntsville Native Jimmy Wales, Finds Fame Really Cool», *News Courier*, Athens (AL), 12 de agosto de 2006.

85. Entrevista del autor con Jimmy Wales.

86. Entrevista del autor con Jimmy Wales; Lih, *The Wikipedia Revolution*, 585.

87. Marshall Poe, «The Hive», *Atlantic*, septiembre de 2006.

88. Entrevista de Brian Lamb a Jimmy Wales, C-SPAN, 25 de septiembre de 2005.

89. Entrevista del autor con Jimmy Wales; Eric Raymond, «The Cathedral and the Bazaar», reimpreso como *The Cathedral and the Bazaar*, O'Reilly Media, 1999. [Hay trad. cast.: «La catedral y el bazar», disponible online en <http://platea.pntic.mec.es/~lgonzale/documentos/La%20Catedral%20y%20el%20Bazar.pdf>.]

90. Richard Stallman, «The Free Universal Encyclopedia and Learning Resource», 1999, <http://www.gnu.org/encyclopedia/free-encyclopedia.html>.

91. Larry Sanger, «The Early History of Nupedia and Wikipedia», Slashdot, <http://beta.slashdot.org/story/56499>; y O'Reilly Commons, <http://commons.oreilly.com/wiki/index.php/Open_Sources_2.0/Beyond_Open_Source:_Collaboration_and_Community/The_Early_History_of_Nupedia_and_Wikipedia:_A_Memoir>.

92. Sanger, «Become an Editor or Peer Reviewer!», Nupedia, <http://archive.is/IWDNq>.

93. Entrevista del autor con Jimmy Wales; Lih, *The Wikipedia Revolution*, 960.

94. Entrevista del autor con Jimmy Wales.

95. Sanger, «Origins of Wikipedia», página de usuario de Sanger, <http://en.wikipedia.org/wiki/User:Larry_Sanger/Origins_of_Wikipedia>; Lih, *The Wikipedia Revolution*, 1.049.

96. Ben Kovitz, «The Conversation at the Taco Stand», página de usuario de Kovitz, <http://en.wikipedia.org/wiki/User:BenKovitz>.

97. Jimmy Wales, «Re: Sanger's Memoirs», hilo de abril de 2005, <http://lists.wikimedia.org/pipermail/wikipedia-l/2005-April/021460.html>.

98. *Ibidem*. Véase también Sanger, «My Role in Wikipedia», <http://larrysanger.org/roleinwp.html>; «User:Larry Sanger/Origins of Wikipedia», <http://en.wikipedia.org/wiki/User:Larry_Sanger/Origins_of_Wikipedia>; «History of Wikipedia» y su foro, <http://en.wikipedia.org/wiki/History_of_Wikipedia>, junto con los cambios realizados por Jimmy Wales al artículo, <http://en.wikipedia.org/w/index.php?title=Jimmy_Wales&diff=next&01di d=29849l84>; Charla: Bomis, revisiones realizadas por Jimmy Wales, <http://en.wikipedia.org/w/index.php?diff=11139857>.

99. Kovitz, «The Conversation at the Taco Stand».

100. Sanger, «Let's Make a Wiki», hilo de mensajes en Nupedia, 10 de enero de 2001, <http://archive.is/yovNt>.

101. Lih, *The Wikipedia Revolution*, 1.422.

102. Clay Shirky, «Wikipedia – An Unplanned Miracle», *Guardian*, 14 de enero de 2011; véanse también Shirky, *Here Comes Everybody: The Power of Organizing without Organizations*, Penguin, 2008, y *Cognitive Surplus: Creativity and Generosity in a Connected Age*, Penguin, 2010.

103. Entrevista del autor con Jimmy Wales.

104. Sanger, «Why Wikipedia Must Jettison Its Anti-Elitism», 31 de diciembre de 2004, <www.LarrySanger.org>.

105. Nota de prensa de Wikipedia, 15 de enero de 2002.

106. Entrevista del autor con Jimmy Wales.

107. Shirky, «Wikipedia – An Unplanned Miracle».

108. Yochai Benkler, «Coase's Penguin, or, Linux and the Nature of the Finn», *Yale Law Journal*, 2002, <http://soc.ics.uci.edu/Resources/bibs.php?793>; Yochai Benkler, *The Penguin and the Leviathan: How Cooperation Triumphs over Self-Interest*, Crown, 2011.

109. Daniel Pink, «The Buck Stops Here», *Wired*, marzo de 2005; Tim Adams, «For Your Information», *Guardian*, 30 de junio de 2007; página de usuario de lord Emsworth, <http://en.wikipedia.org/wikilUser:Lord_Emsworth>; Peter Steiner, tira cómica en el *New Yorker*, 5 de julio de 1993, <http://en.wikipedia.org/wiki/On_the_Internet,_nobody_knows_you're_a_dog>.

110. Jonathan Zittrain, *The Future of the Internet and How to Stop It*, Yale, 2008, p. 147.

111. Entrevista del autor con Jimmy Wales.

112. Entrevista del autor con Jimmy Wales.

113. John Battelle, *The Search*, Portfolio, 2005 (los números de posición hacen referencia a la edición Kindle), 894.

114. *Ibid.*, 945; visita del autor a Srinija Srinivasan.

115. Además de las fuentes citadas más abajo, este apartado se basa en mi entrevista y mis conversaciones con Larry Page; Larry Page, discurso en la Universidad de Michigan, 2 de mayo de 2009; entrevistas a Larry Page y Serguéi Brin, Academy of Achievement, 28 de octubre de 2000; «The Lost Google Tapes», entrevistas de John Ince a Serguéi Brin, Larry Page y otros, enero de 2000, <http://www.podtech.net/home/?s=Lost+Google+Tapes>; John Ince, «Google Flashback – My 2000 Interviews», *Huffington Post*, 6 de febrero de 2012; Ken Auletta, *Googled*, Penguin, 2009; Battelle, *The Search*; Richard Brandt, *The Google Guys*, Penguin, 2011; Steven Levy, *In the Plex*, Simon and Schuster, 2011; Randall Stross, *Planet Google*, Free Press, 2008; David Vise, *The Google Story*, Delacorte, 2005; Douglas Edwards, *I'm Feeling Lucky: The Confessions of Google Employee Number 59*, Mariner, 2012; Brenna McBride, «The Ultimate Search», revista *College Park*, primavera de 2000; Mark Malseed, «The Story of Sergey Brin», revista *Moment*, febrero de 2007.

116. Entrevista del autor con Larry Page.

117. Entrevista a Larry Page, Academy of Achievement.

118. Entrevista de Andy Serwer a Larry Page, *Fortune*, 1 de mayo de 2008.

119. Entrevista del autor con Larry Page.

120. Entrevista del autor con Larry Page.

121. Entrevista del autor con Larry Page.

122. Larry Page, discurso en Michigan.

123. Entrevista del autor con Larry Page.

124. Entrevista del autor con Larry Page.

125. Entrevista del autor con Larry Page.

126. Battelle, *The Search*, 1.031.

127. Auletta, *Googled*, p. 28.

128. Entrevista de Barbara Walters a Larry Page y Serguéi Brin, *ABC News*, 8 de diciembre de 2004.

129. Charla de Serguéi Brin, conferencia en Breakthrough Learning, sede de Google, 12 de noviembre de 2009.

130. Malseed, «The Story of Sergey Brin».

131. Entrevista a Serguéi Brin, Academy of Achievement.

132. McBride, «The Ultimate Search».

133. Auletta, *Googled*, p. 31.

134. *Ibid.*, p. 32.

135. Vise, *The Google Story*, p. 33.

136. Auletta, *Googled*, p. 39.

137. Entrevista del autor con Larry Page.

138. Entrevista del autor con Larry Page.

139. Entrevista de Bill Moggridge a Tery Winograd, <http://www.designinginteractions.com/interviews/TerryWinograd>.

140. Entrevista del autor con Larry Page.

141. Craig Silverstein, Sergey Brin, Rajeev Motwani y Jeff Ullman, «Scalable Techniques for Mining Causal Structures», *Data Mining and Knowledge Discovery*, julio de 2000.

142. Entrevista del autor con Larry Page.

143. Entrevista del autor con Larry Page.

144. Larry Page, discurso en Michigan.

145. Vise, *The Google Story*, p. 10.

146. Larry Page, discurso en Michigan.

147. Battelle, *The Search*, 1.183.

148. *Ibid.*, 1.114.

149. Larry Page, discurso en Michigan.

150. Entrevista del autor con Larry Page.

151. Levy, *In the Plex*, p. 415, citando las observaciones de Page en el PC Forum de 2001, celebrado en Scottsdale, Arizona.

152. Entrevista de John Ince a Brin, «The Lost Google Tapes», 2.ª parte, <http://www.podtech.net/home/1728/podventurezone-lost-google-tapes-part-2-sergey-brin>.

153. Sergey Brin, Rajeev Motwani, Larry Page y Terry Winograd, «What Can You Do with a Web in Your Pocket?», *Bulletin of the IEEE Computer Society Technical Committee on Data Engineering*, 1998.

154. Entrevista del autor con Larry Page.

155. Levy, *In the Plex*, p. 358.

156. *Ibid.*, p. 430.

157. Entrevista de John Ince a Brin, «The Lost Google Tapes», 2.ª parte.

158. Levy, *In the Plex*, p. 947.

159. Entrevista del autor con Larry Page.

160. Sergey Brin y Larry Page, «The Anatomy of a Large-Scale Hypertextual Web Search Engine», VII Congreso Internacional sobre la World-Wide Web (abril de 1998), Brisbane, Australia.

161. Vise, *The Google Story*, p. 30.

162. Entrevista del autor con Larry Page.

163. Entrevistas de John Ince a David Cheriton, Mike Moritz y Serguéi Brin, «The Lost Google Tapes»;Vise, *The Google Story*, p. 47; Levy, *In the Plex*, p. 547.

164. Vise, *The Google Story*, p. 47; Battelle, *The Search*, p. 86.

165. Entrevista de John Ince a Brin, «The Lost Google Tapes».

166. Entrevista de John Ince a Page, «The Lost Google Tapes».

167. Auletta, *Googled*, p. 44.

168. Entrevista de John Ince a Brin, «The Lost Google Tapes».

12. Por siempre Ada

1. Dyson, *Turing's Cathedral* (los números de posición hacen referencia a la edición Kindle), 6.321; John von Neumann, *The Computer and the Brain*, Yale, 1958, p. 80.

2. Gary Marcus, «Hyping Artificial Intelligence, Yet Again», *New Yorker*, 1 de enero de 2014, citando «New Navy Device Learns by Doing» (cable de la agencia United Press International), *New York Times*, 8 de julio de 1958; «Rival», *New Yorker*, 6 de diciembre de 1958.

3. Marvin Minsky y Seymour Papert, los gurús originales de la inteligencia artificial, cuestionaron algunas de las premisas de Rosenblatt, tras lo cual la emoción que rodeó al Perceptrón se desvaneció y todo este campo de investigación entró una decadencia que pasaría a conocerse como «el invierno de la IA». Véase Danny Wison, «Tantalizingly Close to a Mechanized Mind: The Perceptrons Controversy and the Pursuit of Artificial Intelligence», tesis de licenciatura, Harvard, diciembre de 2012; Frank Rosenblatt, «The Perceptron: A Probabilistic Model for Information Storage and Organization in the Brain», *Psychological Review*, otoño de 1958; Marvin Minsky y Seymour Papert, *Perceptrons*, MIT, 1969.

4. Entrevista del autor con Ginni Rometty.

5. Garry Kasparov, «The Chess Master and the Computer», *New York Review of Books*, 11 de febrero de 2010; Clive Thompson, *Smarter Than You Think*, Penguin, 2013, p. 3.

6. «Watson on Jeopardy», sitio web Smarter Planet de IBM, 14 de febrero de 2011, <http://asmarterplanet.com/blog/2011/02/watson-on-jeopardy-day-one-man-vs-machine-for-global-bragging-rights.html>.

7. John Searle, «Watson Doesn't Know It Won on Jeopardy», *Wall Street Journal*, 23 de febrero de 2011.

8. John E. Kelly III y Steve Hamm, *Smart Machines*, Columbia, 2013, p. 4. Steve Hamm es un periodista tecnológico que actualmente trabaja como escritor y estratega de comunicaciones en IBM. En el libro he atribuido las opiniones a Kelly, que es el director de investigación de IBM.

9. Larry Hardesty, «Artificial-Intelligence Research Revives Its Old Ambitions», *MIT News*, 9 de septiembre de 2013.

10. James Somers, «The Man Who Would Teach Computers to Think», *Atlantic*, noviembre de 2013.

11. Gary Marcus, «Why Can't My Computer Understand Me», *New Yorker*, 16 de agosto de 2013.

12. Steven Pinker, *The Language Instinct*, Harper, 1994, p. 191.

13. Stuart Russell y Peter Norvig, *Artificial Intelligence: A Modern Approach*, Prentice Hall, 1995, p. 566.

14. Entrevista del autor con Bill Gates.

15. Nicholas Wade, «In Tiny Worm, Unlocking Secrets of the Brain», *New York Times*, 20 de junio de 2011; «The Connectome of a Decision-Making Neural Network», *Science*, 27 de julio de 2012; The Dana Foundation, <https://www.dana.org/News/Details.aspx?id=43512>.

16. John Markoff, «Brainlike Computers, Learning from Experience», *New York Times*, 28 de diciembre de 2013. Markoff, que lleva mucho tiempo investigando a fondo en este ámbito, está escribiendo un libro en el que explora las implicaciones de que las máquinas puedan reemplazar el trabajo humano.

17. «Neuromorphic Computing Platform», The Human Brain Project, <https://www.humanbrainproject.eu/neuromorphic-computing-platforml>; Bennie Mols, «Brainy Computer Chip Ditches Digital for Analog», *Communications of the ACM*, 27 de febrero de 2014; Klint Finley, «Computer Chips That Work Like a Brain Are Coming – Just Not Yet», *Wired*, 31 de diciembre de 2013. Beau Cronin, de O'Reilly Media, ha propuesto un juego de beber: «Echa un trago cada vez que encuentres un artículo de noticias o una entrada de un blog que sostenga que un nuevo sistema de inteligencia artificial funciona o piensa "como el cerebro"» (<http://radar.oreillvxom/2014/05/it-works-like-the-brain-so.html>), y asimismo tiene una página en Pinboard donde recoge historias relativas a tales pretensiones (<https://pinboard.in/u:beaucronin/t:like-the-brain/#>).

18. Entrevista del autor con Tim Berners-Lee.

19. Vernor Vinge, «The Coming Technological Singularity», *Whole Earth Review*, invierno de 1993. Véase también Ray Kurzweil, «Accelerating Intelligence», <http://www.kur2weilai.net/>.

20. J. C. R. Licklider, «Man-Computer Symbiosis», *IRE Transactions on Human Factors in Electronics*, marzo de 1960.

21. Kelly y Hamm, *Smart Machines*, p. 7.

22. Kasparov, «The Chess Master and the Computer».

23. Kelly y Hamm, *Smart Machines*, p. 2.

24. «Why Cognitive Systems?», sitio web de IBM Research, <http://www.research.ibm.com/cognitive-computing/why-cognitive-systems.shtml>.

25. Entrevista del autor con David McQueeney.

26. Entrevista del autor con Ginni Rometty.

27. Entrevista del autor con Ginni Rometty.

28. Kelly y Hamm, *Smart Machines*, p. 3.

29. «Accelerating the Co-Evolution», Doug Engelbart Institute, <http://www.dougengelbart.org/about/co-evolution.html>; Thierry Bardini, *Bootstrapping: Douglas Engelbart, Coevolution, and the Origins of Personal Computing*, Stanford, 2000.

30. Nick Bilton, *Hatching Twitter*, Portfolio, 2013, p. 203.

31. Unas palabras atribuidas erróneamente a Thomas Edison, que no las pronunció jamás, y utilizadas a menudo por Steve Case.

32. Yochai Benkler, «Coase's Penguin, or, Linux and The Nature of the Firm», *Yale Law Journal*, 2002.

33. Steven Johnson, «The Internet? We Built That», *New York Times*, 21 de septiembre de 2012.

34. Entrevista del autor con Larry Page. La cita de Steve Jobs proviene de una entrevista que le hice para mi anterior libro.

35. Kelly y Hamm, *Smart Machines*, p. 7.

Índice alfabético

¡CREAR O MORIR!

*La esperanza de Latinoamérica
y las cinco claves de la innovación*

de Andrés Oppenheimer

En este libro, Andrés Oppenheimer ofrece al lector un notable catálogo de experiencias innovadoras de éxito en ámbitos como la educación, el deporte, la salud y la tecnología. A partir de reveladoras entrevistas con varios de los empresarios e investigadores más importantes en la actualidad, el autor pone en evidencia cómo América Latina puede insertarse de manera efectiva en la "economía del conocimiento", generar creatividad rentable e innovación colectiva.

Actualidad/Negocios

NACIDOS PARA CORRER

*Superatletas, una tribu oculta y la carrera más grande
que el mundo nunca ha visto*

de Christopher McDougall

Una aventura épica que comenzó con una simple pregunta: ¿Por qué me duele el pie? Aislados por las peligrosas Barrancas de Cobre en México, los apacibles indios Tarahumara han perfeccionado durante siglos la capacidad de correr cientos de millas sin descanso ni lesiones. En este fascinante relato, el prestigioso periodista —y corredor habitualmente lesionado— Christopher McDougall sale a descubrir sus secretos. En el proceso, nos lleva de los laboratorios de Harvard a los tórridos valles y las gélidas montañas de Norte América, donde los cada vez más numerosos ultra corredores están empujando sus cuerpos al límite, y finalmente a una vibrante carrera en las Barrancas de Cobre entre los mejores ultra corredores americanos y los sencillos Tarahumara.

No Ficción

REDENTORES
Ideas y poder en América Latina
de Enrique Krauze

Desde José Martí hasta Octavio Paz, Eva Perón hasta Gabriel García Márquez, los países latinoamericanos han producido algunos de los escritores, revolucionarios, pensadores y líderes más influyentes del mundo, cuyas vidas han contribuido colectivamente a las ideas centrales que dominan la política, filosofía y literatura de la región. Por este libro también desfilan profetas de la redención como el heroico Martí, el idealista José Enrique Rodó y, como figura central, el poeta y ensayista Paz, cuya vida abarca el siglo entero y cuyas raíces familiares recogen toda la tradición revolucionaria moderna.

Biografía/Historia

VAYAMOS ADELANTE
Las mujeres, el trabajo y la voluntad de liderar
de Sheryl Sandberg

A pesar de que las mujeres alcanzaron hace años niveles de educación similares a los de los hombres, ellos ostentan aún la gran mayoría de puestos directivos, tanto en las empresas como en los gobiernos. Por ello, las voces femeninas todavía no se escuchan por igual en las decisiones que más nos afectan en nuestras vidas. En *Vayamos adelante*, Sheryl Sandberg examina las razones por las cuales el avance de las mujeres hacia los puestos de responsabilidad está estancado, explica las causas profundas y ofrece soluciones prácticas y aplicables para lograr que las mujeres alcancen su máximo potencial.

Memorias/Negocios

VINTAGE ESPAÑOL
Disponibles en su librería favorita.
www.vintageespanol.com